科学出版社"十四五"普通高等教育本科规划教材

高 等 数 学

（下册）

主　编　王顺凤　吴亚娟

副主编　陈丽娟　朱晓欣　黄　瑜

科 学 出 版 社

北 京

内 容 简 介

本书根据教育部颁布的本科非数学专业理工类高等数学课程教学基本要求及全国硕士研究生入学考试数学大纲编写而成.

全书分上、下两册. 本书为下册, 内容包括向量代数与空间解析几何、多元微积分学、无穷级数与微分方程等内容. 本书基本上每节都配有难易不同的 A、B 两组习题, 每章都附有本章小结与总复习题. 书中还配有两类内容丰富的数字教学资源. 一类是与每节配套的设计新颖的课前测、重(难)点讲解、电子课件以及习题参考答案等; 另一类为 MATLAB 软件简介(下)及几种常用曲面等. 读者可以扫描二维码学习.

本书注重数学思想与实际背景. 全书结构严谨, 深入浅出、例题丰富, 便于学生自学. 本书可作为高等院校理工类各专业高等数学课程的教材使用, 也可作为自学者与科技工作者的参考书.

图书在版编目(CIP)数据

高等数学. 下册/王顺凤, 吴亚娟主编. —北京: 科学出版社, 2021.9
ISBN 978-7-03-069627-4

Ⅰ.①高… Ⅱ.①王… ②吴… Ⅲ.①高等数学-高等学校-教材 Ⅳ.①O13

中国版本图书馆 CIP 数据核字(2021)第 170396 号

责任编辑: 张中兴 梁 清 孙翠勤 / 责任校对: 杨聪敏
责任印制: 霍 兵 / 封面设计: 蓝正设计

科 学 出 版 社 出版
北京东黄城根北街 16 号
邮政编码: 100717
http://www.sciencep.com
石家庄继文印刷有限公司印刷
科学出版社发行 各地新华书店经销
*
2021 年 9 月第 一 版 开本: 720 × 1000 1/16
2024 年 8 月第六次印刷 印张: 29 1/4
字数: 590 000
定价: **64.00 元**
(如有印装质量问题, 我社负责调换)

前言
Preface

美国语言学家布龙菲尔德曾说："数学不过是语言所能达到的最高境界". 高等数学的知识与语言已渗透到现代社会和生活的多个角落, 高等数学内容是理类各本科专业学生进行后继课程学习必须奠定的基础, 也是专业研究必不可少的数学工具.

党的二十大报告明确指出, 要 "加强基础学科、新兴学科、交叉学科建设, 加快建设中国特色、世界一流的大学和优势学科", 要 "推进教育数字化, 建设全民终身学习的学习型社会、学习型大国". 这对高等数学教材建设和课程建设提出了新的要求. 为了适应新时代人才培养目标, 优化高等数学公共基础课的教与学. 我们在汲取了南京信息工程大学多年来高等数学课程教学改革实践中的经验、借鉴了国内外同类院校数学教学改革的成功实践的基础上, 进行了高等数学教材相关内容的重印调整, 尽可能展现信息时代数学公共基础课教学特点. 那么, 我们是如何体现信息时代高等数学教学特色? 如何在内容和形式上做到系统性与严谨性、实用性与新颖性、通俗性与启迪性的兼顾与统一呢? 我们将教材采用 "纸质书 + 数字化资源" 的出版形式, 结合当代学生学习方式和手段改变的新形势, 遵循 "重基础、强训练、助理解、拓视野、设计新、版面雅" 的要求与原则, 制作了多媒体教学资源以二维码形式增加在本教材中, 内容涵盖了课前让学生温故知新的课前测、帮助学生理解的重 (难) 点讲解微视频以及与课堂教学配套的电子课件, 不但满足在校大学生学习的需求, 也能满足有高等数学学习需求的其他人员.

本教材力求具有以下特点.

1. 本教材中多媒体资源内容丰富、制作精良, 弘扬科学精神, 对教材内容和形式起到了归纳、拓展和延伸的作用. 形成以纸质教材为核心, 数字资源配合的综合知识体系, 便于师生教学与使用.

2. 本教材在保证严谨性的前提下, 充分考虑高等教育普及化的新形势, 构建学生易于接受的微积分体系. 特别对较难理解的极限、连续等概念, 先介绍用自然语言描述的定义, 在理解的基础上再引入相关的精确数学定义, 使学生容易接受并理解. 在一元积分部分对积分计算进行了弱化处理, 精简了教学内容.

3. 考虑到方便教师因材施教以及实施分层教学的需要, 本教材对例题与习题作了精心选择, 吸收了近年来部分考研真题作为例题或习题, 教材中例题丰富, 既有代表性, 又有一定的梯度. 对每节习题也进行了分层, 每节都配有 A、B 两组习题, A 组为基础题, 主要训练学生掌握基本概念与基本技能; B 组为综合题或应用题, 主要训练学生综合运用数学知识分析问题、解决问题的能力; 每章后还配有本章小结与总复习题, 以帮助学生更好地复习与巩固所学内容.

4. 充分注意与中学教材的衔接, 梳理了初等数学的基础知识, 并在附录中简单介绍了数学归纳法, 汇总了一些常用中学数学公式, 供读者查阅.

教师在使用本教材时, 可参照各理工类专业对高等数学教学的基本要求, 适当取舍. 教材中打 "*" 号的内容不作教学要求, 各类专业可根据需要选用.

本教材得到了南京信息工程大学教改项目资助, 由多位资深教师合力编写而成. 其中第 1、2、3、9、10 章由王顺凤编写, 第 4、5 章由朱建编写, 第 6 章由刘小燕编写, 第 7 章由陈丽娟编写, 第 8、12 章由吴亚娟编写, 第 11 章由朱晓欣编写. 张天良、黄瑜与符美芬等编写了其中部分内容, 王顺凤、朱建、吴亚娟确定了全书的框架与内容, 上册由王顺凤、朱建统稿, 下册由王顺凤、吴亚娟统稿.

全书的编写得到了我校公共数学教学部全体老师的支持与帮助, 其中数字资源由王顺凤、朱建、吴亚娟、刘小燕、朱晓欣、陈丽娟、冯秀红、黄瑜、官元红、符美芬、张天良等共同建设完成. 朱杏华、薛巧玲教授仔细审阅了书稿, 提出了指导性意见与建议, 校教务处和数学与统计学院领导给予了大力支持, 在此一并表示诚挚的感谢!

需要说明的是, 在本书的编写过程中, 编者参考了一些涉及数学分析、高等数学和微积分等方面的书籍, 在此向相关参考文献的作者表示深深的谢意! 同时感谢科学出版社的编辑们对本书出版付出的辛勤劳动!

由于编者水平所限, 书中难免有疏漏之处, 敬请各位专家、同行和广大读者批评指正.

编　者

2021 年 1 月

2023 年 7 月修改

C目录 ontents

第7章
Chapter 7

向量代数
与空间解析几何

平面解析几何在代数与几何之间架起了一座桥梁, 使平面上的点 p 与有序数组 (x, y) 之间建立了一一对应关系, 它用代数的方法研究几何问题. 随着知识的深入, 需要研究多元函数, 以二元函数 $z = f(x, y)$ 为例, 它涉及三个变量, 将平面解析几何类推到空间上去. 因而可以建立空间曲面与三维有序数组 (x, y, z) 构成的三元方程之间的对应关系, 本章首先建立空间直角坐标系, 然后以向量为工具, 讨论空间中的平面、直线、曲面和曲线的方程及其相关内容.

7.1 向量及其线性运算

课前测7-1-1

一、空间直角坐标系

过空间某一定点 O, 作三条互相垂直的数轴, 它们以 O 为原点且一般具有相同的长度单位. 这三条轴分别称为 **x 轴** (横轴), **y 轴** (纵轴), **z 轴** (竖轴), 统称**坐标轴**. 通常把 x 轴和 y 轴置于水平面上, z 轴是铅垂线. 它们的正方向符合右手规则, 即以右手握住 z 轴, 当右手的四指从 x 轴正向以 $\frac{\pi}{2}$ 角转向 y 轴正向时, 大拇指的指向就是 z 轴的正向. 这样的三条坐标轴就组成了一个**空间直角坐标系**, O 点称为**坐标原点** (图 7-1-1).

三条坐标轴中的任意两条可以确定一个平面, 这样定出的三个平面统称**坐标面**. x 轴及 y 轴所确定的坐标面叫做 xOy 面, 另外两个坐标面分别为 yOz 面和 zOx 面.

三个坐标面把空间分成八个部分, 每一部分叫做一个**卦限**. 含有三个正半轴的卦限叫做第一卦限, 它位于 xOy 面的上方. 在 xOy 面的上方, 按逆时针方向排列着第二卦限、第三卦限和第四卦限. 在 xOy 面的下方, 与第一卦限对应的是第五卦限, 按逆时针方向依次排列着是第六卦限、第七卦限和第八卦限. 八个卦限分别用字母 I, II, III, IV, V, VI, VII, VIII 表示 (图 7-1-2).

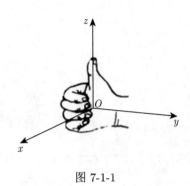

图 7-1-1

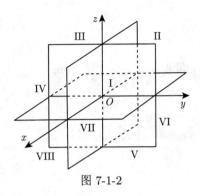

图 7-1-2

取定了空间直角坐标系后, 就可以用坐标来确定点的位置了.

任给空间一点 M, 过 M 作三个平面分别垂直于 x 轴, y 轴, z 轴, 垂足为 P, Q, R, 它们在 x 轴、y 轴、z 轴上的坐标依次为 x, y, z (图 7-1-3), 则点 M 确定了一个有序实数组 (x, y, z).

反之, 对任意给定的有序实数组 (x, y, z), 依次在 x 轴, y 轴, z 轴上取与 x, y, z 相对应的点 P, Q, R, 然后过点 P, Q, R 作三个平面, 分别垂直于 x 轴, y 轴和 z 轴, 则这三个平面交于一点 M.

因此, 有序实数组 (x, y, z) 与空间一点 M 之间一一对应. 称这组数 (x, y, z) 为点 M 的坐标, x, y 和 z 依次称为点 M 的横坐标、纵坐标和竖坐标. 坐标为 (x, y, z) 的点 M 通常记为 $M(x, y, z)$.

显然, 原点的坐标为 $O(0,0,0)$; x 轴, y 轴和 z 轴上的点的坐标分别是 $(x,0,0)$, $(0,y,0)$, $(0,0,z)$.

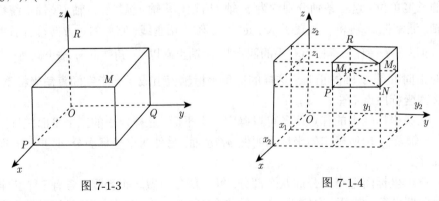

图 7-1-3

图 7-1-4

设 $M_1(x_1,y_1,z_1)$, $M_2(x_2,y_2,z_2)$ 为空间任意两点, 过 M_1, M_2 分别作平行于各坐标面的平面, 组成一个长方体, 它的棱与坐标轴平行 (图 7-1-4). 由于

$$|M_1P| = |x_2 - x_1|, \quad |PN| = |y_2 - y_1|, \quad |NM_2| = |z_2 - z_1|,$$

所以**空间任意两点间的距离公式**为

$$|M_1M_2| = \sqrt{|M_1N|^2 + |NM_2|^2}$$

$$= \sqrt{|M_1P|^2 + |PN|^2 + |NM_2|^2}$$

$$= \sqrt{(x_2 - x_1)^2 + (y_2 - y_1)^2 + (z_2 - z_1)^2}.$$

特别地, 点 $M(x, y, z)$ 到原点 $O(0, 0, 0)$ 之间的距离为 $|OM| = \sqrt{x^2 + y^2 + z^2}$.

例 1 求证以 $A(4, 3, 1)$, $B(3, 1, 2)$, $C(5, 2, 3)$ 三点为顶点的三角形 $\triangle ABC$ 是一个等边三角形.

证 由空间两点间的距离公式得

$$|AB|^2 = (4 - 3)^2 + (3 - 1)^2 + (1 - 2)^2 = 6,$$

$$|BC|^2 = (5 - 3)^2 + (2 - 1)^2 + (3 - 2)^2 = 6,$$

$$|AC|^2 = (5 - 4)^2 + (2 - 3)^2 + (3 - 1)^2 = 6,$$

由于 $|AB| = |AC| = |BC|$, 所以 $\triangle ABC$ 是一个等边三角形.

例 2 设点 P 在 x 轴上, 它到点 $P_1(0, \sqrt{2}, 3)$ 的距离为到点 $P_2(0, 1, -1)$ 的距离的两倍, 求点 P 的坐标.

解 由题意, 可设 P 点坐标为 $(x, 0, 0)$, 有

$$|PP_1| = 2|PP_2|,$$

而

$$|PP_1| = \sqrt{x^2 + \left(\sqrt{2}\right)^2 + 3^2} = \sqrt{x^2 + 11},$$

$$|PP_2| = \sqrt{x^2 + (-1)^2 + 1^2} = \sqrt{x^2 + 2},$$

故

$$\sqrt{x^2 + 11} = 2\sqrt{x^2 + 2},$$

解方程, 得

$$x = \pm 1,$$

所求点的坐标为 $(1, 0, 0)$ 和 $(-1, 0, 0)$.

二、向量的概念

在自然科学中存在一类既有大小, 又有方向的量, 如力、力矩、加速度等等, 我们称这类量为**向量** (或**矢量**). 常用一条有向线段来表示向量. 有向线段的长度和方向分别表示向量的大小和方向. 图 7-1-5 表示以 A 为起点, 以 B 为终点的向量, 记为 $\overrightarrow{AB}$. 此外, 有时也用一个黑体字母或字母上方加箭头来表示向量, 如 $\boldsymbol{a}, \boldsymbol{i}, \boldsymbol{v}, \boldsymbol{F}$ 或 $\vec{a}, \vec{i}, \vec{v}, \vec{F}$ 等.

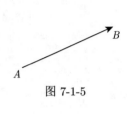

图 7-1-5

本书中只研究与起点无关的向量, 并称这些向量为**自由向量** (简称向量). 如果两个向量的大小相等并且方向相同, 我们就称这两向量**相等**. 根据这个规定, 一个向量和将它经过平行移动后所得的向量都是相等的.

向量的大小称为**向量的模**, 向量 $\overrightarrow{AB}, \boldsymbol{a}, \vec{a}$ 的模依次记作 $\left|\overrightarrow{AB}\right|, |\boldsymbol{a}|, |\vec{a}|$. 模等于 1 的向量称为**单位向量**. 模等于零的向量称为**零向量**, 记作 $\boldsymbol{0}$ 或 $\vec{0}$. 零向量的方向可以看作是任意的.

如果两个非零向量的方向相同或相反, 就称**这两个向量平行** (或称**共线**). 向量 $\boldsymbol{a}$ 与 $\boldsymbol{b}$ 平行, 记作 $\boldsymbol{a}//\boldsymbol{b}$. 由于零向量的方向是任意的, 因此, 零向量与任何向量都平行.

三、向量的线性运算

1. 向量的加减法

在物理学中, 通过研究力的合成、速度的合成等, 总结出了一般向量加法的平行四边形法则: 已知两个向量 $\boldsymbol{a}, \boldsymbol{b}$, 任取一点 A, 作 $\overrightarrow{AB} = \boldsymbol{a}, \overrightarrow{AD} = \boldsymbol{b}$, 以 $\overrightarrow{AB}$, $\overrightarrow{AD}$ 为边作平行四边形 $ABCD$, 其对角线 $\overrightarrow{AC} = \boldsymbol{c}$, 称为向量 $\boldsymbol{a}$ 与 $\boldsymbol{b}$ 的和. 如图 7-1-6, 记为 $\boldsymbol{c} = \boldsymbol{a} + \boldsymbol{b}$.

由图 7-1-6 容易看出, 如果平移向量 $\boldsymbol{b}$, 使 $\boldsymbol{b}$ 的起点与 $\boldsymbol{a}$ 的终点重合, 此时从 $\boldsymbol{a}$ 的起点到 $\boldsymbol{b}$ 的终点的向量就是 $\boldsymbol{a} + \boldsymbol{b}$ (图 7-1-7), 这种求两个向量和的法则称为**三角形法则**.

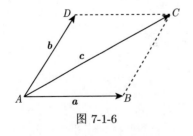

图 7-1-6

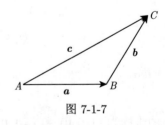

图 7-1-7

向量的加法符合下列运算规律:

(1) **交换律**　$\boldsymbol{a}+\boldsymbol{b}=\boldsymbol{b}+\boldsymbol{a}$;

(2) **结合律**　$(\boldsymbol{a}+\boldsymbol{b})+\boldsymbol{c}=\boldsymbol{a}+(\boldsymbol{b}+\boldsymbol{c})$.

事实上, 按向量加法的三角形法则, 由图 7-1-6 可得

$$\boldsymbol{a}+\boldsymbol{b}=\overrightarrow{AB}+\overrightarrow{BC}=\overrightarrow{AC}=\boldsymbol{c},$$

$$\boldsymbol{b}+\boldsymbol{a}=\overrightarrow{AD}+\overrightarrow{DC}=\overrightarrow{AC}=\boldsymbol{c},$$

满足交换律.

如图 7-1-8 所示, 先作 $\boldsymbol{a}+\boldsymbol{b}$ 加上 $\boldsymbol{c}$, 即得 $(\boldsymbol{a}+\boldsymbol{b})+\boldsymbol{c}$; 如以 $\boldsymbol{a}$ 与 $\boldsymbol{b}+\boldsymbol{c}$ 相加, 则得同一结果, 满足结合律.

由于向量的加法满足交换律和结合律, 故 n 个向量 $\boldsymbol{a}_1,\boldsymbol{a}_2,\cdots,\boldsymbol{a}_n(n\geqslant 3)$ 相加可写成

$$\boldsymbol{a}_1+\boldsymbol{a}_2+\cdots+\boldsymbol{a}_n.$$

由向量相加的三角形法则, 可得 n 个向量的和, 只要依次把后一向量的起点放在前一向量的终点上, 从 $\boldsymbol{a}_1$ 的起点向 $\boldsymbol{a}_n$ 的终点所引的向量就是 $\boldsymbol{a}_1+\boldsymbol{a}_2+\cdots+\boldsymbol{a}_n$ (图 7-1-9($n=6$)).

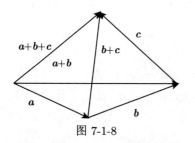

图 7-1-8

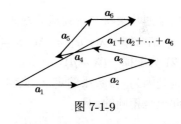

图 7-1-9

在实际问题中, 还经常遇到大小相等而方向相反的向量, 如作用力和反作用力等. 称与 $\boldsymbol{a}$ 大小相等而方向相反的向量为 $\boldsymbol{a}$ 的**负向量**, 记作 $-\boldsymbol{a}$.

有了负向量的概念, 可以定义两个向量 $\boldsymbol{a}$ 与 $\boldsymbol{b}$ 的差为

$$\boldsymbol{b}-\boldsymbol{a}=\boldsymbol{b}+(-\boldsymbol{a}),$$

即把向量 $-\boldsymbol{a}$ 加到向量 $\boldsymbol{b}$ 上, 便得 $\boldsymbol{b}$ 与 $\boldsymbol{a}$ 的差 $\boldsymbol{b}-\boldsymbol{a}$ (图 7-1-10). 特别地, 当 $\boldsymbol{b}=\boldsymbol{a}$ 时, 有 $\boldsymbol{a}-\boldsymbol{a}=\boldsymbol{a}+(-\boldsymbol{a})=\boldsymbol{0}$.

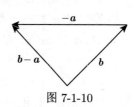

图 7-1-10

任给向量 $\overrightarrow{AB}$ (图 7-1-11), 有

$$\overrightarrow{AB} = \overrightarrow{AO} + \overrightarrow{OB} = \overrightarrow{OB} - \overrightarrow{OA}.$$

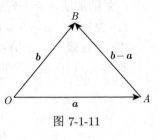

图 7-1-11

因此, 若把向量 $\boldsymbol{a}$ 与 $\boldsymbol{b}$ 都移到同一起点 O, 则从 $\boldsymbol{a}$ 的终点 A 向 $\boldsymbol{b}$ 的终点 B 所引向量 $\overrightarrow{AB}$ 便是向量 $\boldsymbol{b}$ 与 $\boldsymbol{a}$ 的差 $\boldsymbol{b} - \boldsymbol{a}$.

由三角形两边之和大于第三边的原理, 有

$$|\boldsymbol{a} + \boldsymbol{b}| \leqslant |\boldsymbol{a}| + |\boldsymbol{b}|, \quad |\boldsymbol{a} - \boldsymbol{b}| \leqslant |\boldsymbol{a}| + |\boldsymbol{b}|,$$

等号在 $\boldsymbol{b}$ 与 $\boldsymbol{a}$ 同向或反向时成立.

2. 向量与数的乘法

在应用中常遇到向量与数量的乘法, 例如将速度 $\boldsymbol{v}$ 的方向保持不变, 大小增大到 2 倍, 可以记为 $2\boldsymbol{v}$. 由此, 我们引入向量与数量相乘 (简称**数乘**), 定义如下.

定义 1 向量 $\boldsymbol{a}$ 与实数 λ 的乘积, 记为 $\lambda\boldsymbol{a}$, 它是这样一个向量: 当 $\lambda > 0$ 时与 $\boldsymbol{a}$ 同向; 当 $\lambda < 0$ 时与 $\boldsymbol{a}$ 反向; 而它的模是 $|\lambda\boldsymbol{a}| = |\lambda| |\boldsymbol{a}|$. 当 $\lambda = 0$ 时, $\lambda\boldsymbol{a}$ 是零向量, 即 $\lambda\boldsymbol{a} = \boldsymbol{0}$. 特别地, 当 $\lambda = \pm1$ 时, 有

$$1\,\boldsymbol{a} = \boldsymbol{a}, \quad (-1)\boldsymbol{a} = -\boldsymbol{a}.$$

向量的数乘符合下列运算规律:

(1) **结合律**　$\lambda(\mu\,\boldsymbol{a}) = (\lambda\mu)\,\boldsymbol{a} = \mu(\lambda\,\boldsymbol{a})$;

(2) **分配律**　$(\lambda + \mu)\,\boldsymbol{a} = \lambda\,\boldsymbol{a} + \mu\,\boldsymbol{a}, \ \lambda(\boldsymbol{a} + \boldsymbol{b}) = \lambda\boldsymbol{a} + \lambda\boldsymbol{b}$.

这是因为, 按数乘的定义, 向量 $\lambda(\mu\,\boldsymbol{a})$, $(\lambda\mu)\,\boldsymbol{a}$, $\mu(\lambda\,\boldsymbol{a})$ 都是平行的向量, 它们的指向也是相同的, 且

$$|\lambda(\mu\,\boldsymbol{a})| = |(\lambda\mu)\,\boldsymbol{a}| = |\mu(\lambda\,\boldsymbol{a})|,$$

结合律成立. 分配律可同样按数乘的定义来证明, 请读者自己证明.

向量的加法和数乘运算统称为**向量的线性运算**.

设向量 $\boldsymbol{a}$ 是一个非零向量, $\boldsymbol{a}^{\circ}$ 是与 $\boldsymbol{a}$ 同向的单位向量. 由数与向量乘积的定义可知, $\boldsymbol{a}$ 与 $|\boldsymbol{a}|\,\boldsymbol{a}^{\circ}$ 有相同的方向, 并且 $|\boldsymbol{a}|\,\boldsymbol{a}^{\circ}$ 的模为

$$\big||\boldsymbol{a}|\,\boldsymbol{a}^{\circ}\big| = |\boldsymbol{a}| |\boldsymbol{a}^{\circ}| = |\boldsymbol{a}|,$$

即 $\boldsymbol{a}$ 与 $|\boldsymbol{a}|\,\boldsymbol{a}^{\circ}$ 有相同的模, 所以

$$\boldsymbol{a} = |\boldsymbol{a}|\,\boldsymbol{a}^{\circ}.$$

当 $|\boldsymbol{a}| \neq 0$ 时, 有

$$\boldsymbol{a}^{\circ} = \frac{\boldsymbol{a}}{|\boldsymbol{a}|}.$$

根据向量与数的乘法的定义容易得到

如果非零向量 $\boldsymbol{b} = \lambda \boldsymbol{a}$, λ 为实数, 那么向量 $\boldsymbol{b}$ 平行于 $\boldsymbol{a}$; 反之, 如果非零向量 $\boldsymbol{b}$ 平行于 $\boldsymbol{a}$, 那么也存在唯一的实数 λ, 使得 $\boldsymbol{b} = \lambda \boldsymbol{a}$.

事实上, 若有 $\boldsymbol{b} = \lambda \boldsymbol{a}$, 又有 $\boldsymbol{b} = \mu \boldsymbol{a}$, 则两式相减, 便得

$$(\lambda - \mu)\boldsymbol{a} = \boldsymbol{0},$$

即

$$|\lambda - \mu|\,|\boldsymbol{a}| = 0.$$

因 $|\boldsymbol{a}| \neq 0$, 故 $|\lambda - \mu| = 0$, 即 $\lambda = \mu$.

因此, 我们有如下定理.

定理 1　设 $\boldsymbol{a}, \boldsymbol{b}$ 均为非零向量, 则向量 $\boldsymbol{a}, \boldsymbol{b}$ 平行的充要条件是: 存在唯一的实数 λ, 使得

$$\boldsymbol{b} = \lambda \boldsymbol{a}.$$

例 3　平行四边形 $ABCD$ 中, 设 $\overrightarrow{AB} = \boldsymbol{a}$, $\overrightarrow{AD} = \boldsymbol{b}$. 试用 $\boldsymbol{a}$ 和 $\boldsymbol{b}$ 表示向量 $\overrightarrow{MA}$, $\overrightarrow{MB}$, $\overrightarrow{MC}$, $\overrightarrow{MD}$, 其中 M 是平行四边形对角线的交点.

解　由平行四边形的对角线互相平分 (图 7-1-12), 可得

$$\boldsymbol{a} + \boldsymbol{b} = \overrightarrow{AC} = 2\overrightarrow{AM} = -2\overrightarrow{MA},$$

于是

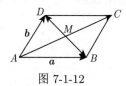

图 7-1-12

$$\overrightarrow{MA} = -\frac{1}{2}(\boldsymbol{a} + \boldsymbol{b}), \quad \overrightarrow{MC} = -\overrightarrow{MA} = \frac{1}{2}(\boldsymbol{a} + \boldsymbol{b}).$$

因为

$$-\boldsymbol{a} + \boldsymbol{b} = \overrightarrow{BD} = 2\overrightarrow{MD},$$

所以

$$\overrightarrow{MD} = \frac{1}{2}(\boldsymbol{b} - \boldsymbol{a}), \quad \overrightarrow{MB} = -\overrightarrow{MD} = \frac{1}{2}(\boldsymbol{a} - \boldsymbol{b}).$$

例 4　设 E, F 分别为 $\triangle ABC$ 两腰 AC, BC 的中点 (图 7-1-13), 用向量方法证明: 线段 EF 平行于 AB, 且长度等于线段 AB 长度的一半.

证 由三角形的性质 (图 7-1-13), 可得

$$\overrightarrow{EC} = \frac{1}{2}\overrightarrow{AC}, \quad \overrightarrow{CF} = \frac{1}{2}\overrightarrow{CB},$$

$$\overrightarrow{EF} = \overrightarrow{EC} + \overrightarrow{CF} = \frac{1}{2}(\overrightarrow{AC} + \overrightarrow{CB}) = \frac{1}{2}\overrightarrow{AB},$$

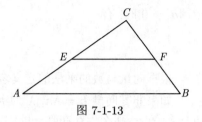

图 7-1-13

由定理 1, $\overrightarrow{EF}$ 和 $\overrightarrow{AB}$ 平行, 即 $EF//AB$; 又因为 $\left|\overrightarrow{EF}\right| = \frac{1}{2}\left|\overrightarrow{AB}\right|$, 所以线段 EF 长度等于线段 AB 长度的一半.

四、向量在轴上的投影

设有一轴 u, $\overrightarrow{AB}$ 是 u 轴上的有向线段, 如果数 λ 满足 $|\lambda| = \left|\overrightarrow{AB}\right|$, 且当 $\overrightarrow{AB}$ 与轴 u 同向时 λ 是正的, 当 $\overrightarrow{AB}$ 与轴 u 反向时 λ 是负的, 那么数 λ 叫做**轴 u 上有向线段 $\overrightarrow{AB}$ 的值**, 记为 AB, 即 $\lambda = AB$. 设 e 是与 u 轴同方向的单位向量, 则 $\overrightarrow{AB} = \lambda e$.

设 A 是空间一点, 通过 A 点作平面 Π 垂直于 u 轴, 则平面 Π 与轴 u 的交点 A' 叫做**点 A 在轴 u 上的投影** (图 7-1-14).

若向量 $\overrightarrow{AB}$ 的起点 A 和终点 B 在轴 u 上的投影分别为 A' 和 B'(图 7-1-15), 设 e 是与 u 轴同方向的单位向量, 如果 $\overrightarrow{A'B'} = \lambda e$. 则数 λ 叫做**向量 $\overrightarrow{AB}$ 在轴 u 上的投影**, 记作 $\mathrm{Prj}_u\overrightarrow{AB}$ 或 $(\overrightarrow{AB})_u$, 称 u 轴为投影轴.

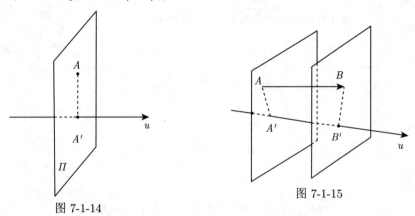

图 7-1-14

图 7-1-15

向量的投影具有下列性质.

性质 1 (投影定理)　向量 a 在轴 u 上的投影等于向量的模乘以轴 u 与向量

$\boldsymbol{a}$ 的夹角 φ 的余弦, 即

$$\mathrm{Prj}_u \boldsymbol{a} = |\boldsymbol{a}| \cdot \cos\varphi.$$

性质 2 两个向量的和在轴 u 上的投影等于两个向量在该轴上投影的和, 即

$$\mathrm{Prj}_u(\boldsymbol{a} + \boldsymbol{b}) = \mathrm{Prj}_u \boldsymbol{a} + \mathrm{Prj}_u \boldsymbol{b}.$$

该性质可推广到 n 个向量, 即

$$\mathrm{Prj}_u(\boldsymbol{a}_1 + \boldsymbol{a}_2 + \cdots + \boldsymbol{a}_n) = \mathrm{Prj}_u \boldsymbol{a}_1 + \mathrm{Prj}_u \boldsymbol{a}_2 + \cdots + \mathrm{Prj}_u \boldsymbol{a}_n.$$

性质 3 向量与数的乘积在轴 u 上投影等于向量在该轴上的投影与该数之积, 即

$$\mathrm{Prj}_u(\lambda \boldsymbol{a}) = \lambda \, \mathrm{Prj}_u \boldsymbol{a}.$$

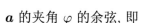

向量的坐标
分解式7-1-2

五、向量的坐标分解式

前面用几何方法讨论了向量的表示和运算, 这种方法虽然直观, 但难以进行精确计算, 并且有些问题仅用几何方法不一定能够解决. 下面引进向量的坐标分解式, 将向量与有序数组联系起来, 从而也可用代数的方法来研究向量.

设有一个起点为坐标原点, 终点为 $M(x, y, z)$ 的向量 $\overrightarrow{OM}$(图 7-1-16), 由向量的加法定义, 有

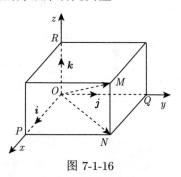

$$\overrightarrow{OM} = \overrightarrow{ON} + \overrightarrow{NM} = \overrightarrow{ON} + \overrightarrow{OR},$$

$$\overrightarrow{ON} = \overrightarrow{OP} + \overrightarrow{PN} = \overrightarrow{OP} + \overrightarrow{OQ},$$

即

$$\overrightarrow{OM} = \overrightarrow{OP} + \overrightarrow{OQ} + \overrightarrow{OR}.$$

图 7-1-16

用 $\boldsymbol{i}, \boldsymbol{j}, \boldsymbol{k}$ 分别表示沿 x 轴, y 轴和 z 轴正向的单位向量 (称为**基本单位向量**), 则

$$\overrightarrow{OP} = x\boldsymbol{i}, \quad \overrightarrow{OQ} = y\boldsymbol{j}, \quad \overrightarrow{OR} = z\boldsymbol{k},$$

于是

$$\overrightarrow{OM} = x\boldsymbol{i} + y\boldsymbol{j} + z\boldsymbol{k}.$$

上式称为向量 $\overrightarrow{OM}$ 的**坐标分解式**. 称 x, y, z 为向量 $\overrightarrow{OM}$ 的**坐标**. 由于有序实数组 (x, y, z) 与点 M 是一一对应的, 所以有序数组 (x, y, z) 与起点在 O 点, 终点在

M 的向量 $\overrightarrow{OM}$ 也有一一对应关系, 并记

$$\overrightarrow{OM} = (x, y, z),$$

上式称为向量 $\overrightarrow{OM}$ 的**坐标表示式**. 由投影定义可知, 向量 $\overrightarrow{OM}$ 在直角坐标系中的坐标 x, y, z 就是 $\overrightarrow{OM}$ 在三条坐标轴上的投影, 即

$$x = \mathrm{Pr}\mathrm{j}_x \boldsymbol{a}, \quad y = \mathrm{Pr}\mathrm{j}_y \boldsymbol{a}, \quad z = \mathrm{Pr}\mathrm{j}_z \boldsymbol{a}.$$

有了向量的坐标表示式, 我们就可以把由几何方法定义的加、减、数乘运算, 转变为向量坐标之间的数量运算.

设

$$\boldsymbol{a} = (a_x, a_y, a_z), \quad \boldsymbol{b} = (b_x, b_y, b_z),$$

即

$$\boldsymbol{a} = a_x \boldsymbol{i} + a_y \boldsymbol{j} + a_z \boldsymbol{k}, \quad \boldsymbol{b} = b_x \boldsymbol{i} + b_y \boldsymbol{j} + b_z \boldsymbol{k},$$

则有

$$\boldsymbol{a} + \boldsymbol{b} = (a_x + b_x)\boldsymbol{i} + (a_y + b_y)\boldsymbol{j} + (a_z + b_z)\boldsymbol{k},$$
$$\boldsymbol{a} - \boldsymbol{b} = (a_x - b_x)\boldsymbol{i} + (a_y - b_y)\boldsymbol{j} + (a_z - b_z)\boldsymbol{k},$$
$$\lambda\boldsymbol{a} = (\lambda a_x)\boldsymbol{i} + (\lambda a_y)\boldsymbol{j} + (\lambda a_z)\boldsymbol{k} \quad (\lambda\text{为实数}),$$

即

$$\boldsymbol{a} + \boldsymbol{b} = (a_x + b_x,\ a_y + b_y,\ a_z + b_z),$$
$$\boldsymbol{a} - \boldsymbol{b} = (a_x - b_x,\ a_y - b_y,\ a_z - b_z),$$
$$\lambda\boldsymbol{a} = (\lambda a_x,\ \lambda a_y,\ \lambda a_z).$$

由此, 向量的加、减及数乘运算可转化为向量的坐标分别对应的数量运算.

当向量 $\boldsymbol{a} \neq \boldsymbol{0}$ 时, 由定理 1 可知, 向量 $\boldsymbol{b}//\boldsymbol{a}$ 相当于 $\boldsymbol{b} = \lambda\boldsymbol{a}$, 其坐标表示式为

$$(b_x, b_y, b_z) = (\lambda a_x, \lambda a_y, \lambda a_z),$$

从而

$$\frac{b_x}{a_x} = \frac{b_y}{a_y} = \frac{b_z}{a_z},$$

即两向量对应的坐标成比例. 当 a_x, a_y, a_z 中有一个是零时, 如 $a_x = 0, a_y \neq 0,$ $a_z \neq 0$, 这时此式应理解为 $b_x = 0, \dfrac{b_y}{a_y} = \dfrac{b_z}{a_z}$; 当 a_x, a_y, a_z 中有两个是零时, 如 $a_x = 0, a_y = 0, a_z \neq 0$, 这时此式应理解为 $b_x = 0, b_y = 0$.

例 5 已知两点 $M_1(x_1, y_1, z_1)$, $M_2(x_2, y_2, z_2)$, 求向量 $\overrightarrow{M_1M_2}$ 的坐标表示式.

解 作向量 $\overrightarrow{OM_1}$, $\overrightarrow{OM_2}$, $\overrightarrow{M_1M_2}$ (图 7-1-17), 则

$$
\begin{aligned}
\overrightarrow{M_1M_2} &= \overrightarrow{OM_2} - \overrightarrow{OM_1} \\
&= (x_2\boldsymbol{i} + y_2\boldsymbol{j} + z_2\boldsymbol{k}) - (x_1\boldsymbol{i} + y_1\boldsymbol{j} + z_1\boldsymbol{k}) \\
&= (x_2 - x_1)\boldsymbol{i} + (y_2 - y_1)\boldsymbol{j} + (z_2 - z_1)\boldsymbol{k} \\
&= (x_2 - x_1, y_2 - y_1, z_2 - z_1).
\end{aligned}
$$

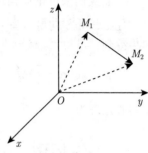

图 7-1-17

这个例子表明: 一个向量的坐标就是它的终点的坐标减去起点的坐标.

例 6 设有两点 $A(x_1, y_1, z_1)$, $B(x_2, y_2, z_2)$ 以及实数 $\lambda \neq -1$, 点 C 把有向线段 $\overrightarrow{AB}$ 分成两个有向线段 $\overrightarrow{AC}$ 和 $\overrightarrow{CB}$, 使 $\overrightarrow{AC} = \lambda\overrightarrow{CB}$, 求定比分点 C 的坐标.

解 设点 C 的坐标为 (x, y, z), 如图 7-1-18. 由于

$$
\overrightarrow{AC} = \overrightarrow{OC} - \overrightarrow{OA}, \quad \overrightarrow{CB} = \overrightarrow{OB} - \overrightarrow{OC},
$$

因此

$$
\overrightarrow{OC} - \overrightarrow{OA} = \lambda(\overrightarrow{OB} - \overrightarrow{OC}).
$$

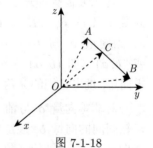

图 7-1-18

故

$$
\begin{aligned}
\overrightarrow{OC} &= \frac{1}{1+\lambda}(\overrightarrow{OA} + \lambda\overrightarrow{OB}) \\
&= \frac{1}{1+\lambda}(x_1 + \lambda x_2, y_1 + \lambda y_2, z_1 + \lambda z_2).
\end{aligned}
$$

即得点 C 的坐标为

$$
x = \frac{x_1 + \lambda x_2}{1+\lambda}, \quad y = \frac{y_1 + \lambda y_2}{1+\lambda}, \quad z = \frac{z_1 + \lambda z_2}{1+\lambda}.
$$

特别地, 当 $\lambda = 1$ 时, 点 C 是有向线段 $\overrightarrow{AB}$ 的中点, 其坐标为

$$x = \frac{x_1 + x_2}{2}, \quad y = \frac{y_1 + y_2}{2}, \quad z = \frac{z_1 + z_2}{2}.$$

六、向量的模和方向余弦

下面我们来讨论如何用向量的坐标表示它的模和方向.

任给一非零向量 $\boldsymbol{a} = (x, y, z)$, 作 $\overrightarrow{OM} = \boldsymbol{a}$. 从图 7-1-19 容易得到

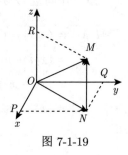

$$\boldsymbol{a} = \overrightarrow{OM} = \overrightarrow{OP} + \overrightarrow{OQ} + \overrightarrow{OR},$$

由勾股定理得

$$|\boldsymbol{a}| = \left|\overrightarrow{OM}\right| = \sqrt{|OP|^2 + |OQ|^2 + |OR|^2}$$
$$= \sqrt{x^2 + y^2 + z^2},$$

图 7-1-19

这就是向量 $\boldsymbol{a}$ 的模的坐标表示式. 它与点 $M(x, y, z)$ 到坐标原点的距离公式是一样的.

设有两非零向量 $\boldsymbol{a}$ 和 $\boldsymbol{b}$, 任取空间一点 O, 分别作向量 $\overrightarrow{OA} = \boldsymbol{a}$, $\overrightarrow{OB} = \boldsymbol{b}$, 称 $\theta = \angle AOB$ ($0 \leqslant \theta \leqslant \pi$) 为向量 $\boldsymbol{a}$ 与 $\boldsymbol{b}$ 的夹角 (图 7-1-20). 记作 $\widehat{(\boldsymbol{a}, \boldsymbol{b})}$ 或 $\widehat{(\boldsymbol{b}, \boldsymbol{a})}$, 即 $\widehat{(\boldsymbol{b}, \boldsymbol{a})} = \theta$. 若向量 $\boldsymbol{a}$ 与 $\boldsymbol{b}$ 中有一个是零向量, 规定它们的夹角可以取 0 到 π 之间的任意值.

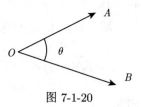

图 7-1-20

对非零向量 $\boldsymbol{a}$ 与轴 u, 可在 u 轴上取一与 u 轴同向的向量 $\boldsymbol{b}$, 规定向量 $\boldsymbol{a}$ 与 $\boldsymbol{b}$ 的夹角即为向量 $\boldsymbol{a}$ 与 u 轴的夹角. 类似还可定义轴与轴之间的夹角.

设一非零向量 $\boldsymbol{a} = (x, y, z)$, 由图 7-1-21 可以看出, 向量的方向还可以由向量与 x 轴, y 轴, z 轴正向的夹角 α, β, γ 完全确定. 称 α, β, γ 为向量 $\boldsymbol{a}$ 的**方向角**, 并规定 $0 \leqslant \alpha$, β, $\gamma \leqslant \pi$. 因为 $\angle MOP = \alpha$, 且 $MP \perp OP$, 所以

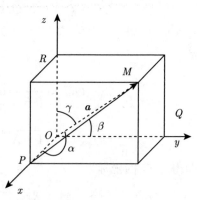

$$\cos \alpha = \frac{x}{|\boldsymbol{a}|},$$

图 7-1-21

同理可得

$$\cos\beta = \frac{y}{|\boldsymbol{a}|}, \quad \cos\gamma = \frac{z}{|\boldsymbol{a}|}.$$

从而

$$(\cos\alpha, \cos\beta, \cos\gamma) = \left(\frac{x}{|\boldsymbol{a}|}, \frac{y}{|\boldsymbol{a}|}, \frac{z}{|\boldsymbol{a}|}\right) = \frac{1}{|\boldsymbol{a}|}(x, y, z) = \frac{\boldsymbol{a}}{|\boldsymbol{a}|} = \boldsymbol{a}^\circ,$$

称 $\cos\alpha, \cos\beta, \cos\gamma$ 为向量 $\boldsymbol{a}$ 的**方向余弦**. 方向余弦的平方和为

$$\cos^2\alpha + \cos^2\beta + \cos^2\gamma = 1.$$

此式表明: 向量 $(\cos\alpha, \cos\beta, \cos\gamma)$ 的模为 1, 即以 $\boldsymbol{a}$ 的方向余弦为坐标的向量是与 $\boldsymbol{a}$ 同向的单位向量.

例 7 设已知两点 $A\left(0, 2\sqrt{3}, -3\sqrt{6}\right)$ 和 $B\left(\sqrt{3}, \sqrt{3}, -2\sqrt{6}\right)$, 计算向量 $\overrightarrow{AB}$ 的模、方向余弦、方向角及与 $\overrightarrow{AB}$ 同方向的单位向量.

解 因为

$$\overrightarrow{AB} = \left(\sqrt{3} - 0, \sqrt{3} - 2\sqrt{3}, -2\sqrt{6} + 3\sqrt{6}\right) = \left(\sqrt{3}, -\sqrt{3}, \sqrt{6}\right),$$

所以

$$\left|\overrightarrow{AB}\right| = \sqrt{\sqrt{3}^2 + \left(-\sqrt{3}\right)^2 + \sqrt{6}^2} = 2\sqrt{3},$$

于是

$$\cos\alpha = \frac{1}{2}, \quad \cos\beta = -\frac{1}{2}, \quad \cos\gamma = \frac{\sqrt{2}}{2},$$

$$\alpha = \frac{\pi}{3}, \quad \beta = \frac{2\pi}{3}, \quad \gamma = \frac{\pi}{4}.$$

与 $\overrightarrow{AB}$ 同方向的单位向量为 $\boldsymbol{a}^\circ$, 由于 $\boldsymbol{a}^\circ = (\cos\alpha, \cos\beta, \cos\gamma)$, 即得

$$\boldsymbol{a}^\circ = \left(\frac{1}{2}, -\frac{1}{2}, \frac{\sqrt{2}}{2}\right).$$

例 8 从点 $A(2, -1, 7)$ 沿向量 $\boldsymbol{\alpha} = 8\boldsymbol{i} + 9\boldsymbol{j} - 12\boldsymbol{k}$ 的方向取线段 $|AB| = 34$, 求 B 点的坐标.

解 设 B 点的坐标为 (x, y, z), 则 $\overrightarrow{AB} = (x - 2, y + 1, z - 7)$. 由题意, 有

$\left|\overrightarrow{AB}\right| = 34$, 并且 $\overrightarrow{AB}$ 与 $\boldsymbol{a}$ 同向 (即它们有相同的方向余弦). $\boldsymbol{a}$ 的方向余弦为

$$\cos\alpha = \frac{8}{\sqrt{8^2 + 9^2 + (-12)^2}} = \frac{8}{17},$$

$$\cos\beta = \frac{9}{17}, \quad \cos\gamma = -\frac{12}{17},$$

而 $\overrightarrow{AB}$ 的方向余弦为

$$\cos\alpha = \frac{x-2}{\left|\overrightarrow{AB}\right|} = \frac{x-2}{34}, \quad \cos\beta = \frac{y+1}{34}, \quad \cos\gamma = \frac{z-7}{34}.$$

从而

$$\frac{x-2}{34} = \frac{8}{17}, \quad \frac{y+1}{34} = \frac{9}{17}, \quad \frac{z-7}{34} = -\frac{12}{17}.$$

解得

$$x = 18, \quad y = 17, \quad z = -17.$$

即 $(18, 17, -17)$ 就是所求点 B 的坐标.

习　题　7-1

A 组

课件7-1-3

1. 自点 $P_0(x_0, y_0, z_0)$ 分别作各坐标面和各坐标轴的垂线, 写出各垂足的坐标.

2. 求点 (a, b, c) 关于 (1) 各坐标面; (2) 各坐标轴; (3) 坐标原点的对称点的坐标.

3. 一边长为 a 的立方体放置在 xOy 面上, 其底面的中心在坐标原点, 底面的顶点在 x 轴和 y 轴上, 求它各顶点的坐标.

4. 证明以 $A(4, 5, 3)$, $B(1, 7, 4)$, $C(2, 4, 6)$ 为顶点的三角形是等边三角形.

5. 已知 $\boldsymbol{u} = \boldsymbol{a} + \boldsymbol{b} + \boldsymbol{c}, \boldsymbol{v} = \boldsymbol{a} - \boldsymbol{b} - 2\boldsymbol{c}$, 试求 $\boldsymbol{u} + 2\boldsymbol{v}$ 与 $\boldsymbol{a}, \boldsymbol{b}, \boldsymbol{c}$ 的关系式.

6. 如果平面上一个四边形的对角线互相平分, 试用向量证明这个四边形平行四边形.

7. 设 $\boldsymbol{a} = 2\boldsymbol{i} + 3\boldsymbol{j} + \boldsymbol{k}, \boldsymbol{b} = \boldsymbol{i} - \boldsymbol{j} + \boldsymbol{k}$, 求以 $\boldsymbol{u} = \boldsymbol{a} + \boldsymbol{b}, \boldsymbol{v} = 3\boldsymbol{a} - 2\boldsymbol{b}$ 为邻边的平行四边形两条对角线的长.

8. 求平行于向量 $\boldsymbol{a} = (-7, 6, -6)$ 的单位向量.

9. 试证明三点 $A(1, 0, -1)$, $B(3, 4, 5)$, $C(0, -2, -4)$ 共线.

10. 已知 $M_1(4, \sqrt{2}, 1)$, $M_2(3, 0, 2)$, 求向量 $\overrightarrow{M_1M_2}$ 的模、方向余弦和方向角.

11. 设向量 $\boldsymbol{a}$ 的模是 5, 它与轴 u 的夹角是 $\frac{\pi}{4}$, 求 $\boldsymbol{a}$ 在轴 u 上的投影.

12. 设 $\boldsymbol{m} = 3\boldsymbol{i} + 5\boldsymbol{j} + 8\boldsymbol{k}, \boldsymbol{n} = 2\boldsymbol{i} - 4\boldsymbol{j} - 7\boldsymbol{k}$ 和 $\boldsymbol{p} = 5\boldsymbol{i} + \boldsymbol{j} - 4\boldsymbol{k}$. 求向量 $\boldsymbol{a} = 4\boldsymbol{m} + 3\boldsymbol{n} - \boldsymbol{p}$ 在 x 轴上的投影及在 y 轴上的分向量.

13. 设向量 a 与 x 轴, y 轴的夹角余弦分别为 $\cos\alpha = \dfrac{1}{3}$, $\cos\beta = \dfrac{2}{3}$, 且其模为 3, 求向量 a.

14. 已知 $a = (3, 5, -4)$, $b = (2, 1, 8)$.

(1) 求 $2a - 3b$;

(2) λ 与 μ 满足什么条件时, $\lambda a + \mu b$ 垂直于 y 轴?

B 组

1. 在 yOz 面上, 求与 $A(3,1,2)$, $B(4,-2,-2)$ 和 $C(0,5,1)$ 三点等距离的点.

2. 求点 $M(4,-3,5)$ 到原点与各坐标轴的距离.

3. 设 A, B, C, D 是四面体的顶点, M, N 分边是棱 AB、CD 的中点, 证明

$$\overrightarrow{MN} = \frac{1}{2}(\overrightarrow{AD} + \overrightarrow{BC}).$$

4. 一向量的终点在点 $B(3,-1,6)$, 它在 x 轴, y 轴和 z 轴上的投影依次为 5, -4, 6, 求这向量的起点 A 的坐标.

5. 已知某向量的方向角 α, β, γ 满足于 $\alpha = \beta = \dfrac{1}{2}\gamma$, 求该向量的方向余弦.

6. 已知向量 $\overrightarrow{AB} = (-3,0,4)$, $\overrightarrow{AC} = (5,-2,-14)$, 求等分角 $\angle BAC$ 的单位向量.

7.2 向量的数量积与向量积

课前测7-2-1

前面已介绍了向量的加法和数乘运算, 下面介绍向量的两类特殊运算: 数量积和向量积. 先介绍两个向量的数量积.

一、向量的数量积

数量积是两个向量的一种特殊运算, 它是从物理问题中抽象出来的. 设一物体在常力 F 作用下沿直线从点 A 移动到点 B, 以 s 表示位移 $\overrightarrow{AB}$, 由物理学知道, 力 F 所做的功为

$$W = |F|\,|s|\cos\theta,$$

其中 θ 为 F 与 s 的夹角 (图 7-2-1). 在其他一些问题中, 也会遇到上述形式的运算, 由此我们引入向量的数量积的定义.

定义 1　两个向量 a 和 b, 它们的模 $|a|$, $|b|$ 及它们的夹角 θ 的余弦的乘积称为向量 a 和 b 的**数量积** (又称**点积**或**内积**), 记作 $a \cdot b$, 即

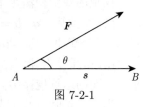
图 7-2-1

$$a \cdot b = |a|\,|b|\cos\theta.$$

根据这个定义, 上述问题中力所做的功 W 是力 $\boldsymbol{F}$ 和位移 $\boldsymbol{s}$ 的数量积, 即

$$W = \boldsymbol{F} \cdot \boldsymbol{s}$$

由投影的性质 1 可知, 当 $\boldsymbol{a} \neq \boldsymbol{0}, \boldsymbol{b} \neq \boldsymbol{0}$ 时, $|\boldsymbol{b}|\cos(\widehat{\boldsymbol{a}, \boldsymbol{b}})$ 是向量 $\boldsymbol{b}$ 在向量 $\boldsymbol{a}$ 上的投影, 于是数量积又可以写成

$$\boldsymbol{a} \cdot \boldsymbol{b} = |\boldsymbol{a}| \operatorname{Prj}_{\boldsymbol{a}} \boldsymbol{b},$$

或

$$\boldsymbol{a} \cdot \boldsymbol{b} = |\boldsymbol{b}| \operatorname{Prj}_{\boldsymbol{b}} \boldsymbol{a}.$$

这就是说, 两向量的数量积等于其中一个向量的模和另一个向量在这向量的方向上的投影的乘积.

由数量积的定义还可以推得如下性质.

性质 1 $\boldsymbol{a} \cdot \boldsymbol{a} = |\boldsymbol{a}|^2$.

证 因为夹角 $\theta = 0$, 所以

$$\boldsymbol{a} \cdot \boldsymbol{a} = |\boldsymbol{a}|\,|\boldsymbol{a}| \cos \theta = |\boldsymbol{a}|^2.$$

性质 2 对于两个非零向量 $\boldsymbol{a}, \boldsymbol{b}$, 当 $\boldsymbol{a} \perp \boldsymbol{b}$ 时, 有 $\boldsymbol{a} \cdot \boldsymbol{b} = 0$; 反之, 当 $\boldsymbol{a} \cdot \boldsymbol{b} = 0$ 时, 必有 $\boldsymbol{a} \perp \boldsymbol{b}$.

证 因为当 $\boldsymbol{a} \perp \boldsymbol{b}$ 时, 两向量的夹角 $\theta = \dfrac{\pi}{2}$, 于是

$$\boldsymbol{a} \cdot \boldsymbol{b} = |\boldsymbol{a}|\,|\boldsymbol{b}| \cos \frac{\pi}{2} = 0;$$

反之, 当 $\boldsymbol{a} \cdot \boldsymbol{b} = 0$ 时, $\boldsymbol{a}, \boldsymbol{b}$ 为两非零向量, 即 $|\boldsymbol{a}| \neq 0, |\boldsymbol{b}| \neq 0$, 故 $\cos\theta = 0$, 从而 $\theta = \dfrac{\pi}{2}$, 即 $\boldsymbol{a} \perp \boldsymbol{b}$.

零向量的方向任意, 于是可以认为零向量与任何向量都垂直. 因此得到这样的结论: 向量 $\boldsymbol{a} \perp \boldsymbol{b}$ 的充分必要条件是 $\boldsymbol{a} \cdot \boldsymbol{b} = 0$.

向量的数量积满足下列运算规律:

(1) 交换律 $\boldsymbol{a} \cdot \boldsymbol{b} = \boldsymbol{b} \cdot \boldsymbol{a}$;

(2) 分配律 $(\boldsymbol{a} + \boldsymbol{b}) \cdot \boldsymbol{c} = \boldsymbol{a} \cdot \boldsymbol{c} + \boldsymbol{b} \cdot \boldsymbol{c}$;

(3) 数乘结合律 $(\lambda \boldsymbol{a}) \cdot \boldsymbol{b} = \boldsymbol{a} \cdot (\lambda \boldsymbol{b}) = \lambda(\boldsymbol{a} \cdot \boldsymbol{b})$.

上面的运算规律中, (1) 和 (3) 可由数量积的定义直接推得. 下面证明 (2).

当 $\boldsymbol{c} = \boldsymbol{0}$ 时, (2) 式显然成立; 当 $\boldsymbol{c} \neq \boldsymbol{0}$ 时, 有

$$(\boldsymbol{a} + \boldsymbol{b}) \cdot \boldsymbol{c} = |\boldsymbol{c}| \operatorname{Prj}_{\boldsymbol{c}}(\boldsymbol{a} + \boldsymbol{b}) = |\boldsymbol{c}|\,(\operatorname{Prj}_{\boldsymbol{c}} \boldsymbol{a} + \operatorname{Prj}_{\boldsymbol{c}} \boldsymbol{b})$$

$$= |c| \operatorname{Prj}_c a + |c| \operatorname{Prj}_c b = a \cdot c + b \cdot c.$$

例 1 已知 $|a| = |b| = 1$, $\widehat{(a, b)} = \dfrac{\pi}{2}$, $c = 2a + b$, $d = 3a - b$, 求 $\widehat{(c, d)}$.

解 由

$$c \cdot d = (2a + b) \cdot (3a - b)$$
$$= 6a \cdot a + 3a \cdot b - 2a \cdot b - b \cdot b$$
$$= 6 |a|^2 + a \cdot b - |b|^2$$
$$= 6 + 0 - 1 = 5,$$

同理

$$c \cdot c = (2a + b) \cdot (2a + b) = 4 |a|^2 + 4a \cdot b + |b|^2 = 5,$$
$$d \cdot d = (3a - b) \cdot (3a - b) = 9 |a|^2 - 6a \cdot b + |b|^2 = 10,$$

则

$$|c| = \sqrt{5}, \quad |d| = \sqrt{10}.$$

于是, 得

$$\cos\widehat{(c, d)} = \frac{c \cdot d}{|c| \, |d|} = \frac{5}{\sqrt{5}\sqrt{10}} = \frac{\sqrt{2}}{2}, \quad \widehat{(c, d)} = \frac{\pi}{4}.$$

例 2 试用向量证明三角形的余弦定理.

证 在 $\triangle ABC$ 中, 设 $\angle ACB = \theta$(图 7-2-2), $|BC| = a$, $|CA| = b$, $|AB| = c$, 要证的结论是

$$c^2 = a^2 + b^2 - 2ab\cos\theta.$$

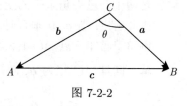

图 7-2-2

设 $\overrightarrow{CB} = a$, $\overrightarrow{CA} = b$, $\overrightarrow{AB} = c$, 则 $c = a - b$, 从而

$$|c|^2 = c \cdot c = (a - b) \cdot (a - b)$$
$$= a \cdot a + b \cdot b - 2a \cdot b$$
$$= |a|^2 + |b|^2 - 2 |a| \, |b| \cos\widehat{(a, b)},$$

而 $|\boldsymbol{a}| = a, |\boldsymbol{b}| = b, |\boldsymbol{c}| = c, (\widehat{\boldsymbol{a}, \boldsymbol{b}}) = \theta$, 因此

$$c^2 = a^2 + b^2 - 2ab\cos\theta.$$

下面来推导数量积的坐标表示式.

设 $\boldsymbol{a} = a_x\boldsymbol{i} + a_y\boldsymbol{j} + a_z\boldsymbol{k}, \boldsymbol{b} = b_x\boldsymbol{i} + b_y\boldsymbol{j} + b_z\boldsymbol{k}$, 则

$$\begin{aligned}
\boldsymbol{a} \cdot \boldsymbol{b} &= (a_x\boldsymbol{i} + a_y\boldsymbol{j} + a_z\boldsymbol{k}) \cdot (b_x\boldsymbol{i} + b_y\boldsymbol{j} + b_z\boldsymbol{k}) \\
&= a_x\boldsymbol{i} \cdot (b_x\boldsymbol{i} + b_y\boldsymbol{j} + b_z\boldsymbol{k}) + a_y\boldsymbol{j} \cdot (b_x\boldsymbol{i} + b_y\boldsymbol{j} + b_z\boldsymbol{k}) + a_z\boldsymbol{k} \cdot (b_x\boldsymbol{i} + b_y\boldsymbol{j} + b_z\boldsymbol{k}) \\
&= a_xb_x\boldsymbol{i} \cdot \boldsymbol{i} + a_xb_y\boldsymbol{i} \cdot \boldsymbol{j} + a_xb_z\boldsymbol{i} \cdot \boldsymbol{k} + a_yb_x\boldsymbol{j} \cdot \boldsymbol{i} + a_yb_y\boldsymbol{j} \cdot \boldsymbol{j} + a_yb_z\boldsymbol{j} \cdot \boldsymbol{k} \\
&\quad + a_zb_x\boldsymbol{k} \cdot \boldsymbol{i} + a_zb_y\boldsymbol{k} \cdot \boldsymbol{j} + a_zb_z\boldsymbol{k} \cdot \boldsymbol{k},
\end{aligned}$$

因为 $\boldsymbol{i}, \boldsymbol{j}, \boldsymbol{k}$ 是两两互相垂直的基本单位向量, 所以

$$\boldsymbol{i} \cdot \boldsymbol{i} = \boldsymbol{j} \cdot \boldsymbol{j} = \boldsymbol{k} \cdot \boldsymbol{k} = 1, \quad \boldsymbol{i} \cdot \boldsymbol{j} = \boldsymbol{j} \cdot \boldsymbol{k} = \boldsymbol{k} \cdot \boldsymbol{i} = 0,$$

因此, 我们得到

$$\boldsymbol{a} \cdot \boldsymbol{b} = a_xb_x + a_yb_y + a_zb_z,$$

这就是两向量的数量积的坐标表示式.

显然, 当 $\boldsymbol{a}, \boldsymbol{b}$ 是两非零向量时, 有

$$\cos\theta = \frac{\boldsymbol{a} \cdot \boldsymbol{b}}{|\boldsymbol{a}||\boldsymbol{b}|} = \frac{a_xb_x + a_yb_y + a_zb_z}{\sqrt{a_x^2 + a_y^2 + a_z^2}\sqrt{b_x^2 + b_y^2 + b_z^2}},$$

这就是两个向量夹角余弦的坐标表示式.

由此看出, 当 $\boldsymbol{a}, \boldsymbol{b}$ 垂直时, 必有 $a_xb_x + a_yb_y + a_zb_z = 0$, 反之亦然.

例 3 已知三点 $A(-1, 2, 3), B(0, 0, 5)$ 和 $C(1, 1, 1)$, 求 $\angle ACB$.

解 向量 $\overrightarrow{AC}$ 记为 $\boldsymbol{a}$, 向量 $\overrightarrow{BC}$ 记为 $\boldsymbol{b}$, 则 $\angle ACB$ 就是向量 $\boldsymbol{a}$ 与 $\boldsymbol{b}$ 的夹角.

$$\boldsymbol{a} = (2, -1, -2), \quad \boldsymbol{b} = (1, 1, -4).$$

因为

$$\boldsymbol{a} \cdot \boldsymbol{b} = 2 \times 1 + 1 \times (-1) + 2 \times 4 = 9,$$

$$|\boldsymbol{a}| = \sqrt{2^2 + (-1)^2 + (-2)^2} = 3,$$

$$|\boldsymbol{b}| = \sqrt{1^2 + 1^2 + (-4)^2} = 3\sqrt{2}.$$

所以

$$\cos \angle ACB = \frac{\boldsymbol{a} \cdot \boldsymbol{b}}{|\boldsymbol{a}||\boldsymbol{b}|} = \frac{9}{3 \cdot 3\sqrt{2}} = \frac{1}{\sqrt{2}}.$$

从而 $\angle ACB = \dfrac{\pi}{4}$.

例 4 求向量 $\boldsymbol{a} = (5, -2, 5)$ 在向量 $\boldsymbol{b} = (1, -2, 2)$ 上的投影.

解 由 $\boldsymbol{a} \cdot \boldsymbol{b} = |\boldsymbol{b}| \mathrm{Prj}_{\boldsymbol{b}} \boldsymbol{a}$ 可得

$$\mathrm{Prj}_{\boldsymbol{b}} \boldsymbol{a} = \frac{\boldsymbol{a} \cdot \boldsymbol{b}}{|\boldsymbol{b}|} = \frac{5 + 4 + 10}{\sqrt{1 + 4 + 4}} = \frac{19}{3}.$$

例 5 设液体流过平面 $\varPi$ 上面积为 A 的一个区域, 液体在这区域上各点处的流速均为 (常向量)$\boldsymbol{v}$. 设 $\boldsymbol{n}$ 为垂直于 $\varPi$ 的单位向量 (图 7-2-3), 计算单位时间内经过这区域流向 $\boldsymbol{n}$ 所指一方的液体的质量 P(液体的密度为 ρ).

解 单位时间内流过这区域的液体组成一个底面积为 A, 斜高为 $|\boldsymbol{v}|$ 的斜柱体 (图 7-2-4). 该柱体的斜高与底面的垂线的夹角就是 $\boldsymbol{v}$ 与 $\boldsymbol{n}$ 的夹角 θ, 所以这柱体的高为 $|\boldsymbol{v}|\cos \theta$, 体积为

$$A|\boldsymbol{v}|\cos \theta = A\boldsymbol{v} \cdot \boldsymbol{n}.$$

从而单位时间内经过这区域流向 $\boldsymbol{n}$ 所指一方的液体的质量为

$$P = \rho A\boldsymbol{v} \cdot \boldsymbol{n}.$$

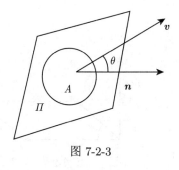

图 7-2-3

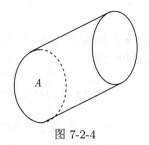

图 7-2-4

二、向量的向量积

向量积是两个向量的另一种特殊的运算, 它也是由物理问题中抽象出来的. 例如, 在研究物体转动问题时, 不但要考虑这物体所受的力, 还要分析这些力所产生的力矩.

设 O 为一根杠杆 L 的支点, 有一个力 $\boldsymbol{F}$ 作用于这杠杆上 P 点处, $\boldsymbol{F}$ 与 $\overrightarrow{OP}$ 的夹角为 θ (图 7-2-5). 由力学规定, 力 $\boldsymbol{F}$ 对支点 O 的力矩是一向量 $\boldsymbol{M}$, 它的模为

$$|\boldsymbol{M}| = |OQ||\boldsymbol{F}| = \left|\overrightarrow{OP}\right| |\boldsymbol{F}| \sin\theta,$$

而 $\boldsymbol{M}$ 的方向垂直于 $\overrightarrow{OP}$ 与 $\boldsymbol{F}$ 所决定的平面, $\boldsymbol{M}$ 的指向是按右手规则从 $\overrightarrow{OP}$ 以不超过 π 的角转向 $\boldsymbol{F}$ 来确定.

这种按上述法则由两个向量确定另一个向量的问题, 在物理学及其他科学中也经常遇到. 下面给出两向量的向量积的定义.

定义 2   由向量 $\boldsymbol{a}$ 和 $\boldsymbol{b}$ 确定一个新向量 $\boldsymbol{c}$, 使 $\boldsymbol{c}$ 满足

(1) $\boldsymbol{c}$ 的模为 $|\boldsymbol{c}| = |\boldsymbol{a}||\boldsymbol{b}|\sin\theta$, 其中 θ 为 $\boldsymbol{a}$ 与 $\boldsymbol{b}$ 间的夹角;

(2) $\boldsymbol{c}$ 垂直于 $\boldsymbol{a}$ 与 $\boldsymbol{b}$ 所决定的平面, 且 $\boldsymbol{a}, \boldsymbol{b}, \boldsymbol{c}$ 的方向符合右手规则 (图 7-2-6).

向量积的定义
7-2-2

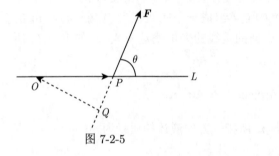

图 7-2-5

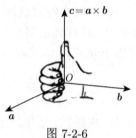

图 7-2-6

这样确定的向量 $\boldsymbol{c}$ 称为 $\boldsymbol{a}$ 与 $\boldsymbol{b}$ 的**向量积** (又称**叉积**或**外积**), 记作 $\boldsymbol{a} \times \boldsymbol{b}$, 即

$$\boldsymbol{c} = \boldsymbol{a} \times \boldsymbol{b}.$$

由向量积的定义可知, 力矩 $\boldsymbol{M}$ 等于 $\overrightarrow{OP}$ 与 $\boldsymbol{F}$ 的向量积, 即

$$\boldsymbol{M} = \overrightarrow{OP} \times \boldsymbol{F}.$$

向量积的模有明显的几何意义, $|\boldsymbol{a} \times \boldsymbol{b}| = |\boldsymbol{a}|\ |\boldsymbol{b}|\sin\theta$ 表示以 $\boldsymbol{a}, \boldsymbol{b}$ 为邻边的平行四边形的面积 (图 7-2-7), 其中 θ 为 $\boldsymbol{a}$ 与 $\boldsymbol{b}$ 间的夹角.

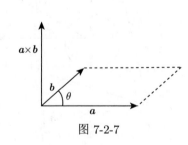

图 7-2-7

由向量积的定义可以得到

设 $\boldsymbol{a}, \boldsymbol{b}$ 为两个非零向量, 如果 $\boldsymbol{a} \times \boldsymbol{b} = \boldsymbol{0}$, 由于 $|\boldsymbol{a}| \neq 0$, $|\boldsymbol{b}| \neq 0$, 则必有 $\sin(\widehat{\boldsymbol{a}, \boldsymbol{b}}) = 0$, 于是 $(\widehat{\boldsymbol{a}, \boldsymbol{b}}) = 0$ 或 π, 即 $\boldsymbol{a}$ 与 $\boldsymbol{b}$ 平行; 反之, 如果 $\boldsymbol{a}$ 与 $\boldsymbol{b}$ 平行, 则 $(\widehat{\boldsymbol{a}, \boldsymbol{b}}) = 0$ 或 π, 于是 $|\boldsymbol{a} \times \boldsymbol{b}| = 0$, 即 $\boldsymbol{a} \times \boldsymbol{b} = \boldsymbol{0}$.

这就是说, 两个非零向量 a, b 平行的充要条件是它们的向量积为零. 显然, $a \times a = 0$.

向量积符合下列运算规律.

(1) $a \times b = -b \times a$.

这是因为按右手规则从 b 转向 a 定出的方向恰好与按右手规则从 a 转向 b 定出的方向相反. 它表明交换律对向量积不成立.

(2) 分配律 $(a + b) \times c = a \times c + b \times c$.

(3) 数乘结合律 $(\lambda a) \times c = a \times (\lambda c) = \lambda(a \times c)$ (λ 为数).

这两个规律的证明略去. 下面来推导向量积的坐标表示式.

设 $a = a_x i + a_y j + a_z k$, $b = b_x i + b_y j + b_z k$, 则

$$a \times b = (a_x i + a_y j + a_z k) \times (b_x i + b_y j + b_z k)$$

$$= a_x b_x i \times i + a_x b_y i \times j + a_x b_z i \times k + a_y b_x j \times i + a_y b_y j \times j + a_y b_z j \times k$$

$$+ a_z b_x k \times i + a_z b_y k \times j + a_z b_z k \times k,$$

由于

$$i \times i = j \times j = k \times k = 0, \quad i \times j = k, \quad j \times k = i,$$

$$k \times i = j, \quad j \times i = -k, \quad k \times j = -i, \quad i \times k = -j,$$

所以

$$a \times b = (a_y b_z - a_z b_y) i + (a_z b_x - a_x b_z) j + (a_x b_y - a_y b_x) k.$$

为了便于记忆, 把上式写成行列式的形式

$$a \times b = \begin{vmatrix} a_y & a_z \\ b_y & b_z \end{vmatrix} i - \begin{vmatrix} a_x & a_z \\ b_x & b_z \end{vmatrix} j + \begin{vmatrix} a_x & a_y \\ b_x & b_y \end{vmatrix} k = \begin{vmatrix} i & j & k \\ a_x & a_y & a_z \\ b_x & b_y & b_z \end{vmatrix},$$

这就是向量积的坐标表示式.

例 6 设 $a = (2, -1, 1)$, $b = (1, 2, -1)$, 计算 $a \times b$ 及与 a, b 都垂直的单位向量.

解

$$a \times b = \begin{vmatrix} i & j & k \\ 2 & -1 & 1 \\ 1 & 2 & -1 \end{vmatrix} = \begin{vmatrix} -1 & 1 \\ 2 & -1 \end{vmatrix} i - \begin{vmatrix} 2 & 1 \\ 1 & -1 \end{vmatrix} j + \begin{vmatrix} 2 & -1 \\ 1 & 2 \end{vmatrix} k = -i + 3j + 5k.$$

由向量积的定义可知, 若 $c = a \times b$, 则 $\pm c$ 与 a, b 都垂直, 而

$$|c| = |a \times b| = \sqrt{(-1)^2 + 3^2 + 5^2} = \sqrt{35},$$

因此所求的单位向量为

$$\pm \frac{c}{|c|} = \pm \frac{1}{\sqrt{35}}(-1, 3, 5).$$

例 7 已知平行四边形的两邻边分别为 $a = (1, -3, 1), b = (2, -1, 3)$, 求平行四边形的面积.

解 因为

$$a \times b = \begin{vmatrix} i & j & k \\ 1 & -3 & 1 \\ 2 & -1 & 3 \end{vmatrix} = \begin{vmatrix} -3 & 1 \\ -1 & 3 \end{vmatrix} i - \begin{vmatrix} 1 & 1 \\ 2 & 3 \end{vmatrix} j + \begin{vmatrix} 1 & -3 \\ 2 & -1 \end{vmatrix} k = -8i - j + 5k,$$

由向量积的意义可知, 平行四边形的面积为

$$S = |a \times b| = \sqrt{(-8)^2 + (-1)^2 + 5^2} = 3\sqrt{10}.$$

三、向量的混合积

定义 3 设 a, b, c 为三个向量, 称 $(a \times b) \cdot c$ 为三个向量 a, b, c 的**混合积**, 记作 $[a\ b\ c]$.

例 8 设 $a = a_x i + a_y j + a_z k$, $b = b_x i + b_y j + b_z k$, $c = c_x i + c_y j + c_z k$, 求 $(a \times b) \cdot c$.

解

$$a \times b = \begin{vmatrix} i & j & k \\ a_x & a_y & a_z \\ b_x & b_y & b_z \end{vmatrix} = \begin{vmatrix} a_y & a_z \\ b_y & b_z \end{vmatrix} i - \begin{vmatrix} a_x & a_z \\ b_x & b_z \end{vmatrix} j + \begin{vmatrix} a_x & a_y \\ b_x & b_y \end{vmatrix} k.$$

由两向量的数量积的坐标式, 得

$$(a \times b) \cdot c = c_x \begin{vmatrix} a_y & a_z \\ b_y & b_z \end{vmatrix} - c_y \begin{vmatrix} a_x & a_z \\ b_x & b_z \end{vmatrix} + c_z \begin{vmatrix} a_x & a_y \\ b_x & b_y \end{vmatrix},$$

即

$$(a \times b) \cdot c = \begin{vmatrix} a_x & a_y & a_z \\ b_x & b_y & b_z \\ c_x & c_y & c_z \end{vmatrix}.$$

利用例 8 的结果和行列式的性质容易验证:

$$(\boldsymbol{a} \times \boldsymbol{b}) \cdot \boldsymbol{c} = (\boldsymbol{b} \times \boldsymbol{c}) \cdot \boldsymbol{a} = (\boldsymbol{c} \times \boldsymbol{a}) \cdot \boldsymbol{b}.$$

向量的混合积有下述几何意义: 混合积 $(\boldsymbol{a} \times \boldsymbol{b}) \cdot \boldsymbol{c}$ 是这样一个数, 它的绝对值等于以 $\boldsymbol{a}, \boldsymbol{b}, \boldsymbol{c}$ 为棱的平行六面体的体积.

事实上, 在图 7-2-8 中, 以 $\boldsymbol{a}, \boldsymbol{b}$ 为邻边的平行四边形的面积为

$$S = |\boldsymbol{a} \times \boldsymbol{b}|,$$

而平行六面体在这底面上的高 $h = |\boldsymbol{c}||\cos\theta|$, 于是, 平行六面体的体积

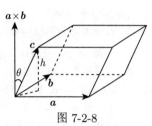

图 7-2-8

$$V = Sh = |\boldsymbol{a} \times \boldsymbol{b}||\boldsymbol{c}||\cos\theta| = |(\boldsymbol{a} \times \boldsymbol{b}) \cdot \boldsymbol{c}|.$$

由上述混合积的几何意义, 立即可以得到: 三个向量 $\boldsymbol{a}, \boldsymbol{b}, \boldsymbol{c}$ 共面的充要条件是向量 $\boldsymbol{a}, \boldsymbol{b}, \boldsymbol{c}$ 的混合积为零, 即

$$(\boldsymbol{a} \times \boldsymbol{b}) \cdot \boldsymbol{c} = 0.$$

例 9 试证 $A\left(0, 1, -\dfrac{1}{2}\right), B(-3, 1, 1), C(-1, 0, 1), D(1, -1, 1)$ 四点共面.

证 只需证明向量 $\overrightarrow{AB} = \left(-3, 0, \dfrac{3}{2}\right), \overrightarrow{AC} = \left(-1, -1, \dfrac{3}{2}\right), \overrightarrow{AD} = \left(1, -2, \dfrac{3}{2}\right)$ 共面即可. 由于

$$(\overrightarrow{AB} \times \overrightarrow{AC}) \cdot \overrightarrow{AD} = \begin{vmatrix} -3 & 0 & \dfrac{3}{2} \\ -1 & -1 & \dfrac{3}{2} \\ 1 & -2 & \dfrac{3}{2} \end{vmatrix} = 0,$$

因此, A, B, C, D 四点共面.

习 题 7-2

课件7-2-3

A 组

1. 判断下列命题是否成立:

(1) $\boldsymbol{a} \cdot \boldsymbol{a} = |\boldsymbol{a}|\boldsymbol{a}$;

(2) 若 $\boldsymbol{a} \cdot \boldsymbol{b} = 0$，则 a, b 中至少有一个零向量；

(3) 若 $\boldsymbol{a} \neq \boldsymbol{0}$，则 $\boldsymbol{a}$ 与 $\boldsymbol{b} - \dfrac{\boldsymbol{a} \cdot \boldsymbol{b}}{|\boldsymbol{a}|^2}\boldsymbol{a}$ 垂直；

(4) 若 $\boldsymbol{a} \neq \boldsymbol{0}$，且 $\boldsymbol{a} \times \boldsymbol{b} = \boldsymbol{a} \times \boldsymbol{c}$，则 $\boldsymbol{b} = \boldsymbol{c}$；

(5) $\boldsymbol{a} \times \boldsymbol{b} = |\boldsymbol{a}| |\boldsymbol{b}| \sin\theta$　（θ 为 $\boldsymbol{a}$ 与 $\boldsymbol{b}$ 间的夹角）.

2. 设 $\boldsymbol{a} = 2\boldsymbol{i} - 3\boldsymbol{j} + \boldsymbol{k}$，$\boldsymbol{b} = \boldsymbol{i} - \boldsymbol{j} + 3\boldsymbol{k}$，$\boldsymbol{c} = \boldsymbol{i} - 2\boldsymbol{j}$，求

(1) $(\boldsymbol{a} + 2\boldsymbol{b}) \cdot \boldsymbol{a}$；　　　　　　　　(2) $(\boldsymbol{a} \times \boldsymbol{b}) \cdot \boldsymbol{c}$；

(3) $(\boldsymbol{a} \times \boldsymbol{b}) \times \boldsymbol{c}$；　　　　　　　　(4) $(\boldsymbol{a} + \boldsymbol{b}) \times (\boldsymbol{b} + \boldsymbol{c})$.

3. 设 $\boldsymbol{a}, \boldsymbol{b}, \boldsymbol{c}$ 为单位向量，且满足 $\boldsymbol{a} + \boldsymbol{b} + \boldsymbol{c} = \boldsymbol{0}$，求 $\boldsymbol{a} \cdot \boldsymbol{b} + \boldsymbol{b} \cdot \boldsymbol{c} + \boldsymbol{c} \cdot \boldsymbol{a}$.

4. 已知 $M_1(1, -1, 2)$，$M_2(3, 3, 1)$，$M_3(3, 1, 3)$，求与 $\overrightarrow{M_1M_2}$，$\overrightarrow{M_2M_3}$ 同时垂直的单位向量.

5. 设质量为 100 千克的物体从点 $M_1(3, 1, 8)$ 沿直线运动到点 $M_2(1, 4, 2)$，计算重力所作的功（长度单位为 m，重力方向为 z 轴负方向）.

6. 求向量 $\boldsymbol{a} = (4, -3, 4)$ 在向量 $\boldsymbol{b} = (2, 2, 1)$ 上的投影.

7. 已知三角形的三顶点为 $A(4, 10, 7)$，$B(7, 9, 8)$，$C(5, 5, 8)$，求 $\triangle ABC$ 面积.

8. 已知三角形三个顶点的坐标是 $A(-1, 2, 3)$，$B(1, 1, 1)$，$C(0, 0, 5)$，试证三角形 ABC 是直角三角形，并求角 B 的大小.

9. 设 $\boldsymbol{a} = (0, 2, 1)$，$\boldsymbol{b} = (1, 0, 2)$ 为平行四边形的两邻边，求平行四边形的高.

10. 试用向量证明不等式：

$$\sqrt{a_1^2 + a_2^2 + a_3^2}\sqrt{b_1^2 + b_2^2 + b_3^2} \geqslant |a_1b_1 + a_2b_2 + a_3b_3|,$$

其中 $a_1, a_2, a_3, b_1, b_2, b_3$ 为任意实数，并指出等号成立的条件.

<h2 style="text-align:center">B 组</h2>

1. (1) 已知 $|\boldsymbol{a}| = 2$，$|\boldsymbol{b}| = 1$，$|\boldsymbol{c}| = \sqrt{2}$，且 $\boldsymbol{a} \perp \boldsymbol{b}$，$\boldsymbol{a} \perp \boldsymbol{c}$，$\boldsymbol{b}$ 与 $\boldsymbol{c}$ 的夹角为 $\dfrac{\pi}{4}$，求 $|\boldsymbol{a} + 2\boldsymbol{b} - 3\boldsymbol{c}|$.

(2) 已知 $|\boldsymbol{a}| = 3$，$|\boldsymbol{b}| = 4$，$|\boldsymbol{c}| = 5$，且 $\boldsymbol{a} + \boldsymbol{b} + \boldsymbol{c} = \boldsymbol{0}$，求 $\boldsymbol{b} \cdot \boldsymbol{c}$.

2. 已知向量 $\boldsymbol{a}$ 与向量 $\boldsymbol{b} = (3, 6, 8)$ 及 x 轴都垂直，且 $|\boldsymbol{a}| = 2$，求向量 $\boldsymbol{a}$.

3. 试求由向量 $\overrightarrow{OA} = (1, 1, 1)$，$\overrightarrow{OB} = (0, 1, 1)$，$\overrightarrow{OC} = (-1, 0, 1)$ 所确定的平行六面体的体积.

4. 验证四点 $A(1, 0, 1)$，$B(4, 4, 6)$，$C(2, 3, 3)$ 和 $D(10, 17, 17)$ 在同一平面.

5. 设 $\boldsymbol{a} = (1, 1, 0)$，$\boldsymbol{b} = (1, 0, 1)$，向量 $\boldsymbol{v}$ 与 $\boldsymbol{a}$，$\boldsymbol{b}$ 共面，且 $\mathrm{Prj}_{\boldsymbol{a}}\boldsymbol{v} = \mathrm{Prj}_{\boldsymbol{b}}\boldsymbol{v} = 3$，求 $\boldsymbol{v}$.

7.3　曲面及其方程

课前测7-3-1

一、曲面方程的概念

在实践中我们会遇到各种曲面，例如管道的外表面、探照灯的反光镜以及锥面等等. 下面我们来讨论一般的曲面方程的概念.

像在平面解析几何中把平面曲线当作平面上动点的轨迹一样, 在空间解析几何中, 任何曲面都可以看作空间动点的轨迹. 在这样的意义下, 如果曲面 S 与三元方程

$$F(x, y, z) = 0 \tag{7-3-1}$$

有下述关系:

(1) 曲面 S 上任一点的坐标都满足方程 (7-3-1);

(2) 不在曲面 S 上的点的坐标都不满足方程 (7-3-1).

那么, 方程 $F(x, y, z) = 0$ 就称为曲面 S 的方程, 而曲面 S 就称为方程 $F(x, y, z) = 0$ 的图形 (图 7-3-1).

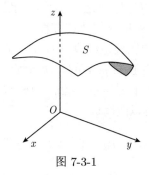

图 7-3-1

关于曲面, 我们研究下面两个基本问题:

(1) 已知曲面上点的轨迹, 建立该曲面的方程;

(2) 已知方程 $F(x, y, z) = 0$, 研究该方程所表示的曲面的图形.

例 1　建立球心在 $M_0(x_0, y_0, z_0)$, 半径为 R 的球面的方程.

解　设 $M(x, y, z)$ 是球面上的任一点, 那么 $|M_0M| = R$, 即

$$\sqrt{(x - x_0)^2 + (y - y_0)^2 + (z - z_0)^2} = R,$$

或

$$(x - x_0)^2 + (y - y_0)^2 + (z - z_0)^2 = R^2. \tag{7-3-2}$$

这就是球面上点的坐标所满足的方程. 而不在球面上的点的坐标不满足这方程. 所以方程 (7-3-2) 就是以 $M_0(x_0, y_0, z_0)$ 为球心, R 为半径的球面的方程.

当球心在原点时, 那么 $x_0 = y_0 = z_0 = 0$, 从而球面方程为

$$x^2 + y^2 + z^2 = R^2.$$

例 2　求与两定点 $A(2, -1, 1)$, $B(1, 2, 3)$ 等距离的点的轨迹方程.

解 设轨迹上的动点为 $M(x, y, z)$, 则有

$$|AM| = |BM|,$$

即

$$\sqrt{(x-2)^2 + (y+1)^2 + (z-1)^2} = \sqrt{(x-1)^2 + (y-2)^2 + (z-3)^2}.$$

等式两边平方, 然后化简得

$$x - 3y - 2z + 4 = 0. \tag{7-3-3}$$

这就是动点的坐标所满足的方程; 反之, 与两定点距离不等的点的坐标都不满足这个方程. 因此方程 (7-3-3) 是所求的轨迹方程.

由立体几何知道, 该题的轨迹是线段 AB 的垂直平分面. 从以上的求解过程可见, 垂直平分面的方程是关于 x, y, z 的一次方程.

例 3 讨论方程 $x^2 + y^2 + z^2 + 6x - 2y - 4z + 5 = 0$ 表示怎样的曲面.

解 通过配方, 原方程可以改写成

$$(x+3)^2 + (y-1)^2 + (z-2)^2 = 3^2,$$

可以看出, 原方程表示球心在点 $(-3, 1, 2)$, 半径为 3 的球面.

一般地, 设有三元二次方程

$$Ax^2 + Ay^2 + Az^2 + Dx + Ey + Fz + G = 0, \tag{7-3-4}$$

这个方程的特点是缺 xy, yz, zx 各项, 而且平方项系数相同, 如果将方程经过配方可化为方程 (7-3-2) 的形式, 它的图形就是一个球面, 此时方程 (7-3-4) 称为**球面的一般式方程**.

下面我们要讨论实际问题中经常遇到的旋转曲面和柱面的方程.

二、旋转曲面

已知平面曲线绕该平面上的定直线旋转一周所成的曲面称为旋转曲面, 平面曲线和定直线分别称为旋转曲面的母线和轴.

旋转曲面方程
的建立7-3-2

设在 yOz 坐标面上有一已知曲线 C, 它的方程为

$$f(y, z) = 0, \tag{7-3-5}$$

把这曲线绕 z 轴旋转一周, 就得到一个以 z 轴为旋转轴的旋转曲面 (图 7-3-2). 现在来建立它的方程.

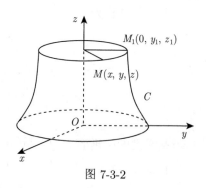

设 $M(x, y, z)$ 为曲面上任一点, 曲线 C 上点 $M_1(0, y_1, z_1)$ 是点 M 在旋转前的起始点, 则

$$f(y_1, z_1) = 0, \qquad (7\text{-}3\text{-}6)$$

且 $z = z_1$, 又点 M 到 z 轴的距离 $d = \sqrt{x^2 + y^2}$, 而另一方面 $d = |y_1|$, 因此

图 7-3-2

$$\sqrt{x^2 + y^2} = |y_1|,$$

将 $z_1 = z$, $y_1 = \pm\sqrt{x^2 + y^2}$ 代入方程 (7-3-6), 便得

$$f(\pm\sqrt{x^2 + y^2}, z) = 0. \qquad (7\text{-}3\text{-}7)$$

这就是所求旋转曲面的方程.

由方程 (7-3-7) 可以看出, 要得到 yOz 平面上的曲线 C: $f(y, z) = 0$ 绕 z 轴旋转而形成的旋转曲面的方程, 只要在曲线 C 的方程中 z 保持不变, 而将 y 换成 $\pm\sqrt{x^2 + y^2}$ 即可.

同理, 曲线 C 绕 y 轴旋转, 所成旋转曲面的方程为

$$f(y, \pm\sqrt{x^2 + z^2}) = 0.$$

类似地可以得到 xOy 面上的曲线绕 x, y 轴旋转, zOy 面上的曲线绕 z, y 轴旋转的旋转曲面的方程.

例 4 直线 L 绕另一条与 L 相交的直线旋转一周, 所得旋转曲面称为圆锥面. 两直线的交点称为圆锥面的顶点, 两直线的夹角 $\alpha\left(0 < \alpha < \dfrac{\pi}{2}\right)$ 称为圆锥面的半顶角. 试建立顶点在坐标原点 O, 旋转轴为 z 轴, 半顶角为 α 的圆锥面 (图 7-3-3) 的方程.

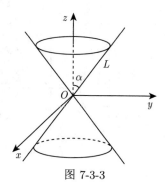

解 如图 7-3-3, 在 yOz 坐标面内, L 与 z 轴正向夹角为 α, 过坐标原点, 则直线 L 的方程为

$$z = y\cot\alpha,$$

图 7-3-3

由于以 z 轴为旋转轴, 所以在直线方程中保持 z 不变, 将 y 换作 $\pm\sqrt{x^2+y^2}$, 就得到圆锥面方程为

$$z = \pm\sqrt{x^2+y^2}\cot\alpha.$$

令 $a = \cot\alpha$, 并对上式两边平方, 则有

$$z^2 = a^2(x^2+y^2).$$

这就是所求的圆锥面方程, 其中 $a = \cot\alpha$.

特别地, 取 $a = \cot\dfrac{\pi}{4} = 1$ 时, 圆锥面方程为 $z^2 = x^2 + y^2$.

例 5　将 xOz 坐标面上的双曲线 $\dfrac{x^2}{a^2} - \dfrac{z^2}{c^2} = 1$ 分别绕 x 轴和 z 轴旋转一周, 求所生成的旋转曲面的方程.

解　在方程 $\dfrac{x^2}{a^2} - \dfrac{z^2}{c^2} = 1$ 中保持 x 不变, 将 z 换作 $\pm\sqrt{y^2+z^2}$, 就得到该双曲线绕 x 轴旋转所生成的旋转曲面的方程为

$$\frac{x^2}{a^2} - \frac{y^2+z^2}{c^2} = 1.$$

同理, 该双曲线绕 z 轴旋转所生成的旋转曲面的方程为

$$\frac{x^2+y^2}{a^2} - \frac{z^2}{c^2} = 1.$$

这两种曲面分别称为双叶旋转双曲面 (图 7-3-4) 和单叶旋转双曲面 (图 7-3-5).

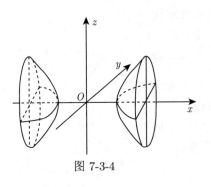

图 7-3-4

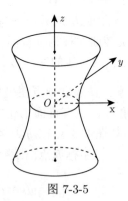

图 7-3-5

例 6 将 xOy 坐标面上的抛物线 $y = x^2$ 绕 y 轴旋转一周, 求所生成的旋转曲面的方程.

解 用 $\pm\sqrt{x^2 + z^2}$ 代替曲线方程中的 x 即可得旋转曲面的方程为

$$y = x^2 + z^2,$$

该曲面称为旋转抛物面 (图 7-3-6).

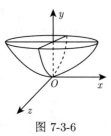

图 7-3-6

三、柱面

动直线 L 沿定曲线 C 平行移动所形成的曲面称为**柱面**, 动直线 L 称为该柱面的**母线**, 定曲线 C 称为该柱面的**准线** (图 7-3-7).

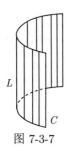

图 7-3-7

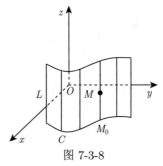

图 7-3-8

下面我们建立母线平行于坐标轴的柱面方程.

设柱面的母线 L 平行于 z 轴, 准线 C 为 xOy 坐标面上的定曲线 $F(x, y) = 0$ (图 7-3-8). $M(x, y, z)$ 为曲面上任一点, 过点 M 作平行于 z 轴的直线, 并交 xOy 面于点 $M_0(x, y, 0)$, 由柱面的定义可知, 点 M_0 必在准线 C 上, 即 M_0 点的坐标满足方程 $F(x, y) = 0$. 由于 $F(x, y) = 0$ 中不含 z, 所以 M 点的坐标也满足方程 $F(x, y) = 0$. 而不在柱面上的点作平行于 z 轴的直线与 xOy 面的交点必不在曲线 C 上, 也就是说不在柱面上的点的坐标不满足方程 $F(x, y) = 0$. 所以, 不含变量 z 的方程 $F(x, y) = 0$ 在空间表示以 xOy 坐标面上的曲线 C 为准线, 母线平行于 z 轴的柱面.

例如, 方程 $x^2 + y^2 = R^2$ 在空间表示以 xOy 坐标面上的圆 $x^2 + y^2 = R^2$ 为准线, 母线平行于 z 轴的圆柱面 (图 7-3-9).

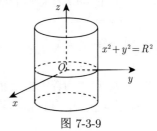

$x^2 + y^2 = R^2$

图 7-3-9

方程 $y^2 = x$ 在空间表示以 xOy 坐标面上的抛物线 $y^2 = x$ 为准线, 母线平行于 z 轴的柱面, 该柱面称为抛物柱面 (图 7-3-10).

同理, 不含变量 x 的方程 $G(y, z) = 0$ 和不含变量 y 的方程 $H(z, x) = 0$ 分别表示母线平行于 x 轴和 y 轴的柱面.

例如, 方程 $x - z = 0$ 表示母线平行于 y 轴的柱面, 其准线是 xOz 面上的直线 $x - z = 0$. 所以它为过 y 轴的平面 (图 7-3-11).

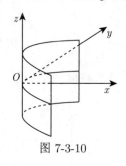

图 7-3-10

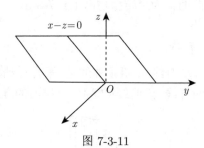

图 7-3-11

习　题　7-3

课件7-3-3

A 组

1. 设有点 $A(1, 2, 3)$ 和 $B(2, -1, 4)$, 求线段 AB 的垂直平分面的方程.

2. 建立以点 $(1, 3, -2)$ 为球心, 且通过坐标原点的球面方程.

3. 一球面通过原点和点 $A(4, 0, 0)$, $B(1, 3, 0)$, $C(0, 0, -4)$, 求其球心和半径.

4. 求与坐标原点 O 及点 $(2, 3, 4)$ 的距离之比为 $1 : 2$ 的点的全体所组成的曲面方程.

5. 求下列旋转曲面的方程:

(1) xOz 坐标面上的直线 $x = \dfrac{1}{3}z$ 分别绕 x 轴及 z 轴旋转一周而成的旋转曲面;

(2) yOz 坐标面上的抛物线 $z^2 = 4y$ 绕 y 轴旋转一周而成的旋转曲面;

(3) yOz 坐标面上的圆 $y^2 + z^2 = 16$ 绕 z 轴旋转一周而成的旋转曲面;

(4) yOz 坐标面上的双曲线 $\dfrac{y^2}{4} - \dfrac{z^2}{9} = 1$ 分别绕 y 轴及 z 轴旋转一周而成的旋转曲面.

6. 指出下列方程在平面解析几何中和在空间解析几何中分别表示什么图形:

(1) $x = 0$;

(2) $x - y + 1 = 0$;

(3) $x^2 + y^2 = 1$;

(4) $y^2 = 5x$;

(5) $y = \sin x$.

7. 画出下列方程所表示的曲面:

(1) $x^2 + y^2 + z^2 = 1$;

(2) $\left(x - \dfrac{a}{2}\right)^2 + y^2 = \left(\dfrac{a}{2}\right)^2$;

(3) $z = 2 - y^2$;

(4) $x^2 + y^2 + z^2 - 6z - 7 = 0$;

(5) $\dfrac{x^2}{9} + \dfrac{z^2}{4} = 1$;　　　　　　　　(6) $-\dfrac{x^2}{4} + \dfrac{y^2}{9} = 1$.

8. 说明下列旋转曲面是怎样形成的:

(1) $\dfrac{x^2}{4} + \dfrac{y^2}{9} + \dfrac{z^2}{9} = 1$;　　　　　(2) $x^2 - \dfrac{y^2}{4} + z^2 = 1$;

(3) $x^2 - y^2 - z^2 = 1$;　　　　　　(4) $(z - a)^2 = x^2 + y^2$.

B 组

1. 一动点到两定点 $A(0, c, 0)$ 与 $B(0, -c, 0)$ 的距离之和为定长 $2a$, 求此动点的轨迹方程.

2. 将 yOz 坐标面上的曲线 $z = \sin y(0 \leqslant y \leqslant \pi)$ 分别绕 y 轴及 z 轴旋转一周, 求所生成的旋转曲面.

3. 指出下列方程所表示的曲面是哪一种曲面, 并画出它们的图形:

(1) $z = \sqrt{4 - x^2 - y^2}$;　　　　　　(2) $z = 3\sqrt{x^2 + y^2}$;

(3) $x^2 + y^2 - 2z = 0$;　　　　　　　(4) $xy = 1$.

7.4　空间曲线及其方程

课前测7-4-1

一、空间曲线的一般方程

空间曲线可以看作两个曲面的交线. 设 $F(x, y, z) = 0$ 和 $G(x, y, z) = 0$ 分别为曲面 S_1 和 S_2 的方程, 两曲面的交线为曲线 C (图 7-4-1). 则曲线 C 上任何点的坐标应同时满足这两个曲面方程, 即满足方程组

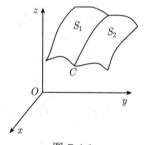

$$\begin{cases} F(x, y, z) = 0, \\ G(x, y, z) = 0. \end{cases} \qquad (7\text{-}4\text{-}1)$$

图 7-4-1

反之, 若点 M 不在曲线 C 上, 则它不可能同时在两个曲面上, 故点 M 的坐标不满足方程组. 因此, 曲线 C 可以用方程组 (7-4-1) 来表示. 方程组 (7-4-1) 称为空间曲线 C 的一般方程.

因为通过空间曲线 C 的曲面有无限多个, 只要从这无限多个曲面中任意选取两个, 把它们的方程联立起来, 所得方程组也同样表示空间曲线 C. 因此, 空间曲线的一般方程不是唯一的.

例 1　方程组

$$\begin{cases} z = \sqrt{a^2 - x^2 - y^2}, \\ \left(x - \dfrac{a}{2}\right)^2 + y^2 = \left(\dfrac{a}{2}\right)^2 \end{cases} \qquad (a > 0)$$

表示怎样的曲线?

解 方程组中第一个方程表示球心在坐标原点, 半径为 a 的上半球面, 第二个方程表示母线平行于 z 轴的圆柱面, 其准线 xOy 面上以点 $\left(\dfrac{a}{2},0\right)$ 为圆心, $\dfrac{a}{2}$ 为半径的圆. 所给方程组就表示上述半球面与圆柱面的交线 (图 7-4-2).

例 2 方程组 $\begin{cases} x^2 + y^2 = 1, \\ x^2 + z^2 = 1 \end{cases}$ $(x \geqslant 0, y \geqslant 0, z \geqslant 0)$ 表示怎样的曲线?

解 方程组中的两个方程分别表示母线平行于 z 轴和 y 轴的圆柱面在第一卦限内的部分, 它们的准线分别是 xOy 面和 zOx 面上的四分之一单位圆. 所给方程组表示这两圆柱面在第一卦限的交线 (图 7-4-3).

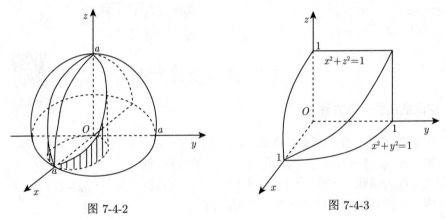

图 7-4-2   图 7-4-3

另外, 若将所给方程组的第一个方程减去第二个方程, 得同解的方程组

$$\begin{cases} x^2 + y^2 = 1, \\ y^2 - z^2 = 0, \end{cases}$$

在第一卦限内, 方程 $y^2 - z^2 = 0$ 即 $(y-z)(y+z) = 0$, 又和 $y - z = 0$ 同解. 于是, 所给曲线也可用方程组

$$\begin{cases} x^2 + y^2 = 1, \\ y - z = 0 \end{cases}$$

来表示. 这就是说, 本例所给的曲线也可视为平面 $y - z = 0$ 和圆柱面 $x^2 + y^2 = 1(x \geqslant 0, y \geqslant 0)$ 的交线.

二、空间曲线的参数方程

空间曲线 C 的方程除了一般方程之外, 也可以用参数形式表示. 将曲线 C 上动点的坐标 x, y, z 表示为参数 t 的函数

$$
\begin{cases}
x = x(t), \\
y = y(t), \\
z = z(t).
\end{cases}
\tag{7-4-2}
$$

当 t 取某一定值时, 可由此方程组得曲线 C 上的一个点. 随着 t 的变动, 可得到曲线 C 上的全部点. 方程组 (7-4-2) 称为**空间曲线的参数方程**. 它是平面曲线参数方程的自然推广.

例 3　若空间一动点 $M(x, y, z)$ 在圆柱面 $x^2 + y^2 = a^2$ 上以角速度 ω 绕 z 轴旋转, 同时又以线速度 v 沿平行于 z 轴的方向上升 (这里 ω, v 都是常数), 则动点 M 运动的轨迹称为螺旋线 (图 7-4-4), 试建立其参数方程.

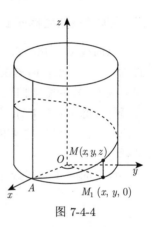

图 7-4-4

解　取时间 t 为参数, 当 $t = 0$ 时, 设动点在 x 轴的点 $A(a, 0, 0)$ 上, 经过时间 t, 动点 A 运动到点 $M(x, y, z)$(图 7-4-4), 从点 M 作坐标平面 xOy 的垂线与坐标面 xOy 相交于点 M_1, 其坐标为 $(x, y, 0)$, 因为动点在圆柱面上以角速度 ω 绕 z 轴旋转, 所以 $\angle AOM_1 = \omega t$, 从而,

$$
\begin{cases}
x = |OM_1| \cos \angle AOM_1 = a \cos \omega t, \\
y = |OM_1| \sin \angle AOM_1 = a \sin \omega t,
\end{cases}
$$

由于动点同时以线速度 v 沿平行于 z 轴的方向上升, 所以

$$
z = |M_1 M| = vt,
$$

因此, 螺旋线的参数方程为

$$
\begin{cases}
x = a \cos \omega t, \\
y = a \sin \omega t, \\
z = vt,
\end{cases}
$$

也可以取变量 $\theta = \angle AOM_1 = \omega t$ 作为参数, 此时该螺旋线的参数方程写为

$$\begin{cases} x = a\cos\theta, \\ y = a\sin\theta, \\ z = b\theta, \end{cases}$$

其中 $b = \dfrac{v}{\omega}$.

螺旋线是实践中常用的曲线. 例如, 平头螺丝钉的外缘曲线是螺旋线. 螺旋线有一重要性质: 当 θ 从 θ_0 变到 $\theta_0 + \alpha$ 时, z 由 $b\theta_0$ 变到 $b\theta_0 + b\alpha$. 这说明当 OM_1 转过角度 α 时, 点 M 沿螺旋线上升了高度 $b\alpha$, 即上升的高度与 OM_1 转过的角度成正比. 特别, 当 $\alpha = 2\pi$, 即 OM_1 转动一周时, 点 M 就上升固定的高度 $h = 2\pi b$. 这个高度 h 称为螺距.

三、空间曲线在坐标面上的投影

以曲线 C 为准线、母线平行于 z 轴的柱面称为曲线 C 关于 xOy 面的**投影柱面**, 投影柱面与 xOy 面的交线 C' 称为空间曲线 C 在 xOy 面上的**投影曲线**, 或简称**投影** (图 7-4-5). 类似地可以定义曲线 C 关于其他坐标面的投影柱面和曲线 C 在其他坐标面上的投影.

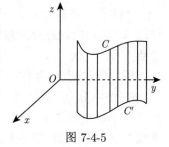

图 7-4-5

设空间曲线 C 的方程为

$$\begin{cases} F(x, y, z) = 0, \\ G(x, y, z) = 0, \end{cases} \tag{7-4-3}$$

在方程组 (7-4-3) 中消去 z, 得方程

$$H(x, y) = 0 \tag{7-4-4}$$

这是母线平行于 z 轴的柱面方程. 当 x, y, z 满足曲线 C 的方程组 (7-4-3) 时, 必有 x, y 满足方程 (7-4-4). 因此曲线 C 上所有的点都在柱面 $H(x, y) = 0$ 上, 也就是说, 它是包含曲线 C 关于 xOy 面的投影柱面的柱面, 从而曲线

$$\begin{cases} H(x, y) = 0, \\ z = 0 \end{cases} \tag{7-4-5}$$

也包含曲线 C 在 xOy 面上的投影曲线 C'. 为方便起见, 常称方程 $H(x,y)=0$ 表示的柱面为曲线 C 关于 xOy 面的**投影柱面**, 称方程组 $\begin{cases} H(x,y)=0, \\ z=0 \end{cases}$ 表示的曲线为曲线 C 在 xOy 面上

投影曲线7-4-2

的**投影曲线**.

同理, 由方程组 (7-4-3) 消去变量 x 得方程 $R(y,z)=0$, 称该方程表示的柱面为**曲线 C 关于 yOz 面的投影柱面**; 消去 y 得方程 $T(x,z)=0$, 称该方程表示的柱面为曲线 C 关于 xOz 面的**投影柱面**, 因此曲线 C 在 yOz 面和 zOx 面的投影曲线的方程分别为

$$\begin{cases} R(y,z)=0, \\ x=0 \end{cases} \quad \text{和} \quad \begin{cases} T(x,z)=0, \\ y=0. \end{cases}$$

例 4 求曲线 C: $\begin{cases} x^2+y^2+z^2=1, \\ x^2+(y-1)^2+(z-1)^2=1 \end{cases}$ 在 xOy 坐标面上的投影曲线.

解 曲线 C 是两球面的交线. 将曲线方程组中两方程相减并化简, 得

$$y+z=1,$$

再将 $z=1-y$ 代入方程组中第一个方程消去变量 z, 得

$$x^2+2y^2-2y=0,$$

它是曲线 C 在 xOy 面上的投影柱面的方程, 因此, 两球面的交线 C 在 xOy 面上的投影方程为

$$\begin{cases} x^2+2y^2-2y=0, \\ z=0, \end{cases}$$

它是 xOy 面上的椭圆.

例 5 求球面 $x^2+y^2+z^2=3$ 与旋转抛物面 $x^2+y^2=2z$ 的交线在 xOy 面上的投影曲线.

解 将旋转抛物面方程化为

$$z=\frac{1}{2}(x^2+y^2),$$

代入球面方程, 得

$$x^2 + y^2 + \frac{1}{4}(x^2 + y^2)^2 = 3,$$

整理得

$$(x^2 + y^2 + 6)(x^2 + y^2 - 2) = 0,$$

因此, 得投影柱面方程为

$$x^2 + y^2 = 2,$$

于是, 所给球面与旋转抛物面的交线在 xOy 面上的投影曲线方程为

$$\begin{cases} x^2 + y^2 = 2, \\ z = 0, \end{cases}$$

它是 xOy 面上的圆 (图 7-4-6).

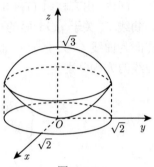

图 7-4-6

例 6　求由上半球面 $z = \sqrt{4 - x^2 - y^2}$ 和锥面 $z = \sqrt{3(x^2 + y^2)}$ 所围成的立体在 xOy 面上的投影.

解　上半球面与锥面的交线

$$C : \begin{cases} z = \sqrt{4 - x^2 - y^2}, \\ z = \sqrt{3(x^2 + y^2)}, \end{cases}$$

消去 z 得到交线 C 关于 xOy 面的投影柱面为

$$x^2 + y^2 = 1,$$

从而得到交线 C 在 xOy 面上的投影曲线为

$$\begin{cases} x^2 + y^2 = 1, \\ z = 0, \end{cases}$$

这是 xOy 面上的一个圆, 于是所求立体在 xOy 面上的投影, 就是该圆 xOy 面上所围的部分, 即

$$x^2 + y^2 \leqslant 1,$$

如图 7-4-7 所示.

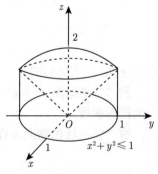

图 7-4-7

课件7-4-3

习　题　7-4

A 组

1. 画出下列曲线的图形:

(1) $\begin{cases} x^2 + y^2 + z^2 = 25, \\ z = 3; \end{cases}$　　(2) $\begin{cases} x = 2, \\ y = 1; \end{cases}$

(3) $\begin{cases} y = \sqrt{a^2 - x^2}, \\ z = y; \end{cases}$　　(4) $\begin{cases} z = \sqrt{4 - x^2 - y^2}, \\ x - y = 0. \end{cases}$

2. 指出下方程组在平面解析几何中与在空间解析几何中分别表示什么图形:

(1) $\begin{cases} y = 2x + 1, \\ y = x - 2; \end{cases}$　　(2) $\begin{cases} \dfrac{x^2}{4} + \dfrac{y^2}{9} = 1, \\ x = 2. \end{cases}$

3. 分别求母线平行于 x 轴及 y 轴而且通过曲线 $\begin{cases} 2y^2 + z^2 + 4x = 4z, \\ y^2 + 3z^2 - 8x = 12z \end{cases}$ 的柱面方程.

4. 求球面 $x^2 + y^2 + z^2 = 9$ 与平面 $x + z = 1$ 的交线在 xOy 面上的投影曲线的方程.

5. 求曲线 $\begin{cases} y^2 + z^2 - 2x = 0, \\ z = 3 \end{cases}$ 在 xOy 面上的投影曲线的方程.

6. 将下列曲线的一般方程化为参数方程:

(1) $\begin{cases} x^2 + y^2 + z^2 = 9, \\ y = x; \end{cases}$　　(2) $\begin{cases} (x-1)^2 + y^2 + (z+1)^2 = 4, \\ z = 0. \end{cases}$

7. 求螺旋线 $\begin{cases} x = a\cos\theta, \\ y = a\sin\theta, \\ z = b\theta \end{cases}$ 在三个坐标面上的投影曲线的直角坐标方程.

B 组

1. 把曲线方程 $\begin{cases} 2x^2 + y^2 + z^2 = 16, \\ x^2 + z^2 - y^2 = 0 \end{cases}$ 换成母线平行于 x 轴及 y 轴的两个柱面的交线方程.

2. 求上半球 $0 \leqslant z \leqslant \sqrt{a^2 - x^2 - y^2}$ 与圆柱体 $x^2 + y^2 \leqslant ax (a > 0)$ 的公共部分在 xOy 面和 zOx 面上的投影.

3. 求旋转抛物面 $z = x^2 + y^2 (0 \leqslant z \leqslant 4)$ 在三坐标面上的投影.

7.5 平面及其方程

平面和直线是空间中最基本的几何图形. 用代数方法研究它们显得尤为重要, 在本节和 7.6 节里我们以向量为工具来讨论平面和直线.

一、平面的点法式方程

如果一平面过已知点且垂直于一已知向量, 那么它在空间的位置就完全确定了. 我们把垂直于平面的非零向量称为该平面的**法线向量**或**法向量**. 显然, 一个平面的法向量不唯一, 有无数个, 它们之间都是相互平行的.

设 $M_0(x_0, y_0, z_0)$ 为平面 Π 上一定点, $\boldsymbol{n} = (A, B, C)$ 为平面 Π 的法向量, 其中 A, B, C 不全为零, 现在来建立平面 Π 的方程.

设 $M(x, y, z)$ 是平面 Π 上任一点 (图 7-5-1), 作向量 $\overrightarrow{M_0M}$, 则 $\overrightarrow{M_0M}$ 在平面 Π 上, 与法线向量 $\boldsymbol{n}$ 垂直, 因此

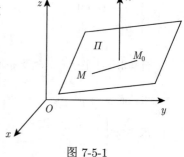

$$\boldsymbol{n} \cdot \overrightarrow{M_0M} = 0.$$

图 7-5-1

而 $\boldsymbol{n} = (A, B, C)$, $\overrightarrow{M_0M} = (x - x_0, y - y_0, z - z_0)$, 于是

$$(A, B, C) \cdot (x - x_0, y - y_0, z - z_0) = 0,$$

即

$$A(x - x_0) + B(y - y_0) + C(z - z_0) = 0. \tag{7-5-1}$$

反过来, 当 $M(x, y, z)$ 不在平面 Π 上时, 向量 $\overrightarrow{M_0M}$ 与法线向量 $\boldsymbol{n}$ 不垂直, 从而 $\boldsymbol{n} \cdot \overrightarrow{M_0M} \neq 0$, 因而点 M 的坐标 x, y, z 不满足方程 (7-5-1).

由此可知, 方程 $A(x - x_0) + B(y - y_0) + C(z - z_0) = 0$ 就是平面 Π 的方程, 而平面 Π 就是平面方程的图形. 又因方程 (7-5-1) 是由平面 Π 上的一点及平面的一个法线向量确定的, 所以方程 (7-5-1) 称为**平面的点法式方程**.

例 1 平面过点 $(3, -2, 1)$ 并以 $\boldsymbol{n} = (3, 4, 6)$ 为法线向量, 求它的方程.

解 根据平面的点法式方程 (7-5-1), 得所求平面的方程为

$$3(x - 3) + 4(y + 2) + 6(z - 1) = 0,$$

即

$$3x + 4y + 6z - 7 = 0.$$

例 2 已知平面过三个点 $P(1, 2, -1)$, $Q(2, 1, -3)$ 和 $R(5, 2, -4)$, 求此平面方程.

解 因所求平面的法向量 $\boldsymbol{n}$ 与向量 $\overrightarrow{PQ} = (1, -1, -2)$ 和 $\overrightarrow{PR} = (4, 0, -3)$ 都垂直, 故可以取

$$\boldsymbol{n} = \overrightarrow{PQ} \times \overrightarrow{PR} = \begin{vmatrix} \boldsymbol{i} & \boldsymbol{j} & \boldsymbol{k} \\ 1 & -1 & -2 \\ 4 & 0 & -3 \end{vmatrix} = 3\boldsymbol{i} - 5\boldsymbol{j} + 4\boldsymbol{k}.$$

于是所求平面的方程为

$$3(x - 1) - 5(y - 2) + 4(z + 1) = 0,$$

即

$$3x - 5y + 4z + 11 = 0.$$

二、平面的一般式方程

方程 (7-5-1) 可化为

$$Ax + By + Cz + (-Ax_0 - By_0 - Cz_0) = 0,$$

把常数项 $(-Ax_0 - By_0 - Cz_0)$ 记作 D, 得

$$Ax + By + Cz + D = 0, \tag{7-5-2}$$

可见, 任何平面都可用 x, y, z 的一次方程 (7-5-2) 来表示.

反之, 可以证明, 任意三元一次方程 (7-5-2) 都表示一个平面. 事实上, 因为当 A, B, C 不全为零时, 总能找到 x_0, y_0, z_0, 使得

$$Ax_0 + By_0 + Cz_0 + D = 0,$$

由方程 (7-5-2) 减去上式得

$$A(x - x_0) + B(y - y_0) + C(z - z_0) = 0,$$

它表示过点 (x_0, y_0, z_0), 且法向量为 $\boldsymbol{n} = (A, B, C)$ 的平面. 由此可知, 任意三元一次方程 (7-5-2) 的图形总是一个平面. 方程 (7-5-2) 称为**平面的一般式方程**. 其中 x, y, z 的系数就是该平面的一个法线向量 $\boldsymbol{n}$ 的坐标, 即 $\boldsymbol{n} = (A, B, C)$.

下面给出方程 (7-5-2) 的一些特殊情形.

当 $D = 0$ 时, 方程 (7-5-2) 变为

$$Ax + By + Cz = 0 \quad (\text{缺常数项}),$$

由于原点 $O(0,0,0)$ 的坐标满足该方程, 所以它表示过原点的平面.

当 $A = 0$ 时, 方程 (7-5-2) 变为

$$By + Cz + D = 0 \quad (\text{缺 } x \text{ 项}),$$

此时, 由于该平面的法向量 $\boldsymbol{n} = (0, B, C)$ 与 x 轴垂直, 所以它表示平行于 (或通过) x 轴的平面.

同理, 方程

$$Ax + Cz + D = 0 \quad (\text{缺 } y \text{ 项}),$$

$$Ax + By + D = 0 \quad (\text{缺 } z \text{ 项}),$$

分别表示平行于 (或通过) y 轴和 z 轴的平面.

当 $A = B = 0$ 时, 方程 (7-5-2) 变为

$$Cz + D = 0 \quad (\text{缺 } x, y \text{ 项}),$$

平面的法向量 $\boldsymbol{n} = (0, 0, C)$ 同时垂直于 x 轴和 y 轴, 所以它表示平行于 xOy 面的平面.

同理, 方程

$$Ax + D = 0 \quad \text{和} \quad By + D = 0,$$

分别表示平行于 yOz 面和 zOx 面的平面.

例 3 已知平面过点 $M_0(1, -1, 1)$ 且通过 z 轴, 求该平面的方程.

解 由于所求平面通过 z 轴, 它的法向量垂直于 z 轴, 且平面必过原点. 因此可设该平面的方程为

$$Ax + By = 0,$$

又因为该平面通过点 $M_0(1, -1, 1)$, 所以有

$$A - B = 0,$$

即 $A = B$. 将其代入所设方程并除以 $B(B \neq 0)$, 即得所求的平面方程为

$$x + y = 0.$$

例 4   已知平面过三点 $(a,0,0)$, $(0,b,0)$ 和 $(0,0,c)$, 求此平面方程. (a,b,c 均不为零)

解   设所求平面方程为

$$Ax + By + Cz + D = 0,$$

把已知三点的坐标代入, 得方程组

$$\begin{cases} Aa + D = 0, \\ Bb + D = 0, \\ Cc + D = 0, \end{cases}$$

解得

$$A = -\frac{D}{a}, \quad B = -\frac{D}{b}, \quad C = -\frac{D}{c},$$

代入平面方程, 得

$$-\frac{D}{a}x - \frac{D}{b}y - \frac{D}{c}z + D = 0,$$

则 (显然 $D \neq 0$)

$$\frac{x}{a} + \frac{y}{b} + \frac{z}{c} = 1, \tag{7-5-3}$$

方程 (7-5-3) 称为**平面的截距式方程.** 而 a,b,c 依次称为平面在 x,y,z 轴上的**截距** (图 7-5-2).

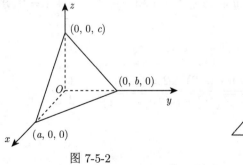

图 7-5-2

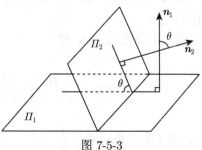

图 7-5-3

三、两平面的夹角

设两平面 Π_1 与 Π_2 的方程分别为

$$A_1 x + B_1 y + C_1 z + D_1 = 0,$$

$$A_2 x + B_2 y + C_2 z + D_2 = 0,$$

这两平面的法向量 $\boldsymbol{n}_1 = (A_1, B_1, C_1)$ 与 $\boldsymbol{n}_2 = (A_2, B_2, C_2)$ 间的夹角 θ (通常指锐角) 称为**两平面的夹角** (图 7-5-3). 于是,

$$\cos\theta = |\cos(\widehat{\boldsymbol{n}_1, \boldsymbol{n}_2})| = \frac{|\boldsymbol{n}_1 \cdot \boldsymbol{n}_2|}{|\boldsymbol{n}_1| \cdot |\boldsymbol{n}_2|} = \frac{|A_1 A_2 + B_1 B_2 + C_1 C_2|}{\sqrt{A_1^2 + B_1^2 + C_1^2} \cdot \sqrt{A_2^2 + B_2^2 + C_2^2}},$$

即

$$\cos\theta = \frac{|A_1 A_2 + B_1 B_2 + C_1 C_2|}{\sqrt{A_1^2 + B_1^2 + C_1^2} \cdot \sqrt{A_2^2 + B_2^2 + C_2^2}}. \tag{7-5-4}$$

根据两个向量垂直、平行的充要条件可以推得两个平面垂直、平行的充要条件.

两平面 Π_1 和 Π_2 垂直的充要条件为

$$A_1 A_2 + B_1 B_2 + C_1 C_2 = 0;$$

两平面 Π_1 和 Π_2 平行 (含重合) 的充要条件为

$$\frac{A_1}{A_2} = \frac{B_1}{B_2} = \frac{C_1}{C_2}.$$

例 5 已知两平面方程为 $x + y + 2z + 3 = 0$ 和 $x - 2y - z + 1 = 0$, 求此两平面的夹角.

解 由公式 (7-5-4) 有

$$\cos\theta = \frac{|1 \times 1 + 1 \times (-2) + 2 \times (-1)|}{\sqrt{1^2 + 1^2 + 2^2}\sqrt{1^2 + (-2)^2 + (-1)^2}} = \frac{1}{2},$$

从而, 所求的夹角为 $\theta = \dfrac{\pi}{3}$.

例 6 已知平面过点 $(1, -2, 1)$, 且与两平面 $x - 2y + z - 3 = 0$ 和 $x + y - z + 2 = 0$ 都垂直, 求该平面的方程.

解法一 设所求平面方程为

$$A(x - 1) + B(y + 2) + C(z - 1) = 0.$$

例6讲解 7-5-2

其中 A, B, C 不全为零. 由于这个平面同时垂直于两已知平面, 因而有

$$\begin{cases} A - 2B + C = 0, \\ A + B - C = 0, \end{cases}$$

从而, 得

$$A = \frac{C}{3}, \quad B = \frac{2C}{3} \quad (C \neq 0),$$

代入所设方程并除以 C, 就得所求的平面方程为

$$\frac{1}{3}(x - 1) + \frac{2}{3}(y + 2) + (z - 1) = 0,$$

即

$$x + 2y + 3z = 0.$$

解法二 由于所求的平面的法向量 $\boldsymbol{n}$ 同时垂直于两已知平面的法向量 $\boldsymbol{n}_1 = (1, -2, 1)$ 和 $\boldsymbol{n}_2 = (1, 1, -1)$, 因此, 可以取

$$\boldsymbol{n} = \boldsymbol{n}_1 \times \boldsymbol{n}_2 = \begin{vmatrix} \boldsymbol{i} & \boldsymbol{j} & \boldsymbol{k} \\ 1 & -2 & 1 \\ 1 & 1 & -1 \end{vmatrix} = \boldsymbol{i} + 2\boldsymbol{j} + 3\boldsymbol{k},$$

于是, 得所求平面方程为

$$(x - 1) + 2(y + 2) + 3(z - 1) = 0,$$

即

$$x + 2y + 3z = 0.$$

四、点到平面的距离

设平面 $\varPi$ 的方程为 $Ax + By + Cz + D = 0$, 点 $P_0(x_0, y_0, z_0)$ 是平面外一点, 过点 P_0 作平面 $\varPi$ 的垂线, 垂足为 N (图 7-5-4), 则 P_0 点到平面 $\varPi$ 的距离为 $d = |P_0N|$.

在平面 Π 上任取一点 $P_1(x_1, y_1, z_1)$，则向量 $\overrightarrow{P_1 P_0} = (x_0 - x_1, y_0 - y_1, z_0 - z_1)$. 过点 P_0 作平面 Π 的法向量 $\boldsymbol{n} = \overrightarrow{N P_0}$. 不妨设 $\boldsymbol{n} = (A, B, C)$，则

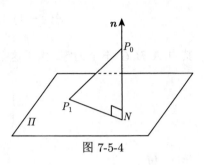

$$d = \left| \mathrm{Pr j}_n \overrightarrow{P_1 P_0} \right| = \left| \frac{\overrightarrow{P_1 P_0} \cdot \boldsymbol{n}}{|\boldsymbol{n}|} \right|$$

$$= \frac{|A(x_0 - x_1) + B(y_0 - y_1) + C(z_0 - z_1)|}{\sqrt{A^2 + B^2 + C^2}},$$

图 7-5-4

由于

$$Ax_1 + By_1 + Cz_1 + D = 0,$$

所以

$$d = \frac{|Ax_0 + By_0 + Cz_0 + D|}{\sqrt{A^2 + B^2 + C^2}}, \tag{7-5-5}$$

即式 (7-5-5) 为点 $P_0(x_0, y_0, z_0)$ 到平面 $Ax + By + Cz + D = 0$ 的距离公式.

例 7 求点 $(3, -1, 4)$ 到平面 $x + 2y - 2z + 1 = 0$ 的距离.

解 由式 (7-5-5)，有

$$d = \frac{|1 \times 3 + 2 \times (-1) - 2 \times 4 + 1|}{\sqrt{1^2 + 2^2 + (-2)^2}} = \frac{6}{3} = 2.$$

课件7-5-3

习 题 7-5

A 组

1. 设平面过点 $(-1, -2, 3)$，且与平面 $5x - 3y + z + 4 = 0$ 平行，求该平面方程.

2. 设平面过点 $M_0(2, 9, -6)$，且与连接坐标原点及点 M_0 的线段 OM_0 垂直，求其平面方程.

3. 设平面过点 $(-2, -2, 2)$，$(1, 1, -1)$ 和 $(1, -1, 2)$ 三点，求其平面方程.

4. 指出下列各平面的特殊位置，并画出各平面：

(1) $3x - 2 = 0$; (2) $2x + 3y - 6 = 0$;

(3) $4y - z = 0$; (4) $6x - 5y - z = 0$;

(5) $\dfrac{x}{3} + \dfrac{y}{2} + z = 1$.

5. 求平面 $2x - 2y + z + 5 = 0$ 与各坐标面的夹角的余弦.

6. 求点 $(2, 1, 0)$ 到平面 $3x + 4y + 5z = 0$ 的距离. (2006 考研真题)

7. 求两平行平面 $x - y + 2z - 2 = 0$ 与 $x - y + 2z + 4 = 0$ 间的距离.

8. 设一平面过原点及点 $(6, -3, 2)$, 且与平面 $4x - y + 2z = 8$ 垂直, 求此平面方程. (1996 考研真题)

9. 已知平面过 z 轴, 且与平面 $2x + y - \sqrt{5}z - 7 = 0$ 的夹角为 $\dfrac{\pi}{3}$, 求其平面方程.

10. 求三平面 $x + 3y + z - 1 = 0, 2x - y - z = 0$ 和 $-x + 2y + 2z - 3 = 0$ 的交点.

B 组

1. 已知一平面与平面 $6x + y + 6z + 5 = 0$ 平行, 且与三坐标面所围成的四面体体积为 1, 求该平面的方程.

2. 已知原点到平面 $\dfrac{x}{a} + \dfrac{y}{b} + \dfrac{z}{c} = 1$ 的距离为 d, 试证:

$$\frac{1}{a^2} + \frac{1}{b^2} + \frac{1}{c^2} = \frac{1}{d^2}.$$

3. 一平面通过点 $(1, 2, 3)$, 它在正 x 轴, 正 y 轴上的截距相等. 问当平面的截距为何值时, 它与三个坐标面所围成的立体的体积最小? 并写出此平面的方程.

7.6 空间直线及其方程

课前测7-6-1

一、空间直线的一般方程

由于空间任何一条直线都可以看作是两个平面的交线, 故我们可以从平面的一般式方程得到空间直线的方程.

设平面 Π_1 与 Π_2 的方程分别为 $A_1x + B_1y + C_1z + D_1 = 0$ 和 $A_2x + B_2y + C_2z + D_2 = 0$, 它们的交线为直线 L (图 7-6-1), 则直线 L 上的任一点的坐标应同时满足这两个平面的方程, 即应满足方程组

$$\begin{cases} A_1x + B_1y + C_1z + D_1 = 0, \\ A_2x + B_2y + C_2z + D_2 = 0. \end{cases} \tag{7-6-1}$$

反之, 若点 M 不在直线 L 上, 则它不可能同时在平面 Π_1 和 Π_2 上, 所以它的坐标不满足方程组 (7-6-1). 因此, 空间直线 L 可以用方程组 (7-6-1) 来表示, 称方程组 (7-6-1) 为**空间直线的一般方程**.

注 通过空间一直线 L 的平面有无限多个, 但只需在其中任意选取两个互相独立的平面方程, 将它们联立成的方程组就是空间直线 L 的一般方程.

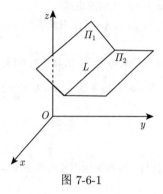

图 7-6-1

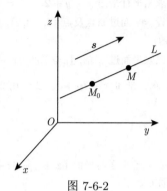

图 7-6-2

二、空间直线的对称式方程与参数方程

如果一直线过已知点且平行于一已知向量, 那么它在空间的位置就完全确定了. 我们把平行于直线的任一非零向量称为**直线的方向向量**.

设空间直线 L 的方向向量为 $\boldsymbol{s} = (m, n, p)$, $M_0(x_0, y_0, z_0)$ 为直线 L 上的一定点 (图 7-6-2). 下面建立直线 L 的方程.

在 L 上任取一点 $M(x, y, z)$, 则向量 $\overrightarrow{M_0M}$ 与 $\boldsymbol{s}$ 平行, 而

$$\overrightarrow{M_0M} = (x - x_0, y - y_0, z - z_0).$$

由两向量平行的充要条件可得

$$\frac{x - x_0}{m} = \frac{y - y_0}{n} = \frac{z - z_0}{p}. \tag{7-6-2}$$

反之, 如果点 M 不在直线 L 上, $\overrightarrow{M_0M}$ 与 $\boldsymbol{s}$ 不平行, 则点 M 的坐标不满足方程 (7-6-2). 因此, 方程 (7-6-2) 就是直线 L 的方程, 称为直线的**对称式方程或点向式方程**. 方向向量 $\boldsymbol{s}$ 的坐标 (m, n, p) 称为直线的一组**方向数**. 而向量 $\boldsymbol{s}$ 的方向余弦称为该直线的**方向余弦**. 由于 $\boldsymbol{s}$ 是非零向量, 故 m, n, p 不全为零. 但其中某一个或两个可以为零, 例如, $m = 0, n \neq 0, p \neq 0$, 此时式 (7-6-2) 应理解为

$$\begin{cases} x - x_0 = 0, \\ \dfrac{y - y_0}{n} = \dfrac{z - z_0}{p}. \end{cases}$$

又如, 当 $m = n = 0$ 时, 而 $p \neq 0$ 时, 式 (7-6-2) 应理解为

$$\begin{cases} x - x_0 = 0, \\ y - y_0 = 0. \end{cases}$$

在方程组 (7-6-2) 中, 若令各比值为另一个变量 t (称为**参数**), 即

$$\frac{x - x_0}{m} = \frac{y - y_0}{n} = \frac{z - z_0}{p} = t,$$

可得方程组

$$\begin{cases} x = x_0 + mt, \\ y = y_0 + nt, \\ z = z_0 + pt, \end{cases} \tag{7-6-3}$$

此方程组 (7-6-3) 称为**直线的参数方程**, t 为**参数**.

例 1 求过 $M_1(x_1, y_1, z_1)$ 和 $M_2(x_2, y_2, z_2)$ 两点的直线方程.

解 所求直线的方向向量可取为

$$\boldsymbol{s} = \overrightarrow{M_1 M_2} = (x_2 - x_1, y_2 - y_1, z_2 - z_1),$$

于是, 由式 (7-6-2) 得直线的对称式方程为

$$\frac{x - x_1}{x_2 - x_1} = \frac{y - y_1}{y_2 - y_1} = \frac{z - z_1}{z_2 - z_1}.$$

例 2 将直线的一般方程

$$\begin{cases} 2x - 3y + z - 5 = 0, \\ 3x + y - 2z - 2 = 0 \end{cases}$$

化为直线的对称式方程和参数方程.

解 先在直线上找一点. 令 $z = 0$, 得

$$\begin{cases} 2x - 3y - 5 = 0, \\ 3x + y - 2 = 0, \end{cases}$$

解此方程组, 得 $x = 1$, $y = -1$, 即 $(1, -1, 0)$ 为直线上的一点.

再求出直线的方向向量 $\boldsymbol{s}$. 由于两平面的交线与这两个平面的法向量 $\boldsymbol{n}_1 = (2, -3, 1)$ 和 $\boldsymbol{n}_2 = (3, 1, -2)$ 都垂直, 所以可取

$$\boldsymbol{s} = \boldsymbol{n}_1 \times \boldsymbol{n}_2 = \begin{vmatrix} \boldsymbol{i} & \boldsymbol{j} & \boldsymbol{k} \\ 2 & -3 & 1 \\ 3 & 1 & -2 \end{vmatrix} = (5, 7, 11),$$

因此, 所给直线的对称式方程为

$$\frac{x-1}{5} = \frac{y+1}{7} = \frac{z-0}{11}.$$

令

$$\frac{x-1}{5} = \frac{y+1}{7} = \frac{z-0}{11} = t,$$

得所给直线的参数方程为

$$\begin{cases} x = 1 + 5t, \\ y = -1 + 7t, \\ z = 11t. \end{cases}$$

三、两直线的夹角

设直线 L_1 和 L_2 的对称式方程分别为

$$\frac{x-x_1}{m_1} = \frac{y-y_1}{n_1} = \frac{z-z_1}{p_1} \quad 和 \quad \frac{x-x_2}{m_2} = \frac{y-y_2}{n_2} = \frac{z-z_2}{p_2},$$

则方向向量 $s_1 = (m_1, n_1, p_1)$ 与 $s_2 = (m_2, n_2, p_2)$ 之间的夹角 θ (通常指锐角) 称为**直线 L_1 与 L_2 的夹角**. 于是

$$\cos\theta = |\cos(\widehat{s_1, s_2})| = \frac{|m_1 m_2 + n_1 n_2 + p_1 p_2|}{\sqrt{m_1^2 + n_1^2 + p_1^2} \cdot \sqrt{m_2^2 + n_2^2 + p_2^2}}. \tag{7-6-4}$$

同时, 由两向量平行、垂直的充要条件可立即得到: 直线 L_1 和 L_2 垂直的充要条件是

$$m_1 m_2 + n_1 n_2 + p_1 p_2 = 0.$$

直线 L_1 和 L_2 平行 (含重合) 的充要条件是

$$\frac{m_1}{m_2} = \frac{n_1}{n_2} = \frac{p_1}{p_2}.$$

例 3 已知两直线 $L_1 : \frac{x+2}{2} = \frac{y-3}{1} = \frac{z-3}{-1}$ 和 $L_2 : \frac{x-1}{1} = \frac{y+4}{-1} = \frac{z-6}{-2}$, 求两直线的夹角.

解 直线 L_1 和 L_2 的方向向量分别为 $s_1 = (2, 1, -1)$ 和 $s_2 = (1, -1, -2)$. 设两直线的夹角为 θ, 则由公式 (7-6-4) 有

$$\cos\theta = \frac{|2 \times 1 + 1 \times (-1) + (-1) \times (-2)|}{\sqrt{2^2 + 1^2 + (-1)^2} \cdot \sqrt{1^2 + (-1)^2 + (-2)^2}} = \frac{1}{2},$$

所以, 直线 L_1 和 L_2 的夹角为 $\theta = \frac{\pi}{3}$.

四、直线与平面的夹角

设有直线 $L : \dfrac{x - x_0}{l} = \dfrac{y - y_0}{m} = \dfrac{z - z_0}{n}$ 和平面 $\Pi : Ax + By + Cz + D = 0$. 当直线 L 与平面 Π 不垂直时, L 在平面 Π 上的投影直线为 L', 则 L 与 L' 的夹角 φ $\left(0 \leqslant \varphi \leqslant \dfrac{\pi}{2} \right)$ 称为**直线 L 与平面 Π 的夹角** (图 7-6-3), 当直线 L 与平面 Π 垂直时, 规定 L 与 Π 的夹角为 $\dfrac{\pi}{2}$.

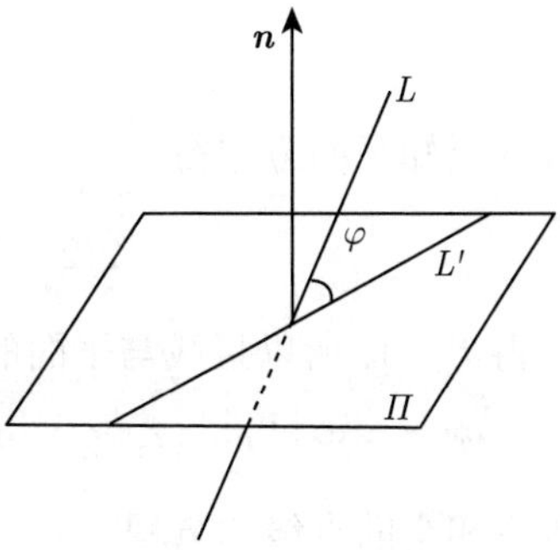

直线 L 的方向向量为 $\boldsymbol{s} = (m, n, p)$, 平面 Π 的法线向量为 $\boldsymbol{n} = (A, B, C)$, 则直线 L 与平面 Π 的夹角为

图 7-6-3

$$\varphi = \left| \frac{\pi}{2} - (\widehat{\boldsymbol{s}, \boldsymbol{n}}) \right|,$$

因此 $\sin \varphi = | \cos(\widehat{\boldsymbol{s}, \boldsymbol{n}}) |$, 于是, 有

$$\sin \varphi = \frac{|Am + Bn + Cp|}{\sqrt{A^2 + B^2 + C^2} \sqrt{m^2 + n^2 + p^2}}. \tag{7-6-5}$$

由两向量平行、垂直的充要条件可立即得到: 直线 L 与平面 Π 垂直充要条件是

$$\frac{A}{m} = \frac{B}{n} = \frac{C}{p};$$

直线 L 与平面 Π 平行充要条件是

$$Am + Bn + Cp = 0.$$

例 4 求直线 $x - 2 = y - 3 = \dfrac{z - 4}{2}$ 与平面 $2x - y + z - 8 = 0$ 的夹角和交点.

解 已知直线的方向向量为 $\boldsymbol{s} = (1, 1, 2)$, 平面的法向量为 $\boldsymbol{n} = (2, -1, 1)$, 由式 (7-6-5) 得

$$\sin \varphi = \frac{|2 \cdot 1 + (-1) \cdot 1 + 1 \cdot 2|}{\sqrt{2^2 + (-1)^2 + 1^2} \sqrt{1^2 + 1^2 + 2^2}} = \frac{1}{2},$$

因此所求直线与平面的夹角为 $\varphi = \dfrac{\pi}{6}$.

化已知直线方程为参数方程

$$\begin{cases} x = 2 + t, \\ y = 3 + t, \\ z = 4 + 2t. \end{cases}$$

代入已知平面方程得

$$2(2 + t) - (3 + t) + 4 + 2t - 8 = 0,$$

解得 $t = 1$，所以直线与平面的交点为 $(3, 4, 6)$.

例 5　求过点 $M_0(2, 1, 2)$ 且与直线 $\dfrac{x-2}{1} = \dfrac{y-3}{1} = \dfrac{z-4}{2}$ 垂直相交的直线的方程.

例5讲解 7-6-2

解　过点 $M_0(2, 1, 2)$ 与直线 $\dfrac{x-2}{1} = \dfrac{y-3}{1} = \dfrac{z-4}{2}$ 垂直的平面为

$$(x - 2) + (y - 1) + 2(z - 2) = 0,$$

即

$$x + y + 2z - 7 = 0.$$

而直线 $\dfrac{x-2}{1} = \dfrac{y-3}{1} = \dfrac{z-4}{2}$ 与平面 $x+y+2z-7=0$ 的交点坐标为 $M_1(1, 2, 2)$.
于是, 所求直线的方向向量为

$$\boldsymbol{s} = \overrightarrow{M_0M_1} = (-1, 1, 0),$$

所求直线的方程为

$$\frac{x-2}{-1} = \frac{y-1}{1} = \frac{z-2}{0},$$

即

$$\begin{cases} \dfrac{x-2}{-1} = \dfrac{y-1}{1}, \\ z - 2 = 0. \end{cases}$$

五、平面束

通过空间直线 L 的平面有无穷多个, 所有这些平面的集合称为过直线 L 的**平面束**. 设直线 L 的一般方程为

$$\begin{cases} A_1x + B_1y + C_1z + D_1 = 0, \\ A_2x + B_2y + C_2z + D_2 = 0, \end{cases}$$

其中系数 A_1, B_1, C_1 与 A_2, B_2, C_2 不成比例. 构造一个三元一次方程

$$\lambda(A_1x + B_1y + C_1z + D_1) + \mu(A_2x + B_2y + C_2z + D_2) = 0, \tag{7-6-6}$$

其中 λ, μ 为任意实数. 上式也可写成

$$(\lambda A_1 + \mu A_2)x + (\lambda B_1 + \mu B_2)y + (\lambda C_1 + \mu C_2)z + (\lambda D_1 + \mu D_2) = 0.$$

由于系数 A_1, B_1, C_1 与 A_2, B_2, C_2 不成比例, 所以对于任何不全为零的实数 λ, μ, 上述方程的一次项系数不全为零, 从而它表示一个平面. 对于不同的 λ, μ 值, 所对应的平面也不同, 而且这些平面都通过直线 L, 也就是说, 这个方程表示通过直线 L 的一族平面. 另一方面, 任何通过直线 L 的平面也一定包含在上述通过 L 的平面族中. 因此, 方程 (7-6-6) 就是通过直线 L 的平面束方程.

若通过直线 L 的所有平面 (其中不包括平面 Π_2), 则平面束方程可以表示为

$$A_1x + B_1y + C_1z + D_1 + \lambda(A_2x + B_2y + C_2z + D_2) = 0. \tag{7-6-7}$$

例 6 求过直线

$$L_1: \frac{x-1}{1} = \frac{y-2}{0} = \frac{z-3}{-1},$$

且与直线

$$L_2: \frac{x+2}{2} = \frac{y-1}{1} = \frac{z}{1}$$

平行的平面方程.

解 将 L_1 化为一般式 $\begin{cases} y = 2, \\ x + z - 4 = 0, \end{cases}$ 过 L_1 的平面束为

$$\lambda(y-2) + \mu(x+z-4) = 0,$$

其法向量为 $\boldsymbol{n} = (\mu, \lambda, \mu)$. 由已知, 直线 L_2 的方向向量为 $\boldsymbol{s} = (2,1,1)$, 且过 L_1 的平面与 L_2 平行, 因此,

$$\boldsymbol{n} \cdot \boldsymbol{s} = 2\mu + \lambda + \mu = 0,$$

解得

$$\lambda = -3\mu.$$

故所求的平面方程为

$$x - 3y + z + 2 = 0.$$

例 7 求直线 $\begin{cases} x+y-z-1=0, \\ x-y+z+1=0 \end{cases}$ 在平面 $x+y+z=0$ 上的投影直线的方程.

解　设过直线 $\begin{cases} x+y-z-1=0, \\ x-y+z+1=0 \end{cases}$ 的平面束的方程为

$$(x+y-z-1)+\lambda(x-y+z+1)=0,$$

即

$$(1+\lambda)x+(1-\lambda)y+(-1+\lambda)z+(-1+\lambda)=0,$$

其中 λ 为待定的常数. 该平面与平面 $x+y+z=0$ 垂直的条件是

$$(1+\lambda)\cdot 1+(1-\lambda)\cdot 1+(-1+\lambda)\cdot 1=0,$$

解得 $\lambda=-1$. 故平面方程为

$$y-z-1=0.$$

该平面过已知直线, 且与平面 $x+y+z=0$ 垂直, 二者的交线就是所求的投影直线, 即投影直线的方程为

$$\begin{cases} x+y+z=0, \\ y-z-1=0. \end{cases}$$

习　题　7-6

A 组

课件7-6-3

1. 设一直线过点 $(3,-1,4)$, 且平行于直线 $\dfrac{x-4}{2}=\dfrac{y}{1}=\dfrac{z-2}{5}$, 求此直线方程.

2. 设直线过两点 $M_1(3,-2,1)$ 和 $M_2(-1,0,2)$, 求此直线方程.

3. 将直线的一般方程

$$\begin{cases} x-y+z-1=0, \\ 2x+y+z-4=0, \end{cases}$$

化为直线的对称式方程和参数方程.

4. 设平面过原点且与两直线 $\begin{cases} x=1, \\ y=-1+t, \\ z=2+t, \end{cases}$ 及 $\dfrac{x+1}{1}=\dfrac{y+2}{2}=\dfrac{z-1}{1}$ 都平行, 求此平面方程. (1987 考研真题)

5. 设直线过点 $(0,2,4)$, 且与两平面 $x+2z=1$ 和 $y-3z=2$ 平行, 求此直线方程.

6. 设直线过点 $(1,1,1)$, 且与直线 $\dfrac{x}{1}=\dfrac{y}{2}=\dfrac{z}{3}$ 垂直相交, 求此直线方程.

7. 求直线 $\dfrac{x-1}{1}=\dfrac{y-5}{-2}=\dfrac{z+8}{1}$ 与直线 $\begin{cases} x-y=6, \\ 2y+z=3 \end{cases}$ 的夹角. (1993 考研真题)

8. 证明直线 $\begin{cases} 5x - 3y + 3z = 9, \\ 3x - 2y + z = 1 \end{cases}$ 与直线 $\begin{cases} 2x + 2y - z = -2, \\ 3x + 8y + z = 18 \end{cases}$ 垂直.

9. 设平面过直线 $\dfrac{x-1}{1} = \dfrac{y-2}{0} = \dfrac{z-3}{-1}$, 且平行于直线 $\dfrac{x+2}{2} = \dfrac{y-1}{1} = \dfrac{z}{1}$, 求该平面方程. (1991 考研真题)

10. 试确定下列各组中的直线和平面间的关系:

(1) $\dfrac{x+3}{-2} = \dfrac{y+4}{-7} = \dfrac{z}{3}$ 和 $4x - 2y - 2z - 3 = 0$;

(2) $\dfrac{x}{3} = \dfrac{y}{-2} = \dfrac{z}{7}$ 和 $3x - 2y + 7z - 8 = 0$;

(3) $\begin{cases} 2x - 5y + 4 = 0, \\ 5y - z + 1 = 0 \end{cases}$ 和 $4x - 2z - 5 = 0$;

(4) $\dfrac{x-1}{2} = \dfrac{y+3}{-1} = \dfrac{z+2}{5}$ 和 $4x + 3y - z + 3 = 0$.

11. 过点 $A(1,2,0)$ 作一直线, 使其与 z 轴相交, 且和平面 $\pi : 4x + 3y - 2z = 0$ 平行, 求此直线方程.

12. 直线 L 过点 $A(-2,1,3)$ 和点 $B(0,-1,2)$, 求点 $C(10,5,10)$ 到直线 L 的距离.

13. 求点 $(-1,2,0)$ 在平面 $x + 2y - z + 1 = 0$ 上的投影.

14. 求直线 $L : \begin{cases} 2y + 3z - 5 = 0, \\ x - 2y - z + 7 = 0 \end{cases}$ 在平面 $\pi : x - y + z + 8 = 0$ 上的投影直线方程.

B 组

1. 设一直线过点 $(1,1,1)$, 且与两直线 $L_1 : \dfrac{x}{1} = \dfrac{y}{2} = \dfrac{z}{3}$ 和 $L_2 : \dfrac{x-1}{21} = \dfrac{y-2}{1} = \dfrac{z-3}{4}$ 相交, 求此直线方程.

2. 求过直线 $\begin{cases} x + 5y + z = 0, \\ x - z + 4 = 0, \end{cases}$ 且与平面 $x - 4y - 8z + 12 = 0$ 成 $\dfrac{\pi}{4}$ 夹角的平面方程.

3. 求与直线 $\dfrac{x-1}{1} = \dfrac{y+2}{3} = \dfrac{z+5}{-2}$ 关于原点对称的直线方程.

4. 设 M_0 是直线 L 外一点, M 是直线 L 上任意一点, 且直线的方向向量为 $\boldsymbol{s}$, 试证: 点 M_0 到直线 L 的距离 $d = \dfrac{\left| \overrightarrow{M_0M} \times \boldsymbol{s} \right|}{|\boldsymbol{s}|}$.

5. 求直线 $L_1 : \dfrac{x-5}{-4} = \dfrac{y-1}{1} = \dfrac{z-2}{1}$ 与直线 $L_2 : \dfrac{x}{2} = \dfrac{y}{2} = \dfrac{z-8}{-3}$ 之间的距离.

7.7 二次曲面

课前测7-7-1

在平面解析几何中二次方程所表示的曲线称为二次曲线. 类似地, 在空间解析几何中我们把三元二次方程所表示的曲面称为二次曲面, 而把平面称为一次曲面. 本节主要讨论如何从方程出发去研究方程所描述的二次曲面的几何性态. 所采用的方法是截痕法: 所谓截痕法就是用一组平行于坐标面的平面截曲面, 观察所得的交线, 从而了解曲面在各坐标轴方向的形态变化, 然后综合得出曲面的完整形态.

一、椭球面

由方程

$$\frac{x^2}{a^2} + \frac{y^2}{b^2} + \frac{z^2}{c^2} = 1 \quad (a > 0, b > 0, c > 0) \tag{7-7-1}$$

所表示的曲面称为**椭球面**, 其中 a, b, c 称为椭球面的半轴.

在 (7-7-1) 式的左端以 $-x$ 代 x, y, z 不变, 等式仍成立, 所以椭球面关于 yOz 面对称; 同理, 它关于 xOy 面、zOx 面和原点中心对称.

由方程 (7-7-1) 知 $\frac{x^2}{a^2} \leqslant 1, \frac{y^2}{b^2} \leqslant 1, \frac{z^2}{c^2} \leqslant 1$, 即 $|x| \leqslant a, |y| \leqslant b, |z| \leqslant c$, 这说明椭球面位于平面 $x = \pm a, y = \pm b, z = \pm c$ 所围成的长方体内.

椭球面与三个坐标面的交线方程分别为

$$\begin{cases} \dfrac{x^2}{a^2} + \dfrac{y^2}{b^2} = 1, \\ z = 0, \end{cases} \qquad \begin{cases} \dfrac{y^2}{b^2} + \dfrac{z^2}{c^2} = 1, \\ x = 0, \end{cases} \qquad \begin{cases} \dfrac{x^2}{a^2} + \dfrac{z^2}{c^2} = 1, \\ y = 0, \end{cases}$$

这些交线都是椭圆.

用平行于坐标面 xOy 的平面 $z = h$ $(|h| < c)$ 截椭球面, 截痕曲线的方程为

$$\begin{cases} \dfrac{x^2}{a^2\left(1 - \dfrac{h^2}{c^2}\right)} + \dfrac{y^2}{b^2\left(1 - \dfrac{h^2}{c^2}\right)} = 1, \\ z = h, \end{cases}$$

这是平面 $z = h$ 上的一个椭圆, 此椭圆的中心在 z 轴上, 长、短半轴分别为

$$\frac{a}{c}\sqrt{c^2 - h^2}, \quad \frac{b}{c}\sqrt{c^2 - h^2}.$$

由此可见随着 $|h|$ 由 0 增加到 c, 两半轴逐渐缩小, 从而椭圆逐渐缩小. 特别地, 当 $h = 0$ 时, 椭圆最大, 当 $|h| = c$ 时, 截痕收缩成点 $(0, 0, c)$ 与 $(0, 0, -c)$. 当 $|h| > c$ 时, 平面 $z = h$ 与椭球面无交点.

用平行于 yOz 面及 zOx 面的平面去截椭球面, 可得到类似的结果.

综合以上的讨论，可得出椭球面的图形 (图 7-7-1).

若 $a = b > 0$, 方程 (7-7-1) 为

$$\frac{x^2}{a^2} + \frac{y^2}{a^2} + \frac{z^2}{c^2} = 1,$$

表示 zOx 面上的椭圆 $\dfrac{x^2}{a^2} + \dfrac{z^2}{c^2} = 1$ 或 yOz 面上的椭圆 $\dfrac{y^2}{a^2} + \dfrac{z^2}{c^2} = 1$ 绕 z 轴旋转一周而成的**旋转椭球面**.

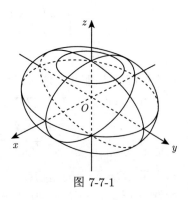

图 7-7-1

若 $a = b = c > 0$, 则方程 (7-7-1) 变为 $x^2 + y^2 + z^2 = a^2$, 表示球心在原点, 半径为 a 的球面. 因此, 球面是椭球面的一种特殊情形.

二、椭圆抛物面

方程

$$\frac{x^2}{a^2} + \frac{y^2}{b^2} = z \quad (a > 0, b > 0) \tag{7-7-2}$$

椭圆抛物面7-7-2

所表示的曲面称为**椭圆抛物面**.

与讨论椭球面的方式类似, 可知椭圆抛物面 (7-7-2) 关于 yOz 面和 zOx 面对称, 关于 z 轴也对称. 因 $z \geqslant 0$, 故整个曲面在 xOy 面的上侧, 它与 zOx 面和 yOz 面的交线是抛物线

$$\begin{cases} x^2 = a^2 z, \\ y = 0 \end{cases} \quad \text{和} \quad \begin{cases} y^2 = b^2 z, \\ x = 0. \end{cases}$$

这两条抛物线有共同的顶点和轴.

用平行于 zOx 面的平面 $y = h$ $(h > 0)$ 去截它, 截痕曲线方程

$$\begin{cases} x^2 = a^2 \left(z - \dfrac{h^2}{b^2} \right), \\ y = h, \end{cases}$$

这是平面 $y = h$ 上的一个抛物线, 它的轴平行于 z 轴, 顶点为 $\left(0, h, \dfrac{h^2}{b^2} \right)$.

类似地, 用平行于 yOz 面的平面 $x = h$ $(h > 0)$ 去截它, 截痕也是抛物线.

用平行于 xOy 面的平面 $z = h$ $(h > 0)$ 去截它, 截痕是一个椭圆

$$\begin{cases} \dfrac{x^2}{a^2} + \dfrac{y^2}{b^2} = h, \\ z = h, \end{cases}$$

这个椭圆的半轴随 h 增大而增大 (图 7-7-2).

若 $a = b > 0$, 方程 (7-7-2) 为

$$\frac{x^2}{a^2} + \frac{y^2}{a^2} = z,$$

它表示 zOx 面上的抛物线 $x^2 = a^2 z$ 或 yOz 面上的抛物线 $y^2 = a^2 z$ 绕 z 轴旋转一周而成的**旋转抛物面**.

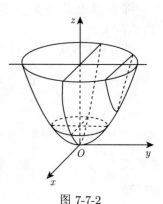

图 7-7-2

三、椭圆锥面

方程

$$\frac{x^2}{a^2} + \frac{y^2}{b^2} = z^2 \quad (a > 0, b > 0) \tag{7-7-3}$$

所表示的曲面称为**椭圆锥面**.

显然, 该曲面关于坐标面、坐标轴和坐标原点都是对称的.

用平行于 xOy 面的平面 $z = h$ 去截曲面 (7-7-3), 截痕是一个椭圆

$$\begin{cases} \dfrac{x^2}{(ah)^2} + \dfrac{y^2}{(bh)^2} = 1, \\ z = h, \end{cases}$$

这个椭圆的半轴随 $|h|$ 增大而增大.

它与坐标面 zOx 和坐标面 yOz 的截痕是一对在坐标原点相交的直线,

$$\begin{cases} \left(z + \dfrac{x}{a}\right)\left(z - \dfrac{x}{a}\right) = 0, \\ y = 0 \end{cases} \qquad 和 \qquad \begin{cases} \left(z + \dfrac{y}{b}\right)\left(z - \dfrac{y}{b}\right) = 0, \\ x = 0. \end{cases}$$

用平行于 zOx 面的平面 $y = h$ 截曲面 (7-7-3), 截痕曲线方程为

$$\begin{cases} z^2 - \dfrac{x^2}{a^2} = \dfrac{h^2}{b^2}, \\ y = h, \end{cases}$$

此时, 截痕为平面 $y = h$ 上实轴平行于 z 轴, 虚轴平行于 x 轴的双曲线.

类似地, 用平行于 yOz 面的平面 $x = h$ 截曲面 (7-7-3), 所得截痕也是双曲线.

综合以上的讨论, 可得出椭圆锥面 (7-7-3) 的图形 (图 7-7-3).

若 $a = b > 0$, 方程 (7-7-3) 为

$$\frac{x^2}{a^2} + \frac{y^2}{a^2} = z^2,$$

它表示 zOx 面上的直线 $z = \dfrac{x}{a}$ 或 yOz 面上的直线 $z = \dfrac{y}{a}$ 绕 z 轴旋转一周而成的圆锥面.

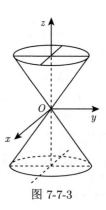

图 7-7-3

四、单叶双曲面

方程

$$\frac{x^2}{a^2} + \frac{y^2}{b^2} - \frac{z^2}{c^2} = 1 \quad (a > 0, b > 0, c > 0) \tag{7-7-4}$$

所表示的曲面称为**单叶双曲面**, 其中 a, b, c 称为双曲面的半轴.

显然, 它关于坐标面、坐标轴和坐标原点都是对称的.

用平行于 xOy 面的平面 $z = h$ 截曲面 (7-7-4), 截痕曲线的方程为

$$\begin{cases} \dfrac{x^2}{a^2} + \dfrac{y^2}{b^2} = 1 + \dfrac{h^2}{c^2}, \\ z = h, \end{cases}$$

这是平面 $z = h$ 上半轴为 $\dfrac{a}{c}\sqrt{c^2 + h^2}$, $\dfrac{b}{c}\sqrt{c^2 + h^2}$ 的椭圆. 当 $h = 0$ 时 (xOy 面), 半轴最小.

用平行于 zOx 面的平面 $y = h$ 截曲面 (7-7-4), 截痕曲线的方程为

$$\begin{cases} \dfrac{x^2}{a^2} - \dfrac{z^2}{c^2} = 1 - \dfrac{h^2}{b^2}, \\ y = h, \end{cases}$$

若 $h^2 < b^2$, 此时, 截痕为平面 $y = h$ 上实轴平行于 x 轴, 虚轴平行于 z 轴的双曲线; 若 $h^2 > b^2$, 则为实轴平行于 z 轴, 虚轴平行于 x 轴的双曲线; 若 $h^2 = b^2$, 则上述截痕方程变成

$$\begin{cases} \left(\dfrac{x}{a} + \dfrac{z}{c} \right) \left(\dfrac{x}{a} - \dfrac{z}{c} \right) = 0, \\ y = h, \end{cases}$$

这表示平面 $y = \pm b$ 与其的截痕是一对相交的直线,
交点为 $(0, b, 0)$ 和 $(0, -b, 0)$.

类似地, 用平行于 yOz 面的平面 $x = h(h^2 \neq a^2)$ 截曲面 (7-7-4), 所得截痕也是双曲线, 两平面 $x = \pm a$ 截曲面 (7-7-4) 所得截痕是两对相交的直线.

综合以上的讨论, 可得出单叶双曲面 (7-7-4) 的图形 (图 7-7-4).

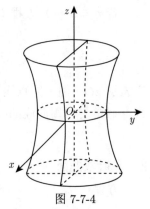

图 7-7-4

若 $a = b > 0$, 方程 (7-7-4) 为

$$\frac{x^2}{a^2} + \frac{y^2}{a^2} - \frac{z^2}{c^2} = 1,$$

表示 zOx 面上的双曲线 $\dfrac{x^2}{a^2} - \dfrac{z^2}{c^2} = 1$ 绕 z 轴旋转一周而成的 **单叶旋转双曲面**.

五、双叶双曲面

方程

$$\frac{x^2}{a^2} + \frac{y^2}{b^2} - \frac{z^2}{c^2} = -1 \quad (a > 0, b > 0, c > 0) \tag{7-7-5}$$

所表示的曲面称为 **双叶双曲面**.

显然, 它关于坐标面、坐标轴和原点都对称.

它与 zOx 面和 yOz 面的交线分别是双曲线

$$
\begin{cases}
\dfrac{x^2}{a^2} - \dfrac{z^2}{c^2} = -1, \\
y = 0
\end{cases}
\quad 和 \quad
\begin{cases}
\dfrac{y^2}{b^2} - \dfrac{z^2}{c^2} = -1, \\
x = 0.
\end{cases}
$$

用平行于 xOy 面的平面 $z = h \ (h^2 \geqslant c^2)$ 去截它, 当 $h^2 > c^2$ 时, 截痕是一个椭圆

$$
\begin{cases}
\dfrac{x^2}{a^2} + \dfrac{y^2}{b^2} = \dfrac{h^2}{c^2} - 1, \\
z = h,
\end{cases}
$$

它的半轴随 $|h|$ 的增大而增大, 当 $h^2 = c^2$ 时, 截痕是一个点, 当 $h^2 < c^2$ 时, 平面 $z = h$ 与该曲面没有交点. 当用平面 $y = h$ 及 $x = h$ 截该曲面时, 交线都是双曲线.

综合以上的讨论, 可得出双叶双曲面 (7-7-5) 的图形 (图 7-7-5).

若 $a = b > 0$ 方程 (7-7-5) 为

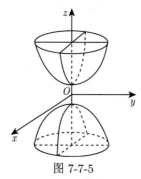

$$\frac{x^2}{a^2} + \frac{y^2}{a^2} - \frac{z^2}{c^2} = -1,$$

图 7-7-5

表示 zOx 面上的双曲线 $\dfrac{z^2}{c^2} - \dfrac{x^2}{a^2} = 1$ 绕 z 轴旋转一周而成的**双叶旋转双曲面**.

六、双曲抛物面 (马鞍面)

方程

$$-\frac{x^2}{a^2} + \frac{y^2}{b^2} = z \quad (a > 0, b > 0), \tag{7-7-6}$$

所表示的曲面称为**双曲抛物面**.

显然, 该曲面关于 yOz 面和 zOx 面对称, 关于 z 轴也对称. 它与坐标面 zOx 和坐标面 yOz 的截痕是抛物线

$$\begin{cases} x^2 = -a^2 z, \\ y = 0 \end{cases} \quad \text{和} \quad \begin{cases} y^2 = b^2 z, \\ x = 0. \end{cases}$$

这两条抛物线有共同的顶点和对称轴, 但对称轴的正方向相反.

它与坐标面 xOy 的截痕是两条交于原点的直线

$$\begin{cases} \dfrac{x}{a} + \dfrac{y}{b} = 0, \\ z = 0 \end{cases} \quad \text{和} \quad \begin{cases} \dfrac{x}{a} - \dfrac{y}{b} = 0, \\ z = 0. \end{cases}$$

用平行于 xOy 面的平面 $z = h$ 去截它, 截痕方程是

$$\begin{cases} -\dfrac{x^2}{a^2} + \dfrac{y^2}{b^2} = h, \\ z = h, \end{cases}$$

当 $h \neq 0$ 时, 截痕总是双曲线; 若 $h > 0$, 双曲线的实轴平行于 y 轴; 若 $h < 0$, 双曲线的实轴平行于 x 轴.

综合以上的讨论, 可得出双曲抛物面 (7-7-6) 的图形 (图 7-7-6).

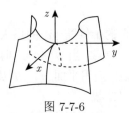

图 7-7-6

习 题 7-7

课件7-7-3

A 组

1. 画出下列方程所表示的曲面:

(1) $\dfrac{x^2}{4} + \dfrac{y^2}{9} + z^2 = 1$;

(2) $z = \dfrac{x^2}{4} + \dfrac{y^2}{9}$;

(3) $1 - z = x^2 + y^2$;

(4) $z = 3\sqrt{x^2 + y^2}$;

(5) $4x^2 + y^2 - z^2 = 4$;

(6) $x^2 + y^2 - \dfrac{z^2}{4} = -1$.

2. 求曲线 $\begin{cases} y^2 + z^2 - 2x = 0, \\ z = 3 \end{cases}$ 在 xOy 面上的投影曲线的方程, 并指出原曲线是什么曲线?

3. 指出下列曲线的形状:

(1) $\begin{cases} x^2 + y^2 + z^2 = 16, \\ x = 3; \end{cases}$

(2) $\begin{cases} \dfrac{x^2}{4} + \dfrac{y^2}{9} = z, \\ z = 4; \end{cases}$

(3) $\begin{cases} \dfrac{y^2}{9} - \dfrac{z^2}{4} = 1, \\ x - 2 = 0; \end{cases}$

(4) $\begin{cases} y^2 + z^2 - 4x + 8 = 0, \\ y = 4. \end{cases}$

4. 画出下列各曲面所围成的立体的图形:

(1) $z = 0$, $z = a (a > 0)$, $y = x$, $x^2 + y^2 = 1$, $x = 0$ (在第一卦限内);

(2) $y = \sqrt{x}$, $x + z = \dfrac{\pi}{2}$, $y = 0$, $z = 0$;

(3) $x = 0$, $y = 0$, $z = 0$, $x = 2$, $y = 1$, $3x + 4y + 2z - 12 = 0$;

(4) $x = 0$, $y = 0$, $z = 0$, $x^2 + y^2 = a^2$, $y^2 + z^2 = a^2$ (在第一卦限内).

B 组

1. 画出下列各曲面所围成的立体的图形:

(1) $z = x^2 + y^2$, $z = 8 - x^2 - y^2$, $z = 1$;

(2) $x = 0$, $y = 0$, $z = 0$, $z = 1 - x^2$, $x + y = 1$;

2. 求曲线 $\begin{cases} z = 2 - x^2 - y^2, \\ z = (x-1)^2 + (y-1)^2 \end{cases}$ 在三个坐标面上的投影曲线的方程.

本 章 小 结

空间解析几何是多元函数微积分学的基础内容之一, 主要借助于向量代数方法来研究几何问题. 其基本思想是数形结合, 通过空间坐标系的建立, 将空间点、向量与有序数对联系起来. 因此, 向量和坐标是三维空间解析几何的工具与基础, 平面方程及空间直线的方程的建立则是两向量垂直、共面以及共线等条件的应用, 而曲线和曲面的几何问题就归结为研究方程中的代数问题. 具体归纳如下.

1. 向量与数量是两个不同的概念, 向量的运算是既有大小 (模) 又有方向的运算, 这与数的运算 (只有大小) 不同. 在学习中, 我们要注意数量积、向量积、混合积的定义, 不要将数的一些运算规律随意用到向量中. 数的乘法只有一种, 其结果还是数, 而向量的乘法有多种, 如数量积、混合积的结果是数, 向量积的结果是向量. 解题时注意运用数量积与向量积的特点及几何意义, 在讨论夹角与垂直问题时用数量积来解决; 在求向量, 特别是求垂直向量问题时常用向量积.

2. 动点轨迹法是建立曲面方程的常用方法, 特别是两类常见的曲面: 旋转曲面和柱面. 熟悉它们对应方程的特点. 形如 $f(x,y)=0$ 的方程, 在空间解析几何中它的图形是柱面; 在平面解析几何中是平面曲线. 而了解三元方程 $F(x,y,z)=0$ 所表示的曲面的形状, 通常采用截痕法观察所得的交线, 然后加以综合, 从而了解曲面的全貌.

3. 空间曲线作为两个曲面的交线, 它有一般方程和参数方程两种形式. 描绘常见曲面 (球面、锥面、柱面、平面等) 相交构成的曲线的图形, 以及求交线在坐标面上的投影 (求以交线为准线的投影柱面) 是学习多元函数微积分的基础.

4. 建立平面方程及直线方程, 主要是利用已知条件寻找平面法向量及直线方向向量. 线面、线线垂直或平行的关系下, 建立相应的等量关系; 所求向量垂直于两个已知向量, 构造向量积是最方便的手段; 经过已知直线的平面问题可以使用平面束方法; 与已知直线相交, 利用直线的参数式方程设交点坐标, 通常是很有效的解题手段.

向量代数与空间解析几何在微积分教材中不同的章节里都有体现, 特别是其中二次曲面的内容在多元函数微积分里面有广泛的应用, 很多学习者在学习三重积分时对三维立体图形缺乏空间感, 感觉计算无从下手. 因此, 在学习过程中我们不能将它们看作孤立的知识点, 从而忽视它们之间的内在联系, 导致在知识的理解和应用方面出现困难.

总复习题 7

1. 填空题:

(1) 设 $a=(2,1,2)$, $b=(4,-1,10)$, $c=b-\lambda a$, 且 $a\perp c$, 则 $\lambda=$＿＿＿＿＿.

(2) 若 $|\boldsymbol{a}| = 4, |\boldsymbol{b}| = 3, |\boldsymbol{a}+\boldsymbol{b}| = \sqrt{31}$, 则 $|\boldsymbol{a}-\boldsymbol{b}| = \underline{\qquad\qquad}$.

(3) 设 $\boldsymbol{a} = 2\boldsymbol{i}+\boldsymbol{j}+\boldsymbol{k}, \boldsymbol{b} = \boldsymbol{i}-2\boldsymbol{j}+2\boldsymbol{k}, \boldsymbol{c} = 3\boldsymbol{i}-4\boldsymbol{j}+2\boldsymbol{k}$, 则 $\mathrm{Prj}_{\boldsymbol{c}}(\boldsymbol{a}+\boldsymbol{b}) = \underline{\qquad\qquad}$.

(4) y 轴上与点 $A(1, -3, 7)$ 和点 $B(5, 7, -5)$ 等距离的点的坐标为 $\underline{\qquad\qquad}$.

(5) 过点 $M(1, 2, -1)$ 且与直线 $\begin{cases} x = -t+2, \\ y = 3t-4, \\ z = t-1 \end{cases}$ 垂直的平面方程为 $\underline{\qquad\qquad}$. (1990

考研真题)

2. 选择题:

(1) 设 $|\boldsymbol{a}| = 2, |\boldsymbol{b}| = \sqrt{3}, |\boldsymbol{a}+\boldsymbol{b}| = 1+\sqrt{6}$, 则 $|\boldsymbol{a}\times\boldsymbol{b}| = ($ $)$

(A) $2\sqrt{3}$ (B) $\sqrt{3}$ (C) 1 (D) $\sqrt{6}$.

(2) 设 $L_1 : \begin{cases} x+2y-z-7 = 0, \\ -2x+y+z-7 = 0 \end{cases}$ 与 $L_2 : \begin{cases} 3x+6y-3z-8 = 0, \\ 2x-y-z = 0, \end{cases}$ 则 L_1 与 $L_2($ $)$

(A) 重合   (B) 平行   (C) 异面   (D) 相交.

(3) 设有直线 $L : \begin{cases} x+3y+2z+1 = 0, \\ 2x-y-10z+3 = 0 \end{cases}$ 及平面 $\pi : 4x-2y+z-2 = 0$, 则直线 $L($ $)$

(A) 平行于 π (B) 在 π 上   (C) 垂直于 π (D) 与 π 斜交.

(4) 直线 $\dfrac{x-1}{1} = \dfrac{y-2}{2} = \dfrac{z+1}{-1}$ 与平面 $x-y-z+1 = 0$ 的夹角为 ($ $)$

(A) 0 (B) $\dfrac{\pi}{3}$ (C) $\dfrac{\pi}{4}$ (D) $\dfrac{\pi}{2}$.

(5) 方程 $x^2 - y^2 - z^2 = 4$ 表示的旋转曲面是 ($ $)$

(A) 柱面   (B) 双叶双曲面   (C) 锥面   (D) 单叶双曲面.

3. 设 $\boldsymbol{a}, \boldsymbol{b}$ 为任意向量, 证明:

(1) $|\boldsymbol{a}+\boldsymbol{b}|^2 + |\boldsymbol{a}-\boldsymbol{b}|^2 = 2(|\boldsymbol{a}|^2 + |\boldsymbol{b}|^2)$;

(2) $|\boldsymbol{a}\times\boldsymbol{b}|^2 + (\boldsymbol{a}\cdot\boldsymbol{b})^2 = |\boldsymbol{a}|^2|\boldsymbol{b}|^2$.

4. 设 $\boldsymbol{a} = (-1, 3, 2), \boldsymbol{b} = (2, -3, -4), \boldsymbol{c} = (-3, 12, 6)$, 证明三向量 $\boldsymbol{a}, \boldsymbol{b}, \boldsymbol{c}$ 共面, 并用 $\boldsymbol{a}$ 和 $\boldsymbol{b}$ 表示 $\boldsymbol{c}$.

5. 设 $|\boldsymbol{a}| = 4, |\boldsymbol{b}| = 3, (\widehat{\boldsymbol{a}, \boldsymbol{b}}) = \dfrac{\pi}{6}$, 求以 $\boldsymbol{a}+2\boldsymbol{b}$ 和 $\boldsymbol{a}-3\boldsymbol{b}$ 为边的平行四边形的面积.

6. 已知向量 $\boldsymbol{a}, \boldsymbol{b}, \boldsymbol{c}$ 满足 $\boldsymbol{a}+\boldsymbol{b}+\boldsymbol{c} = \boldsymbol{0}$, 求证 $\boldsymbol{a}\times\boldsymbol{b} = \boldsymbol{b}\times\boldsymbol{c} = \boldsymbol{c}\times\boldsymbol{a}$.

7. 已知动点 $M(x, y, z)$ 到 xOy 面的距离与点 M 到点 $(1, -1, 2)$ 的距离相等, 求点 M 的轨迹方程.

8. 指出下列旋转曲面的一条母线和旋转轴:

(1) $z = 2(x^2 + y^2)$;   (2) $\dfrac{x^2}{3} + \dfrac{y^2}{4} + \dfrac{z^2}{3} = 10$;

(3) $z^2 = 3(x^2 + y^2)$;   (4) $x^2 - y^2 - z^2 = 1$.

9. 设一平面垂直于平面 $z = 0$, 并通过点 $(1, -1, 1)$ 到直线 $\begin{cases} y - z + 1 = 0, \\ x = 0 \end{cases}$ 的相交垂线, 求此平面方程.

10. 设两个平面均通过点 $A(-5, 10, 12)$, 其中一个平面通过 x 轴, 另一个通过 y 轴, 试求这两个平面的夹角的余弦.

11. 已知点 $A(1, 0, 0)$ 及点 $B(0, 2, 1)$, 试在 z 轴上求一点 C, 使 $\triangle ABC$ 的面积最小.

12. 求过点 $(-1, 0, 4)$, 且平行于平面 $3x - 4y + z - 10 = 0$, 又与直线 $\dfrac{x+1}{1} = \dfrac{y-3}{1} = \dfrac{z}{2}$ 相交的直线的方程.

13. 求直线 $L: \dfrac{x-1}{1} = \dfrac{y}{1} = \dfrac{z-1}{-1}$ 在平面 $\Pi: x - y + 2z - 1 = 0$ 上的投影直线 L' 的方程.

14. 求锥面 $z = \sqrt{x^2 + y^2}$ 与柱面 $z^2 = 2x$ 所围成立体在三个坐标面上的投影.

15. 画出下列各曲面所围立体的图形:

(1) 抛物柱面 $2y^2 = x$, 平面 $z = 0$ 及 $\dfrac{x}{4} + \dfrac{y}{2} + \dfrac{z}{2} = 1$;

(2) 抛物柱面 $x^2 = 1 - z$, 平面 $y = 0$, $z = 0$ 及 $x + y = 1$;

(3) 圆锥面 $z = \sqrt{x^2 + y^2}$ 及旋转抛物面 $z = 2 - x^2 - y^2$.

第8章
Chapter 8

多元函数微分学及其应用

上册中已经讨论了一元函数的微积分,在自然科学与工程技术领域,一个问题往往涉及多个变量之间的相互依赖关系,在数学上可表示为一个变量依赖于多个变量的情形,这就引出了多元函数的概念及其相关问题.

本章在一元函数微分学的基础上研究多元函数微分学及其应用. 由于多元函数是一元函数的推广,因而多元函数微分学和一元函数微分学有许多相似之处. 然而,由于函数自变量个数的增加,很多一元函数微分学中并不存在的新问题必须在多元函数中加以讨论. 本章以二元函数为主要讨论对象,再将其所得到的概念、性质与结论推广到三元及以上的多元函数. 学习过程中,还必须注意多元函数与一元函数在微分学中的区别,把握共性,辨别差异.

课前测8-1-1

8.1 平面点集与多元函数的基本概念

在研究二元函数相关内容之前,我们首先介绍平面点集的一些基本概念.

一、平面点集

平面点集是指平面上满足某种条件 T 的点 (x,y) 的集合,记为

$$E = \{(x,y) \,|\, (x,y)满足条件T\}.$$

例如 $\{(x,y) \,|\, 0 \leqslant x \leqslant 1, 0 \leqslant y \leqslant x\}$ 表示以点 $(0,0),(1,0),(1,1)$ 为顶点的三角形上点与所有内部点的全体, $\{(x,y) \,|\, xy > 0\}$ 表示一、三象限内的所有点的全体.

二元有序实数组 (x,y) 的全体就表示坐标平面. 记作 $\mathbf{R}^2$,即

$$\mathbf{R}^2 = \mathbf{R} \times \mathbf{R} = \{(x,y) \,|\, x,y \in \mathbf{R}\}.$$

下面我们将一元函数中邻域概念加以推广,引入坐标平面 $\mathbf{R}^2$ 中的邻域概念.

1. 邻域

已知 $\mathbf{R}^2$ 中任意两点 $P_1(x_1, y_1)$ 与 $P_2(x_2, y_2)$ 之间的距离 $|P_1P_2|$ 为

$$|P_1P_2| = \sqrt{(x_2 - x_1)^2 + (y_2 - y_1)^2}.$$

设 $P_0(x_0, y_0)$ 是 xOy 平面上一定点, 与点 $P_0(x_0, y_0)$ 距离小于 $\delta(\delta > 0)$ 的所有点 $P(x, y)$ 构成的平面点集, 称为点 P_0 的 δ 邻域, 记作 $U(P_0, \delta)$(或简记作 $U(P_0)$), 即

$$U(P_0, \delta) = \{P \,|\, |PP_0| < \delta\} = \left\{ (x, y) \,\middle|\, \sqrt{(x - x_0)^2 + (y - y_0)^2} < \delta \right\},$$

在点 P_0 的 δ 邻域 $U(P_0, \delta)$ 中去掉中心点 P_0 得到的点集

$$\{P \,|\, 0 < |PP_0| < \delta\} = \left\{ (x, y) \,\middle|\, 0 < \sqrt{(x - x_0)^2 + (y - y_0)^2} < \delta \right\},$$

称为点 P_0 的去心 δ 邻域, 记作 $\mathring{U}(P_0, \delta)$(或简记作 $\mathring{U}(P_0)$).

在不需要强调邻域半径 δ 时, 通常用 $U(P_0)$ 表示点 P_0 的某个邻域, 用 $\mathring{U}(P_0)$ 表示点 P_0 的某个空心邻域.

几何上, $U(P_0, \delta)$ 就是 xOy 平面上以点 P_0 为中心、δ 为半径的圆内部的点的全体, 而 $\mathring{U}(P_0, \delta)$ 则是 xOy 平面上以点 P_0 为中心、δ 为半径且去掉圆心 P_0 的圆内部的其他点的全体.

2. 点集中的诸点

下面利用邻域来描述点与点集之间的关系, 从而定义出点集中的诸点.

设 E 是平面上的一个点集, P 是平面上的一个点, 则点 P 与点集 E 之间必存在下列三种关系之一:

(1) 如果存在点 P 的某一邻域 $U(P)$, 使得 $U(P) \subset E$, 则称 P 为 E 的内点 (图 8-1-1 中的 P_1);

(2) 如果存在点 P 的某一邻域 $U(P)$, 使得 $U(P) \cap E = \varnothing$, 则称 P 为 E 的外点 (图 8-1-1 中的 P_2);

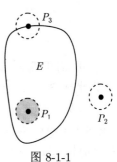

图 8-1-1

(3) 如果点 P 的任一邻域内既有属于 E 的点, 也有不属于 E 的点 (点 P 本身可以属于 E, 也可以不属于 E), 则称 P 为 E 的边界点 (图 8-1-1 中的 P_3). E 的边界点的全体称为 E 的边界, 记作 ∂E.

任意一点 P 与一个点集 E 之间除了上述三种关系之外, 还有一种关系, 这就是下面定义的聚点与孤立点.

(1) 如果对 $\forall \delta > 0$, 使得 $\overset{\circ}{U}(P, \delta) \cap E \neq \varnothing$, 则称 P 是 E 的聚点;

(2) 如果 $\exists \delta > 0$, 使得 $U(P, \delta) \cap E = \{P\}$, 则称 P 是 E 的孤立点.

显然, 内点一定是聚点, 边界点一定不是内点, 且内点在点集 E 中, 而边界点与聚点可能属于 E, 也可能不属于 E, E 的外点必不属于 E.

例如, 平面点集 $E_1 = \{(x, y) \mid 1 \leqslant x^2 + y^2 < 9\} \cup \{(0, 0)\}$ 中满足 $1 < x^2 + y^2 < 9$ 的每个点都是 E_1 的内点, 满足 $1 \leqslant x^2 + y^2 \leqslant 9$ 的每个点都是 E_1 的聚点, 满足圆周 $x^2 + y^2 = 1$ 与 $x^2 + y^2 = 9$ 以及点 $(0, 0)$ 都是 E_1 的边界点, 它们有的属于 E_1, 有的不属于 E_1, 点 $(0, 0)$ 是 E_1 的孤立点.

3. 诸点构成的点集

根据点集所包含的点的特征, 下面定义一些常用的平面点集.

(1) 如果点集 E 的点都是 E 的内点, 则称 E 为**开集**.

(2) 开集连同其边界一起称为**闭集**.

如果点集 E 内任何两点, 都可用一条包含于 E 内的折线连接起来, 则称 E 为**连通集**.

(3) 连通的开集称为**开区域**或**区域**. 区域连同其边界一起构成的点集称为**闭区域**.

如图 8-1-2, (a) 和 (c) 不具备连通性, (b) 不是开集, 故 (a)、(b) 和 (c) 都不是区域.

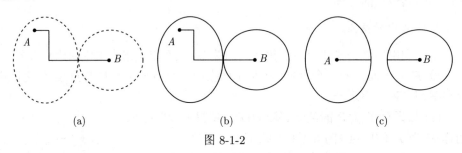

图 8-1-2

(4) 对于点集 E, 如果存在 $\delta > 0$, 使得 $E \subset U(O, \delta)$, 则称 E 为**有界集**, 其中 O 为坐标原点. 一个点集如果不是有界集, 则称它为**无界集**.

例如, 点集 $\{(x, y) \mid xy > 0\}$ 为无界开集, 但不具有连通性, 故不是开区域 (图 8-1-3(a)), 点集 $\{(x, y) \mid 1 < x^2 + y^2 < 4\}$ 为有界开区域 (图 8-1-3(b)), 点集 $\{(x, y) \mid 1 \leqslant x^2 + y^2 \leqslant 4\}$ 为有界闭区域 (图 8-1-3(c)), 点集 $\{(x, y) \mid 1 \leqslant x^2 + y^2 < 4\}$ 既非开区域也非闭区域 (图 8-1-3(d)), 点集 $\{(x, y) \mid |y| \leqslant x \leqslant 1\}$ 为有界闭区域 (图 8-1-3(e)).

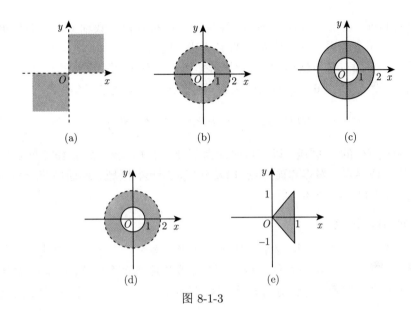

图 8-1-3

设 D 为平面上的有界闭区域, 称 $d = \max\limits_{P_1, P_2 \in D}\{|P_1 P_2|\}$ 为**有界闭区域** D **的直径**.

易知, 线段的直径就是线段的长度, 平面上圆的直径就是我们通常说的直径, 矩形域的直径就是矩形对角线的长度.

例如, 点集 $\{(x, y) \,|\, |y| < x < 1\}$ 的直径为 2.

二、n 维空间

我们知道, 数 x 表示数轴上的一个点, 二维有序数组 (x, y) 表示平面上的一个点, 三维有序数组 (x, y, z) 表示空间的一个点. 为了便于研究, 我们将有序数组推广至 n 维. 一般地, 我们称 n 元有序数组 $(x_1, x_2, \cdots, x_n)$ 的全体为 n **维空间**, 记为 $\mathbf{R}^n$. n 维有序数组 $(x_1, x_2, \cdots, x_n)$ 对应的点称为 n 维空间 $\mathbf{R}^n$ 的点, 数 $x_1, x_2, \cdots, x_n$ 称为**该点的坐标**. $\mathbf{R}^n$ 中的点 $(x_1, x_2, \cdots, x_n)$ 也可用单个字母 x 表示, 即 $x = (x_1, x_2, \cdots, x_n)$.

设 $P(x_1, x_2, \cdots, x_n)$ 与 $Q(y_1, y_2, \cdots, y_n)$ 是 n 维空间 $\mathbf{R}^n$ 中任意两点, 实数

$$\sqrt{(x_1 - y_1)^2 + (x_2 - y_2)^2 + \cdots + (x_n - y_n)^2}$$

称为 n **维空间** $\mathbf{R}^n$ **中点** P **与** Q **之间的距离**, 记作 $|PQ|$, 即

$$|PQ| = \sqrt{(x_1 - y_1)^2 + (x_2 - y_2)^2 + \cdots + (x_n - y_n)^2}.$$

容易验证, 当 $n = 1, 2, 3$ 时, 上述规定与解析几何中数轴上、平面直角坐标系、空间直角坐标系中两点间距离的定义是一致的.

前面就平面点集所叙述的一系列概念, 可推广到 n 维空间中去.

例如, 设点 $P_0 \in \mathbf{R}^n$, δ 是某一正数, 则称 n 维空间内的点集

$$U(P_0, \delta) = \{P \mid |PP_0| < \delta, P \in \mathbf{R}^n\}$$

为 **$\mathbf{R}^n$ 中点 P_0 的 δ 邻域**. 以邻域概念为基础, 可进一步定义 n 维空间点集的内点、外点、边界点、聚点和孤立点, 以及开集、闭集、区域、连通性等一系列相关概念. 此处不再一一赘述.

三、多元函数的概念

在很多实际问题中, 因变量的变化会依赖于多个自变量. 例如城市未来人口涉及国家政策、城市经济发展、城市教育普及程度等多个因素的影响. 要建立城市未来人口预测模型, 就要用到多元函数 $f(x_1, x_2, \cdots, x_n)$, 首先我们来定义二元函数.

定义 1 D 是 $\mathbf{R}^2$ 上的一个非空子集, 按照某种对应法则 f, 如果对于 D 内的每个点 $P(x, y)$, 总有确定的实数 z 与之对应, 则称 f 为定义在 D 上的**二元函数**, 记作

$$z = f(x, y),\ (x, y) \in D, \quad 或 \quad z = f(P),\ P \in D.$$

其中点集 D 称为该函数的**定义域**, x, y 称为**自变量**, z 称为**因变量**.

由定义 1 可知, 与自变量 x, y 相对应的因变量 z 的值, 称为函数 f 在点 $P(x, y)$ 处的函数值, 记作 $f(x, y)$, 函数值 $f(x, y)$ 的全体所构成的集合称为函数 f 的值域, 记作 $f(D)$, 即

$$f(D) = \{z \mid z = f(x, y), (x, y) \in D\}.$$

关于二元函数的定义域, 与一元函数类似. 一般地, 在讨论用解析式表达的二元函数 $z = f(x, y)$ 时, 使这个解析式有意义的 $P(x, y)$ 的全体构成的集合称为函数的定义域, 并称为自然定义域. 在解决实际问题时还要考虑实际背景对变量的限制, 即约束条件.

如函数 $z = \dfrac{1}{\sqrt{x + y}}$ 的定义域为 $\{(x, y) \mid x + y > 0\}$(图 8-1-4), 这是一个无界开区域. 又如, 函数 $z = \arccos\ (x^2 + y^2)$ 的定义域为 $\{(x, y) \mid x^2 + y^2 \leqslant 1\}$ (图 8-1-5), 这是一个有界闭区域.

如用长为 l 的钢丝围成一个长方形区域, 面积函数为 $S = xy$, 其中 x, y 分别为长方形的长和宽, 约束条件 $x + y = l$ 且 $x > 0, y > 0$.

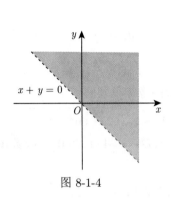

图 8-1-4

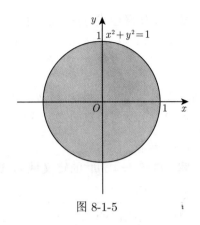

图 8-1-5

由上可知, 对于任意一点 $(x, y) \in D$, 对应的函数值为 $z = f(x, y)$, 于是确定了空间的一点 (x, y, z). 当 (x, y) 在 D 中变化时, 得到一个空间的点集 $S = \{(x, y, z) \mid z = f(x, y), (x, y) \in D\}$, 称点集 S 为二元函数 $z = f(x, y)$ 在空间的图形.

显然, 属于 S 的点 $M(x, y, z)$ 满足三元方程

$$z - f(x, y) = 0,$$

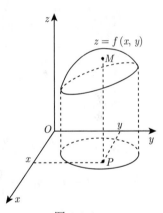

图 8-1-6

所以二元函数 $z = f(x, y)$ 的图形就是空间中一张曲面 (图 8-1-6). 二元函数 $z = f(x, y)$ 的定义域 D 就是该空间曲面在 xOy 平面上投影区域.

例如, 二元函数 $z = \sqrt{1 - x^2 - y^2}$ 表示以原点为中心, 半径为 1 的上半球面, 它的定义域 D 是 xOy 面上以原点为中心的单位圆域; 二元函数 $z = \sqrt{x^2 + y^2}$ 表示顶点在原点的圆锥面, 它的定义域 D 是整个 xOy 面.

再如, 由方程 $x^2 + y^2 + z^2 = a^2$ 所确定的函数 $z = f(x, y)$ 的图形是球心在原点、半径为 a 的球面, 它的定义域是圆形闭区域 $D = \{(x, y) \mid x^2 + y^2 \leqslant a^2\}$. 在 D 的内部任一点 (x, y) 处, 这函数有两个对应值, 一个为 $\sqrt{a^2 - x^2 - y^2}$, 另一个为 $-\sqrt{a^2 - x^2 - y^2}$. 因此, 这是二元多值函数. 我们把它分成两个单值函数: $z = \sqrt{a^2 - x^2 - y^2}$ 及 $z = -\sqrt{a^2 - x^2 - y^2}$, 前者表示上半球面, 后者表示下半球面. 以后除了对二元函数另作说明外, 总假定所讨论的函数是单值的. 如果遇到多值函数, 可以把它拆成几个单值函数后再分别加以讨论.

例 1 求二元函数 $f(x, y) = \ln(y - x) + \dfrac{\sqrt{x}}{\sqrt{1 - x^2 - y^2}}$ 的定义域.

解 要使表达式有意义, 应有

$$y - x > 0, \quad x \geqslant 0, \quad 1 - x^2 - y^2 > 0,$$

故所求定义域为 $D = \left\{ (x,y) \,\middle|\, y > x \geqslant 0, x^2 + y^2 < 1 \right\}$(图 8-1-7).

例 2 求下列函数的定义域和值域, 并结合图像加以理解:

(1) $z = |xy|$; (2) $z = \sqrt{2x^2 \sin^2 x + y^2}$.

解 (1)$z = |xy|$ 的定义域为 $\mathbf{R}^2$, 值域 $f(D) = \{z \,|\, z \geqslant 0\}$, 函数图像如图 8-1-8 所示.

(2) $z = \sqrt{2x^2 \sin^2 x + y^2}$ 的定义域为 $\mathbf{R}^2$, 值域 $f(D) = \{z \,|\, z \geqslant 0\}$, 函数图像如图 8-1-9 所示.

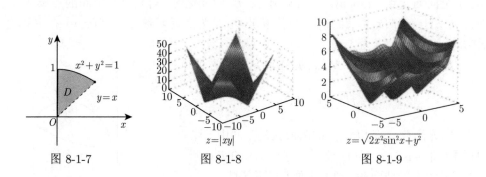

图 8-1-7   图 8-1-8   图 8-1-9

例 3 已知 $f\left(x+y, \dfrac{y}{x}\right) = x^2 - y^2$, 求 $f(x,y)$.

解 令 $u = x + y, v = \dfrac{y}{x}$, 则 $x = \dfrac{u}{1+v}, y = \dfrac{uv}{1+v}$, 于是

$$f(u,v) = \left(\frac{u}{1+v}\right)^2 - \left(\frac{uv}{1+v}\right)^2 = \frac{u^2(1-v^2)}{(1+v)^2} = \frac{u^2(1-v)}{1+v},$$

从而 $f(x,y) = \dfrac{x^2(1-y)}{1+y}$.

一般地, 把定义 1 中的平面点集 D 换成 n 维空间内的点集 D, 则可类似地定义 n 元函数 $u = f(x_1, x_2, \cdots, x_n)$. n 元函数也可简记为 $u = f(P)$, 这里点 $P(x_1, x_2, \cdots, x_n) \in D$. 当 $n = 1$ 时, n 元函数就是一元函数. 当 $n \geqslant 2$ 时, n 元函数就统称为**多元函数**.

多元函数的定义域、值域等概念与二元函数类似, 这里不再赘述.

四、多元函数的极限

与一元函数极限概念类似, 二元函数的极限也是反映函数值随自变量的变化而变化的趋势, 下面先讨论二元函数 $z = f(x,y)$ 当 $P(x,y) \to P_0(x_0,y_0)$ 时的极限.

首先来看二元函数极限的 "$\varepsilon\text{-}\delta$" 定义.

一元函数极限的 "$\varepsilon\text{-}\delta$" 定义: $\forall \varepsilon > 0, \exists \delta > 0$, 当 $0 < |x - x_0| < \delta$ 时, 有 $|f(x) - a| < \varepsilon$, 则 $\lim\limits_{x \to x_0} f(x) = a$.

定义 2 设二元函数 $z = f(x,y)$ 的定义域为 $D \subset \mathbf{R}^2$, $P_0(x_0,y_0)$ 是 D 的聚点, 如果存在常数 A, 对于 $\forall \varepsilon > 0$, 总存在 $\delta > 0$, 使得当 $P(x,y) \in \mathring{U}(P_0, \delta) \cap D$ 时, 恒有

$$|f(x,y) - A| < \varepsilon,$$

则称常数 A 为函数 $z = f(x,y)$ 当 $P(x,y) \to P_0(x_0,y_0)$ 时的**极限**, 记作

$$\lim_{(x,y) \to (x_0,y_0)} f(x,y) = A \quad 或 \quad \lim_{\substack{x \to x_0 \\ y \to y_0}} f(x,y) = A \quad 或 \quad \lim_{P \to P_0} f(P) = A,$$

也可记作

$$f(x,y) \to A(\rho \to 0) \quad 或 \quad f(P) \to A(P \to P_0),$$

多元函数极限
定义讲解8-1-2

这里 $\rho = |PP_0|$, 称此二元函数的极限为**二重极限**.

例 4 设 $f(x,y) = (x^2 + y^2)\cos\dfrac{xy}{\sqrt{x^2 + y^2}}$, 证明: $\lim\limits_{(x,y) \to (0,0)} f(x,y) = 0$.

证 对于 $\forall \varepsilon > 0$, 由于

$$|f(x,y) - 0| = \left|(x^2 + y^2)\cos\frac{xy}{\sqrt{x^2 + y^2}} - 0\right| = \left|(x^2 + y^2)\right|\left|\cos\frac{xy}{\sqrt{x^2 + y^2}}\right| \leqslant x^2 + y^2,$$

因此, 取 $\delta = \sqrt{\varepsilon}$, 则当

$$0 < \sqrt{(x - 0)^2 + (y - 0)^2} < \delta$$

成立时, 总有

$$\left|(x^2 + y^2)\cos\frac{xy}{\sqrt{x^2 + y^2}} - 0\right| < \varepsilon,$$

依据二重极限定义有

$$\lim_{(x,y) \to (0,0)} f(x,y) = 0.$$

显然二元函数极限与一元函数极限的定义有着相同的 "ε-δ" 定义形式, 使得二元函数极限同样具有唯一性、局部有界性、局部保号性、夹逼准则以及极限的四则运算法则等性质.

但必须注意, 在定义 2 中 "$P \to P_0$" 表示动点 P 以任意方式趋于点 P_0, 当 $P \to P_0$ 时函数 $f(x,y)$ 都趋于 A. 如图 8-1-10 所示, 平面动点 P 趋于点 P_0 的方式有无数多种, 路径有无数多条, 此时只要 $|PP_0| \to 0$, 即 $|PP_0| = \sqrt{(x-x_0)^2 + (y-y_0)^2} \to 0$ 时, 都有 $f(x,y) \to A$.

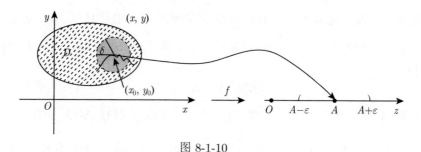

图 8-1-10

如果存在两条不同的路径, 当点 $P(x,y)$ 在 D 上分别沿此两条路径无限趋于定点 $P_0(x_0,y_0)$ 时, $f(x,y)$ 趋于不同的值, 则可表明二重极限 $\lim\limits_{\substack{x \to x_0 \\ y \to y_0}} f(x,y)$ 不存在.

例 5 设函数 $f(x,y) = \dfrac{xy^2}{4x^2 + 5y^4}$, 证明 $\lim\limits_{(x,y) \to (0,0)} f(x,y)$ 不存在.

证 点 $P(x,y)$ 分别沿着两条路径 $y=0$ 和 $x=y^2$ 无限趋于点 $O(0,0)$ 时, 有

$$\lim_{\substack{x \to 0 \\ y=0}} f(x,y) = \lim_{x \to 0} f(x,0) = \lim_{x \to 0} 0 = 0,$$

$$\lim_{\substack{y \to 0 \\ x=y^2}} f(x,y) = \lim_{y \to 0} \frac{y^2 \cdot y^2}{4y^4 + 5y^4} = \frac{1}{9},$$

这一结果表明动点沿不同的路径趋于点 $O(0,0)$ 时, 对应的函数值趋于不同的常数, 因此, $\lim\limits_{(x,y) \to (0,0)} f(x,y)$ 不存在.

事实上, 当点 $P(x,y)$ 沿不同直线 $x = ky^2$ 无限趋于点 $O(0,0)$ 时, 有

$$\lim_{\substack{y \to 0 \\ x=ky^2}} f(x,y) = \lim_{y \to 0} \frac{ky^2 \cdot y^2}{4(ky^2)^2 + 5y^4} = \frac{k}{5 + 4k^2}.$$

图 8-1-11 给出的函数曲面图所示, 在 $(0,0)$ 附近函数有突变.

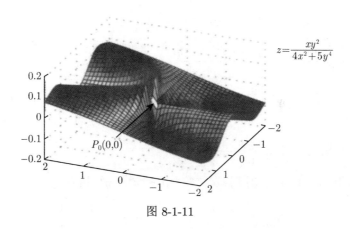

$$z = \frac{xy^2}{4x^2 + 5y^4}$$

$P_0(0,0)$

图 8-1-11

由例 5 易知, 取定特殊路径时二元函数极限转化为一元函数极限问题. 一般情况下, 二元函数极限转化为一元函数极限会使问题变得简单, 但也存在着一定的误区, 如

$$\lim_{\substack{x \to x_0 \\ y \to y_0}} f(x,y) = \lim_{y \to y_0} \left(\lim_{x \to x_0} f(x,y) \right) \quad 和 \quad \lim_{\substack{x \to x_0 \\ y \to y_0}} f(x,y) = \lim_{x \to x_0} \left(\lim_{y \to y_0} f(x,y) \right)$$

并不总是成立的.

如 $f(x,y) = \dfrac{xy}{x^2 + y^2}$, 容易计算得到 $\lim\limits_{y \to 0} \left(\lim\limits_{x \to 0} f(x,y) \right) = 0$, $\lim\limits_{x \to 0} \left(\lim\limits_{y \to 0} f(x,y) \right) = 0$. 但是因为

$$\lim_{\substack{x \to 0 \\ y = kx}} \frac{kx^2}{x^2 + (kx)^2} = \frac{k}{1 + k^2},$$

取不同的 k 值, 极限值不同, 所以二重极限不存在.

事实上有下列结论.

定理 1　如果 $\lim\limits_{\substack{x \to x_0 \\ y \to y_0}} f(x,y)$, $\lim\limits_{y \to y_0} \left(\lim\limits_{x \to x_0} f(x,y) \right)$ 和 $\lim\limits_{x \to x_0} \left(\lim\limits_{y \to y_0} f(x,y) \right)$ 都存在, 则三者相等.

证明从略.

关于多元函数有着与一元函数类似的极限运算法则.

例 6　求极限 $\lim\limits_{(x,y) \to (0,1)} \dfrac{\sin xy + xy^2 \cos x - 2x^2 y}{x}$.

解　由于

$$\lim_{(x,y) \to (0,1)} \frac{\sin(xy)}{x} = \lim_{(x,y) \to (0,1)} \left[\frac{\sin(xy)}{xy} \cdot y \right] = \lim_{xy \to 0} \frac{\sin(xy)}{xy} \cdot \lim_{y \to 1} y = 1,$$

于是

$$\lim_{(x,y)\to(0,1)} \frac{\sin xy + xy^2\cos x - 2x^2 y}{x}$$

$$= \lim_{(x,y)\to(0,1)} \frac{\sin xy}{x} + \lim_{(x,y)\to(0,1)} (y^2\cos x) - \lim_{(x,y)\to(0,1)} (2xy) = 1 + 1 - 0 = 2.$$

例 7 求极限 $\lim\limits_{(x,y)\to(0,0)} \dfrac{\mathrm{e}^{x^4+y^4}-1}{x^2+y^2}$.

解 由于 $(x,y)\to(0,0)$ 时, $\mathrm{e}^{x^4+y^4}-1 \sim x^4+y^4$, 因此

$$\lim_{(x,y)\to(0,0)} \frac{\mathrm{e}^{x^4+y^4}-1}{x^2+y^2} = \lim_{(x,y)\to(0,0)} \frac{x^4+y^4}{x^2+y^2},$$

令 $x = r\cos\theta, y = r\sin\theta$, 则

$$\lim_{(x,y)\to(0,0)} \frac{x^4+y^4}{x^2+y^2} = \lim_{\substack{r\to0\\\theta\in[0,2\pi]}} \frac{r^4(\sin^4\theta+\cos^4\theta)}{r^2} = \lim_{\substack{r\to0\\\theta\in[0,2\pi]}} r^2(\sin^4\theta+\cos^4\theta).$$

又因为 $r\to0$, $\sin^4\theta+\cos^4\theta$ 有界, 从而

$$\lim_{\substack{r\to0\\\theta\in[0,2\pi]}} r^2(\sin^4\theta+\cos^4\theta) = 0,$$

故 $\lim\limits_{(x,y)\to(0,0)} \dfrac{\mathrm{e}^{x^4+y^4}-1}{x^2+y^2} = 0$.

例 8 求极限 $\lim\limits_{(x,y)\to(0,0)} \dfrac{1-\cos(x^2+y^2)}{(x^2+y^2)x^2y^2}$.

解 原式 $= \lim\limits_{(x,y)\to(0,0)} \dfrac{\frac{1}{2}(x^2+y^2)^2}{(x^2+y^2)x^2y^2} = \lim\limits_{(x,y)\to(0,0)} \dfrac{x^2+y^2}{2x^2y^2}$, 又 $x^2y^2 \leqslant \dfrac{1}{4}(x^2+y^2)^2$, 则

$$\lim_{(x,y)\to(0,0)} \frac{x^2+y^2}{2x^2y^2} \geqslant \lim_{(x,y)\to(0,0)} \frac{x^2+y^2}{\frac{1}{2}(x^2+y^2)^2},$$

而 $\lim\limits_{(x,y)\to(0,0)} \dfrac{x^2+y^2}{\frac{1}{2}(x^2+y^2)^2} = +\infty$, 故 $\lim\limits_{(x,y)\to(0,0)} \dfrac{1-\cos(x^2+y^2)}{(x^2+y^2)x^2y^2}$ 不存在.

例 9 设二元函数

$$f(x,y) = \begin{cases} x\sin\dfrac{1}{y} + y\sin\dfrac{1}{x}, & xy\neq0, \\ 0, & xy=0, \end{cases}$$

讨论 $\lim\limits_{(x,y)\to(0,0)} f(x,y), \lim\limits_{x\to0}\lim\limits_{y\to0} f(x,y), \lim\limits_{y\to0}\lim\limits_{x\to0} f(x,y)$.

解 当 $xy \neq 0$ 时, 有

$$\lim_{(x,y)\to(0,0)} f(x,y) = \lim_{(x,y)\to(0,0)} \left(x\sin\frac{1}{y} + y\sin\frac{1}{x}\right)$$

$$= \lim_{(x,y)\to(0,0)} x\sin\frac{1}{y} + \lim_{(x,y)\to(0,0)} y\sin\frac{1}{x} = 0 + 0 = 0.$$

当 $xy = 0$ 时, 有

$$\lim_{(x,y)\to(0,0)} f(x,y) = \lim_{(x,y)\to(0,0)} 0 = 0,$$

故 $\lim\limits_{(x,y)\to(0,0)} f(x,y) = 0$. 而当 $y \neq 0$ 时, 有

$$\lim_{y\to0} f(x,y) = \lim_{y\to0} \left(x\sin\frac{1}{y} + y\sin\frac{1}{x}\right)$$

不存在, 因此 $\lim\limits_{x\to0}\lim\limits_{y\to0} f(x,y)$ 不存在. 同理 $\lim\limits_{y\to0}\lim\limits_{x\to0} f(x,y)$ 也不存在.

关于二元函数极限的定义及运算性质均可相应地推广到 n 元函数 $u = f(P)$ 即 $u = f(x_1, x_2, \cdots, x_n)$ 上去, 这里不再赘述.

五、多元函数的连续性

下面利用二元函数的极限概念给出二元函数 $z = f(x,y)$ 在点 P_0 处连续的定义.

定义 3 设二元函数 $z = f(x,y)$ 的定义域为 $D \subset \mathbf{R}^2$, $P_0(x_0, y_0) \in D$. 如果

$$\lim_{(x,y)\to(x_0,y_0)} f(x,y) = f(x_0, y_0), \tag{8-1-1}$$

则称**函数** $z = f(x,y)$ **在点** $P_0(x_0, y_0)$ **连续**.

如果函数 $z = f(x,y)$ 在 D 的每一点都连续, 则称函数 $z = f(x,y)$ 在 D 上连续, 也称 $z = f(x,y)$ 是 D 上的**连续函数**.

在区域 D 上连续的二元函数的图形是 D 上一张无"孔"无"缝"的连续曲面.

下面从增量的角度来定义二元函数的连续性.

记 $\Delta x = x - x_0, \Delta y = y - y_0$ 则 $\Delta z = f(x_0 + \Delta x, y_0 + \Delta y) - f(x_0, y_0)$, Δz 表示当自变量 x, y 在点 (x_0, y_0) 处分别取得增量 $\Delta x, \Delta y$ 时, 相应的二元函数

$f(x,y)$ 的增量, Δz 称为二元函数 $f(x,y)$ 在点 (x_0,y_0) 处的全增量. 此时 (8-1-1) 式又可写成

$$\lim_{(\Delta x,\Delta y)\to(0,0)} f(x_0+\Delta x,y_0+\Delta y)=f(x_0,y_0),\qquad(8\text{-}1\text{-}2)$$

或

$$\lim_{(\Delta x,\Delta y)\to(0,0)}\Delta z=0.\qquad(8\text{-}1\text{-}3)$$

定义 4　一元基本初等函数 (幂函数、指数函数、对数函数、三角函数、反三角函数) 都可以看成二元函数, 称为**二元基本初等函数**, 并且它们在各自的定义区域内都是连续的.

如 $f(x,y)=\mathrm{e}^x$, $f(x,y)=\sin x$, $f(x,y)=\arctan y$ 等均为二元基本初等函数, 它们在 $\mathbf{R}^2$ 上均连续.

定义 5　由二元基本初等函数经过有限次的四则运算和有限次的复合运算所构成的能用一个式子表示的二元函数称为**二元初等函数**.

例如, $\dfrac{x+x^2-y^2}{1+x^2}$, e^{x+y}, $\ln(1+x^2+y^2)$ 等都是二元初等函数.

利用二元函数的极限运算法则及连续性的定义可以证明:

(1) 二元连续函数的和、差、积、商 (分母不为零) 仍为连续函数;

(2) 二元连续函数的复合函数仍为连续函数;

由此可知

(3) 一切二元初等函数在其定义区域内 (定义区域是指包含在定义域内的区域) 都是连续的.

由二元初等函数的连续性可知, 二元初等函数在定义区域内点 P_0 处的极限, 就等于它在该点处的函数值, 即

$$\lim_{P\to P_0} f(P)=f(P_0).$$

例 10　求极限 $\displaystyle\lim_{(x,y)\to(0,2)}\frac{\ln(x+y^2)\sin xy}{\mathrm{e}^{x+y}}$.

解　由于二元函数 $\dfrac{\ln(x+y^2)\sin xy}{\mathrm{e}^{x+y}}$ 是二元初等函数, $(0,2)$ 是其定义区域内的点, 故

$$\lim_{(x,y)\to(0,2)}\frac{\ln(x+y^2)\sin xy}{\mathrm{e}^{x+y}}=\frac{\ln(0+2^2)\sin(0\cdot 2)}{\mathrm{e}^{0+2}}=0.$$

如果函数 $z=f(x,y)$ 在点 $P_0(x_0,y_0)$ 不连续, 则称 P_0 为函数 $z=f(x,y)$ 的间断点.

例如, 函数

$$f(x,y) = \begin{cases} \dfrac{xy^2}{4x^2 + 5y^4}, & (x,y) \neq (0,0), \\ 0, & (x,y) = (0,0), \end{cases}$$

其定义域为 $D = \mathbf{R}^2$, $O(0,0)$ 为 D 的聚点. 当 $(x,y) \to (0,0)$ 时其极限不存在, 所以点 $O(0,0)$ 是该函数的一个间断点. 二元函数的间断点也可以形成一条曲线, 例如, 函数 $z = \dfrac{1}{x^2 + y^2 - 1}$ 在圆周 $C = \{(x,y)|x^2 + y^2 = 1\}$ 上没有定义, 所以该圆周上每一点都是其间断点.

因此, 一个二元函数的不连续点的类型可能比一元函数的复杂很多, 不连续点可能出现在整个曲线弧上而不仅仅是在一些孤立点上. 二元函数 $z = f(x,y)$ 间断点构成的曲线, 称为**间断线**.

对于二元函数连续性的定义、运算法则及其相关性质可以推广到 $n(n > 2)$ 元函数的连续性上去, 这里不再赘述.

六、闭区域上多元连续函数的性质

与闭区间上一元连续函数的性质相似, 在有界闭区域上多元连续函数也有如下重要性质.

性质 1(有界性定理)　在有界闭区域 D 上的多元连续函数必定在 D 上有界.

性质 2(最大值和最小值定理)　在有界闭区域 D 上的多元连续函数, 在 D 上一定有最大值和最小值.

性质 3(介值定理)　在有界闭区域 D 上的多元连续函数, 必定能在 D 上取得介于它的最小值与最大值之间的任何值.

习 题 8-1

A 组

课件8-1-3

1. 判断下列平面点集中哪些是开集、闭集、有界集、无界集? 并分别指出它们的聚点所构成的点集和边界点集:

(1) $\{(x,y)\,|\,xy \neq 0\}$;　　(2) $\{(x,y)\,|\,x + y > 1\}$;　　(3) $\{(x,y)\,|\,1 \leqslant x^2 + y^2 < 4\}$.

2. 设 $z = \sqrt{y} + f(\sqrt{x} - 1)$, 且当 $y = 1$ 时 $z = x$, 求 $f(y)$.

3. 设 $f(x - y, \ln x) = \left(1 - \dfrac{y}{x}\right) \dfrac{\mathrm{e}^x}{\mathrm{e}^y \ln x^x}$, 求 $f(x,y)$.

4. 求下列函数的定义域:

(1) $z = \sqrt{x - \sqrt{y}}$;

(2) $u = \sqrt{R^2 - x^2 - y^2 - z^2} + \dfrac{1}{\sqrt{x^2 + y^2 + z^2 - r^2}} (R > r > 0)$;

(3) $u = \arccos \dfrac{z}{\sqrt{x^2 + y^2}}$;

(4) $z = \arcsin(2x) + \dfrac{\sqrt{4x - y^2}}{\ln(1 - x^2 - y^2)}$.

5. 求下列函数极限：

(1) $\displaystyle\lim_{\substack{x \to 0 \\ y \to 0}} \dfrac{x^2 y}{x^2 + y^2}$;

(2) $\displaystyle\lim_{\substack{x \to -\infty \\ y \to 0}} \left(1 + \dfrac{2}{x}\right)^{\frac{x^2}{x+y}}$;

(3) $\displaystyle\lim_{(x,y) \to (0,0)} \dfrac{xy}{\sqrt{2 - \mathrm{e}^{xy}} - 1}$;

(4) $\displaystyle\lim_{(x,y) \to (0,0)} \dfrac{xy^2 \sin(2xy)}{x^2 + y^4}$.

6. 判断极限 $\displaystyle\lim_{\substack{x \to 0 \\ y \to 0}} \dfrac{xy + y^2}{x^2 + y^2}$ 是否存在.

7. 求函数 $z = \dfrac{y^2 + 2x}{y^2 - 2x}$ 的间断点.

8. 讨论 $f(x,y) = \begin{cases} (x^2 + y^2)\ln(x^2 + y^2), & (x,y) \neq (0,0), \\ 0, & (x,y) = (0,0) \end{cases}$ 在 $(0,0)$ 点的连续性.

B 组

1. 证明极限 $\displaystyle\lim_{\substack{x \to 0 \\ y \to 0}} \dfrac{\sqrt{xy + 1} - 1}{x + y}$ 不存在.

2. 讨论 $f(x,y) = \begin{cases} \dfrac{x^2 \sin \dfrac{1}{x^2 + y^2} + y^2}{x^2 + y^2}, & (x,y) \neq (0,0), \\ 0, & (x,y) = (0,0) \end{cases}$ 在 $(0,0)$ 点的连续性.

3. 设二元函数 $f(x,y)$ 定义在区域 D 上, 且对固定的 y, 函数 $f(x,y)$ 为变量 x 的连续函数, 并且满足利普希茨条件 $|f(x,y_1) - f(x,y_2)| \leqslant L|y_1 - y_2|$, $(x,y_1) \in D$, $(x,y_2) \in D$ 其中 L 是与 x, y 都无关的正常数. 证明：函数 $f(x,y)$ 在 D 上连续.

4. 确定函数 $f(x,y) = \begin{cases} \dfrac{\ln(1 + xy)}{x}, & x \neq 0, \\ y, & x = 0 \end{cases}$ 的定义域, 并证明此函数在定义域上连续.

8.2 偏 导 数

课前测8-2-1

一元函数的导数刻画了函数随自变量变化的快慢程度即变化率大小, 在多元函数中, 同样需要研究它的变化率问题, 这里我们以二元函数为重点讨论对象, 进而推广至一般的多元函数. 由于二元函数的自变量个数有两个, 其变化率问题的研究相对复杂. 本节中我们先研究二元函数在其中一个自变量固定不变时, 函数随另一个自变量变化的变化率问题, 这就是二元函数的偏导数.

一、偏导数的概念

定义 1 设函数 $z = f(x, y)$ 在点 $P_0(x_0, y_0)$ 的某一邻域内有定义, 当 y 固定在 y_0 而 x 在 x_0 处有增量 Δx 时, 相应地函数有增量

$$\Delta z_x = f(x_0 + \Delta x, y_0) - f(x_0, y_0),$$

如果

$$\lim_{\Delta x \to 0} \frac{f(x_0 + \Delta x, y_0) - f(x_0, y_0)}{\Delta x}$$

存在, 则称此极限为**函数 $z = f(x, y)$ 在点 $P_0(x_0, y_0)$ 处对 x 的偏导数**, 记作

$$\left.\frac{\partial z}{\partial x}\right|_{\substack{x=x_0 \\ y=y_0}}, \quad \left.\frac{\partial f}{\partial x}\right|_{\substack{x=x_0 \\ y=y_0}}, \quad z_x\big|_{\substack{x=x_0 \\ y=y_0}}, \quad \text{或} \quad f_x(x_0, y_0),$$

偏导数定义
讲解8-2-2

即

$$f_x(x_0, y_0) = \lim_{\Delta x \to 0} \frac{f(x_0 + \Delta x, y_0) - f(x_0, y_0)}{\Delta x}. \tag{8-2-1}$$

类似地, **函数 $z = f(x, y)$ 在点 $P_0(x_0, y_0)$ 处对 y 的偏导数**定义为

$$\lim_{\Delta y \to 0} \frac{f(x_0, y_0 + \Delta y) - f(x_0, y_0)}{\Delta y},$$

记作

$$\left.\frac{\partial z}{\partial y}\right|_{\substack{x=x_0 \\ y=y_0}}, \quad \left.\frac{\partial f}{\partial y}\right|_{\substack{x=x_0 \\ y=y_0}}, \quad z_y\big|_{\substack{x=x_0 \\ y=y_0}}, \quad \text{或} \quad f_y(x_0, y_0),$$

即

$$f_y(x_0, y_0) = \lim_{\Delta y \to 0} \frac{f(x_0, y_0 + \Delta y) - f(x_0, y_0)}{\Delta y}. \tag{8-2-2}$$

当二元函数 $z = f(x, y)$ 在点 $P_0(x_0, y_0)$ 处关于 x, y 的偏导数都存在时, 称 $f(x, y)$ 在点 $P_0(x_0, y_0)$ 处可偏导, 并且不难发现

$$f_x(x_0, y_0) = \left.\frac{\mathrm{d}f(x, y_0)}{\mathrm{d}x}\right|_{x=x_0}, \quad f_y(x_0, y_0) = \left.\frac{\mathrm{d}f(x_0, y)}{\mathrm{d}y}\right|_{y=y_0}.$$

如果函数 $z = f(x, y)$ 在区域 D 内每一点 (x, y) 处对 x 的偏导数都存在, 那么这个偏导数仍是 x, y 的函数, 并称它为函数 $z = f(x, y)$ 对自变量 x 的偏导函数, 记作

$$\frac{\partial z}{\partial x}, \quad \frac{\partial f}{\partial x}, \quad z_x, \quad \text{或} \quad f_x(x, y).$$

类似地, 可以定义函数 $z = f(x, y)$ 对自变量 y 的偏导函数, 记作

$$\frac{\partial z}{\partial y}, \quad \frac{\partial f}{\partial y}, \quad z_y, \quad \text{或} \quad f_y(x, y).$$

从而有

$$f_x(x, y) = \lim_{\Delta x \to 0} \frac{f(x + \Delta x, y) - f(x, y)}{\Delta x},$$

$$f_y(x, y) = \lim_{\Delta y \to 0} \frac{f(x, y + \Delta y) - f(x, y)}{\Delta y},$$

且

$$f_x(x_0, y_0) = f_x(x, y)\big|_{(x_0, y_0)},$$

$$f_y(x_0, y_0) = f_y(x, y)\big|_{(x_0, y_0)}.$$

像一元函数的导函数一样, 在不至于混淆的情况下也把偏导函数简称为偏导数. 偏导数的概念可以推广到多元函数. 一般地, 对于 n 元函数 $f(x_1, x_2, \cdots, x_n)$, 如果

$$\lim_{\Delta x_i \to 0} \frac{f(x_1, \cdots, x_i + \Delta x_i, \cdots, x_n) - f(x_1, \cdots, x_i, \cdots, x_n)}{\Delta x_i}$$

存在, 则称上式为 n 元函数 $f(x_1, x_2, \cdots, x_n)$ 关于 x_i 的偏导数, 记为 $f_{x_i}(x_1, x_2, \cdots, x_n)$ 或 $\frac{\partial f}{\partial x_i}$.

再以三元函数为例 $u = f(x, y, z)$ 在点 $P_0(x_0, y_0, z_0)$ 处对 x, y, z 的偏导数定义分别为

$$f_x(x_0, y_0, z_0) = \lim_{\Delta x \to 0} \frac{f(x_0 + \Delta x, y_0, z_0) - f(x_0, y_0, z_0)}{\Delta x},$$

$$f_y(x_0, y_0, z_0) = \lim_{\Delta y \to 0} \frac{f(x_0, y_0 + \Delta y, z_0) - f(x_0, y_0, z_0)}{\Delta y},$$

$$f_z(x_0, y_0, z_0) = \lim_{\Delta z \to 0} \frac{f(x_0, y_0, z_0 + \Delta z) - f(x_0, y_0, z_0)}{\Delta z}.$$

二、偏导数的计算

由偏导数的定义可知, 求多元函数的偏导数并不需要用新的方法. 事实上这里只有一个自变量在变动, 其他的自变量看作是固定的, 所以仍然是一元函数的微分问题, 其本质为一元函数导数. 对二元函数 $z = f(x, y)$ 求 $\frac{\partial f}{\partial x}$ 时, 只需把 y

暂时看作常量而对 x 求导数; 而求 $\dfrac{\partial f}{\partial y}$ 时, 则只需把 x 暂时看作常量而对 y 求导数.

例 1 设函数 $z = (1 + xy)^y$, 求 $\left.\dfrac{\partial z}{\partial x}\right|_{(1,2)}, \left.\dfrac{\partial z}{\partial y}\right|_{(1,2)}$.

解法一 (先求后代) $\dfrac{\partial z}{\partial x} = y(1 + xy)^{y-1} \cdot y = y^2(1 + xy)^{y-1}$, 所以

$$\left.\frac{\partial z}{\partial x}\right|_{(1,2)} = y^2(1 + xy)^{y-1}\Big|_{(1,2)} = 12.$$

令 $z = e^{y\ln(1+xy)}$, 则

$$\frac{\partial z}{\partial y} = e^{y\ln(1+xy)} \cdot \left[\ln(1+xy) + y \cdot \frac{x}{1+xy}\right] = (1+xy)^y \cdot \left[\ln(1+xy) + \frac{xy}{1+xy}\right],$$

所以

$$\left.\frac{\partial z}{\partial y}\right|_{(1,2)} = (1+xy)^y \cdot \left[\ln(1+xy) + \frac{xy}{1+xy}\right]\Big|_{(1,2)} = 9\ln 3 + 6.$$

解法二 (先代后求)
$$z(x,y)\,|_{y=2} = (1 + 2x)^2,$$
$$\left.\frac{\partial z}{\partial x}\right|_{(1,2)} = \left[(1+2x)^2\right]'\big|_{x=1} = 4(1+2x)\,|_{x=1} = 12.$$

又 $z(x,y)\,|_{x=1} = (1+y)^y$, 则

$$\left[(1+y)^y\right]' = \left[e^{y\ln(1+y)}\right]' = (1+y)^y \cdot \left[\ln(1+y) + \frac{y}{1+y}\right],$$

所以

$$\left.\frac{\partial z}{\partial y}\right|_{(1,2)} = \left\{(1+y)^y \cdot \left[\ln(1+y) + \frac{y}{1+y}\right]\right\}\Big|_{y=2} = 9\ln 3 + 6.$$

解法二充分体现了偏导数即为一元函数导数这一本质, 读者需仔细体会.

例 2 设 $f(x,y) = \sqrt{x^2 + y^4}$, 求 $f_x(1,1), f_x(0,0)$ 和 $f_y(0,0)$.

解 因为 $f_x(x,y) = \dfrac{1}{2\sqrt{x^2+y^4}}\left(x^2+y^4\right)'_x = \dfrac{x}{\sqrt{x^2+y^4}}$, 所以

$$f_x(1,1) = \frac{x}{\sqrt{x^2+y^4}}\bigg|_{\substack{x=1\\y=1}} = \frac{\sqrt{2}}{2}.$$

显然利用偏导函数 $f_x(x,y) = \dfrac{x}{\sqrt{x^2+y^4}}$ 无法求得 $f_x(0,0)$, 必须用偏导数的定义来计算

$$f_x(0,0) = \lim_{\Delta x \to 0} \frac{f(\Delta x, 0) - f(0,0)}{\Delta x} = \lim_{\Delta x \to 0} \frac{\sqrt{\Delta x^2} - 0}{\Delta x} = \lim_{\Delta x \to 0} \frac{|\Delta x|}{\Delta x},$$

上式右端极限不存在, 所以偏导数 $f_x(0,0)$ 不存在.

$$f_y(0,0) = \lim_{\Delta y \to 0} \frac{f(0, \Delta y) - f(0,0)}{\Delta y} = \lim_{\Delta y \to 0} \frac{\sqrt{\Delta y^4} - 0}{\Delta y} = \lim_{\Delta y \to 0} \frac{\Delta y^2}{\Delta y} = 0.$$

由例 2 可知, 求函数在 (x_0, y_0) 处的偏导数时, 若偏导函数在 (x_0, y_0) 处有定义, 只需将 (x_0, y_0) 代入偏导函数即得所求偏导数. 若偏导函数在点 (x_0, y_0) 处没有定义, 此时不能断言偏导数不存在, 必须利用偏导数的定义作进一步的考察.

例 3 设 $r = \sqrt{x^2 + y^2 + z^2}$, 证明 $r\left(\dfrac{\partial r}{\partial x} + \dfrac{\partial r}{\partial y} + \dfrac{\partial r}{\partial z}\right) = x + y + z$.

证 把 y 和 z 看作常数, 对 x 求导, 得

$$\frac{\partial r}{\partial x} = \frac{x}{\sqrt{x^2 + y^2 + z^2}} = \frac{x}{r},$$

利用函数的对称性可知 $\dfrac{\partial r}{\partial y} = \dfrac{y}{r}$, $\dfrac{\partial r}{\partial z} = \dfrac{z}{r}$, 所以

$$r\left(\frac{\partial r}{\partial x} + \frac{\partial r}{\partial y} + \frac{\partial r}{\partial z}\right) = r\left(\frac{x}{r} + \frac{y}{r} + \frac{z}{r}\right) = x + y + z.$$

例 4 设函数

$$f(x,y) = \begin{cases} \dfrac{x^2 y}{x^4 + y^2}, & x^2 + y^2 \neq 0, \\ 0, & x^2 + y^2 = 0, \end{cases}$$

求 $f_x(x,y)$.

解 当 $x^2 + y^2 \neq 0$ 时,

$$f_x(x,y) = \frac{2xy(x^4 + y^2) - x^2 y \cdot 4x^3}{(x^4 + y^2)^2} = \frac{2xy(y^2 - x^4)}{(x^4 + y^2)^2},$$

当 $x^2 + y^2 = 0$ 时, 由偏导数定义得

$$f_x(0,0) = \lim_{\Delta x \to 0} \frac{f(0 + \Delta x, 0) - f(0,0)}{\Delta x} = \lim_{\Delta x \to 0} \frac{0 - 0}{\Delta x} = 0,$$

所以

$$f_x(x, y) = \begin{cases} \dfrac{2xy(y^2 - x^4)}{(x^4 + y^2)^2}, & x^2 + y^2 \neq 0, \\ 0, & x^2 + y^2 = 0. \end{cases}$$

例 5 已知理想气体的状态方程 $PV = RT(R$ 为常量), 求证:

$$\frac{\partial P}{\partial V} \cdot \frac{\partial V}{\partial T} \cdot \frac{\partial T}{\partial P} = -1.$$

证 因为

$$P = \frac{RT}{V}, \quad \frac{\partial P}{\partial V} = -\frac{RT}{V^2},$$

$$V = \frac{RT}{P}, \quad \frac{\partial V}{\partial T} = \frac{R}{P},$$

$$T = \frac{PV}{R}, \quad \frac{\partial T}{\partial P} = \frac{V}{R},$$

所以

$$\frac{\partial P}{\partial V} \cdot \frac{\partial V}{\partial T} \cdot \frac{\partial T}{\partial P} = -\frac{RT}{V^2} \cdot \frac{R}{P} \cdot \frac{V}{R} = -\frac{RT}{PV} = -1.$$

由一元函数微分学可知, $\dfrac{\mathrm{d}y}{\mathrm{d}x}$ 可看作函数的微分 $\mathrm{d}y$ 与自变量的微分 $\mathrm{d}x$ 之商. 从例 5 可看出, 偏导数的记号 $\dfrac{\partial P}{\partial V}, \dfrac{\partial V}{\partial T}, \dfrac{\partial T}{\partial P}$ 是一个整体记号, 不能看作分子与分母之商.

另外对于一元函数, 如果其在某点存在导数, 则它在该点必连续. 但对于多元函数而言, 即使函数的各个偏导数都存在, 函数在该点也不一定连续.

例如, 二元函数

偏导与连续的
关系讲解8-2-3

$$f(x, y) = \begin{cases} \dfrac{xy^2}{4x^2 + 5y^4}, & (x, y) \neq (0, 0), \\ 0, & (x, y) = (0, 0). \end{cases}$$

由 8.1 节例 5 可知 $\lim\limits_{(x,y) \to (0,0)} f(x, y)$ 不存在, 所以 $f(x, y)$ 在 $(0, 0)$ 点处不连续. 而 $f(x, y)$ 在 $(0, 0)$ 点处的偏导数为

$$f_x(0, 0) = \lim_{x \to 0} \frac{f(x, 0) - f(0, 0)}{x} = \lim_{x \to 0} \frac{0}{x} = 0,$$

$$f_y(0, 0) = \lim_{y \to 0} \frac{f(0, y) - f(0, 0)}{y} = \lim_{y \to 0} \frac{0}{y} = 0.$$

三、偏导数的几何意义

二元函数 $z = f(x, y)$ 在点 (x_0, y_0) 处的偏导数有下述几何意义.

设二元函数 $z = f(x, y)$ 在点 $A_0(x_0, y_0)$ 处可偏导, 点 $P_0(x_0, y_0, f(x_0, y_0))$ 为点 $A_0(x_0, y_0)$ 所对应的空间曲面 $z = f(x, y)$ 上的点, 过 P_0 作平面 $y = y_0$, 截此

曲面得空间曲线 $\begin{cases} z = f(x, y), \\ y = y_0, \end{cases}$ 此曲线

在平面 $y = y_0$ 上的方程为 $z = f(x, y_0)$.

又因为平面 $y = y_0$ 上 $\left. \dfrac{\mathrm{d} f(x, y_0)}{\mathrm{d} x} \right|_{x = x_0}$

的几何意义为 P_0 处的切线对 x 轴的斜率, 故偏导数 $f_x(x_0, y_0)$ 的几何意义也就是该曲线在点 P_0 处的切线对 x 轴的斜率 (图 8-2-1). 同样, 偏导数 $f_y(x_0, y_0)$ 的几何意义是曲面被平面 $x = x_0$ 所截得的曲

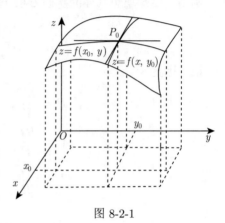

图 8-2-1

线 $\begin{cases} z = f(x, y), \\ x = x_0 \end{cases}$ 在点 P_0 处的切线对 y 轴的斜率.

由上述几何意义不难得到, $f_x(x_0, y_0)$ 存在只能表明空间曲线 $\begin{cases} z = f(x, y), \\ y = y_0 \end{cases}$

在 $x = x_0$ 处连续, $f_y(x_0, y_0)$ 存在只能表明空间曲线 $\begin{cases} z = f(x, y), \\ x = x_0 \end{cases}$ 在 $y = y_0$

处连续.

例 6　求曲线 $\begin{cases} z = \dfrac{x^2 + y^2}{4}, \\ y = 4 \end{cases}$ 在点 $(2, 4, 5)$ 处切线与 x 轴正向所成的夹角

大小.

解　$z_x(x, y) = \dfrac{1}{2} x$, 由偏导数的几何意义可知, 所求夹角的正切 $\tan \alpha = z_x(2, 4) = 1$, 所以 $\alpha = \dfrac{\pi}{4}$.

四、高阶偏导数

设函数 $z = f(x, y)$ 在区域 D 内具有偏导数

$$\frac{\partial z}{\partial x} = f_x(x, y), \quad \frac{\partial z}{\partial y} = f_y(x, y),$$

则在 D 内偏导数 $f_x(x,y)$, $f_y(x,y)$ 都是 x, y 的函数. 如果这两个函数 $f_x(x,y)$, $f_y(x,y)$ 在 D 内的偏导数也存在, 则称它们是函数 $z = f(x,y)$ 的二阶偏导数. 按照对变量求导次序的不同, 共有下列四个二阶偏导数:

$$\frac{\partial}{\partial x}\left(\frac{\partial z}{\partial x}\right) = \frac{\partial^2 z}{\partial x^2} = f_{xx}(x,y), \qquad \frac{\partial}{\partial y}\left(\frac{\partial z}{\partial y}\right) = \frac{\partial^2 z}{\partial y^2} = f_{yy}(x,y),$$

$$\frac{\partial}{\partial x}\left(\frac{\partial z}{\partial y}\right) = \frac{\partial^2 z}{\partial y\partial x} = f_{yx}(x,y), \qquad \frac{\partial}{\partial y}\left(\frac{\partial z}{\partial x}\right) = \frac{\partial^2 z}{\partial x\partial y} = f_{xy}(x,y),$$

其中第三、四两个偏导数称为**混合偏导数**.

类似地, 可以定义三阶、四阶直至 n 阶偏导数. 二阶及二阶以上的偏导数统称为**高阶偏导数**.

例 7 设 $z = x\ln(x+y)$, 求 $\dfrac{\partial^2 z}{\partial x^2}$, $\dfrac{\partial^2 z}{\partial y\partial x}$, $\dfrac{\partial^2 z}{\partial x\partial y}$, $\dfrac{\partial^2 z}{\partial y^2}$.

解 $\dfrac{\partial z}{\partial x} = \ln(x+y) + \dfrac{x}{x+y}$, $\dfrac{\partial z}{\partial y} = \dfrac{x}{x+y}$, 故

$$\frac{\partial^2 z}{\partial x^2} = \frac{1}{x+y} + \frac{x+y-x}{(x+y)^2} = \frac{x+2y}{(x+y)^2}, \qquad \frac{\partial^2 z}{\partial y^2} = \frac{-x}{(x+y)^2},$$

$$\frac{\partial^2 z}{\partial x\partial y} = \frac{1}{x+y} + \frac{-x}{(x+y)^2} = \frac{y}{(x+y)^2}, \qquad \frac{\partial^2 z}{\partial y\partial x} = \frac{(x+y)-x}{(x+y)^2} = \frac{y}{(x+y)^2}.$$

我们看到例 7 中 $\dfrac{\partial^2 z}{\partial x\partial y} = \dfrac{\partial^2 z}{\partial y\partial x}$, 即两个二阶混合偏导数相等. 那么如果两个二阶混合偏导数都存在, 它们是否一定相等呢?

例 8 设二元函数 $f(x,y) = \begin{cases} \dfrac{xy(x^2-y^2)}{x^2+y^2}, & (x,y) \neq (0,0), \\ 0, & (x,y) = (0,0), \end{cases}$ 求 $f_{xy}(0,0)$, $f_{yx}(0,0)$.

解 $f_x(0,y) = \begin{cases} -y, & y \neq 0, \\ 0, & y = 0, \end{cases}$ 即 $f_x(0,y) = -y$. 由二阶偏导数定义知

$$f_{xy}(0,0) = \lim_{y\to 0}\frac{f_x(0,y) - f_x(0,0)}{y} = \lim_{y\to 0}\frac{-y}{y} = -1.$$

又 $f_y(x,0) = \begin{cases} x, & x \neq 0, \\ 0, & x = 0, \end{cases}$ 即 $f_y(x,0) = x$. 由二阶偏导数定义知

$$f_{yx}(0,0) = \lim_{x\to 0}\frac{f_y(x,0) - f_y(0,0)}{x} = \lim_{x\to 0}\frac{x}{x} = 1.$$

显然例 8 中 $\dfrac{\partial^2 z}{\partial x \partial y} \neq \dfrac{\partial^2 z}{\partial y \partial x}$, 这表明二元函数在某点处两个二阶混合偏导数都存在时, 两者也未必相等, 那么在什么条件下两个二阶混合偏导数相等呢?

定理 1　如果函数 $z = f(x, y)$ 的两个二阶混合偏导数 $\dfrac{\partial^2 z}{\partial y \partial x}$ 及 $\dfrac{\partial^2 z}{\partial x \partial y}$ 在区域 D 内连续, 那么在该区域内这两个二阶混合偏导数必相等.

证明略.

定理 1 表明: 二阶混合偏导数在连续的条件下与求偏导的次序无关, 同样对于更高阶的混合偏导数, 也有类似的结论. 即如果函数 $z = f(x, y)$ 在区域 D 内存在直到 $m\,(m \geqslant 3)$ 阶的所有偏导数, 并且这些偏导数都在 D 内连续, 那么在 D 内的 m 阶混合偏导数与求偏导数的次序无关. 如 $\dfrac{\partial^3 z}{\partial x^2 \partial y} = \dfrac{\partial^3 z}{\partial y \partial x^2} = \dfrac{\partial^3 z}{\partial x \partial y \partial x} = \dfrac{\partial^3 z}{\partial y \partial x \partial y}$. 另外定理 1 的结论也可推广到三元及以上的多元函数混合偏导数.

因为初等函数的偏导数仍为初等函数, 而初等函数在其定义区域内是连续的, 故求初等函数的高阶导数时可以选择方便的求导次序. 在科学和工程技术的实际应用中, 往往碰到的大多为初等函数, 所以不介意求偏导的次序. 阅读有关书籍时, 请注意这一点.

例 9　设函数 $u = \dfrac{1}{r}$, 证明 $\dfrac{\partial^2 u}{\partial x^2} + \dfrac{\partial^2 u}{\partial y^2} + \dfrac{\partial^2 u}{\partial z^2} = 0$, 其中 $r = \sqrt{x^2 + y^2 + z^2}$.

证

$$\frac{\partial u}{\partial x} = -\frac{1}{r^2} \frac{\partial r}{\partial x} = -\frac{1}{r^2} \frac{x}{r} = -\frac{x}{r^3},$$

$$\frac{\partial^2 u}{\partial x^2} = -\frac{1}{r^3} + \frac{3x}{r^4} \cdot \frac{\partial r}{\partial x} = -\frac{1}{r^3} + \frac{3x^2}{r^5}.$$

由函数关于自变量的对称性, 得

$$\frac{\partial^2 u}{\partial y^2} = -\frac{1}{r^3} + \frac{3y^2}{r^5}, \quad \frac{\partial^2 u}{\partial z^2} = -\frac{1}{r^3} + \frac{3z^2}{r^5},$$

因此

$$\frac{\partial^2 u}{\partial x^2} + \frac{\partial^2 u}{\partial y^2} + \frac{\partial^2 u}{\partial z^2} = -\frac{3}{r^3} + \frac{3(x^2 + y^2 + z^2)}{r^5} = -\frac{3}{r^3} + \frac{3r^2}{r^5} = 0.$$

例 9 中的方程称为拉普拉斯 (Laplace) 方程, 它能表示多种物理状态和现象, 是数学物理方程中一种非常重要的方程.

课件8-2-4

习 题 8-2

A 组

1. 求下列函数的一阶偏导数：

(1) $z = 2\cos^2\left(x - \dfrac{y}{2}\right)$;　　(2) $z = \ln\tan\dfrac{x}{y}$;　　(3) $z = (1 + xy)^y$;

(4) $u = x^{\frac{y}{z}}$;　　(5) $u = \arctan(x - y)^z$.

2. 求下列函数在指定点处的偏导数：

(1) 设 $f(x,y) = x\ln(xy)$, 求 $f_x(1,\mathrm{e})$;

(2) 设 $f(x,y) = \mathrm{e}^{\arctan\frac{y}{x}} \cdot \ln(x^2 + y^2)$, 求 $f_x(1,0)$;

(3) 设 $f(x,y) = \sqrt[3]{x^5 - y^3}$, 求 $f_x(0,0)$;

(4) 设 $u = \mathrm{e}^{-x}\sin\dfrac{x}{y}$, 求 $\left.\dfrac{\partial^2 u}{\partial x \partial y}\right|_{\left(2,\frac{1}{\pi}\right)}$.

3. 求下列函数的二阶偏导数：

(1) $z = x^3 y - xy^3$;　　　　　　　　　　(2) $z = x\ln(x + y)$.

4. 已知 $f(x,y) = x^2\arctan\dfrac{y}{x} - y^2\arctan\dfrac{x}{y}$, 求 $\dfrac{\partial^2 f}{\partial x \partial y}$.

5. 设 $z = x^3\sin y - y\mathrm{e}^x$, 求 $\dfrac{\partial^3 z}{\partial x^2 \partial y}$.

6. 设 $f(x,y) = \begin{cases} \dfrac{xy}{\sqrt{x^2 + y^2}}, & (x,y) \neq (0,0), \\ 0, & (x,y) = (0,0), \end{cases}$　求偏导数 $f_x(x,y)$, $f_y(x,y)$.

7. 求曲线 $\begin{cases} z = \dfrac{x^2 + y^2}{2}, \\ y = 1 \end{cases}$　在点 $(1,1,1)$ 处的切线对于 x 轴正向所成的倾角 α.

8. 设 $r = \sqrt{x^2 + y^2 + z^2}$, 证明：$\dfrac{\partial^2 r}{\partial x^2} + \dfrac{\partial^2 r}{\partial y^2} + \dfrac{\partial^2 r}{\partial z^2} = \dfrac{2}{r}$.

B 组

1. 关于函数 $f(x,y) = \begin{cases} xy, & xy \neq 0, \\ x, & y = 0, \\ y, & x = 0, \end{cases}$　给出下列结论：

(1) $\left.\dfrac{\partial f}{\partial x}\right|_{(0,0)} = 1$;　　　　　　　　(2) $\left.\dfrac{\partial^2 f}{\partial x \partial y}\right|_{(0,0)} = 1$;

(3) $\lim\limits_{(x,y)\to(0,0)} f(x,y) = 0$;　　　　(4) $\lim\limits_{y\to 0}\lim\limits_{x\to 0} f(x,y) = 0$.

其中正确的个数为 (　　)(2020 考研真题)

(A) 4　　　　　(B) 3　　　　(C) 2　　　　(D) 1.

2. 设 $f(x,y)$ 具有一阶偏导数, 且在任意的 (x,y) 都有 $\dfrac{\partial f(x,y)}{\partial x} > 0, \dfrac{\partial f(x,y)}{\partial y} < 0$,

则 (　　)(2017 考研真题)

(A) $f(0,0) > f(1,1)$ (B) $f(0,0) < f(1,1)$

(C) $f(0,1) > f(1,0)$ (D) $f(0,1) < f(1,0)$.

3. 设 $f(x,y) = \displaystyle\int_0^{xy} e^{-t^2}\,\mathrm{d}t$, 求 $\dfrac{x}{y} \cdot \dfrac{\partial^2 f}{\partial x^2} - 2\dfrac{\partial^2 f}{\partial x \partial y} + \dfrac{y}{x} \cdot \dfrac{\partial^2 f}{\partial y^2}$.

8.3 全 微 分

课前测8-3-1

一、全微分的概念

8.2 节讨论的是自变量沿某个给定方向变化时, 函数的变化率. 但在实际问题中, 自变量可以随意变化. 比如, 对于气体状态方程 $V(P,T) = \dfrac{RT}{P}$, 纯粹的等压或等温过程一般是不存在的. 真正需要考虑的是, 若自变量 P 和 T 分别产生了增量 ΔP 和 ΔT 后, 如何估计体积的改变量

$$\Delta V = V(P_0 + \Delta P, T_0 + \Delta T) - V(P_0, T_0).$$

我们已经知道, 如果一元函数 $y = f(x)$ 在 x_0 处可微, 则 $\Delta y = f(x_0 + \Delta x) - f(x_0)$ 可用 Δx 的一个简便的近似计算公式

$$\Delta y \approx \mathrm{d}y|_{y=y_0} = f'(x_0)\Delta x.$$

那么设想: 对于二元函数 $z = f(x,y)$, 是否可以像一元函数一样, 在 (x_0, y_0) 的某个邻域内用 Δx, Δy 的一个简便近似公式来计算函数增量, 即函数增量的局部线性近似?

设函数 $z = f(x,y)$ 在点 $P_0(x_0, y_0)$ 的某一邻域 $U(P_0)$ 内有定义, 对 $\forall P(x_0 + \Delta x, y_0) \in U(P_0)$, 则 $f(x_0 + \Delta x, y_0) - f(x_0, y_0)$ 称为 $z = f(x,y)$ 在点 $P_0(x_0, y_0)$ 对 x 的偏增量, 记作 Δz_x. 类似地, 我们定义出 $z = f(x,y)$ 在点 $P_0(x_0, y_0)$ 对 y 的偏增量 $f(x_0, y_0 + \Delta y) - f(x_0, y_0)$, 记作 Δz_y.

根据一元函数微分学中增量与微分的关系, 易得

$$f(x_0 + \Delta x, y_0) - f(x_0, y_0) \approx f_x(x_0, y_0)\Delta x, \tag{8-3-1}$$

$$f(x_0, y_0 + \Delta y) - f(x_0, y_0) \approx f_y(x_0, y_0)\Delta y. \tag{8-3-2}$$

上面两式右端分别称为二元函数 $z = f(x,y)$ 在点 $P_0(x_0, y_0)$ 处对 x 和对 y 的**偏微分**.

若函数 $z = f(x,y)$ 在点 $P_0(x_0, y_0)$ 的某一邻域 $U(P_0)$ 内有定义, 其两个自变量都发生变化, 对 $\forall P(x_0 + \Delta x, y_0 + \Delta y) \in U(P_0)$, 则称 $f(x_0 + \Delta x, y_0 + \Delta y) - $

$f(x_0, y_0)$ 为 $z = f(x, y)$ 在点 $P_0(x_0, y_0)$ 对应于自变量增量 Δx, Δy 的全增量, 记作 Δz, 即

$$\Delta z = f(x_0 + \Delta x, y_0 + \Delta y) - f(x_0, y_0).$$

一般计算全增量 Δz 比较复杂, 参照一元函数微分的概念类似, 下面引入多元函数的全微分概念.

定义 1　设函数 $z = f(x, y)$ 在点 $P_0(x_0, y_0)$ 的某一邻域 $U(P_0)$ 内有定义, 如果 $z = f(x, y)$ 在点 $P_0(x_0, y_0)$ 的全增量

$$\Delta z = f(x_0 + \Delta x, y_0 + \Delta y) - f(x_0, y_0)$$

可表示为

$$\Delta z = A\Delta x + B\Delta y + o(\rho),$$

则称**函数 $z = f(x, y)$ 在点 $P_0(x_0, y_0)$ 处可微**, 其中 A, B 不依赖于 Δx, Δy 而仅与 x_0, y_0 有关, $\rho = \sqrt{(\Delta x)^2 + (\Delta y)^2}$, 则 $A\Delta x + B\Delta y$ 称为函数 $z = f(x, y)$ 在点 $P_0(x_0, y_0)$ 处的**全微分**, 记作 $\mathrm{d}z\big|_{P_0}$ 或 $\mathrm{d}f(x,y)|_{(x_0,y_0)}$, 即

$$\mathrm{d}z\bigg|_{P_0} = \mathrm{d}f(x,y)|_{(x_0,y_0)} = A\Delta x + B\Delta y. \tag{8-3-3}$$

如果函数在区域 D 内各点处都可微, 则称**函数在区域 D 内可微**, 并称 $z = f(x, y)$ 为 D 内的**可微函数**, 二元函数 $z = f(x, y)$ 的全微分记为 $\mathrm{d}z$ 或 $\mathrm{d}f(x,y)$.

二、多元函数可微的必要条件和充分条件

对一元函数而言, 可微与可导是等价的. 那么对于多元函数, 可微与可偏导是否等价? 它们之间有着怎样的关系? 全微分定义中与 Δx, Δy 无关的常数 A, B 分别是什么? 下面讨论函数 $z = f(x, y)$ 在点 (x, y) 处可微的条件.

定理 1　若函数 $z = f(x, y)$ 在点 $P_0(x_0, y_0)$ 处可微, 则函数在点 $P_0(x_0, y_0)$ 处必连续.

证　因为 $z = f(x, y)$ 在点 $P_0(x_0, y_0)$ 处可微, 由定义 1 可知

$$\Delta z = A\Delta x + B\Delta y + o(\rho),$$

其中 A, B 不依赖于 Δx, Δy 的常数, 令 $\rho \to 0$, 则

$$\lim_{\rho \to 0} \Delta z = \lim_{(\Delta x, \Delta y) \to (0,0)} [A\Delta x + B\Delta y + o(\rho)] = 0,$$

可微的条件
讲解8-3-2

故 $z = f(x, y)$ 在点 $P_0(x_0, y_0)$ 处连续.

定理 2 若函数 $z = f(x, y)$ 在点 (x_0, y_0) 可微, 则该函数在点 (x_0, y_0) 的偏导数 $f_x(x_0, y_0)$, $f_y(x_0, y_0)$ 必存在, 且函数 $z = f(x, y)$ 在点 (x_0, y_0) 处的全微分为

$$\mathrm{d}f(x_0, y_0) = f_x(x_0, y_0)\Delta x + f_y(x_0, y_0)\Delta y. \tag{8-3-4}$$

证 因函数 $z = f(x, y)$ 在点 $P_0(x_0, y_0)$ 可微, 则对 $\forall P(x_0 + \Delta x, y_0 + \Delta y) \in U(P_0)$, 恒有

$$\Delta z = A\Delta x + B\Delta y + o(\rho),$$

当 $\Delta y = 0$ 时上式仍成立 (此时 $\rho = |\Delta x|$), 从而有

$$f(x_0 + \Delta x, y_0) - f(x_0, y_0) = A \cdot \Delta x + o(|\Delta x|),$$

上式两边同除以 Δx, 再令 $\Delta x \to 0$ 而取极限, 即得

$$\lim_{\Delta x \to 0} \frac{f(x_0 + \Delta x, y_0) - f(x_0, y_0)}{\Delta x} = A, \quad \text{即 } A = f_x(x_0, y_0).$$

同理可证 $B = f_y(x_0, y_0)$. 所以式 (8-3-4) 成立.

例 1 证明函数 $f(x, y) = |x| + |y|$ 在点 $(0, 0)$ 处连续, 但不可微.

证 因为 $\lim\limits_{(x,y) \to (0,0)} f(x, y) = \lim\limits_{(x,y) \to (0,0)} (|x| + |y|) = 0 = f(0, 0)$, 所以 $f(x, y)$ 在点 $(0, 0)$ 处连续. 又

$$f_x(0, 0) = \lim_{\Delta x \to 0} \frac{f(0 + \Delta x, 0) - f(0, 0)}{\Delta x} = \lim_{\Delta x \to 0} \frac{|\Delta x|}{\Delta x} \text{不存在},$$

同理可得

$$f_y(0, 0) = \lim_{\Delta y \to 0} \frac{f(0 + \Delta y, 0) - f(0, 0)}{\Delta y} = \lim_{\Delta y \to 0} \frac{|\Delta y|}{\Delta y} \text{不存在},$$

即点 $(0, 0)$ 处函数不可偏导, 由定理 2 可知, 函数 $f(x, y) = |x| + |y|$ 在点 $(0, 0)$ 处不可微.

例 2 证明函数

$$f(x, y) = \begin{cases} \dfrac{x^2 y}{x^4 + y^2}, & x^2 + y^2 \neq 0, \\ 0, & x^2 + y^2 = 0 \end{cases}$$

在点 $(0, 0)$ 处可偏导, 但不可微.

证 由偏导数定义可得, $f_x(0,0) = f_y(0,0) = 0$, 但

$$\lim_{(x,y)\to(0,0)} \frac{x^2y}{x^4+y^2} \xlongequal{y=kx^2} \lim_{x\to 0} \frac{kx^2x^2}{x^4+(kx^2)^2} = \frac{k}{1+k^2},$$

所以函数在点 $(0,0)$ 处不连续, 由定理 1 可知, 函数在点 $(0,0)$ 处不可微.

例 3 考察二元函数

$$f(x,y) = \begin{cases} \dfrac{xy}{\sqrt{x^2+y^2}}, & x^2+y^2 \neq 0, \\ 0, & x^2+y^2 = 0 \end{cases}$$

在点 $(0,0)$ 处可微性.

解 容易验证 $z = f(x,y)$ 在点 $(0,0)$ 连续, 且可偏导, $f_x(0,0) = f_y(0,0) = 0$, 但

$$\lim_{\rho\to 0} \frac{\Delta z - f_x(0,0)\Delta x - f_y(0,0)\Delta y}{\rho} = \lim_{\rho\to 0} \frac{\Delta z}{\rho} = \lim_{(\Delta x,\Delta y)\to(0,0)} \frac{\Delta x \Delta y}{(\Delta x)^2 + (\Delta y)^2} \text{不存在},$$

所以此函数在点 $(0,0)$ 处不可微.

由例 2 和例 3 可知, 偏导数存在是可微的必要条件而不是充分条件. 但是, 如果再假定函数的各个偏导数连续, 那么可以证明函数是可微的, 即有下面的定理.

定理 3 如果函数 $z = f(x,y)$ 在点 $P_0(x_0, y_0)$ 的某邻域 $U(P_0)$ 内具有连续偏导数, 则函数在点 P_0 处可微.

证 设 $\forall P(x_0 + \Delta x, y_0 + \Delta y) \in U(P_0)$, 函数的全增量

$$\Delta z|_{P_0} = f(x_0 + \Delta x, y_0 + \Delta y) - f(x_0, y_0)$$

$$= [f(x_0 + \Delta x, y_0 + \Delta y) - f(x_0 + \Delta x, y_0)] + [f(x_0 + \Delta x, y_0) - f(x_0, y_0)].$$

上式两个方括号内的表达式都是函数的偏增量, 对其分别应用拉格朗日中值定理, 有

$$\Delta z|_{P_0} = f_y(x_0 + \Delta x, y_0 + \theta_1 \Delta y)\Delta y + f_x(x_0 + \theta_2 \Delta x, y_0)\Delta x,$$

其中 $0 < \theta_1, \theta_2 < 1$. 因为 $f_y(x,y)$ 在点 $P_0(x_0, y_0)$ 处连续, 故有

$$\lim_{\substack{\Delta x\to 0 \\ \Delta y\to 0}} f_y(x_0 + \Delta x, y_0 + \theta_1 \Delta y) = f_y(x_0, y_0),$$

于是, 有

$$f_y(x_0 + \Delta x, y_0 + \theta_1 \Delta y) = f_y(x_0, y_0) + \alpha,$$

从而, 有

$$f_y(x_0 + \Delta x, y_0 + \theta_1 \Delta y)\Delta y = f_y(x_0, y_0)\Delta y + \alpha \Delta y,$$

同理, 有

$$f_x(x_0 + \theta_2 \Delta x, y_0)\Delta x = f_x(x_0, y_0)\Delta x + \beta \Delta x,$$

其中 α, β 为 $\Delta x, \Delta y$ 的函数, 且当 $\Delta x \to 0$, $\Delta y \to 0$ 时, $\alpha \to 0$, $\beta \to 0$. 于是, 全增量 $\Delta z|_{P_0}$ 可以表示为

$$\Delta z|_{P_0} = f_x(x_0, y_0)\Delta x + f_y(x_0, y_0)\Delta y + \alpha \Delta y + \beta \Delta x.$$

而

$$\lim_{\substack{\Delta x \to 0 \\ \Delta y \to 0}} \frac{\Delta z|_{P_0} - [f_x(x_0, y_0)\Delta x + f_y(x_0, y_0)\Delta y]}{\rho}$$

$$= \lim_{\substack{\Delta x \to 0 \\ \Delta y \to 0}} \frac{\alpha \Delta y + \beta \Delta x}{\rho} = \lim_{\substack{\Delta x \to 0 \\ \Delta y \to 0}} \left(\alpha \frac{\Delta y}{\rho} + \beta \frac{\Delta x}{\rho} \right) = 0,$$

其中 $\rho = \sqrt{(\Delta x)^2 + (\Delta y)^2}$.

由全微分的定义可知, 函数 $z = f(x, y)$ 在点 $P_0(x_0, y_0)$ 是可微的.

若二元函数 $z = f(x, y)$ 在平面区域 D 内处处可微, 则称二元函数在区域 D 内可微. 我们将自变量的增量 Δx 与 Δy 分别记作 $\mathrm{d}x$ 与 $\mathrm{d}y$, 从而有

$$\mathrm{d}z = \frac{\partial z}{\partial x}\mathrm{d}x + \frac{\partial z}{\partial y}\mathrm{d}y. \tag{8-3-5}$$

上式表明二元函数的全微分等于它的两个偏微分之和, 称此为二元函数的微分符合叠加原理.

以上关于二元函数全微分的概念与结论, 可以完全类似地推广到三元和三元以上的多元函数. 如果三元函数 $u = f(x, y, z)$ 可微分, 则 $\mathrm{d}u = \dfrac{\partial u}{\partial x}\mathrm{d}x + \dfrac{\partial u}{\partial y}\mathrm{d}y + \dfrac{\partial u}{\partial z}\mathrm{d}z$.

例 4 计算函数 $z = \mathrm{e}^{xy}$ 在点 $(2, 1)$ 处的全微分.

解 因为 $z_x = y\mathrm{e}^{xy}$, $z_y = x\mathrm{e}^{xy}$, 所以 $z_x(2, 1) = \mathrm{e}^2$, $z_y(2, 1) = 2\mathrm{e}^2$. 则

$$\mathrm{d}z\big|_{(2,1)} = \mathrm{e}^2\mathrm{d}x + 2\mathrm{e}^2\mathrm{d}y.$$

例 5 计算函数 $u = x^{y^z}$ 的全微分.

解 因为

$$\frac{\partial u}{\partial x} = y^z x^{y^z - 1},$$

$$\frac{\partial u}{\partial y} = x^{y^z} \ln x \cdot zy^{z-1} = \frac{zy^z \ln x}{y} x^{y^z},$$

$$\frac{\partial u}{\partial z} = x^{y^z} \ln x \cdot y^z \ln y = x^{y^z} y^z \ln x \ln y,$$

所以

$$du = \frac{\partial u}{\partial x} dx + \frac{\partial u}{\partial y} dy + \frac{\partial u}{\partial z} dz$$

$$= x^{y^z} \left(\frac{y^z}{x} dx + \frac{zy^z \ln x}{y} dy + y^z \ln x \ln y \, dz \right).$$

例 6 讨论二元函数 $f(x,y) = \begin{cases} (x^2 + y^2) \sin \dfrac{1}{x^2 + y^2}, & x^2 + y^2 \neq 0, \\ 0, & x^2 + y^2 = 0 \end{cases}$ 在

点 $(0,0)$ 处的可微性及偏导数 $f_x(x,y)$, $f_y(x,y)$ 在点 $(0,0)$ 处的连续性.

解 因为 $f_x(0,0) = \lim\limits_{\Delta x \to 0} \dfrac{(\Delta x)^2 \sin \dfrac{1}{(\Delta x)^2}}{\Delta x} = \lim\limits_{\Delta x \to 0} \Delta x \sin \dfrac{1}{(\Delta x)^2} = 0$, 由对

称性, 易得 $f_y(0,0) = 0$. 又

$$\lim_{\rho \to 0} \frac{\Delta z - f_x(0,0)\Delta x - f_y(0,0)\Delta y}{\rho}$$

$$= \lim_{(\Delta x, \Delta y) \to (0,0)} \frac{\left[(\Delta x)^2 + (\Delta y)^2 \right] \sin \dfrac{1}{(\Delta x)^2 + (\Delta y)^2}}{\sqrt{(\Delta x)^2 + (\Delta y)^2}}$$

$$= \lim_{(\Delta x, \Delta y) \to (0,0)} \sqrt{(\Delta x)^2 + (\Delta y)^2} \sin \dfrac{1}{(\Delta x)^2 + (\Delta y)^2} = 0,$$

所以 $f(x,y)$ 点 $(0,0)$ 处可微. 而

$$f_x(x,y) = \begin{cases} 2x \sin \dfrac{1}{x^2 + y^2} - \dfrac{2x}{x^2 + y^2} \cos \dfrac{1}{x^2 + y^2}, & (x,y) \neq (0,0), \\ 0, & (x,y) = (0,0), \end{cases}$$

点 (x,y) 沿路径 $y = x$ 无限趋于点 $(0,0)$ 时, 极限

$$\lim_{\substack{x \to 0 \\ y=x}} f_x(x,y) = \lim_{x \to 0}\left(2x\sin\frac{1}{2x^2} - \frac{1}{x}\cos\frac{1}{2x^2}\right)$$

不存在, 从而偏导数 $f_x(x,y)$ 在点 $(0,0)$ 处不连续, 同理可得偏导数 $f_y(x,y)$ 在点 $(0,0)$ 处也不连续.

不难得到定理 3 偏导数连续是函数可微的充分条件.

*三、全微分在近似计算中的应用

由定义 1 和定理 2 可知, 当二元函数 $z = f(x,y)$ 在点 $P_0(x_0, y_0)$ 处可微, 并且 $|\Delta x|$, $|\Delta y|$ 都较小时, 有近似等式

$$\Delta z \approx \mathrm{d}z = f_x(x_0, y_0)\Delta x + f_y(x_0, y_0)\Delta y,$$

即

$$f(x_0 + \Delta x, y_0 + \Delta y) \approx f(x_0, y_0) + f_x(x_0, y_0)\Delta x + f_y(x_0, y_0)\Delta y.$$

上式表明, 在点 $P_0(x_0, y_0)$ 处, 当 $|\Delta x|$, $|\Delta y|$ 都较小时, 可用 $f(x_0, y_0) + f_x(x_0, y_0)\Delta x + f_y(x_0, y_0)\Delta y$ 近似表示函数 $f(x,y)$. 与一元函数一样, 我们可将此函数表达式称为 $f(x,y)$ 在点 $P_0(x_0, y_0)$ 的局部线性化或线性逼近, 记作 $L(x,y)$, 即

$$L(x,y) = f(x_0, y_0) + f_x(x_0, y_0)(x - x_0) + f_y(x_0, y_0)(y - y_0). \tag{8-3-6}$$

利用上述近似等式可对二元函数作近似计算, 下面举例说明.

例 7 求 $1.04^{2.02}$ 的近似值.

解 设 $f(x,y) = x^y$, 取 $x = 1.04$, $y = 2.02$, 令 $x_0 = 1$, $y_0 = 2$, 又 $f_x(x,y) = yx^{y-1}$, $f_y(x,y) = x^y\ln x$, 故

$$f(1,2) = 1, \quad f_x(1,2) = 2, \quad f_y(1,2) = 0,$$

可得到函数 $f(x,y) = x^y$ 在点 $(1,2)$ 处的线性逼近为

$$L(x,y) = 1 + 2(x-1),$$

所以 $1.04^{2.02} = (1 + 0.04)^{2+0.02} = 1 + 2(1.04 - 1) = 1.08$.

对于二元函数 $z = f(x,y)$, 如果自变量 x, y 的绝对误差分别为 δ_x, δ_y, 即

$$|\Delta x| < \delta_x, \quad |\Delta y| < \delta_y,$$

则因变量 z 的误差

$$|\Delta z| \approx |\mathrm{d}z| = \left|\frac{\partial z}{\partial x}\Delta x + \frac{\partial z}{\partial y}\Delta y\right| \leqslant \left|\frac{\partial z}{\partial x}\right|\cdot|\Delta x| + \left|\frac{\partial z}{\partial y}\right|\cdot|\Delta y| \leqslant \left|\frac{\partial z}{\partial x}\right|\cdot\delta_x + \left|\frac{\partial z}{\partial y}\right|\cdot\delta_y,$$

从而因变量 z 的绝对误差约为

$$\delta_z = \left|\frac{\partial z}{\partial x}\right| \cdot \delta_x + \left|\frac{\partial z}{\partial y}\right| \cdot \delta_y, \tag{8-3-7}$$

因变量 z 的相对误差约为

$$\frac{\delta_z}{|z|}. \tag{8-3-8}$$

例 8　测得一长方体箱子的长、宽、高分别为 70cm, 60cm, 50cm, 最大测量误差为 0.1cm, 试估计该箱子体积的绝对误差和相对误差.

解　以 x, y, z 来表示该箱子的长、宽、高, 则箱子的体积为

$$V = xyz,$$

$$dV = \frac{\partial V}{\partial x}dx + \frac{\partial V}{\partial y}dy + \frac{\partial V}{\partial z}dz = yzdx + xzdy + xydz,$$

由于已知 $\delta_x = \delta_y = \delta_z = 0.1$, $x = 70, y = 60, z = 50$, 由式 (8-3-7) 推广得该箱子体积的绝对误差为

$$\delta_V = 60 \times 50 \times 0.1 + 70 \times 50 \times 0.1 + 70 \times 60 \times 0.1 = 1070 \ (\text{cm}^3),$$

由式 (8-3-8) 得该箱子体积的相对误差为

$$\frac{\delta_V}{|V|} = \frac{1070}{70 \times 60 \times 50} = 0.5\%.$$

对二元以上的多元函数也可以类似地用全微分作近似计算和误差估计.

<h3 align="center">习　题　8-3</h3>

课件8-3-3

<h4 align="center">A 组</h4>

1. 求函数 $z = \ln(1 + x^2 + y^2)$ 当 $x = 1, y = 2$ 时的全微分.

2. 求函数 $z = \dfrac{y}{x}$ 当 $x = 2, y = 1, \Delta x = 0.1, \Delta y = -0.2$ 时的全增量和全微分.

3. 设 $f(x, y, z) = \left(\dfrac{x}{y}\right)^z$, 求 $df(1, 1, 1)$.

4. 求下列函数的全微分:

(1) $z = \sin(xy)$;　　　　　　　　　　(2) $z = \arctan\dfrac{y}{x}$;

(3) $u = a^{x+yz} - \ln x^a \,(a > 0)$;　　　(4) $u = xyz + \displaystyle\int_{yz}^{xy} f(t)dt$, 其中 $f(t)$ 为连续函数.

5. 讨论函数 $f(x,y) = \begin{cases} (x^2 + y^2)\sin\dfrac{1}{\sqrt{x^2 + y^2}}, & x^2 + y^2 \neq 0, \\ 0, & x^2 + y^2 = 0 \end{cases}$ 在点 $(0,0)$ 处

(1) 是否连续;　　(2) 偏导数是否存在;　　(3) 是否可微;　　(4) 偏导数是否连续.

*6. 有一圆柱体受压后发生形变, 它的半径由 20cm 增大到 20.05cm, 高度由 100cm 减少到 99cm. 求此圆柱体体积变化的近似值.

B 组

1. 设函数 $z = f(x,y)$ 在点 (x_0, y_0) 处有 $f_x(x_0, y_0) = a$, $f_y(x_0, y_0) = b$, 则下列结论正确的是 (　　)(2012 考研真题)

(A) $\lim\limits_{(x,y)\to(x_0,y_0)} f(x,y)$ 存在, 但 $f(x,y)$ 在点 (x_0, y_0) 处不连续

(B) $f(x,y)$ 在点 (x_0, y_0) 处连续

(C) $\mathrm{d}z = a\mathrm{d}x + b\mathrm{d}y$

(D) $\lim\limits_{x\to x_0} f(x, y_0)$, $\lim\limits_{y\to y_0} f(x_0, y)$ 都存在, 且相等.

2. 如果函数 $f(x,y)$ 在点处连续, 那么下列命题正确的是 (　　)(2012 考研真题)

(A) 若极限 $\lim\limits_{\substack{x\to 0 \\ y\to 0}} \dfrac{f(x,y)}{|x| + |y|}$ 存在, 则 $f(x,y)$ 在点 $(0,0)$ 处可微

(B) 若极限 $\lim\limits_{\substack{x\to 0 \\ y\to 0}} \dfrac{f(x,y)}{x^2 + y^2}$ 存在, 则 $f(x,y)$ 在点 $(0,0)$ 处可微

(C) 若 $f(x,y)$ 在点 $(0,0)$ 处可微, 则极限 $\lim\limits_{\substack{x\to 0 \\ y\to 0}} \dfrac{f(x,y)}{|x| + |y|}$ 存在

(D) 若 $f(x,y)$ 在点 $(0,0)$ 处可微, 则极限 $\lim\limits_{\substack{x\to 0 \\ y\to 0}} \dfrac{f(x,y)}{x^2 + y^2}$ 存在.

8.4　多元复合函数的求导法则

课前测8-4-1

在一元复合函数的求导过程中, 我们有 "链式法则", 下面将这一法则推广到多元函数的情形.

设 $u = u(s,t)$, $v = v(s,t)$ 在 sOt 面内区域 D 上有定义, $z = f(u,v)$ 在 uv 面的区域 D_1 上有定义, 且 $\{(u,v) \mid u = u(s,t), v = v(s,t), (s,t) \in D\} \subset D_1$, 则称 $z = f[u(s,t), v(s,t)]$ 是定义在 D 上的复合函数. 其中 f 为外函数, $u = u(s,t)$, $v = v(s,t)$ 为内函数, u, v 为中间变量, s, t 为自变量.

多元复合函数要求相应的定义域要匹配, 如图 8-4-1 所示, 以后讨论多元复合函数的时候如果没有特别说明, 默认函数满足复合条件.

下面分两种情况来讨论多元复合函数的求导法则.

一、多元复合函数的中间变量为一元函数的情形

设函数 $z = f(u,v)$, $u = u(t)$ 及 $v = v(t)$ 构成复合函数 $z = f[u(t),v(t)]$, 其变量间的相互依赖关系可用图 8-4-2 来表达.

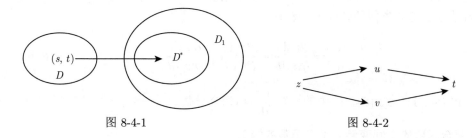

图 8-4-1   图 8-4-2

定理 1 如果函数 $u = u(t)$ 及 $v = v(t)$ 都在点 t 处可导, 函数 $z = f(u,v)$ 在对应点 (u,v) 处可微, 则复合函数 $z = f[u(t),v(t)]$ 在点 t 处可导, 且其导数计算公式为

$$\frac{\mathrm{d}z}{\mathrm{d}t} = \frac{\partial z}{\partial u}\frac{\mathrm{d}u}{\mathrm{d}t} + \frac{\partial z}{\partial v}\frac{\mathrm{d}v}{\mathrm{d}t}. \tag{8-4-1}$$

证 设给自变量 t 以增量 Δt, 则中间变量 $u = u(t)$, $v = v(t)$ 获得相应的增量 Δu, Δv, 于是, 函数 $z = f(u,v)$ 也获得相应的增量 Δz.

因为函数 $u = u(t)$ 及 $v = v(t)$ 都在点 t 处可导, 所以 $u = u(t)$ 及 $v = v(t)$ 都在点 t 处连续, 故 $\Delta t \to 0$ 时 $\Delta u \to 0, \Delta v \to 0$. 此时也有 $\rho \to 0$, 其中 $\rho = \sqrt{(\Delta u)^2 + (\Delta v)^2}$.

由于 $z = f(u,v)$ 在点 (u,v) 可微, 于是

$$\Delta z = \frac{\partial z}{\partial u}\Delta u + \frac{\partial z}{\partial v}\Delta v + o(\rho), \tag{8-4-2}$$

在式 (8-4-2) 两端同除以 Δt, 得

$$\frac{\Delta z}{\Delta t} = \frac{\partial z}{\partial u}\frac{\Delta u}{\Delta t} + \frac{\partial z}{\partial v}\frac{\Delta v}{\Delta t} + \frac{o(\rho)}{\rho} \cdot \frac{\sqrt{(\Delta u)^2 + (\Delta v)^2}}{\Delta t}, \tag{8-4-3}$$

由于函数 $u = u(t)$, $v = v(t)$ 在 t 处可导, 则当 $\Delta t \to 0$ 时, 有

$$\frac{\Delta u}{\Delta t} \to \frac{\mathrm{d}u}{\mathrm{d}t}, \quad \frac{\Delta v}{\Delta t} \to \frac{\mathrm{d}v}{\mathrm{d}t},$$

所以

$$\frac{\mathrm{d}z}{\mathrm{d}t} = \lim_{\Delta t \to 0}\frac{\Delta z}{\Delta t} = \frac{\partial z}{\partial u}\frac{\mathrm{d}u}{\mathrm{d}t} + \frac{\partial z}{\partial v}\frac{\mathrm{d}v}{\mathrm{d}t}.$$

定理 1 的结论可推广到中间变量多于两个的情形. 例如, 设 $z = f(u,v,w)$, $u = u(t)$, $v = v(t)$, $w = w(t)$ 构成复合函数 $z = f[u(t),v(t),w(t)]$, 其变量间的相互依赖关系可用图 8-4-3 来表达, 则在满足与定理 1 类似的条件下, 有

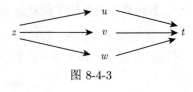

图 8-4-3

$$\frac{\mathrm{d}z}{\mathrm{d}t} = \frac{\partial z}{\partial u}\frac{\mathrm{d}u}{\mathrm{d}t} + \frac{\partial z}{\partial v}\frac{\mathrm{d}v}{\mathrm{d}t} + \frac{\partial z}{\partial w}\frac{\mathrm{d}w}{\mathrm{d}t}. \tag{8-4-4}$$

式 (8-4-1)、式 (8-4-4) 中的导数 $\dfrac{\mathrm{d}z}{\mathrm{d}t}$ 称为全导数.

二、复合函数的中间变量为多元函数的情形

定理 1 可推广到中间变量不是一元函数的情形, 例如, 对于中间变量为二元函数的情形, 设函数 $z = f(u,v)$, $u = u(x,y)$, $v = v(x,y)$ 构成复合函数 $z = f[u(x,y),v(x,y)]$, 其变量间的相互依赖关系可用图 8-4-4 来表达. 此时, 我们有

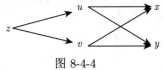

图 8-4-4

定理 2 如果函数 $u = u(x,y)$ 及 $v = v(x,y)$ 在点 (x,y) 的偏导数存在, 函数 $z = f(u,v)$ 在对应点 (u,v) 处可微, 则复合函数 $z = f[u(x,y),v(x,y)]$ 在点 (x,y) 的两个偏导数均存在, 且

$$\frac{\partial z}{\partial x} = \frac{\partial z}{\partial u}\frac{\partial u}{\partial x} + \frac{\partial z}{\partial v}\frac{\partial v}{\partial x}, \tag{8-4-5}$$

$$\frac{\partial z}{\partial y} = \frac{\partial z}{\partial u}\frac{\partial u}{\partial y} + \frac{\partial z}{\partial v}\frac{\partial v}{\partial y}. \tag{8-4-6}$$

定理 2 的证明类同定理 1, 式 (8-4-5) 和式 (8-4-6) 即称为**多元复合函数的链式法则**.

对于其他多元函数的复合情形有类似的链式法则.

例 1 设 $y = \mathrm{e}^{2u-v}$, 其中 $u = x^2$, $v = \sin x$, 求 $\dfrac{\mathrm{d}y}{\mathrm{d}x}$.

解 因为

$$\frac{\partial y}{\partial u} = 2\mathrm{e}^{2u-v}, \quad \frac{\partial y}{\partial v} = -\mathrm{e}^{2u-v}, \quad \frac{\mathrm{d}u}{\mathrm{d}x} = 2x, \quad \frac{\mathrm{d}v}{\mathrm{d}x} = \cos x,$$

所以

$$\frac{\mathrm{d}y}{\mathrm{d}x} = \frac{\partial y}{\partial u}\cdot\frac{\mathrm{d}u}{\mathrm{d}x} + \frac{\partial y}{\partial v}\cdot\frac{\mathrm{d}v}{\mathrm{d}x}$$

$$= 2\mathrm{e}^{2u-v} \cdot 2x - \mathrm{e}^{2u-v} \cdot \cos x$$

$$= \mathrm{e}^{2u-v} \left(4x - \cos x \right) = \mathrm{e}^{2x^2 - \sin x} \left(4x - \cos x \right).$$

例 2　设 $z = u^2 \ln v$，而 $u = \dfrac{x}{y}, v = 3x - 2y$，求 $\dfrac{\partial z}{\partial x}, \dfrac{\partial z}{\partial y}$.

解

$$\frac{\partial z}{\partial x} = \frac{\partial z}{\partial u} \cdot \frac{\partial u}{\partial x} + \frac{\partial z}{\partial v} \cdot \frac{\partial v}{\partial x}$$

$$= 2u \ln v \cdot \frac{1}{y} + \frac{u^2}{v} \cdot 3$$

$$= \frac{2x}{y^2} \ln \left(3x - 2y \right) + \frac{3x^2}{\left(3x - 2y \right) y^2},$$

$$\frac{\partial z}{\partial y} = \frac{\partial z}{\partial u} \cdot \frac{\partial u}{\partial y} + \frac{\partial z}{\partial v} \cdot \frac{\partial v}{\partial y}$$

$$= 2u \ln v \cdot \left(-\frac{x}{y^2} \right) + \frac{u^2}{v} \cdot (-2)$$

$$= -\frac{2x^2}{y^3} \ln(3x - 2y) - \frac{2x^2}{\left(3x - 2y \right) y^2}.$$

例 3　设 $u = f(x, y, z) = \mathrm{e}^{2x+3y+4z}$，$y = z^2 \cos x$，求 $\dfrac{\partial u}{\partial x}, \dfrac{\partial u}{\partial z}$.

解　如图 8-4-5 所示，

$$\frac{\partial u}{\partial x} = \frac{\partial f}{\partial x} + \frac{\partial f}{\partial y} \frac{\partial y}{\partial x}$$

$$= 2\mathrm{e}^{2x+3y+4z} + 3\mathrm{e}^{2x+3y+4z} \cdot \left(-z^2 \sin x \right)$$

$$= \left(2 - 3z^2 \sin x \right) \mathrm{e}^{2x+3y+4z},$$

$$\frac{\partial u}{\partial z} = \frac{\partial f}{\partial y} \frac{\partial y}{\partial z} + \frac{\partial f}{\partial z}$$

$$= 3\mathrm{e}^{2x+3y+4z} \cdot 2z \cos x + 4\mathrm{e}^{2x+3y+4z}$$

$$= 2 \left(3z \cos x + 2 \right) \mathrm{e}^{2x+3y+4z}.$$

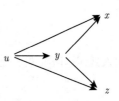

图 8-4-5

例4讲解8-4-2

例 4　设 $w = f\left(x, xy, \dfrac{z}{y} \right)$，$f$ 具有二阶连续偏导数，求 $\dfrac{\partial w}{\partial x}, \dfrac{\partial^2 w}{\partial x \partial y}$ 及 $\dfrac{\partial^2 w}{\partial x^2}$.

解 为表达简便, 记 $u = xy$, $v = \dfrac{z}{y}$, 则 $w = f(x, u, v)$. 由于 u, v 是被引入的中间变量, 为避免 u, v 在最后结果中出现, 引入以下记号:

$f_1' = \dfrac{\partial f(x, u, v)}{\partial x}$, 下标 1 表示对第一个变量 x 求偏导数, 依此类推还有 f_2', f_3';

$f_{13}'' = \dfrac{\partial^2 f(x, u, v)}{\partial x \partial v}$, 下标 13 表示对第一个变量 x 求偏导数得到的一阶偏导数再对第三个变量 v 求偏导数, 依此类推还有 $f_{11}'', f_{12}'', f_{21}'', f_{22}'', f_{23}'', f_{31}'', f_{32}'', f_{33}''$. 则

$$\frac{\partial w}{\partial x} = f_1' + f_2' \frac{\partial u}{\partial x} = f_1' + y f_2',$$

$$\frac{\partial^2 w}{\partial x \partial y} = \frac{\partial}{\partial y}(f_1' + y f_2') = \frac{\partial f_1'}{\partial y} + f_2' + y \frac{\partial f_2'}{\partial y}, \tag{8-4-7}$$

下面求 $\dfrac{\partial f_1'}{\partial y}$, $\dfrac{\partial f_2'}{\partial y}$, 将图 8-4-6 中的 w 换成 f_1', f_2' 后, 关系图仍然成立. 因此

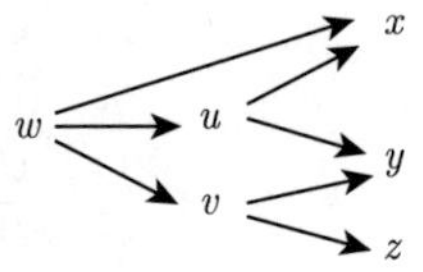

$$\frac{\partial f_1'}{\partial y} = x f_{12}'' + f_{13}'' \cdot \left(-\frac{z}{y^2}\right), \qquad \frac{\partial f_2'}{\partial y} = x f_{22}'' + f_{23}'' \cdot \left(-\frac{z}{y^2}\right),$$

图 8-4-6

代入式 (8-4-7), 得到 $\dfrac{\partial^2 w}{\partial x \partial y} = x f_{12}'' - \dfrac{z}{y^2} f_{13}'' + f_2' + xy f_{22}'' - \dfrac{z}{y} f_{23}''$. 同理

$$\frac{\partial^2 w}{\partial x^2} = \frac{\partial}{\partial x}(f_1' + y f_2') = \frac{\partial f_1'}{\partial x} + y \frac{\partial f_2'}{\partial x}, \tag{8-4-8}$$

又

$$\frac{\partial f_1'}{\partial x} = f_{11}'' + y f_{12}'', \qquad \frac{\partial f_2'}{\partial x} = f_{21}'' + y f_{22}'',$$

代入式 (8-4-8), 并注意到 $f_{12}'' = f_{21}''$, 得

$$\frac{\partial^2 w}{\partial x^2} = f_{11}'' + 2y f_{12}'' + y^2 f_{22}''.$$

例 5 设 $u = u(x, y)$ 可微, 在极坐标变换 $x = r\cos\theta$, $y = r\sin\theta$ 下, 证明

$$\left(\frac{\partial u}{\partial r}\right)^2 + \frac{1}{r^2}\left(\frac{\partial u}{\partial \theta}\right)^2 = \left(\frac{\partial u}{\partial x}\right)^2 + \left(\frac{\partial u}{\partial y}\right)^2.$$

证 由于 $u = u(x, y) = u(r\cos\theta, r\sin\theta)$, 因此

$$\frac{\partial u}{\partial r} = \frac{\partial u}{\partial x}\cos\theta + \frac{\partial u}{\partial y}\sin\theta, \qquad \frac{\partial u}{\partial \theta} = \frac{\partial u}{\partial x}(-r\sin\theta) + \frac{\partial u}{\partial y}r\cos\theta,$$

于是

$$\left(\frac{\partial u}{\partial r}\right)^2 + \frac{1}{r^2}\left(\frac{\partial u}{\partial \theta}\right)^2 = \left(\frac{\partial u}{\partial x}\cos\theta + \frac{\partial u}{\partial y}\sin\theta\right)^2 + \frac{1}{r^2}\left(-\frac{\partial u}{\partial x}r\sin\theta + \frac{\partial u}{\partial y}r\cos\theta\right)^2$$

$$= \left(\frac{\partial u}{\partial x}\right)^2 + \left(\frac{\partial u}{\partial y}\right)^2.$$

例 6 已知函数 $u(x, y)$ 满足 $2\dfrac{\partial^2 u}{\partial x^2} - 2\dfrac{\partial^2 u}{\partial y^2} + 3\dfrac{\partial u}{\partial x} + 3\dfrac{\partial u}{\partial y} = 0$, 求 a, b 的值, 使得在变换 $u(x, y) = v(x, y)\,\mathrm{e}^{ax+by}$ 下, 上述等式可以化为 $v(x, y)$ 不含一阶偏导数的等式. (2019 考研真题)

解

$$\frac{\partial u}{\partial x} = \frac{\partial v}{\partial x}\mathrm{e}^{ax+by} + av(x, y)\,\mathrm{e}^{ax+by},$$

$$\frac{\partial^2 u}{\partial x^2} = a^2 v(x, y)\,\mathrm{e}^{ax+by} + 2a\frac{\partial v}{\partial x}\mathrm{e}^{ax+by} + \frac{\partial^2 v}{\partial x^2}\mathrm{e}^{ax+by},$$

依据结构的对称性, 可得

$$\frac{\partial u}{\partial y} = \frac{\partial v}{\partial y}\mathrm{e}^{ax+by} + bv(x, y)\,\mathrm{e}^{ax+by},$$

$$\frac{\partial^2 u}{\partial y^2} = b^2 v(x, y)\,\mathrm{e}^{ax+by} + 2b\frac{\partial v}{\partial y}\mathrm{e}^{ax+by} + \frac{\partial^2 v}{\partial y^2}\mathrm{e}^{ax+by},$$

代入等式, 可得

$$\mathrm{e}^{ax+by}\left[2a^2 + 3a + b(3 - 2b)\right]v(x, y)$$

$$+ \mathrm{e}^{ax+by}\left[(4a+3)\frac{\partial v}{\partial x} + (3-4b)\frac{\partial v}{\partial y} - 2\frac{\partial^2 v}{\partial y^2} + 2\frac{\partial^2 u}{\partial x^2}\right] = 0,$$

所以 $\begin{cases} 4a + 3 = 0, \\ 3 - 4b = 0, \end{cases}$ 即得

$$a = -\frac{3}{4}, \quad b = \frac{3}{4}.$$

三、全微分形式不变性

一元函数 $y = f(u)$ 具有微分形式不变性, 即不论 u 是自变量还是中间变量 (或函数), 其微分具有不变的形式 $\mathrm{d}y = f'(u)\,\mathrm{d}u$. 这种性质对多元函数的全微分也是成立的.

设函数 $z = f(u,v)$ 可微, 若 u, v 为自变量, 则有全微分

$$dz = \frac{\partial z}{\partial u}du + \frac{\partial z}{\partial v}dv.$$

如果函数 $z = f(u,v)$, $u = u(x,y)$, $v = v(x,y)$ 均可微, 则由函数 $z = f(u,v)$ 和 $u = u(x,y)$, $v = v(x,y)$ 复合而成的复合函数

$$z = f[u(x,y), v(x,y)]$$

也可微, 其全微分为

$$\begin{aligned}
dz &= \frac{\partial z}{\partial x}dx + \frac{\partial z}{\partial y}dy \\
&= \left(\frac{\partial z}{\partial u}\frac{\partial u}{\partial x} + \frac{\partial z}{\partial v}\frac{\partial v}{\partial x}\right)dx + \left(\frac{\partial z}{\partial u}\frac{\partial u}{\partial y} + \frac{\partial z}{\partial v}\frac{\partial v}{\partial y}\right)dy \\
&= \frac{\partial z}{\partial u}\left(\frac{\partial u}{\partial x}dx + \frac{\partial u}{\partial y}dy\right) + \frac{\partial z}{\partial v}\left(\frac{\partial v}{\partial x}dx + \frac{\partial v}{\partial y}dy\right) \\
&= \frac{\partial z}{\partial u}du + \frac{\partial z}{\partial v}dv.
\end{aligned}$$

由此可见, 无论 z 是自变量 u, v 的函数或者中间变量 u, v 的函数, 它的全微分形式是一样的. 这个性质称为**多元函数的全微分形式不变性**.

例 7 对例 2 中的复合函数 z, 求 dz, $\dfrac{\partial z}{\partial x}$ 及 $\dfrac{\partial z}{\partial y}$.

解 $dz = d(u^2\ln v) = 2u\ln v\,du + \dfrac{u^2}{v}dv$, 而

$$du = d\left(\frac{x}{y}\right) = \frac{1}{y}dx - \frac{x}{y^2}dy, \quad dv = d(3x-2y) = 3dx - 2dy,$$

代入后合并含 dx 及 dy 的项, 得

$$dz = \left[\frac{2x}{y^2}\ln(3x-2y) + \frac{3x^2}{(3x-2y)y^2}\right]dx + \left[-\frac{2x}{y^3}\ln(3x-2y) - \frac{2x^2}{(3x-2y)y^2}\right]dy,$$

所以

$$\frac{\partial z}{\partial x} = \frac{2x}{y^2}\ln(3x-2y) + \frac{3x^2}{(3x-2y)y^2},$$

$$\frac{\partial z}{\partial y} = -\frac{2x^2}{y^3}\ln(3x-2y) - \frac{2x^2}{(3x-2y)y^2}.$$

其中 $\dfrac{\partial z}{\partial x}, \dfrac{\partial z}{\partial y}$ 的结果与例 2 完全相同.

课件8-4-3

习 题 8-4

A 组

1. 设 $z = \dfrac{y}{x}$, 而 $x = \mathrm{e}^t$, $y = 1 - \cos t$, 求 $\dfrac{\mathrm{d}z}{\mathrm{d}t}$.

2. 设 $u = \mathrm{e}^{x^2+y^2+z^2}$, 而 $z = x^2 \sin y$, 则 $\dfrac{\partial u}{\partial x}$.

3. 设 $z = u^2 \ln v$, 且 $u = \dfrac{x}{y}$, $v = 4x - 3y$, 求 $\dfrac{\partial z}{\partial x}, \dfrac{\partial z}{\partial y}$.

4. 设 $z = f(x, u, v)$, 且 $u = 2x + y$, $v = xy$, 其中 f 具有一阶连续偏导, 求 $\mathrm{d}z$.

5. 求下列函数的一阶偏导数:

(1) $u = f(x^2y, \sin x)$;   (2) $u = f\left(\dfrac{x}{y}, \dfrac{y}{z}\right)$;   (3) $u = f(x, xy, xyz)$.

6. 设 $z = x^3 f\left(xy, \dfrac{y}{x}\right)$, 而 $f(u, v)$ 具有二阶连续偏导, $\dfrac{\partial^2 z}{\partial y^2}, \dfrac{\partial^2 z}{\partial x \partial y}$.

7. 设 $z = f(x^2 - y^2, \mathrm{e}^{xy})$, 其中 f 具有二阶连续偏导数, 求 $\dfrac{\partial z}{\partial x}, \dfrac{\partial z}{\partial y}, \dfrac{\partial^2 z}{\partial x \partial y}$.

8. 设 $z = \dfrac{y}{f(x^2 - y^2)}$, 其中 $f(u)$ 为可导函数, 验证:

$$\frac{1}{x}\frac{\partial z}{\partial x} + \frac{1}{y}\frac{\partial z}{\partial y} = \frac{z}{y^2}.$$

9. 设 $z = \dfrac{1}{x}f(xy) + y\varphi(x + y)$, f, φ 具有二阶连续偏导数, 求 $\dfrac{\partial^2 z}{\partial x \partial y}$.

10. 设 $f(u)$ 具有二阶连续导数, 且 $g(x, y) = f\left(\dfrac{y}{x}\right) + yf\left(\dfrac{x}{y}\right)$, 求 $x^2 \dfrac{\partial^2 g}{\partial x^2} - y^2 \dfrac{\partial^2 g}{\partial y^2}$.

B 组

1. 设 $z = xf\left(\dfrac{y}{x}\right) + 2yf\left(\dfrac{x}{y}\right)$, 其中 $f \in C^2$, 且 $\left.\dfrac{\partial^2 z}{\partial x \partial y}\right|_{x=a} = -by^2$, $a^3b = 3$, 其中 $a > 0, b > 0$, 求 $f(x)$.

2. 设函数 $z = f(x, y)$ 的二阶偏导数存在, $\dfrac{\partial^2 z}{\partial x^2} = 2$, 且 $f(x, 0) = x^2$, $f_y'(x, y) = x$, 求 $f(x, y)$.

3. 设 $u^2 = yz$, $v^2 = xz$, $w^2 = xy$, 且 $f(u, v, w) = F(x, y, z)$ 具有连续偏导数, 证明:

$$uf_u + vf_v + wf_w = xF_x + yF_y + zF_z.$$

课前测8-5-1

8.5 隐函数的求导公式

前面对于偏导数计算问题的讨论大多为 $z = f(x, y)$ 显函数的形式, 如 $z = xy$

和 $z = \sqrt{x^2 + y^2}$ 等, 这类函数的共同特点是因变量和自变量分别在等式的两边. 但在理论和实际问题中更多遇到的是函数关系无法用显式来表示的情形. 上册第 2 章中, 我们介绍了由方程 $F(x, y) = 0$ 所确定的隐函数导数的计算. 本节中, 我们着重解决下列两个问题: ① 在什么条件下, 隐函数存在且可导? ② 如果隐函数存在且可导, 其导数计算公式是什么? 我们先从最简单的二元方程所确定的隐函数导数问题讨论.

一、二元方程的情形

隐函数存在定理 1　设函数 $F(x, y)$ 在点 $P_0(x_0, y_0)$ 的某邻域 $U(P_0, \delta)$ 内具有连续的偏导数, 且 $F(x_0, y_0) = 0$, $F_y(x_0, y_0) \neq 0$, 则方程 $F(x, y) = 0$ 在点 P_0 的某邻域 $U(P_0, \delta') \subset U(P_0, \delta)$ 内唯一确定一个具有连续导数的函数 $y = f(x)$, 它满足条件 $y_0 = f(x_0)$, 且

$$\frac{\mathrm{d}y}{\mathrm{d}x} = -\frac{F_x}{F_y}. \tag{8-5-1}$$

称 (8-5-1) 为**隐函数求导公式**.

我们对隐函数的存在性不作证明, 仅推导公式 (8-5-1).

将方程 $F(x, y) = 0$ 所确定的函数 $y = f(x)$ 代入该方程, 得

$$F(x, f(x)) \equiv 0,$$

由复合函数求导法则, 对上式两端关于 x 求导, 得

$$\frac{\partial F}{\partial x} + \frac{\partial F}{\partial y}\frac{\mathrm{d}y}{\mathrm{d}x} = 0,$$

由于在邻域 $U(P_0, \delta)$ 内 $F_y(x, y)$ 连续, 且 $F_y(x_0, y_0) \neq 0$, 故存在邻域 $U(P_0, \delta') \subset U(P_0, \delta)$, 在该邻域内 $F_y(x, y) \neq 0$, 所以

$$\frac{\mathrm{d}y}{\mathrm{d}x} = -\frac{F_x}{F_y}.$$

如果 $F(x, y)$ 的二阶偏导数也都连续, 将上式右端看作 x 的复合函数而再一次对 x 求导, 即可求得隐函数的二阶导数

$$\frac{\mathrm{d}^2 y}{\mathrm{d}x^2} = \frac{\partial}{\partial x}\left(-\frac{F_x}{F_y}\right) + \frac{\partial}{\partial y}\left(-\frac{F_x}{F_y}\right)\frac{\mathrm{d}y}{\mathrm{d}x}$$

$$= -\frac{F_{xx}F_y - F_{yx}F_x}{F_y^2} - \frac{F_{xy}F_y - F_{yy}F_x}{F_y^2}\left(-\frac{F_x}{F_y}\right)$$

$$= -\frac{F_{xx}F_y^2 - 2F_{xy}F_xF_y + F_{yy}F_x^2}{F_y^3}.$$

例 1 已知 $\ln\sqrt{x^2+y^2} = \arctan\dfrac{y}{x}$, 求 $\dfrac{\mathrm{d}y}{\mathrm{d}x}$.

解 令 $F(x,y) = \ln\sqrt{x^2+y^2} - \arctan\dfrac{y}{x}$, 则

$$F_x(x,y) = \frac{x+y}{x^2+y^2}, \quad F_y(x,y) = \frac{y-x}{x^2+y^2},$$

当 $F_y(x,y) \neq 0$, 即 $y \neq x$ 时, $\dfrac{\mathrm{d}y}{\mathrm{d}x} = -\dfrac{F_x}{F_y} = -\dfrac{x+y}{y-x}$.

例 2 设 $y = y(x)$ 是由方程 $x^2 - y + 1 = \mathrm{e}^y$ 所确定的隐函数, 求 $\dfrac{\mathrm{d}^2 y}{\mathrm{d}x^2}\bigg|_{x=0}$.

解 在方程两边同时对 x 求导, 得 $2x - \dfrac{\mathrm{d}y}{\mathrm{d}x} = \mathrm{e}^y\dfrac{\mathrm{d}y}{\mathrm{d}x}$, 所以

$$\frac{\mathrm{d}y}{\mathrm{d}x} = \frac{2x}{1+\mathrm{e}^y},$$

$$\frac{\mathrm{d}^2 y}{\mathrm{d}x^2} = \frac{2(1+\mathrm{e}^y) - 2x\mathrm{e}^y \cdot \dfrac{\mathrm{d}y}{\mathrm{d}x}}{(1+\mathrm{e}^y)^2}. \tag{8-5-2}$$

当 $x = 0$ 时, 解得 $y = 0$, 代入式 (8-5-2) 即得 $\dfrac{\mathrm{d}y}{\mathrm{d}x}\bigg|_{x=0} = 0$, 故 $\dfrac{\mathrm{d}^2 y}{\mathrm{d}x^2}\bigg|_{x=0} = 1$.

二、三元方程的情形

将上述隐函数存在定理 1 推广到多元函数的情形上去. 下面以三元方程为例.

隐函数存在定理 2 设函数 $F(x,y,z)$ 在点 (x_0,y_0,z_0) 的某一邻域内具有连续的偏导数, 且 $F(x_0,y_0,z_0) = 0$, $F_z(x_0,y_0,z_0) \neq 0$, 则方程 $F(x,y,z) = 0$ 在点 (x_0,y_0,z_0) 的某一邻域内唯一确定一个具有连续偏导数的函数 $z = f(x,y)$, 它满足条件 $z_0 = f(x_0,y_0)$, 且

$$\frac{\partial z}{\partial x} = -\frac{F_x}{F_z}, \quad \frac{\partial z}{\partial y} = -\frac{F_y}{F_z}. \tag{8-5-3}$$

隐函数存在
定理2讲解8-5-2

这个定理我们不证. 与定理 1 类似, 仅推导公式 (8-5-3).

将方程 $F(x,y,z) = 0$ 所确定的函数 $z = f(x,y)$ 代入该方程, 得

$$F(x,y,f(x,y)) \equiv 0,$$

将上式两端分别对 x 和 y 求偏导, 应用复合函数求导法则得

$$F_x + F_z \frac{\partial z}{\partial x} = 0, \quad F_y + F_z \frac{\partial z}{\partial y} = 0.$$

因为 $F_z(x, y, z)$ 连续, 且 $F_z(x_0, y_0, z_0) \neq 0$, 所以存在点 (x_0, y_0, z_0) 的某一邻域, 在该邻域内 $F_z(x, y, z) \neq 0$, 于是得

$$\frac{\partial z}{\partial x} = -\frac{F_x}{F_z}, \quad \frac{\partial z}{\partial y} = -\frac{F_y}{F_z}.$$

对三元以上的函数也有类似结论.

例 3 设三元方程 $xy - z \ln y + e^{xz} = 1$, 根据隐函数存在定理, 在点 $(0, 1, 1)$ 的一个邻域内 (　　)

(A) 确定一个函数 $z = z(x, y)$

(B) 确定两个函数 $y = y(x, z)$, $z = z(x, y)$

(C) 确定两个函数 $x = x(y, z)$, $z = z(x, y)$

(D) 确定两个函数 $x = x(y, z)$, $y = y(x, z)$.

解 令 $F(x, y, z) = xy - z \ln y + e^{xz} - 1$, 则 $F(0, 1, 1) = 0 - 0 + 1 - 1 = 0$.

$$F_x = y + z e^{xz}, \quad F_y = x - \frac{z}{y}, \quad F_z = \ln y + x e^{xz},$$

则

$$F_x(0, 1, 1) = 1 + 1 = 2 \neq 0, \quad F_y(0, 1, 1) = -1 \neq 0, \quad F_z(0, 1, 1) = 0,$$

故在点 $(0, 1, 1)$ 的一个邻域内可确定两个函数 $x = x(y, z)$, $y = y(x, z)$. 故选 (D).

例 4 设 $z + e^z = xy$, 求 $\dfrac{\partial^2 z}{\partial y^2}$.

解 令 $F(x, y, z) = z + e^z - xy$, 则 $F_z = 1 + e^z, F_y = -x$, 所以

$$\frac{\partial z}{\partial y} = -\frac{F_y}{F_z} = \frac{x}{1 + e^z}, \tag{8-5-4}$$

$$\frac{\partial^2 z}{\partial y^2} = \frac{\partial}{\partial y}\left(\frac{x}{1 + e^z}\right) = \frac{-x \cdot e^z \cdot \dfrac{\partial z}{\partial y}}{(1 + e^z)^2}.$$

将式 (8-5-4) 代入上式, 即可得到

$$\frac{\partial^2 z}{\partial y^2} = \frac{-x \cdot e^z \cdot \dfrac{x}{1 + e^z}}{(1 + e^z)^2} = \frac{-x^2 e^z}{(1 + e^z)^3}.$$

必须指出: 在实际应用中, 求方程所确定的多元函数的偏导数时, 不一定非得套用公式, 尤其是方程中含有抽象函数时, 利用对方程两边求偏导数进行求解有时更为简便.

例 5 设函数 $\varphi(u, v, w)$ 有一阶连续偏导数, $z = z(x, y)$ 是由方程 $\varphi(bz - cy, cx - az, ay - bx) = 0$ 所确定的函数, 求 $a\dfrac{\partial z}{\partial x} + b\dfrac{\partial z}{\partial y}$.

解 把 z 看成 x, y 的函数, 在方程 $\varphi(bz - cy, cx - az, ay - bx) = 0$ 两边对 x, y 求偏导数, 得

$$b\varphi_1' \cdot \frac{\partial z}{\partial x} + \varphi_2'\left(c - a\frac{\partial z}{\partial x}\right) - b\varphi_3' = 0,$$

$$\varphi_1'\left(b\frac{\partial z}{\partial y} - c\right) - a\varphi_2'\frac{\partial z}{\partial y} + a\varphi_3' = 0,$$

于是

$$\frac{\partial z}{\partial x} = \frac{b\varphi_3' - c\varphi_2'}{b\varphi_1' - a\varphi_2'}, \quad \frac{\partial z}{\partial y} = \frac{c\varphi_1' - a\varphi_3'}{b\varphi_1' - a\varphi_2'}.$$

则

$$a\frac{\partial z}{\partial x} + b\frac{\partial z}{\partial y} = a \cdot \frac{b\varphi_3' - c\varphi_2'}{b\varphi_1' - a\varphi_2'} + b \cdot \frac{c\varphi_1' - a\varphi_3'}{b\varphi_1' - a\varphi_2'} = c.$$

例 6 设 $u = f(x, y, xyz)$, 函数 $z = z(x, y)$ 由方程 $\mathrm{e}^{xyz} + \displaystyle\int_z^{xy} g(u)\mathrm{d}u = 0$ 确定, 其中 f 具有一阶连续的偏导数, g 连续, 求 $x\dfrac{\partial u}{\partial x} - y\dfrac{\partial u}{\partial y}$.

解 $\dfrac{\partial u}{\partial x} = f_1' + f_3' \cdot \left(yz + xy\dfrac{\partial z}{\partial x}\right)$, $\dfrac{\partial u}{\partial y} = f_2' + f_3' \cdot \left(xz + xy\dfrac{\partial z}{\partial y}\right)$. 令

$F(x, y, z) = \mathrm{e}^{xyz} + \displaystyle\int_z^{xy} g(u)\mathrm{d}u$, 则

$$F_x = yz\mathrm{e}^{xyz} + yg(xy), \quad F_y = xz\mathrm{e}^{xyz} + xg(xy), \quad F_z = xy\mathrm{e}^{xyz} - g(z),$$

因此

$$\frac{\partial z}{\partial x} = -\frac{yz\mathrm{e}^{xyz} + yg(xy)}{xy\mathrm{e}^{xyz} - g(z)}, \quad \frac{\partial z}{\partial y} = -\frac{xz\mathrm{e}^{xyz} + xg(xy)}{xy\mathrm{e}^{xyz} - g(z)},$$

从而

$$x\frac{\partial u}{\partial x} - y\frac{\partial u}{\partial y} = xf_1' + xf_3' \cdot \left[yz - xy \cdot \frac{yz\mathrm{e}^{xyz} + yg(xy)}{xy\mathrm{e}^{xyz} - g(z)} \right]$$

$$- yf_2' - yf_3' \cdot \left[xz - xy\frac{xz\mathrm{e}^{xyz} + xg(xy)}{xy\mathrm{e}^{xyz} - g(z)} \right]$$

$$= xf_1' - yf_2'.$$

三、方程组的情形

前面所讨论的是由一个方程所确定的隐函数情形, 实际问题中我们会经常遇到方程组所确定的隐函数组的情形.

例如空间曲线 Γ 的一般式方程为 $\begin{cases} F(x,y,z) = 0, \\ G(x,y,z) = 0, \end{cases}$ 换一个角度可以提出问题, 方程组 $\begin{cases} F(x,y,z) = 0, \\ G(x,y,z) = 0 \end{cases}$ 在什么条件下, 可以确定唯一一条空间曲线? 或者说方程唯一地确定以 x 为自变量的两个一元可导函数 $y = y(x)$, $z = z(x)$? 如果此结论成立, 则空间曲线 Γ 可以表示为下列参数方程形式:

$$\begin{cases} x = x, \\ y = y(x), \qquad (x为参数). \\ z = z(x) \end{cases} \tag{8-5-5}$$

下面我们将隐函数存在定理进一步推广到方程组的情形.

1. 三元方程组的情形

隐函数存在定理 3 设函数 $F(x,y,z)$, $G(x,y,z)$ 在点 (x_0,y_0,z_0) 的某一邻域内具有对各个变量的连续偏导数, 又 $F(x_0,y_0,z_0) = 0$, $G(x_0,y_0,z_0) = 0$, 且由偏导数所组成的函数行列式 (或称雅可比 (Jacobi) 式)

$$J = \frac{\partial(F,G)}{\partial(y,z)} = \begin{vmatrix} F_y & F_z \\ G_y & G_z \end{vmatrix}$$

在点 (x_0,y_0,z_0) 不等于零, 则方程组 $\begin{cases} F(x,y,z) = 0, \\ G(x,y,z) = 0 \end{cases}$ 在点 (x_0,y_0,z_0) 的某一邻域内唯一确定一组具有连续导数的函数 $\begin{cases} y = y(x), \\ z = z(x), \end{cases}$ 它满足条件 $y_0 = y(x_0)$, $z_0 = z(x_0)$, 且

$$\frac{\mathrm{d}y}{\mathrm{d}x} = -\frac{1}{J}\frac{\partial(F,G)}{\partial(x,z)} = -\frac{\begin{vmatrix} F_x & F_z \\ G_x & G_z \end{vmatrix}}{\begin{vmatrix} F_y & F_z \\ G_y & G_z \end{vmatrix}}, \quad \frac{\mathrm{d}z}{\mathrm{d}x} = -\frac{1}{J}\frac{\partial(F,G)}{\partial(y,x)} = -\frac{\begin{vmatrix} F_y & F_x \\ G_y & G_x \end{vmatrix}}{\begin{vmatrix} F_y & F_z \\ G_y & G_z \end{vmatrix}}.$$

$$(8\text{-}5\text{-}6)$$

与前两个定理类似, 下面仅推导公式 (8-5-6).

将方程组 (8-5-5) 所确定的函数 $y = y(x), z = z(x)$ 代入该方程组, 得

$$\begin{cases} F(x, y(x), z(x)) \equiv 0, \\ G(x, y(x), z(x)) \equiv 0, \end{cases}$$

将上述恒等式两边分别对 x 求偏导, 应用复合函数求导法则得

$$\begin{cases} F_x + F_y\dfrac{\mathrm{d}y}{\mathrm{d}x} + F_z\dfrac{\mathrm{d}z}{\mathrm{d}x} = 0, \\ G_x + G_y\dfrac{\mathrm{d}y}{\mathrm{d}x} + G_z\dfrac{\mathrm{d}z}{\mathrm{d}x} = 0, \end{cases} \qquad (8\text{-}5\text{-}7)$$

这是一个关于 $\dfrac{\mathrm{d}y}{\mathrm{d}x}, \dfrac{\mathrm{d}z}{\mathrm{d}x}$ 的线性方程组, 由假设可知在点 (x_0, y_0, z_0) 的一个邻域内, 系数行列式

$$J = \begin{vmatrix} F_y & F_z \\ G_y & G_z \end{vmatrix} \neq 0,$$

解方程组 (8-5-7), 得

$$\frac{\mathrm{d}y}{\mathrm{d}x} = -\frac{1}{J}\frac{\partial(F,G)}{\partial(x,z)},$$

同理, 可得

$$\frac{\mathrm{d}z}{\mathrm{d}x} = -\frac{1}{J}\frac{\partial(F,G)}{\partial(y,x)}.$$

实际计算中, 可以不必机械地套用这些公式, 关键是要掌握隐函数组的导数或偏导数推导方法.

例 7 设方程组 $\begin{cases} x^2 + z^2 = 10, \\ y^2 + z^2 = 10, \end{cases}$ 确定函数 $y = y(x), z = z(x)$, 求 $\dfrac{\mathrm{d}y}{\mathrm{d}x}, \dfrac{\mathrm{d}z}{\mathrm{d}x}$.

解 在方程的两边分别对 x 求导, 得

$$\begin{cases} 2x + 2z\dfrac{\mathrm{d}z}{\mathrm{d}x} = 0, \\ 2y\dfrac{\mathrm{d}y}{\mathrm{d}x} + 2z\dfrac{\mathrm{d}z}{\mathrm{d}x} = 0, \end{cases}$$

解得

$$\frac{\mathrm{d}y}{\mathrm{d}x} = \frac{x}{y}, \quad \frac{\mathrm{d}z}{\mathrm{d}x} = -\frac{x}{z}.$$

2. 四元方程组的情形

隐函数存在定理 4 设函数 $F(x, y, u, v)$, $G(x, y, u, v)$ 在点 (x_0, y_0, u_0, v_0) 的某一邻域内具有对各个变量的连续偏导数, 又 $F(x_0, y_0, u_0, v_0) = 0$, $G(x_0, y_0, u_0, v_0) = 0$, 且由偏导数所组成的函数行列式 (或称雅可比式)

$$J = \frac{\partial(F, G)}{\partial(u, v)} = \begin{vmatrix} F_u & F_v \\ G_u & G_v \end{vmatrix}$$

在点 (x_0, y_0, u_0, v_0) 处不等于零, 则方程组 $\begin{cases} F(x, y, u, v) = 0, \\ G(x, y, u, v) = 0 \end{cases}$ 在点 (x_0, y_0, u_0, v_0)

的某一邻域内唯一确定一组具有连续导数的函数 $\begin{cases} u = u(x, y), \\ v = v(x, y), \end{cases}$ 它满足条件 $u_0 = u(x_0, y_0)$, $v_0 = v(x_0, y_0)$, 且

$$\frac{\partial u}{\partial x} = -\frac{1}{J}\frac{\partial(F, G)}{\partial(x, v)} = -\frac{\begin{vmatrix} F_x & F_v \\ G_x & G_v \end{vmatrix}}{\begin{vmatrix} F_u & F_v \\ G_u & G_v \end{vmatrix}}, \quad \frac{\partial u}{\partial y} = -\frac{1}{J}\frac{\partial(F, G)}{\partial(y, v)} = -\frac{\begin{vmatrix} F_y & F_v \\ G_y & G_v \end{vmatrix}}{\begin{vmatrix} F_u & F_v \\ G_u & G_v \end{vmatrix}},$$

$$\text{(8-5-8)}$$

$$\frac{\partial v}{\partial x} = -\frac{1}{J}\frac{\partial(F, G)}{\partial(u, x)} = -\frac{\begin{vmatrix} F_u & F_x \\ G_u & G_x \end{vmatrix}}{\begin{vmatrix} F_u & F_v \\ G_u & G_v \end{vmatrix}}, \quad \frac{\partial v}{\partial y} = -\frac{1}{J}\frac{\partial(F, G)}{\partial(u, y)} = -\frac{\begin{vmatrix} F_u & F_y \\ G_u & G_y \end{vmatrix}}{\begin{vmatrix} F_u & F_v \\ G_u & G_v \end{vmatrix}}.$$

隐函数存在定理 4 的证明过程从略, (8-5-8) 式的推导可参照 (8-5-6) 式的推导过程, 由链式法则建立相应的线性方程组, 求解即得.

例 8 设 $\begin{cases} xu^2 + v = y^3, \\ 2yu - xv^3 = 4x, \end{cases}$ 求 $\dfrac{\partial u}{\partial x}, \dfrac{\partial v}{\partial y}$.

解 在方程组各方程的两边分别对 x 求偏导数, 得

$$\begin{cases} u^2 + 2uxu_x + v_x = 0, \\ 2yu_x - v^3 - 3xv^2v_x = 4, \end{cases}$$

解得

$$\frac{\partial u}{\partial x} = \frac{v^3 + 4 - 3xu^2v^2}{6x^2uv^2 + 2y}.$$

在方程组各方程的两边分别对 y 求偏导数, 得

$$\begin{cases} 2xuu_y + v_y = 3y^2, \\ 2u + 2yu_y - 3xv^2v_y = 0, \end{cases}$$

解得

$$\frac{\partial v}{\partial y} = \frac{2xu^2 + 3y^3}{3x^2v^2u + y}.$$

*特别地, 设有二元函数组

$$u = u(x, y), \quad v = v(x, y), \tag{8-5-9}$$

考察在什么条件下, 式 (8-5-9) 能唯一地确定其反函数组 $x = x(u, v)$, $y = y(u, v)$, 并求其反函数组的偏导数.

不难发现, 处理上述问题的主要思想是将反函数组问题转化为隐函数组的问题.

定理 5 设函数组 $\begin{cases} u = u(x, y), \\ v = v(x, y) \end{cases}$ 在点 (x_0, y_0) 的某一邻域内具有对 x, y 的一阶连续偏导数, 又 $u_0 = u(x_0, y_0)$, $v_0 = v(x_0, y_0)$, 且 $\dfrac{\partial(u, v)}{\partial(x, y)}$ 在点 (x_0, y_0) 处不等于零, 则函数组 $\begin{cases} u = u(x, y), \\ v = v(x, y) \end{cases}$ 在点 (x_0, y_0) 的某一邻域内存在唯一的反函数组 $\begin{cases} x = x(u, v), \\ y = y(u, v), \end{cases}$ 它满足条件

$$x_0 = x(u_0, v_0), \quad y_0 = y(u_0, v_0),$$

且

$$\frac{\partial x}{\partial u} = \frac{\dfrac{\partial v}{\partial y}}{\dfrac{\partial(u, v)}{\partial(x, y)}}, \quad \frac{\partial x}{\partial v} = -\frac{\dfrac{\partial u}{\partial y}}{\dfrac{\partial(u, v)}{\partial(x, y)}},$$

$$\frac{\partial y}{\partial u} = -\frac{\dfrac{\partial v}{\partial x}}{\dfrac{\partial(u, v)}{\partial(x, y)}}, \quad \frac{\partial y}{\partial v} = \frac{\dfrac{\partial u}{\partial x}}{\dfrac{\partial(u, v)}{\partial(x, y)}}.$$

习 题 8-5

A 组

1. 设函数 $y = y(x)$ 由方程 $\sin y + \mathrm{e}^x = xy^2$ 确定，求 $\dfrac{\mathrm{d}y}{\mathrm{d}x}$.

2. 设函数 $z = z(x, y)$ 由方程 $\dfrac{x}{z} = \ln\dfrac{z}{y}$ 确定，求 $\dfrac{\partial z}{\partial x}$.

3. 设 $z^3 - 3xyz = a^3$，求 $\dfrac{\partial^2 z}{\partial x \partial y}$.

4. 设函数 $z = z(x, y)$ 由方程 $z^5 - xz^4 + yz^3 = 1$ 确定，求 $\dfrac{\partial z}{\partial x}\bigg|_{\substack{x=0 \\ y=0}}, \dfrac{\partial z}{\partial y}\bigg|_{\substack{x=0 \\ y=0}}$.

5. 设函数 $z = z(x, y)$ 由方程 $xz = \sin y + f(xy, z + y)$ 确定，其中 f 具有一阶连续偏导，求 $\mathrm{d}z$.

6. 设 $u = f(x, y, z)$ 具有一阶连续偏导，$y = y(x)$ 及 $z = z(x)$ 分别由方程 $\mathrm{e}^{xy} - xy = 2$ 及 $\mathrm{e}^x = \displaystyle\int_0^{x-z} \dfrac{\sin t}{t}\mathrm{d}t$ 确定，求 $\dfrac{\mathrm{d}u}{\mathrm{d}x}$.

7. 求下列函数的导数或偏导数：

(1) 设 $\begin{cases} xu - yv = 0, \\ yu + xv = 1, \end{cases}$ 求 $\dfrac{\partial u}{\partial x}, \dfrac{\partial v}{\partial x}$ 及 $\dfrac{\partial u}{\partial y}, \dfrac{\partial v}{\partial y}$；

(2) 设 $\begin{cases} x + y + z = 0, \\ x^2 + y^2 + z^2 = 1, \end{cases}$ 求 $\dfrac{\mathrm{d}x}{\mathrm{d}z}, \dfrac{\mathrm{d}y}{\mathrm{d}z}$；

(3) 设 $\begin{cases} z = xf(x + y), \\ F(x, y, z) = 0, \end{cases}$ 其中 f, F 可导，求 $\dfrac{\mathrm{d}z}{\mathrm{d}x}$.

8. 设函数 $y = y(x), x \in (-1, 1)$ 由方程 $xy^2 + \mathrm{e}^y - \cos(x + y^2) = 0$ 确定且 $y(0) = 0$，求函数 $y(x)$ 的极大值.

9. 设函数 $z = f(x, y)$ 由方程 $F(x - y, y - z, z - x) = 0$ 确定，$F(u, v, \omega)$ 具有连续偏导数，且 $F_v' - F_\omega' \neq 0$，证明：$\dfrac{\partial z}{\partial x} + \dfrac{\partial z}{\partial y} = 1$.

10. 设函数 $z = f(x, y)$ 由方程 $\varphi\left(x + \dfrac{z}{y}, y + \dfrac{z}{x}\right) = 0$ 确定，其中 $\varphi(u, v)$ 具有连续偏导数，证明：$x\dfrac{\partial z}{\partial x} + y\dfrac{\partial z}{\partial y} = z - xy$.

B 组

1. 设函数 $z = z(x, y)$ 由方程 $\mathrm{e}^{xyz} = \displaystyle\int_{xy}^z g(xy + z - t)\mathrm{d}t$，其中 g 连续，求 $x\dfrac{\partial z}{\partial x} - y\dfrac{\partial z}{\partial y}$.

2. 设函数 $y = f(x, t)$, 而 $t = t(x, y)$ 是由方程 $F(x, y, t) = 0$ 所确定的函数, 其中 f, F 都具有一阶连续偏导数. 试证明 $\dfrac{\mathrm{d}y}{\mathrm{d}x} = \dfrac{\dfrac{\partial f}{\partial x} \dfrac{\partial F}{\partial t} - \dfrac{\partial f}{\partial t} \dfrac{\partial F}{\partial x}}{\dfrac{\partial f}{\partial t} \dfrac{\partial F}{\partial y} + \dfrac{\partial F}{\partial t}}$.

3. 若 $u = u(x, y)$ 由方程 $u = f(x, y, z, t), g(y, z, t) = 0$ 和 $h(z, t) = 0$ 确定 (f, g, h 均为可微函数), 求 $\dfrac{\partial u}{\partial x}, \dfrac{\partial u}{\partial y}$.

8.6　多元函数微分学的几何应用

课前测8-6-1

利用一元函数导数可以解决平面曲线的切线及法线问题. 本节将以向量为工具, 利用多元函数微分学的知识, 讨论空间曲线的切线和法平面以及曲面的切平面和法线问题.

一、空间曲线的切线与法平面

定义 1　设 M_0 为空间曲线 Γ 上一定点, M 为其上的一个动点, 当 M 沿曲线 Γ 无限趋于 M_0 时, 如割线 $M_0 M$ 存在极限位置 $M_0 T$, 则称 $M_0 T$ 为曲线 Γ 在点 M_0 处的**切线**, 切线 $M_0 T$ 的方向向量 $\boldsymbol{T}$ 称为曲线 Γ 在 M_0 处的**切向量**, 过点 M_0 且与切线 $M_0 T$ 垂直的平面 π 称为曲线 Γ 在点 M_0 处的**法平面** (图 8-6-1).

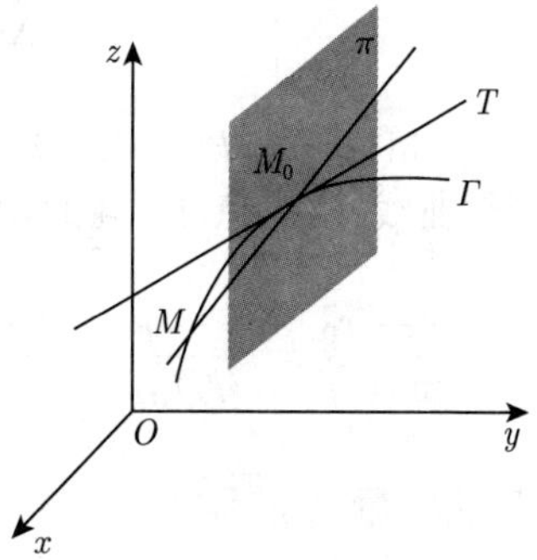

下面分别根据曲线的参数方程形式、一般式方程形式来讨论空间曲线的切线及法平面方程.

图 8-6-1

1. 空间曲线 Γ 的方程为参数式的情形

定理 1　设空间曲线 Γ 的参数方程为

$$\begin{cases} x = x(t), \\ y = y(t), \qquad (\alpha \leqslant t \leqslant \beta), \\ z = z(t) \end{cases} \tag{8-6-1}$$

点 $P_0(x_0, y_0, z_0)$ 为曲线 Γ 上对应于参数 t_0 的一点, 如果 $x'(t_0), y'(t_0), z'(t_0)$ 存在且不全为零, 则曲线 Γ 在点 P_0 处有切线, 且有一个切向量为 $\boldsymbol{T} = (x'(t_0), y'(t_0), z'(t_0))$.

Γ 在点 P_0 处的切线方程为

$$\frac{x - x_0}{x'(t_0)} = \frac{y - y_0}{y'(t_0)} = \frac{z - z_0}{z'(t_0)}. \tag{8-6-2}$$

Γ 在点 P_0 处的法平面方程为

$$x'(t_0)(x - x_0) + y'(t_0)(y - y_0) + z'(t_0)(z - z_0) = 0. \tag{8-6-3}$$

证 设 $P(x_0 + \Delta x, y_0 + \Delta y, z_0 + \Delta z)$ 为曲线 Γ 上对应于参数 $t_0 + \Delta t$ 的一点. 则曲线的割线 $P_0 P$ 的方程为

$$\frac{x - x_0}{\Delta x} = \frac{y - y_0}{\Delta y} = \frac{z - z_0}{\Delta z}.$$

由切线的定义, 当 P 沿着 Γ 趋于 P_0 时, 割线 $P_0 P$ 的极限位置 $P_0 T$ 就是曲线 Γ 在点 P_0 处的切线 (图 8-6-2). 用 Δt 除上式的各分母, 得

$$\frac{x - x_0}{\dfrac{\Delta x}{\Delta t}} = \frac{y - y_0}{\dfrac{\Delta y}{\Delta t}} = \frac{z - z_0}{\dfrac{\Delta z}{\Delta t}},$$

令 $P \to P_0$(此时 $\Delta t \to 0$), 通过对上式取极限, 即得曲线 Γ 在点 P_0 处的切线方程为

$$\frac{x - x_0}{x'(t_0)} = \frac{y - y_0}{y'(t_0)} = \frac{z - z_0}{z'(t_0)}.$$

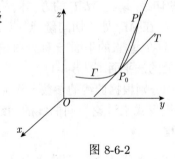

图 8-6-2

显然向量

$$\boldsymbol{T} = (x'(t_0), y'(t_0), z'(t_0))$$

不仅是曲线 Γ 在点 $P_0(x_0, y_0, z_0)$ 处的一个切向量, 也是曲线 Γ 在点 P_0 处的法平面的法向量, 因此, 该曲线在点 P_0 处的法平面方程为

$$x'(t_0)(x - x_0) + y'(t_0)(y - y_0) + z'(t_0)(z - z_0) = 0.$$

例 1 求曲线 Γ: $x = \displaystyle\int_0^t e^u \cos u\, du$, $y = 2\sin t + \cos t$, $z = 1 + e^{3t}$ 在对应于 $t = 0$ 点处的切线方程及法平面方程.

解 当 $t = 0$ 时, $x = 0$, $y = 1$, $z = 2$, 又

$$x'(t) = \mathrm{e}^t \cos t, \quad y'(t) = 2\cos t - \sin t, \quad z'(t) = 3\mathrm{e}^{3t},$$

于是, 曲线 Γ 在 $t = 0$ 处的切向量为

$$\boldsymbol{T} = (x'(t), y'(t), z'(t)) \big|_{t=0} = (1, 2, 3),$$

从而曲线 Γ 在 $t = 0$ 处的切线方程为

$$\frac{x - 0}{1} = \frac{y - 1}{2} = \frac{z - 2}{3},$$

法平面方程为

$$x + 2(y - 1) + 3(z - 2) = 0,$$

即 $x + 2y + 3z - 8 = 0$.

2. 若空间曲线 Γ 的方程为一般式的情形

先讨论曲线 Γ 为 $\begin{cases} y = \varphi(x), \\ z = \psi(x) \end{cases}$ 这一特殊的一般式情形.

取 x 为参数, 得到 Γ 的参数方程为

$$\begin{cases} x = x, \\ y = \varphi(x), \\ z = \psi(x), \end{cases} \tag{8-6-4}$$

设点 $M_0(x_0, y_0, z_0) \in \Gamma$, 其中 $y_0 = y(x_0), z_0 = z(x_0)$. 如果 $y'(x_0), z'(x_0)$ 存在, 由定理 1 可知, 曲线 Γ 在点 M_0 处有切线, 且有一个切向量为 $\tau = \{1, y'(x_0), z'(x_0)\}$. 则曲线 Γ 在点 M_0 处的切线方程为

$$\frac{x - x_0}{1} = \frac{y - y_0}{y'(x_0)} = \frac{z - z_0}{z'(x_0)}. \tag{8-6-5}$$

该曲线在点 M_0 处的法平面方程为

$$(x - x_0) + y'(x_0)(y - y_0) + z'(x_0)(z - z_0) = 0. \tag{8-6-6}$$

定理 2 设空间曲线 Γ 的方程为

$$\begin{cases} F(x, y, z) = 0, \\ G(x, y, z) = 0, \end{cases} \tag{8-6-7}$$

点 $P_0(x_0, y_0, z_0) \in \Gamma$, 且 $F(x, y, z)$, $G(x, y, z)$ 在点 P_0 的某邻域内有连续偏导数,

如果 $\left.\dfrac{\partial(F, G)}{\partial(y, z)}\right|_{P_0}$, $\left.\dfrac{\partial(F, G)}{\partial(z, x)}\right|_{P_0}$, $\left.\dfrac{\partial(F, G)}{\partial(x, y)}\right|_{P_0}$ 都存在且不全为零, 则曲线 Γ 在点 P_0

处有切线, 且有一个切向量为

$$\boldsymbol{T} = \left.\left\{\frac{\partial(F, G)}{\partial(y, z)}, \frac{\partial(F, G)}{\partial(z, x)}, \frac{\partial(F, G)}{\partial(x, y)}\right\}\right|_{P_0},$$

定理2讲解8-6-2

Γ 在点 P_0 处的切线方程为

$$\frac{x - x_0}{\left.\dfrac{\partial(F, G)}{\partial(y, z)}\right|_{P_0}} = \frac{y - y_0}{\left.\dfrac{\partial(F, G)}{\partial(z, x)}\right|_{P_0}} = \frac{z - z_0}{\left.\dfrac{\partial(F, G)}{\partial(x, y)}\right|_{P_0}}. \tag{8-6-8}$$

Γ 在点 P_0 处的法平面方程为

$$\left.\frac{\partial(F, G)}{\partial(y, z)}\right|_{P_0}(x - x_0) + \left.\frac{\partial(F, G)}{\partial(z, x)}\right|_{P_0}(y - y_0) + \left.\frac{\partial(F, G)}{\partial(x, y)}\right|_{P_0}(z - z_0) = 0. \tag{8-6-9}$$

证 不妨设 $\left.\dfrac{\partial(F, G)}{\partial(y, z)}\right|_{P_0} \neq 0$, 由满足隐函数存在定理 3 可知, 方程组

$\begin{cases} F(x, y, z) = 0, \\ G(x, y, z) = 0 \end{cases}$ 在点 P_0 的某个邻域内唯一确定了隐函数组 $\begin{cases} y = \varphi(x), \\ z = \psi(x), \end{cases}$ 它

满足 $\begin{cases} y_0 = \varphi(x_0), \\ z_0 = \psi(x_0), \end{cases}$ 且

$$\frac{\mathrm{d}y}{\mathrm{d}x} = \frac{\begin{vmatrix} F_z & F_x \\ G_z & G_x \end{vmatrix}}{\begin{vmatrix} F_y & F_z \\ G_y & G_z \end{vmatrix}}, \quad \frac{\mathrm{d}z}{\mathrm{d}x} = \frac{\begin{vmatrix} F_x & F_y \\ G_x & G_y \end{vmatrix}}{\begin{vmatrix} F_y & F_z \\ G_y & G_z \end{vmatrix}},$$

由定理 1 可知, Γ 的一个切向量为

$$\left\{1, \frac{\begin{vmatrix} F_z & F_x \\ G_z & G_x \end{vmatrix}}{\begin{vmatrix} F_y & F_z \\ G_y & G_z \end{vmatrix}}, \frac{\begin{vmatrix} F_x & F_y \\ G_x & G_y \end{vmatrix}}{\begin{vmatrix} F_y & F_z \\ G_y & G_z \end{vmatrix}}\right\}_{P_0},$$

为方便起见, 可取曲线 Γ 在点 (x_0, y_0, z_0) 的切向量为

$$
T = \left\{ \left| \begin{array}{cc} F_y & F_z \\ G_y & G_z \end{array} \right|, \left| \begin{array}{cc} F_z & F_x \\ G_z & G_x \end{array} \right|, \left| \begin{array}{cc} F_x & F_y \\ G_x & G_y \end{array} \right| \right\} \Bigg|_{P_0},
$$

于是, 曲线 Γ 在点 (x_0, y_0, z_0) 处的切线方程为

$$
\frac{x - x_0}{\left| \begin{array}{cc} F_y & F_z \\ G_y & G_z \end{array} \right|_{P_0}} = \frac{y - y_0}{\left| \begin{array}{cc} F_z & F_x \\ G_z & G_x \end{array} \right|_{P_0}} = \frac{z - z_0}{\left| \begin{array}{cc} F_x & F_y \\ G_x & G_y \end{array} \right|_{P_0}},
$$

曲线 Γ 在点 (x_0, y_0, z_0) 处的法平面方程为

$$
\left| \begin{array}{cc} F_y & F_z \\ G_y & G_z \end{array} \right|_{P_0} (x - x_0) + \left| \begin{array}{cc} F_z & F_x \\ G_z & G_x \end{array} \right|_{P_0} (y - y_0) + \left| \begin{array}{cc} F_x & F_y \\ G_x & G_y \end{array} \right|_{P_0} (z - z_0) = 0.
$$

例 2　求曲线 $\begin{cases} x^2 + y^2 + z^2 = 50, \\ y^2 + x^2 = z^2 \end{cases}$ 在点 $(3, 4, 5)$ 处的切线及法平面方程.

解　在方程的两边对 x 求导, 得

$$
\begin{cases} 2x + 2y\dfrac{\mathrm{d}y}{\mathrm{d}x} + 2z\dfrac{\mathrm{d}z}{\mathrm{d}x} = 0, \\ 2x + 2y\dfrac{\mathrm{d}y}{\mathrm{d}x} = 2z\dfrac{\mathrm{d}z}{\mathrm{d}x}, \end{cases}
$$

解得 $\dfrac{\mathrm{d}y}{\mathrm{d}x} = -\dfrac{x}{y}, \dfrac{\mathrm{d}z}{\mathrm{d}x} = 0$, 于是

$$
\frac{\mathrm{d}y}{\mathrm{d}x}\bigg|_{(3,4,5)} = -\frac{3}{4}, \quad \frac{\mathrm{d}z}{\mathrm{d}x}\bigg|_{(3,4,5)} = 0.
$$

从而曲线在点 $(3, 4, 5)$ 处的切向量为

$$
\left(1, -\frac{3}{4}, 0 \right) /\!/ \left(4, -3, 0 \right),
$$

故所求的切线方程为

$$
\frac{x - 3}{4} = \frac{y - 4}{-3} = \frac{z - 5}{0},
$$

所求的法平面方程为

$$4(x-3) - 3(y-4) = 0,$$

即 $4x - 3y = 0$.

例 3 设函数 $f(x, y)$ 在点 $(0,0)$ 附近有定义, 且 $f_x(0,0) = 3, f_y(0,0) = 1$, 求曲线 $\begin{cases} z = f(x, y), \\ y = 0 \end{cases}$ 在点 $P_0(0, 0, f(0, 0))$ 处的切向量.

解 曲线 $\begin{cases} z = f(x, y), \\ y = 0 \end{cases}$ 改写为参数方程 $\begin{cases} x = x, \\ y = 0, \\ z = f(x, 0), \end{cases}$ 则它在 $P_0(0, 0, f(0, 0))$ 点处的切向量为

$$\boldsymbol{T} = (1, 0, f_x(0, 0)) = (1, 0, 3).$$

二、曲面的切平面与法线

定义 2 设 M_0 为曲面 Σ 上一定点, 通过点 M_0 作曲面上的任意光滑曲线, 如果这些曲线在点 M_0 处的切线都在同一平面上, 那么这个平面就称为曲面 Σ 在点 M_0 处的**切平面**. 切平面在点 M_0 处的法向量 $\boldsymbol{n}$ 称为曲面 Σ 在点 M_0 处的**法向量**. 过点 M_0 且与切平面垂直的直线称为曲面在点 M_0 处的**法线** (图 8-6-3).

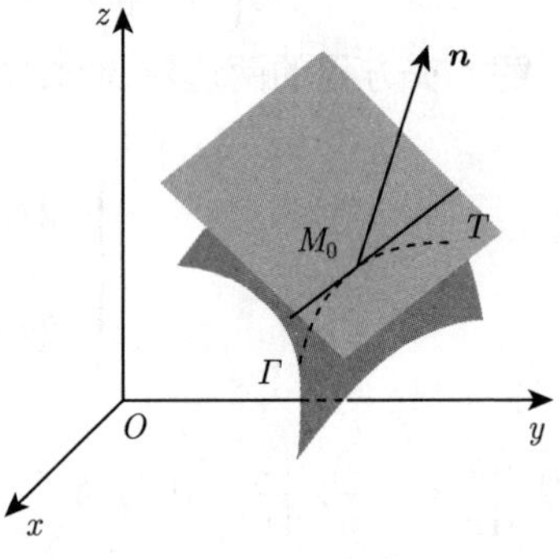

下面根据曲面方程的不同形式分别讨论曲面 Σ 的切平面及法线方程.

1. 曲面为三元方程 $F(x, y, z) = 0$ 的情形

图 8-6-3

定理 3 设曲面 Σ 的方程为 $F(x, y, z) = 0$, $P_0(x_0, y_0, z_0)$ 是曲面 Σ 上的一点, 设函数 $F(x, y, z)$ 在 P_0 点的某邻域内有连续的偏导数, 且 $F_x(x_0, y_0, z_0)$, $F_y(x_0, y_0, z_0)$, $F_z(x_0, y_0, z_0)$ 不同时为零, 则曲面 Σ 在 P_0 点处存在切平面, 且有一个法向量为

$$\boldsymbol{n} = (F_x(x_0, y_0, z_0), F_y(x_0, y_0, z_0), F_z(x_0, y_0, z_0)), \tag{8-6-10}$$

切平面方程为

$$F_x(x_0, y_0, z_0)(x - x_0) + F_y(x_0, y_0, z_0)(y - y_0) + F_z(x_0, y_0, z_0)(z - z_0) = 0, \tag{8-6-11}$$

法线方程为

$$\frac{x - x_0}{F_x(x_0, y_0, z_0)} = \frac{y - y_0}{F_y(x_0, y_0, z_0)} = \frac{z - z_0}{F_z(x_0, y_0, z_0)}. \tag{8-6-12}$$

证 过点 P_0 在曲面 Σ 上任意作一
条曲线 Γ(图 8-6-4), 设其参数方程为

$$\begin{cases} x = x(t), \\ y = y(t), \qquad (\alpha \leqslant t \leqslant \beta), \\ z = z(t) \end{cases}$$

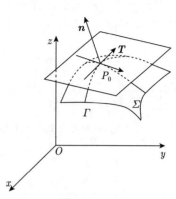

图 8-6-4

当 $t = t_0$ 时对应于点为 $P_0(x_0, y_0, z_0)$, 且
$x'(t_0)$, $y'(t_0)$, $z'(t_0)$ 不全为零, 则曲线 Γ
在点 P_0 处的切向量为

$$\boldsymbol{T} = (x'(t_0), y'(t_0), z'(t_0)),$$

因为曲线 Γ 在曲面 Σ 上, 所以满足曲面方程, 故

$$F[x(t), y(t), z(t)] \equiv 0,$$

又因 $F(x, y, z)$ 在点 $P_0(x_0, y_0, z_0)$ 处可微, 且 $x'(t_0)$, $y'(t_0)$, $z'(t_0)$ 存在, 所以有

$$\frac{\mathrm{d}}{\mathrm{d}t} F[x(t), y(t), z(t)]|_{t=t_0} = 0,$$

即

$$F_x(x_0, y_0, z_0)x'(t_0) + F_y(x_0, y_0, z_0)y'(t_0) + F_z(x_0, y_0, z_0)z'(t_0) = 0, \tag{8-6-13}$$

记 $\boldsymbol{n} = (F_x(x_0, y_0, z_0), F_y(x_0, y_0, z_0), F_z(x_0, y_0, z_0))$, 则式 (8-6-13) 可表示为

$$\boldsymbol{n} \cdot \boldsymbol{T} = 0.$$

这说明曲面 Σ 上通过点 P_0 的任意一条曲线在点 P_0 的切线都与同一个向量 $\boldsymbol{n}$
垂直, 也就是说曲面 Σ 上通过点 P_0 的一切曲线在点 P_0 的切线都在同一个平面
上, 如图 8-6-4, 根据定义 2, 这个平面即为曲面 Σ 在点 P_0 的切平面, 此时法向量
$\boldsymbol{n}$ 为

$$\boldsymbol{n} = \{F_x(x_0, y_0, z_0), \quad F_y(x_0, y_0, z_0), \quad F_z(x_0, y_0, z_0)\},$$

则切平面的方程为

$$F_x(x_0, y_0, z_0)(x - x_0) + F_y(x_0, y_0, z_0)(y - y_0) + F_z(x_0, y_0, z_0)(z - z_0) = 0,$$

法线方程为

$$\frac{x - x_0}{F_x(x_0, y_0, z_0)} = \frac{y - y_0}{F_y(x_0, y_0, z_0)} = \frac{z - z_0}{F_z(x_0, y_0, z_0)}.$$

2. 曲面为二元函数 $z = f(x,y)$ 的情形

定理 4 设曲面 Σ 的方程为 $z = f(x,y)$，点 $P_0(x_0,y_0,z_0)$ 是曲面 Σ 上一点，如果 $f(x,y)$ 在 (x_0,y_0) 处有连续的偏导数 $f_x(x_0,y_0)$，$f_y(x_0,y_0)$，则曲面 Σ 在 P_0 点处存在切平面，且有一个法向量为

$$\boldsymbol{n} = \left(f_x(x_0,y_0), f_y(x_0,y_0), -1\right), \tag{8-6-14}$$

切平面方程为

$$f_x(x_0,y_0)(x-x_0) + f_y(x_0,y_0)(y-y_0) - (z-z_0) = 0, \tag{8-6-15}$$

或

$$z - z_0 = f_x(x_0,y_0)(x-x_0) + f_y(x_0,y_0)(y-y_0), \tag{8-6-16}$$

而曲面 Σ 的过点 P_0 的法线方程为

$$\frac{x-x_0}{f_x(x_0,y_0)} = \frac{y-y_0}{f_y(x_0,y_0)} = \frac{z-z_0}{-1}. \tag{8-6-17}$$

证明略.

注 式 (8-6-16) 右端恰好是函数 $z = f(x,y)$ 在点 (x_0,y_0) 的全微分，而左端是切平面上点的竖坐标的增量. 因此，式 (8-6-16) 给出了二元函数全微分的几何解释，即函数 $z = f(x,y)$ 在点 (x_0,y_0) 的全微分在几何上表示曲面 $z = f(x,y)$ 在点 (x_0,y_0,z_0) 处的切平面上点的竖坐标的增量，用全微分代替函数增量在几何上就是用切平面代替曲面如图 8-6-5，在计算上就是用线性函数代替原来的可微函数，简化了计算，其误差是 $\sqrt{(\Delta x)^2 + (\Delta y)^2}$ 的高阶无穷小.

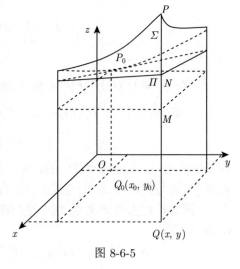

图 8-6-5

设 $z = f(x,y)$ 在点 $P(x,y,z)$ 处的法向量 $\boldsymbol{n}$ 的方向角分别为 α，β，γ，并假定法向量的方向是向上的 (即它与 z 轴正向的夹角是一锐角)，则法向量的方向余弦为

$$\cos\alpha = \frac{-f_x}{\sqrt{1+f_x^2+f_y^2}}, \quad \cos\beta = \frac{-f_y}{\sqrt{1+f_x^2+f_y^2}}, \quad \cos\gamma = \frac{1}{\sqrt{1+f_x^2+f_y^2}}.$$

这里把 $f_x(x, y)$, $f_y(x, y)$ 分别简记为 f_x, f_y, 也称此时的法向量为**向上的法向量**.

如果假定法向量的方向是向下的 (即它与 z 轴正向的夹角是一钝角), 则法向量的方向余弦为

$$\cos \alpha = \frac{f_x}{\sqrt{1 + f_x^2 + f_y^2}}, \quad \cos \beta = \frac{f_y}{\sqrt{1 + f_x^2 + f_y^2}}, \quad \cos \gamma = \frac{-1}{\sqrt{1 + f_x^2 + f_y^2}}.$$

这里也称此法向量为**向下的法向量**.

例 4 求旋转椭圆抛物面 $z = x^2 + y^2 - 1$ 在点 $(2, 1, 4)$ 处的切平面及法线方程.

解 曲面的法向量为

$$\boldsymbol{n} = (z_x, z_y, -1) = (2x, 2y, -1),$$

$$\boldsymbol{n} \big|_{(2,1,4)} = (4, 2, -1).$$

因此, 椭圆抛物面在点 $(2, 1, 4)$ 处的切平面方程为

$$4(x - 2) + 2(y - 1) - (z - 4) = 0,$$

即

$$4x + 2y - z - 6 = 0.$$

法线方程为

$$\frac{x - 2}{4} = \frac{y - 1}{2} = \frac{z - 4}{-1}.$$

例 5 求曲面 $z = x^2 + y^2$ 与平面 $2x + 4y - z = 0$ 平行的切平面方程.

解 曲面的法向量为

$$\boldsymbol{n} = (z_x, z_y, -1) = (2x, 2y, -1),$$

设切点坐标为 $P_0 (x_0, y_0, z_0)$, 则点 $P_0 (x_0, y_0, z_0)$ 处的法向量为

$$\boldsymbol{n} \big|_{(x_0, y_0, z_0)} = (2x_0, 2y_0, -1),$$

平面 $2x + 4y - z = 0$ 法向量 $\boldsymbol{n}_1 = (2, 4, -1)$. 由条件可知, $\boldsymbol{n}$ 平行于 $\boldsymbol{n}_1$, 所以存在 λ, 使得

$$(2x_0, 2y_0, -1) = \lambda \{2, 4, -1\},$$

解得 $x_0 = 1, y_0 = 2$, 将其代入曲面方程, 得到切点为 $P_0 (1, 2, 5)$, 于是所求的切平面方程为 $2(x - 1) + 4(y - 2) - (z - 5) = 0$, 即 $2x + 4y - z - 5 = 0$.

例 6 求曲面 $x^2 + y^2 + z^2 - xy - 3 = 0$ 上同时垂直于 $z = 0$ 与 $x + y + 1 = 0$ 的切平面方程.

解 设 $F(x, y, z) = x^2 + y^2 + z^2 - xy - 3$, 则

$$F_x = 2x - y, \quad F_y = 2y - x, \quad F_z = 2z,$$

曲面在点 $P_0(x_0, y_0, z_0)$ 处的法向量为

$$(2x_0 - y_0, 2y_0 - x_0, 2z_0),$$

由于平面 $z = 0$ 的法向量 $\boldsymbol{n}_1 = (0, 0, 1)$, 平面 $x + y + 1 = 0$ 的法向量 $\boldsymbol{n}_2 = (1, 1, 0)$, 因为 $\boldsymbol{n}$ 同时垂直于 $\boldsymbol{n}_1$ 与 $\boldsymbol{n}_2$, 所以 $\boldsymbol{n}$ 平行于 $\boldsymbol{n}_1 \times \boldsymbol{n}_2$, 又

$$\boldsymbol{n}_1 \times \boldsymbol{n}_2 = \begin{vmatrix} \boldsymbol{i} & \boldsymbol{j} & \boldsymbol{k} \\ 0 & 0 & 1 \\ 1 & 1 & 0 \end{vmatrix} = (-1, 1, 0),$$

所以存在 λ, 使得

$$(2x_0 - y_0, 2y_0 - x_0, 2z_0) = \lambda(-1, 1, 0),$$

解得 $x_0 = -y_0, z_0 = 0$. 将其代入曲面方程, 得到切点为 $P_1(1, -1, 0)$ 和 $P_2(-1, 1, 0)$. 于是所求的切平面方程为

$$-(x - 1) + (y + 1) = 0, \quad 即 \quad x - y - 2 = 0,$$

或

$$-(x + 1) + (y - 1) = 0, \quad 即 \quad x - y + 2 = 0.$$

习 题 8-6

A 组

课件8-6-3

1. 过点 $(1, 0, 0)$ 与 $(0, 1, 0)$ 且与 $z = x^2 + y^2$ 相切的平面方程为 (　　)(2018 考研真题)

(A) $z = 0$ 与 $x + y - z = 1$ (B) $z = 0$ 与 $2x + 2y - z = 2$

(C) $y = x$ 与 $x + y - z = 1$ (D) $y = x$ 与 $2x + 2y - z = 2$.

2. 设曲面 S 由方程 $F(ax - bz, ay - cz) = 0$ 所确定, F 有连续偏导数, a, b, c 是不为零的常数, 则曲面 S 上任一点的切平面都平行于直线 (　　)

(A) $\dfrac{x}{a} = \dfrac{y}{b} = \dfrac{z}{c}$ (B) $\dfrac{x}{b} = \dfrac{y}{c} = \dfrac{z}{a}$

(C) $\dfrac{x}{c} = \dfrac{y}{b} = \dfrac{z}{a}$ (D) $\dfrac{x}{c} = \dfrac{y}{a} = \dfrac{z}{b}$.

3. 求曲线 $x = \cos t, y = \sin 2t, z = \cos 3t$ 在 $t = \dfrac{\pi}{4}$ 处的切线方程.

4. 求曲线 $\begin{cases} y = 2x^2, \\ z = x^3 \end{cases}$ 在点 $(1, 2, 1)$ 处的切线与法平面方程.

5. 求曲线 $\begin{cases} x^2 + y^2 + z^2 = 4, \\ x^2 + y^2 = 2x \end{cases}$ 在点 $(1, 1, \sqrt{2})$ 处的切线与法平面方程.

6. 在曲线 $x = t, y = -t^2, z = t^3$ 上求一点, 使得曲线在该点处的切线平行于平面 $x + 2y + z = 4$.

7. 求曲面 $z = x^2 - y^2$ 在点 $(1, 2, -3)$ 处的切平面方程.

8. 求曲面 $e^z + xy = z + 3$ 在点 $(2, 1, 0)$ 处的切平面与法线方程.

9. 在曲面 $z = x^2 + \dfrac{y^2}{2}$ 求一点, 使得曲面在该点处的切平面平行于平面 $2x + 2y - z = 0$, 并求切平面方程.

10. 求曲面 $3x^2 + y^2 + z^2 = 16$ 上点 $(-1, -2, 3)$ 处的切平面与 xOy 面的夹角.

11. 证明曲面 $\sqrt{x} + \sqrt{y} + \sqrt{z} = \sqrt{a}(x, y, z, a > 0)$ 上任一点的切平面在坐标上截距之和为常数.

B 组

1. 试证: 锥面 $z = \sqrt{x^2 + y^2} + 3$ 的所有切平面都通过锥面的顶点.

2. 证明: 曲面 $f(x - az, y - bz) = 0$ 上任一点处的切平面均与直线 $\dfrac{x}{a} = \dfrac{y}{b} = z$ 平行.

3. 设直线 $L: \begin{cases} x + y + b = 0, \\ x + ay - z - 3 = 0 \end{cases}$ 在平面 π 上, 而平面 π 与曲面 $z = x^2 + y^2$ 相切于点 $(1, -2, 5)$, 求 a, b 的值.

8.7　方向导数与梯度

一、方向导数

在 8.2 节中, 我们介绍了二元函数 $z = f(x, y)$ 在点 $P_0(x_0, y_0)$ 处的偏导数 $f_x(x_0, y_0), f_y(x_0, y_0)$, 它们反映了二元函数 $z = f(x, y)$ 在点 $P_0(x_0, y_0)$ 处沿 x 轴和 y 轴的变化率. 但仅知道这一点, 在实际应用中是不够的.

例如, 在一块受热不均匀的金属板某处有一只蚂蚁, 问这只蚂蚁沿什么方向逃生才能在最短的时间内爬到安全地带 (图 8-7-1), 那必须知道温度沿各个方向的变化率; 又如地震波从震中位置沿某个方向传播的变化率; 再如预报某地的风向和风力时就必须知道气压在该点沿各个方向的变化率. 这些问题中涉及多元函数沿给定方向的变化率, 这就是本节我们介绍的方向导数及梯度.

图 8-7-1

设二元函数 $z = f(x, y)$ 在点 $P_0(x_0, y_0)$ 的某邻域 $U(P_0)$ 内有定义，l 是 xOy 坐标面上的一个非零向量，设 l 对 x 轴正向的转角为 α(图 8-7-2)，以点 P_0 为起点，沿 l 方向作射线 L，在射线 L 上任取一点 $P(x_0+\Delta x, y_0+\Delta y)$，且 $P \in U(P_0)$，称

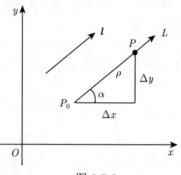

图 8-7-2

$$\Delta z_l = f(x_0 + \Delta x, y_0 + \Delta y) - f(x_0, y_0)$$

为函数 $z = f(x, y)$ 在点 $P_0(x_0, y_0)$ 处沿 l 方向的函数增量.

显然 $l^0 = (\cos \alpha, \sin \alpha)$，且射线 L 的参数方程为

$$\begin{cases} x = x_0 + \rho \cos \alpha, \\ y = y_0 + \rho \sin \alpha, \end{cases} \quad 0 \leqslant \rho < +\infty, \tag{8-7-1}$$

其中参数 $\rho = \sqrt{(x - x_0)^2 + (y - y_0)^2} = |P_0 P|$，且有

$$\frac{\Delta x}{\rho} = \cos \alpha, \quad \frac{\Delta y}{\rho} = \sin \alpha = \cos \beta,$$

其中 β 为 l 对 y 轴正向的转角.

为了研究二元函数 $z = f(x, y)$ 在点 $P_0(x_0, y_0)$ 处沿 l 方向的变化情况，我们考察 $\Delta z_l = f(x_0 + \Delta x, y_0 + \Delta y) - f(x_0, y_0)$ 与自变量增量 ρ 的比值.

定义 1 设函数 $z = f(x, y)$ 在点 $P_0(x_0, y_0)$ 的某一邻域内有定义，l 是在 xOy 平面上以点 P_0 为始点的一条射线，$P(x_0 + \Delta x, y_0 + \Delta y)$ 为射线 l 上的任一点. 如果极限

$$\lim_{P \to P_0} \frac{\Delta z_l}{\rho} = \lim_{\rho \to 0} \frac{\Delta z_l}{\rho} = \lim_{\rho \to 0} \frac{f(x_0 + \Delta x, y_0 + \Delta y) - f(x_0, y_0)}{\rho}$$

存在, 则称此极限为函数 $z = f(x, y)$ 在点 P_0 处沿方向 l 的**方向导数**, 记作

$$\left.\frac{\partial f}{\partial l}\right|_{(x_0, y_0)} \quad \text{或} \quad \left.\frac{\partial z}{\partial l}\right|_{(x_0, y_0)},$$

即

$$\left.\frac{\partial f}{\partial l}\right|_{(x_0, y_0)} = \lim_{\rho \to 0} \frac{f(x_0 + \Delta x, y_0 + \Delta y) - f(x_0, y_0)}{\rho}, \qquad (8\text{-}7\text{-}2)$$

这里 $\rho = \sqrt{(\Delta x)^2 + (\Delta y)^2}$ 表示 P 与 P_0 两点间的距离.

方向导数表示函数 $z = f(x, y)$ 在点 $P_0(x_0, y_0)$ 沿方向 l 的变化率.

由式 (8-7-2) 得

$$\left.\frac{\partial f}{\partial l}\right|_{(x_0, y_0)} = \lim_{\rho \to 0^+} \frac{f(x_0 + \rho \cos \alpha, y_0 + \rho \cos \beta) - f(x_0, y_0)}{\rho}. \quad (8\text{-}7\text{-}3)$$

定理1讲解8-7-2

按定义 1 求方向导数显然不便, 下面给出方向导数存在的条件及计算公式.

定理 1 如果函数 $z = f(x, y)$ 在点 $P_0(x_0, y_0)$ 可微, 则函数在点 $P_0(x_0, y_0)$ 沿任一方向 l 的方向导数都存在, 且有

$$\left.\frac{\partial f}{\partial l}\right|_{(x_0, y_0)} = \left.\frac{\partial f}{\partial x}\right|_{(x_0, y_0)} \cos \alpha + \left.\frac{\partial f}{\partial y}\right|_{(x_0, y_0)} \cos \beta, \qquad (8\text{-}7\text{-}4)$$

其中 α, β 为方向 l 的方向角.

证 设点 $P(x_0 + \Delta x, y_0 + \Delta y)$ 在以 P_0 为始点的射线 l 上, 则 $\Delta x = \rho \cos \alpha$, $\Delta y = \rho \cos \beta$, 因为函数 $z = f(x, y)$ 在点 $P_0(x_0, y_0)$ 可微, 所以函数沿方向 l 的增量可以表示为

$$f(x_0 + \Delta x, y_0 + \Delta y) - f(x_0, y_0) = \left.\frac{\partial f}{\partial x}\right|_{(x_0, y_0)} \Delta x + \left.\frac{\partial f}{\partial y}\right|_{(x_0, y_0)} \Delta y + o(\rho),$$

这里 $\rho = \sqrt{(\Delta x)^2 + (\Delta y)^2}$. 两边分别除以 ρ, 得

$$\frac{f(x_0 + \Delta x, y_0 + \Delta y) - f(x_0, y_0)}{\rho} = \left.\frac{\partial f}{\partial x}\right|_{(x_0, y_0)} \cdot \frac{\Delta x}{\rho} + \left.\frac{\partial f}{\partial y}\right|_{(x_0, y_0)} \cdot \frac{\Delta y}{\rho} + \frac{o(\rho)}{\rho}$$

$$= \left.\frac{\partial f}{\partial x}\right|_{(x_0, y_0)} \cos \alpha + \left.\frac{\partial f}{\partial y}\right|_{(x_0, y_0)} \cos \beta + \frac{o(\rho)}{\rho},$$

所以

$$\lim_{\rho \to 0} \frac{f(x_0 + \Delta x, y_0 + \Delta y) - f(x_0, y_0)}{\rho} = \frac{\partial f}{\partial x}\Big|_{(x_0,y_0)} \cos\alpha + \frac{\partial f}{\partial y}\Big|_{(x_0,y_0)} \cos\beta,$$

这就证明了方向导数存在且其值为

$$\frac{\partial f}{\partial l}\Big|_{(x_0,y_0)} = \frac{\partial f}{\partial x}\Big|_{(x_0,y_0)} \cos\alpha + \frac{\partial f}{\partial y}\Big|_{(x_0,y_0)} \cos\beta.$$

特别地，如果方向 l 指向 x 轴正向，则上式中 $\alpha = 0, \beta = \frac{\pi}{2}$，所以

$$\frac{\partial f}{\partial l}\Big|_{(x_0,y_0)} = \frac{\partial f}{\partial x}\Big|_{(x_0,y_0)} \cos 0 + \frac{\partial f}{\partial y}\Big|_{(x_0,y_0)} \cos\frac{\pi}{2} = \frac{\partial f}{\partial x}\Big|_{(x_0,y_0)}.$$

如果方向 l 指向 x 轴负向，则上式中 $\alpha = \pi, \beta = \frac{\pi}{2}$，所以

$$\frac{\partial f}{\partial l}\Big|_{(x_0,y_0)} = \frac{\partial f}{\partial x}\Big|_{(x_0,y_0)} \cos \pi + \frac{\partial f}{\partial y}\Big|_{(x_0,y_0)} \cos\frac{\pi}{2} = -\frac{\partial f}{\partial x}\Big|_{(x_0,y_0)}.$$

同理，如果方向 l 指向 y 轴正向，则有 $\alpha = \frac{\pi}{2}, \beta = 0$，所以 $\frac{\partial f}{\partial l}\Big|_{(x_0,y_0)} = \frac{\partial f}{\partial y}\Big|_{(x_0,y_0)}$. 如果方向 l 指向 y 轴负向，则有 $\alpha = \frac{\pi}{2}, \beta = \pi$，所以

$$\frac{\partial f}{\partial l}\Big|_{(x_0,y_0)} = -\frac{\partial f}{\partial y}\Big|_{(x_0,y_0)}.$$

通过比较不难发现，在方向导数中，由于 ρ 总是正的，因此方向导数是单向导数，即方向导数是函数沿射线方向的变化率. 而偏导数中，Δx 与 Δy 的值可正可负，所以说偏导数是一种双向导数.

例 1　求函数 $z = xe^{2y}$ 在点 $P(1,0)$ 处沿从点 $P(1,0)$ 到点 $Q(2,-1)$ 的方向的方向导数.

解　这里方向 $l = (1,-1)$，故 x 轴，y 轴到方向 l 的转角分别为 $\alpha = \frac{\pi}{4}$，$\beta = \frac{3\pi}{4}$，因此方向 l 的方向余弦为

$$\cos\alpha = \frac{\sqrt{2}}{2}, \quad \cos\beta = -\frac{\sqrt{2}}{2}.$$

因为 $\dfrac{\partial z}{\partial x} = \mathrm{e}^{2y}$, $\dfrac{\partial z}{\partial y} = 2x\mathrm{e}^{2y}$, 所以在点 $(1,0)$ 处, $\dfrac{\partial z}{\partial x}\bigg|_{(1,0)} = 1$, $\dfrac{\partial z}{\partial y}\bigg|_{(1,0)} = 2$. 故所求方向导数为

$$\frac{\partial z}{\partial \boldsymbol{l}}\bigg|_{(1,0)} = 1 \cdot \frac{\sqrt{2}}{2} + 2 \cdot \left(-\frac{\sqrt{2}}{2}\right) = -\frac{\sqrt{2}}{2}.$$

例 2 求函数 $z = 3x^2 y - y^2$ 在点 $P(2,3)$ 处沿曲线 $y = x^2 - 1$ 的切线且朝 x 增大的方向的方向导数.

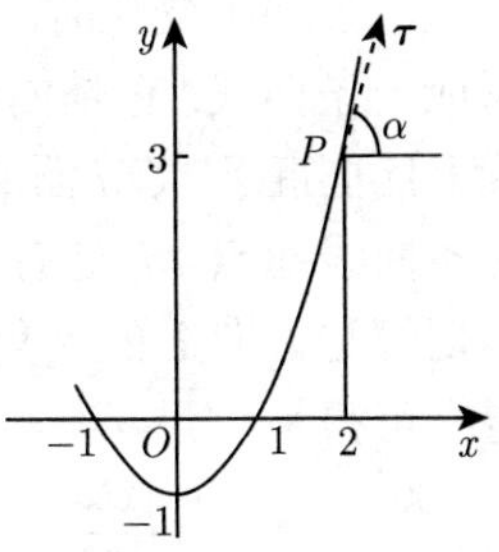

解 沿曲线 $y = x^2 - 1$ 在点 P 处的切线朝 x 增大的方向是指点 P 处切线的方向向量 $\boldsymbol{\tau}$, 图 8-7-3 所指的方向, 此时 $\boldsymbol{\tau} = (1, 2x)$, 故 $\boldsymbol{\tau}^0 = \left(\dfrac{1}{\sqrt{1+4x^2}}, \dfrac{2x}{\sqrt{1+4x^2}}\right)$.

图 8-7-3

设 α, β 分别为点 $P(2,3)$ 处 $\boldsymbol{\tau}$ 对 x 轴, y 轴正向的转角, 则

$$\cos\alpha = \frac{1}{\sqrt{1+4x^2}}\bigg|_{(2,3)} = \frac{1}{\sqrt{17}}, \quad \cos\beta = \frac{2x}{\sqrt{1+4x^2}}\bigg|_{(2,3)} = \frac{4}{\sqrt{17}}.$$

因为 $\dfrac{\partial f}{\partial x} = 6xy$, $\dfrac{\partial f}{\partial y} = 3x^2 - 2y$, 在点 $(2,3)$ 处, $\dfrac{\partial z}{\partial x}\bigg|_{(2,3)} = 36$, $\dfrac{\partial z}{\partial y}\bigg|_{(2,3)} = 6$. 故所求方向导数为

$$\frac{\partial f}{\partial \boldsymbol{\tau}}\bigg|_{(2,3)} = 36 \cdot \frac{1}{\sqrt{17}} + 6 \cdot \frac{4}{\sqrt{17}} = \frac{60}{\sqrt{17}}.$$

上述方向导数的概念及计算公式可以类推到三元及三元以上函数的情形.

如果函数 $u = f(x,y,z)$ 在点 $P_0(x_0, y_0, z_0)$ 处可微, 则函数在该点沿着方向 $\boldsymbol{l}$ 的方向导数为

$$\frac{\partial f}{\partial \boldsymbol{l}}\bigg|_{(x_0,y_0,z_0)} = f_x(x_0,y_0,z_0)\cos\alpha + f_y(x_0,y_0,z_0)\cos\beta + f_z(x_0,y_0,z_0)\cos\gamma,$$

其中 α, β, γ 为方向 $\boldsymbol{l}$ 的方向角.

例 3 设 $u(x,y,z) = 1 + \dfrac{x^2}{6} + \dfrac{y^2}{12} + \dfrac{z^2}{18}$, $\boldsymbol{n} = \dfrac{1}{\sqrt{3}}(1,1,1)$, 求 $\dfrac{\partial u}{\partial \boldsymbol{n}}\bigg|_{(1,2,3)}$.

解 $u_x(x,y,z) = \dfrac{x}{3}$, $u_y(x,y,z) = \dfrac{y}{6}$, $u_z(x,y,z) = \dfrac{z}{9}$, 故

$$u_x(1,2,3) = \frac{1}{3}, \quad u_y(1,2,3) = \frac{1}{3}, \quad u_z(1,2,3) = \frac{1}{3},$$

从而

$$\frac{\partial u}{\partial \boldsymbol{n}}\Big|_{(1,2,3)} = \frac{1}{3} \times \frac{1}{\sqrt{3}} + \frac{1}{3} \times \frac{1}{\sqrt{3}} + \frac{1}{3} \times \frac{1}{\sqrt{3}} = \frac{\sqrt{3}}{3}.$$

二、方向导数的几何意义

设曲面 $z = f(x, y)$ 如图 8-7-4 所示, 当自变量沿方向 $\boldsymbol{l}$ 变化时, 曲面上的点 (x, y, z) 就形成一条曲线, 它是曲面 $z = f(x, y)$ 与过射线 $\boldsymbol{l}$ 且垂直于 xOy 面的平面相交形成的曲线, 这条曲线在点 M 处有一条半切线 MT. 设此半切线与方向 $\boldsymbol{l}$ 的夹角为 θ, 则由方向导数的定义可得

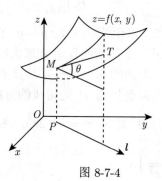

图 8-7-4

$$\frac{\partial z}{\partial \boldsymbol{l}} = \tan\theta,$$

即方向导数值等于点 M 处这条半切线 MT 在方向 $\boldsymbol{l}$ 上的斜率. 由此可知: 当 $\dfrac{\partial z}{\partial \boldsymbol{l}} > 0$ 时, 函数 $z = f(x, y)$ 在点 M 处沿方向 $\boldsymbol{l}$ 是单调增加的; 当 $\dfrac{\partial z}{\partial \boldsymbol{l}} < 0$ 时, 函数 $z = f(x, y)$ 在点 M 处沿方向 $\boldsymbol{l}$ 是单调减少的.

三、梯度

由式 (8-7-4) 可知, 二元函数 $z = f(x, y)$ 在给定点 (x_0, y_0) 处沿不同方向的方向导数一般是不同的. 实际问题中我们经常需要知道, 在一点处沿什么方向的方向导数值最大? 沿什么方向的方向导数值最小? 沿什么方向的方向导数值为零? 为此引入函数梯度的概念.

若函数 $z = f(x, y)$ 在点 $P_0(x_0, y_0)$ 处可微, 则函数在点 $P_0(x_0, y_0)$ 沿任一方向 $\boldsymbol{l}$(与 $\boldsymbol{l}$ 同方向的单位向量为 $\boldsymbol{e}_l = (\cos\alpha, \cos\beta)$) 的方向导数为

$$\frac{\partial f}{\partial \boldsymbol{l}}\Big|_{(x_0, y_0)} = f_x(x_0, y_0)\cos\alpha + f_y(x_0, y_0)\cos\beta$$

$$= (f_x(x_0, y_0), f_y(x_0, y_0)) \cdot (\cos\alpha, \cos\beta),$$

若令 $\boldsymbol{g} = (f_x(x_0, y_0), f_y(x_0, y_0))$, 则

$$\frac{\partial f}{\partial \boldsymbol{l}}\Big|_{(x_0, y_0)} = \boldsymbol{g} \cdot \boldsymbol{e}_l = |\boldsymbol{g}|\cos\theta,$$

这里 θ 是向量 $\boldsymbol{g}$ 与向量 $\boldsymbol{e}_l$ 的夹角, 当 $\cos\theta = 1$ 时, 即向量 $\boldsymbol{e}_l$ 与向量 $\boldsymbol{g}$ 方向一致时, $\dfrac{\partial f}{\partial \boldsymbol{l}}\Big|_{(x_0, y_0)}$ 达到最大值, 其最大值为 $|\boldsymbol{g}|$. 向量 $\boldsymbol{g} = (f_x(x_0, y_0), f_y(x_0, y_0))$ 称为

函数 $z = f(x, y)$ 在点 $P_0(x_0, y_0)$ 处的梯度, 记作

$$\operatorname{grad} f(x_0, y_0) \quad 或 \quad \operatorname{grad} z\big|_{(x_0, y_0)},$$

即

$$\operatorname{grad} f(x_0, y_0) = (f_x(x_0, y_0), f_y(x_0, y_0)).$$

由以上分析可知, 函数在某点的梯度是一个向量, 它的方向与取得最大方向导数的方向一致, 而它的模为函数在该点处的方向导数的最大值.

可以将梯度概念推广到三元及三元以上的多元函数的情形.

设函数 $u = f(x, y, z)$ 在点 $P_0(x_0, y_0, z_0)$ 可微, 则向量

$$(f_x(x_0, y_0, z_0), f_y(x_0, y_0, z_0), f_z(x_0, y_0, z_0))$$

称为函数 $u = f(x, y, z)$ 在点 $P_0(x_0, y_0, z_0)$ 的**梯度**, 记作 $\operatorname{grad} f(x_0, y_0, z_0)$, 即

$$\operatorname{grad} f(x_0, y_0, z_0) = (f_x(x_0, y_0, z_0), f_y(x_0, y_0, z_0), f_z(x_0, y_0, z_0)).$$

例 4 设一金属板在 xOy 平面上占有区域 $D: 0 \leqslant x \leqslant 1, 0 \leqslant y \leqslant 1$. 已知板上各点处的温度分布函数是 $T = xy(1-x)(1-y)$, 问在点 $\left(\dfrac{1}{4}, \dfrac{1}{3}\right)$ 处沿什么方向温度升高最快? 沿什么方向温度下降最快? 沿什么方向温度变化率为零?

解 $\dfrac{\partial T}{\partial x}\bigg|_{\left(\frac{1}{4}, \frac{1}{3}\right)} = y(1-y)(1-2x)\bigg|_{\left(\frac{1}{4}, \frac{1}{3}\right)} = \dfrac{1}{9}$,

$\dfrac{\partial T}{\partial y}\bigg|_{\left(\frac{1}{4}, \frac{1}{3}\right)} = x(1-x)(1-2y)\bigg|_{\left(\frac{1}{4}, \frac{1}{3}\right)} = \dfrac{1}{16}$, 所以

$$\operatorname{grad} T\left(\dfrac{1}{4}, \dfrac{1}{3}\right) = \left(\dfrac{1}{9}, \dfrac{1}{16}\right),$$

从而在点 $\left(\dfrac{1}{4}, \dfrac{1}{3}\right)$ 处, 温度 T 沿方向 $\dfrac{1}{9}\boldsymbol{i} + \dfrac{1}{16}\boldsymbol{j}$ 升高最快; 沿方向 $-\dfrac{1}{9}\boldsymbol{i} - \dfrac{1}{16}\boldsymbol{j}$ 下降最快; 沿方向 $\dfrac{1}{16}\boldsymbol{i} - \dfrac{1}{9}\boldsymbol{j}$ 或 $-\dfrac{1}{16}\boldsymbol{i} + \dfrac{1}{9}\boldsymbol{j}$ 的变化率为零.

例 5 函数 $u = xy^2 + z^3 - xyz$ 在点 $P_0(1, 1, 1)$ 处沿哪个方向的方向导数最大? 最大值为多少?

解 $u_x(x, y, z) = y^2 - yz, u_y(x, y, z) = 2xy - xz, u_z(x, y, z) = 3z^2 - xy$, 得

$$u_x(1, 1, 1) = 0, \quad u_y(1, 1, 1) = 1, \quad u_z(1, 1, 1) = 2,$$

从而

$$\operatorname{grad} u(1,1,1) = (0,1,2), \quad |\operatorname{grad} u(1,1,1)| = \sqrt{0+1+4} = \sqrt{5}.$$

于是 u 在点 P_0 处沿方向 $(0,1,2)$ 的方向导数最大，最大值为 $\sqrt{5}$.

例 6 设 a,b 为实数，函数 $z = 2 + ax^2 + by^2$ 在点 $(3,4)$ 处的方向导数中，沿方向 $\boldsymbol{l} = -3\boldsymbol{i} - 4\boldsymbol{j}$ 的方向导数最大，最大值为 10. 求 a,b. (2019 考研真题)

解 由题意可知 $\boldsymbol{l} = -3\boldsymbol{i} - 4\boldsymbol{j}$ 与梯度方向一致，又

$$\operatorname{grad} f(3,4) = \left(\frac{\partial z}{\partial x}, \frac{\partial z}{\partial y} \right) \bigg|_{(3,4)} = (6a, 8b),$$

所以 $(-3,-4)//(6a,8b)$ 即 $a=b<0$，又 $|\operatorname{grad} f(3,4)|=10$，所以 $\sqrt{(6a)^2 + (8b)^2} = 10$，由上可知 $a = b = -1$.

下面说明梯度在几何上的意义.

一般地，二元函数 $z = f(x,y)$ 在几何上表示一个曲面，这曲面被平面 $z = c(c$ 是常数) 所截得的曲线 L 的方程为

$$\begin{cases} z = f(x,y), \\ z = c, \end{cases}$$

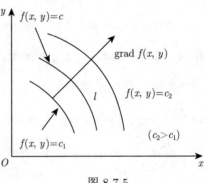

图 8-7-5

这条曲线 L 在 xOy 面上的投影是一条平面曲线 l 如图 8-7-5，它在 xOy 平面直角坐标系中的方程为

$$f(x,y) = c.$$

对于曲线 l 上的一切点，已给函数 $z = f(x,y)$ 的函数值都是 c，所以我们称平面曲线 l 为函数 $z = f(x,y)$ 的**等值线** (**等高线**). 等值线常应用于地图、天气预报等方面.

对于函数 $z = f(x,y)$，等值线 l 的方程 $f(x,y) = c$ 若能写为 $\begin{cases} x = x, \\ y = y(x), \end{cases}$

则曲线上任一点处切线向量为 $\boldsymbol{s} = (1,y')$，或 $\boldsymbol{s} = \left(1, \dfrac{\mathrm{d}y}{\mathrm{d}x} \right) = \dfrac{1}{\mathrm{d}x}(\mathrm{d}x, \mathrm{d}y)$，或 $\boldsymbol{s} = (\mathrm{d}x, \mathrm{d}y)$.

对 $f(x,y) = c$ 两边微分，得 $\dfrac{\partial f}{\partial x}\mathrm{d}x + \dfrac{\partial f}{\partial y}\mathrm{d}y = 0$，即

$$\left(\frac{\partial f}{\partial x}, \frac{\partial f}{\partial y} \right) \cdot (\mathrm{d}x, \mathrm{d}y) = 0,$$

亦即 $\mathrm{grad}f \cdot \boldsymbol{s} = 0$.

另外，$f(x, y) = c$ 在点 (x, y) 处的切线方程为

$$Y - y = \frac{\mathrm{d}y}{\mathrm{d}x}(X - x) \quad \text{或} \quad \frac{X - x}{\mathrm{d}x} = \frac{Y - y}{\mathrm{d}y},$$

这表明函数 $z = f(x, y)$ 在点 $P(x, y)$ 的梯度与等值线 $f(x, y) = c$ 在点 $P(x, y)$ 的切向量垂直，即与等值线 $f(x, y) = c$ 在点 $P(x, y)$ 的一个法向量同向；又因为梯度的方向是函数增长最快的方向，所以梯度从数值较低的等值线指向数值较高的等值线如图 8-7-6 中粗箭头，而梯度的模等于函数在这个法线方向的方向导数. 这个法线方向就是方向导数取得最大值的方向.

推广到三元函数情形. 如果曲面 $f(x, y, z) = c$ 为函数 $u = f(x, y, z)$ 的等值面，则可得函数 $u = f(x, y, z)$ 在点 $P(x, y, z)$ 的梯度的方向与过点 P 的等值面 $f(x, y, z) = c$ 在该点的一个法向量同向，且从数值较低的等值面指向数值较高的等值面如图 8-7-7 中粗箭头，而梯度的模等于函数在这个法线方向的方向导数.

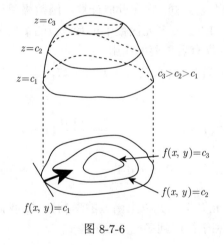

图 8-7-6

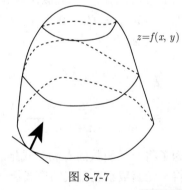

图 8-7-7

课件8-7-3

习 题 8-7

A 组

1. 求函数 $f(x, y) = x\mathrm{e}^{2y}$ 在点 $(1, 0)$ 处沿方向 $\boldsymbol{l} = (-3, 4)$ 的方向导数 $\dfrac{\partial f}{\partial \boldsymbol{l}}$.

2. 求函数 $u = \ln(x + \sqrt{y^2 + z^2})$ 在点 $A(1, 0, 1)$ 处沿 A 指向点 $B(2, -2, 3)$ 的方向导数.

3. 求函数 $u = xy^2 + z^3 - xyz$ 在点 $P(1, 1, 1)$ 处沿曲面 $x^2 + 2y^2 + z^2 = 4$ 在点 P 处外法向量方向的方向导数.

4. 函数 $f(x, y) = \dfrac{x^2 + y^2}{2}$ 在点 $(1, 1)$ 处的梯度 $\mathrm{grad}f(1, 1)$.

5. 求函数 $u = xy^2z$ 在点 $P(1,-1,2)$ 处的梯度.

6. 函数 $u = \ln(x^2 + y^2 + z^2)$ 在点 $M(1,2,-2)$ 处的梯度 $\operatorname{grad} u|_M$.

7. 求函数 $u = x^2 + y^2 - z^2$ 在点 $M_1(1,0,1)$, $M_2(0,1,0)$ 的梯度之间的夹角.

8. 设 $u = u(x,y,z)$ 是由方程 $e^{z+u} - xy - yz - zu = 0$ 确定的可微函数, 求 $u = u(x,y,z)$ 在点 $P(1,1,0)$ 处的方向导数的最小值.

B 组

1. xOy 平面上的一个动点从 $(0,0)$ 点开始, 始终沿着函数 $f(x,y) = (x^2 - 2x + 6)e^{x-2y}$ 的梯度方向运动, 试求该动点的运动轨迹.

2. 设函数 $f(x,y,z) = 2x^2 + 2xy + 2y^2 - 3z^2$, $l = (1,-1,0)$, 动点 P 在曲面 $x^2 + 2y^2 + 3z^2 = 1$ 上, 求方向导数 $\left.\dfrac{\partial f}{\partial l}\right|_P$ 的最大值.

*8.8　二元函数的泰勒公式

上册第 3 章, 我们学习了一元函数的泰勒公式, 它在近似计算、函数极限计算、误差估计等诸多方面有着广泛的应用. 事实上, 多元函数中也有对应的泰勒公式, 它们在函数的研究和近似计算等方面同样有着重要的作用.

如果函数 $y = f(x)$ 在点 x_0 处的某邻域内具有直到 $n+1$ 阶导数, 则对该邻域内任一点 x, 有

$$f(x) = f(x_0) + f'(x_0)(x - x_0) + \frac{f''(x_0)}{2!}(x - x_0)^2 + \cdots + \frac{f^{(n)}(x_0)}{n!}(x - x_0)^n$$
$$+ \frac{f^{(n+1)}(x_0 + \theta(x - x_0))}{(n+1)!}(x - x_0)^{n+1}, \quad 0 < \theta < 1. \tag{8-8-1}$$

为了将一元函数的泰勒公式推广到二元乃至二元以上函数的泰勒公式, 我们首先将一元函数泰勒公式的形式换一种有利于推广到多元函数的形式.

记 $h = x - x_0$, 即 $x = x_0 + h$, 并记

$$\left(h\frac{d}{dx}\right)^m f(x) = h^m \frac{d^m f(x)}{dx^m} = f^{(m)}(x)(x - x_0)^m, \quad m = 1, 2, \cdots, n+1,$$

则一元函数的泰勒公式 (8-8-1) 可表示为

$$f(x_0 + h) = f(x_0) + \left(h\frac{d}{dx}\right)f(x_0) + \frac{1}{2!}\left(h\frac{d}{dx}\right)^2 f(x_0)$$
$$+ \cdots + \frac{1}{n!}\left(h\frac{d}{dx}\right)^n f(x_0) + \frac{1}{(n+1)!}\left(h\frac{d}{dx}\right)^{n+1} f(x_0 + \theta h), \quad 0 < \theta < 1. \tag{8-8-2}$$

课前测8-8-1

一元函数的泰勒公式表明, 在点 x_0 附近可用 $x - x_0$ 的 n 次多项式来近似代替 $f(x)$. 对于二元函数 $z = f(x, y)$ 在点 $P_0(x_0, y_0)$ 处附近仍具有类似的性质, 即在一定的条件下, 可用 $h = x - x_0, k = y - y_0$ 的二元多项式来近似代替 $f(x, y)$, 将 (8-8-2) 式推广至二元函数, 即可得到二元函数的泰勒公式.

定理 1(泰勒中值定理) 若函数 $z = f(x, y)$ 在点 $P_0(x_0, y_0)$ 的某邻域 $U(P_0)$ 内具有直到 $n + 1$ 阶的连续偏导数, 则对 $U(P_0)$ 内任一点 $(x_0 + h, y_0 + k)$, 存在相应的 $\theta \in (0, 1)$, 使得

$$f(x_0 + h, y_0 + k) = f(x_0, y_0) + \left(h\frac{\partial}{\partial x} + k\frac{\partial}{\partial y} \right) f(x_0, y_0)$$

$$+ \frac{1}{2!} \left(h\frac{\partial}{\partial x} + k\frac{\partial}{\partial y} \right)^2 f(x_0, y_0)$$

$$+ \cdots + \frac{1}{n!} \left(h\frac{\partial}{\partial x} + k\frac{\partial}{\partial y} \right)^n f(x_0, y_0)$$

$$+ \frac{1}{(n+1)!} \left(h\frac{\partial}{\partial x} + k\frac{\partial}{\partial y} \right)^{n+1} f(x_0 + \theta h, y_0 + \theta k). \quad (8\text{-}8\text{-}3)$$

(8-8-3) 式称为二元函数 $z = f(x, y)$ 在点 $P_0(x_0, y_0)$ 的 n 阶泰勒公式, 其中

$$\left(h\frac{\partial}{\partial x} + k\frac{\partial}{\partial y} \right)^m f(x_0, y_0) = \sum_{i=0}^{m} C_m^i h^i k^{m-i} \frac{\partial^m f}{\partial x^i \partial y^{m-i}} \bigg|_{(x_0, y_0)}.$$

泰勒中值定理讲解8-8-2

证 构造辅助函数

$$\Phi(t) = f(x_0 + th, y_0 + tk),$$

由定理的假设, 一元函数 $\Phi(t)$ 在 $[0, 1]$ 上满足一元函数泰勒中值定理条件, 于是有

$$\Phi(1) = \Phi(0) + \frac{\Phi'(0)}{1!} + \frac{\Phi''(0)}{2!} + \cdots + \frac{\Phi^{(n)}(0)}{n!} + \frac{\Phi^{(n+1)}(\theta)}{(n+1)!} \quad (0 < \theta < 1), \quad (8\text{-}8\text{-}4)$$

应用复合函数求导法则, 可求得 $\Phi(t)$ 的各阶导数

$$\Phi^{(m)}(t) = \left(h\frac{\partial}{\partial x} + k\frac{\partial}{\partial y} \right)^m f(x_0 + th, y_0 + tk) \quad (m = 1, 2, \cdots, n+1),$$

当 $t = 0$ 时, 则有

$$\Phi^{(m)}(0) = \left(h\frac{\partial}{\partial x} + k\frac{\partial}{\partial y} \right)^m f(x_0, y_0) \quad (m = 1, 2, \cdots, n) \quad (8\text{-}8\text{-}5)$$

及

$$\Phi^{(n+1)}(\theta) = \left(h\frac{\partial}{\partial x} + k\frac{\partial}{\partial y} \right)^{n+1} f(x_0 + \theta h, y_0 + \theta k). \tag{8-8-6}$$

将 (8-8-5) 和 (8-8-6) 式代入 (8-8-4) 式就得到所求之泰勒公式 (8-8-3).

若在泰勒公式 (8-8-3) 式中, 只要求余项 $R_n = o(\rho^n)(\rho = \sqrt{h^2 + k^2})$, 则仅需 f 在 $U(P_0)$ 内具有直到 n 阶连续偏导数, 便有带佩亚诺型余项的泰勒公式

$$f(x_0 + h, y_0 + k) = f(x_0, y_0) + \sum_{p=1}^{n} \frac{1}{p!} \left(h\frac{\partial}{\partial x} + k\frac{\partial}{\partial y} \right)^p f(x_0, y_0) + o(\rho^n). \tag{8-8-7}$$

若在泰勒公式 (8-8-3) 式中, 取 $x_0 = 0, y_0 = 0$, 则得到

$$f(x, y) = f(0, 0) + \left(x\frac{\partial}{\partial x} + y\frac{\partial}{\partial y} \right) f(0, 0)$$

$$+ \frac{1}{2!} \left(x\frac{\partial}{\partial x} + y\frac{\partial}{\partial y} \right)^2 f(0, 0) + \cdots + \frac{1}{n!} \left(x\frac{\partial}{\partial x} + y\frac{\partial}{\partial y} \right)^n f(0, 0)$$

$$+ \frac{1}{(n+1)!} \left(x\frac{\partial}{\partial x} + y\frac{\partial}{\partial y} \right)^{n+1} f(\theta x, \theta y) \quad (0 < \theta < 1). \tag{8-8-8}$$

该公式称为**二元函数** $z = f(x, y)$ **在点** (0,0) **的** n **阶麦克劳林公式**.

若在泰勒公式 (8-8-3) 式中, 取 $n = 0$, 则得到

$$f(a + h, b + k) = f(a, b) + f_x(a + \theta h, b + \theta k)h + f_y(a + \theta h, b + \theta k)k, 0 < \theta < 1.$$

或

$$f(a + h, b + k) - f(a, b) = f_x(a + \theta h, b + \theta k)h + f_y(a + \theta h, b + \theta k)k, \quad 0 < \theta < 1. \tag{8-8-9}$$

这便是**二元函数的中值公式**.

由 (8-8-9) 式易得下列推论.

推论　如果函数 $f(x, y)$ 在区域 $D \subset \mathbf{R}^2$ 上的偏导数恒为零, 那么它在 D 上必是常值函数.

例 1　求二元函数 $f(x, y) = \sqrt{1 + x^2 + y^2}$ 在点 (0,0) 处的二阶泰勒公式及余项表达式.

解　由泰勒公式得

$$f(x, y) = f(0, 0) + \left(x\frac{\partial}{\partial x} + y\frac{\partial}{\partial y} \right) f(0, 0) + \frac{1}{2!} \left(x\frac{\partial}{\partial x} + y\frac{\partial}{\partial y} \right)^2 f(0, 0) + R_2,$$

$$R_2 = \frac{1}{3!}\left(x\frac{\partial}{\partial x} + y\frac{\partial}{\partial y}\right)^3 f(\theta x, \theta y), \quad 0 < \theta < 1.$$

由于

$$f_x = \frac{x}{\sqrt{1+x^2+y^2}}, \quad f_y = \frac{y}{\sqrt{1+x^2+y^2}}, \quad f_{xy} = -\frac{xy}{\left(\sqrt{1+x^2+y^2}\right)^3},$$

$$f_{xx} = -\frac{1+y^2}{\left(\sqrt{1+x^2+y^2}\right)^3}, \quad f_{yy} = \frac{1+x^2}{\left(\sqrt{1+x^2+y^2}\right)^3},$$

$$f_{xxx} = -\frac{3x\left(1+y^2\right)}{\left(\sqrt{1+x^2+y^2}\right)^5}, \quad f_{xxy} = -\frac{y^3+y-2x^2y}{\left(\sqrt{1+x^2+y^2}\right)^5},$$

$$f_{xyy} = -\frac{x^3+x-2xy^2}{\left(\sqrt{1+x^2+y^2}\right)^5}, \quad f_{yyy} = -\frac{3y\left(1+x^2\right)}{\left(\sqrt{1+x^2+y^2}\right)^5}.$$

所以 $f_x(0,0)=0, f_y(0,0)=0, f_{xx}(0,0)=1, f_{yy}(0,0)=1, f_{xy}(0,0)=0$, 由泰勒公式得

$$\begin{aligned} f(x,y) &= \sqrt{1+x^2+y^2} \\ &= f(0,0) + f_x(0,0)x + f_y(0,0)y \\ &\quad + \frac{1}{2}\left[f_{xx}(0,0)x^2 + 2f_{xy}(0,0)xy + f_{yy}(0,0)y^2\right] + R_2 \\ &= 1 + \frac{1}{2}\left(x^2+y^2\right) + R_2, \end{aligned}$$

其中

$$\begin{aligned} R_2 &= \frac{1}{3!}\left(x\frac{\partial}{\partial x} + y\frac{\partial}{\partial y}\right)^3 f(\theta x, \theta y) \\ &= \frac{1}{3!}\left(x^3\frac{\partial^3}{\partial x^3} + 3x^2y\frac{\partial^3}{\partial x^2\partial y} + 3xy^2\frac{\partial^3}{\partial x\partial y^2} + y^3\frac{\partial^3}{\partial y^3}\right)f(\theta x, \theta y) \\ &= \frac{-1}{6}\frac{1}{(1+\theta^2x^2+\theta^2y^2)^{\frac{5}{2}}}\left[3\theta x\left(1+\theta^2y^2\right)x^3 + 3\left(\theta^3y^3+\theta y-2\theta^3yx^2\right)yx^2 \right. \\ &\quad \left. + 3\left(\theta^3y^3+\theta x-2\theta^3xy^2\right)xy^2 + 3\theta y\left(1+\theta^2x^2\right)y^3\right] \\ &= -\frac{1}{2}\frac{\theta\left(x^2+y^2\right)^2}{(1+\theta^2x^2+\theta^2y^2)^{\frac{5}{2}}} \quad (0<\theta<1), \end{aligned}$$

于是

$$\sqrt{1+x^2+y^2} = 1 + \frac{1}{2}(x^2+y^2) - \frac{1}{2}\frac{\theta(x^2+y^2)^2}{(1+\theta^2x^2+\theta^2y^2)^{\frac{5}{2}}} \quad (0 < \theta < 1).$$

例 1 也可借助于一元函数的麦克劳林展开式进行展开,

$$\sqrt{1+x} = 1 + \frac{x}{2} - \frac{1}{8}\frac{x^2}{(1+\theta_1 x)^{\frac{3}{2}}} \quad (0 < \theta_1 < 1),$$

所以

$$\sqrt{1+x^2+y^2} = 1 + \frac{1}{2}(x^2+y^2) - \frac{1}{8}\frac{(x^2+y^2)^2}{(1+\theta_1 x^2+\theta_1 y^2)^{\frac{3}{2}}} \quad (0 < \theta_1 < 1).$$

二阶泰勒公式的近似效果如图 8-8-1 所示.

例 2　求 $f(x,y) = x^y$ 在点 $(1,4)$ 的二阶泰勒展开式, 并用它计算 $(1.08)^{3.96}$.

解　由于 $x_0 = 1, y_0 = 4, n = 2$, 因此有

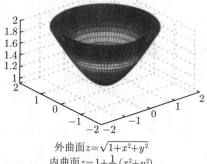

外曲面 $z = \sqrt{1+x^2+y^2}$
内曲面 $z = 1 + \frac{1}{2}(x^2+y^2)$

图 8-8-1

$$f(x,y) = x^y, \quad f(1,4) = 1,$$
$$f_x(x,y) = yx^{y-1}, \quad f_x(1,4) = 4,$$
$$f_y(x,y) = x^y \ln x, \quad f_y(1,4) = 0,$$
$$f_{xx}(x,y) = y(y-1)x^{y-2}, \quad f_{xx}(1,4) = 12,$$
$$f_{xy}(x,y) = x^{y-1} + yx^{y-1}\ln x, \quad f_{xy}(1,4) = 1,$$
$$f_{yy}(x,y) = x^y(\ln x)^2, \quad f_{yy}(1,4) = 0,$$

将它们代入泰勒公式 (8-8-3), 即得

$$x^y = 1 + 4(x-1) + 6(x-1)^2 + (x-1)(y-4) + o\left(\rho^2\right).$$

若略去余项, 并取 $x = 1.08, y = 3.96$, 则有

$$(1.08)^{3.96} \approx 1 + 4 \times 0.08 + 6 \times 0.08^2 - 0.08 \times 0.04 = 1.3552.$$

它与精确值 $1.35630721\cdots$ 的误差已小于千分之二.

习 题 8-8

A 组

1. 求函数 $f(x,y) = \ln(1+x+y)$ 的三阶麦克劳林公式.
2. 求函数 $f(x,y) = 2x^2 - xy - y^2 - 6x - 3y + 5$ 在点 $(1, -2)$ 的泰勒公式.

B 组

写出函数 $f(x,y) = x^4 + xy + (1+y)^2$ 在点 $(0,0)$ 处的带佩亚诺余项的一阶及二阶泰勒公式.

8.9　多元函数的极值及其求法

　　在第 3 章我们已经讨论了在只有一个变量的情况下, 如何解决诸如用料最省、路程最短、收益最大等问题. 但在工程技术领域和实际生活中, 相关最值问题往往会受到多个因素的制约, 因此有必要讨论多元函数的最值问题. 与一元函数类似, 多元函数的最值与极值有着密切联系. 本节将利用多元函数微分学的相关知识, 先介绍多元函数的极值概念, 最后来讨论多元函数的最值问题.

一、多元函数的极值及最大值、最小值

　　先介绍多元函数极值的定义.

　　定义 1　设二元函数 $z = f(x,y)$ 在点 $P_0(x_0, y_0)$ 的某个邻域 $U(P_0)$ 内有定义, 对于任意的点 $P(x,y) \in \overset{\circ}{U}(P_0)$, 如果都有不等式

$$f(x,y) < f(x_0, y_0) \quad (或 f(x,y) > f(x_0, y_0))$$

成立, 则称函数在点 $P_0(x_0, y_0)$ 有**极大值** (或**极小值**) $f(x_0, y_0)$, 极大值、极小值统称为**极值**, 使函数取得极值的点称为**极值点** (图 8-9-1).

　　例如, 函数 $z = |xy|$ 在点 $(0,0)$ 处取得极小值, 函数 $z = 1 - \sqrt{x^2 + y^2}$ 在点 $(0,0)$ 处取得极大值, 而函数 $z = x \sin y$ 在点 $(0,0)$ 处既不取得极大值也不取得极小值.

　　以上关于二元函数的极值概念, 可推广到 n 元函数.

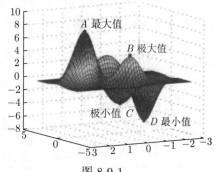

图 8-9-1

定义 2 设 n 元函数 $u = f(P)$ 在点 P_0 的某一邻域 $U(P_0)$ 内有定义, 对于任意的点 $P \in \mathring{U}(P_0)$, 如果都有不等式

$$f(P) < f(P_0) \quad (\text{或} f(P) > f(P_0))$$

成立, 则称函数 $f(P)$ 在点 P_0 有**极大值** (或**极小值**) $f(P_0)$, 如图 8-9-1.

由定义 1 知, 若函数 $f(x, y)$ 在点 (x_0, y_0) 处取得极值, 则当固定 $y = y_0$ 时, 一元函数 $f(x, y_0)$ 必定在点 $x = x_0$ 处取得相同的极值. 同理, 一元函数 $f(x_0, y)$ 在点 $y = y_0$ 处也取得相同的极值. 于是得到下面的定理.

定理 1(极值存在的必要条件) 设函数 $z = f(x, y)$ 在点 (x_0, y_0) 具有偏导数, 且在点 (x_0, y_0) 处有极值, 则它在该点的偏导数必为零, 即

极值存在的必要条件定理1讲解8-9-2

$$f_x(x_0, y_0) = 0, \quad f_y(x_0, y_0) = 0.$$

证 由于二元函数 $z = f(x, y)$ 在点 (x_0, y_0) 处得极值, 固定 $y = y_0$, 则一元函数 $f(x, y_0)$ 在点 x_0 处取得极值, 并且 $f(x, y_0)$ 在点 x_0 处可导, 根据一元函数极值的必要条件, 有

$$\frac{f(x, y_0)}{\mathrm{d}x}\bigg|_{x=x_0} = 0,$$

即 $f_x(x_0, y_0) = 0$, 同理可证 $f_y(x_0, y_0) = 0$.

定理 1 表明: 在几何上, 若曲面 $z = f(x, y)$ 在点 (x_0, y_0, z_0) 处有切平面, 且在点 (x_0, y_0) 处取得极值, 则切平面

$$z - z_0 = f_x(x_0, y_0)(x - x_0) + f_y(x_0, y_0)(y - y_0)$$

整理即为平面 $z - z_0 = 0$, 它平行于 xOy 坐标面.

如果三元函数 $u = f(x, y, z)$ 在点 $P_0(x_0, y_0, z_0)$ 具有偏导数, 则它在点 $P_0(x_0, y_0, z_0)$ 具有极值的必要条件为

$$f_x(x_0, y_0, z_0) = 0, \quad f_y(x_0, y_0, z_0) = 0, \quad f_z(x_0, y_0, z_0) = 0.$$

与一元函数的情形类似, 凡是能使一阶偏导数同时为零的点 P_0 称为**多元函数 $u = f(x, y, z)$ 的驻点**.

从定理 1 可知, 具有偏导数的函数的极值点必定是函数的驻点. 但函数的驻点不一定是函数的极值点.

例 1 讨论函数 $f(x, y) = x^2 + y^2 - 2x - 6y + 14$ 和函数 $f(x, y) = x^2 - y^2$ 的极值点.

解 (1) 由 $f_x(x,y) = 2x - 2, f_y(x,y) = 2y - 6$, 解得 $x = 1, y = 3$. 而

$$f(x,y) = x^2 + y^2 - 2x - 6y + 14 = (x-1)^2 + (y-3)^2 + 4 \geqslant 4,$$

所以 $(1,3)$ 为函数的极小值点 (图 8-9-2).

(2) 由 $f_x(x,y) = 2x,\quad f_y(x,y) = -2y$, 解得 $x = 0, y = 0$. 但 $(0,0)$ 并不是 $f(x,y)$ 的极值点 (图 8-9-3).

事实上, 在 $(0,0)$ 的任意邻域, 总有 $(0,y)(y \neq 0)$, 使 $f(0,y) = -y^2 < f(0,0) = 0$; 也总有点 $(x,0)(x \neq 0)$, 使 $f(x,0) = x^2 > f(0,0) = 0$.

怎样判断一个驻点是否极值点呢? 下面的定理回答了这个问题.

定理 2(极值存在的充分条件) 设函数 $z = f(x,y)$ 在点 (x_0, y_0) 的某邻域 $U(P_0)$ 内有直到二阶的连续偏导数, 又 $f_x(x_0, y_0) = 0, f_y(x_0, y_0) = 0$, 记

$$f_{xx}(x_0, y_0) = A,\quad f_{xy}(x_0, y_0) = B,\quad f_{yy}(x_0, y_0) = C,$$

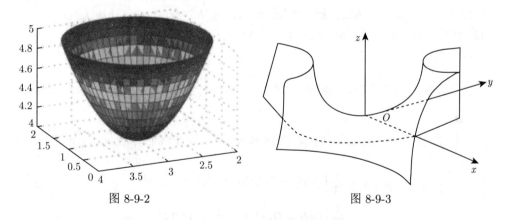

图 8-9-2   图 8-9-3

则函数 $f(x,y)$ 在点 (x_0, y_0) 处,

(1) 当 $AC - B^2 > 0$ 时, 取得极值, 且当 $A < 0$ 时取得极大值, 当 $A > 0$ 时取得极小值;

(2) 当 $AC - B^2 < 0$ 时, 不取得极值;

(3) 当 $AC - B^2 = 0$ 时, 可能取得极值, 也可能不取得极值, 还需另作讨论.

证 对 $\forall P(x_0 + h, y_0 + k) \in \overset{\circ}{U}(P_0)$, 由二元函数泰勒公式, 有

$$\Delta z = f(x_0 + h, y_0 + k) - f(x_0, y_0)$$

$$= f_x(x_0, y_0) h + f_y(x_0, y_0) k + \frac{1}{2!} \left[f_{xx}(x_0 + \theta h, y_0 + \theta k) h^2 \right.$$

$$+2f_{xy}\left(x_0+\theta h,y_0+\theta k\right)hk+f_{yy}\left(x_0+\theta h,y_0+\theta k\right)k^2\big]\quad(0<\theta<1),$$

而 $f_x(x_0,y_0)=f_y(x_0,y_0)=0$, 且二阶偏导数均连续, 故

$$f_{xx}(x_0+\theta h,y_0+\theta k)=f_{xx}(x_0,y_0)+\varepsilon_1,$$

$$f_{xy}\left(x_0+\theta h,y_0+\theta k\right)=f_{xy}\left(x_0,y_0\right)+\varepsilon_2,$$

$$f_{yy}\left(x_0+\theta h,y_0+\theta k\right)=f_{yy}\left(x_0,y_0\right)+\varepsilon_3,$$

其中 $\varepsilon_i\to0(h,k\to0)(i=1,2,3)$. 于是

$$\Delta z=f\left(x_0+h,y_0+k\right)-f\left(x_0,y_0\right)$$

$$=\frac{1}{2}\left[f_{xx}\left(x_0,y_0\right)h^2+2f_{xy}\left(x_0,y_0\right)hk+f_{yy}\left(x_0,y_0\right)k^2\right]$$

$$+\frac{1}{2}\left(\varepsilon_1h^2+2\varepsilon_2hk+\varepsilon_3k^2\right),\tag{8-9-1}$$

显然, 上式中 $\varepsilon_1h^2,2\varepsilon_2hk,\varepsilon_3k^2$ 分别是 $f_{xx}(x_0,y_0)h^2,2f_{xy}(x_0,y_0)hk,f_{yy}(x_0,y_0)k^2$ 的高阶无穷小, 因此, 当 $|h|,|k|\to0$ 时, Δz 的符号只取决于上式右端第一个方括号内的和式

$$f_{xx}\left(x_0,y_0\right)h^2+2f_{xy}\left(x_0,y_0\right)hk+f_{yy}\left(x_0,y_0\right)k^2=Ah^2+2Bhk+Ck^2\tag{8-9-2}$$

的符号.

(1) 若 $AC-B^2>0$, 此时 A,C 均不为零, 且 A,C 同号, 式 8-9-2 可写作

$$q=\frac{1}{A}\left(A^2h^2+2BAhk+ACk^2\right)$$

$$=\frac{1}{A}\left[(Ah+Bk)^2+\left(AC-B^2\right)k^2\right]$$

$$=\frac{1}{C}\left[(Bh+Ck)^2+h^2\left(AC-B^2\right)\right],\tag{8-9-3}$$

无论 h,k 取何值 (但不同时为零), 式 (8-9-3) 右端的方括号内始终是正数, 因此 q 与 A (或 C) 同号. 当 $|h|,|k|$ 足够小时, Δz 的符号也必定与 A (或 C) 同号, 这就证明了

① 当 $A>0$(亦有 $C>0$) 时, $\Delta z>0$, 即 $f(x_0+h,y_0+k)>f(x_0,y_0)$, 故函数 $f(x,y)$ 在 $P_0(x_0,y_0)$ 点达到极小值 $f(x_0,y_0)$;

② 当 $A<0$(亦有 $C>0$) 时, $\Delta z<0$, 即 $f(x_0+h,y_0+k)<f(x_0,y_0)$, 故函数 $f(x,y)$ 在 $P_0(x_0,y_0)$ 点达到极大值 $f(x_0,y_0)$.

(2) 若 $AC - B^2 < 0$, 因 k, h 不同时为零, 不妨令 $k \neq 0$, 将 q 写作

$$q = k^2 \left[A \left(\frac{h}{k} \right)^2 + 2B \left(\frac{h}{k} \right) + C \right] = k^2 [At^2 + 2Bt + C], \qquad (8\text{-}9\text{-}4)$$

其中 $t = \dfrac{h}{k}$. 这时 $At^2 + 2Bt + C = 0$ 有两个不等的实根 t_1, t_2, 设 $t_1 < t_2$, 当 t 在区间 (t_1, t_2) 内与在 $[t_1, t_2]$ 外时, q 有相反的符号, 即 Δz 有相反的符号, 亦即 $P_0(x_0, y_0)$ 不是函数 $f(x, y)$ 的极值点.

(3) 若 $AC - B^2 = 0$, 还需进一步讨论, 这时 $f(x, y)$ 在 $P_0(x_0, y_0)$ 可能取得极值, 也可能不取得极值.

为了便于记忆定理, 请读者注意: 只有当 A 与 C 同号时, 式 (8-9-1) 才可能成立, 这时两个一元函数 $f(x, y_0)$ 与 $f(x_0, y)$ 在点 (x_0, y_0) 同时具有极大值或极小值, 从而可以根据任一个二阶偏导数 (A 或 C) 判断是极大还是极小值. 当 A 与 C 异号时, 式 (8-9-2) 一定成立, 这时两个一元函数 $f(x, y_0)$ 与 $f(x_0, y)$ 在点 (x_0, y_0) 的极值情形是相反的 (即一个是极大值而另一个是极小值), 从而二元函数 $f(x, y)$ 在点 (x_0, y_0) 处无极值, 此时可称 (x_0, y_0) 为函数 $f(x, y)$ 的鞍点.

二元函数极值的定义以及极值存在的必要条件和充分条件均可推广到三元及三元以上函数上去, 由于情形较复杂, 此处不再作进一步讨论.

例 2 求函数 $f(x, y) = x^3 + 8y^3 - xy$ 的极值. (2020 考研真题)

解 解方程组 $\begin{cases} f_x = 3x^2 - y = 0, \\ f_y = 24y^2 - x = 0, \end{cases}$ 得 $\begin{cases} x = 0, \\ y = 0, \end{cases}$ 或 $\begin{cases} x = \dfrac{1}{6}, \\ y = \dfrac{1}{12}. \end{cases}$ 又

$$f_{xx} = 6x, \quad f_{xy} = -1, \quad f_{yy} = 48y.$$

在 $(0,0)$ 处, $A = 0$, $B = -1$, $C = 0$, 于是 $AC - B^2 = -1 < 0$, 不取极值;

在 $\left(\dfrac{1}{6}, \dfrac{1}{12} \right)$ 处, $A = 1, B = -1, C = 4$, 于是 $AC - B^2 = 3 > 0$ 且 $A > 0$, 所以在点 $\left(\dfrac{1}{6}, \dfrac{1}{12} \right)$ 处取极小值, 极小值为 $f \left(\dfrac{1}{6}, \dfrac{1}{12} \right) = -\dfrac{1}{216}$.

例 3 讨论 $f(x, y) = x^2 - 2xy^2 + y^4 - y^5$ 的极值.

解 解方程组

$$\begin{cases} f_x(x, y) = 2x - 2y^2 = 0, \\ f_y(x, y) = -4xy + 4y^3 - 5y^4 = 0, \end{cases}$$

求得唯一驻点为 $(0,0)$, 再求出二阶偏导数

$$f_{xx} = 2, \quad f_{xy} = -4y, \quad f_{yy} = -4x + 12y^2 - 20y^3,$$

故 $(0,0)$ 处 $A = 2, B = 0, C = 0$. 因而 $AC - B^2 = 0$, 定理 2 失效.

由于 $f(x,y) = x^2 - 2xy^2 + y^4 - y^5 = (x - y^2)^2 - y^5$, 故 $f(0,0) = 0$.

又在曲线 $x = y^2$ 且 $y > 0$ 上有 $f(x,y) < 0$, 在曲线 $x = y^2$ 且 $y < 0$ 上 $f(x,y) > 0$, 故 $(0,0)$ 不是函数的极值点.

例 4 求由方程 $x^2 + y^2 + z^2 - 2x + 2y - 4z - 10 = 0$ 确定的隐函数 $z = f(x,y)$ 的极值.

解法一 将方程两边分别对 x, y 求偏导

$$\begin{cases} 2x + 2z \cdot z_x - 2 - 4z_x = 0, \\ 2y + 2z \cdot z_y + 2 - 4z_y = 0, \end{cases}$$

由函数取极值的必要条件知, 驻点为 $P(1, -1)$, 将上述方程组再分别对 x, y 求偏导数, 得二阶偏导

$$A = z_{xx}|_P = \frac{1}{2 - z}, \quad B = z_{xy}|_p = 0, \quad C = z_{yy}|_P = \frac{1}{2 - z},$$

故 $AC - B^2 = \dfrac{1}{(2 - z)^2} > 0 \quad (z \neq 2)$, 函数在 P 有极值.

将 $P(1, -1)$ 代入原方程, 有 $z_1 = -2, z_2 = 6$.

当 $z_1 = -2$ 时, $A = \dfrac{1}{4} > 0$, 所以 $z = f(1, -1) = -2$ 为极小值;

当 $z_2 = 6$ 时, $A = -\dfrac{1}{4} < 0$, 所以 $z = f(1, -1) = 6$ 为极大值.

解法二 将方程 $x^2 + y^2 + z^2 - 2x + 2y - 4z - 10 = 0$ 整理为

$$(x - 1)^2 + (y + 1)^2 + (z - 2)^2 = 16,$$

故该方程表示的空间曲面是以 $(1, -1, 2)$ 为球心, 4 为半径的球面.

由极值的定义及几何知识可知: 函数的极小值为 -2, 极大值为 6.

二、条件极值、拉格朗日乘数法

以前所讨论的极值问题中, 二元函数的自变量在其定义域内取值, 除此以外没有任何约束限制条件, 这样的极值称为**无条件极值**. 但在实际问题中, 函数的自变量常常会受到某些因素的制约, 即在自变量满足一些附加条件的约束时, 求二元或二元以上函数的极值, 这样带有约束条件的极值称为**条件极值**.

对条件极值问题, 少数情况下, 可以直接将条件极值化为无条件极值, 然后利用前面所述求极值的方法加以解决.

但是多数情况下, 从约束条件 (隐函数方程 (组)) 中解出某些变量并非易事, 甚至是不可能的, 从而很难将条件极值问题转化为无条件极值, 因此我们需要寻找一种无需解约束条件方程, 而直接求解条件极值的一般方法, 即拉格朗日乘数法.

我们先讨论二元函数

$$z = f(x, y) \tag{8-9-5}$$

在约束条件

$$\phi(x, y) = 0 \tag{8-9-6}$$

下, 在点 (x_0, y_0) 处取得极值的必要条件.

若函数 $z = f(x, y)$ 在点 (x_0, y_0) 取得极值, 则点 (x_0, y_0) 满足 $\phi(x_0, y_0) = 0$. 假定在 (x_0, y_0) 的某邻域内 $f(x, y)$ 与 $\phi(x, y)$ 均具有连续的一阶偏导数, 且 $\phi_y(x_0, y_0) \neq 0$. 由隐函数存在定理可知, 方程 (8-9-6) 确定具有连续导数的函数 $y = \varphi(x)$, 将其代入式 (8-9-5), 则 $z = f[x, \varphi(x)]$.

若函数 $z = f(x, y)$ 在点 (x_0, y_0) 取得极值, 则函数 $z = f[x, \varphi(x)]$ 在点 $x = x_0$ 必然取得极值. 由一元可导函数取得极值的必要条件, 可得

$$\left. \frac{\mathrm{d}z}{\mathrm{d}x} \right|_{x=x_0} = f_x(x_0, y_0) + f_y(x_0, y_0) \left. \frac{\mathrm{d}y}{\mathrm{d}x} \right|_{x=x_0} = 0, \tag{8-9-7}$$

再由方程 (8-9-6) 用隐函数求导公式, 有

$$\left. \frac{\mathrm{d}y}{\mathrm{d}x} \right|_{x=x_0} = -\frac{\phi_x(x_0, y_0)}{\phi_y(x_0, y_0)}.$$

把上式代入式 (8-9-7), 得

$$f_x(x_0, y_0) - f_y(x_0, y_0) \frac{\phi_x(x_0, y_0)}{\phi_y(x_0, y_0)} = 0,$$

设 $\dfrac{f_y(x_0, y_0)}{\phi_y(x_0, y_0)} = -\lambda_0$, 则有

$$\frac{f_x(x_0, y_0)}{\phi_x(x_0, y_0)} = \frac{f_y(x_0, y_0)}{\phi_y(x_0, y_0)} = -\lambda_0,$$

于是, 我们得到函数 $z = f(x, y)$ 在 $\phi(x, y) = 0$ 条件下在点 $P_0(x_0, y_0)$ 取得极值的必要条件:

$$\begin{cases} f_x(x_0, y_0) + \lambda_0 \phi_x(x_0, y_0) = 0, \\ f_y(x_0, y_0) + \lambda_0 \phi_y(x_0, y_0) = 0, \\ \phi(x_0, y_0) = 0. \end{cases} \tag{8-9-8}$$

由以上讨论, 我们得到以下结论.

要找出函数 $z = f(x, y)$ 在附加条件 $\phi(x, y) = 0$ 下的可能极值点, 可以先构造拉格朗日辅助函数

$$F(x, y, \lambda) = f(x, y) + \lambda\phi(x, y), \tag{8-9-9}$$

解方程组

$$\begin{cases} F_x(x, y, \lambda) = f_x(x, y) + \lambda\phi_x(x, y) = 0, \\ F_y(x, y, \lambda) = f_y(x, y) + \lambda\phi_y(x, y) = 0, \\ F_\lambda(x, y, \lambda) = \phi(x, y) = 0, \end{cases}$$

解出的 x, y 就是函数 $f(x, y)$ 在附加条件 $\phi(x, y) = 0$ 下的可能极值点的坐标. 这样就把求函数 $z = f(x, y)$ 在条件 $\phi(x, y) = 0$ 下的极值问题转化为求拉格朗日辅助函数 (8-9-9) 式的无条件极值问题了. 这种求条件极值的方法称为**拉格朗日乘数法**, 其中 λ 称为**拉格朗日乘数** (乘子), $F(x, y, \lambda)$ 称为**拉格朗日辅助函数**.

定理 3(拉格朗日乘数法)　可微函数 $z = f(x, y)$ 在约束条件 $\phi(x, y) = 0$ 下的极值点, 是函数

$$F(x, y, \lambda) = f(x, y) + \lambda\phi(x, y),$$

对所有自变量偏导数的零点, 即满足下面的方程组

$$\begin{cases} F_x(x, y, \lambda) = f_x(x, y) + \lambda\phi_x(x, y) = 0, \\ F_y(x, y, \lambda) = f_y(x, y) + \lambda\phi_y(x, y) = 0, \\ F_\lambda(x, y, \lambda) = \phi(x, y) = 0. \end{cases}$$

必须指出, 用拉格朗日乘数法, 只能求出条件极值问题的驻点 (也称为**条件驻点**), 并不能确定这些驻点是否极值点 (也称为**条件极值点**). 在实际问题中, 还需结合问题本身的实际意义来判断驻点是否为极值点或最值点.

例 5　设 $f(x, y)$ 与 $\phi(x, y)$ 均为可微函数, 且 $\phi_y(x, y) \neq 0$, 已知 (x_0, y_0) 是 $f(x, y)$ 在约束条件 $\phi(x, y) = 0$ 下的一个极值点, 下列选项正确的是 (　　)

(A) 若 $f_x(x_0, y_0) = 0$, 则 $f_y(x_0, y_0) = 0$

(B) 若 $f_x(x_0, y_0) = 0$, 则 $f_y(x_0, y_0) \neq 0$

(C) 若 $f_x(x_0, y_0) \neq 0$, 则 $f_y(x_0, y_0) = 0$

(D) 若 $f_x(x_0, y_0) \neq 0$, 则 $f_y(x_0, y_0) \neq 0$

解　作 $F(x, y, \lambda) = f(x, y) + \lambda\phi(x, y)$, 则 (x_0, y_0, λ_0) 是方程组

$$\begin{cases} F_x(x, y, \lambda) = f_x(x, y) + \lambda\phi_x(x, y) = 0, \\ F_y(x, y, \lambda) = f_y(x, y) + \lambda\phi_y(x, y) = 0, \\ F_\lambda(x, y, \lambda) = \phi(x, y) = 0 \end{cases}$$

的一个解. 因为 $\phi_y(x,y) \neq 0$, 所以由第二式解得 $\lambda_0 = -\dfrac{f_y(x_0, y_0)}{\phi_y(x_0, y_0)}$, 代入第一式可得

$$f_x(x_0, y_0) = \frac{f_y(x_0, y_0) \cdot \phi_x(x_0, y_0)}{\phi_y(x_0, y_0)}$$

当 $f_x(x_0, y_0) \neq 0$, 有 $f_y(x_0, y_0) \neq 0$, 故选 (D).

设点 (x_0, y_0, λ_0) 为拉格朗日函数式 (8-9-9) 的驻点, 令

$$F(x, y) = f(x, y) + \lambda_0 \phi(x, y).$$

定理 4 如果函数 $F(x, y)$ 在点 $P_0(x_0, y_0)$ 处取得极大 (小) 值, 则函数 $z = f(x, y)$ 在约束条件 $\phi(x, y) = 0$ 下在点 $P_0(x_0, y_0)$ 也取得条件极大 (小) 值.

证 反证法, 设 $P_0(x_0, y_0)$ 为 $F(x, y)$ 的极大值点.

设在约束条件 $\phi(x, y) = 0$ 下, 函数 $z = f(x, y)$ 在点 $P_0(x_0, y_0)$ 处不取极大值, 则对任意 $\delta > 0$, 总存在点 $(x_1, y_1) \in U(P_0, \delta)$, $\phi(x_1, y_1) = 0$, 且 $f(x_0, y_0) < f(x_1, y_1)$, 进而可得 $F(x_0, y_0) < F(x_1, y_1)$, 与函数 $F(x, y)$ 在点 $P_0(x_0, y_0)$ 处取得极大值矛盾, 所以当 $F(x, y)$ 在点 $P_0(x_0, y_0)$ 处取得极大值时, 则函数 $z = f(x, y)$ 在约束条件 $\phi(x, y) = 0$ 下在点 $P_0(x_0, y_0)$ 也取得极大值.

拉格朗日乘数法的实质是引入拉格朗日乘数, 将有 n 个变量和 m 个约束条件的最优化问题转化为 $m + n$ 个变量的无约束优化问题. 对于一般的多元函数 $u = f(x, y, z)$ 的条件极值问题, 也有相应的拉格朗日乘数法.

例如, 在条件 $\phi(x, y, z) = 0$ 下求函数 $u = f(x, y, z)$ 的极值, 则构造拉格朗日辅助函数为

$$F(x, y, z, \lambda) = f(x, y, z) + \lambda\phi(x, y, z),$$

解方程组

$$\begin{cases} F_x = f_x + \lambda\phi_x = 0, \\ F_y = f_y + \lambda\phi_y = 0, \\ F_z = f_z + \lambda\phi_z = 0, \\ F_\lambda = \phi(x, y, z) = 0, \end{cases}$$

即可解出驻点 (x, y, z).

再如, 在条件 $\phi(x, y, z) = 0$ 及 $\varphi(x, y, z) = 0$ 下求函数 $u = f(x, y, z)$ 的极值, 则构造拉格朗日辅助函数为

$$F(x, y, z, \lambda, \mu) = f(x, y, z) + \lambda\phi(x, y, z) + \mu\varphi(x, y, z),$$

由方程组

$$\begin{cases} F_x = f_x + \lambda\phi_x + \mu\varphi_x = 0, \\ F_y = f_y + \lambda\phi_y + \mu\varphi_y = 0, \\ F_z = f_z + \lambda\phi_z + \mu\varphi_z = 0, \\ F_\lambda = \phi(x, y, z) = 0, \\ F_\mu = \varphi(x, y, z) = 0, \end{cases}$$

即可解出驻点 (x, y, z).

至于如何确定所求得的点是否为极值点, 在实际问题中往往还要根据问题本身的性质来判定.

例 6　若地球表面温度分布满足 $T(x, y, z) = xyz$, 假设地球球面方程为 $x^2 + y^2 + z^2 = 1$, 求地球表面上温度最高和最低点的位置.

解　设拉格朗日函数为 $F(x, y, z, \lambda) = \ln|xyz| + \lambda(x^2 + y^2 + z^2 - 1)$, 则

$$\begin{cases} F_x = \dfrac{1}{x} + 2\lambda x = 0, \\ F_y = \dfrac{1}{y} + 2\lambda y = 0, \\ F_z = \dfrac{1}{z} + 2\lambda z = 0, \\ F_\lambda = x^2 + y^2 + z^2 - 1 = 0, \end{cases}$$

解得 $x = y = z = \dfrac{1}{\sqrt{3}}$ 或 $x = y = z = -\dfrac{1}{\sqrt{3}}$.

地球表面上温度最高点在 $\left(\dfrac{1}{\sqrt{3}}, \dfrac{1}{\sqrt{3}}, \dfrac{1}{\sqrt{3}}\right)$ 处, 温度最低点在 $\left(-\dfrac{1}{\sqrt{3}}, -\dfrac{1}{\sqrt{3}}, -\dfrac{1}{\sqrt{3}}\right)$ 处取得.

注　对于实际应用中的最大 (小) 值问题, 首先寻找目标函数、确定定义域及约束条件, 为方便计算, 必要时可将目标函数进行适当的化简和整理.

例 7　将长为 2m 的铁丝分成三段, 分别围成圆、正方形与正三角形, 三个图形的面积之和是否存在最小值, 如果存在, 求出最小值. (2018 考研真题)

解　设圆半径为 x, 正方形的边长为 y, 正三角形的边长为 z, 则目标函数为

$$S = \pi x^2 + y^2 + \frac{1}{2}z \cdot z \sin\frac{\pi}{3} = \pi x^2 + y^2 + \frac{\sqrt{3}}{4}z^2,$$

约束条件 $2\pi x + 4y + 3z = 2$.

设拉格朗日函数为 $F(x,y,z,\lambda) = \pi x^2 + y^2 + \dfrac{\sqrt{3}}{4}z^2 + \lambda(2\pi x + 4y + 3z - 2)$,
解方程组

$$
\begin{cases}
F_x = 2\pi x + 2\pi\lambda = 0, \\
F_y = 2y + 4\lambda = 0, \\
F_z = \dfrac{\sqrt{3}}{2}z + 3\lambda = 0, \\
F_\lambda = 2\pi x + 4y + 3z - 2 = 0,
\end{cases}
$$

解得

$$
\begin{cases}
x = -\lambda, \\
y = -2\lambda, \\
z = -2\sqrt{3}\lambda,
\end{cases}
$$

故 $-2\pi\lambda + 4(-2\lambda) + 3(-2\sqrt{3}\lambda) - 2 = 0$, 解得 $\lambda = \dfrac{1}{-\pi - 4 - 3\sqrt{3}}$. 从而可得
$(x,y,z) = \dfrac{1}{-\pi - 4 - 3\sqrt{3}}\left(1, 2, 2\sqrt{3}\right)$, 由实际问题可知, 面积的最小值一定存在,
从而面积的最小值为

$$
S(x,y,z) = \dfrac{1}{\left(\pi + 4 + 3\sqrt{3}\right)^2}\left(\pi + 4 + 3\sqrt{3}\right) = \dfrac{1}{\pi + 4 + 3\sqrt{3}}.
$$

三、多元函数的最大值与最小值

和一元函数类似, 多元函数的最值是整体性概念, 内部最值点必是极值点.

我们知道, 有界闭区域 D 上的连续函数 $f(x,y)$ 必在 D 上取得最大 (小) 值,
此结论解决了最值的存在性问题; $f(x,y)$ 在 D 上的最大 (小) 值可能在 D 内部
取到, 也可能在 D 的边界上取到. 对于多元函数最大 (小) 值的计算, 采用类似一
元函数求最大 (小) 值的思想, 先求区域 D 内部的驻点和不可导点, 再求区域 D
边界上的最大 (小) 值, 然后将所求点处的函数值作比较. 但是与一元函数不同的
是: 一元函数定义区间的端点是两个点, 边界值最多是两个函数值, 而有界闭区域
D 的边界为曲线 $\varphi(x,y) = 0$, 往往无法穷尽其所有点处的函数值. 实质上, 若最大
(小) 值在 D 的边界上取得, 该最大 (小) 值点必为函数 $f(x,y)$ 在条件 $\varphi(x,y) = 0$
下的可能条件极值点. 归纳起来可得连续函数 $f(x,y)$ 在有界闭区域 D 上最大
(小) 值的求解步骤:

(1) 求出 $z = f(x,y)$ 在 D 内部的所有驻点和不可导点;

(2) 求出 $z = f(x,y)$ 在约束条件 $\varphi(x,y) = 0$ 下的可能极值点;

(3) 分别计算上述各点处的函数值, 最大者就是 $z = f(x, y)$ 在 D 上的最大值, 最小者就是 $z = f(x, y)$ 在 D 上的最小值.

例 8 设 D 是由 x 轴, y 轴与直线 $x + y = 2\pi$ 所围成的闭区域, 求函数

$$f(x, y) = \sin x + \sin y - \sin(x + y)$$

在区域 D 上的最大值和最小值.

解 由

$$\begin{cases} f_x(x, y) = \cos x - \cos(x + y) = 0, \\ f_y(x, y) = \cos y - \cos(x + y) = 0, \end{cases}$$

求得 $f(x, y)$ 在 D 的内部有唯一驻点 $M_0 \left(\dfrac{2\pi}{3}, \dfrac{2\pi}{3} \right)$, 且 $f\left(\dfrac{2\pi}{3}, \dfrac{2\pi}{3} \right) = \dfrac{3\sqrt{3}}{2}$.

在区域 D 的边界由三条直线段 L_1, L_2, L_3 首尾相接构成.

在 L_1 上, $y = 0$, 此时 $f(x, 0) = 0$. 在 L_2 上, $x = 0$, 此时 $f(0, y) = 0$.

在 L_3 上, $x + y = 2\pi$, 此时 $f(x, y) = \sin x + \sin y = 0$.

故 $f(x, y)$ 在 D 上的最大值为 $f\left(\dfrac{2\pi}{3}, \dfrac{2\pi}{3} \right) = \dfrac{3\sqrt{3}}{2}$, 最小值为 0.

由于要求出 $f(x, y)$ 在区域 D 的边界上的最大值和最小值往往相当复杂. 所以在通常遇到的实际问题中, 如果根据问题的性质, 可以判断出连续函数 $f(x, y)$ 的最大值 (最小值) 一定在 D 的内部取得, 而函数在 D 内只有一个驻点时, 则可以肯定该驻点的函数值就是函数 $f(x, y)$ 在 D 上的最大值 (最小值).

例 9 某厂要用铁板做成一个体积为 2m^3 的有盖长方体水箱. 问当水箱的长、宽、高各取怎样的尺寸时, 所用材料最少?

解 设水箱的长为 x, 宽为 y, 则其高应为 $\dfrac{2}{xy}$ (单位: m), 此水箱所用材料的面积为

$$S = 2 \left(xy + y \cdot \frac{2}{xy} + x \cdot \frac{2}{xy} \right),$$

即

$$S = 2 \left(xy + \frac{2}{x} + \frac{2}{y} \right) \quad (x > 0, \quad y > 0),$$

这里 S 是 x 和 y 的二元函数 (目标函数), 下面求使这函数取得最小值的点 (x, y).

解方程组

$$\begin{cases} S_x = 2 \left(y - \dfrac{2}{x^2} \right) = 0, \\ S_y = 2 \left(x - \dfrac{2}{y^2} \right) = 0, \end{cases}$$

得驻点

$$x = \sqrt[3]{2}, \quad y = \sqrt[3]{2}.$$

根据题意可知, 一定存在水箱所用材料最少的情形, 并在开区域 D : $x > 0, y > 0$ 内取得. 又函数在 D 内只有唯一的驻点 $(\sqrt[3]{2}, \sqrt[3]{2})$, 因此可断定当 $x = y = \sqrt[3]{2}$ 时, S 取得最小值. 就是说, 当水箱的长、宽、高均为 $\sqrt[3]{2}$m 时, 制作水箱所用的材料最少.

本题的结论表明: 体积一定的长方体中, 立方体的表面积最小.

例 10 已知平面上两定点 $A(1,3), B(4,2)$, 试在椭圆 $\dfrac{x^2}{9} + \dfrac{y^2}{4} = 1 (x > 0, y > 0)$ 圆周上求一点 C, 使得 $\triangle ABC$ 面积 S 最大.

解 如图 8-9-4, 设 C 点坐标为 (x, y), 则

$$S_\triangle = \frac{1}{2}\left|\overrightarrow{AB} \times \overrightarrow{AC}\right| = \frac{1}{2}\begin{vmatrix} \boldsymbol{i} & \boldsymbol{j} & \boldsymbol{k} \\ 3 & -1 & 0 \\ x-1 & y-3 & 0 \end{vmatrix} = \frac{1}{2}|x + 3y - 10|,$$

设拉格朗日函数为

$$F(x, y, \lambda) = (x + 3y - 10)^2 + \lambda\left(1 - \frac{x^2}{9} - \frac{y^2}{4}\right),$$

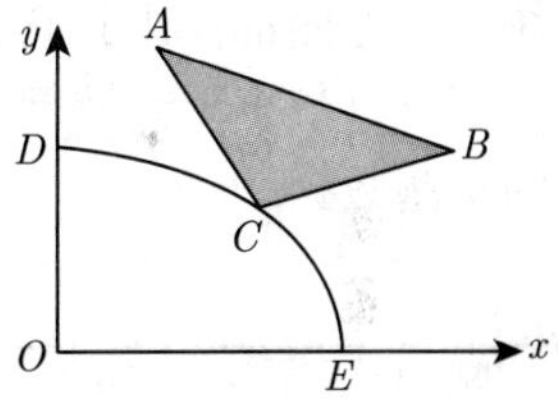

解方程组

图 8-9-4

$$\begin{cases} F_x(x, y, \lambda) = 2(x + 3y - 10) - \dfrac{2\lambda}{9}x = 0, \\[2mm] F_y(x, y, \lambda) = 6(x + 3y - 10) - \dfrac{2\lambda}{4}y = 0, \\[2mm] F_\lambda(x, y, \lambda) = 1 - \dfrac{x^2}{9} - \dfrac{y^2}{4} = 0, \end{cases}$$

得驻点

$$x = \frac{3}{\sqrt{5}}, \quad y = \frac{4}{\sqrt{5}}.$$

此时 $S\left(\dfrac{3}{\sqrt{5}}, \dfrac{4}{\sqrt{5}}\right) \approx 1.646$, 又 $S(D) = 2, S(E) = 3.5$, 由实际问题可知, 椭圆圆周上点 C 与点 E 重合时, $\triangle ABC$ 面积 S 最大.

*四、最小二乘法

通过对试验数据进行分析, 找出数据满足或者近似满足的关系式的过程称为 **数据拟合**, 拟合出来的关系式通常称为 **经验公式**.

设 n 个数据点 $(x_i, y_i)(i = 1, 2, \cdots, n)$ 之间大致为线性关系, 则可设经验公式为

$$y = ax + b \quad (a \text{和} b \text{均为待定常数}).$$

因为各个数据点并不在一条直线上, 所以, 我们只能要求选取这样的 a 和 b, 使得 $y = ax + b$ 在 $x_1, x_2, \cdots, x_n$ 处的函数值与观测或试验数据 $y_1, y_2, \cdots, y_n$ 相差都很小, 就是要使偏差 $y_i - (ax_i + b)(i = 1, 2, \cdots, n)$ 都很小, 为了保证每个这样的偏差都很小, 可考虑选取常数 a 和 b, 使

$$M = \sum_{i=1}^{n} [y_i - (ax_i + b)]^2$$

最小. 这种根据偏差的平方和为最小的条件来选择常数 a 和 b 的方法称为 **最小二乘法**.

最小二乘法广泛用于实际生活中, 物理学、化学、生物学、医学、经济学、商业统计等方面都要用到它来确定经验公式.

例 11(最小二乘法问题) 为测定刀具的磨损速度, 按每隔一小时表 8-9-1 所示的实测数据.

表 8-9-1

顺序编号 i	0	1	2	3	4	5	6	7
时间 t_i/小时	0	1	2	3	4	5	6	7
刀具厚度 y_i/毫米	27.0	26.8	26.5	26.3	26.1	25.7	25.3	24.8

试根据这组实测数据建立变量 y 和 t 之间的经验公式 $y = f(t)$.

解 为确定 $f(t)$ 的类型, 利用所给数据在坐标纸上画出时间 t 与刀具厚度 y 的散点图 (图 8-9-5). 观察此图易发现, 所求函数 $y = f(t)$ 可近似看成线性函数, 因此可设 $f(t) = at + b$, 其中 a 和 b 是待定常数.

所测得的 n 个点为 $(t_i, y_i), i = 1, 2, \cdots, n.$ 现要确定 a, b, 使得

$$f(a, b) = \sum_{i=1}^{n} (y_i - at_i - b)^2$$

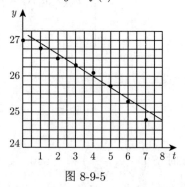

图 8-9-5

为最小. 为此, 令

$$
\begin{cases}
f_a = 2\displaystyle\sum_{i=1}^{n} t_i\left(at_i + b - y_i\right) = 0, \\
f_b = 2\displaystyle\sum_{i=1}^{n} \left(at_i + b - y_i\right) = 0,
\end{cases}
$$

把这个关于 a, b 的线性方程加以整理, 得

$$
\begin{cases}
a\displaystyle\sum_{i=1}^{n} t_i^2 + b\sum_{i=1}^{n} t_i = \sum_{i=1}^{n} t_i y_i, \\
a\displaystyle\sum_{i=1}^{n} t_i + bn = \sum_{i=1}^{n} y_i.
\end{cases}
$$

求此方程组的解, 即得 $f(a, b)$ 的驻点

$$
a = \frac{n\displaystyle\sum_{i=1}^{n} t_i y_i - \left(\sum_{i=1}^{n} t_i\right)\left(\sum_{i=1}^{n} y_i\right)}{n\displaystyle\sum_{i=1}^{n} t_i^2 - \left(\sum_{i=1}^{n} t_i\right)^2} = -0.3036,
$$

$$
b = \frac{\left(\displaystyle\sum_{i=1}^{n} t_i^2\right)\left(\sum_{i=1}^{n} y_i\right) - \left(\sum_{i=1}^{n} t_i y_i\right)\left(\sum_{i=1}^{n} t_i\right)}{n\displaystyle\sum_{i=1}^{n} t_i^2 - \left(\sum_{i=1}^{n} t_i\right)^2} = 27.125.
$$

为进一步确定该点是极小值点, 我们计算得到在该点处

$$
A = f_{aa} = 2\sum_{i=1}^{n} t_i^2 > 0, \quad B = f_{ab} = 2\sum_{i=1}^{n} t_i, \quad C = f_{bb} = 2n,
$$

$$
AC - B^2 = 4n\sum_{i=1}^{n} t_i^2 - 4\left(\sum_{i=1}^{n} t_i\right)^2 > 0,
$$

从而根据定理 2, $f(a, b)$ 在点 (a, b) 取得极小值, 由实际问题可知这极小值就是最小值.

于是, 所求经验公式为 $y = -0.3036t + 27.125$.

课件8-9-3

习 题 8-9

A 组

1. 求下列函数的极值:

(1) $f(x,y) = 4(x-y) - x^2 - y^2$;　　　　(2) $f(x,y) = (6x - x^2)(4y - y^2)$;

(3) $f(x,y) = e^{2x}(x + y^2 + 2y)$;　　　　(4) $f(x,y) = x^3 + 8y^3 - xy$;　(2020 考研真题)

(5) $f(x,y) = x^3 + y^3 - 3x^2 - 3y^2$;　　(6) $f(x,y) = x^2(2 + y^2) + y\ln y$.

2. 设函数 $z = z(x,y)$ 由方程 $x^2 - 6xy + 10y^2 - 2yz - z^2 + 18 = 0$ 确定, 求函数 $z = z(x,y)$ 的极值.

3. 求函数 $z = xy$ 在条件 $x + y = 1$ 下的极大值.

4. 求二元函数 $f(x,y) = x^2y(4 - x - y)$ 在直线 $x + y = 6$, x 轴和 y 轴所围成的区域 D 上的最大值和最小值.

5. 在曲面 $z = \sqrt{x^2 + y^2}$ 上求一点, 使它到点 $(1, \sqrt{2}, 3\sqrt{3})$ 的距离最短, 并求最短距离.

6. 求过点 $\left(2, 1, \dfrac{1}{3}\right)$ 的平面, 使它与三个坐标平面在第 I 卦限所围成的立体体积最小.

7. 求函数 $f(x,y) = x^2 + 2y^2 - x^2y^2$ 在区域 $D = \left\{(x,y) \mid x^2 + y^2 \leqslant 4, y \geqslant 0\right\}$ 上的最大值和最小值.

8. 在椭圆 $x^2 + 4y^2 = 4$ 上求一点, 使其到直线 $2x + 3y - 6 = 0$ 的距离最短.

B 组

1. 设 $f(x,y)$ 为连续函数, 且 $\lim\limits_{\substack{x \to 0 \\ y \to 0}} \dfrac{f(x,y) - f(0,0)}{x^3 + y^3 - 3x^2 - 3y^2} = 1$, 则 (　　)

(A) $f(0,0)$ 为 $f(x,y)$ 的极大值　　　　(B) $f(0,0)$ 为 $f(x,y)$ 的极小值

(C) $f(0,0)$ 不是 $f(x,y)$ 的极值　　　　(D) 不能确定.

2. 设 x,y,z 为实数, 且满足关系式 $e^x + y^2 + |z| = 3$, 试证 $e^x y^2 |z| \leqslant 1$.

3. 函数 $z = f(x,y)$ 的全增量 $\Delta z = (2x - 3)\Delta x + (2y + 4)\Delta y + o\left(\sqrt{(\Delta x)^2 + (\Delta y)^2}\right)$, 且 $f(0,0) = 0$.

(1) 求 z 的极值; (2) 求 z 在 $x^2 + y^2 = 25$ 上的最值; (3) 求 z 在 $x^2 + y^2 \leqslant 25$ 上的最值.

4. 二元函数 $u(x,y) = 75 - x^2 - y^2 + xy$, 其定义域为 $D = \left\{(x,y) \mid x^2 + y^2 - xy \leqslant 75\right\}$.

(1) 设点 $M(x_0, y_0) \in D$, 求过点 M 的方向向量 $\boldsymbol{l} = (\cos\alpha, \cos\beta)$, 使 $\left.\dfrac{\partial u}{\partial l}\right|_M$ 为最大, 并记此最大值为 $g(x_0, y_0)$;

(2) 设点 M 在 D 的边界 $x^2 + y^2 - xy = 75$ 上变动, 求 $g(x_0, y_0)$ 的最大值.

本 章 小 结

函数是微积分的主要研究对象, 上册主要研究了一元函数微积分, 下册我们开始进入到多元函数微积分的讨论, 本章首先介绍了多元函数的微分. 我们以二

元函数为多元函数的代表, 进行了重点全面的讨论, 进而将函数、极限、连续、可导、可微等概念及复合函数的链式法则、隐函数求导、极值及最值、泰勒公式等相关定理、公式、应用推广至多元函数.

本章内容主要包括三部分: 多元函数微分的基本概念、多元函数的微分法则、多元函数微分的应用. 量变引起质变, 在函数从单变量到多变量的转变中, 多元函数的微分学与一元函数微分学之间有着密切的联系, 既有相似之处, 也有了某些本质上的差别. 因此, 在学习本章内容的过程中, 一定要注意比较它们的异同点, 把握问题的本质, 正确理解各种概念并理清各种概念之间的逻辑关系. 下面按照三部分内容, 以二元函数为讨论对象, 对本章作一个梳理, 归纳如下.

一、多元函数微分的基本概念

1. 二元函数极限概念 $\lim\limits_{(x,y)\to(x_0,y_0)} f(x,y) = A$, 形式上和一元函数极限类同, 但由于 $P_0(x_0,y_0)$ 是二维空间 xOy 面上的点, 故 $(x,y) \to (x_0,y_0)$ 的路径方式有无数多种, 正因如此, 特殊路径法是证明二元函数极限不存在的重要方法.

2. 二元函数连续概念 $\lim\limits_{(x,y)\to(x_0,y_0)} f(x,y) = f(x_0,y_0)$, 形式上和一元函数连续类同, 同样 $(x,y) \to (x_0,y_0)$ 的路径方式有无数多种.

3. 二元函数的偏导数刻画了函数沿坐标轴方向的变化率, 但偏导存在与连续、偏导存在与极限并无必然的逻辑关系.

4. 二元函数全微分的分析意义即为用简单的线性函数替代复杂的函数关系, 且一阶微分形式保持不变性, 但可微与偏导存在不等价, 偏导存在是函数在该点可微的必要非充分条件.

5. 二元函数的方向导数刻画了函数沿给定方向的变化率, 从实际应用和通用性角度, 我们取 $\rho \to 0^+$, 抓住这点不难辨析清楚偏导数和方向导数的内在联系以及异同.

6. $z = f(x,y)$ 在点 $P_0(x_0,y_0)$ 处沿不同方向的方向导数往往不等, 二元函数的梯度是方向导数取到最大值的方向, 即函数沿此方向增加最快.

二、多元函数的微分法则

偏导数的计算是本章的重点之一, 本章讨论了多种形式函数求偏导的理论与方法, 归纳如下:

1. 首先确认函数与自变量能否分离在等号两侧? 不能分离在等号两侧的为隐函数求导.

2. 多元分段函数求偏导时, 分段区域内用求导公式和法则, 分段点处必须利用定义计算.

3. 多元复合函数的复合情形千变万化，但其导数或偏导数的计算仍然遵循链式法则，理清复合过程，画出复合关系图，确定链式法则的具体求导对象，特别需要指出的是，复合函数的各阶偏导数与其原来的函数具有相同的复合关系图，在抽象复合函数求高阶偏导数时需注意这一点.

4. 隐函数求导，分清自变量和函数，碰到函数时，注意链式法则.

5. 复合函数、隐函数求导都可以通过一阶微分的形式不变性求解.

三、多元函数微分的应用

多元函数微分的应用主要体现在几何应用和多元函数极值和最值问题这两方面.

1. 几何应用

二元函数微分的几何应用主要用于求曲面的切平面和法线、空间曲线的切线和法平面问题. 空间曲线某一点处的切向量、曲面上某一点处的切平面法向量是几何应用的基础. 同时，曲面的切平面给出了二元函数微分的几何解释，空间曲线的切线与隐函数组的导数紧密联系，理解概念解决问题时需注意代数与几何的相互转化.

2. 多元函数极值和最值问题

(1) 无条件极值. 多元函数无条件极值问题的解决过程类同于一元函数，利用必要条件求出可疑的极值点——驻点及不可导点，通过充要条件对可疑点进行逐一判断，遇到充分条件失效时，回到极值的定义进行判断，需指出利用极值定义时常常需要对函数进行恒等变形，取特殊路径等方法.

(2) 条件极值. 拉格朗日乘数法是解决多元函数条件极值的主要方法，通过解方程组求出拉格朗日函数的驻点，从而得到可能的极值点. 必须强调指出，关于条件极值的充分条件教材中并未讨论，需要结合实际情况对极值的存在性做出判断.

(3) 多元函数最值的计算. 闭区域上多元函数的最值讨论分为区域内和区域的边界两部分进行，区域内求出函数的驻点和不可导点，边界上实质为多元函数条件极值，求出拉格朗日函数的驻点，最后比较函数值的大小即可.

总之，多元函数微分学是一元函数微分学的延续和发展，在学习过程中，我们要善于比较、善于归纳，发现和挖掘前后概念之间的关系，将所学内容形成立体的网络状知识结构，为后续学习多元函数积分学打下坚实的基础.

总复习题 8

1. 填空题：

(1) 设 $f\left(x+y, \dfrac{y}{x}\right) = x^2 - y^2$，则 $f(x, y) =$ _____ .

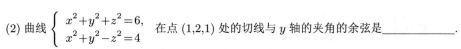

(2) 曲线 $\begin{cases} x^2+y^2+z^2=6, \\ x^2+y^2-z^2=4 \end{cases}$ 在点 $(1,2,1)$ 处的切线与 y 轴的夹角的余弦是_____.

(3) 设函数 $f(x,y)$ 具有一阶连续偏导数, 且 $\mathrm{d}f(x,y)=y\mathrm{e}^y\,\mathrm{d}x+x(1+y)\mathrm{e}^y\,\mathrm{d}y$, $f(0,0)=0$, 则 $f(x,y)=$_____. (2017 考研真题)

(4) 设 $f(u,v)$ 是二元可微函数, $z=f\left(\dfrac{y}{x},\dfrac{x}{y}\right)$, 则 $x\dfrac{\partial z}{\partial x}-y\dfrac{\partial z}{\partial y}=$_____. (2007 考研真题)

(5) 设函数 $f(x,y)$ 可微, 且 $f\left(x+1,\mathrm{e}^x\right)=x(x+1)^2, f\left(x,x^2\right)=2x^2\ln x$, 则 $\mathrm{d}f(1,1)$ =_____. (2021 考研真题)

2. 选择题:

(1) 函数 $f(x,y)$ 在点 (x_0,y_0) 处可微, 是 $f(x,y)$ 在 (x_0,y_0) 可导的 (　　)

(A) 充要条件　　　(B) 充分条件　　　(C) 必要条件　　　(D) 以上都不对.

(2) 函数 $z=x^2-xy+y^2$ 在点 $(1,1)$ 处沿 $\boldsymbol{l}=\left(\dfrac{1}{4},\dfrac{1}{4}\right)$ 的方向导数 (　　)

(A) 最大　　　(B) 最小　　　(C) 1　　　(D) 0.

(3) 设 $f(x,y)=\begin{cases} (x^2+y^2)\sin\dfrac{1}{\sqrt{x^2+y^2}}, & (x,y)\neq(0,0), \\ 0, & (x,y)=(0,0), \end{cases}$ 则 $f_y(0,0)=$ (　　)

(A) 0　　　(B) 1　　　(C) 2　　　(D) -1.

(4) 设 $f(x,y)=\begin{cases} \sqrt{x^2+y^2}+\dfrac{x^2y}{x^4+y^2}, & (x,y)\neq(0,0), \\ 0, & (x,y)=(0,0), \end{cases}$ 则 $f(x,y)$ 在 $(0,0)$ 点处 (　　)

(A) 连续, 可偏导　　　　　　　　　　(B) 连续, 不可偏导

(C) 不连续, 可偏导　　　　　　　　　(D) 不连续, 不可微.

(5) 设函数 $f(x)$ 具有二阶连续导数, 且 $f(x)>0, f'(0)=0$, 则函数 $z=f(x)\ln f(y)$ 在点 $(0,0)$ 处取得极小值的一个充分条件是 (　　)

(A) $f(0)>1, f''(0)>0$　　　　　　　(B) $f(0)>1, f''(0)<0$

(C) $f(0)<1, f''(0)>0$　　　　　　　(D) $f(0)<1, f''(0)<0$.

3. 求下列极限:

(1) $\lim\limits_{\substack{x\to 0\\ y\to 0}}\dfrac{\sin(x^2y)}{x^2+y^2}$;

(2) $\lim\limits_{\substack{x\to +\infty\\ y\to +\infty}}\dfrac{x+y}{x^2+y^2}$;

(3) $\lim\limits_{\substack{x\to 0\\ y\to 0}}\dfrac{x^3y}{x^6+y^2}$;

(4) $\lim\limits_{\substack{x\to 0\\ y\to 0}}\dfrac{\ln(1+xy)}{x+y}$.

4. 求下列函数的偏导数或全微分:

(1) 设 $z=(1+2x)^y$, 求 $\dfrac{\partial z}{\partial x},\dfrac{\partial z}{\partial y}$;

(2) 设 $u=f(x+y,xy)$, 求 $\dfrac{\partial u}{\partial x},\dfrac{\partial u}{\partial y},\dfrac{\partial^2 u}{\partial x\partial y}$; ($f$ 具有二阶连续偏导数)

(3) 设 $\begin{cases} z = x^2 + y^2, \\ x^2 + 2y^2 + 3z^2 = 20, \end{cases}$ 求 $\dfrac{\mathrm{d}y}{\mathrm{d}x}, \dfrac{\mathrm{d}z}{\mathrm{d}x}$;

(4) 设 $z = f(x+y, x-y)$, 求 $\mathrm{d}z$;

(5) 设 $z = f(xz, z-y)$, 求 $\mathrm{d}z$.

5. 试证函数 $f(x,y) = \begin{cases} (x^2+y^2)\sin\dfrac{1}{\sqrt{x^2+y^2}}, & (x,y) \neq (0,0), \\ 0, & (x,y) = (0,0) \end{cases}$ 在点 $(0,0)$ 连续且偏

导数存在, 但偏导数在点 $(0,0)$ 不连续, 而 f 在点 $(0,0)$ 可微.

6. 已知函数 $f(x,y)$ 的二阶偏导数皆连续, 且 $f''_{xx}(x,y) = f''_{yy}(x,y)$, $f(x,2x) = x^2$, $f'_x(x,2x) = x$, 试求 $f''_{xx}(x,2x)$ 与 $f''_{xy}(x,2x)$.

7. 求曲线 $\Gamma: x = \displaystyle\int_0^t \mathrm{e}^u\cos u\,\mathrm{d}u$, $\quad y = 2\sin t + \cos t, z = 1 + \mathrm{e}^{3t}$ 在 $t = 0$ 处的切线和法平面方程.

8. 设 $\boldsymbol{n}$ 是曲面 $2x^2 + 3y^2 + z^2 = 6$ 在点 $P(1,1,1)$ 处的指向外侧的法向量, 求函数 $u = \dfrac{1}{z}\left(6x^2 + 8y^2\right)^{\frac{1}{2}}$ 在此处沿方向 $\boldsymbol{n}$ 的方向导数.

9. 求函数 $f(x,y) = x^3 - y^3 + 3x^2 + 3y^2 - 9x$ 的极值.

10. 求由方程 $x^2 + y^2 + z^2 - 2x + 2y - 4z - 19 = 0$ 确定的函数 $z = f(x,y)$ 的极值.

11. 将正数 12 分成三个正数 x,y,z 之和, 使得 $u = x^3y^2z$ 为最大.

12. 已知曲线 $C: \begin{cases} x^2 + 2y^2 - z = 6, \\ 4x + 2y + z = 30, \end{cases}$ 求 C 上的点到 xOy 坐标面距离的最大值. (2021 考研真题)

13. 设函数 $f(x,y)$ 可微, $\dfrac{\partial f(x,y)}{\partial x} = -f(x,y)$, 且满足 $\displaystyle\lim_{n\to\infty}\left[\dfrac{f\left(0, y+\dfrac{1}{n}\right)}{f(0,y)}\right]^n = \mathrm{e}^{\cot y}$,

$f\left(0, \dfrac{\pi}{2}\right) = 1$, 求函数 $f(x,y)$ 和全微分 $\mathrm{d}f\left(0, \dfrac{\pi}{2}\right)$.

14. 设 $z = z(x,y)$ 是由方程 $x^2 + y^2 - z = \varphi(x+y+z)$ 所确定的函数, 其中 φ 具有二阶导数且 $\varphi' \neq -1$. (1) 求 $\mathrm{d}z$; (2) 记 $u(x,y) = \dfrac{1}{x-y}\left(\dfrac{\partial z}{\partial x} - \dfrac{\partial z}{\partial y}\right)$, 求 $\dfrac{\partial u}{\partial x}$. (2008 考研真题)

15. 设 $f(x,y)$ 是 $\mathbf{R}^2$ 上的一个可微函数, $\displaystyle\lim_{\rho\to+\infty}\left(x\dfrac{\partial f}{\partial x} + y\dfrac{\partial f}{\partial y}\right) = \alpha > 0$, 其中 $\rho = \sqrt{x^2+y^2}, \alpha$ 为常数, 试证明: $f(x,y)$ 在 $\mathbf{R}^2$ 上有最小值.

第 9 章
Chapter 9
重 积 分

在上册第 5 章中, 定积分被定义为某种确定形式的和的极限, 其被积函数是一元函数, 积分范围是区间, 利用定积分解决了非均匀分布在某区间上的一些量 (如曲边梯形的面积、变力沿直线段做功等) 的计算问题. 但在工程技术中, 经常要计算许多非均匀分布在平面或空间上的总量, 这时就需要把定积分的概念推广到多元函数及相应的多维区域上, 从而得到多元函数的积分. 根据积分区域的不同, 又可分为重积分、曲线积分与曲面积分. 因此多元函数积分学有着更为丰富的内容. 本章先讨论积分区域分别为平面区域与空间立体区域所对应的二重积分与三重积分.

9.1 二重积分的概念与性质

课前测9-1-1

一、二重积分的概念

引例 1 曲顶柱体的体积.

"曲顶柱体" 是指这样的立体, 它的底是 xOy 坐标面上的有界闭区域 D, 它的侧面是以 D 的边界为准线、母线平行于 z 轴的柱面, 它的顶面是定义在 D 上的连续函数 $z = f(x,y)\,(\geqslant 0)$ 对应的曲面 (图 9-1-1). 由于其顶部不是平面, 而是曲面, 因此曲顶柱体的体积不能直接用平顶柱体的体积公式 (平顶柱体体积 = 底面积 × 高) 计算, 但由于曲面 $z = f(x,y)$ 是连续的, 且曲顶柱体的体积对

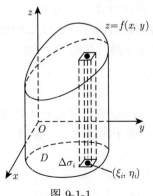

图 9-1-1

于平面区域 D 具有可加性, 因此可用类似处理曲边梯形面积的思想方法, 即 "分割, 取近似, 求和, 取极限" 来计算.

① 分割　用两族曲线将底部区域 D 任意分割成 n 个小闭区域 $\Delta\sigma_i(i=1,\cdots,n)$(也用 $\Delta\sigma_i$ 表示其面积), 并以这些小区域的边界曲线为准线, 作母线平行于 z 轴的柱面, 把曲顶柱体分成 n 个细曲顶柱体.

② 取近似　由于 $z=f(x,y)$ 连续, 因此当每个小闭区域 $\Delta\sigma_i$ 的直径 (小闭区域内任意两点间距离的最大值) 很小时, 函数 $z=f(x,y)$ 在每个小闭区域 $\Delta\sigma_i$ 上值的变化是微小的, 在每个小闭区域 $\Delta\sigma_i$ 上任取一点 (ξ_i,η_i), 则第 i 个细曲顶柱体的体积可用高为 $f(\xi_i,\eta_i)$, 底为 $\Delta\sigma_i$ 的小平顶柱体的体积 $f(\xi_i,\eta_i)\Delta\sigma_i(i=1,\cdots,n)$ 近似代替, 即

$$\Delta V_i \approx f(\xi_i,\eta_i)\cdot\Delta\sigma_i \quad (i=1,\cdots,n).$$

③ 求和　这 n 个细平顶柱体体积之和 $\sum\limits_{i=1}^{n}f(\xi_i,\eta_i)\Delta\sigma_i$ 就是曲顶柱体体积的近似值, 即

$$V=\sum_{i=1}^{n}\Delta V_i \approx \sum_{i=1}^{n}f(\xi_i,\eta_i)\Delta\sigma_i.$$

④ 取极限　当区域的分割越来越细, 或者说 n 个小闭区域的直径中的最大值 $\lambda\to 0$ 时, 和式 $\sum\limits_{i=1}^{n}f(\xi_i,\eta_i)\Delta\sigma_i$ 的极限就是曲顶柱体的体积 V, 即

$$V=\lim_{\lambda\to 0}\sum_{i=1}^{n}f(\xi_i,\eta_i)\Delta\sigma_i.$$

引例 2　非均匀分布的平面薄片的质量.

设有一质量非均匀分布的平面薄片, 位于 xOy 面上的闭区域 D 上, 它在点 (x,y) 处的面密度为 D 上的连续函数 $\mu(x,y)(\mu(x,y)>0)$, 求该平面薄片的质量.

如果薄片是均匀分布的, 这时面密度是常数, 那么薄片的质量可用公式

$$质量 = 面密度 \times 面积$$

求得. 而这里薄片是非均匀分布的, 因此薄片的质量就不能用上面的公式直接计算. 但由于薄片的总质量对于区域 D 具有可加性, 因此可用积分方法来计算该薄片的质量, 其步骤如下.

① 分割　将薄片所在的区域 D 任意分成 n 个小闭区域: $\Delta D_1,\Delta D_2,\cdots,\Delta D_n$(对应小闭区域 ΔD_i 的面积记作 $\Delta\sigma_i$)(图 9-1-2).

② 取近似　当每个小闭区域 $\Delta D_i\ (i=1,2,\cdots,n)$ 的直径都很小时, 由于 $\mu(x,y)$ 连续, 因此在每一个小闭区域 $\Delta D_i\ (i=1,2,\cdots,n)$ 上, $\mu(x,y)$ 变化都很

小, 这时小闭区域 ΔD_i 上的小薄片就可近似地看作均匀薄片, 在 ΔD_i 上任取一点 (ξ_i, η_i), 于是可得每个小片的质量 ΔM_i 的近似值

$$\Delta M_i \approx \mu(\xi_i, \eta_i)\Delta\sigma_i \qquad (i = 1, 2, \cdots, n).$$

③ 求和　薄片总质量等于所有小块质量之和，则

$$M = \sum_{i=1}^{n} \Delta M_i \approx \sum_{i=1}^{n} \mu(\xi_i, \eta_i)\Delta\sigma_i.$$

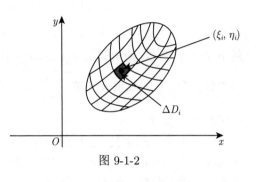

④ 取极限　令 n 个小闭区域的直径中的最大值 (记作 λ) 趋于零, 取上述和式的极限, 就可得所求平面薄片的质量

图 9-1-2

$$M = \lim_{\lambda \to 0} \sum_{i=1}^{n} \mu(\xi_i, \eta_i)\Delta\sigma_i.$$

　　上面求曲顶柱体的体积与平面薄片的质量都通过 "分割, 取近似, 求和, 取极限" 的步骤, 将体积与质量问题归结为同一种特定和式的极限. 类似的问题在实际生活与工程技术中还有很多, 当所求的量对于二维平面区域具有可加性时, 就可用这种方法, 将所求的量归结为二元函数的某种特定和式的极限. 撇开上述问题中的具体意义, 抽象出其中的数量关系与数学方法, 就得到如下定义.

二、二重积分的定义

二重积分的
定义9-1-2

　　定义 1　设 $f(x, y)$ 是平面有界闭区域 D 上的有界函数, 将闭区域 D 任意分成 n 个小闭区域 ΔD_1, ΔD_2, $\cdots$, ΔD_n, 并用 $\Delta\sigma_i$ 表示第 i 个小闭区域 ΔD_i 的面积, 在每个 ΔD_i 上任取一点 (ξ_i, η_i), 作乘积

$$f(\xi_i, \eta_i)\Delta\sigma_i \quad (i = 1, 2, \cdots, n),$$

并作和

$$\sum_{i=1}^{n} f(\xi_i, \eta_i)\Delta\sigma_i,$$

如果当各小闭区域的直径的最大值 λ 趋近于零时, 该和式的极限

$$\lim_{\lambda \to 0} \sum_{i=1}^{n} f(\xi_i, \eta_i) \cdot \Delta\sigma_i$$

存在, 且与对 D 的分割方式及点 (ξ_i, η_i) 的取法无关, 则称此极限为函数 $f(x, y)$ 在有界闭区域 D 上的**二重积分**, 记作 $\iint\limits_{D} f(x, y)\mathrm{d}\sigma$, 即

$$\iint\limits_{D} f(x, y)\mathrm{d}\sigma = \lim_{\lambda \to 0} \sum_{i=1}^{n} f(\xi_i, \eta_i)\Delta\sigma_i, \tag{9-1-1}$$

其中 $f(x, y)$ 叫做**被积函数**, $f(x, y)\mathrm{d}\sigma$ 叫做**被积表达式**, $\mathrm{d}\sigma$ 叫做**面积微元**, x, y 叫做**积分变量**, D 叫做**积分区域**, $\sum\limits_{i=1}^{n} f(\xi_i, \eta_i)\Delta\sigma_i$ 叫做**积分和**, 这时也称函数 $f(x, y)$ 在区域 D 上可积.

在二重积分的定义中, 对有界闭区域 D 的分割是任意的, 由于上述和式的极限的存在性与小闭区域的分割方式无关, 因此在直角坐标系中, 常用平行于坐标轴的直线网来分割, 这时除了包含边界点的一些小闭区域外 (可以证明, 在这些部分小闭区域上和式 (9-1-1) 中所对应的项之和的极限为 0, 从而可略去不计), 其余的小闭区域都是矩形区域. 若设小矩形闭区域 ΔD_i 的边长分别为 Δx_j 和 Δy_k, 则其面积为 $\Delta\sigma_i = \Delta x_j \Delta y_k$. 因此直角坐标系中的面积微元记为

$$\mathrm{d}\sigma = \mathrm{d}x\mathrm{d}y,$$

从而在直角坐标系中常把二重积分记作

$$\iint\limits_{D} f(x, y)\mathrm{d}\sigma = \iint\limits_{D} f(x, y)\mathrm{d}x\mathrm{d}y.$$

由二重积分的定义可知, 引例 1 中以 xOy 坐标面上的有界闭区域 D 为底, 以曲面 $z = f(x, y)\, (\geqslant 0)$ 为顶面的曲顶柱体的体积为

$$V = \iint\limits_{D} f(x, y)\mathrm{d}\sigma. \tag{9-1-2}$$

引例 2 中面密度为 $\mu(x, y)$, 在 xOy 面上占有闭区域 D 的平面薄片的质量为

$$M = \iint\limits_{D} \mu(x, y)\mathrm{d}\sigma. \tag{9-1-3}$$

可以证明, 如果函数 $f(x, y)$ 在有界闭区域 D 上连续, 则 $f(x, y)$ 在 D 上可积.

根据定义 1 可知, 二重积分有如下几何意义:

如果 $f(x,y) \geqslant 0, (x,y) \in D$, 二重积分 $\iint\limits_{D} f(x,y)\mathrm{d}\sigma$ 表示以 xOy 坐标面上的有界闭区域 D 为底, 以 $z = f(x,y)$ 为顶面的曲顶柱体的体积;

如果 $f(x,y) < 0$, 对应的曲顶柱体位于 xOy 面的下方, 这时二重积分 $\iint\limits_{D} f(x,y)\mathrm{d}\sigma$ 是负的, 其二重积分的绝对值等于该曲顶柱体的体积;

如果 $f(x,y)$ 在 D 上的部分区域上是正的, 而其他区域上是负的, 可以把 xOy 面上方的曲顶柱体的体积取正, xOy 面下方的曲顶柱体的体积取负, 那么 $f(x,y)$ 在 D 上的二重积分 $\iint\limits_{D} f(x,y)\mathrm{d}\sigma$ 就等于这些部分区域上的曲顶柱体体积的代数和.

因此, 以有界闭区域 D 为底, $z = f(x,y)$ 为顶面的曲顶柱体的体积可表示为

$$V = \iint\limits_{D} |f(x,y)|\,\mathrm{d}\sigma.$$

例 1 用二重积分表示半径为 R 的球体体积.

解 取球心为原点, 建立直角坐标系, 则半径为 R 的上半球面的方程为

$$z = \sqrt{R^2 - x^2 - y^2},$$

投影区域 $D = \{(x,y)|x^2 + y^2 \leqslant R^2\}$, 由图 9-1-3 可知, 上半球体可看作是以上半球面为顶面, 以 D 为底的曲顶柱体, 又球体关于 xOy 面对称, 因此球的体积可用二重积分表示为

$$V = 2\iint\limits_{D} \sqrt{R^2 - x^2 - y^2}\mathrm{d}x\mathrm{d}y.$$

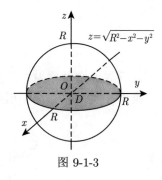

图 9-1-3

三、二重积分的性质

比较定积分与二重积分的定义, 可知它与定积分有类似的性质. 下面给出二重积分的一些常用性质, 假设所涉及的函数都在对应有界闭区域 D 上可积.

性质 1 被积函数的常数因子可以提到积分号的外面, 即

$$\iint\limits_{D} kf(x,y)\mathrm{d}\sigma = k\iint\limits_{D} f(x,y)\mathrm{d}\sigma \quad (k\text{为常数}).$$

性质 2 被积函数的和 (或差) 的二重积分等于各个函数的二重积分的和 (或差). 即

$$\iint\limits_{D}[f(x,y)\pm g(x,y)]\mathrm{d}\sigma = \iint\limits_{D}f(x,y)\mathrm{d}\sigma \pm \iint\limits_{D}g(x,y)\mathrm{d}\sigma.$$

由性质 1 与性质 2 可知, 二重积分具有线性性质.

性质 3 设 σ 表示闭区域 D 的面积, 则

$$\iint\limits_{D}1\cdot\mathrm{d}\sigma = \iint\limits_{D}\mathrm{d}\sigma = \sigma.$$

性质 3 有明显的几何意义: 高为 1 的平顶柱体的体积等于该柱体的底面积.

性质 4 如果闭区域 D 是由两个没有公共内点的区域 D_1 与 D_2 两部分组成 (图 9-1-4), 则在 D 上的二重积分等于在各部分闭区域上的二重积分之和. 即

$$\iint\limits_{D}f(x,y)\mathrm{d}\sigma = \iint\limits_{D_1}f(x,y)\mathrm{d}\sigma + \iint\limits_{D_2}f(x,y)\mathrm{d}\sigma.$$

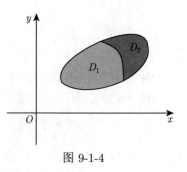

通常将性质 4 称为二重积分对积分区域具有可加性.

性质 5 如果在平面闭区域 D 上, $f(x,y) \geqslant 0$, 则有

$$\iint\limits_{D}f(x,y)\mathrm{d}\sigma \geqslant 0.$$

图 9-1-4

性质 5 通常被称为二重积分的保号性. 利用该保号性易得

推论 1 如果在平面闭区域 D 上, 恒有

$$f(x,y) \leqslant g(x,y),$$

则有

$$\iint\limits_{D}f(x,y)\mathrm{d}\sigma \leqslant \iint\limits_{D}g(x,y)\mathrm{d}\sigma.$$

利用推论 1 及不等式

$$-|f(x,y)| \leqslant f(x,y) \leqslant |f(x,y)|,$$

则有

推论 2 在有界闭区域 D 上, 恒有

$$\left| \iint\limits_{D} f(x,y)\mathrm{d}\sigma \right| \leqslant \iint\limits_{D} |f(x,y)|\,\mathrm{d}\sigma.$$

性质 6 (二重积分的估值定理) 设 M, m 分别是函数 $f(x,y)$ 在 D 上的最大值与最小值, σ 是区域 D 的面积, 则

$$m\sigma \leqslant \iint\limits_{D} f(x,y)\mathrm{d}\sigma \leqslant M\sigma.$$

性质 7 (二重积分的中值定理) 设函数 $f(x,y)$ 在闭区域 D 上连续, σ 是 D 的面积, 则在 D 上至少存在一点 (ξ, η), 使得

$$\iint\limits_{D} f(x,y)\mathrm{d}\sigma = f(\xi, \eta) \cdot \sigma.$$

以上性质的证明都与定积分相类似, 请读者自证.

二重积分的中值定理的几何意义是: 以连续曲面 $z = f(x,y)(f(x,y) \geqslant 0)$ 为顶的曲顶柱体的体积, 必和与该曲顶柱体同底, 以底部区域内某一点 (ξ, η) 的函数值 $f(\xi, \eta)$ 为高的平顶柱体的体积相等.

例 2 设 D 为第二象限中的有界闭区域, 且 $1 < y < 2$, 记

$$I_1 = \iint\limits_{D} yx^3\mathrm{d}\sigma, \quad I_2 = \iint\limits_{D} y^2x^3\mathrm{d}\sigma,$$

试比较 I_1, I_2 的大小.

解 在 D 上, 由于 $1 < y < 2, x < 0$, 故有

$$yx^3 > y^2x^3,$$

则有

$$I_1 = \iint\limits_{D} yx^3\mathrm{d}\sigma > \iint\limits_{D} y^2x^3\mathrm{d}\sigma = I_2.$$

例 3 估计积分 $I = \iint\limits_{D} (x^2 + 2y^2 + 2)\,\mathrm{d}x\mathrm{d}y$ 的值, 其中 D 为圆形区域 $x^2 + y^2 \leqslant 2$.

解 令 $f(x,y) = x^2 + 2y^2 + 2$, 由于 $(x,y) \in D = \left\{ (x,y) \mid x^2 + y^2 \leqslant 2 \right\}$, 可设 $x = \rho \cos\theta, y = \rho \sin\theta$, 则在 D 上: $0 \leqslant \rho \leqslant \sqrt{2}, 0 \leqslant \theta \leqslant 2\pi$, 故

$$f(x,y) = x^2 + 2y^2 + 2 = \rho^2 \left(1 + \sin^2\theta \right) + 2,$$

则

$$2 \leqslant f(x,y) \leqslant 6,$$

故 $f(x,y) = x^2 + 2y^2 + 2$ 在 D 上取得最大值 6 与最小值 2, 又圆域 D 的面积为 2π, 由二重积分的估值定理, 得

$$4\pi = 2 \times 2\pi \leqslant I = \iint\limits_{D} \left(x^2 + 2y^2 + 2 \right) \mathrm{d}x\mathrm{d}y \leqslant 6 \times 2\pi = 12\pi.$$

即

$$4\pi \leqslant \iint\limits_{D} \left(x^2 + 2y^2 + 2 \right) \mathrm{d}x\mathrm{d}y \leqslant 12\pi.$$

例 4 利用二重积分的几何意义, 求

$$I = \iint\limits_{D} (1 - x - y) \, \mathrm{d}\sigma,$$

其中 D 为 x 轴, y 轴和直线 $x + y = 1$ 围成的三角形区域.

解 由二重积分的几何意义, I 等于以 $\triangle OAC$ 为底, 平面 $z = 1 - x - y$ 为顶的三棱锥 $B\text{-}OAC$ 的体积, 如图 9-1-5 所示, 故

$$I = \frac{1}{3} \left(\frac{1}{2} \times 1 \times 1 \times 1 \right) = \frac{1}{6}.$$

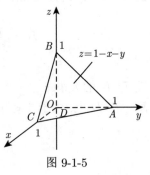

图 9-1-5

习 题 9-1

A 组

课件9-1-3

1. 用二重积分表示由 xOy 面, 圆柱面 $x^2 + y^2 = 4$ 和上半球面 $z = \sqrt{8 - x^2 - y^2}$ 围成的立体的体积.

2. 设 $I_1 = \iint\limits_{D_1} (x^2 + y^2)^2 \mathrm{d}\sigma$, 其中 D_1 是矩形闭区域: $-1 \leqslant x \leqslant 1, -2 \leqslant y \leqslant 2$;

$I_2 = \iint\limits_{D_2} (x^2 + y^2)^2 \mathrm{d}\sigma$, 其中 D_2 是矩形闭区域: $0 \leqslant x \leqslant 1, 0 \leqslant y \leqslant 2$. 试利用二重积分的几何

意义说明 I_1 与 I_2 之间的关系.

3. 根据二重积分的性质, 比较下列积分的大小:

(1) $I_1 = \iint\limits_{D} (x + y)^2 \mathrm{d}\sigma$ 与 $I_2 = \iint\limits_{D} (x + y)^3 \mathrm{d}\sigma$, 其中积分区域 D 是由 x 轴, y 轴与直线

$x + y = 1$ 所围成;

(2) $I_1 = \iint\limits_{D} (x + y)^2 \mathrm{d}\sigma$ 与 $I_2 = \iint\limits_{D} (x + y)^3 \mathrm{d}\sigma$, 其中 $D = \{(x, y) | (x - 2)^2 + (y - 1)^2 \leqslant 1\}$;

(3) $I_1 = \iint\limits_{D} \ln(x + y) \mathrm{d}\sigma$ 与 $I_2 = \iint\limits_{D} [\ln(x + y)]^2 \mathrm{d}\sigma$, 其中积分区域 D 是以三点 $(1, 0)$,

$(1, 1), (2, 0)$ 为顶点的三角形区域;

(4) $I_1 = \iint\limits_{D} \sin(x + y) \mathrm{d}\sigma$ 与 $I_2 = \iint\limits_{D} (x + y) \mathrm{d}\sigma$, 其中 D 是由 x 轴, y 轴与直线 $x + y = \dfrac{\pi}{2}$

所围成;

(5) $I_1 = \iint\limits_{D} \ln^3(x + y) \mathrm{d}x\mathrm{d}y$, $I_2 = \iint\limits_{D} (x + y)^3 \mathrm{d}x\mathrm{d}y$ 与 $I_3 = \iint\limits_{D} [\sin(x + y)]^3 \mathrm{d}x\mathrm{d}y$, 其中

D 由直线 $x = 0, y = 0, x + y = \dfrac{1}{2}, x + y = 1$ 围成.

4. 利用二重积分的性质, 估计下列积分的值:

(1) $I = \iint\limits_{D} \sin^2 x \sin^2 y \mathrm{d}\sigma$, 其中积分区域 D 是矩形闭区域: $0 \leqslant x \leqslant \pi, 0 \leqslant y \leqslant \pi$;

(2) $I = \iint\limits_{D} \mathrm{e}^{\sin x \cos y} \mathrm{d}x\mathrm{d}y$, 其中 D 为圆形区域: $x^2 + y^2 \leqslant 4$;

(3) $I = \iint\limits_{D} \sqrt{x^2 + y^2} \mathrm{d}x\mathrm{d}y$, 其中 D 是矩形区域: $0 \leqslant x \leqslant 1, 0 \leqslant y \leqslant 2$.

5. 设 $D = \{(x, y) | 0 \leqslant x \leqslant 1, 0 \leqslant y \leqslant 1\}$, 利用二重积分的性质, 估计 $I = \iint\limits_{D} (x^2 y + xy^2$

$+ 1) \mathrm{d}\sigma$ 的范围.

B 组

1. 设 D_k 是圆域 $D = \{(x, y) | x^2 + y^2 \leqslant 1\}$ 的第 k 象限的部分, 记 $I_k = \iint\limits_{D_k} (y - x) \mathrm{d}x\mathrm{d}y$

$(k = 1, 2, 3, 4)$, 则 (　　) (2013 考研真题)

(A) $I_1 > 0$　(B) $I_2 > 0$　(C) $I_3 > 0$　(D) $I_4 > 0$.

2. 设 $J_i = \iint\limits_{D_i} \mathrm{e}^{-(x^2+y^2)}\mathrm{d}x\mathrm{d}y (i = 1, 2, 3)$, 其中 $D_1 = \{(x,y)\,|\,x^2 + y^2 \leqslant R^2\}$, $D_2 = \{(x,y)\,|\,x^2 + y^2 \leqslant 2R^2\}$, $D_3 = \{(x,y)\,|\,|x| \leqslant R, |y| \leqslant R\}$, 则 J_1, J_2, J_3 之间的大小次序为 ( )

(A) $J_1 < J_2 < J_3$ (B) $J_2 < J_3 < J_1$ (C) $J_1 < J_3 < J_2$ (D) $J_3 < J_2 < J_1$.

9.2　二重积分的计算

课前测9-2-1

二重积分按定义来计算相当复杂, 下面根据二重积分的几何意义以及利用定积分计算空间立体体积的方法, 将两者联系起来, 化二重积分为两次定积分, 再计算.

一、直角坐标系下计算二重积分

由 9.1 节可知, 二重积分在几何上表示一个曲顶柱体的体积, 又在上册第 6 章了解到, 可以用定积分计算一类 "已知平行截面面积的立体" 的体积, 下面就借助这些几何直观, 来寻求计算二重积分的简便方法.

由于二重积分存在时, 在直角坐标系中的面积微元为 $\mathrm{d}\sigma = \mathrm{d}x\mathrm{d}y$, 从而二重积分可记作

$$\iint\limits_{D} f(x,y)\mathrm{d}\sigma = \iint\limits_{D} f(x,y)\mathrm{d}x\mathrm{d}y.$$

下面将积分区域 D 分成三种类型分别加以讨论.

1. X 型区域

设函数 $y = \varphi_1(x)$, $y = \varphi_2(x)$ 在闭区间 $[a,b]$ 上连续, 且 $\varphi_1(x) \leqslant \varphi_2(x)$, 若平面区域 D 由曲线 $y = \varphi_1(x), y = \varphi_2(x)$ 及直线 $x = a, x = b$ 围成, 如图 9-2-1(a) 或 (b) 所示, 这类区域称为 X 型区域.

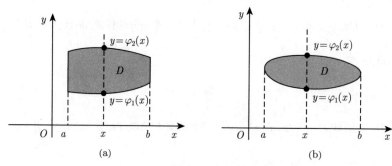

图 9-2-1

X 型区域 D 总可用不等式组表示为

$$\begin{cases} a \leqslant x \leqslant b, \\ \varphi_1(x) \leqslant y \leqslant \varphi_2(x). \end{cases} \tag{9-2-1}$$

其特点是: 平行于 y 轴且穿过区域 D 内部的直线与 D 的边界曲线的交点最多不超过两个.

下面通过对曲顶柱体体积的计算, 来推导二重积分 $\displaystyle\iint\limits_{D} f(x,y)\mathrm{d}\sigma$ 的计算公式.

在讨论中假设 $f(x,y) \geqslant 0$, 并设积分区域 D 为 X 型区域, 即

$$D = \{(x,y)\,|\,a \leqslant x \leqslant b, \varphi_1(x) \leqslant y \leqslant \varphi_2(x)\},$$

由二重积分的几何意义可知, 二重积分 $\displaystyle\iint\limits_{D} f(x,y)\mathrm{d}\sigma$ 等于以 xOy 面上的区域 D 为底, 曲面 $z = f(x,y)$ 为顶的曲顶柱体的体积.

由于以 X 型区域 D 为底的曲顶柱体可以看作是夹在两个平行于 yOz 坐标面的平面 $x = a$ 与 $x = b$ 之间的立体, 根据定积分的几何应用, 对于已知平行截面面积的立体 (图 9-2-2(a)) 的体积可用定积分来计算, 设该曲顶柱体的平行于 yOz 面的截面面积为 $A(x)$, 则从 a 到 b 的定积分就是该曲顶柱体的体积, 即

$$V = \int_a^b A(x)\,\mathrm{d}x.$$

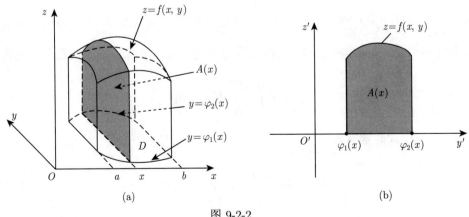

(a) 　　　　　　　　　　　(b)

图 9-2-2

下面就用这个计算方法来表示曲顶柱体的体积.

在区间 $[a,b]$ 上任取一点 x_0, 过点 x_0 作平行于 yOz 面的平面 $x = x_0$, 此平面截曲顶柱体所得的截面是一个以区间 $[\varphi_1(x_0),\ \varphi_2(x_0)]$ 为底, 曲线 $z = f(x_0, y)$ 为曲边的曲边梯形, 其面积

$$A(x_0) = \int_{\varphi_1(x_0)}^{\varphi_2(x_0)} f(x_0, y)\mathrm{d}y,$$

用 x 替代 x_0, 即得过区间 $[a,b]$ 上任一点 x 且平行于 yOz 面的平面截曲顶柱体所得截面 (图 9-2-2(b) 中的阴影部分) 的面积

$$A(x) = \int_{\varphi_1(x)}^{\varphi_2(x)} f(x, y)\mathrm{d}y,$$

于是曲顶柱体的体积

$$V = \int_a^b A(x)\,\mathrm{d}x = \int_a^b \left[\int_{\varphi_1(x)}^{\varphi_2(x)} f(x, y)\mathrm{d}y\right]\mathrm{d}x,$$

该体积也就是二重积分的值, 因此

$$\iint\limits_{D} f(x, y)\mathrm{d}\sigma = \int_a^b \left[\int_{\varphi_1(x)}^{\varphi_2(x)} f(x, y)\mathrm{d}y\right]\mathrm{d}x. \tag{9-2-2}$$

(9-2-2) 式右端的积分称为先对 y、后对 x 的二次积分, 计算时先将 x 看作常数, 把 $f(x,y)$ 只看作 y 的函数, 以 y 为积分变量, 计算从 $\varphi_1(x)$ 到 $\varphi_2(x)$ 的定积分 $\int_{\varphi_1(x)}^{\varphi_2(x)} f(x,y)\mathrm{d}y$, 然后将计算的结果 (是 x 的函数 $A(x)$), 再以 x 为积分变量, 计算区间 $[a,b]$ 上的定积分. 为方便起见, 这个先对 y、后对 x 的二次积分常记作

$$\int_a^b \mathrm{d}x \int_{\varphi_1(x)}^{\varphi_2(x)} f(x, y)\mathrm{d}y,$$

因此,(9-2-2) 式通常写成

$$\iint\limits_{D} f(x, y)\mathrm{d}\sigma = \int_a^b \mathrm{d}x \int_{\varphi_1(x)}^{\varphi_2(x)} f(x, y)\mathrm{d}y. \tag{9-2-3}$$

必须指出在 (9-2-3) 式的推导中, 为了应用几何意义, 假设 $f(x,y) \geqslant 0$, 而实际上公式 (9-2-3) 的成立并不受此条件限制, 只要 $f(x,y)$ 在区域 D 上连续即可.

2. Y 型区域

设函数 $x = \psi_1(y)$, $x = \psi_2(y)$ 在闭区间 $[c,d]$ 上连续, 且 $\psi_1(y) \leqslant \psi_2(y)$, 平面区域 D 由曲线 $x = \psi_1(y)$ 与 $x = \psi_2(y)$ 及两直线 $y = c, y = d$ 围成, 如图 9-2-3(a) 或 (b) 所示, 这类区域称为 Y 型区域. Y 型区域 D 可用不等式组表示为

$$\begin{cases} c \leqslant y \leqslant d, \\ \psi_1(y) \leqslant x \leqslant \psi_2(y), \end{cases}$$

其特点是: 平行于 x 轴且穿过区域 D 内部的直线与 D 的边界曲线的交点最多不超过两个.

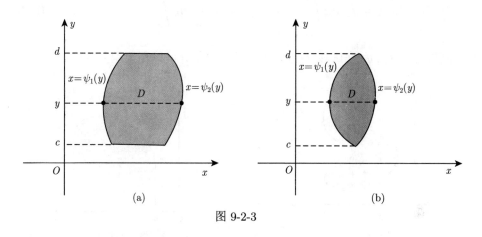

图 9-2-3

类似地, 如果积分区域 D 为 Y 型 (图 9-2-3(a) 或 (b)), 函数 $\psi_1(y)$, $\psi_2(y)$ 在区间 $[c,d]$ 上连续. 则同样可推得

$$\iint\limits_{D} f(x,y)\mathrm{d}\sigma = \int_c^d \left[\int_{\psi_1(y)}^{\psi_2(y)} f(x,y)\mathrm{d}x \right] \mathrm{d}y,$$

上式右端的积分称为先对 x、后对 y 的二次积分, 也常记作

$$\iint\limits_{D} f(x,y)\mathrm{d}\sigma = \int_c^d \mathrm{d}y \int_{\psi_1(y)}^{\psi_2(y)} f(x,y)\mathrm{d}x. \tag{9-2-4}$$

利用公式 (9-2-3) 与 (9-2-4), 就把二重积分化成了由两次定积分所构成的二次积分, 二次及二次以上的积分统称为**累次积分**.

一般地, 计算二重积分时, 当积分区域 D 为 X 型时, 常选择公式 (9-2-3), 当积分区域 D 是 Y 型时, 常选择公式 (9-2-4); 如果 D 既不是 X 型又不是 Y 型区域 (图 9-2-4), 这时须将 D 分为若干部分区域, 使每个部分区域是 X 型或是 Y 型, 再对每个部分区域上的二重积分用公式 (9-2-3) 或 (9-2-4) 化为累次积分, 求出各部分区域上的二重积分, 再由二重积分对区域的可加性, 将各部分区域上的二重积分相加, 从而求出二重积分 $\iint\limits_{D} f(x,y)\mathrm{d}\sigma$ 的值.

如果 D 既是 X 型又是 Y 型区域 (图 9-2-5), 这时既可用公式 (9-2-3), 也可用公式 (9-2-4) 来计算该二重积分, 即有

$$\iint\limits_{D} f(x,y)\mathrm{d}\sigma = \int_a^b \mathrm{d}x \int_{\varphi_1(x)}^{\varphi_2(x)} f(x,y)\mathrm{d}y = \int_c^d \mathrm{d}y \int_{\psi_1(y)}^{\psi_2(y)} f(x,y)\mathrm{d}x. \qquad (9\text{-}2\text{-}5)$$

上式说明, 当 $f(x,y)$ 在区域 D 上连续时, 累次积分可以交换积分次序.

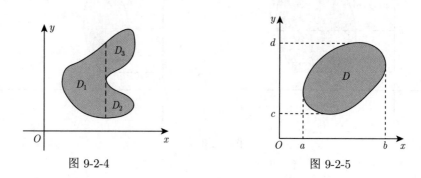

图 9-2-4   图 9-2-5

特别地, 当积分区域 D 的图形是一个矩形: $D = \{(x,y)\,|\,a \leqslant x \leqslant b, c \leqslant y \leqslant d\}$ 时, 则 D 既是 X 型又是 Y 型区域, 因此有

$$\iint\limits_{D} f(x,y)\mathrm{d}\sigma = \int_a^b \mathrm{d}x \int_c^d f(x,y)\mathrm{d}y = \int_c^d \mathrm{d}y \int_a^b f(x,y)\mathrm{d}x, \qquad (9\text{-}2\text{-}6)$$

所以当积分区域是一个矩形时, 其积分次序可以交换, 且交换后的积分变量仍对应原来的上下限.

因此一般的二重积分计算问题, 最终可用公式 (9-2-3) 或 (9-2-4) 来计算它的值, 但在化二重积分为累次积分时, 必须要根据积分区域的特点, 来确定二次积分的积分次序以及两次定积分的上、下限, 初学者往往会感到困难, 因此应先画出积分区域 D 的图形, 再按图形写出表示区域 D 的不等式组, 对应不等式组中的变量范围, 即可得到相应累次积分的上、下限.

例 1 计算二重积分 $\displaystyle\iint\limits_{D}(x^2+y^2)\mathrm{d}\sigma$, 其中 D 是由直线 $x=2$, $y=1$, $y=x$ 所围成的闭区域.

解法一 先作出积分区域 D 的图形, 显然 D 既是 X 型又是 Y 型 (图 9-2-6).

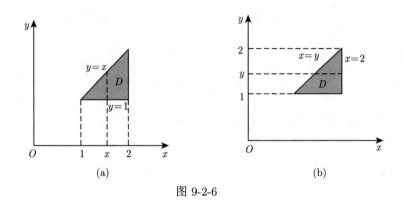

图 9-2-6

若选择 X 型的积分公式计算, 如图 9-2-6(a) 所示, 则区域 D 可表示为

$$D=\{(x,y)\,|1\leqslant x\leqslant 2,1\leqslant y\leqslant x\},$$

则

$$\iint\limits_{D}(x^2+y^2)\mathrm{d}\sigma=\int_1^2\mathrm{d}x\int_1^x(x^2+y^2)\mathrm{d}y$$

$$=\int_1^2\left[x^2y+\frac{y^3}{3}\right]_1^x\mathrm{d}x=\int_1^2\left(\frac{4}{3}x^3-x^2-\frac{1}{3}\right)\mathrm{d}x$$

$$=\left[\frac{x^4}{3}-\frac{x^3}{3}-\frac{x}{3}\right]_1^2=\frac{7}{3}.$$

解法二 本题亦可选择 Y 型的积分公式计算, 如图 9-2-6(b) 所示, 这时区域 D 可表示为

$$D=\{(x,y)\,|1\leqslant y\leqslant 2,y\leqslant x\leqslant 2\},$$

则

$$\iint\limits_{D}(x^2+y^2)\mathrm{d}\sigma=\int_1^2\mathrm{d}y\int_y^2(x^2+y^2)\mathrm{d}x$$

$$= \int_1^2 \left[\frac{x^3}{3} + y^2 x\right]_y^2 \mathrm{d}y = \int_1^2 \left(\frac{8}{3} + 2y^2 - \frac{4}{3}y^3\right) \mathrm{d}y$$

$$= \frac{7}{3}.$$

例 2 计算 $\iint\limits_{D} xy\mathrm{d}x\mathrm{d}y$, 其中 D 为抛物线 $y^2 = x$ 与直线 $y = x - 2$ 所围成的区域.

解法一 画出积分区域 D 的图形, 如图 9-2-7(a) 所示, 解方程组 $\begin{cases} y^2 = x, \\ y = x - 2, \end{cases}$ 可得直线与抛物线的交点为 $A(4,2)$ 与 $B(1,-1)$, 从图中看出, 区域 D 既是 X 型又是 Y 型.

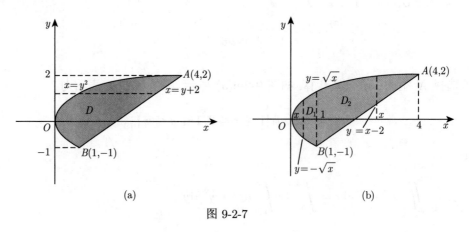

图 9-2-7

先按 Y 型区域求解, 则区域 D 可表示为不等式组

$$D = \left\{(x,y) \,\middle|\, -1 \leqslant y \leqslant 2, y^2 \leqslant x \leqslant y + 2\right\},$$

则

$$\iint\limits_{D} xy\mathrm{d}x\mathrm{d}y = \int_{-1}^2 \mathrm{d}y \int_{y^2}^{y+2} xy\mathrm{d}x$$

$$= \frac{1}{2} \int_{-1}^2 y[(y+2)^2 - y^4]\mathrm{d}y = 5\frac{5}{8}.$$

解法二 如按 X 型区域求解, 如图 9-2-7 (b) 所示, 则要用直线 $x = 1$ 把区域 D 分成 D_1 和 D_2 两部分, 这时区域 D_1 和 D_2 可用下列两组不等式分别表示

如下:

$$D_1 : \begin{cases} 0 \leqslant x \leqslant 1, \\ -\sqrt{x} \leqslant y \leqslant \sqrt{x} \end{cases} \quad \text{及} D_2 : \begin{cases} 1 \leqslant x \leqslant 4, \\ x - 2 \leqslant y \leqslant \sqrt{x}, \end{cases}$$

则

$$\iint\limits_{D} xy \mathrm{d}x\mathrm{d}y = \iint\limits_{D_1} xy \mathrm{d}x\mathrm{d}y + \iint\limits_{D_2} xy \mathrm{d}x\mathrm{d}y$$

$$= \int_0^1 \mathrm{d}x \int_{-\sqrt{x}}^{\sqrt{x}} xy \mathrm{d}y + \int_1^4 \mathrm{d}x \int_{x-2}^{\sqrt{x}} xy \mathrm{d}y$$

$$= 0 + \int_1^4 \left[\frac{1}{2} xy^2 \right]_{x-2}^{\sqrt{x}} \mathrm{d}x$$

$$= \frac{1}{2} \int_1^4 x \left[x - (x-2)^2 \right] \mathrm{d}x = 5\frac{5}{8}.$$

根据例 2 的求解情况, 以上两种解法均是可行的, 但从计算过程看, 把区域 D 看作 Y 型求解更简捷, 而把区域 D 作为 X 型时要分成两个积分区域求解, 显然计算较为复杂. 因此计算二重积分时, 为使计算简便, 因注意积分区域的特点, 灵活选择其类型, 尽量少分块.

例 3　计算 $I = \iint\limits_{D} \dfrac{\sin y}{y} \mathrm{d}x\mathrm{d}y$, 其中 D 是由直线 $y = x$ 和抛物线 $y = \sqrt{x}$ 所围成的区域.

解　解方程组 $\begin{cases} y = x, \\ y = \sqrt{x}, \end{cases}$ 解得直线与抛物线的交点为 $(0,0)$ 与 $(1,1)$, 由图 9-2-8 可知, D 可看作为 Y 型区域, 因此 D 可用不等式组表示为

$$\begin{cases} 0 \leqslant y \leqslant 1, \\ y^2 \leqslant x \leqslant y, \end{cases}$$

故

$$I = \int_0^1 \mathrm{d}y \int_{y^2}^{y} \frac{\sin y}{y} \mathrm{d}x = \int_0^1 \frac{\sin y}{y} (y - y^2) \mathrm{d}y$$

$$= \int_0^1 (\sin y - y\sin y)\mathrm{d}y = 1 - \sin 1.$$

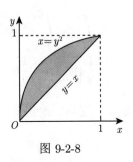

图 9-2-8

注　例 3 中的区域 D 既是 X 型区域又是 Y 型区域, 但若将 D 视为 X 型区域时, 即

$$D = \left\{ (x,y)\mid 0 \leqslant x \leqslant 1, x \leqslant y \leqslant \sqrt{x} \right\},$$

则有

$$I = \int_0^1 \mathrm{d}x \int_x^{\sqrt{x}} \frac{\sin y}{y}\mathrm{d}y.$$

由一元函数积分学知, 积分 $\int \dfrac{\sin y}{y}\mathrm{d}y$ 不可积出, 因此选用该积分次序时无法算出.

由例 3 可以看出, 在将二重积分转化成二次积分时, 积分次序的选择非常重要, 不仅要看积分域的形状, 还要注意被积函数是否容易积出, 综合考虑, 选择合适的积分次序, 这样才能使二重积分的计算简便有效.

另外, 有些以二次积分的形式给出的积分, 若按自身的次序积分较为困难, 甚至无法积出, 这时应考虑交换原来的积分次序后再计算.

例 4 求 $I = \int_0^1 \mathrm{d}x \int_x^1 \mathrm{e}^{y^2}\mathrm{d}y.$

解 由于 $\int_x^1 \mathrm{e}^{y^2}\mathrm{d}y$ 无法积出, 因此按原来的次序积分无法计算, 这时先考虑交换积分次序, 再计算.

由于原积分次序对应的是 X 型区域, 下面换作 Y 型区域, 则 (图 9-2-9)

$$D = \{(x,y)\mid 0 \leqslant x \leqslant 1, x \leqslant y \leqslant 1\} = \{(x,y)\mid 0 \leqslant y \leqslant 1, 0 \leqslant x \leqslant y\},$$

故

$$I = \int_0^1 \mathrm{d}x \int_x^1 \mathrm{e}^{y^2}\mathrm{d}y = \iint\limits_D \mathrm{e}^{y^2}\mathrm{d}x\mathrm{d}y$$

$$= \int_0^1 \mathrm{d}y \int_0^y \mathrm{e}^{y^2}\mathrm{d}x = \int_0^1 y\mathrm{e}^{y^2}\mathrm{d}y$$

$$= \frac{1}{2}\left[\mathrm{e}^{y^2}\right]_0^1 = \frac{1}{2}(\mathrm{e}-1).$$

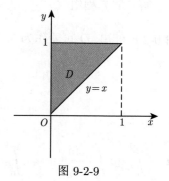

图 9-2-9

例 5 交换二次积分

$$I = \int_{-2}^0 \mathrm{d}x \int_0^{\frac{2+x}{2}} f(x,y)\mathrm{d}y + \int_0^2 \mathrm{d}x \int_0^{\frac{2-x}{2}} f(x,y)\mathrm{d}y$$

的积分次序.

解 设由第一、第二个二次积分对应的积分区域分别为 D_1, D_2, 则积分区域 D_1 由直线 $x=-2, x=0, y=0$ 及 $y=\dfrac{2+x}{2}$ 围成, 区域 D_2 由直线 $x=0, x=2, y=0$ 及 $y=\dfrac{2-x}{2}$ 围成, 且 D_1, D_2 相邻, 恰好可以合并为一个区域 D, 即 $D=D_1+D_2$, 如图 9-2-10 所示. 把 D 看作 Y 型区域, 则

$$D:\begin{cases} 0\leqslant y\leqslant 1,\\ 2y-2\leqslant x\leqslant 2-2y,\end{cases}$$

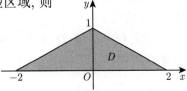

图 9-2-10

由积分对区域的可加性, 将原来的两个二次积分合为一个在 D 上的二重积分, 再将 D 看作 Y 型区域, 化为先对 x 后对 y 的二次积分, 得

$$\begin{aligned}I&=\int_{-2}^{0}\mathrm{d}x\int_{0}^{\frac{2+x}{2}}f(x,y)\mathrm{d}y+\int_{0}^{2}\mathrm{d}x\int_{0}^{\frac{2-x}{2}}f(x,y)\mathrm{d}y\\&=\iint\limits_{D_1}f(x,y)\mathrm{d}x\mathrm{d}y+\iint\limits_{D_2}f(x,y)\mathrm{d}x\mathrm{d}y\\&=\iint\limits_{D}f(x,y)\mathrm{d}x\mathrm{d}y=\int_{0}^{1}\mathrm{d}y\int_{2y-2}^{2-2y}f(x,y)\mathrm{d}x.\end{aligned}$$

例 6 计算二重积分 $I=\iint\limits_{D}x(x^2+\cos xy)\mathrm{d}x\mathrm{d}y$, 其中 D: $\begin{cases}-1\leqslant x\leqslant 1,\\ x^2\leqslant y\leqslant 1.\end{cases}$

解 由于积分区域 D 关于 y 轴是对称的, 而被积函数 $f(x,y)=x(x^2+\cos xy)$ 是关于 x 的奇函数, 当选择 Y 型, 即先 x 后 y 的累次积分次序时, 有 (图 9-2-11)

$$D:\begin{cases} 0\leqslant y\leqslant 1,\\ -\sqrt{y}\leqslant x\leqslant \sqrt{y},\end{cases}$$

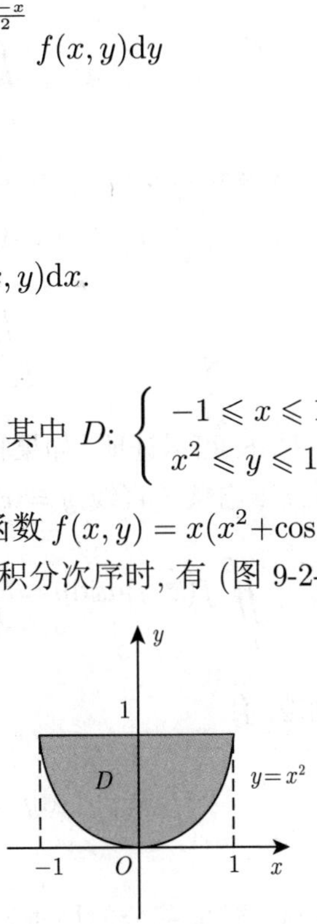

图 9-2-11

则

$$\begin{aligned}I&=\iint\limits_{D}x\left(x^2+\cos xy\right)\mathrm{d}x\mathrm{d}y\\&=\int_{0}^{1}\mathrm{d}y\int_{-\sqrt{y}}^{\sqrt{y}}x\left(x^2+\cos xy\right)\mathrm{d}x=\int_{0}^{1}0\mathrm{d}y=0.\end{aligned}$$

上面计算累次积分时, 对积分 $\displaystyle\int_{-\sqrt{y}}^{\sqrt{y}} x(x^2 + \cos xy)\mathrm{d}x$ 运用了关于定积分中奇函数在对称区间上的积分性质.

可以证明, 在二重积分的计算中, 当积分区域关于某个坐标轴具有对称性, 函数具有相应的奇偶性时, 有与定积分类似的积分性质, 称此性质为**二重积分的对称性**, 总结如下:

① 若积分区域 D 关于 x(或 y) 轴对称, 且被积函数 $f(x,y)$ 是关于 y(或 x) 的奇函数, 则

$$\iint\limits_{D} f(x,y)\mathrm{d}\sigma = 0.$$

② 若积分区域 D 关于 x(或 y) 轴对称, 且被积函数是关于 y(或 x) 的偶函数, 设 D_1 为 D 中 $y \geqslant 0$(或 $x \geqslant 0$) 的部分. 则

$$\iint\limits_{D} f(x,y)\mathrm{d}\sigma = 2\iint\limits_{D_1} f(x,y)\mathrm{d}\sigma.$$

③ 若积分区域 D 关于 x 与 y 轴同时都对称, 且被积函数关于 x 与 y 都是偶函数, 设 D_1 为 D 中 $x \geqslant 0, y \geqslant 0$ 的部分. 则

$$\iint\limits_{D} f(x,y)\mathrm{d}\sigma = 4\iint\limits_{D_1} f(x,y)\mathrm{d}\sigma.$$

另外, 可以证明, 如果积分区域 D 关于直线 $y = x$ 对称, 即对任一 D 内的点 $P(x,y)$, 它关于直线 $y = x$ 的对称点 $P_1(y,x)$ 也必在 D 内, 则有

$$\iint\limits_{D} f(x,y)\mathrm{d}x\mathrm{d}y = \iint\limits_{D} f(y,x)\mathrm{d}x\mathrm{d}y = \frac{1}{2}\iint\limits_{D} [f(x,y) + f(y,x)]\mathrm{d}x\mathrm{d}y,$$

特别地, 有

$$\iint\limits_{D} f(x)\mathrm{d}x\mathrm{d}y = \iint\limits_{D} f(y)\mathrm{d}x\mathrm{d}y = \frac{1}{2}\iint\limits_{D} [f(x) + f(y)]\mathrm{d}x\mathrm{d}y,$$

则称这一计算积分的性质为**二重积分的对换性**或**轮换对称性**.

例如平面区域 $D = \{(x,y) \mid x + y \leqslant a, x \geqslant 0, y \geqslant 0, a > 0\}$ 与 $D = \{(x,y) \mid x^2 + y^2 \leqslant a^2\}$, 都是关于直线 $y = x$ 对称的区域, 故这些区域上的二重积分具有上述轮换对称性.

例 7 计算 $\displaystyle\iint_D \left(|x| + |y| + xe^{x^2+y^2}\right)\mathrm{d}\sigma$, 其中区域 D 为圆域 $x^2 + y^2 \leqslant 1$.

例7讲解9-2-2

解法一 因为区域 D 关于 x, y 轴都对称, 而被积函数 $|x| + |y|$ 关于 x, y 都是偶函数. 设 D_1 为 D 中 $x \geqslant 0, y \geqslant 0$ 的部分, 如图 9-2-12 所示, 则

$$\iint_D (|x| + |y|)\mathrm{d}\sigma = 4\iint_{D_1}(x+y)\mathrm{d}\sigma$$

$$= 4\int_0^1 \mathrm{d}x \int_0^{\sqrt{1-x^2}}(x+y)\mathrm{d}y$$

$$= 4\int_0^1 \left[xy + \frac{y^2}{2}\right]_0^{\sqrt{1-x^2}}\mathrm{d}x$$

$$= 4\int_0^1 \left(x\sqrt{1-x^2} + \frac{1-x^2}{2}\right)\mathrm{d}x = \frac{8}{3}.$$

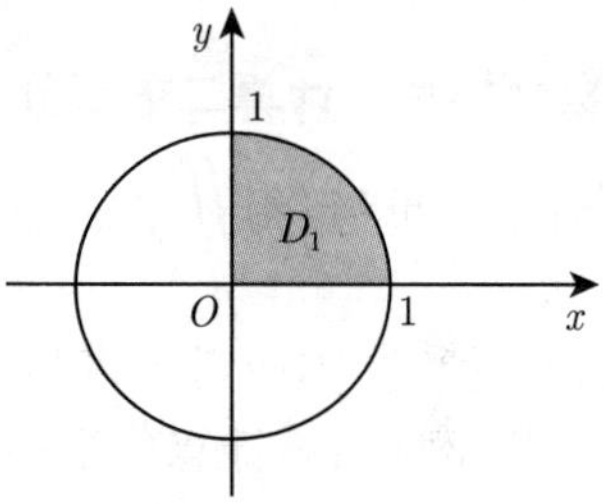

图 9-2-12

又由于被积函数中的 $xe^{x^2+y^2}$ 是关于 x 的奇函数. 所以

$$\iint_D xe^{x^2+y^2}\mathrm{d}\sigma = 0.$$

因此

$$\iint_D \left(|x| + |y| + xe^{x^2+y^2}\right)\mathrm{d}\sigma = \iint_D (|x| + |y|)\mathrm{d}\sigma + \iint_D xe^{x^2+y^2}\mathrm{d}\sigma = \frac{8}{3}.$$

解法二 因为区域 D 关于 x, y 轴都对称, 又被积函数中 $|x| + |y|$ 关于 x, y 都是偶函数, 而被积函数中 $xe^{x^2+y^2}$ 是关于 x 的奇函数, 设 D_1 为 D 中 $x \geqslant 0, y \geqslant 0$ 的部分, 又 D_1 关于直线 $y = x$ 对称, 利用对称性与轮换对称性, 有

$$\iint_D (|x| + |y|)\mathrm{d}\sigma = 4\iint_{D_1}(x+y)\mathrm{d}\sigma$$

$$= 8\iint_{D_1} x\mathrm{d}\sigma = 8\int_0^1 \mathrm{d}x \int_0^{\sqrt{1-x^2}} x\mathrm{d}y$$

$$= 8\int_0^1 x\sqrt{1-x^2}\mathrm{d}x = \left[-\frac{8}{3}\left(1-x^2\right)^{\frac{3}{2}}\right]_0^1 = \frac{8}{3},$$

又

$$\iint\limits_{D} x\mathrm{e}^{x^2+y^2}\mathrm{d}\sigma = 0,$$

因此

$$\iint\limits_{D} (|x|+|y|+x\mathrm{e}^{x^2+y^2})\mathrm{d}\sigma = \iint\limits_{D} (|x|+|y|)\mathrm{d}\sigma + \iint\limits_{D} x\mathrm{e}^{x^2+y^2}\mathrm{d}\sigma = \frac{8}{3}.$$

二、极坐标系下计算二重积分

对于二重积分 $\iint\limits_{D} f(x,y)\mathrm{d}\sigma$, 若积分区域 D 和被积函数 $f(x,y)$ 用极坐标表示更为简便时, 则应考虑将其化为极坐标系下的二重积分来计算.

在极坐标系下计算二重积分时, 除积分区域 D 需要化成极坐标系下的表示形式外, 还要将被积函数 $f(x,y)$ 与面积元素 $\mathrm{d}\sigma$ 都化为极坐标系下的形式.

由于平面上点的直角坐标 (x,y) 与极坐标 (ρ,θ) 之间有如下的变换关系

$$\begin{cases} x = \rho\cos\theta, \\ y = \rho\sin\theta, \end{cases}$$

因此被积函数 $f(x,y)$ 的极坐标形式为

$$f(x,y) = f(\rho\cos\theta, \rho\sin\theta).$$

设过原点的射线穿过积分区域 D 内部时与 D 的边界交点不多于两个. 在极坐标系中, 通常用一族以极点 O 为圆心的同心圆族 ($\rho = $ 常数) 和一族从极点 O 出发的射线族 ($\theta = $ 常数) 来划分区域, 将积分区域 D 分成 n 个小区域 $\Delta\sigma_i(i=1,2,\cdots,n)$ (也用 $\Delta\sigma_i$ 表示其面积), 其中小区域 $\Delta\sigma_i$ 是位于圆周 $\rho = \rho_i$, $\rho = \rho_i + \Delta\rho_i$ 与射线 $\theta = \theta_i, \theta = \theta_i + \Delta\theta_i$ 之间的部分区域 (图 9-2-13 中阴影部分所示), 除了包含边界的一些小闭区域外 (可以证明, 积分和式中的这些部分小区域上所对应的项之和的极限为 0, 从而它们可以略去不计), 其余部分区域的面积 $\Delta\sigma_i$ 为两个扇形面积的差, 则

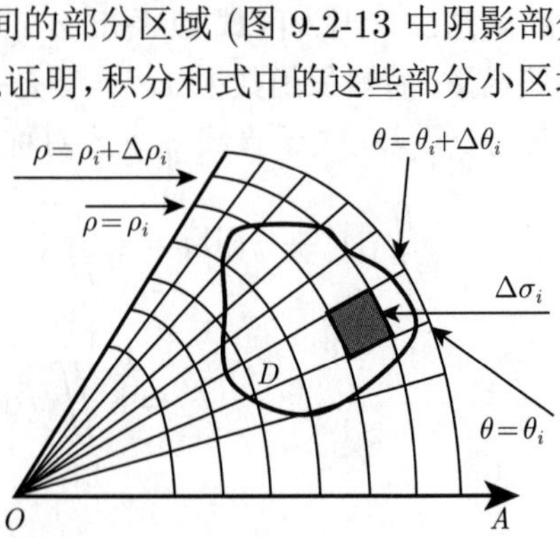

图 9-2-13

$$\Delta\sigma_i = \frac{1}{2}(\rho_i+\Delta\rho_i)^2 \cdot \Delta\theta_i - \frac{1}{2}\rho_i^2 \cdot \Delta\theta_i$$

$$= \frac{1}{2}(2\rho_i+\Delta\rho_i)\Delta\rho_i \cdot \Delta\theta_i$$

$$= \frac{\rho_i+(\rho_i+\Delta\rho_i)}{2}\Delta\rho_i \cdot \Delta\theta_i = \bar{\rho}_i \cdot \Delta\rho_i \cdot \Delta\theta_i,$$

其中 $\bar{\rho}_i$ 表示相邻两圆弧半径 ρ_i 与 $\rho_i + \Delta\rho_i$ 的平均值. 则极坐标系下的面积微元为

$$\mathrm{d}\sigma = \rho\mathrm{d}\rho\mathrm{d}\theta.$$

在小闭区域 $\Delta\sigma_i$ 内取圆周 $\rho = \bar{\rho}_i$ 上的一点 $(\overline{\rho_i}, \bar{\theta}_i)$, 设该点的直角坐标为 (ξ_i, η_i), 则 $\xi_i = \bar{\rho}_i \cos\bar{\theta}_i, \eta_i = \bar{\rho}_i \sin\bar{\theta}_i$, 故

$$\iint\limits_{D} f(x,y)\mathrm{d}\sigma = \lim_{\lambda\to 0}\sum_{i=1}^{n} f(\xi_i,\eta_i)\,\Delta\sigma_i = \lim_{\lambda\to 0}\sum_{i=1}^{n} f\left(\bar{\rho}_i\cos\bar{\theta}_i, \bar{\rho}_i\sin\bar{\theta}_i\right)\cdot\bar{\rho}_i\cdot\Delta\rho_i\cdot\Delta\theta_i$$

$$= \iint\limits_{D} f(\rho\cos\theta, \rho\sin\theta)\rho\mathrm{d}\rho\mathrm{d}\theta,$$

于是, 二重积分在极坐标系下可表示成:

$$\iint\limits_{D} f(x,y)\mathrm{d}\sigma = \iint\limits_{D} f(\rho\cos\theta, \rho\sin\theta)\rho\mathrm{d}\rho\mathrm{d}\theta. \tag{9-2-7}$$

在极坐标系下, 二重积分也须化为二次积分后再计算, 设 $\iint\limits_{D} f(x,y)\mathrm{d}\sigma$ 存在,

下面按区域 D 在极坐标系下的情形, 将积分区域 D 分成三类, 分别加以讨论:

1. 如果区域 D 由射线 $\theta = \alpha$, $\theta = \beta$ $(\beta > \alpha)$, 曲线 $\rho = \rho_1(\theta)$ 和 $\rho = \rho_2(\theta)$ 围成, 这里 $\rho_2(\theta) \geqslant \rho_1(\theta)$, 这时极点 O 在 D 外 (图 9-2-14 (a)), 则 D 可用不等式组表示为

$$\begin{cases} \alpha \leqslant \theta \leqslant \beta, \\ \rho_1(\theta) \leqslant \rho \leqslant \rho_2(\theta). \end{cases}$$

因此, 有

$$\iint\limits_{D} f(x,y)\mathrm{d}\sigma = \int_{\alpha}^{\beta}\mathrm{d}\theta\int_{\rho_1(\theta)}^{\rho_2(\theta)} f(\rho\cos\theta, \rho\sin\theta)\rho\mathrm{d}\rho. \tag{9-2-8}$$

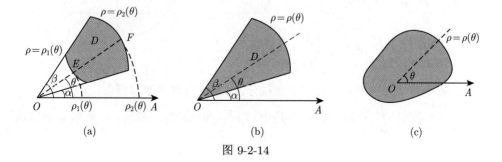

图 9-2-14

2. 如果区域 D 是由射线 $\theta = \alpha$, $\theta = \beta$ $(\beta > \alpha)$ 与曲线 $\rho = \rho(\theta)$ 围成, 这时极点 O 在 D 的边界上 (图 9-2-14(b)), 则 D 可用不等式组表示为

$$\begin{cases} \alpha \leqslant \theta \leqslant \beta, \\ 0 \leqslant \rho \leqslant \rho(\theta). \end{cases}$$

则有

$$\iint\limits_{D} f(x,y)\mathrm{d}\sigma = \int_{\alpha}^{\beta} \mathrm{d}\theta \int_{0}^{\rho(\theta)} f(\rho\cos\theta, \rho\sin\theta)\rho\mathrm{d}\rho. \qquad (9\text{-}2\text{-}9)$$

3. 如果区域 D 由闭曲线 $\rho = \rho(\theta)$ 围成, 这时极点 O 在 D 内 (图 9-2-14(c)), 则 D 可用不等式组表示为

$$\begin{cases} 0 \leqslant \theta \leqslant 2\pi, \\ 0 \leqslant \rho \leqslant \rho(\theta), \end{cases}$$

则有

$$\iint\limits_{D} f(x,y)\mathrm{d}\sigma = \int_{0}^{2\pi} \mathrm{d}\theta \int_{0}^{\rho(\theta)} f(\rho\cos\theta, \rho\sin\theta)\rho\mathrm{d}\rho. \qquad (9\text{-}2\text{-}10)$$

例 8　计算积分 $I = \iint\limits_{D} \sqrt{x^2 + y^2}\mathrm{d}\sigma$, 其中 D 是由 $a^2 \leqslant x^2 + y^2 \leqslant b^2 (0 < a < b)$ 所确定的区域.

解　首先画出积分区域 D 的图形 (图 9-2-15), 由于区域 D 为圆环, 在极坐标系下可用不等式组表示为

$$D: \begin{cases} 0 \leqslant \theta \leqslant 2\pi, \\ a \leqslant \rho \leqslant b, \end{cases}$$

则

$$I = \iint\limits_{D} \sqrt{x^2 + y^2}\mathrm{d}\sigma$$

$$= \int_{0}^{2\pi} \mathrm{d}\theta \int_{a}^{b} \rho^2 \mathrm{d}\rho = \frac{2\pi}{3}\left(b^3 - a^3\right).$$

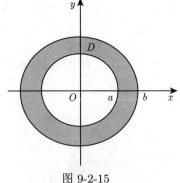

图 9-2-15

读者不妨用直角坐标来计算上述积分, 会发现计算要繁琐得多.

例 9　计算 $\iint\limits_{D} \dfrac{x}{y}\mathrm{d}\sigma$, 其中 D 是由圆 $x^2 + y^2 = 2y$, 直线 $y = x$ 和 y 轴围成的区域.

解 区域 D 如图 9-2-16 所示, 圆 $x^2 + y^2 = 2y$ 的极坐标方程为 $\rho = 2\sin\theta$, 直线 $y = x$ 的极坐标方程为 $\theta = \dfrac{\pi}{4}$, y 轴 (正向) 的极坐标方程为 $\theta = \dfrac{\pi}{2}$, 因此区域 D 可用不等式组表示为

$$D : \begin{cases} \dfrac{\pi}{4} \leqslant \theta \leqslant \dfrac{\pi}{2}, \\ 0 \leqslant \rho \leqslant 2\sin\theta. \end{cases}$$

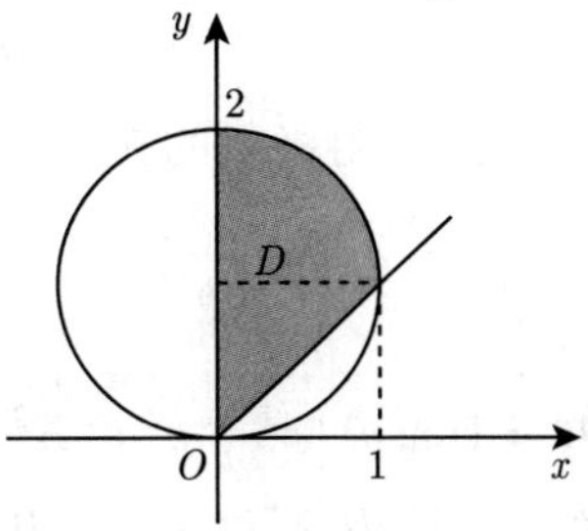

则

图 9-2-16

$$\iint\limits_{D} \frac{x}{y}\mathrm{d}\sigma = \int_{\frac{\pi}{4}}^{\frac{\pi}{2}} \mathrm{d}\theta \int_{0}^{2\sin\theta} \frac{\cos\theta}{\sin\theta} \rho\mathrm{d}\rho$$

$$= \int_{\frac{\pi}{4}}^{\frac{\pi}{2}} \frac{\cos\theta}{\sin\theta} \left[\frac{\rho^2}{2} \right]_{0}^{2\sin\theta} \mathrm{d}\theta = 2\int_{\frac{\pi}{4}}^{\frac{\pi}{2}} \sin\theta\cos\theta\mathrm{d}\theta = \int_{\frac{\pi}{4}}^{\frac{\pi}{2}} \sin 2\theta\mathrm{d}\theta$$

$$= -\frac{1}{2}[\cos 2\theta]_{\frac{\pi}{4}}^{\frac{\pi}{2}} = \frac{1}{2}.$$

例 10 计算 $I = \iint\limits_{D} \mathrm{e}^{-x^2-y^2}\mathrm{d}x\mathrm{d}y$, 其中 D 为圆域 $x^2 + y^2 \leqslant R^2 (R > 0)$, 并由此计算反常积分 $\displaystyle\int_{0}^{+\infty} \mathrm{e}^{-x^2}\mathrm{d}x$.

解 在极坐标系下, D 的位于第一象限的四分之一区域 D_1 可表示为

$$D_1 : \begin{cases} 0 \leqslant \theta \leqslant \dfrac{\pi}{2}, \\ 0 \leqslant \rho \leqslant R, \end{cases}$$

则由对称性可知

$$I = \iint\limits_{D} \mathrm{e}^{-x^2-y^2}\mathrm{d}x\mathrm{d}y = 4\iint\limits_{D_1} \mathrm{e}^{-x^2-y^2}\mathrm{d}x\mathrm{d}y,$$

又

$$\iint\limits_{D_1} \mathrm{e}^{-x^2-y^2}\mathrm{d}x\mathrm{d}y = \int_{0}^{\frac{\pi}{2}} \mathrm{d}\theta \int_{0}^{R} \mathrm{e}^{-\rho^2}\rho\mathrm{d}\rho$$

$$= \int_{0}^{\frac{\pi}{2}} \frac{1}{2}\left(1 - \mathrm{e}^{-R^2}\right)\mathrm{d}\theta = \frac{1}{4}\left(1 - \mathrm{e}^{-R^2}\right)\pi,$$

则

$$I = 4 \iint\limits_{D_1} e^{-x^2-y^2}\mathrm{d}x\mathrm{d}y = \left(1 - e^{-R^2}\right)\pi.$$

下面利用极限的夹逼准则, 来计算反常

积分 $\int_0^{+\infty} e^{-x^2}\mathrm{d}x$, 设

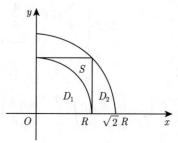

$D_1 = \{(x,y)\,|\,x^2 + y^2 \leqslant R^2, x \geqslant 0, y \geqslant 0\}$,
$D_2 = \{(x,y)\,|\,x^2 + y^2 \leqslant 2R^2, x \geqslant 0, y \geqslant 0\}$,
$S = \{(x,y)\,|\,0 \leqslant x \leqslant R, 0 \leqslant y \leqslant R\}$,

则 $D_1 \subset S \subset D_2$(图 9-2-17), 故

图 9-2-17

$$\iint\limits_{D_1} e^{-x^2-y^2}\mathrm{d}x\mathrm{d}y \leqslant \iint\limits_{S_1} e^{-x^2-y^2}\mathrm{d}x\mathrm{d}y \leqslant \iint\limits_{D_2} e^{-x^2-y^2}\mathrm{d}x\mathrm{d}y,$$

又

$$\iint\limits_{D_1} e^{-x^2-y^2}\mathrm{d}x\mathrm{d}y = \frac{1}{4}\left(1 - e^{-R^2}\right)\pi,$$

$$\iint\limits_{D_2} e^{-x^2-y^2}\mathrm{d}x\mathrm{d}y = \frac{1}{4}\left(1 - e^{-2R^2}\right)\pi,$$

$$\iint\limits_{S} e^{-x^2-y^2}\mathrm{d}x\mathrm{d}y = \int_0^R e^{-x^2}\mathrm{d}x \int_0^R e^{-y^2}\mathrm{d}y = \left[\int_0^R e^{-x^2}\mathrm{d}x\right]^2,$$

即

$$\frac{\pi}{4}\left(1 - e^{-R^2}\right) \leqslant \left[\int_0^R e^{-x^2}\mathrm{d}x\right]^2 \leqslant \frac{\pi}{4}\left(1 - e^{-2R^2}\right),$$

令 $R \to +\infty$, 上式两端极限均为 $\frac{\pi}{4}$, 由极限的夹逼准则, 得

$$\int_0^{+\infty} e^{-x^2}\mathrm{d}x = \frac{\sqrt{\pi}}{2}.$$

例 11 将累次积分 $I = \int_0^1 \mathrm{d}x \int_{1-x}^{\sqrt{1-x^2}} f\left(x^2 + y^2\right)\mathrm{d}y$ 化成极坐标系下的累次积分.

解 在直角坐标系中, I 的积分区域为

$$D = \left\{ (x,y) \mid 0 \leqslant x \leqslant 1, 1 - x \leqslant y \leqslant \sqrt{1-x^2} \right\},$$

它由圆弧 $y = \sqrt{1-x^2}$ 及直线 $y = 1 - x$ 所围成 (图 9-2-18), D 的边界曲线在极坐标系中的方程为

$$\rho = 1 \quad \text{及} \quad \rho = \frac{1}{\sin\theta + \cos\theta},$$

则在极坐标系中, D 可表示为

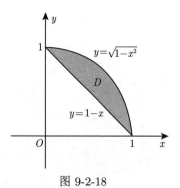

图 9-2-18

$$D = \left\{ (\rho,\theta) \,\middle|\, 0 \leqslant \theta \leqslant \frac{\pi}{2}, \frac{1}{\sin\theta + \cos\theta} \leqslant \rho \leqslant 1 \right\},$$

故

$$I = \int_0^{\frac{\pi}{2}} \mathrm{d}\theta \int_{\frac{1}{\sin\theta + \cos\theta}}^1 f\left(\rho^2\right) \rho \mathrm{d}\rho.$$

从上述一些例子中可以看到, 在某些二重积分的计算中, 采用极坐标可以带来很大方便, 有时某些在直角坐标下无法计算的积分, 在极坐标下却可以计算.

一般地, 当积分区域为圆域或其一部分, 或者 D 的边界用极坐标方程给出较为简单, 也或者被积函数中含 $x^2 + y^2$, $\frac{y}{x}$ 等因式时, 选用极坐标计算二重积分往往较为简单.

例 12 求由旋转抛物面 $z = 2 - x^2 - y^2$, 柱面 $x^2 + y^2 = 1$ 及坐标面 $z = 0$ 所围成的含 z 轴部分的立体体积.

解法一 所求立体是一个以旋转抛物面 $z = 2 - x^2 - y^2$ 为顶的曲顶柱体 (图 9-2-19(a)), 它的底为圆形区域 $D : x^2 + y^2 \leqslant 1$, 如图 9-2-19(b), 在极坐标系下, 区域

$$D = \left\{ (\rho,\theta) \,\middle|\, 0 \leqslant \theta \leqslant 2\pi, 0 \leqslant \rho \leqslant 1 \right\},$$

则该立体的体积为

$$V = \iint\limits_D \left(2 - x^2 - y^2 \right) \mathrm{d}x\mathrm{d}y$$

$$= \int_0^{2\pi} \mathrm{d}\theta \int_0^1 \left(2 - \rho^2 \right) \rho \mathrm{d}\rho = 2\pi \int_0^1 \left(2\rho - \rho^3 \right) \mathrm{d}\rho$$

$$= 2\pi \left[\rho^2 - \frac{1}{4}\rho^4 \right]_0^1 = 2\pi \cdot \frac{3}{4} = \frac{3\pi}{2}.$$

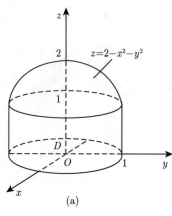
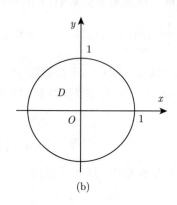

(a)　　　　　　　　　(b)

图 9-2-19

解法二　由图 9-2-19(b) 可知, 在直角坐标系下, 区域 $D = \{(x,y) | -1 \leqslant x \leqslant 1, -\sqrt{1-x^2} \leqslant y \leqslant \sqrt{1-x^2}\}$, 于是该立体的体积为

$$V = \iint\limits_{D} \left(2 - x^2 - y^2\right) \mathrm{d}x\mathrm{d}y = \int_{-1}^{1} \mathrm{d}x \int_{-\sqrt{1-x^2}}^{\sqrt{1-x^2}} \left(2 - x^2 - y^2\right) \mathrm{d}y$$

$$= \int_{-1}^{1} \left[\left(2 - x^2\right) y - \frac{1}{3}y^3\right]_{-\sqrt{1-x^2}}^{\sqrt{1-x^2}} \mathrm{d}x$$

$$= 4 \int_{0}^{1} \sqrt{1-x^2}\mathrm{d}x + \frac{8}{3} \int_{0}^{1} \left(\sqrt{1-x^2}\right)^3 \mathrm{d}x$$

$$\xrightarrow{\text{令} x = \sin t} \pi + \frac{8}{3} \int_{0}^{\frac{\pi}{2}} \cos^4 t\mathrm{d}t$$

$$= \pi + \frac{8}{3} \times \frac{3}{4} \times \frac{1}{2} \times \frac{\pi}{2} = \frac{3\pi}{2}.$$

比较上述两种计算方法, 发现解法一要简便得多, 请读者思考其中的原由.

* 三、二重积分的变量代换

在利用直角坐标系或极坐标系计算二重积分时, 都需要积分区域与被积函数具有相应的特点, 因此这两种计算方法都具有一定的局限性.

将极坐标看作是与直角坐标之间的一种变量代换, 可将便于用极坐标表示的积分区域与被积函数化为简单形式, 从而易于积出, 由此对于一般的二重积分, 是否也可选取适当的变量代换, 使得积分限容易确定, 或使被积函数变得简单, 从而可以计算出更多的二重积分呢?

下面引进二重积分的变量代换公式.

作变换 $T: x = x(u,v), y = y(u,v)$, 若函数 $x = x(u,v), y = y(u,v)$ 在 D_{uv} 上具有一阶连续偏导数, 当行列式

$$J(u,v) = \frac{\partial(x,y)}{\partial(u,v)} = \begin{vmatrix} \dfrac{\partial x}{\partial u} & \dfrac{\partial x}{\partial v} \\ \dfrac{\partial y}{\partial u} & \dfrac{\partial y}{\partial v} \end{vmatrix} \neq 0$$

时, 根据隐函数存在定理可知, 由变换 T 对应的方程组可唯一确定一组隐函数 $u = u(x,y), v = v(x,y)$, 这时通过变换 T, 就将 uOv 面上的闭区域 D_{uv} 变为了 xOy 面上的闭区域 D_{xy}, 且 D_{uv} 与 D_{xy} 中的点一一对应. 可以证明, 在变换 T 下面积元素的变换公式为

$$\mathrm{d}\sigma_{xy} = \left| \frac{\partial(x,y)}{\partial(u,v)} \right| \mathrm{d}u\mathrm{d}v = |J(u,v)|\mathrm{d}u\mathrm{d}v, \tag{9-2-11}$$

上式中取绝对值是为了保证变换后的面积元素为正值, 这就是面积元素的变换公式. 从而有

定理 1 设 $f(x,y)$ 为平面区域 D_{xy} 上的连续函数, 变换 $T: x = x(u,v)$, $y = y(u,v)$ 将 uOv 面上的闭区域 D_{uv} 变为 xOy 面上的闭区域 D_{xy}, 若函数 $x = x(u,v), y = y(u,v)$ 在 D_{uv} 上具有一阶连续偏导数, 且雅可比行列式

$$J(u,v) = \frac{\partial(x,y)}{\partial(u,v)} = \begin{vmatrix} \dfrac{\partial x}{\partial u} & \dfrac{\partial x}{\partial v} \\ \dfrac{\partial y}{\partial u} & \dfrac{\partial y}{\partial v} \end{vmatrix} \neq 0,$$

则变换 $T: x = x(u,v), y = y(u,v)$ 是 D_{uv} 到 D_{xy} 的一个一一对应的变换, 区域 D_{uv} 关于变换 T 的像为区域 D_{xy}, 则有

$$\iint\limits_{D_{xy}} f(x,y)\mathrm{d}x\mathrm{d}y = \iint\limits_{D_{uv}} f(x(u,v), y(u,v))|J(u,v)|\mathrm{d}u\mathrm{d}v, \tag{9-2-12}$$

称式 (9-2-12) 为**二重积分的变量代换公式**.

证 略.

例如, 二重积分计算中常用的极坐标变换: $\begin{cases} x = \rho\cos\theta, \\ y = \rho\sin\theta, \end{cases}$ 则

$$J(\rho,\theta) = \frac{\partial(x,y)}{\partial(\rho,\theta)} = \begin{vmatrix} \dfrac{\partial x}{\partial \rho} & \dfrac{\partial x}{\partial \theta} \\ \dfrac{\partial y}{\partial \rho} & \dfrac{\partial y}{\partial \theta} \end{vmatrix} = \begin{vmatrix} \cos\theta & -\rho\sin\theta \\ \sin\theta & \rho\cos\theta \end{vmatrix} = \rho,$$

显然上式除了在原点外都为正值, 因此可得极坐标下的面积元素 $\mathrm{d}\sigma$ 为

$$\mathrm{d}\sigma = \rho\mathrm{d}\rho\mathrm{d}\theta.$$

因此可得极坐标系中的二重积分计算公式为

$$\iint\limits_{D_{xy}} f(x,y)\mathrm{d}x\mathrm{d}y = \iint\limits_{D_{\rho\theta}} f(\rho\cos\theta, \rho\sin\theta)\,\rho\mathrm{d}\rho\mathrm{d}\theta. \tag{9-2-13}$$

上式与前面推导得到的极坐标系下的计算公式 (9-2-7) 是一致的.

例 13 计算二重积分 $\displaystyle\iint\limits_{D} \mathrm{e}^{\frac{x-y}{x+y}}\mathrm{d}x\mathrm{d}y$, 其中 D 是由 $x=0, y=0, x+y=1$ 所围的区域 (图 9-2-20).

解 令 $x-y=u, x+y=v$, 则变换

$$T: x = \frac{u+v}{2}, \quad y = \frac{v-u}{2},$$

则雅可比行列式

$$J(u,v) = \begin{vmatrix} \dfrac{1}{2} & \dfrac{1}{2} \\ -\dfrac{1}{2} & \dfrac{1}{2} \end{vmatrix} = \frac{1}{2} \neq 0,$$

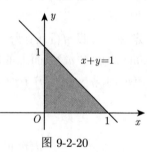

图 9-2-20

故在变换 T 的作用下, 区域 D 的原象为 D_{uv}, 如图 9-2-21 所示, 所以

$$\iint\limits_{D} \mathrm{e}^{\frac{x-y}{x+y}}\mathrm{d}x\mathrm{d}y = \iint\limits_{D_{uv}} \mathrm{e}^{\frac{u}{v}} \cdot \frac{1}{2}\mathrm{d}u\mathrm{d}v$$

$$= \frac{1}{2}\int_0^1 \mathrm{d}v \int_{-v}^{v} \mathrm{e}^{\frac{u}{v}}\mathrm{d}u$$

$$= \frac{1}{2}\int_0^1 \left(\mathrm{e} - \mathrm{e}^{-1}\right)v\mathrm{d}v = \frac{\mathrm{e}-\mathrm{e}^{-1}}{4}.$$

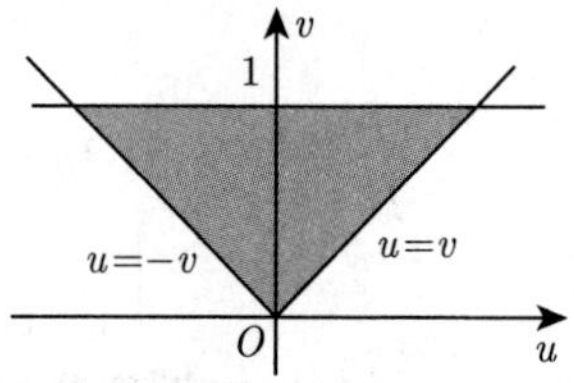

图 9-2-21

*四、无界区域上的反常二重积分

将一元函数在无穷区间上的反常积分进行类推, 可以得到无界区域上的反常二重积分.

定义 1 设 D 是平面上的无界区域, 二元函数 $f(x,y)$ 在 D 上有定义, 用任意光滑或分段光滑的曲线 C 将区域 D 划出有界区域 D_c, 如图 9-2-22 所示, 如果 $\iint\limits_{D_c} f(x,y)\mathrm{d}\sigma$ 存在, 且当曲线 C 连续变动, 使 $D_c \to D$ 时, 极限 $\lim\limits_{D_c \to D} \iint\limits_{D_c} f(x,y)\mathrm{d}\sigma$ 存在, 则称此极限为函数 $f(x,y)$ 在无界区域 D 上的**反常二重积分**, 记作 $\iint\limits_{D} f(x,y)\mathrm{d}\sigma$, 也说 $\iint\limits_{D} f(x,y)\mathrm{d}\sigma$ **收敛**, 即

$$\iint\limits_{D} f(x,y)\mathrm{d}\sigma = \lim\limits_{D_c \to D} \iint\limits_{D_c} f(x,y)\mathrm{d}\sigma,$$

否则, 称反常二重积分 $\iint\limits_{D} f(x,y)\mathrm{d}\sigma$ **发散**.

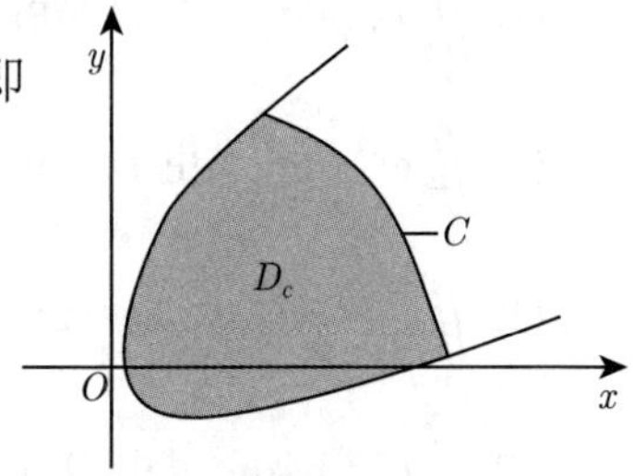

图 9-2-22

一般地, 类似一元函数在无穷区间上的反常积分, 可以将无界区域 D 上的反常二重积分化为含一元反常积分的累次积分后再计算, 其收敛性依赖于所含一元反常积分的收敛性.

例 14 计算积分 $\iint\limits_{D} \dfrac{y^3}{(1+x^2+y^4)^2}\mathrm{d}x\mathrm{d}y$, 其中 D 是第一象限中以曲线 $y = \sqrt{x}$ 与 x 轴为边界的无界区域. (2017 考研真题)

解 积分 D 区域如图 9-2-23 所示, 选用直角坐标的 X 型计算, 得

$$原式 = \int_0^{+\infty} \mathrm{d}x \int_0^{\sqrt{x}} \frac{y^3\mathrm{d}y}{(1+x^2+y^4)^2}$$

$$= \frac{1}{4} \int_0^{+\infty} \mathrm{d}x \int_0^{\sqrt{x}} \frac{\mathrm{d}y^4}{(1+x^2+y^4)^2}$$

$$= -\frac{1}{4} \int_0^{+\infty} \left[\frac{1}{1+x^2+y^4} \right]_0^{\sqrt{x}} \mathrm{d}x$$

$$= \frac{1}{4} \int_0^{+\infty} \left(\frac{1}{1+x^2} - \frac{1}{1+2x^2} \right) \mathrm{d}x$$

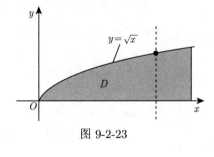

图 9-2-23

$$= \frac{1}{4} \left[\arctan x - \frac{1}{\sqrt{2}} \arctan \sqrt{2} x \right]_0^{+\infty}$$

$$= \frac{\pi}{8} \left(1 - \frac{\sqrt{2}}{2} \right).$$

习 题 9-2

课件9-2-3

A 组

1. 计算下列积分:

(1) $\iint\limits_{D} x\sqrt{y}\mathrm{d}\sigma$, 其中 D 是由两条抛物线 $y = \sqrt{x}, y = x^2$ 所围成的闭区域;

(2) $\iint\limits_{D} \mathrm{e}^{x+y}\mathrm{d}\sigma$, 其中 D 是由 $|x| + |y| \leqslant 1$ 所确定的闭区域;

(3) $\iint\limits_{D} \frac{2y}{1+x}\mathrm{d}x\mathrm{d}y$, 其中 D 是由直线 $x = 0, y = 0, y = x - 1$ 所围成的闭区域;

(4) $\iint\limits_{D} \mathrm{e}^{-y^2}\mathrm{d}x\mathrm{d}y$, 其中 D 是由直线 $x = 0, y = x, y = 1$ 所围成的闭区域;

(5) $\int_0^1 \mathrm{d}y \int_y^1 x \sin \frac{y}{x}\mathrm{d}x$.

2. 改变下列累次积分的积分次序:

(1) $\int_0^2 \mathrm{d}y \int_{y^2}^{2y} f(x,y)\mathrm{d}x$;

(2) $\int_1^2 \mathrm{d}x \int_{2-x}^{\sqrt{2x-x^2}} f(x,y)\mathrm{d}y$;

(3) $\int_0^2 \mathrm{d}x \int_0^{\frac{x^2}{2}} f(x,y)\mathrm{d}y + \int_2^{2\sqrt{2}} \mathrm{d}x \int_0^{\sqrt{8-x^2}} f(x,y)\mathrm{d}y$.

3. 利用极坐标, 计算下列二重积分或累次积分:

(1) $\iint\limits_{D} \mathrm{e}^{x^2+y^2}\mathrm{d}x\mathrm{d}y$, 其中 $D = \{(x,y)\,|\,a^2 \leqslant x^2 + y^2 \leqslant b^2, b > a > 0\}$;

(2) $\iint\limits_{D} \sqrt{a^2 - x^2 - y^2}\mathrm{d}x\mathrm{d}y$, $D = \{(x,y)\,|\,x^2 + y^2 \leqslant ax, a > 0\}$;

(3) $\iint\limits_{D} \arctan \frac{y}{x}\mathrm{d}x\mathrm{d}y$, 其中 D 是由 $1 \leqslant x^2 + y^2 \leqslant 4, y = x, y = 0, x > 0, y > 0$ 所确定的区域;

(4) $\iint\limits_{D} \ln\left(x^2 + y^2\right)\mathrm{d}x\mathrm{d}y$, 其中 D 是由 $\mathrm{e}^2 \leqslant x^2 + y^2 \leqslant \mathrm{e}^4$ 所确定的区域;

(5) $\int_0^2 \mathrm{d}x \int_0^{\sqrt{4-x^2}} \sqrt{x^2+y^2} \mathrm{d}y$.

4. 选用适当的坐标系计算下列二重积分或累次积分:

(1) $\iint\limits_D \sqrt{\dfrac{1-x^2-y^2}{1+x^2+y^2}} \mathrm{d}\sigma$, 其中 D 是由圆周 $x^2+y^2=1$ 及坐标轴所围成的在第一象限内

的闭区域;

(2) $\iint\limits_D (x^2+y^2) \mathrm{d}\sigma$, 其中 D 是由直线 $y=x$, $y=x+a$, $y=a$, $y=3a(a>0)$ 所围成的

闭区域;

(3) $\iint\limits_D \dfrac{\sin x}{x} \mathrm{d}x\mathrm{d}y$, 其中 D 是由 $y=x$ 与 $y=x^2$ 所围成的闭区域;

(4) $\int_{\frac{1}{4}}^{\frac{1}{2}} \mathrm{d}y \int_{\frac{1}{2}}^{\sqrt{y}} \mathrm{e}^{\frac{y}{x}} \mathrm{d}x + \int_{\frac{1}{2}}^1 \mathrm{d}y \int_y^{\sqrt{y}} \mathrm{e}^{\frac{y}{x}} \mathrm{d}x$;

(5) $\iint\limits_D |y-x^2| \mathrm{d}x\mathrm{d}y$, 其中 D 是由 $x=-1, x=1, y=0, y=1$ 所围成的闭区域.

5. 计算 $\iint\limits_D x(x+y)\mathrm{d}x\mathrm{d}y$, 其中 $D=\left\{(x,y) \mid x^2+y^2 \leqslant 2, y \geqslant x^2\right\}$. (2015 考研真题)

6. 利用二重积分求下列各立体 Ω 的体积:

(1) Ω 是由平面 $x=0, y=0, x+y=1$ 所围成的柱体被平面 $z=0$ 及抛物面 $x^2+y^2=6-z$ 截得的立体;

(2) Ω 是以 xOy 面上的圆周 $x^2+y^2=ax$ 围成的闭区域为底, 以曲面 $z=x^2+y^2$ 为顶的曲顶柱体.

7. 设 $f(u)$ 有连续的一阶导数, 且 $f(0)=0$, 试求

$$I = \lim_{t \to 0^+} \frac{1}{t^3} \iint\limits_D f\left(\sqrt{x^2+y^2}\right) \mathrm{d}x\mathrm{d}y,$$

其中, $D: x^2+y^2 \leqslant t^2$.

*8. 计算 $\iint\limits_D x\mathrm{e}^{-y^2} \mathrm{d}\sigma$, 其中 D 是由曲线 $y=4x^2$, $y=9x^2$ 在第一象限所围成的无界区域.

*9. 求由抛物线 $y^2=px, y^2=qx(0<p<q)$, 及双曲线 $xy=a, xy=b(0<a<b)$ 所围成的区域的面积.

B 组

1. 计算下列二重积分:

(1) $\iint\limits_D |\cos(x+y)| \mathrm{d}x\mathrm{d}y$, 其中 $D=\left\{(x,y) \,\middle|\, 0 \leqslant x \leqslant \dfrac{\pi}{2}, \ 0 \leqslant y \leqslant \dfrac{\pi}{2}\right\}$;

(2) $\iint\limits_{D} (x - y)\mathrm{d}\sigma$, 其中 $D = \{(x, y)|(x - 1)^2 + (y - 1)^2 \leqslant 2, y \geqslant x\}$.

2. 设二元函数 $f(x, y) = \begin{cases} x^2, & |x| + |y| \leqslant 1, \\ \dfrac{1}{\sqrt{x^2 + y^2}}, & 1 \leqslant |x| + |y| \leqslant 2, \end{cases}$ 计算 $\iint\limits_{D} f(x, y)\mathrm{d}\sigma$, 其中 $D = \{(x, y)||x| + |y| \leqslant 2\}$.

3. 设 $f(x)$ 在 $[0, 1]$ 上连续, 证明:

$$\int_a^b \mathrm{d}y \int_a^y (y - x)^n f(x)\mathrm{d}x = \frac{1}{n + 1}\int_a^b (b - x)^{n+1} f(x)\mathrm{d}x \quad (n > 0).$$

9.3 三重积分

课前测9-3-1

一、三重积分的概念

引例 非均匀分布的物体的质量.

设有一质量非均匀分布的立体 Ω, 在点 (x, y, z) 处的密度为 $\mu(x, y, z)$, 且 $\mu(x, y, z)$ 在 Ω 上连续, 求该立体的质量.

由于立体 Ω 的质量对于空间区域具有可加性, 因此可用积分方法, 即"分割, 取近似, 求和, 取极限"的方法来计算立体的质量.

① 分割 用三组曲面网将立体 Ω 所在的区域分割成 n 个小立体区域: $\Delta\Omega_1$, $\Delta\Omega_2, \cdots, \Delta\Omega_n$, 并用 Δv_i 表示第 i 个小闭区域 $\Delta\Omega_i$ 的体积.

② 取近似 当每个小闭区域 $\Delta\Omega_i(i = 1, 2, \cdots, n)$ 的直径都很小时, 由于 $\mu(x, y, z)$ 连续, 因此在同一个小闭区域上, $\mu(x, y, z)$ 变化很小, 这时小立体 $\Delta\Omega_i(i = 1, 2, \cdots, n)$ 可近似地看作质量是均匀分布的, 在 $\Delta\Omega_i(i = 1, 2, \cdots, n)$ 上任取一点 (ξ_i, η_i, ζ_i), 于是可得每个小立体的质量 ΔM_i 的近似值

$$\Delta M_i \approx \mu(\xi_i, \eta_i, \zeta_i)\Delta v_i \quad (i = 1, 2, \cdots, n).$$

③ 求和 立体的质量等于所有小立体的质量之和

$$M = \sum_{i=1}^n \Delta M_i \approx \sum_{i=1}^n \mu(\xi_i, \eta_i, \zeta_i)\Delta v_i.$$

④ 取极限 令 n 个小立体的直径的最大值 (记作 λ) 趋于零, 取上述和式的极限, 就可得所求物体的质量

$$M = \lim_{\lambda \to 0} \sum_{i=1}^n \mu(\xi_i, \eta_i, \zeta_i)\Delta v_i.$$

现实中还有许多这样的问题可以归结为上述类型的极限, 抽去上述问题中的具体意义, 抽象出其中的数学意义, 就得到下面三重积分的定义.

定义 1 设 $f(x, y, z)$ 是空间有界闭区域 Ω 上的有界函数, 将 Ω 任意分成 n 个小闭区域 $\Delta\Omega_1, \Delta\Omega_2, \cdots, \Delta\Omega_n$, 并用 Δv_i 表示第 i 个小闭区域 $\Delta\Omega_i$ 的体积, 在每个小闭区域 $\Delta\Omega_i$ 上任取一点 (ξ_i, η_i, ζ_i), 作乘积 $f(\xi_i, \eta_i, \zeta_i)\Delta v_i (i = 1, 2, \cdots, n)$, 并作和 $\sum\limits_{i=1}^{n} f(\xi_i, \eta_i, \zeta_i)\Delta v_i$, 如果当各小闭区域的直径中的最大值 λ 趋近于零时, 这和式的极限存在, 且与 Ω 的分法及点 (ξ_i, η_i, ζ_i) 的选取无关, 则称此极限为函数 $f(x, y, z)$ 在闭区域 Ω 上的**三重积分**, 记为 $\iiint\limits_{\Omega} f(x, y, z)\mathrm{d}v$, 即

$$\iiint\limits_{\Omega} f(x, y, z)\mathrm{d}v = \lim_{\lambda \to 0} \sum_{i=1}^{n} f(\xi_i, \eta_i, \zeta_i)\Delta v_i, \tag{9-3-1}$$

其中 $f(x, y, z)$ 称为**被积函数**, $f(x, y, z)\mathrm{d}v$ 称为**被积表达式**, $\mathrm{d}v$ 称为**体积微元**, x, y, z 称为**积分变量**, Ω 称为**积分区域**, $\sum\limits_{i=1}^{n} f(\xi_i, \eta_i, \zeta_i)\Delta v_i$ 称为**积分和**.

二重积分与三重积分统称为**重积分**.

由三重积分定义可知, 当积分存在时, 积分值与区域的分割方式无关, 因此在各个坐标系的积分计算中, 往往采用一些特殊的分割方式, 使积分计算变得简单有效.

在空间直角坐标系中, 常采用平行于坐标面的平面来划分区域 Ω, 这时除了包含 Ω 的边界点的一些不规则小闭区域外 (可略去不计), 得到的小闭区域 $\Delta\Omega_i$ 均为长方体, 设长方体小闭区域 $\Delta\Omega_i$ 的边长分别为 $\Delta x_j, \Delta y_k, \Delta z_h$, 则 $\Delta v_i = \Delta x_j \Delta y_k \Delta z_h$. 故直角坐标系中的体积元素为

$$\mathrm{d}v = \mathrm{d}x\mathrm{d}y\mathrm{d}z,$$

从而三重积分也记为

$$\iiint\limits_{\Omega} f(x, y, z)\mathrm{d}x\mathrm{d}y\mathrm{d}z.$$

可以证明, 当 $f(x, y, z)$ 在闭区域 Ω 上连续时, $f(x, y, z)$ 在闭区域 Ω 上的三重积分必定存在. 今后我们总假定被积函数 $f(x, y, z)$ 在 Ω 上连续.

另外由定义 1 可知, 二重积分中的有关性质, 相应类推到三重积分上也同样成立. 这里不再一一赘述.

由三重积分的定义可知, 以 $\mu(x,y,z)$ 为密度分布的空间有界闭区域 Ω 的质量, 是其密度函数 $\mu(x,y,z)$ 在空间立体区域 Ω 上的三重积分, 即

$$M = \iiint\limits_{\Omega} \mu(x,y,z)\mathrm{d}v. \tag{9-3-2}$$

二、三重积分的计算

三重积分计算的基本思路是将其化为三次定积分. 下面根据坐标系的特点分别讨论.

1. 直角坐标系下的三重积分计算

(1) 投影法　设空间区域 Ω 是如图 9-3-1 所示的立体, 它有以下特点.

用平行于 z 轴的直线穿过闭区域 Ω 内部与闭区域 Ω 的边界曲面 Σ 最多相交于两点, 如图 9-3-1 所示.

将 Ω 在 xOy 面上的投影区域记作 D_{xy}, 则以 D_{xy} 的边界为准线而母线平行于 z 轴的柱面记作 Σ_3, Ω 的上、下两曲面记作 Σ_2, Σ_1, 它们的方程分别为

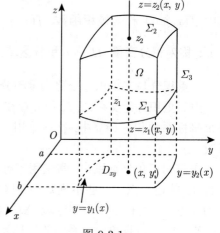

图 9-3-1

$$\Sigma_1 : z = z_1(x,y), \quad (x,y) \in D_{xy},$$

$$\Sigma_2 : z = z_2(x,y), \quad (x,y) \in D_{xy},$$

其中 $z_1(x,y)$ 与 $z_2(x,y)$ 都是 D_{xy} 上的连续函数, 且 $z_1(x,y) \leqslant z_2(x,y)$, $(x,y) \in D_{xy}$.

因此闭区域 Ω 由上、下两曲面 Σ_2, Σ_1 与侧柱面 Σ_3 围成, 这时 Ω 可表示为

$$\Omega = \{(x,y,z) \mid z_1(x,y) \leqslant z \leqslant z_2(x,y), (x,y) \in D_{xy}\}.$$

为方便起见, 不妨称这样的区域为 xy 型区域.

类似地, 如果平行于 x 轴或 y 轴且穿过闭区域 Ω 内部的直线与 Ω 的边界曲面 Σ 相交不多于两点, 对应的区域分别称为 yz 型区域或 zx 型区域. 这三类区域统称为简单区域.

下面以 xy 型区域为例, 将三重积分化为三次定积分.

先在平行于 z 轴的方向上求积分.

暂时先将 x, y 看作常数, 这时 $f(x, y, z)$ 可看作 z 的一元函数, 在区间 $[z_1(x, y),$ $z_2(x, y)]$ 上对 z 积分. 积分的结果是 x, y 的函数, 记为 $F(x, y)$, 即

$$F(x, y) = \int_{z_1(x,y)}^{z_2(x,y)} f(x, y, z) \mathrm{d}z,$$

然后计算 $F(x, y)$ 在闭区域 D_{xy} 上的二重积分

$$\iint\limits_{D_{xy}} F(x, y)\mathrm{d}\sigma = \iint\limits_{D_{xy}} \mathrm{d}\sigma \int_{z_1(x,y)}^{z_2(x,y)} f(x, y, z)\mathrm{d}z. \tag{9-3-3}$$

这样, 就将三重积分化成了先定积分后二重积分的累次积分, 这类积分区域常称为 "**先一后二**" 型. 这样的方法称为 "**投影法**".

如果闭区域 D_{xy} 为 X 型, 即 $D_{xy} : a \leqslant x \leqslant b, y_1(x) \leqslant y \leqslant y_2(x)$, 再把上面的二重积分化为二次定积分, 于是得到三重积分的计算公式

$$\iiint\limits_{\Omega} f(x, y, z)\mathrm{d}v = \int_a^b \mathrm{d}x \int_{y_1(x)}^{y_2(x)} \mathrm{d}y \int_{z_1(x,y)}^{z_2(x,y)} f(x, y, z)\mathrm{d}z. \tag{9-3-4}$$

公式 (9-3-4) 把三重积分化为先对 z、再对 y、最后对 x 的三次积分.

若投影区域 D_{xy} 为 Y 型, 则 $D_{xy} : c \leqslant y \leqslant d, x_1(y) \leqslant x \leqslant x_2(y)$, 则

$$\iiint\limits_{\Omega} f(x, y, z)\mathrm{d}v = \int_c^d \mathrm{d}y \int_{x_1(y)}^{x_2(y)} \mathrm{d}x \int_{z_1(x,y)}^{z_2(x,y)} f(x, y, z)\mathrm{d}z. \tag{9-3-5}$$

利用公式 (9-3-4) 与 (9-3-5) 就把三重积分化为累次积分 (三次定积分).

类似地, 当闭区域 Ω 为 yz 型区域或 zx 型区域时, 则可把 Ω 相应地投影到 yOz 面或 xOz 面上, 得 yOz 面上的区域 D_{yz} 或 xOz 面上的区域 D_{zx}, 利用投影法同样可将三重积分 $\iiint\limits_{\Omega} f(x, y, z)\mathrm{d}v$ 化为先一后二的累次积分:

$$\iiint\limits_{\Omega} f(x, y, z)\mathrm{d}v = \iint\limits_{D_{yz}} \mathrm{d}y\mathrm{d}z \int_{x_1(y,z)}^{x_2(y,z)} f(x, y, z)\mathrm{d}x, \tag{9-3-6}$$

或

$$\iiint\limits_{\Omega} f(x, y, z)\mathrm{d}v = \iint\limits_{D_{zx}} \mathrm{d}z\mathrm{d}x \int_{y_1(x,z)}^{y_2(x,z)} f(x, y, z)\mathrm{d}y. \tag{9-3-7}$$

注 如果平行于坐标轴且穿过闭区域 Ω 内部的直线与边界曲面 Σ 的交点多于两个时, Ω 就不是简单区域了, 此时可像处理二重积分那样, 作辅助曲面把 Ω 分成若干个简单区域, 然后利用积分对区域具有可加性, 将 Ω 上的三重积分化为各部分简单闭区域上的三重积分的和.

例 1 计算 $I = \iiint\limits_{\Omega} xy\mathrm{d}x\mathrm{d}y\mathrm{d}z$, 其中 Ω 是由三个坐标面及

平面 $x + y + z = 1$ 所围成的有界闭区域.

例1讲解9-3-2

解 画出积分区域 Ω (图 9-3-2), 利用投影法, 将 Ω 向 xOy 面投影, 则投影区域为

$$D_{xy} = \{(x, y) \mid 0 \leqslant x \leqslant 1, 0 \leqslant y \leqslant 1 - x\},$$

Ω 的下界面为 $z = 0$, 上界面为 $z = 1 - x - y$, 因此 z 的积分限: $0 \leqslant z \leqslant 1 - x - y$. 故积分区域 Ω 可表示为

$$\Omega = \{(x, y, z) \mid 0 \leqslant x \leqslant 1, 0 \leqslant y \leqslant 1 - x, 0 \leqslant z \leqslant 1 - x - y\},$$

于是

$$
\begin{aligned}
I &= \iint\limits_{D_{xy}} xy\mathrm{d}x\mathrm{d}y \int_0^{1-x-y} \mathrm{d}z \\
&= \int_0^1 x\mathrm{d}x \int_0^{1-x} y\mathrm{d}y \int_0^{1-x-y} \mathrm{d}z \\
&= \int_0^1 x\mathrm{d}x \int_0^{1-x} (1 - x - y)y\mathrm{d}y \\
&= \int_0^1 \frac{x}{6}(1 - x)^3 \mathrm{d}x = \frac{1}{120}.
\end{aligned}
$$

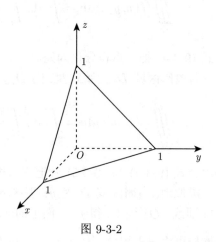

图 9-3-2

例 2 计算由抛物面 $z = 6 - x^2 - y^2, xOz$ 面, yOz 面及平面 $y = 4z, x = 1, y = 2$ 所围成的立体的体积.

解 画出积分区域 Ω (图 9-3-3), 利用投影法, 将 Ω 向 xOy 面投影, 投影区域为

$$D_{xy} = \{(x, y) \mid 0 \leqslant x \leqslant 1, 0 \leqslant y \leqslant 2\},$$

Ω 的下界面为 $z = \dfrac{y}{4}$, 上界面为 $z = 6 - x^2 - y^2$, 则所求立体的体积为

$$V = \iiint\limits_{\Omega} \mathrm{d}x\mathrm{d}y\mathrm{d}z$$

$$= \iint\limits_{D_{xy}} \mathrm{d}x\mathrm{d}y \int_{\frac{y}{4}}^{6-x^2-y^2} \mathrm{d}z$$

$$= \int_0^1 \mathrm{d}x \int_0^2 \left(6 - x^2 - y^2 - \frac{y}{4}\right) \mathrm{d}y$$

$$= \int_0^1 \left(\frac{53}{6} - 2x^2\right) \mathrm{d}x = \frac{49}{6}.$$

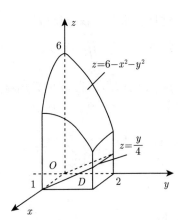

图 9-3-3

(2) 截面法　当积分区域 Ω 夹在两张
水平面之间, 且其水平截面的形状较为规则时, 三重积分的计算中也可通过先求
截面上的二重积分, 再计算一个定积分来进行, 这类积分常称为 "**先二后一**" 型,
这样的方法称为 "**截面法**". 具体做法如下.

先将积分区域 Ω 投影到 z 轴上, 得投影区间为 $[c, d]$, 即 $c \leqslant z \leqslant d$ (图 9-3-4),
再在区间 $[c, d]$ 内任取一点 z, 过点 $(0, 0, z)$ 作平行于 xOy 面的平面截 Ω 得一平
面区域 D_z, 则 Ω 可表示为

$$\Omega = \{(x, y, z) \mid c \leqslant z \leqslant d, (x, y) \in D_z\},$$

对每一个固定的 $z(z \in [c, d])$, 在截面
D_z 上求二重积分 $\iint\limits_{D_z} f(x, y, z)\mathrm{d}x\mathrm{d}y$,
该二重积分是 z 的函数, 令

$$I(z) = \iint\limits_{D_z} f(x, y, z)\mathrm{d}x\mathrm{d}y,$$

再对 $I(z)$ 在区间 $[c, d]$ 上作定积分

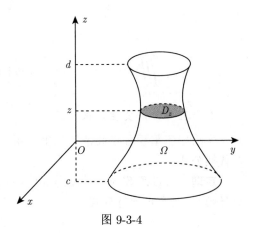

图 9-3-4

$$\int_c^d I(z)\mathrm{d}z = \int_c^d \mathrm{d}z \iint\limits_{D_z} f(x, y, z)\mathrm{d}x\mathrm{d}y,$$

则

$$\iiint\limits_{\Omega} f(x, y, z)\mathrm{d}v = \int_c^d \mathrm{d}z \iint\limits_{D_z} f(x, y, z)\mathrm{d}x\mathrm{d}y. \tag{9-3-8}$$

这样就将三重积分化成了"先二后一"的累次积分.

例 3 计算 $\iiint\limits_{\Omega} z^2 \mathrm{d}x\mathrm{d}y\mathrm{d}z$, 其中 Ω 为椭球体 $\dfrac{x^2}{a^2} + \dfrac{y^2}{b^2} + \dfrac{z^2}{c^2} \leqslant 1$.

解 由区域特征, 我们采用截面法化为"先二后一"的累次积分. 用平面 $z = z$ 截空间区域 Ω, 得截面区域为 (图 9-3-5)

$$D_z = \left\{ (x,y) \,\Big|\, \frac{x^2}{a^2} + \frac{y^2}{b^2} \leqslant 1 - \frac{z^2}{c^2} \right\},$$

则

$$\Omega = \left\{ (x,y,z) \,\Big|\, -c \leqslant z \leqslant c, \frac{x^2}{a^2} + \frac{y^2}{b^2} \leqslant 1 - \frac{z^2}{c^2} \right\},$$

于是由公式 (9-3-8) 可得

$$\iiint\limits_{\Omega} z^2 \mathrm{d}x\mathrm{d}y\mathrm{d}z = \int_{-c}^{c} z^2 \mathrm{d}z \iint\limits_{D_z} \mathrm{d}x\mathrm{d}y,$$

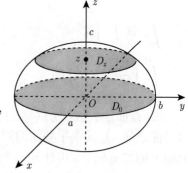

图 9-3-5

由椭圆面积公式, 得

$$\iint\limits_{D_z} \mathrm{d}x\mathrm{d}y = \pi \sqrt{a^2 \left(1 - \frac{z^2}{c^2} \right)} \cdot \sqrt{b^2 \left(1 - \frac{z^2}{c^2} \right)} = \pi ab \left(1 - \frac{z^2}{c^2} \right),$$

则

$$\iiint\limits_{\Omega} z^2 \mathrm{d}x\mathrm{d}y\mathrm{d}z = \int_{-c}^{c} \pi ab \left(1 - \frac{z^2}{c^2} \right) z^2 \mathrm{d}z = \frac{4}{15} \pi abc^3.$$

2. 三重积分的变量代换

为给出三重积分在其他常见坐标系下的计算公式, 这里先介绍三重积分的变量代换公式.

定理 1 设函数 $x = \varphi(u,v,\omega), y = \psi(u,v,\omega), z = \chi(u,v,\omega)$ 都有一阶连续偏导函数, 且雅可比行列式

$$J(u,v,\omega) = \frac{\partial(x,y,z)}{\partial(u,v,\omega)} = \begin{vmatrix} \dfrac{\partial x}{\partial u} & \dfrac{\partial x}{\partial v} & \dfrac{\partial x}{\partial \omega} \\[2mm] \dfrac{\partial y}{\partial u} & \dfrac{\partial y}{\partial v} & \dfrac{\partial y}{\partial \omega} \\[2mm] \dfrac{\partial z}{\partial u} & \dfrac{\partial z}{\partial v} & \dfrac{\partial z}{\partial \omega} \end{vmatrix} \neq 0,$$

则变换 $T: x = \varphi(u, v, \omega), y = \psi(u, v, \omega), z = \chi(u, v, \omega)$ 是 $uv\omega$ 空间到 xyz 空间的一个一一对应的变换. 若函数 $f(x, y, z)$ 在区域 Ω 上连续, 区域 Ω 关于变换 T 的像为区域 Ω', 则有

$$\iiint\limits_{\Omega} f(x, y, z)\mathrm{d}v = \iiint\limits_{\Omega'} f[\varphi(u, v, \omega), \psi(u, v, \omega), \chi(u, v, \omega)]|J|\mathrm{d}u\mathrm{d}v\mathrm{d}\omega, \qquad (9\text{-}3\text{-}9)$$

称式 (9-3-9) 为**三重积分的变量代换公式**.

三重积分中常用的变量代换主要有柱面坐标变换与球面坐标变换. 利用公式 (9-3-9) 可以很方便地得到三重积分在这些常见坐标系下的计算公式.

3. 柱面坐标系下三重积分的计算

设 $M(x, y, z)$ 为空间内任一点, 它在 xOy 面上的投影点 P 的极坐标为 (ρ, θ), 则点 $M(x, y, z)$ 也可用坐标 (ρ, θ, z) 表示, 称 (ρ, θ, z) 为点 M 的柱面坐标 (图 9-3-6), 这里规定 ρ, θ, z 的变化范围为

$$0 \leqslant \rho \leqslant +\infty,$$

$$0 \leqslant \theta \leqslant 2\pi,$$

$$-\infty < z < +\infty.$$

柱面坐标系中的三组坐标面为:

$\rho =$ 常数 ρ_0, 表示以 z 轴为中心的圆柱面, 它对应的直角坐标方程为 $x^2 + y^2 = \rho_0^2$;

$\theta =$ 常数 θ_0, 表示过 z 轴的半平面, 它对应的直角坐标方程为 $y = x\tan\theta_0$;

$z =$ 常数 z_0, 表示与 xOy 面平行的平面, 其对应的直角坐标方程为 $z = z_0$.

显然, 点 M 的直角坐标与柱面坐标间的关系为

$$\begin{cases} x = \rho\cos\theta, \\ y = \rho\sin\theta, \\ z = z. \end{cases}$$

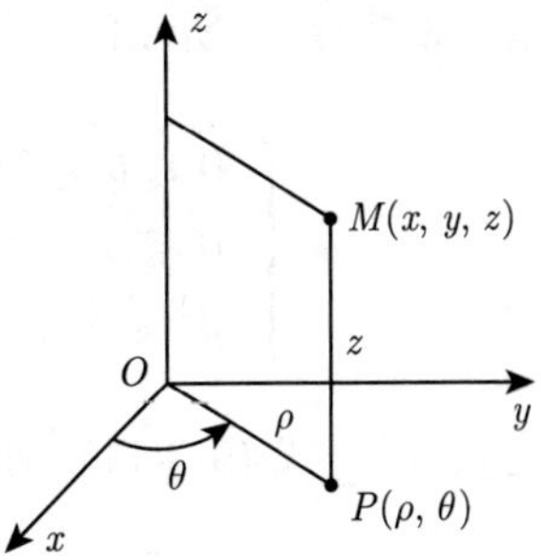

上式也是柱面坐标系到直角坐标系的一个变换公式. 易算得其雅可比行列式

$$J(\rho, \theta, z) = \frac{\partial(x, y, z)}{\partial(\rho, \theta, z)} = \begin{vmatrix} \cos\theta & -\rho\sin\theta & 0 \\ \sin\theta & \rho\cos\theta & 0 \\ 0 & 0 & 1 \end{vmatrix} = \rho,$$

图 9-3-6

由公式 (9-3-9) 就推得在柱面坐标系下三重积分的计算公式为

$$\iiint\limits_{\Omega} f(x,y,z)\mathrm{d}x\mathrm{d}y\mathrm{d}z = \iiint\limits_{\Omega'} f(\rho\cos\theta, \rho\sin\theta, z)\rho\mathrm{d}\rho\mathrm{d}\theta\mathrm{d}z. \qquad (9\text{-}3\text{-}10)$$

其中, $\rho\mathrm{d}\rho\mathrm{d}\theta\mathrm{d}z$ 为柱面坐标系中的体积微元, 即

$$\mathrm{d}v = \rho\mathrm{d}\rho\mathrm{d}\theta\mathrm{d}z.$$

一般情形下公式 (9-3-10) 中的三重积分同样须化为对 ρ, θ, z 的累次积分来计算, 例如当 Ω 为 xy 型积分区域时, 则适合用投影法计算, 即将积分区域 Ω 投影到 xOy 面, 并将投影区域 D_{xy} 用极坐标表示, 如 D_{xy} 可用极坐标不等式表示为: $\alpha \leqslant \theta \leqslant \beta, \rho_1(\theta) \leqslant \rho \leqslant \rho_2(\theta)$; 再把 Ω 的上、下表面分别用柱面坐标表示, 设为 $z = z_2(\rho,\theta), z = z_1(\rho,\theta)$, 这时 Ω 在柱面坐标系下可表示为

$$\Omega = \{(\rho,\theta,z) \mid \alpha \leqslant \theta \leqslant \beta, \rho_1(\theta) \leqslant \rho \leqslant \rho_2(\theta), z_1(\rho,\theta) \leqslant z \leqslant z_2(\rho,\theta)\},$$

则有

$$\iiint\limits_{\Omega} f(x,y,z)\mathrm{d}x\mathrm{d}y\mathrm{d}z = \int_{\alpha}^{\beta} \mathrm{d}\theta \int_{\rho_1(\theta)}^{\rho_2(\theta)} \rho\mathrm{d}\rho \int_{z_1(\rho,\theta)}^{z_2(\rho,\theta)} f(\rho\cos\theta, \rho\sin\theta, z)\mathrm{d}z.$$

$$(9\text{-}3\text{-}11)$$

例 4 计算 $I = \iiint\limits_{\Omega} \left(x^2 + y^2\right) \mathrm{d}x\mathrm{d}y\mathrm{d}z$, 其中 Ω 是由曲面 $z = x^2 + y^2$ 与 $z = 4$ 所围成的区域.

解 曲面 $z = x^2 + y^2$ 与 $z = 4$ 在柱面坐标系下的方程分别为 $z = \rho^2$ 与 $z = 4$, 由于区域 Ω 在 xOy 面上的投影为 $x^2 + y^2 \leqslant 4$, 如图 9-3-7 所示, 所以闭区域 Ω 可表示为

$$\begin{cases} 0 \leqslant \theta \leqslant 2\pi, \\ 0 \leqslant \rho \leqslant 2, \\ \rho^2 \leqslant z \leqslant 4. \end{cases}$$

于是, 利用公式 (9-3-11), 有

$$I = \iiint\limits_{\Omega} \left(x^2 + y^2\right) \mathrm{d}x\mathrm{d}y\mathrm{d}z$$

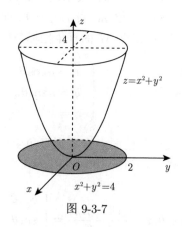

图 9-3-7

$$= \int_0^{2\pi} \mathrm{d}\theta \int_0^2 \rho \mathrm{d}\rho \int_{\rho^2}^4 \rho^2 \mathrm{d}z = \int_0^{2\pi} \mathrm{d}\theta \int_0^2 \rho^3 \left(4 - \rho^2\right) \mathrm{d}\rho$$

$$= 2\pi \left[\rho^4 - \frac{1}{6}\rho^6\right]_0^2 = \frac{32\pi}{3}.$$

例 5 计算 $I = \iiint\limits_{\Omega} z\mathrm{d}x\mathrm{d}y\mathrm{d}z$, 其中 Ω 由锥面 $z = \sqrt{x^2 + y^2}$ 与球面 $z = \sqrt{2 - x^2 - y^2}$ 所围成.

解 两曲面的交线为

$$\begin{cases} z = \sqrt{x^2 + y^2}, \\ z = \sqrt{2 - x^2 - y^2}, \end{cases}$$

解得 $z = 1$, 如图 9-3-8 所示, 故 Ω 在 xOy 面上的投影区域为

$$D = \left\{(x,y) \mid x^2 + y^2 \leqslant 1\right\},$$

由此

$$\Omega: \begin{cases} 0 \leqslant \theta \leqslant 2\pi, \\ 0 \leqslant \rho \leqslant 1, \\ \rho \leqslant z \leqslant \sqrt{2 - \rho^2}. \end{cases}$$

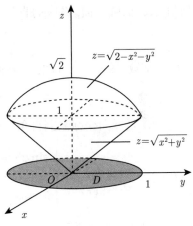

图 9-3-8

则

$$I = \iiint\limits_{\Omega} z\mathrm{d}x\mathrm{d}y\mathrm{d}z = \int_0^{2\pi} \mathrm{d}\theta \int_0^1 \rho\mathrm{d}\rho \int_{\rho}^{\sqrt{2-\rho^2}} z\mathrm{d}z$$

$$= \frac{1}{2} \int_0^{2\pi} \mathrm{d}\theta \int_0^1 \left(2 - 2\rho^2\right) \rho\mathrm{d}\rho = 2\pi \left(\frac{1}{2} - \frac{1}{4}\right) = \frac{\pi}{2}.$$

4. 球面坐标系下的三重积分计算

空间点 $M(x,y,z)$ 还可以用以下三个有次序的数 r,φ,θ 来确定, 其中 r 为原点 O 与点 M 间的距离, 即向径 $\overrightarrow{OM}$ 的长度, φ 为 $\overrightarrow{OM}$ 与 z 轴正向所夹的角, θ 为从 x 轴正向按逆时针方向转向 $\overrightarrow{OM}$ 在 xOy 面上的投影向量 $\overrightarrow{OP}$ 的转角, 数组 (r,φ,θ) 称为点 M 的球面坐标. 如图 9-3-9 易得, 直角坐标与球面坐标的关系为

$$\begin{cases} x = |OP|\cos\theta = r\sin\varphi\cos\theta, \\ y = |OP|\sin\theta = r\sin\varphi\sin\theta, \\ z = |OM|\cos\varphi = r\cos\varphi, \end{cases} \tag{9-3-12}$$

其中 $r \geqslant 0, 0 \leqslant \varphi \leqslant \pi, 0 \leqslant \theta \leqslant 2\pi$. 容易看出, 若把 r 固定, 则公式 (9-3-12) 就是半径为 r 的球面的参数方程.

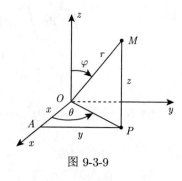

图 9-3-9

球面坐标系中的三组坐标面分别为:

$r =$ 常数, 表示以原点为中心, 半径为 r 的球面, 对应的直角坐标方程为 $x^2 + y^2 + z^2 = r^2$;

$\varphi =$ 常数, 表示以原点为顶点, z 轴为中心轴, 半顶角为 φ 的圆锥面, 对应的直角坐标方程为

$$\sqrt{x^2 + y^2} = z \tan \varphi;$$

$\theta =$ 常数, 表示过 z 轴的半平面, 该半平面对应的直角坐标方程为

$$y = x \tan \theta.$$

式 (9-3-12) 是球面坐标系到直角坐标系的一个变换公式. 易算得其雅可比行列式

$$J(r, \theta, \varphi) = \frac{\partial(x, y, z)}{\partial(r, \theta, \varphi)} = \begin{vmatrix} \sin\varphi\cos\theta & -r\sin\varphi\sin\theta & r\cos\varphi\cos\theta \\ \sin\varphi\sin\theta & r\sin\varphi\cos\theta & r\cos\varphi\sin\theta \\ \cos\varphi & 0 & -r\sin\varphi \end{vmatrix} = -r^2\sin\varphi.$$

这样就推得球面坐标系下三重积分的计算公式为

$$\iiint\limits_{\Omega} f(x, y, z)\mathrm{d}v = \iiint\limits_{\Omega} f(r\sin\varphi\cos\theta, r\sin\varphi\sin\theta, r\cos\varphi)r^2\sin\varphi\mathrm{d}r\mathrm{d}\varphi\mathrm{d}\theta,$$

$$(9\text{-}3\text{-}13)$$

其中, $r^2\sin\varphi\mathrm{d}r\mathrm{d}\varphi\mathrm{d}\theta$ 为球面坐标系中的体积微元, 即

$$\mathrm{d}v = r^2\sin\varphi\mathrm{d}r\mathrm{d}\varphi\mathrm{d}\theta,$$

则此三重积分可化为 r, φ, θ 的累次积分来计算, 一般可依照先 r 后 φ, 最后 θ 的次序来积分.

例 6 计算 $\iiint\limits_{\Omega} \sqrt{x^2 + y^2 + z^2}\mathrm{d}v$, 其中 Ω 是由上半球面 $z = \sqrt{2 - x^2 - y^2}$ 与平面 $z = 0$ 所围成的闭区域.

解 由于区域 Ω 是中心在原点, 半径为 $R = \sqrt{2}$ 的上半球体, 如图 9-3-10, 故选择使用球面坐标系进行计算比较简单, 易知上半球面 $z = \sqrt{2 - x^2 - y^2}$ 与平面 $z = 0$ 在球面坐标系下的方程分别为

$$r = \sqrt{2} \quad \text{与} \quad \varphi = \frac{\pi}{2}.$$

因此所给区域 Ω 在球面坐标系下可表示为

$$0 \leqslant r \leqslant \sqrt{2}, \quad 0 \leqslant \varphi \leqslant \frac{\pi}{2}, \quad 0 \leqslant \theta \leqslant 2\pi,$$

所以

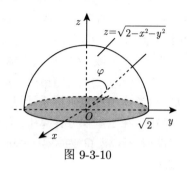

$$\iiint\limits_{\Omega} \sqrt{x^2 + y^2 + z^2}\mathrm{d}v$$

$$= \int_0^{2\pi} \mathrm{d}\theta \int_0^{\frac{\pi}{2}} \sin\varphi\mathrm{d}\varphi \int_0^{\sqrt{2}} r \cdot r^2 \mathrm{d}r$$

$$= 2\pi \cdot 1 \cdot \left[\frac{1}{4}r^4\right]_0^{\sqrt{2}} = 2\pi.$$

图 9-3-10

例 7 设 Ω 为球面 $x^2 + y^2 + z^2 = 2az(a > 0)$ 和锥面 (以 z 轴为对称轴, 半顶角为 α) 所围的空间区域. 求 Ω 的体积.

解 由于区域 Ω 由球面和锥面围成 (图 9-3-11), 故选择使用球面坐标系进行计算比较简便, 又球面 $x^2 + y^2 + z^2 = 2az(a > 0)$ 和锥面 (以 z 轴为对称轴, 半顶角为 α) 在球面坐标系下的方程分别为

$$r = 2a\cos\varphi \quad \text{与} \quad \varphi = \alpha.$$

根据图形特征可知所给区域 Ω 可表示为

$$0 \leqslant r \leqslant 2a\cos\varphi, \quad 0 \leqslant \varphi \leqslant \alpha, \quad 0 \leqslant \theta \leqslant 2\pi,$$

所以

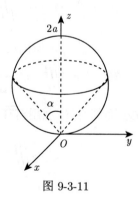

$$V = \iiint\limits_{\Omega} \mathrm{d}v$$

$$= \int_0^{2\pi} \mathrm{d}\theta \int_0^{\alpha} \sin\varphi\mathrm{d}\varphi \int_0^{2a\cos\varphi} r^2 \mathrm{d}r$$

$$= 2\pi \int_0^{\alpha} \sin\varphi\mathrm{d}\varphi \int_0^{2a\cos\varphi} r^2 \mathrm{d}r$$

$$= \frac{16\pi a^3}{3} \int_0^{\alpha} \cos^3\varphi \sin\varphi\mathrm{d}\varphi$$

$$= \frac{4\pi a^3}{3} \left(1 - \cos^4\alpha\right).$$

图 9-3-11

一般地，三重积分计算的繁简主要取决于坐标系的选择，坐标系的选择又取决于积分域 Ω 的形状与被积函数 $f(x,y,z)$ 的特点. 当积分域 Ω 的形状为旋转曲面及平面围成的立体，或 $f(x,y,z)$ 中含有 x^2+y^2，或 z 的因式时，常用柱面坐标系计算；当积分域 Ω 的形状为球体、或球体与锥体 $z^2=x^2+y^2$ 围成的立体的一部分，或 $f(x,y,z)$ 中含有 $x^2+y^2+z^2$ 的因式时，宜用球面坐标系计算；对其他的情形，可考虑用直角坐标系计算.

另外，在三重积分计算中，有与二重积分类似的对称性，具体如下：

设积分区域 Ω 为关于 xOy 面对称的有界闭区域，$f(x,y,z)$ 为 Ω 上的连续函数，

① 若 $f(x,y,z)=-f(x,y,-z)$，则 $\iiint\limits_{\Omega}f(x,y,z)\mathrm{d}v=0$；

② 若 $f(x,y,z)=f(x,y,-z)$，则 $\iiint\limits_{\Omega}f(x,y,z)\mathrm{d}v=2\iiint\limits_{\Omega_1}f(x,y,z)\mathrm{d}v$，其中 Ω_1 为 Ω 在 $z\geqslant0$ 的部分.

类似地，可以给出积分区域 Ω 分别关于其他两个坐标面对称，且被积函数 $f(x,y,z)$ 有相应的奇偶性时的积分性质.

注 三重积分计算使用对称性时应注意，积分区域须关于坐标面具有对称性.

在三重积分计算中，也有与二重积分类似的轮换对称性，具体留给读者总结，这里不再一一赘述.

例 8 计算 $I=\iiint\limits_{\Omega}(x+y+z)^2\mathrm{d}v$，其中 Ω 由锥面 $z=\sqrt{x^2+y^2}$ 和球面 $x^2+y^2+z^2=4$ 所围成.

解 $I=\iiint\limits_{\Omega}\left(x^2+y^2+z^2+2xy+2yz+2zx\right)\mathrm{d}v$，由于 Ω 关于 zOx 面与 yOz 面都对称，利用对称性，有

$$\iiint\limits_{\Omega}2xy\mathrm{d}v=\iiint\limits_{\Omega}2yz\mathrm{d}v=\iiint\limits_{\Omega}2xz\mathrm{d}v=0,$$

则

$$I=\iiint\limits_{\Omega}\left(x^2+y^2+z^2\right)\mathrm{d}v,$$

根据图形特征可知，利用球面坐标系，所给区域 Ω 可表示为

$$0\leqslant r\leqslant2,\quad 0\leqslant\varphi\leqslant\frac{\pi}{4},\quad 0\leqslant\theta\leqslant2\pi,$$

得

$$I = \iiint\limits_{\Omega} \left(x^2 + y^2 + z^2 \right) \mathrm{d}v = \int_0^{2\pi} \mathrm{d}\theta \int_0^{\frac{\pi}{4}} \mathrm{d}\varphi \int_0^2 r^4 \sin \varphi \mathrm{d}r = \frac{64}{5} \left(1 - \frac{\sqrt{2}}{2} \right) \pi.$$

习 题 9-3

课件9-3-3

A 组

1. 化三重积分 $I = \iiint\limits_{\Omega} f(x, y, z) \mathrm{d}x \mathrm{d}y \mathrm{d}z$ 为三次积分, 其中积分区域 Ω 分别是:

(1) 由曲面和平面 $z = x^2 + y^2, z = h(h > 0)$ 所围成的闭区域;

(2) 由抛物面 $z = 2 - \left(x^2 + y^2 \right)$ 及平面 $z = 0, x = 0, y = 0, x + y = 1$ 所围成的闭区域;

(3) 由曲面 $z = x^2 + 2y^2$ 及 $z = 3 - 2x^2 - y^2$ 所围成的闭区域;

(4) 由球面 $x^2 + y^2 + z^2 = 1$ 及锥面 $z = \sqrt{x^2 + y^2}$ 围成的在 xOy 面上侧部分的闭区域.

2. 利用直角坐标计算下列三重积分:

(1) $\iiint\limits_{\Omega} xy^2 z^3 \mathrm{d}x \mathrm{d}y \mathrm{d}z$, 其中 Ω 是平面 $x = 0, x = 1, y = 0, y = 2, z = 0, z = 3$ 所围成的闭区域;

(2) $\iiint\limits_{\Omega} (x + 2y + 3z) \mathrm{d}x \mathrm{d}y \mathrm{d}z$, 其中 Ω 为平面 $x + y + z = 1$ 与三个坐标面所围成的空间区域; (2015 考研真题)

(3) $\iiint\limits_{\Omega} z^2 \mathrm{d}x \mathrm{d}y \mathrm{d}z$, 其中 Ω 为球面 $x^2 + y^2 + z^2 = 1$ 所围成的闭区域; (2009 考研真题)

(4) $\iiint\limits_{\Omega} xz \mathrm{d}x \mathrm{d}y \mathrm{d}z$, 其中 Ω 是由平面 $z = 0, z = y, y = 1$ 以及抛物柱面 $y = x^2$ 所围成的闭区域.

3. 利用柱面坐标计算下列三重积分:

(1) $\iiint\limits_{\Omega} \left(x^2 + y^2 \right) z \mathrm{d}x \mathrm{d}y \mathrm{d}z$, 其中 Ω 是由曲面 $z = x^2 + y^2$ 与平面 $z = 4$ 所围成的闭区域;

(2) $\iiint\limits_{\Omega} \left(x^2 + y^2 \right) \mathrm{d}x \mathrm{d}y \mathrm{d}z$, 其中 Ω 是由 $z = \sqrt{x^2 + y^2}$ 与 $z = a(a > 0)$ 所围成的区域;

(3) $\iiint\limits_{\Omega} \frac{1}{\sqrt{z}} \mathrm{d}x \mathrm{d}y \mathrm{d}z$, 其中 Ω 是由曲面 $z = 4 - x^2 - y^2$ 与平面 $z = 0$ 所围成的闭区域.

4. 利用球面坐标计算下列三重积分:

(1) $\iiint\limits_{\Omega} \left(x^2 + y^2 + z^2 \right) \mathrm{d}v$, 其中 Ω 是由球面 $x^2 + y^2 + z^2 = 1$ 所围成的闭区域;

(2) $\iiint\limits_{\Omega} z\mathrm{d}v$, 其中 Ω 由不等式 $x^2+y^2+(z-a)^2 \leqslant a^2, x^2+y^2 \leqslant z^2$ 所确定的闭区域.

5. 把三重积分 $\iiint\limits_{\Omega} f(x,y,z)\mathrm{d}v$ 分别化为直角坐标系, 柱面坐标系, 球面坐标系下的三次

积分, 其中 Ω 是由 $x^2+y^2+z^2 \leqslant 4, z \geqslant \sqrt{3(x^2+y^2)}$ 所确定的闭区域.

6. 选择适当的坐标系, 计算下列三重积分:

(1) $\iiint\limits_{\Omega} (x^2+y^2)\,\mathrm{d}v$, 其中 Ω 是由曲面 $x^2+y^2=2z$ 及平面 $z=2$ 所围成的闭区域;

(2) $\iiint\limits_{\Omega} (x^2+2y+z^2)\mathrm{d}x\mathrm{d}y\mathrm{d}z$, 其中 Ω 是由椭球面 $\dfrac{x^2}{a^2}+\dfrac{y^2}{b^2}+\dfrac{z^2}{c^2}=1$ 所围成的空间闭

区域;

(3) $\iiint\limits_{\Omega} \sqrt{x^2+y^2+z^2}\mathrm{d}v$, 其中 Ω 由球面 $x^2+y^2+z^2=z$ 所围成的闭区域;

(4) $\iiint\limits_{\Omega} (x^2+y^2+z^2)\,\mathrm{d}v$, 其中 Ω 是由曲线 $\begin{cases} y^2=2z, \\ x=0 \end{cases}$ 绕 z 轴旋转一周而成的曲面与

平面 $z=4$ 所围成的立体.

7. 用三重积分计算由下列曲面所围成的立体 Ω 的体积:

(1) Ω 是由曲面 $z=x^2+y^2$ 与 $z=1$ 所围成的立体;

(2) Ω 是由曲面 $z=\sqrt{x^2+y^2}$ 与 $z=1+\sqrt{1-x^2-y^2}$ 所围成的立体;

(3) Ω 是由曲面 $z=\sqrt{5-x^2-y^2}$ 及 $x^2+y^2=4z$ 所围成的立体;

(4) Ω 是由曲面 $z=4-x^2-\dfrac{1}{4}y^2$ 及 $z=3x^2+\dfrac{1}{4}y^2$ 所围成的立体.

8. 设有内壁形状为抛物面 $z=x^2+y^2$ 的容器, 原来盛有 $8\pi\mathrm{cm}^3$ 的水, 后来又注入 $64\pi\mathrm{cm}^3$ 的水, 试问水面比原来升高了多少?

B 组

1. 计算 $I=\iiint\limits_{\Omega} (x+y+z)^2\mathrm{d}v$, 其中 $\Omega=\{(x,y,z) \mid x^2+y^2+z^2 \leqslant R^2\}$.

2. 计算 $\iiint\limits_{\Omega} (y-1)\sqrt{x^2+z^2}\mathrm{d}v$, 其中闭区域 Ω 由不等式 $\sqrt{x^2+z^2} \leqslant y \leqslant 1+\sqrt{1-x^2-z^2}$

所确定.

3. 设 $F(t)=\iiint\limits_{\Omega(t)} f(x^2+y^2+z^2)\,\mathrm{d}v$, 其中 f 为可导函数, $\Omega(t)$ 由 $x^2+y^2+z^2 \leqslant t^2$ 所

确定, 试求 $F'(t)$.

9.4　重积分的应用

由重积分的几何与物理意义可知, 曲顶柱体的体积、平面薄片的质量都可用二重积分计算, 空间物体的质量可用三重积分计算. 事实上许多物理问题也都可利用重积分来计算. 本节将进一步介绍重积分在物理上的一些其他应用. 下面总假定密度函数在相应的区域上是连续的, 利用重积分的微元法, 计算平面或空间型物体的质心、转动惯量与物体对质点的引力等物理量.

一、质心

设有一面密度为 $\mu(x, y)$ 的平面薄片, 占有 xOy 面上的闭区域 D (图 9-4-1), 下面讨论该薄片的质心坐标.

在闭区域 D 上任取一直径充分小的闭区域 $\mathrm{d}\sigma$ ($\mathrm{d}\sigma$ 也表示该区域的面积), $\forall(x, y) \in \mathrm{d}\sigma$, 由于 $\mathrm{d}\sigma$ 的直径充分小, 且 $\mu(x, y)$ 在 D 上连续, 则该薄片中相应于 $\mathrm{d}\sigma$ 部分的质量近似地等于 $\mu(x, y)\mathrm{d}\sigma$, 并可看作集中于点 (x, y) 处. 因此它对 x 轴和 y 轴的静矩微元分别为

$$\mathrm{d}M_x = y\mu(x, y)\mathrm{d}\sigma,$$

$$\mathrm{d}M_y = x\mu(x, y)\mathrm{d}\sigma,$$

从而该薄片对 x 轴和对 y 轴的静矩分别为

$$M_x = \iint\limits_{D} y\mu(x, y)\mathrm{d}\sigma,$$

$$M_y = \iint\limits_{D} x\mu(x, y)\mathrm{d}\sigma,$$

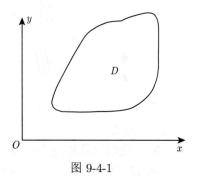

图 9-4-1

设平面薄片的质心坐标为 $(\bar{x}, \bar{y})$, 平面薄片的质量为 M, 则由物理意义, 得该物体的质心坐标 $(\bar{x}, \bar{y})$ 为

$$\bar{x} = \frac{M_y}{M} = \frac{\iint\limits_{D} x\mu(x, y)\mathrm{d}\sigma}{\iint\limits_{D} \mu(x, y)\mathrm{d}\sigma}, \quad \bar{y} = \frac{M_x}{M} = \frac{\iint\limits_{D} y\mu(x, y)\mathrm{d}\sigma}{\iint\limits_{D} \mu(x, y)\mathrm{d}\sigma}. \tag{9-4-1}$$

若平面薄片是均匀分布的, 即面密度为常数, 这时平面薄片的质心也称为形心, 形心的坐标 $(\bar{x}, \bar{y})$ 的公式简化为

$$\bar{x} = \frac{\iint\limits_{D} x\mathrm{d}\sigma}{\iint\limits_{D} \mathrm{d}\sigma}, \quad \bar{y} = \frac{\iint\limits_{D} y\mathrm{d}\sigma}{\iint\limits_{D} \mathrm{d}\sigma}. \tag{9-4-2}$$

类似地, 设有一密度为 $\mu(x, y, z)$ 的空间物体, 位于有界闭区域 Ω 上, 则同样可得该物体的质心坐标 $(\bar{x}, \bar{y}, \bar{z})$ 为

$$\bar{x} = \frac{\iiint\limits_{\Omega} x\mu(x, y, z)\mathrm{d}v}{\iiint\limits_{\Omega} \mu(x, y, z)\mathrm{d}v}, \quad \bar{y} = \frac{\iiint\limits_{\Omega} y\mu(x, y, z)\mathrm{d}v}{\iiint\limits_{\Omega} \mu(x, y, z)\mathrm{d}v}, \quad \bar{z} = \frac{\iiint\limits_{\Omega} z\mu(x, y, z)\mathrm{d}v}{\iiint\limits_{\Omega} \mu(x, y, z)\mathrm{d}v}.$$
$$\tag{9-4-3}$$

同理可得, 该空间立体的形心坐标 $(\bar{x}, \bar{y}, \bar{z})$ 为

$$\bar{x} = \frac{\iiint\limits_{\Omega} x\mathrm{d}v}{\iiint\limits_{\Omega} \mathrm{d}v}, \quad \bar{y} = \frac{\iiint\limits_{\Omega} y\mathrm{d}v}{\iiint\limits_{\Omega} \mathrm{d}v}, \quad \bar{z} = \frac{\iiint\limits_{\Omega} z\mathrm{d}v}{\iiint\limits_{\Omega} \mathrm{d}v}. \tag{9-4-4}$$

例 1 求位于两圆 $(x-1)^2 + y^2 = 1, (x-2)^2 + y^2 = 4$ 之间部分的均匀薄片的质心 (形心).

解 设均匀薄片的质心为 $(\bar{x}, \bar{y})$, 显然该薄片的质心也是形心. 由于薄片对应的区域 D (图 9-4-2) 关于 x 轴对称, 所以其质心 $(\bar{x}, \bar{y})$ 必位于 x 轴上, 于是得

$$\bar{y} = 0.$$

由于薄片的面积为

$$\iint\limits_{D} \mathrm{d}\sigma = \pi \cdot 2^2 - \pi \cdot 1^2 = 3\pi,$$

又

$$\iint\limits_{D} x\mathrm{d}\sigma = \iint\limits_{D} \rho^2 \cos\theta \mathrm{d}\rho \mathrm{d}\theta$$

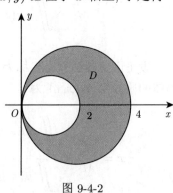

图 9-4-2

$$= \int_{-\frac{\pi}{2}}^{\frac{\pi}{2}} \cos\theta \mathrm{d}\theta \int_{2\cos\theta}^{4\cos\theta} \rho^2 \mathrm{d}\rho = 7\pi,$$

则

$$\bar{x} = \frac{\iint\limits_{D} x\mathrm{d}\sigma}{\iint\limits_{D} \mathrm{d}\sigma} = \frac{7\pi}{3\pi} = \frac{7}{3},$$

从而所求质心 (形心) 坐标为 $\left(\dfrac{7}{3}, 0\right)$.

例 2 求均匀半球体的形心.

解 以半球体的对称轴为 z 轴, 原点为球心, 建立空间直角坐标系, 又设球半径为 a, 如图 9-4-3 所示, 则半球体所占空间闭区域可表示为

$$\Omega = \left\{ (x, y, z) \mid x^2 + y^2 + z^2 \leqslant a^2, z \geqslant 0 \right\},$$

由于该空间闭区域 Ω 关于 yOz 面及 zOx 面都对称,

所以其形心在 z 轴上, 故 $\bar{x} = \bar{y} = 0$.

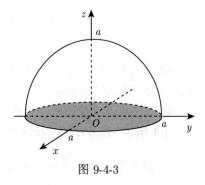

$$
\begin{aligned}
\bar{z} &= \frac{\iiint\limits_{\Omega} z\mathrm{d}v}{V} \\
&= \frac{\displaystyle\int_0^{2\pi} \mathrm{d}\theta \int_0^{\frac{\pi}{2}} \cos\varphi \sin\varphi \mathrm{d}\varphi \int_0^a r^3 \mathrm{d}r}{\dfrac{2}{3}\pi a^3} \\
&= \frac{\dfrac{1}{4}\pi a^4}{\dfrac{2}{3}\pi a^3} = \frac{3}{8}a.
\end{aligned}
$$

图 9-4-3

故其形心坐标为 $\left(0, 0, \dfrac{3a}{8}\right)$.

必须指出质心坐标与坐标系的选取有关.

二、转动惯量

设有一面密度为 $\mu(x, y)$ 的平面薄片, 占有 xOy 面上的闭区域 D, 下面讨论该薄片分别对于 x 轴和 y 轴的转动惯量.

在闭区域 D 上任取一直径充分小的闭区域 $\mathrm{d}\sigma$($\mathrm{d}\sigma$ 也表示该闭区域的面积),$\forall P(x,y) \in \mathrm{d}\sigma$, 则平面薄片中相应于 $\mathrm{d}\sigma$ 部分的质量近似地等于 $\mu(x,y)\mathrm{d}\sigma$, 并可视为集中于点 (x,y) 处. 于是其对 x 轴和对 y 轴的转动惯量微元分别为

$$\mathrm{d}I_x = y^2\mu(x,y)\mathrm{d}\sigma, \quad \mathrm{d}I_y = x^2\mu(x,y)\mathrm{d}\sigma.$$

则该平面薄片对 x 轴与对 y 轴的转动惯量分别为

$$I_x = \iint\limits_{D} y^2\mu(x,y)\mathrm{d}\sigma, \quad I_y = \iint\limits_{D} x^2\mu(x,y)\mathrm{d}\sigma. \tag{9-4-5}$$

类似地, 对应于有界闭区域 Ω 上, 在点 (x,y,z) 处的密度为 $\mu(x,y,z)$ 的空间物体, 则它对 x,y,z 轴的转动惯量分别为

$$I_x = \iiint\limits_{\Omega} \left(y^2 + z^2\right)\mu(x,y,z)\mathrm{d}v,$$

$$I_y = \iiint\limits_{\Omega} \left(z^2 + x^2\right)\mu(x,y,z)\mathrm{d}v, \tag{9-4-6}$$

$$I_z = \iiint\limits_{\Omega} \left(x^2 + y^2\right)\mu(x,y,z)\mathrm{d}v.$$

例 3 求半径为 a 的均匀半圆薄片 (面密度为常量 μ) 对于其直径所在边的转动惯量.

例3讲解9-4-2

解 取半圆的直径所在直线为 x 轴, 圆心为坐标原点, 建立的直角坐标系如图 9-4-4 所示, 则薄片所占闭区域 D 可表示为

$$D = \left\{(x,y) \mid x^2 + y^2 \leqslant a^2, y \geqslant 0\right\},$$

所求转动惯量即为半圆薄片对于 x 轴的转动惯量, 由公式 (9-4-5) 得

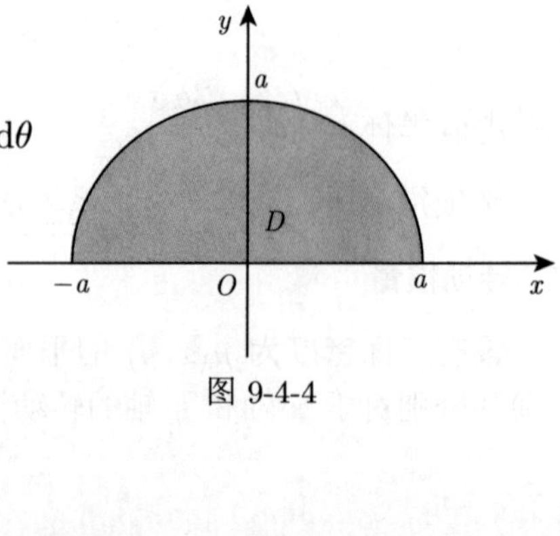

$$I_x = \iint\limits_{D} \mu y^2\mathrm{d}\sigma = \mu \iint\limits_{D} \rho^2\sin^2\theta \cdot \rho\mathrm{d}\rho\mathrm{d}\theta$$

$$= \mu \int_0^\pi \sin^2\theta\mathrm{d}\theta \int_0^a \rho^3\mathrm{d}\rho$$

$$= \mu \cdot \frac{a^4}{4} \int_0^\pi \sin^2\theta\mathrm{d}\theta$$

图 9-4-4

$$= \frac{1}{4}\mu a^4 \cdot \frac{\pi}{2} = \frac{1}{4}Ma^2.$$

其中 $M = \frac{1}{2}\pi a^2 \mu$ 为半圆薄片的质量.

例 4 设半径为 a 的球体 $x^2 + y^2 + z^2 \leqslant a^2$ 在点 (x, y, z) 处的密度为 $\mu(x, y, z) = \sqrt{x^2 + y^2 + z^2}$, 求此球体对于 z 轴的转动惯量.

解 由公式 (9-4-6) 得, 球体对于 z 轴的转动惯量

$$I_z = \iiint\limits_{\Omega} \left(x^2 + y^2\right)\sqrt{x^2 + y^2 + z^2}\mathrm{d}v$$

$$= \int_0^{2\pi}\mathrm{d}\theta\int_0^{\pi}\sin^3\varphi\mathrm{d}\varphi\int_0^a r^5\mathrm{d}r$$

$$= \frac{4}{9}\pi a^6 = \frac{4}{9}Ma^2.$$

其中 $M = \pi a^4$ 为球体的质量.

三、引力

空间一物体对位于物体外一点 $P_0\,(x_0, y_0, z_0)$ 处的质点的引力, 同样可用三重积分计算. 设有一物体占有空间有界闭区域 Ω, 它的密度为 $\mu(x, y, z)$, 在 Ω 内任取一直径充分小的闭区域 $\mathrm{d}v$ ($\mathrm{d}v$ 也表示该小闭区域的体积), $\forall(x, y, z) \in \mathrm{d}v$, 并可将这一小块物体的质量近似地看作集中于点 (x, y, z) 处. 于是其质量可近似地表示为 $\mu(x, y, z)\mathrm{d}v$, 设该物体对位于点 P_0 处的质量为 m 的质点的引力微元为

$$\mathrm{d}\boldsymbol{F} = (\mathrm{d}F_x, \mathrm{d}F_y, \mathrm{d}F_z)\,,$$

其中 $\mathrm{d}F_x, \mathrm{d}F_y, \mathrm{d}F_z$ 表示引力元素 $\mathrm{d}\boldsymbol{F}$ 在三个坐标轴上的分量, 由物理概念知,

$$\mathrm{d}F_x = G\frac{m\mu(x, y, z)\,(x - x_0)}{r^3}\mathrm{d}v,$$

$$\mathrm{d}F_y = G\frac{m\mu(x, y, z)\,(y - y_0)}{r^3}\mathrm{d}v,$$

$$\mathrm{d}F_z = G\frac{m\mu(x, y, z)\,(z - z_0)}{r^3}\mathrm{d}v.$$

其中 $r = \sqrt{(x - x_0)^2 + (y - y_0)^2 + (z - z_0)^2}$, G 为引力常数. 在 Ω 上分别计算三重积分, 则

$$F_x = \iiint\limits_{\Omega} Gm\frac{\mu(x, y, z)\,(x - x_0)}{r^3}\mathrm{d}v;$$

$$F_y = \iiint\limits_{\Omega} Gm\frac{\mu(x,y,z)\,(y-y_0)}{r^3}\mathrm{d}v;$$

$$F_z = \iiint\limits_{\Omega} Gm\frac{\mu(x,y,z)\,(z-z_0)}{r^3}\mathrm{d}v.$$

从而物体对位于点 $P_0\,(x_0,y_0,z_0)$ 处的质量为 m 的质点的引力为

$$\boldsymbol{F} = (F_x, F_y, F_z)\,. \tag{9-4-7}$$

例 5 设半径为 R 的匀质球体占有空间闭区域 $\Omega = \{(x,y,z) \mid x^2+y^2+z^2 \leqslant R^2\}$, 求它对位于点 $M_0(0,0,a)(a>R)$ 处的带有单位质量的质点的引力.

解 设所求引力 $\boldsymbol{F} = (F_x, F_y, F_z)$, 又设球体的密度为 μ_0 (常数), 由 Ω 的对称性及质量分布的均匀性, 知 $F_x = F_y = 0$, 而所求引力沿 z 轴的分量为

$$
\begin{aligned}
F_z &= \iiint\limits_{\Omega} G\mu_0 \frac{z-a}{[x^2+y^2+(z-a)^2]^{3/2}}\mathrm{d}v \\
&= G\mu_0 \int_{-R}^{R}(z-a)\mathrm{d}z \iint\limits_{x^2+y^2\leqslant R^2-z^2} \frac{\mathrm{d}x\mathrm{d}y}{[x^2+y^2+(z-a)^2]^{\frac{3}{2}}} \\
&= G\mu_0 \int_{-R}^{R}(z-a)\mathrm{d}z \int_{0}^{2\pi}\mathrm{d}\theta \int_{0}^{\sqrt{R^2-z^2}} \frac{\rho\mathrm{d}\rho}{[\rho^2+(z-a)^2]^{\frac{3}{2}}} \\
&= 2\pi G\mu_0 \int_{-R}^{R}(z-a)\left(\frac{1}{a-z} - \frac{1}{\sqrt{R^2-2az+a^2}}\right)\mathrm{d}z \\
&= 2\pi G\mu_0 \left[-2R + \frac{1}{a}\int_{-R}^{R}(z-a)\mathrm{d}\sqrt{R^2-2az+a^2}\right] \\
&= 2G\pi\mu_0 \left(-2R + 2R - \frac{2R^3}{3a^2}\right) \\
&= -G \cdot \frac{4\pi R^3}{3}\mu_0 \cdot \frac{1}{a^2} = -G\frac{M}{a^2},
\end{aligned}
$$

从而所求引力 $\boldsymbol{F} = \left(0,0,-G\dfrac{M}{a^2}\right)$, 其中 $M = \dfrac{4\pi R^3}{3}\mu_0$ 为球的质量.

上述结果表明: 匀质球体对球外一质点的引力如同球体的质量集中于球心时两质点间的引力.

习 题 9-4

A 组

课件9-4-3

1. 设平面薄片所占闭区域为 D, 求下列平面薄片的质心:

(1) 位于两圆 $\rho = 2\sin\theta$ 和 $\rho = 4\sin\theta$ 之间的均匀薄片;

(2) 腰长为 a 的等腰直角三角形的均匀薄片.

2. 计算下列曲面所围立体的质心:

(1) $z = x^2 + y^2, z = 1, z = 2$, 密度 $\mu = 1$;

(2) $x^2 + y^2 + z^2 = 2z$, 它在内部各点的密度的大小等于该点到坐标原点的距离的平方.

3. 设物体所占闭区域及密度如下, 求指定轴上的转动惯量:

(1) 平面薄片 $D = \left\{ (x,y) \,\middle|\, \dfrac{x^2}{a^2} + \dfrac{y^2}{b^2} \leqslant 1 \right\}$, 密度 $\mu = 1$, 求 I_y;

(2) 平面薄片 D 由抛物线 $y^2 = \dfrac{9}{2}x$ 与直线 $x = 2$ 所围成, 密度 $\mu = 1$, 求 I_x;

(3) 半径为 a 的均匀球体, 求过球心的一条轴 l 的转动惯量;

4. 已知 yOz 平面内的曲线 $z = y^2$, 将它绕 z 轴旋转一周得一旋转曲面, 该曲面与平面 $z = 3$ 所围成的立体为 Ω, 其密度函数为 $\mu = \sqrt{x^2 + y^2}$, 求 Ω 绕 z 轴的转动惯量.

5. 设有一高为 h, 母线长为 l 的均匀圆锥体, 又设有质量为 m 的质点在它的顶点上, 试求圆锥体对该质点的引力.

B 组

1. 设有一半径为 R 的球体, P_0 是此球的表面上的一个定点, 球体上任一点的密度与该点到 P_0 距离的平方成正比 (比例常数 $k > 0$), 求球体的重心位置.

2. 设平面薄片的质量为 M, 其重心到直线 l 的距离为 d, L 为过重心且平行于 l 的直线, 若以直线 l 与 L 为轴, 薄片关于它们的转动惯量分别为 I_l 与 I_L, 证明: $I_l = I_L + d^2 M$.

本 章 小 结

本章通过 "分割, 取近似, 求和, 取极限" 的步骤, 将分布在某平面薄片与某空间立体上的总量问题归结为一种特定和式的极限, 从而引出相应区域上重积分的概念、性质. 重积分的计算思路都是将它们转化为累次积分计算, 因此如何转化为易于计算的累次积分是本章的重点, 也是难点, 对于二重积分, 主要有利用直角坐标系和极坐标系的二种计算方法. 对于三重积分, 主要有直角坐标系、柱面坐标系和球面坐标系三种计算方法. 由此将重积分的计算难点, 转化为坐标系的选择, 和在相应坐标系下化为累次积分时积分限的确定. 因此在重积分的计算中, 应注意以下几点.

1. 画出积分区域的简图. 这是能否适当地选取坐标系、积分次序和确定积分限的依据.

2. 先利用积分的对称性或轮换对称性化简重积分.

当平面 (空间) 区域关于坐标轴 (面) 具有对称性, 且被积函数具有相应的奇偶性, 或积分区域具有轮换性的特点时, 常先用相应的积分对称性或轮换对称性化简重积分.

3. 选择适当的坐标系.

这不仅关系到计算过程的繁简, 有时还影响到能否求出结果. 一般地, 选择坐标系应从积分区域和被积函数两方面去考虑.

对于二重积分, 当积分区域为圆域、扇形域或圆环域, 被积函数为 $f\left(x^2 + y^2\right)$ 型时常考虑用极坐标计算, 其他可考虑用直角坐标计算.

对于三重积分, 计算的繁简主要取决于坐标系的选择, 当积分区域 Ω 为旋转曲面及平面围成的立体, 或 $f(x, y, z)$ 中含有 $x^2 + y^2$, 或 z 的因式时, 常考虑用柱面坐标系计算; 当积分域 Ω 的形状为球体、或球体与锥体 $z^2 = x^2 + y^2$ 围成的立体的一部分, 或 $f(x, y, z)$ 中含有 $x^2 + y^2 + z^2$ 的因式时, 宜用球面坐标系计算; 对其他的情形, 可考虑用直角坐标系计算.

4. 选取合适的积分次序.

一般原则为: 应使积分区域不分块或少分块; 并且必须使累次积分中的每个定积分容易积出. 例如当遇到如此形式的积分: $\displaystyle\int \frac{\sin x}{x}\mathrm{d}x, \int \sin\frac{1}{x}\mathrm{d}x, \int \frac{\cos x}{x}\mathrm{d}x,$ $\displaystyle\int \mathrm{e}^{x^2}\mathrm{d}x, \int \mathrm{e}^{-x^2}\mathrm{d}x$ 等时, 一定要后积分.

5. 重积分化为累次积分时积分限的确定.

重积分化为累次积分时, 先将积分区域在选定的坐标系中用相应的不等式组表示, 则每个不等式的范围就是累次积分中相应积分变量的上、下限, 且上限必须大于下限.

6. 重积分的应用.

利用重积分, 可计算平面图形的面积与立体的体积; 当密度函数在相应的二维或三维区域上是连续或分块连续时, 利用重积分及相应公式还可求出非均匀分布在这些区域上的物体的质量, 和它们对坐标轴的转动惯量以及物体对质点的引力等物理量.

总复习题 9

1. 填空题:

(1) 设 $D = \left\{(x, y) \mid x^2 + y^2 \leqslant 2x\right\}$, 则 $\displaystyle\iint\limits_{D} \sqrt{2x - x^2 - y^2}\mathrm{d}x\mathrm{d}y = \underline{\hspace{3cm}}$.

(2) $\displaystyle\int_0^1 \mathrm{d}y \int_y^1 \dfrac{\tan x}{x}\mathrm{d}x = $ _____. (2017 考研真题)

(3) 二次积分 $\displaystyle\int_0^1 \mathrm{d}y \int_y^1 \left(\dfrac{\mathrm{e}^{x^2}}{x} - \mathrm{e}^{y^2}\right)\mathrm{d}x = $ _____. (2014 考研真题)

(4) 设 $I = \displaystyle\iiint\limits_{|x|\leqslant 1,|y|\leqslant 1,|z|\leqslant 1} \left(\mathrm{e}^{y^2}\sin y^3 + z^2\tan x + 3\right)\mathrm{d}v$, 则 $I = $ _____.

(5) 由曲面 $z = 6 - x^2 - y^2$ 和 $z = \sqrt{x^2+y^2}$ 所围成的立体的体积为 _____.

2. 选择题:

(1) $I = \displaystyle\int_0^1 \mathrm{d}y \int_0^{\sqrt{1-y}} 3x^2y^2\mathrm{d}x$, 则交换积分次序后 $I = ($ 　　$)$

(A) $\displaystyle\int_0^1 \mathrm{d}x \int_0^{\sqrt{1-x}} 3x^2y^2\mathrm{d}y$ 　　　　(B) $\displaystyle\int_0^{\sqrt{1-y}} \mathrm{d}x \int_0^1 3x^2y^2\mathrm{d}y$

(C) $\displaystyle\int_0^1 \mathrm{d}x \int_0^{1-x^2} 3x^2y^2\mathrm{d}y$ 　　　　(D) $\displaystyle\int_0^1 \mathrm{d}x \int_0^{1+x^2} 3x^2y^2\mathrm{d}y$.

(2) 设 $J_k = \displaystyle\iint\limits_{D_k} \sqrt[3]{x-y}\,\mathrm{d}x\mathrm{d}y(k=1,2,3)$, 其中 $D_1 = \{(x,y) \mid 0 \leqslant x \leqslant 1, 0 \leqslant y \leqslant 1\}$,
$D_2 = \{(x,y) \mid 0 \leqslant x \leqslant 1, 0 \leqslant y \leqslant \sqrt{x}\}, D_3 = \{(x,y) \mid 0 \leqslant x \leqslant 1, x^2 \leqslant y \leqslant 1\}$, 则 $($ 　　$)$
(2016 考研真题).

(A) $J_1 < J_2 < J_3$ 　　　　　　(B) $J_3 < J_1 < J_2$

(C) $J_2 < J_3 < J_1$ 　　　　　　(D) $J_2 < J_1 < J_3$.

(3) 设 $D = \{(x,y) \mid x^2 + y^2 \leqslant 2x, x^2 + y^2 \leqslant 2y\}$, 函数 $f(x,y)$ 在 D 上连续, 则
$\displaystyle\iint\limits_{D} f(x,y)\mathrm{d}x\mathrm{d}y = ($ 　　$)$ (2015 考研真题)

(A) $\displaystyle\int_0^{\frac{\pi}{4}} \mathrm{d}\theta \int_0^{2\cos\theta} f(\rho\cos\theta, \rho\sin\theta)\rho\mathrm{d}\rho + \int_{\frac{\pi}{4}}^{\frac{\pi}{2}} \mathrm{d}\theta \int_0^{2\sin\theta} f(\rho\cos\theta, \rho\sin\theta)\rho\mathrm{d}\rho$

(B) $\displaystyle\int_0^{\frac{\pi}{4}} \mathrm{d}\theta \int_0^{2\sin\theta} f(\rho\cos\theta, \rho\sin\theta)\rho\mathrm{d}\rho + \int_{\frac{\pi}{4}}^{\frac{\pi}{2}} \mathrm{d}\theta \int_0^{2\cos\theta} f(\rho\cos\theta, \rho\sin\theta)\rho\mathrm{d}\rho$

(C) $2\displaystyle\int_0^1 \mathrm{d}x \int_{1-\sqrt{1-x^2}}^x f(x,y)\mathrm{d}y$ 　　　　(D) $2\displaystyle\int_0^1 \mathrm{d}x \int_x^{\sqrt{2x-x^2}} f(x,y)\mathrm{d}y$.

(4) 设有空间闭区域 $\Omega_1 = \{(x,y,z) \mid x^2 + y^2 + z^2 \leqslant R^2, z \geqslant 0\}$, $\Omega_2 = \{(x,y,z) \mid x^2 + y^2 + z^2 \leqslant R^2, x \geqslant 0, y \geqslant 0, z \geqslant 0\}$, 则有 $($ 　　$)$

(A) $\displaystyle\iiint\limits_{\Omega_1} x\mathrm{d}v = 4\iiint\limits_{\Omega_2} x\mathrm{d}v$ 　　　　(B) $\displaystyle\iiint\limits_{\Omega_1} y\mathrm{d}v = 4\iiint\limits_{\Omega_2} y\mathrm{d}v$

(C) $\displaystyle\iiint\limits_{\Omega_1} z\mathrm{d}v = 4\iiint\limits_{\Omega_2} z\mathrm{d}v$ 　　　　(D) $\displaystyle\iiint\limits_{\Omega_1} xyz\mathrm{d}v = 4\iiint\limits_{\Omega_2} xyz\mathrm{d}v$.

(5) 设 Ω 是由曲面 $z = \sqrt{3(x^2 + y^2)}$ 与 $z = \sqrt{1 - x^2 - y^2}$ 围成的空间区域, $\iiint\limits_{\Omega} z^2 \mathrm{d}v$ 在球坐标系下化为累次积分是 (   )

(A) $\int_0^{2\pi} \mathrm{d}\theta \int_0^{\frac{\pi}{3}} \mathrm{d}\varphi \int_0^1 r^4 \sin\varphi \cos^2\varphi \mathrm{d}r$ (B) $\int_0^{2\pi} \mathrm{d}\theta \int_0^{\frac{\pi}{6}} \mathrm{d}\varphi \int_0^1 r^4 \sin\varphi \cos^2\varphi \mathrm{d}r$

(C) $\int_0^{2\pi} \mathrm{d}\theta \int_0^{\frac{\pi}{3}} \mathrm{d}\varphi \int_0^1 r^4 \sin\varphi \cos\varphi \mathrm{d}r$ (D) $\int_0^{2\pi} \mathrm{d}\theta \int_0^{\frac{\pi}{6}} \mathrm{d}\varphi \int_0^1 r^4 \sin\varphi \cos\varphi \mathrm{d}r$.

3. 计算下列二重积分:

(1) $\iint\limits_{D} y\sqrt{1 + x^2 - y^2}\mathrm{d}x\mathrm{d}y$, 其中 D 是由直线 $y = x, y = 1, x = -1$ 所围成的闭区域;

(2) $\iint\limits_{D} \sin\left(\sqrt{x^2 + y^2}\right) \mathrm{d}x\mathrm{d}y$, 其中 D 是由 $\pi^2 \leqslant x^2 + y^2 \leqslant 4\pi^2$ 所确定的闭区域.

4. 设平面区域 $D = \left\{(x,y) \mid x^2 + y^2 \leqslant 2y\right\}$, 计算 $\iint\limits_{D} (x+1)^2 \mathrm{d}x\mathrm{d}y$. (2017 考研真题)

5. 计算 $\iint\limits_{D} x\left[1 + yf\left(x^2 + y^2\right)\right] \mathrm{d}x\mathrm{d}y$, 其中区域 D 由 $y = x^3, y = -1, x = 1$ 围成, 且 $f(x)$ 为连续函数.

6. 设 $\int_a^b \mathrm{d}x \int_{\varphi_1(x)}^{\varphi_2(x)} f(x,y)\mathrm{d}y = \int_0^{\pi} \mathrm{d}\theta \int_0^{2\sin\theta} f(\rho\cos\theta, \rho\sin\theta)\rho\mathrm{d}\rho$, 求满足条件的 $a, b,$ $\varphi_1(x), \varphi_2(x)$.

7. 设平面区域 $D = \left\{(x,y) \mid 1 \leqslant x^2 + y^2 \leqslant 4, x \geqslant 0, y \geqslant 0\right\}$, 计算

$$\iint\limits_{D} \frac{x\sin\left(\pi\sqrt{x^2 + y^2}\right)}{x + y}\mathrm{d}x\mathrm{d}y. \text{(2014 考研真题)}$$

8. 设平面区域 $D = \left\{(x,y) \mid x^2 + y^2 \leqslant 1, y \geqslant 0\right\}$, 且连续函数 $f(x,y)$ 满足

$$f(x,y) = y\sqrt{1 - x^2} + x\iint\limits_{D} f(x,y)\mathrm{d}x\mathrm{d}y,$$

计算 $\iint\limits_{D} xf(x,y)\mathrm{d}x\mathrm{d}y$.(2020 考研真题)

9. 设平面区域 D 是由 $x^2 + y^2 = 1$ 和直线 $y = x$ 及 x 轴在第一象限围成的部分, 计算二重积分 $\iint\limits_{D} \mathrm{e}^{(x+y)^2}\left(x^2 - y^2\right) \mathrm{d}x\mathrm{d}y$. (2021 考研真题)

10. 计算下列三重积分:

(1) $\iiint\limits_{\Omega} z^2 \mathrm{d}x\mathrm{d}y\mathrm{d}z$, 其中 Ω 由 $z = \sqrt{2 - x^2 - y^2}$ 与 $z = \sqrt{x^2 + y^2}$ 所围成;

(2) $\iiint\limits_{\Omega} z^2 \mathrm{d}x\mathrm{d}y\mathrm{d}z$, 其中 Ω 是两个球体 $x^2 + y^2 + z^2 \leqslant 4$ 及 $x^2 + y^2 + z^2 \leqslant 4z$ 的公共部分;

(3) $\iiint\limits_{\Omega} z\left(x^2 + y^2\right)\mathrm{d}x\mathrm{d}y\mathrm{d}z$, 其中 Ω 为 $1 \leqslant x^2 + y^2 + z^2 \leqslant 4, \quad z \geqslant \sqrt{x^2 + y^2}$;

(4) $\iiint\limits_{\Omega} \left(x^2 + y^2 + z^2\right)\mathrm{d}x\mathrm{d}y\mathrm{d}z, \Omega$ 为 $\dfrac{x^2}{a^2} + \dfrac{y^2}{b^2} + \dfrac{z^2}{c^2} = 1$ 围成的闭区域.

11. 已知 $\Omega = \left\{(x,y,z) \mid x^2 + y^2 + z^2 \leqslant R^2\right\}$, 积分

$$\iiint\limits_{\Omega} f\left(x^2 + y^2 + z^2\right)\mathrm{d}v = \int_0^R \varphi(x)\mathrm{d}x,$$

求满足条件的 $\varphi(x)$.

12. 设 $f(u)$ 为可微函数, 且 $f(0) = 0$, 求 $\lim\limits_{t \to 0^+} \dfrac{\iiint\limits_{x^2+y^2+z^2 \leqslant t^2} f\left(\sqrt{x^2+y^2+z^2}\right)\mathrm{d}v}{\pi t^4}$.

13. 设 $f(x)$ 为连续函数, Ω 是球体 $x^2 + y^2 + z^2 \leqslant 1$, 求证:

$$\iiint\limits_{\Omega} f(z)\mathrm{d}v = \pi \int_{-1}^1 f(u)\left(1 - u^2\right)\mathrm{d}u.$$

14. 求半径为 a 的半球体的形心.

15. 求底半径为 a, 高为 h, 且密度 $\mu = 1$ 的均匀圆柱体对于过中心且平行于母线的轴的转动惯量.

第 10 章
Chapter 10

曲线积分
与曲面积分

由第 9 章知道, 非均匀分布在平面或空间区域上的量分别可以用相应区域上的重积分来表示并计算, 它们在本质上与定积分是一样的, 都是化归为一个和式的极限, 由此推断非均匀分布在空间曲线或曲面上的总量也可以用相应区域上的积分来表示. 本章主要讨论非均匀分布在曲线与曲面上的总量的表示与求解, 即所谓的曲线积分与曲面积分. 它们在几何与物理上都有着广泛应用. 本章除了讨论它们的基本概念、性质与计算方法外, 还着重讨论它们与重积分之间的关系.

10.1 对弧长的曲线积分

课前测10-1-1

一、对弧长的曲线积分的概念

先考察非均匀分布的曲线型构件的质量.

设平面上有一条连续的曲线弧段 $L = \overset{\frown}{AB}$, 在该曲线段上分布着质量, 其线密度是非负的连续函数 $\mu = \mu(x, y)$, 试求曲线段 L 的质量.

当曲线段的质量是均匀分布时, 密度函数是常量. 那么其质量就等于密度与曲线段长度之积.

当曲线段的质量是非均匀分布时, 密度函数是变量, 这方法就不适用了. 但由于曲线段的质量对曲线段具有可加性, 故可采用积分方法, 即可用 "分割, 取近似, 求和, 取极限" 的步骤解决. 如图 10-1-1, 首先用 $n-1$ 个分点 $M_1, \cdots, M_{n-1}$ 将 L 分成 n 个小弧段, 记 $A = M_0, B = M_n$, 设 $\Delta s_i = \overset{\frown}{M_{i-1}M_i} (i = 1, 2, \cdots)$, 也用 Δs_i 表示该小弧段的长度, 在 Δs_i 弧段上任取一点

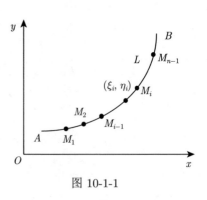

图 10-1-1

(ξ_i, η_i), 则相应于 Δs_i 段上的质量

$$\Delta m_i \approx \mu(\xi_i, \eta_i)\Delta s_i,$$

曲线 L 的总质量近似为

$$M = \sum_{i=1}^n \Delta m_i \approx \sum_{i=1}^n \mu(\xi_i, \eta_i)\Delta s_i,$$

记 $\lambda = \max\limits_{1 \leqslant i \leqslant n}\{\Delta s_i\}$, 若当 $\lambda \to 0$ 时, 上式右端的极限存在, 则该极限就是曲线段 L 的质量, 即

$$M = \lim_{\lambda \to 0}\sum_{i=1}^n \mu(\xi_i, \eta_i)\Delta s_i.$$

上述和式的极限在其他很多实际问题中也会遇到, 撇开该极限的具体意义, 从数学上抽象出下述概念.

定义 1 设 $f(x,y)$ 是定义在光滑或分段光滑的曲线弧[①] $L = \overparen{AB}$ 上的有界函数, 在 L 上任意插入一个有序点列 $A = M_0, M_1, \cdots, M_{n-1}, M_n = B$, 把 L 分成 n 个小弧段, 记作 $\Delta s_i (i = 1, 2, \cdots, n)$, 对应的长度也记为 Δs_i, 任取点 $P_i(\xi_i, \eta_i) \in \Delta s_i\ (i = 1, 2, \cdots)$, 作和式 $\sum\limits_{i=1}^n f(\xi_i, \eta_i)\Delta s_i$, 如果当 $\lambda = \max\limits_{1 \leqslant i \leqslant n}\{\Delta s_i\} \to 0$ 时, 极限

$$\lim_{\lambda \to 0}\sum_{i=1}^n f(\xi_i, \eta_i)\Delta s_i$$

总存在, 且与曲线 L 的分法及点 P_i 在 Δs_i 上的取法无关, 则称此极限为**函数** $f(x, y)$ **在曲线** L **上对弧长的曲线积分**, 或**第一类曲线积分**, 记作 $\int_L f(x,y)\mathrm{d}s$. 即

$$\int_L f(x,y)\mathrm{d}s = \lim_{\lambda \to 0}\sum_{i=1}^n f(\xi_i, \eta_i)\Delta s_i, \tag{10-1-1}$$

其中 $f(x,y)$ 称为**被积函数**, L 称为**积分弧段**, $\mathrm{d}s$ 称为**弧长微元**.

当 L 是闭曲线时, 常将 $f(x,y)$ 在闭曲线 L 上的对弧长的曲线积分记作 $\oint_L f(x,y)\mathrm{d}s$.

---

① 具有连续切线的曲线称为光滑曲线.

当函数 $f(x, y)$ 在光滑或分段光滑的曲线段 L 上连续, 或在 L 上只有有限个第一类间断点时, 曲线积分 $\int_L f(x, y) \mathrm{d}s$ 存在.

由上述定义 1, 密度函数为 $\mu(x, y)$ 的平面上的光滑曲线弧段 L 的质量为

$$M = \int_L \mu(x, y) \mathrm{d}s.$$

容易证明对弧长的曲线积分有与定积分、重积分类似的性质.

设 L 为光滑或分段光滑的曲线段, 函数 $f(x, y)$ 与 $g(x, y)$ 都在 L 上可积, 利用定义 1 及极限的运算性质, 易证下列性质成立.

性质 1 (线性性)　对 $\forall k_1, k_2 \in \mathbf{R}$, 有

$$\int_L [k_1 f(x, y) + k_2 g(x, y)] \mathrm{d}s = k_1 \int_L f(x, y) \mathrm{d}s + k_2 \int_L g(x, y) \mathrm{d}s.$$

性质 2 (对于曲线弧的可加性)　设 L 由两段光滑曲线弧 L_1 及 L_2 连接而成, 则

$$\int_L f(x, y) \mathrm{d}s = \int_{L_1} f(x, y) \mathrm{d}s + \int_{L_2} f(x, y) \mathrm{d}s.$$

性质 3　$\int_L 1 \cdot \mathrm{d}s = \int_L \mathrm{d}s = L$ (L 也表示该弧段 L 的长).

性质 4 (保号性)　如果 $f(x, y) \geqslant 0 (\forall (x, y) \in L)$, 则

$$\int_L f(x, y) \mathrm{d}s \geqslant 0.$$

利用该保号性, 易得如下两个推论.

推论 1 (有序性)　如果 $f(x, y) \leqslant g(x, y)(\forall (x, y) \in L)$, 则

$$\int_L f(x, y) \mathrm{d}s \leqslant \int_L g(x, y) \mathrm{d}s.$$

推论 2　$\left| \int_L f(x, y) \mathrm{d}s \right| \leqslant \int_L |f(x, y)| \, \mathrm{d}s.$

性质 5 (估值定理)　设 M, m 分别是函数 $f(x, y)$ 在光滑曲线段 L 上取得的最大值和最小值, 并用 L 表示该曲线段的长度, 则有

$$mL \leqslant \int_L f(x, y) \mathrm{d}s \leqslant ML.$$

性质 6 (积分中值定理)　设函数 $f(x,y)$ 在光滑曲线段 L 上连续, 也用 L 表示其长度, 则在 L 上至少存在一点 (ξ,η), 使得

$$\int_L f(x,y)\mathrm{d}s = f(\xi,\eta)\cdot L.$$

将平面上对弧长的曲线积分的概念推广到空间曲线弧 Γ 上, 就得到 $f(x,y,z)$ 在 Γ 上对弧长的曲线积分, 记作

$$\int_\Gamma f(x,y,z)\mathrm{d}s = \lim_{\lambda\to 0}\sum_{i=1}^n f(\xi_i,\eta_i,\zeta_i)\Delta s_i. \tag{10-1-2}$$

上述平面上对弧长的曲线积分的性质同样适合于空间曲线上对弧长的曲线积分.

二、对弧长的曲线积分的计算

下面以平面上对弧长的曲线积分为例进行推导, 所得的结论可推广到空间对弧长的曲线积分上.

定理 1　设平面曲线 L 的参数方程为

$$\begin{cases} x = x(t), \\ y = y(t) \end{cases} (\alpha \leqslant t \leqslant \beta),$$

其中 $x(t), y(t)$ 均在区间 $[\alpha,\beta]$ 上具有一阶连续导数, 且 $x'^2(t)+y'^2(t)\neq 0$, 若函数 $f(x,y)$ 在 L 上连续, 则

$$\int_L f(x,y)\mathrm{d}s = \int_\alpha^\beta f[x(t),y(t)]\sqrt{x'^2(t)+y'^2(t)}\mathrm{d}t, \tag{10-1-3}$$

其中 α,β 分别对应于 L 的两端点, 且 $\alpha < \beta$.

证　在曲线 L 上, 依次插入 $n-1$ 个分点 $M_i(x(t_i),y(t_i))$ $(i=1,2,\cdots,n-1)$, 将 L 分成 n 个小弧段, 并设分点 M_i 的坐标 $(x(t_i),y(t_i))$ $(i=1,2,\cdots,n)$ 对应一列单调增加的参数值

$$\alpha = t_0 < t_1 < t_2 < \cdots < t_n = \beta.$$

于是, 第 i 个小弧段 $\overset{\frown}{M_{i-1}M_i}$ 的弧长 Δs_i 为

$$\Delta s_i = \int_{t_{i-1}}^{t_i}\sqrt{x'^2(t)+y'^2(t)}\mathrm{d}t,$$

由积分中值定理, 必存在 $\tau_i \in [t_{i-1}, t_i]$ $(i = 1, 2, \cdots, n)$, 使得

$$\Delta s_i = \sqrt{x'^2(\tau_i) + y'^2(\tau_i)} \Delta t_i,$$

这里 $\Delta t_i = t_i - t_{i-1}$, 因此有和式

$$\sum_{i=1}^{n} f(\xi_i, \eta_i) \Delta s_i = \sum_{i=1}^{n} f(\xi_i, \eta_i) \sqrt{x'^2(\tau_i) + y'^2(\tau_i)} \Delta t_i,$$

由于函数 $f(x, y)$ 在 L 上连续, 则曲线积分 $\int_L f(x, y) \mathrm{d}s$ 必存在, 因此 (ξ_i, η_i) 可以任取, 故不妨取 $\xi_i = x(\tau_i), \eta_i = y(\tau_i)$, 这时

$$\int_L f(x, y) \mathrm{d}s = \lim_{\lambda \to 0} \sum_{i=1}^{n} f(\xi_i, \eta_i) \Delta s_i = \lim_{\lambda \to 0} \sum_{i=1}^{n} f[x(\tau_i), y(\tau_i)] \sqrt{x'^2(\tau_i) + y'^2(\tau_i)} \Delta t_i.$$

由于 $x = x(t), y = y(t)$ 在区间 $[\alpha, \beta]$ 上连续可导, 故 $\lambda = \max_{1 \leqslant i \leqslant n} \{\Delta s_i\} \to 0$ 与 $\max_{1 \leqslant i \leqslant n} \{\Delta t_i\} \to 0$ 等价, 因此上式右端极限式为函数 $f[x(t), y(t)] \sqrt{x'^2(t) + y'^2(t)}$ 在区间 $[\alpha, \beta]$ 上的定积分, 由于函数连续, 该定积分存在, 故

$$\int_L f(x, y) \mathrm{d}s = \int_{\alpha}^{\beta} f[x(t), y(t)] \sqrt{x'^2(t) + y'^2(t)} \mathrm{d}t.$$

证毕.

式 (10-1-3) 表明, 对弧长的曲线积分可以化为定积分来计算, 只需把被积函数中的 x, y 用曲线 L 的参数方程 $x = x(t), y = y(t)$ 代入, 而弧长微元 $\mathrm{d}s$ 用 $\sqrt{x'^2(t) + y'^2(t)} \mathrm{d}t$ 替换, 然后从 α 到 β 作定积分即可. 这一过程可归结为一句话 **"一代二换三定限".**

必须指出: 式 (10-1-3) 中右端定积分中的下限 α 必须小于上限 β, 因为在公式推导过程中 Δs_i 总是正的, 从而对应的 $\Delta t_i > 0$, 故必有 $\alpha < \beta$.

具体地, 如果曲线段 L 的方程为 $y = y(x) (a \leqslant x \leqslant b)$, 则可将 x 看作参数, 因而

$$\mathrm{d}s = \sqrt{1 + y'^2(x)} \mathrm{d}x,$$

则

$$\int_L f(x, y) \mathrm{d}s = \int_a^b f[x, y(x)] \sqrt{1 + y'^2(x)} \mathrm{d}x. \tag{10-1-4}$$

如果曲线段 L 的方程为 $x = x(y)(c \leqslant y \leqslant d)$, 则可将 y 看作参数, 因而

$$\mathrm{d}s = \sqrt{1 + x'^2(y)}\mathrm{d}y,$$

则

$$\int_L f(x, y)\mathrm{d}s = \int_c^d f[x(y), y]\sqrt{1 + x'^2(y)}\mathrm{d}y. \tag{10-1-5}$$

如果曲线段 L 的方程是极坐标形式 $\rho = \rho(\theta)(\alpha \leqslant \theta \leqslant \beta)$, 则可将它转化为参数方程形式:

$$\begin{cases} x(\theta) = \rho(\theta)\cos\theta, \\ y(\theta) = \rho(\theta)\sin\theta, \end{cases}$$

将 θ 看作参数, 易算得

$$\mathrm{d}s = \sqrt{x'^2(\theta) + y'^2(\theta)}\mathrm{d}\theta = \sqrt{\rho^2(\theta) + \rho'^2(\theta)}\mathrm{d}\theta,$$

因此

$$\int_L f(x, y)\mathrm{d}s = \int_\alpha^\beta f[\rho(\theta)\cos\theta, \rho(\theta)\sin\theta]\sqrt{\rho^2(\theta) + \rho'^2(\theta)}\mathrm{d}\theta. \tag{10-1-6}$$

将式 (10-1-3) 推广到空间曲线 Γ, 也有类似的计算公式.

设空间光滑曲线 Γ 的参数方程为 $x = x(t)$, $y = y(t)$, $z = z(t)$ $(\alpha \leqslant t \leqslant \beta)$, 且 $x'^2(t) + y'^2(t) + z'^2(t) \neq 0$, $f(x, y, z)$ 在 Γ 连续, 则有

$$\int_\Gamma f(x, y, z)\mathrm{d}s = \int_\alpha^\beta f[x(t), y(t), z(t)]\sqrt{x'^2(t) + y'^2(t) + z'^2(t)}\mathrm{d}t. \tag{10-1-7}$$

例 1 计算 $\displaystyle\int_L \sqrt{y}\mathrm{d}s$, 其中 L 是抛物线 $y = x^2$ 介于点 $(0, 0)$ 与点 $(1, 1)$ 之间的一段弧.

解 曲线 L 的方程为 $y = x^2 (0 \leqslant x \leqslant 1)$ (图 10-1-2), 由公式 (10-1-4),

$$\int_L \sqrt{y}\mathrm{d}s = \int_0^1 |x|\sqrt{1 + (2x)^2}\mathrm{d}x$$

$$= \int_0^1 x\sqrt{1 + 4x^2}\mathrm{d}x = \frac{5\sqrt{5} - 1}{12}.$$

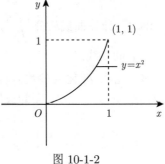

图 10-1-2

例 2　计算曲线积分 $\displaystyle\int_L y\mathrm{d}s$, 其中 L 为心脏线 $\rho = a(1+\cos\theta)$ 的上半部分.

解　如图 10-1-3, 由公式 (10-1-6), 得

$$
\begin{aligned}
\int_L y\mathrm{d}s &= \int_0^\pi \rho(\theta)\sin\theta\sqrt{\rho^2(\theta)+\rho'^2(\theta)}\mathrm{d}\theta \\
&= \int_0^\pi a(1+\cos\theta)\sin\theta \\
&\quad \cdot\sqrt{[a(1+\cos\theta)]^2+(-a\sin\theta)^2}\mathrm{d}\theta \\
&= 8a^2\int_0^\pi \cos^4\frac{\theta}{2}\sin\frac{\theta}{2}\mathrm{d}\theta = \frac{16}{5}a^2.
\end{aligned}
$$

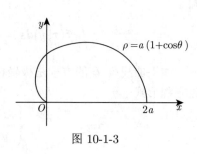

图 10-1-3

例 3　计算曲线积分 $\displaystyle\oint_L \sqrt{x^2+y^2}\mathrm{d}s$, 其中 L 为圆周 $x^2+y^2=2x$.

解　曲线 L 的参数方程为: $x=1+\cos t, y=\sin t(0\leqslant t\leqslant 2\pi)$, 则

$$
\mathrm{d}s = \sqrt{x'^2(t)+y'^2(t)}\mathrm{d}t = \sqrt{\sin^2 t+\cos^2 t}\mathrm{d}t = \mathrm{d}t,
$$

于是

$$
\begin{aligned}
\oint_L \sqrt{x^2+y^2}\mathrm{d}s &= \int_0^{2\pi}\sqrt{2(1+\cos t)}\mathrm{d}t \\
&= 2\int_0^{2\pi}\left|\cos\frac{t}{2}\right|\mathrm{d}t = 2\left[\int_0^\pi \cos\frac{t}{2}\mathrm{d}t - \int_\pi^{2\pi}\cos\frac{t}{2}\mathrm{d}t\right] \\
&= 2\left\{\left[2\sin\frac{t}{2}\right]_0^\pi - \left[2\sin\frac{t}{2}\right]_\pi^{2\pi}\right\} = 8.
\end{aligned}
$$

例 4　计算曲线积分 $\displaystyle\int_\Gamma \sqrt{2y^2+z^2}\mathrm{d}s$, 其中 Γ 为球面 $x^2+y^2+z^2=1$ 与平面 $y=x$ 的交线.

解　先将 Γ 化为参数方程形式. 在曲线 Γ 的方程组中消去 y, 得曲线 Γ 关于 xOz 面的投影柱面为

$$
\frac{x^2}{\left(\dfrac{1}{\sqrt{2}}\right)^2}+\frac{z^2}{1}=1,
$$

例4讲解10-1-2

则 Γ 可表示为

$$
\begin{cases}
\dfrac{x^2}{\left(\dfrac{1}{\sqrt{2}}\right)^2} + \dfrac{z^2}{1} = 1, \\
y = x,
\end{cases}
$$

根据椭圆的参数方程表示, 可得 Γ 的参数方程为

$$
x = \frac{1}{\sqrt{2}} \cos t, \quad y = \frac{1}{\sqrt{2}} \cos t, \quad z = \sin t \quad (0 \leqslant t \leqslant 2\pi),
$$

则

$$
\mathrm{d}s = \sqrt{\frac{1}{2} \sin^2 t + \frac{1}{2} \sin^2 t + \cos^2 t}\,\mathrm{d}t = \mathrm{d}t,
$$

由公式 (10-1-7), 可得

$$
\int_{\Gamma} \sqrt{2y^2 + z^2}\,\mathrm{d}s = \int_0^{2\pi} \sqrt{\cos^2 t + \sin^2 t}\,\mathrm{d}t
$$

$$
= \int_0^{2\pi} \mathrm{d}t = 2\pi.
$$

本题也可以视 x 为参数, 将曲线 Γ 分为上 $(z > 0)$、下 $(z < 0)$ 两段 Γ_1, Γ_2 来求解, 请读者自行完成.

三、对弧长的曲线积分的对称性与轮换对称性

1. 对称性

由于对弧长的曲线积分与曲线的方向无关, 容易证得下列结论成立.

一般地, 若平面曲线 L 关于 y 轴对称, 则有

$$
\int_L f(x, y)\,\mathrm{d}s = \begin{cases}
2\displaystyle\int_{L_1} f(x, y)\,\mathrm{d}s, & f(-x, y) = f(x, y), \\
0, & f(-x, y) = -f(x, y),
\end{cases}
$$

其中 L_1 是 L 在 $x \geqslant 0$ 的部分.

若平面曲线 L 关于 x 轴对称, 则有

$$
\int_L f(x, y)\,\mathrm{d}s = \begin{cases}
2\displaystyle\int_{L_1} f(x, y)\,\mathrm{d}s, & f(x, -y) = f(x, y), \\
0, & f(x, -y) = -f(x, y),
\end{cases}
$$

其中 L_1 是 L 在 $y \geqslant 0$ 的部分.

同理, 若空间曲线 Γ 关于 yOz 面对称, 则有

$$\int_{\Gamma} f(x,y,z)\mathrm{d}s = \begin{cases} 2\int_{\Gamma_1} f(x,y,z)\mathrm{d}s, & f(-x,y,z)=f(x,y,z), \\ 0, & f(-x,y,z)=-f(x,y,z), \end{cases}$$

其中 Γ_1 是 Γ 在 $x \geqslant 0$ 的部分.

若空间曲线 Γ 关于 xOz 面对称, 则有

$$\int_{\Gamma} f(x,y,z)\mathrm{d}s = \begin{cases} 2\int_{\Gamma_1} f(x,y,z)\mathrm{d}s, & f(x,-y,z)=f(x,y,z), \\ 0, & f(x,-y,z)=-f(x,y,z), \end{cases}$$

其中 Γ_1 是 Γ 在 $y \geqslant 0$ 的部分.

若空间曲线 Γ 关于 xOy 面对称, 则有

$$\int_{\Gamma} f(x,y,z)\mathrm{d}s = \begin{cases} 2\int_{\Gamma_1} f(x,y,z)\mathrm{d}s, & f(x,y,-z)=f(x,y,z), \\ 0, & f(x,y,-z)=-f(x,y,z), \end{cases}$$

其中 Γ_1 是 Γ 在 $z \geqslant 0$ 的部分.

上述性质统称为**对弧长的曲线积分的对称性**.

2. 轮换对称性

若把空间曲线 Γ 的方程组中的变量 x, y, z 顺次轮换后, 方程组保持不变, 则称**空间曲线 Γ 具有轮换对称性**.

设曲线 Γ 具有轮换对称性. 则有

$$\int_{\Gamma} f(x,y,z)\mathrm{d}s = \int_{\Gamma} f(y,z,x)\mathrm{d}s = \int_{\Gamma} f(z,x,y)\mathrm{d}s$$
$$= \frac{1}{3}\int_{\Gamma}[f(x,y,z)+f(y,z,x)+f(z,x,y)]\mathrm{d}s.$$

特殊地, 有

$$\int_{\Gamma} f(x)\mathrm{d}s = \int_{\Gamma} f(y)\mathrm{d}s = \int_{\Gamma} f(z)\mathrm{d}s$$
$$= \frac{1}{3}\int_{\Gamma}[f(x)+f(y)+f(z)]\mathrm{d}s.$$

高等数学 (下册)

若把平面曲线 L 的方程中的变量 x 与 y 对换后, 该方程保持不变, 这时也称 **平面曲线 L 具有轮换对称性**.

设平面曲线 L 具有轮换对称性, 则有

$$\int_L f(x,y)\mathrm{d}s = \int_L f(y,x)\mathrm{d}s = \frac{1}{2}\int_L [f(x,y)+f(y,x)]\mathrm{d}s.$$

特殊地,

$$\int_L f(x)\mathrm{d}s = \int_L f(y)\mathrm{d}s = \frac{1}{2}\int_L [f(x)+f(y)]\mathrm{d}s.$$

例 5　计算 $\oint_L \left(x+y^3\right)\mathrm{d}s$, 其中 L 是圆周 $x^2+y^2=a^2(a>0)$.

解　由于曲线 L 关于 x, y 轴都对称, 而被积函数中 y^3, x 分别是关于 y 与 x 的奇函数, 由对称性, 可知, $\oint_L x\mathrm{d}s=0$, $\oint_L y^3\mathrm{d}s=0$, 故

$$\oint_L \left(x+y^3\right)\mathrm{d}s = \oint_L x\mathrm{d}s + \oint_L y^3\mathrm{d}s = 0.$$

例 6　计算 $\oint_L xy\mathrm{d}s$, 其中 L 为球面 $x^2+y^2+z^2=1$ 与平面 $x+y+z=0$ 的交线. (2018 考研真题)

解　由题意可知 L 为以原点为圆心, 半径为 1 的圆周线, 又由于曲线 L 具有轮换对称性, 则有

$$\oint_L xy\mathrm{d}s = \frac{1}{6}\oint_L 2\left(xy+yz+xz\right)\mathrm{d}s,$$

将 $L:\begin{cases} x^2+y^2+z^2=1, \\ x+y+z=0, \end{cases}$ 化为

$$L:\begin{cases} x^2+y^2+z^2=1, \\ 2(xy+yz+zx)=-(x^2+y^2+z^2), \end{cases}$$

故

$$\oint_L xy\mathrm{d}s = \frac{1}{6}\oint_L 2\left(xy+yz+xz\right)\mathrm{d}s$$

$$= \frac{1}{6}\oint_L -\left(x^2+y^2+z^2\right)\mathrm{d}s = \frac{-1}{6}\oint_L 1\mathrm{d}s$$

$$= \frac{-1}{6}\cdot 2\pi = -\frac{\pi}{3}.$$

四、对弧长的曲线积分的物理应用

设在空间有一质量连续分布的曲线弧 Γ, 其线密度为连续函数 $\mu(x,y,z)$, 利用曲线积分的定义和物理概念可知, 曲线弧 Γ 的质量为

$$M = \int_{\Gamma} \mu(x,y,z)\mathrm{d}s. \tag{10-1-8}$$

曲线弧 Γ 对 x 轴, y 轴和 z 轴的转动惯量 I_x, I_y, I_z 为

$$
\begin{aligned}
I_x &= \int_{\Gamma} (y^2 + z^2)\mu(x,y,z)\mathrm{d}s, \\
I_y &= \int_{\Gamma} (x^2 + z^2)\mu(x,y,z)\mathrm{d}s, \\
I_z &= \int_{\Gamma} (x^2 + y^2)\mu(x,y,z)\mathrm{d}s.
\end{aligned}
\tag{10-1-9}
$$

曲线弧 Γ 的质心坐标 $(\bar{x}, \bar{y}, \bar{z})$ 为

$$\bar{x} = \frac{\int_{\Gamma} x\mu(x,y,z)\mathrm{d}s}{M}, \quad \bar{y} = \frac{\int_{\Gamma} y\mu(x,y,z)\mathrm{d}s}{M}, \quad \bar{z} = \frac{\int_{\Gamma} z\mu(x,y,z)\mathrm{d}s}{M}. \tag{10-1-10}$$

对于平面曲线, 作为公式 (10-1-8), (10-1-9), (10-1-10) 的特殊情形, 留给读者整理.

例 7 设有一半径为 a 的半圆形金属丝, 质量均匀分布. 求其对直径的转动惯量.

解 取半圆的直径所在的直线为 x 轴, 建立直角坐标系 (图 10-1-4). 设半圆形的金属丝 L 的线密度为 μ, 在弧上任取一点 $P(x,y)$, 则对直径 (即 x 轴) 的转动惯量微元为

$$\mathrm{d}I_x = y^2 \mathrm{d}m = y^2 \mu \mathrm{d}s,$$

于是, 金属丝对其直径的转动惯量为

$$I_x = \int_L \mu y^2 \mathrm{d}s.$$

又半圆弧 L 的参数方程为

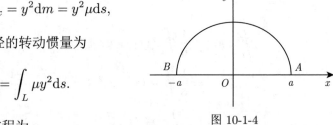

图 10-1-4

$$x = a\cos\theta, \quad y = a\sin\theta \quad (0 \leqslant \theta \leqslant \pi).$$

则

$$\mathrm{d}s = \sqrt{x'^2(\theta) + y'^2(\theta)}\mathrm{d}\theta = a\mathrm{d}\theta,$$

故

$$I_x = \int_L \mu y^2 \mathrm{d}s = \mu \int_0^\pi a^3 \sin^2\theta \mathrm{d}\theta = \frac{\mu\pi a^3}{2} = \frac{m}{2}a^2,$$

其中 $m = \mu\pi a$ 是金属丝的质量.

例 8 设有一螺旋形弹簧一圈的方程为 $\Gamma: \begin{cases} x = 4\cos t, \\ y = 4\sin t, \\ z = 3t \end{cases} \quad (0 \leqslant t \leqslant 2\pi)$, 其

线密度 $\mu(x,y,z) = x^2 + y^2 + z^2$, 求曲线 Γ 的 (1) 质量; (2) 质心坐标; (3) 关于 z 轴的转动惯量.

解 (1) $\mathrm{d}s = \sqrt{(-4\sin t)^2 + (4\cos t)^2 + 3^2}\mathrm{d}t = 5\mathrm{d}t$, 利用公式 (10-1-8) 得弹簧的质量

$$M = \int_\Gamma (x^2 + y^2 + z^2)\mathrm{d}s = 5\int_0^{2\pi}(16 + 9t^2)\mathrm{d}t = 40\pi(4 + 3\pi^2).$$

(2) 设弹簧的质心坐标为 $(\bar{x}, \bar{y}, \bar{z})$, 则由公式 (10-1-9) 得

$$\bar{x} = \frac{\displaystyle\int_\Gamma x(x^2 + y^2 + z^2)\mathrm{d}s}{M} = \frac{\displaystyle\int_0^{2\pi} 20\cos t(16 + 9t^2)\mathrm{d}t}{M}$$

$$= \frac{720\pi}{40\pi(4 + 3\pi^2)} = \frac{18}{4 + 3\pi^2},$$

同理

$$\bar{y} = \frac{-18\pi}{4 + 3\pi^2}, \quad \bar{z} = \frac{3\pi(8 + 9\pi^2)}{2(4 + 3\pi^2)},$$

从而质心坐标为

$$\left(\frac{18}{4 + 3\pi^2}, \frac{-18\pi}{4 + 3\pi^2}, \frac{3\pi(8 + 9\pi^2)}{2(4 + 3\pi^2)}\right).$$

(3) 由公式 (10-1-10) 得弹簧对 z 轴的转动惯量

$$I_z = \int_\Gamma (x^2 + y^2)(x^2 + y^2 + z^2)\mathrm{d}s = 80\int_0^{2\pi}(16 + 9t^2)\mathrm{d}t = 640\pi(4 + 3\pi^2).$$

习 题 10-1

课件10-1-3

A 组

1. 计算下列对弧长的曲线积分:

(1) $\oint_L (x^2 + y^2)^3 \mathrm{d}s$, 其中 L 为 $\begin{cases} x = a\cos t, \\ y = a\sin t \end{cases} (0 \leqslant t \leqslant 2\pi)$;

(2) $\int_L (x + y)\mathrm{d}s$, 其中 L 是上半圆周 $y = \sqrt{a^2 - x^2}$;

(3) $\oint_L (x + y)\mathrm{d}s$, 其中 L 是以点 $O\,(0,0)$, $A\,(1,0)$, $B\,(0,1)$ 为顶点的三角形闭折线;

(4) $\oint_L (|x| + |y|)\mathrm{d}s$, 其中 L 为闭折线 $|x| + |y| = 2$;

(5) $\oint_L \mathrm{e}^{\sqrt{x^2+y^2}}\mathrm{d}s$, 其中 L 为圆周 $x^2 + y^2 = a^2$, 直线 $y = x$ 及 x 轴在第一象限内所围成的扇形的整个边界;

(6) $\oint_L [6xy + (x^2 + y^2)^2]\mathrm{d}s$, 其中 L 为圆周: $x^2 + y^2 = 4$;

(7) $\int_\Gamma \dfrac{1}{x^2 + y^2 + z^2}\mathrm{d}s$, 其中 Γ 为曲线 $x = \mathrm{e}^t\cos t, y = \mathrm{e}^t\sin t, z = \mathrm{e}^t$ 上相应于 t 从 0 变到 2 的这段弧;

(8) $\oint_\Gamma (x^2 + y^2 + z^2)\mathrm{d}s$, 其中 Γ 是球面 $x^2 + y^2 + z^2 = \dfrac{9}{2}$ 与平面 $x + z = 1$ 的交线.

2. 螺旋形弹簧一圈的方程为 $x = \cos t, y = \sin t, z = t$, 其中 $0 \leqslant t \leqslant 2\pi$, 其线密度为 $\rho(x,y,z) = x^2 + y^2 + z^2$. 求它的质量.

3. 设曲线 L 是半径为 R, 中心角为 2α 的圆弧, 其线密度为常数 μ, 求 L 关于它的对称轴的转动惯量.

B 组

1. 计算 $\oint_\Gamma x^2\mathrm{d}s$, 其中 Γ 为圆周: $\begin{cases} x^2 + y^2 + z^2 = a^2, \\ x + y + z = 0 \end{cases} (a > 0)$.

2. $\oint_\Gamma |y|\,\mathrm{d}s$, 其中 Γ 为球面 $x^2 + y^2 + z^2 = 2$ 与平面 $y = x$ 的交线.

3. 计算球面上的曲线三角形 $G: x^2 + y^2 + z^2 = a^2, x \geqslant 0, y \geqslant 0, z \geqslant 0$ 的边界线的形心坐标.

10.2　对坐标的曲线积分

一、对坐标的曲线积分的概念与性质

1. 引例

课前测10-2-1

变力沿有向曲线所做的功

定积分的应用中我们已经解决了质点沿直线运动时变力做功问题. 而实际中质点的运动轨迹一般是一条有向曲线 (规定了正方向的曲线称为有向曲线), 所受的力不仅大小改变, 而且方向也在改变, 这时该如何求场力沿曲线所做的功呢?

设平面上有一个连续的力场

$$\boldsymbol{F}(x,y) = P(x,y)\boldsymbol{i} + Q(x,y)\boldsymbol{j},$$

以及一条有向光滑曲线弧 $L = \overset{\frown}{AB}$, 曲线 L 的起点为 A, 终点为 B, 如果一质点在场力 $\boldsymbol{F}(x,y)$ 的作用下, 从点 A 沿曲线 L 运动到点 B, 在该质点的运动过程中, 求场力 $\boldsymbol{F}$ 对此质点所做的功.

由于场力 $\boldsymbol{F}$ 对质点所做的功关于曲线弧段具有可加性, 因此可用积分方法求解, 具体如下.

在有向曲线弧 $L = \overset{\frown}{AB}$ 上从点 A 到点 B 依次插入 $n-1$ 个分点 $M_1, M_2, \cdots, M_{n-1}$ (图 10-2-1), 并记 $A = M_0, B = M_n$, 将 L 分成 n 个有向小弧段 $L_i = \overset{\frown}{M_{i-1}M_i}$, 其长度记作 $\Delta s_i(i = 1, 2, \cdots, n)$, 当各有向小弧段 $\overset{\frown}{M_{i-1}M_i}$ 的弧长很短时, 可近似地看成弦向量 $\overrightarrow{M_{i-1}M_i}$, 而力 $\boldsymbol{F}$ 在该小弧段上变化也很小, 可将其上任一点处的力 $\boldsymbol{F}$ 近似地看成弧段 $\overset{\frown}{M_{i-1}M_i}$ 上

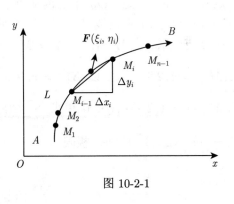

图 10-2-1

各点处的力. 因此在弧段 $\overset{\frown}{M_{i-1}M_i}$ 上任取一点 $K_i(\xi_i, \eta_i)$, 用该点处的场力 $\boldsymbol{F}(K_i)$ 近似代替弧段 $\overset{\frown}{M_{i-1}M_i}$ 上各点的力, 则场力 $\boldsymbol{F}$ 在有向小弧段 $\overset{\frown}{M_{i-1}M_i}$ 上所做的功可近似表示为

$$\boldsymbol{F}(K_i) \cdot \overrightarrow{M_{i-1}M_i},$$

再将各有向小弧段上所做的功相加, 即得所求功的近似值

$$W = \sum_{i=1}^{n} \Delta W_i \approx \sum_{i=1}^{n} \boldsymbol{F}(K_i) \cdot \overrightarrow{M_{i-1}M_i},$$

又 $\overrightarrow{M_{i-1}M_i} = (\Delta x_i)\,\boldsymbol{i} + (\Delta y_i)\,\boldsymbol{j}$, 于是

$$W \approx \sum_{i=1}^{n} [P(\xi_i, \eta_i)\Delta x_i + Q(\xi_i, \eta_i)\Delta y_i].$$

当各小弧段长的最大值 $\lambda = \max\limits_{1\leqslant i\leqslant n}\{\Delta s_i\} \to 0$ 时, 所得极限就是场力 $\boldsymbol{F}$ 沿有向曲线 L 对质点所做的功, 即

$$W = \lim_{\lambda\to 0} \sum_{i=1}^{n} [P(\xi_i, \eta_i)\Delta x_i + Q(\xi_i, \eta_i)\Delta y_i].$$

此类和式的极限在讨论其他实际问题时也会出现, 由此抽象出下述向量值函数沿有向曲线积分的概念.

2. 对坐标的曲线积分的概念及性质

定义 1 设 L 是 xOy 平面内从点 A 到点 B 的一条有向光滑曲线弧, 函数 $P(x,y)$, $Q(x,y)$ 在曲线 L 上有界, 在曲线 L 上沿 L 的方向任意插入 $n-1$ 个有序点列 $M_1, \cdots, M_{n-1}$, 令 $A = M_0$, $B = M_n$, 把 L 分成 n 个有向小弧段 $\overparen{M_{i-1}M_i}(i = 1, 2, \cdots, n)$, 设 $\Delta x_i = x_i - x_{i-1}, \Delta y_i = y_i - y_{i-1}$, 任取点 $(\xi_i, \eta_i) \in \overparen{M_{i-1}M_i}$, $(i = 1, 2, \cdots, n)$, 作和式 $\sum\limits_{i=1}^{n} P(\xi_i, \eta_i)\Delta x_i$, 如果当各小弧段长度的最大值 $\lambda = \max\limits_{1\leqslant i\leqslant n}\{\Delta s_i\} \to 0$ 时, 极限

$$\lim_{\lambda\to 0} \sum_{i=1}^{n} P(\xi_i, \eta_i)\Delta x_i$$

存在, 且与曲线 L 的分法及点 (ξ_i, η_i) 在 Δs_i 上的取法无关, 则称此极限为**函数 $P(x,y)$ 在有向曲线弧 L 上对坐标 x 的曲线积分**, 记作 $\int_L P(x,y)\mathrm{d}x$. 即

$$\int_L P(x,y)\mathrm{d}x = \lim_{\lambda\to 0} \sum_{i=1}^{n} P(\xi_i, \eta_i)\Delta x_i. \tag{10-2-1}$$

类似地, 如果极限 $\lim\limits_{\lambda\to 0}\sum\limits_{i=1}^{n}Q(\xi_i,\eta_i)\Delta y_i$ 存在, 且与曲线 L 的分法及点 (ξ_i,η_i) 在 Δs_i 上的取法无关, 则称此极限为**函数** $Q(x,y)$ **在有向曲线弧** L **上对坐标** y **的曲线积分**, 记作 $\int_L Q(x,y)\mathrm{d}y$. 即

$$\int_L Q(x,y)\mathrm{d}y = \lim_{\lambda\to 0}\sum_{i=1}^{n}Q(\xi_i,\eta_i)\Delta y_i, \tag{10-2-2}$$

其中 $P(x,y)$, $Q(x,y)$ 称为**被积函数**, L 称为**积分弧段**.

以上两个积分统称为**对坐标的曲线积分**, 亦称为**第二类曲线积分**.

当以上两个积分同时存在时, 将它们相加, 则得对坐标的曲线积分的组合形式

$$\int_L P(x,y)\mathrm{d}x + \int_L Q(x,y)\mathrm{d}y,$$

上式常简记为

$$\int_L P(x,y)\mathrm{d}x + Q(x,y)\mathrm{d}y \quad \text{或} \quad \int_L P\mathrm{d}x + Q\mathrm{d}y. \tag{10-2-3}$$

则

$$\int_L P(x,y)\mathrm{d}x + Q(x,y)\mathrm{d}y = \lim_{\lambda\to 0}\sum_{i=1}^{n}[P(\xi_i,\eta_i)\Delta x_i + Q(\xi_i,\eta_i)\Delta y_i]. \tag{10-2-4}$$

当 L 为有向闭曲线时, 对坐标的曲线积分常记为

$$\oint_L P(x,y)\mathrm{d}x + Q(x,y)\mathrm{d}y.$$

因此, 场力 $\boldsymbol{F}(x,y) = P(x,y)\boldsymbol{i} + Q(x,y)\boldsymbol{j}$ 沿有向曲线 $L = \overparen{AB}$ 对质点所做的功为

$$W = \int_L P(x,y)\mathrm{d}x + Q(x,y)\mathrm{d}y. \tag{10-2-5}$$

与第一类曲线积分类似, 当向量值函数 $\boldsymbol{F}$ 在有向光滑曲线 L 上连续时 (即指其分量函数 $P(x,y)$, $Q(x,y)$ 均连续), 第二类曲线积分 (10-2-4) 必定存在. 因此以后我们总假定函数 $P(x,y)$, $Q(x,y)$ 均在 L 上连续.

设有向光滑曲线弧段 $L = \overparen{AB}$ 的参数方程为

$$x = x(t), \quad y = y(t) \quad (t:\alpha\to\beta),$$

上式中 $t = \alpha$ 对应有向曲线 L 的起点 A, $t = \beta$ 对应 L 的终点 B (图 10-2-2) , 不妨设 $\alpha < \beta$ (若 $\alpha > \beta$, 只要令 $s = -t$, A 对应 $s = -\alpha$, B 对应 $s = -\beta$, 就有 $(-\alpha) < (-\beta)$, 由此下面的讨论对参数 s 也适用), 函数 $x = x(t)$, $y = y(t)$ 在以 α 与 β 为端点的区间上具有一阶连续导数, 则对应于参数 t 的点 $M(x(t), y(t))$ 处有切线, 其切向量为

$$\boldsymbol{\tau} = (x'(t), y'(t)) = \left(\frac{\mathrm{d}x}{\mathrm{d}t}, \frac{\mathrm{d}y}{\mathrm{d}t}\right),$$

该切向量 $\boldsymbol{\tau} = (x'(t), y'(t))$ 的指向与参数 t 增大的方向一致, 即 $\boldsymbol{\tau}$ 的指向就是有向曲线弧 L 的走向. 称这种指向与有向曲线弧 L 的走向一致的切向量为**有向曲线弧的切向量**. 由弧微分的性质可知

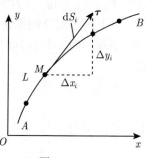

图 10-2-2

$$(\mathrm{d}s)^2 = (\mathrm{d}x)^2 + (\mathrm{d}y)^2,$$

则有向曲线 L 在点 M 处的单位切向量 $\boldsymbol{e}_\tau$ 可表示为 $\boldsymbol{e}_\tau = \dfrac{1}{\mathrm{d}s}(\mathrm{d}x, \mathrm{d}y)$, 则

$$\boldsymbol{e}_\tau \mathrm{d}s = (\mathrm{d}x, \mathrm{d}y) = \mathrm{d}\boldsymbol{r},$$

其中 $\boldsymbol{r} = \overrightarrow{OM} = (x, y)$, 则向量 $\boldsymbol{e}_\tau \mathrm{d}s$ 的方向与有向曲线弧 L 的走向一致, 大小等于弧长微元 $\mathrm{d}s$, 因此称向量 $\boldsymbol{e}_\tau \mathrm{d}s$ 为有向曲线弧 L 的有向曲线元.

所以, 有向光滑曲线弧段 L 上对坐标的曲线积分可用向量形式表示为

$$\int_L P(x, y)\mathrm{d}x + Q(x, y)\mathrm{d}y = \int_L \boldsymbol{F} \cdot \mathrm{d}\boldsymbol{r} = \int_L (\boldsymbol{F} \cdot \boldsymbol{e}_\tau)\mathrm{d}s. \tag{10-2-6}$$

根据定义, 易知对坐标的曲线积分有下列性质, 为了表述的简便, 这里用向量形式, 并假设其中的向量值函数在曲线 L 上连续.

性质 1 (线性性) 设 k_1, k_2 均为常数, 则

$$\int_L (k_1 \boldsymbol{F} + k_2 \boldsymbol{G}) \cdot \mathrm{d}\boldsymbol{r} = k_1 \int_L \boldsymbol{F} \cdot \mathrm{d}\boldsymbol{r} + k_2 \int_L \boldsymbol{G} \cdot \mathrm{d}\boldsymbol{r}.$$

性质 2 (可加性) 若把有向曲线弧段 L 分成 L_1 和 L_2, 即 $L = L_1 + L_2$, 则

$$\int_L \boldsymbol{F} \cdot \mathrm{d}\boldsymbol{r} = \int_{L_1} \boldsymbol{F} \cdot \mathrm{d}\boldsymbol{r} + \int_{L_2} \boldsymbol{F} \cdot \mathrm{d}\boldsymbol{r}.$$

性质 3 (方向性) 设 L 为有向曲线弧, 与 L 方向相反的有向曲线弧记作 L^-, 则有

$$\int_L \boldsymbol{F} \cdot \mathrm{d}\boldsymbol{r} = -\int_{L^-} \boldsymbol{F} \cdot \mathrm{d}\boldsymbol{r}.$$

这是因为有向曲线弧 L 的弧微分向量 $(\mathrm{d}s)\boldsymbol{e}_{\boldsymbol{\tau}}$ 与有向曲线弧 L^- 的弧微分向量 $-(\mathrm{d}s)\boldsymbol{e}_{\boldsymbol{\tau}}$ 方向正好相反.

将上述定义与性质推广到空间有向曲线弧上, 便得空间有向曲线 Γ 上对坐标的曲线积分的概念及性质.

设空间有向光滑曲线 Γ, 且向量值函数

$$\boldsymbol{F}(x,y,z) = P(x,y,z)\boldsymbol{i} + Q(x,y,z)\boldsymbol{j} + R(x,y,z)\boldsymbol{k},$$

在曲线 Γ 上有界, 则类似地得到空间向量值函数 $\boldsymbol{F}(x,y,z)$ 在 Γ 上对坐标的曲线积分

$$\int_{\Gamma} P(x,y,z)\mathrm{d}x + Q(x,y,z)\mathrm{d}y + R(x,y,z)\mathrm{d}z$$

$$= \lim_{\lambda \to 0} \sum_{i=1}^{n} [P(\xi_i,\eta_i,\zeta_i)\Delta x_i + Q(\xi_i,\eta_i,\zeta_i)\Delta y_i + R(\xi_i,\eta_i,\zeta_i)\Delta z_i]. \qquad (10\text{-}2\text{-}7)$$

设有向曲线 Γ 在点 $M(x,y,z)$ 处的单位切向量可表示为 $\boldsymbol{e}_{\boldsymbol{\tau}}$, 则场力 $\boldsymbol{F}$ 沿空间有向曲线 Γ 对质点所做的功为

$$W = \int_{\Gamma} P(x,y,z)\mathrm{d}x + Q(x,y,z)\mathrm{d}y + R(x,y,z)\mathrm{d}z$$

$$= \int_{\Gamma} \boldsymbol{F} \cdot \mathrm{d}\boldsymbol{r} = \int_{\Gamma} (\boldsymbol{F} \cdot \boldsymbol{e}_{\boldsymbol{\tau}})\mathrm{d}s. \qquad (10\text{-}2\text{-}8)$$

二、对坐标的曲线积分的计算

对坐标的曲线积分也可化为对曲线参数的定积分, 再进行计算.

定理 1 设 xOy 平面内有向曲线 L 的参数方程为: $x = x(t), y = y(t)$, $t : \alpha \to \beta$, 函数 $x(t), y(t)$ 在以 α 与 β 为端点的闭区间上具有一阶连续导数, 且 $x'^2(t) + y'^2(t) \neq 0$, 函数 $P(x,y), Q(x,y)$ 在曲线 L 上连续, 则

$$\int_{L} P(x,y)\mathrm{d}x + Q(x,y)\mathrm{d}y = \int_{\alpha}^{\beta} \{P[x(t),y(t)]x'(t) + Q[x(t),y(t)]y'(t)\}\mathrm{d}t, \quad (10\text{-}2\text{-}9)$$

其中 α 对应 L 的起点, β 对应其终点.

* **证** 设有向曲线 L 的起点为 A, 终点为 B, 在 L 上从点 A 到点 B 依次插入 $n-1$ 个分点 $M_1, \cdots, M_{n-1}$, 并设 $A = M_0, B = M_n$, 则有向曲线 L 上从起点 A 到终点 B 的有序点列

$$A = M_0, M_1, \cdots, M_{n-1}, B = M_n,$$

对应于一列单调变化的参数值

$$\alpha = t_0, t_1, t_2, \cdots, t_{n-1}, t_n = \beta,$$

由于

$$\int_L P(x, y)\mathrm{d}x = \lim_{\lambda \to 0} \sum_{i=1}^{n} P(\xi_i, \eta_i)\Delta x_i,$$

其中点 (ξ_i, η_i) 为 L 上对应有向小弧段 $\overset{\frown}{M_{i-1}M_i}$ 上的任一点, 又由微分中值定理, 有

$$\Delta x_i = x(t_i) - x(t_{i-1}) = x'(\tau_i)\Delta t_i,$$

其中数 τ_i 是介于 t_{i-1} 与 t_i 之间的某个值, 且 $\Delta t_i = t_i - t_{i-1}$, 取 $\xi_i = x(\tau_i), \eta_i = y(\tau_i)$, 显然点 $(\xi_i, \eta_i) \in \overset{\frown}{M_{i-1}M_i}$, 故

$$\int_L P(x, y)\mathrm{d}x = \lim_{\lambda \to 0} \sum_{i=1}^{n} P[x(\tau_i), y(\tau_i)]x'(\tau_i)\Delta t_i.$$

由于 $x'(t)$ 在以 α 与 β 为端点的闭区间上连续, 则

$$\lim_{\lambda \to 0} \sum_{i=1}^{n} P[x(\tau_i), y(\tau_i)]x'(\tau_i)\Delta t_i = \int_{\alpha}^{\beta} P[x(t), y(t)]x'(t)\mathrm{d}t,$$

故

$$\int_L P(x, y)\mathrm{d}x = \int_{\alpha}^{\beta} P[x(t), y(t)]x'(t)\mathrm{d}t,$$

同理可证

$$\int_L Q(x, y)\mathrm{d}y = \int_{\alpha}^{\beta} Q[x(t), y(t)]y'(t)\mathrm{d}t,$$

将上面两式相加即得

$$\int_L P(x, y)\mathrm{d}x + Q(x, y)\mathrm{d}y = \int_{\alpha}^{\beta} \{P[x(t), y(t)]x'(t) + Q[x(t), y(t)]y'(t)\}\mathrm{d}t.$$

证毕.

必须指出, 上式中积分下限 $t = \alpha$ 对应 L 的起点 A, 上限 $t = \beta$ 对应 L 的终点 B.

由 (10-2-9) 式可知, 对坐标的曲线积分可化为定积分来计算, 只要将曲线的参数方程代入曲线积分的被积表达式中, 将被积表达式中的 x, y, $\mathrm{d}x$, $\mathrm{d}y$ 分别换成 $x(t)$, (t), $x'(t)\,\mathrm{d}t$, $y'(t)\,\mathrm{d}t$, 曲线的起点与终点对应的参数值 α 与 β 分别就是定积分的下限与上限.

特别地, 如果 L 的方程是 $y = y(x)$, 则可将它看作是以坐标 x 为参数的参数方程, 这时式 (10-2-9) 化为

$$\int_L P(x,y)\mathrm{d}x + Q(x,y)\mathrm{d}y = \int_a^b \{P[x,y(x)] + Q[x,y(x)]y'(x)\}\,\mathrm{d}x. \quad (10\text{-}2\text{-}10)$$

其中下限 $x = a$ 对应 L 的起点, 上限 $x = b$ 对应 L 的终点.

如果 L 的方程是 $x = x(y)$, 则可以将它看作是以坐标 y 为参数的参数方程, 这时式 (10-2-9) 化为

$$\int_L P(x,y)\mathrm{d}x + Q(x,y)\mathrm{d}y = \int_c^d \{P[x(y),y]x'(y) + Q[x(y),y]\}\,\mathrm{d}y. \quad (10\text{-}2\text{-}11)$$

其中下限 $y = c$ 对应 L 的起点, 上限 $y = d$ 对应 L 的终点.

例 1　计算 $\displaystyle\int_L y\mathrm{d}x + 2x\mathrm{d}y$, 其中 L 为抛物线 $y^2 = x$ 上从点 $O(0,0)$ 到点 $B(1,1)$ 的一段有向弧.

解　把曲线 L (图 10-2-3) 写成以 y 为参数的参数方程形式:

$$\begin{cases} x = y^2, \\ y = y, \end{cases} \quad y : 0 \to 1,$$

于是

$$\int_L y\mathrm{d}x + 2x\mathrm{d}y = \int_0^1 y \cdot 2y\mathrm{d}y + 2y^2\mathrm{d}y$$

$$= 4\int_0^1 y^2\mathrm{d}y = \frac{4}{3}.$$

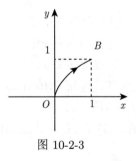

图 10-2-3

例 2　计算 $\displaystyle\int_L (x^2 + y^2)\,\mathrm{d}x + (x^2 - y^2)\,\mathrm{d}y$, 其中起点和终点分别为点 $A(1,0)$ 与 $B(-1,0)$ 的有向曲线 L 为

(1) 以原点为圆心, 半径为 1, 按逆时针方向绕行的上半圆周;

(2) 有向线段 $\overrightarrow{AB}$.

例2、例3讲解
10-2-2

解 (1) 上半圆周 $\overset{\frown}{AB}$ (图 10-2-4) 的参数方程:

$$x = \cos t, \quad y = \sin t, \quad t : 0 \to \pi$$

$$\int_{\overset{\frown}{AB}} (x^2 + y^2)\mathrm{d}x + (x^2 - y^2)\mathrm{d}y$$

$$= \int_0^\pi [(-\sin t) + \cos 2t \cos t]\mathrm{d}t$$

$$= \int_0^\pi \left[(-\sin t) + \frac{1}{2}(\cos 3t + \cos t)\right]\mathrm{d}t$$

$$= \left[\cos t + \frac{\sin 3t}{6} + \frac{\sin t}{2}\right]_0^\pi = -2.$$

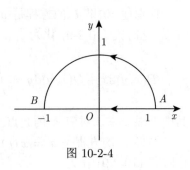

图 10-2-4

(2) 有向线段 $\overrightarrow{AB}$ 写成以 x 为参数的参数方程形式: $\begin{cases} x = x, \\ y = 0, \end{cases}$ $x : 1 \to -1$, 则

$$\int_{\overrightarrow{AB}} \left(x^2 + y^2\right)\mathrm{d}x + \left(x^2 - y^2\right)\mathrm{d}y = \int_1^{-1} \left(x^2 + 0^2\right)\mathrm{d}x = -\frac{2}{3}.$$

例 2 结果表明: 虽然两个曲线积分的被积函数相同, 起点和终点也相同, 但当积分路径不同时, 其积分值可能不等. 一般地, 对坐标的曲线积分与路径有关.

例 3 计算 $I = \int_L 2yx^3\mathrm{d}y + 3x^2y^2\mathrm{d}x$, 其中起点和终点分别为 $O(0,0)$ 和 $B(1,1)$ 的有向曲线 L 为:

(1) 抛物线 $y = x^2$;

(2) 直线段 $y = x$;

(3) 依次连接 $O(0,0), A(1,0)$ 和 $B(1,1)$ 的有向折线 (图 10-2-5).

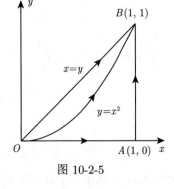

图 10-2-5

解 (1) $L : y = x^2, x : 0 \to 1$, 则有

$$I = \int_0^1 (2x^5 \cdot 2x + 3x^6)\mathrm{d}x = \int_0^1 7x^6\mathrm{d}x = 1;$$

(2) $L : y = x, x : 0 \to 1$, 则有

$$I = \int_0^1 (2x^4 + 3x^4)\mathrm{d}x = \int_0^1 5x^4\mathrm{d}x = 1;$$

(3) $I = \int_{OA} 2yx^3 \mathrm{d}y + 3x^2 y^2 \mathrm{d}x + \int_{AB} 2yx^3 \mathrm{d}y + 3x^2 y^2 \mathrm{d}x$, 其中线段 $\overrightarrow{OA}$: $y = 0, x : 0 \to 1$, 线段 $\overrightarrow{AB}$ 为 $x = 1, y : 0 \to 1$, 于是

$$I = \int_0^1 3x^2 \cdot 0 \mathrm{d}x + \int_0^1 2y \cdot 1^3 \mathrm{d}y = 1.$$

从例 3 可以看出, 对于某些对坐标的曲线积分, 沿不同的路径时, 其积分值相同, 它仅取决于起点和终点, 而与积分路径无关.

空间曲线上对坐标的曲线积分的计算有相类似的结论.

定理 2 设空间有向光滑曲线 Γ 的参数方程为 $x = x(t), y = y(t), z = z(t)$, $t : \alpha \to \beta$, 函数 $x(t), y(t), z(t)$ 在以 α 与 β 为端点的闭区间上具有一阶连续导数, 且 $x'^2(t) + y'^2(t) + z'^2(t) \neq 0$, 函数 $P(x,y,z), Q(x,y,z), R(x,y,z)$ 在曲线 Γ 上连续, 则有

$$\int_\Gamma P(x,y,z)\mathrm{d}x + Q(x,y,z)\mathrm{d}y + R(x,y,z)\mathrm{d}z$$

$$= \int_\alpha^\beta \{P[x(t),y(t),z(t)]x'(t) + Q[x(t),y(t),z(t)]y'(t) + R[x(t),y(t),z(t)]z'(t)\}\mathrm{d}t,$$

$$(10\text{-}2\text{-}12)$$

其中定积分下限 α 对应 Γ 的起点, 上限 β 对应 Γ 的终点.

证 略.

例 4 计算 $\int_\Gamma yz\mathrm{d}x - xz\mathrm{d}y + 2y^2\mathrm{d}z$, 其中 Γ 是从点 $A(2,2,1)$ 到点 $B(0,1,0)$ 的有向线段.

解 线段 AB 的直线方程为

$$\frac{x}{2} = \frac{y-1}{1} = \frac{z}{1},$$

故有向线段 $\overrightarrow{AB}$ 的参数方程为

$$x = 2t, \quad y = 1 + t, \quad z = t, \quad t : 1 \to 0,$$

$$\int_\Gamma yz\mathrm{d}x - xz\mathrm{d}y + 2y^2\mathrm{d}z = \int_1^0 [2(1+t)t - 2t \cdot t + 2(1+t)^2]\mathrm{d}t$$

$$= -\int_0^1 (2t^2 + 6t + 2)\mathrm{d}t = -5\frac{2}{3}.$$

例 5 计算曲线积分 $\oint_\Gamma (z-y)\mathrm{d}x + (x-z)\mathrm{d}y + (x-y)\mathrm{d}z$, 其中 Γ 是有向

闭曲线 $\begin{cases} x^2 + y^2 = 1, \\ x - y + z = 2, \end{cases}$ 其方向从 z 轴正向看 Γ 沿顺时针方向.

解 Γ 在 xOy 面上的投影曲线为 $x^2 + y^2 = 1$, 则其参数方程为

$$x = \cos t, \quad y = \sin t, \quad t : 2\pi \to 0,$$

将其代入 $x - y + z = 2$, 得 $z = 2 - \cos t + \sin t$, 从而得曲线 Γ 的参数方程为

$$x = \cos t, \quad y = \sin t, \quad z = 2 - \cos t + \sin t, \quad t : 2\pi \to 0,$$

于是

$$\int_\Gamma (z-y)\mathrm{d}x + (x-z)\mathrm{d}y + (x-y)\mathrm{d}z$$

$$= \int_{2\pi}^0 [(2-\cos t)(-\sin t) + (2\cos t - \sin t - 2)\cos t$$

$$+ (\cos t - \sin t)(\sin t + \cos t)]\mathrm{d}t$$

$$= \int_0^{2\pi} [2(\cos t + \sin t) - 2\cos 2t - 1]\mathrm{d}t = -2\pi.$$

例 6 如图 10-2-6, 设质点 A 位于点 $(0,1)$, 质点 M 沿曲线 $y = \sqrt{2x - x^2}$ 从点 $B(2,0)$ 运动到 $O(0,0)$, 质点 A 对质点 M 的引力为

$$\boldsymbol{F} = \frac{k}{p^3}\boldsymbol{P} \quad (k > 0, \quad \boldsymbol{P} = \overrightarrow{MA}, \quad p = |\boldsymbol{P}|),$$

质点 M 从 B 点运动到 O 点时, 求引力 $\boldsymbol{F}$ 对其所做的功.

解 设 $M(x,y)$, 则 $y = \sqrt{2x - x^2}$,
且

$$\boldsymbol{P} = \overrightarrow{MA} = \{-x, 1-y\},$$

所以

$$p = |\boldsymbol{P}| = \sqrt{x^2 + (1-y)^2},$$

则

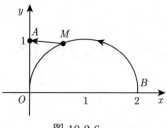

图 10-2-6

$$\boldsymbol{F} = \boldsymbol{F}(x,y) = \frac{k}{p^3}\boldsymbol{P} = \frac{k}{p^3}[(-x)\boldsymbol{i} + (1-y)\boldsymbol{j}],$$

故

$$W = \int_{\overset{\frown}{BO}} \boldsymbol{F} \cdot \mathrm{d}\boldsymbol{r} = k \int_{\overset{\frown}{BO}} \frac{-x\mathrm{d}x + (1-y)\mathrm{d}y}{[x^2 + (1-y)^2]^{3/2}},$$

又曲线 $\overset{\frown}{BO}$ 的方程可化为 $(x-1)^2 + y^2 = 1$, 则其参数方程为

$$x = 1 + \cos t, \quad y = \sin t,$$

起点 B 到终点 O 对应的参数 $t : 0 \to \pi$, 故

$$\begin{aligned}
W &= k \int_0^\pi \frac{-(1+\cos t)(-\sin t) + (1 - \sin t)\cos t}{[(1+\cos t)^2 + (1 - \sin t)^2]^{3/2}} \mathrm{d}t \\
&= k \int_0^\pi \frac{\sin t + \cos t}{[3 + 2(\cos t - \sin t)]^{3/2}} \mathrm{d}t \\
&= k \int_0^\pi \frac{-\mathrm{d}\,(\cos t - \sin t)}{[3 + 2\cos t - 2\sin t]^{3/2}} \\
&= \left(-\frac{k}{2}\right) \cdot \left. \frac{-2}{\sqrt{3 + 2\cos t - 2\sin t}} \right|_0^\pi \\
&= k \left(1 - \frac{1}{\sqrt{5}}\right).
\end{aligned}$$

三、两类曲线积分之间的联系

由式 (10-2-6) 可知, 有向光滑曲线弧段 L 上对坐标的曲线积分有如下的关系

$$\int_L P(x,y)\mathrm{d}x + Q(x,y)\mathrm{d}y = \int_L (\boldsymbol{F} \cdot \boldsymbol{e}_{\boldsymbol{\tau}})\mathrm{d}s.$$

设 α, β 分别为有向曲线弧的切向量 $\boldsymbol{\tau}$ 的方向角 (指向与有向曲线弧的走向一致), 则有向曲线 L 在点 M 处的单位切向量为

$$\boldsymbol{e}_{\boldsymbol{\tau}} = (\cos \alpha, \cos \beta),$$

则

$$\int_L P(x,y)\mathrm{d}x + Q(x,y)\mathrm{d}y = \int_L [P(x,y)\cos \alpha + Q(x,y)\cos \beta]\mathrm{d}s.$$

上式可简记为

$$\int_L P\mathrm{d}x + Q\mathrm{d}y = \int_L (P\cos\alpha + Q\cos\beta)\mathrm{d}s. \qquad (10\text{-}2\text{-}13)$$

比较上式左、右两边的积分形式, 上式左端为有向曲线 L 上对坐标的曲线积分, 右端为曲线 L 上对弧长的曲线积分, 因此式 (10-2-13) 揭示了平面上两类曲线积分之间的相互联系.

类似地, 可推得空间曲线上两类曲线积分之间有类似的关系

$$\int_\Gamma P\mathrm{d}x + Q\mathrm{d}y + R\mathrm{d}z = \int_\Gamma (P\cos\alpha + Q\cos\beta + R\cos\gamma)\mathrm{d}s. \qquad (10\text{-}2\text{-}14)$$

其中 α, β, γ 分别为空间有向曲线弧 Γ 的切向量的方向角.

两类曲线积分之间的联系也可用向量的形式简洁地表示. 例如, 空间曲线 Γ 上的两类曲线积分之间的联系可写成如下向量形式:

$$\int_\Gamma \boldsymbol{A} \cdot \mathrm{d}\boldsymbol{r} = \int_\Gamma (\boldsymbol{A} \cdot \boldsymbol{e}_\tau)\mathrm{d}s. \qquad (10\text{-}2\text{-}15)$$

其中向量值函数 $\boldsymbol{A} = (P, Q, R)$, 有向曲线元 $\mathrm{d}\boldsymbol{r} = \boldsymbol{e}_\tau \mathrm{d}s = (\mathrm{d}x, \mathrm{d}y, \mathrm{d}z)$, 此种表示方式多见于理论推导与物理、气象等应用学科中.

例 7 把对坐标的曲线积分 $\int_L P(x,y)\mathrm{d}x + Q(x,y)\mathrm{d}y$ 化为对弧长的曲线积分, 其中 L 为沿抛物线 $y = x^2$ 上从点 $O(0,0)$ 到 $A(1,1)$ 的有向曲线弧.

解 有向曲线 L 上的点 (x,y) 处的切向量为 $\boldsymbol{\tau} = (1, 2x)$, 单位切向量为

$$\boldsymbol{e}_\tau = (\cos\alpha, \cos\beta) = \left(\frac{1}{\sqrt{1+4x^2}}, \frac{2x}{\sqrt{1+4x^2}} \right),$$

故

$$\int_L P(x,y)\mathrm{d}x + Q(x,y)\mathrm{d}y$$

$$= \int_L [P(x,y)\cos\alpha + Q(x,y)\cos\beta]\mathrm{d}s$$

$$= \int_L \frac{P(x,x^2) + 2xQ(x,x^2)}{\sqrt{1+4x^2}}\mathrm{d}s.$$

习 题 10-2

A 组

课件10-2-3

1. 设 L_1 为 xOy 平面内直线 $x = a$ 上的一段, L_2 为直线 $y = b$ 上的一段, 证明:

$$\int_{L_1} P(x,y)\mathrm{d}x = 0, \qquad \int_{L_2} Q(x,y)\mathrm{d}y = 0.$$

2. 计算下列对坐标的曲线积分:

(1) $\int_L (x^2 - 2xy)\mathrm{d}x + (y^2 - 2xy)\mathrm{d}y$, L 为抛物线 $y = x^2$ 上对应于 x 由 -1 增加到 1 的那一段;

(2) $\oint_L xy\mathrm{d}x$, 其中 L 为圆周 $(x - a)^2 + y^2 = a^2(a > 0)$ 及 x 轴所围成的在第一象限内的区域的整个边界 (按逆时针方向绕行);

(3) $\oint_L y\mathrm{d}x - x\mathrm{d}y$, L 为椭圆 $\dfrac{x^2}{a^2} + \dfrac{y^2}{b^2} = 1$, 方向为逆时针;

(4) $\oint_L \dfrac{(x+y)\,\mathrm{d}x - (x-y)\,\mathrm{d}y}{x^2 + y^2}$, 其中 L 为圆周 $x^2 + y^2 = a^2$, 方向为逆时针;

(5) $\int_L \dfrac{x^2\mathrm{d}y - y^2\mathrm{d}x}{x^{\frac{5}{3}} + y^{\frac{5}{3}}}$, 其中 L 为星形线 $x = a\cos^3 t, y = a\sin^3 t(a > 0)$ 从点 $(a, 0)$ 到点 $(0, a)$ 的位于第一象限的一段;

(6) $\int_\Gamma x\mathrm{d}x + y\mathrm{d}y + (x + y - 1)\mathrm{d}z$, 其中 Γ 是从点 $(1, 1, 1)$ 到点 $(2, 3, 4)$ 的一段直线;

(7) $\int_\Gamma y\mathrm{d}x + z\mathrm{d}y + x\mathrm{d}z$, 其中 Γ 是 $x = a\cos t, y = a\sin t, z = bt$ 上对应于 $t = 0$ 到 $t = 2\pi$ 的一段弧;

(8) $\int_\Gamma -y^2\mathrm{d}x + x\mathrm{d}y + z^2\mathrm{d}z$, 其中 Γ 为平面 $y + z = 2$ 与柱面 $x^2 + y^2 = 1$ 的交线, 方向为从 z 轴正向看去为顺时针方向.

3. 计算 $\int_L (x + y)\mathrm{d}x + (y - x)\mathrm{d}y$, 其中 L 是

(1) 抛物线 $x = y^2$ 上从点 $(1, 1)$ 到点 $(4, 2)$ 的一段;

(2) 先沿直线从点 $(1, 1)$ 到点 $(1, 2)$, 再沿直线到点 $(4, 2)$ 的折线;

(3) 曲线 $x = 2t^2 + t + 1, y = t^2 + 1$ 上从点 $(1, 1)$ 到点 $(4, 2)$ 的一段弧.

4. 计算曲线积分 $I = \int_L \dfrac{-y\mathrm{d}x + x\mathrm{d}y}{x^2 + y^2}$, 其中 L 为

(1) 由点 $A(-a, 0)$ 到点 $B(a, 0)$ 的上半圆周 $(a > 0)$;

(2) 由点 $A(-a, 0)$ 到点 $B(a, 0)$ 的下半圆周 $(a > 0)$.

5. 设有一平面力场 $\boldsymbol{F}$, $\boldsymbol{F}$ 在任一点的大小等于该点到原点的距离的平方, 而方向与 y 轴正方向相反, 求质量为 m 的质点在力场 $\boldsymbol{F}$ 的作用下沿抛物线 $1 - x = y^2$ 从点 $(1, 0)$ 移动到点 $(0, 1)$ 时, $\boldsymbol{F}$ 所做的功.

6. 在过点 $O(0,0)$ 和 $A(\pi,0)$ 的曲线族 $y = a\sin x(a > 0)$ 中，求一条曲线 L，使沿该曲线从点 O 到点 A 的积分 $I = \int_L (1+y^3)\mathrm{d}x + (2x+y)\mathrm{d}y$ 的值最小.

B 组

1. 计算 $\oint_L \dfrac{\mathrm{d}x + \mathrm{d}y}{|x| + |y|}$，其中 L 为 $|x| + |y| = 1$，取逆时针方向.

2. 计算 $\int_\Gamma y^2\mathrm{d}x + z^2\mathrm{d}y + x^2\mathrm{d}z$，$\Gamma$ 为两曲面 $x^2 + y^2 + z^2 = 4$ 与 $x^2 + y^2 = 2x\ (z \geqslant 0)$ 的交线，从 x 轴正向看去为逆时针方向.

3. 设曲线 Γ 的方程为 $\begin{cases} z = \sqrt{2 - x^2 - y^2}, \\ z = x, \end{cases}$ 起点为 $A(0,\sqrt{2},0)$，终点为 $B(0,-\sqrt{2},0)$，

计算曲线积分 $\int_\Gamma (y+z)\mathrm{d}x + (z^2 - x^2 + y)\mathrm{d}y + (x^2 + y^2)\mathrm{d}z$. (2015 考研真题)

10.3 格林公式及其应用

课前测10-3-1

一、格林公式

前面我们已经介绍了重积分和两类曲线积分，并且知道两类曲线积分之间是可以相互转化的，那么曲线积分和重积分之间是否有相互联系呢？1825 年，英国数学家格林 (Green) 发现了平面上沿有向封闭曲线的对坐标的曲线积分与由该封闭曲线围成的有界闭区域上的二重积分之间存在着某种联系，表达这种联系的就是著名的格林公式. 它为计算某些对坐标的曲线积分、讨论对坐标的曲线积分与路径无关等重要结论创造了条件，因而它在积分理论中占有重要地位.

先引进连通区域及其边界曲线方向的概念.

定义 1 设 D 为一平面区域，如果 D 内任一简单闭曲线 (即除了端点以外，曲线无重点) 所围的有界区域都属于 D，则称 D 为**平面单连通区域**，简称**单连通区域**. 不是单连通的平面区域就称为**平面复连通区域**，简称**复连通区域**.

例如平面区域 $\{(x,y)\,|\,x^2 + y^2 < 1\}$ 就是一个单连通区域；而 $\{(x,y)\,|\,1 < x^2 + y^2 < 4\}$ 与 $\{(x,y)\,|\,0 < x^2 + y^2 < 4\}$ 都是复连通区域. 通俗地说，单连通区域是没有"洞"的区域，复连通区域是有"洞"的区域.

所谓平面有界闭区域的边界曲线的正方向有如下规定：设曲线 L 为平面有界闭区域 D 的边界，若当某人沿曲线 L 的某一方向行走时，D 内靠近此人近旁的区域部分始终保持在此人的左侧，则称此行走的方向为**边界曲线 L 的正方向**，记作 L^+(常简记为 L). 与之相反的方向则称为 L **的负方向**，记作 L^-.

由此定义易知，单连通区域的边界曲线的正方向为逆时针方向，如图 10-3-1(a) 所示，而复连通区域的边界曲线的正方向是指其外边界曲线为逆时针方向，内边界

曲线则为顺时针方向, 它们共同构成复连通区域的边界曲线的正方向, 如图 10-3-1(b) 所示.

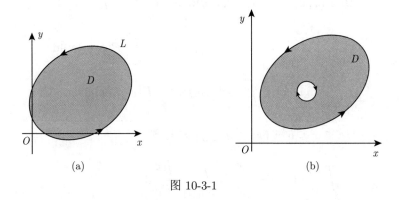

图 10-3-1

定理 1 设 D 是由分段光滑的曲线 L 围成的平面闭区域, 如果函数 $P(x, y)$, $Q(x, y)$ 在 D 上具有一阶连续偏导数, 则

$$\oint_L P(x, y)\mathrm{d}x + Q(x, y)\mathrm{d}y = \iint_D \left(\frac{\partial Q}{\partial x} - \frac{\partial P}{\partial y} \right) \mathrm{d}x\mathrm{d}y, \tag{10-3-1}$$

其中 L 是区域 D 取正方向的边界曲线, 公式 (10-3-1) 称为格林公式.

证 将 D 分成单连通区域与复连通区域两种类型, 分别证明.

(1) 先证 D 为单连通区域时的情形.

① 当 D 为单连通, 且既是 X 型又是 Y 型的有界闭区域时, 如图 10-3-2(a) 所示.

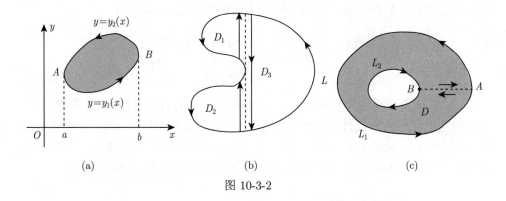

图 10-3-2

由于 D 是 X 型区域, 故可设区域 D 的边界 L 由两条光滑的连续曲线 L_1:

$y = y_1(x)(x : a \to b)$ 与 $L_2 : y = y_2(x)(x : b \to a)$ 围成, 则

$$\oint_L P(x,y)\mathrm{d}x = \int_{L_1} P(x,y)\mathrm{d}x + \int_{L_2} P(x,y)\mathrm{d}x$$

$$= \int_a^b P[x, y_1(x)]\mathrm{d}x + \int_b^a P[x, y_2(x)]\mathrm{d}x$$

$$= \int_a^b \{P[x, y_1(x)] - P[x, y_2(x)]\}\,\mathrm{d}x.$$

又 $D = \{(x,y) \,|\, a \leqslant x \leqslant b, y_1(x) \leqslant y \leqslant y_2(x)\,\}$, 则

$$\iint\limits_D \frac{\partial P}{\partial y}\mathrm{d}x\mathrm{d}y = \int_a^b \mathrm{d}x \int_{y_1(x)}^{y_2(x)} \frac{\partial P}{\partial y}\mathrm{d}y$$

$$= \int_a^b \{P[x, y_2(x)] - P[x, y_1(x)]\}\,\mathrm{d}x,$$

比较上面两式得

$$\oint_L P(x,y)\mathrm{d}x = \iint\limits_D \left(-\frac{\partial P}{\partial y}\right)\mathrm{d}x\mathrm{d}y.$$

由于 D 也是 Y 型区域, 同理可证得

$$\oint_L Q(x,y)\mathrm{d}y = \iint\limits_D \frac{\partial Q}{\partial x}\mathrm{d}x\mathrm{d}y.$$

所以当 D 既是 X 型又是 Y 型区域时, 上面两式都成立, 因此有

$$\oint_L P(x,y)\mathrm{d}x + Q(x,y)\mathrm{d}y = \iint\limits_D \left(\frac{\partial Q}{\partial x} - \frac{\partial P}{\partial y}\right)\mathrm{d}x\mathrm{d}y.$$

　　② 当 D 为单连通, 且不同时为 X 型和 Y 型的有界闭区域时, 通常添加若干条辅助线即可将它分成有限个既是 X 型又是 Y 型的部分区域, 如图 10-3-2(b) 所示, 通过图中的虚线将 D 分成了 D_1, D_2, D_3 三个既是 X 型又是 Y 型的部分区域, 由上面的证明可知, 格林公式在这些区域 $D_i(i = 1, 2, 3)$ 上都成立, 则

$$\iint\limits_{D_i} \left(\frac{\partial Q}{\partial x} - \frac{\partial P}{\partial y}\right)\mathrm{d}x\mathrm{d}y = \oint_{L_i} P\mathrm{d}x + Q\mathrm{d}y \quad (i = 1, 2, 3),$$

其中 L_i 与 D_i 的正向边界曲线. 则有

$$\iint\limits_{D} \left(\frac{\partial Q}{\partial x} - \frac{\partial P}{\partial y} \right) \mathrm{d}x\mathrm{d}y = \sum_{i=1}^{3} \iint\limits_{D_i} \left(\frac{\partial Q}{\partial x} - \frac{\partial P}{\partial y} \right) \mathrm{d}x\mathrm{d}y = \sum_{i=1}^{3} \oint_{L_i} P\mathrm{d}x + Q\mathrm{d}y,$$

由图 10-3-2(b) 可以看到, 对于 D_1, D_2, D_3 的围线中, 由于每一条添加的辅助线上都经过一个来回, 且它们方向相反, 因此积分相加时, 其第二类曲线积分相互抵消, 由此最后只剩下有界闭区域 D 整个边界 L 沿正向的积分项. 因此

$$\iint\limits_{D} \left(\frac{\partial Q}{\partial x} - \frac{\partial P}{\partial y} \right) \mathrm{d}x\mathrm{d}y = \sum_{i=1}^{3} \oint_{L_i} P\mathrm{d}x + Q\mathrm{d}y = \oint_{L} P\mathrm{d}x + Q\mathrm{d}y.$$

即格林公式仍然成立.

(2) 区域 D 是复连通区域时的情形.

当区域 D 是复连通区域时, 则可添加辅助线将其 "割开" 而成为单连通区域, 如图 10-3-2(c) 所示. 将区域 D 沿辅助线 AB 割开后, 可以看成是以 $L_1 + \overrightarrow{AB} + L_2 + \overrightarrow{BA}$ (这里 L_1 取逆时针方向, L_2 取顺时针方向) 为正向边界曲线的单连通区域, 由已讨论的结果有

$$\iint\limits_{D} \left(\frac{\partial Q}{\partial x} - \frac{\partial P}{\partial y} \right) \mathrm{d}x\mathrm{d}y = \oint_{L_1 + \overrightarrow{AB} + L_2 + \overrightarrow{BA}} P(x,y)\mathrm{d}x + Q(x,y)\mathrm{d}y.$$

并注意到在辅助线 AB 上经一个来回后第二类曲线积分相抵消, 因而有

$$\iint\limits_{D} \left(\frac{\partial Q}{\partial x} - \frac{\partial P}{\partial y} \right) \mathrm{d}x\mathrm{d}y = \oint_{L_1 + L_2} P\mathrm{d}x + Q\mathrm{d}y.$$

由于 L_1 (逆时针方向) $+ L_2$ (顺时针方向) 正好构成了 D 的整个正向边界曲线 L, 故

$$\iint\limits_{D} \left(\frac{\partial Q}{\partial x} - \frac{\partial P}{\partial y} \right) \mathrm{d}x\mathrm{d}y = \oint_{L} P\mathrm{d}x + Q\mathrm{d}y.$$

因此当区域 D 是复连通区域时, 格林公式仍然成立.

综上可知, 在定理条件下, 格林公式 (10-3-1) 都是成立的, 证毕.

格林公式给出了二重积分与曲线积分之间的相互联系, 从而可使平面上沿闭曲线的曲线积分化为由此曲线围成的区域上的二重积分, 反之亦然.

特别地, 令 $P = -y, Q = x$, 则可以得到一个利用曲线积分计算平面区域 D 的面积公式

$$D = \frac{1}{2} \oint_L x\mathrm{d}y - y\mathrm{d}x. \tag{10-3-2}$$

式 (10-3-2) 中的 L 为平面区域 D 的正向边界曲线.

例 1　计算椭圆 $\dfrac{x^2}{a^2} + \dfrac{y^2}{b^2} = 1$ 所围图形的面积.

解　设 L 为椭圆域的正向边界曲线, 则 $x = a\cos\theta, y = b\sin\theta, \theta: 0 \to 2\pi$, 由公式 (10-3-2), 椭圆面积为

$$
\begin{aligned}
A &= \frac{1}{2} \oint_L x\mathrm{d}y - y\mathrm{d}x \\
&= \frac{1}{2} \int_0^{2\pi} (ab\cos^2\theta + ab\sin^2\theta)\mathrm{d}\theta \\
&= \frac{ab}{2} \int_0^{2\pi} \mathrm{d}\theta = \pi ab.
\end{aligned}
$$

利用格林公式可以将平面区域上的二重积分化为该区域边界上的曲线积分来计算, 下面通过例题来说明.

例 2　计算积分 $\displaystyle\iint_D \mathrm{e}^{-y^2}\mathrm{d}x\mathrm{d}y$, 这里 D 是以 $O(0,0), A(1,1), B(0,1)$ 为顶点的三角形.

解　取 $P = 0, Q = x\mathrm{e}^{-y^2}$, 如图 10-3-3,

$$\overrightarrow{OA}: y = x, \quad \overrightarrow{AB}: y = 1, \quad \overrightarrow{BO}: x = 0,$$

由格林公式

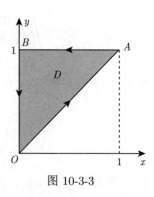

图 10-3-3

$$
\begin{aligned}
\iint_D \mathrm{e}^{-y^2}\mathrm{d}x\mathrm{d}y &= \oint_L x\mathrm{e}^{-y^2}\mathrm{d}y \\
&= \int_{\overrightarrow{OA}} x\mathrm{e}^{-y^2}\mathrm{d}y + \int_{\overrightarrow{AB}} x\mathrm{e}^{-y^2}\mathrm{d}y + \int_{\overrightarrow{BO}} x\mathrm{e}^{-y^2}\mathrm{d}y \\
&= \int_{\overrightarrow{OA}} x\mathrm{e}^{-y^2}\mathrm{d}y = \int_0^1 x\mathrm{e}^{-x^2}\mathrm{d}x \\
&= -\frac{1}{2}\mathrm{e}^{-x^2}\Big|_0^1 = \frac{1}{2}(1 - \mathrm{e}^{-1}).
\end{aligned}
$$

由例 2 可知, 将平面区域上的二重积分化为该区域边界上的曲线积分来计算时, 曲线积分中的被积函数 P, Q 需要读者根据具体问题灵活地选取. 显然, 对于一般的二重积分采用该方法计算时有一定的难度.

例 3 计算 $I = \displaystyle\int_L (x^3 - x^2 y)\mathrm{d}x + (y^3 + xy^2)\mathrm{d}y$, 其中

(1) L 为圆周 $x^2 + y^2 = a^2$ 的正向;

(2) L 为上半圆周 $y = \sqrt{a^2 - x^2}$, 方向从 $B(a, 0)$ 到 $A(-a, 0)$.

解 (1) 该积分可以通过圆的参数方程化为定积分来计算, 该方法由读者自己完成. 这里考虑到 L 为封闭曲线, 因此利用格林公式将它化为二重积分来计算更为简单.

令 $P = x^3 - x^2 y$, $Q = y^3 + xy^2$, 则

$$\frac{\partial Q}{\partial x} = y^2, \quad \frac{\partial P}{\partial y} = -x^2,$$

由 L 围成的闭区域为 $D = \left\{ (x, y) \,\middle|\, x^2 + y^2 \leqslant a^2 \right\}$, 由格林公式, 得

$$\oint_L (x^3 - x^2 y)\mathrm{d}x + (y^3 + xy^2)\mathrm{d}y$$

$$= \iint\limits_D (y^2 + x^2)\mathrm{d}x\mathrm{d}y$$

$$= \int_0^{2\pi} \mathrm{d}\theta \int_0^a \rho^3 \mathrm{d}\rho = \frac{\pi a^4}{2}.$$

(2) L 不是封闭曲线, 不能直接应用格林公式计算, 不妨先补上有向直线段 $\overrightarrow{AB}: y = 0, x: -a \to a$, 使其与原曲线一起合成正向围线 (图 10-3-4), 从而有

$$I = \int_L (x^3 - x^2 y)\mathrm{d}x + (y^3 + xy^2)\mathrm{d}y,$$

$$= \oint_{L + \overrightarrow{AB}} (x^3 - x^2 y)\mathrm{d}x + (y^3 + xy^2)\mathrm{d}y$$

$$- \int_{\overrightarrow{AB}} (x^3 - x^2 y)\mathrm{d}x + (y^3 + xy^2)\mathrm{d}y.$$

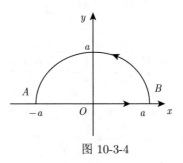

图 10-3-4

对上式中闭曲线上的积分应用格林公式化为二重积分计算, 因此

$$\oint_{L+\overrightarrow{AB}} (x^3 - x^2y)\mathrm{d}x + (y^3 + xy^2)\mathrm{d}y = \iint_D (y^2 + x^2)\mathrm{d}x\mathrm{d}y$$

$$= \int_0^\pi \mathrm{d}\theta \int_0^a \rho^3\mathrm{d}\rho = \frac{\pi a^4}{4}.$$

由于线段 $\overrightarrow{AB} : y = 0, x : -a \to a$, 利用直接法, 得

$$\int_{\overrightarrow{AB}} (x^3 - x^2y)\mathrm{d}x + (y^3 + xy^2)\mathrm{d}y = \int_{-a}^a x^3\mathrm{d}x = 0,$$

将上面两个积分相减, 得

$$I = \frac{\pi a^4}{4} - 0 = \frac{\pi a^4}{4}.$$

由例题 3 可见, 计算 $\int_L P(x,y)\mathrm{d}x + Q(x,y)\mathrm{d}y$ 时, 若 $\frac{\partial Q}{\partial x} - \frac{\partial P}{\partial y}$ 在曲线围成的区域上处处连续且易于积分, 则当曲线 L 为闭曲线时, 常应用格林公式来计算, 当积分曲线为开曲线时, 虽不能直接用格林公式, 但可通过补上适当的有向曲线段, 使其封闭后, 再用格林公式计算, 也起到了简化计算的显著效果. 不妨将这样计算开曲线上第二类曲线积分的方法称为**补线法**.

例 4 设 L 为从点 $A(2,1)$ 沿右半圆周 $(x-2)^2 + (y-2)^2 = 1(x \geqslant 2)$ 到点 $B(2,3)$ 的有向曲线, 计算曲线积分 $I = \int_L \dfrac{y}{x^2}\mathrm{e}^{\frac{1}{x}}\mathrm{d}x + (2x - \mathrm{e}^{\frac{1}{x}})\mathrm{d}y$.

解 利用补线法进行计算, 先补上有向直线段 $\overrightarrow{BA}$, 使它与 L 构成封闭曲线的正方向 (图 10-3-5), 令

$$P = \frac{y}{x^2}\mathrm{e}^{\frac{1}{x}}, \quad Q = 2x - \mathrm{e}^{\frac{1}{x}},$$

则

$$\frac{\partial P}{\partial y} = \frac{1}{x^2}\mathrm{e}^{\frac{1}{x}}, \quad \frac{\partial Q}{\partial x} = 2 + \frac{1}{x^2}\mathrm{e}^{\frac{1}{x}},$$

由于 $x > 0$, 则上面两偏导数都连续, 且

$$\frac{\partial Q}{\partial x} - \frac{\partial P}{\partial y} = 2,$$

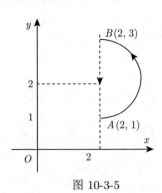

图 10-3-5

有向直线段 $\overrightarrow{BA}$: $x = 2, y : 3 \to 1$, 则

$$I = \oint_{L+\overrightarrow{BA}} \frac{y}{x^2} \mathrm{e}^{\frac{1}{x}} \mathrm{d}x + \left(2x - \mathrm{e}^{\frac{1}{x}}\right) \mathrm{d}y - \int_{\overrightarrow{BA}} \frac{y}{x^2} \mathrm{e}^{\frac{1}{x}} \mathrm{d}x + \left(2x - \mathrm{e}^{\frac{1}{x}}\right) \mathrm{d}y.$$

应用格林公式, 得

$$I = \iint_D \left(\frac{\partial Q}{\partial x} - \frac{\partial P}{\partial y}\right) \mathrm{d}\sigma - \int_3^1 \left(4 - \mathrm{e}^{\frac{1}{2}}\right) \mathrm{d}y = 2 \iint_D \mathrm{d}\sigma + 2 \left(4 - \mathrm{e}^{\frac{1}{2}}\right)$$

$$= \pi + 2 \left(4 - \mathrm{e}^{\frac{1}{2}}\right).$$

注　本题若利用 L 的参数方程, 将该积分化成定积分计算是困难的, 读者不妨一试.

例 5　计算 $\oint_L \dfrac{x\mathrm{d}y - y\mathrm{d}x}{x^2 + y^2}$, 其中 L 是平面上任一不经过原点的封闭光滑曲线, 方向取逆时针方向.

解　令 $P = \dfrac{-y}{x^2 + y^2}, Q = \dfrac{x}{x^2 + y^2}$. 则

例5讲解10-3-2

$$\frac{\partial P}{\partial y} = \frac{y^2 - x^2}{(x^2 + y^2)^2} = \frac{\partial Q}{\partial x}, \quad (x, y) \neq (0, 0).$$

设封闭光滑曲线 L 所围成的区域为 D, 则

(1) 当原点不在 D 内时, 如图 10-3-6(a), 由于在区域 D 内恒有 $\dfrac{\partial Q}{\partial x} = \dfrac{\partial P}{\partial y}$, 则由格林公式

$$\oint_L \frac{x\mathrm{d}y - y\mathrm{d}x}{x^2 + y^2} = \iint_D \left(\frac{\partial Q}{\partial x} - \frac{\partial P}{\partial y}\right) \mathrm{d}x\mathrm{d}y = \iint_D 0\mathrm{d}x\mathrm{d}y = 0.$$

(2) 当原点在 D 内时, 如图 10-3-6(b), 由于在点 $O(0,0)$ 处, $\dfrac{\partial Q}{\partial x}, \dfrac{\partial P}{\partial y}$ 无意义, 故此时在区域 D 内格林公式的条件不满足. 因此不能直接用格林公式计算.

以原点为圆心, 作小圆周线 C: $\begin{cases} x = \varepsilon \cos\theta, \\ y = \varepsilon \sin\theta \end{cases}$ $(\varepsilon > 0)$. 取足够小的正数 ε, 使圆周线 C 整个含在曲线 L 内, C 取逆时针方向 (图 10-3-6(b)).

设 D_1 是由 L 为外边界, C 为内边界围成的环域, 在 D_1 内 $\dfrac{\partial Q}{\partial x}, \dfrac{\partial P}{\partial y}$ 连续, 且

$\dfrac{\partial Q}{\partial x} = \dfrac{\partial P}{\partial y}$，由于 D_1 是复连通区域，它以 $L+C$ 为边界，应用格林公式，得

$$\oint_L \frac{x\mathrm{d}y - y\mathrm{d}x}{x^2 + y^2} = \oint_{L+C^-} \frac{x\mathrm{d}y - y\mathrm{d}x}{x^2 + y^2} - \oint_{C^-} \frac{x\mathrm{d}y - y\mathrm{d}x}{x^2 + y^2}$$

$$= \oint_{L+C^-} \frac{x\mathrm{d}y - y\mathrm{d}x}{x^2 + y^2} + \oint_C \frac{x\mathrm{d}y - y\mathrm{d}x}{x^2 + y^2}$$

$$= \iint\limits_{D_1} \left(\frac{\partial Q}{\partial x} - \frac{\partial P}{\partial y} \right) \mathrm{d}x\mathrm{d}y + \int_0^{2\pi} \frac{\varepsilon^2 \cos^2 \theta + \varepsilon^2 \sin^2 \theta}{\varepsilon^2} \mathrm{d}\theta$$

$$= 0 + \int_0^{2\pi} 1 \cdot \mathrm{d}\theta = 2\pi.$$

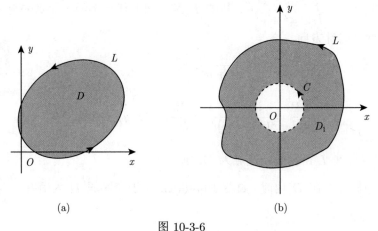

(a)　　　　　　　(b)

图 10-3-6

注　使用格林公式必须验证 $\dfrac{\partial Q}{\partial x}, \dfrac{\partial P}{\partial y}$ 在闭曲线围成的闭区域上的连续性，只有当它们在该闭区域上处处连续时，才可用格林公式来计算.

二、平面曲线积分与路径无关的条件

由 10.2 节中的例 2、例 3 可知，对坐标的曲线积分 $\displaystyle\int_L P(x,y)\mathrm{d}x + Q(x,y)\mathrm{d}y$ 的值与积分路径有时有关，有时又无关. 那么在什么条件下，曲线积分与路径无关呢？这个问题在物理学中有着重要的意义，当曲线积分 $\displaystyle\int_L P\mathrm{d}x + Q\mathrm{d}y$ 在平面区域 D 内与路径无关时，称场 $\boldsymbol{F}(M) = \{P(x,y), Q(x,y)\}$ 为**保守场**. 可以验证重力

场就是一个保守场. 要研究一个场 $\boldsymbol{F}(M)$ 是否为保守场, 就是要研究场力所作的功, 即曲线积分 $\displaystyle\int_L P(x,y)\mathrm{d}x + Q(x,y)\mathrm{d}y$ 是否与路径无关.

下面我们来讨论平面上曲线积分与路径无关的定义与条件.

定义 2 设 D 是 xOy 面内的一个区域, 如果对 D 内的任意两点 A, B, 以及 D 内从点 A 到点 B 的任意两条定向曲线 L_1, L_2, 恒有

$$\int_{L_1} P\mathrm{d}x + Q\mathrm{d}y = \int_{L_2} P\mathrm{d}x + Q\mathrm{d}y,$$

则称曲线积分 $\displaystyle\int_L P\mathrm{d}x + Q\mathrm{d}y$ (L 是 D 内任意一条分段光滑的曲线) **在 D 内与路径无关**.

由定义 2 可知, 设 L 是 D 内任意一条分段光滑的曲线, 则在 D 内与路径无关的曲线积分 $\displaystyle\int_L P\mathrm{d}x + Q\mathrm{d}y$ 与曲线形状无关, 仅与 L 的起点 A 和终点 B 的位置有关, 因此这时曲线积分 $\displaystyle\int_L P\mathrm{d}x + Q\mathrm{d}y$ 是一个数值, 这个数值由被积函数与 L 的起点 A 和终点 B 确定. 这时在曲线积分的记号里就可以将积分路径 L 改写成路径 L 的起点 A 和终点 B, 表示为 $\displaystyle\int_A^B P\mathrm{d}x + Q\mathrm{d}y$.

那么, 在什么条件下, 曲线积分才与路径无关呢? 下面给出曲线积分与路径无关的四个等价命题.

定理 2 设 D 是平面上的单连通区域, 函数 $P(x,y), Q(x,y)$ 在 D 上具有一阶连续偏导数, 那么以下四个命题相互等价:

(1) L 为 D 内的任意一条光滑或分段光滑的有向闭曲线, 则

$$\oint_L P(x,y)\mathrm{d}x + Q(x,y)\mathrm{d}y = 0;$$

(2) 在 D 内曲线积分 $\displaystyle\int_L P(x,y)\mathrm{d}x + Q(x,y)\mathrm{d}y$ 与积分路径 L 无关;

(3) 在 D 内存在一个二元函数 $u(x,y)$, 使得 $P(x,y)\mathrm{d}x + Q(x,y)\mathrm{d}y$ 在 D 内是该函数的全微分, 即

$$\mathrm{d}u(x,y) = P(x,y)\mathrm{d}x + Q(x,y)\mathrm{d}y;$$

(4) 在 D 内恒有

$$\frac{\partial Q}{\partial x} = \frac{\partial P}{\partial y}.$$

证 (1) ⇒ (2) 设 A, B 为 D 内任意两点, L_1, L_2 是 D 内连接点 A 和点 B 的任意两曲线 (图 10-3-7), 沿以 A 为起点, B 为终点的有向曲线记为 L_1, 以 B 为起点, A 为终点的有向曲线记为 L_2^-, 则 $L_1 + L_2^-$ 是一条经过 AB 两点逆时针方向的闭曲线, 由命题 (1) 可知

$$\oint_{L_1+L_2^-} P(x,y)\mathrm{d}x + Q(x,y)\mathrm{d}y = 0,$$

于是

$$\oint_{L_1+L_2^-} P\mathrm{d}x + Q\mathrm{d}y = \int_{L_1} P\mathrm{d}x + Q\mathrm{d}y + \int_{L_2^-} P\mathrm{d}x + Q\mathrm{d}y$$

$$= \int_{L_1} P\mathrm{d}x + Q\mathrm{d}y - \int_{L_2} P\mathrm{d}x + Q\mathrm{d}y = 0,$$

则

$$\int_{L_1} P\mathrm{d}x + Q\mathrm{d}y = \int_{L_2} P\mathrm{d}x + Q\mathrm{d}y.$$

由 L_1, L_2 的任意性可知, 在 D 内曲线积分 $\int_L P(x,y)\mathrm{d}x + Q(x,y)\mathrm{d}y$ 与路径无关, 即命题 (2) 成立.

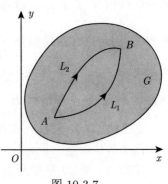

图 10-3-7

(2) ⇒ (3) 设 $A(x_0, y_0)$ 是 D 内一定点, $B(x,y)$ 是 D 内一动点, 由于命题 (2) 成立, 所以曲线积分 $\int_{\overset{\frown}{AB}} P\mathrm{d}x + Q\mathrm{d}y$ 与路径无关, 而仅依赖于起点 A 和终点 B 的位置, 这时, 该积分可记作

$$\int_{(x_0,y_0)}^{(x,y)} P\mathrm{d}x + Q\mathrm{d}y,$$

由于 A 为固定点, 因此上述积分值将随着终点 $B(x,y)$ 的位置唯一确定, 因而是终点坐标 (x,y) 的二元函数, 记作 $u(x,y)$, 即

$$u(x,y) = \int_{(x_0,y_0)}^{(x,y)} P(x,y)\mathrm{d}x + Q(x,y)\mathrm{d}y.$$

下面证明 $\mathrm{d}u = P(x,y)\mathrm{d}x + Q(x,y)\mathrm{d}y$. 只需证

$$\frac{\partial u}{\partial x} = P(x,y), \quad \frac{\partial u}{\partial y} = Q(x,y)$$

成立.

由偏导数的定义

$$\frac{\partial u}{\partial x} = \lim_{\Delta x \to 0} \frac{u(x + \Delta x, y) - u(x, y)}{\Delta x},$$

而

$$u(x + \Delta x, y) = \int_{(x_0, y_0)}^{(x+\Delta x, y)} P(x, y)\mathrm{d}x + Q(x, y)\mathrm{d}y,$$

由于该曲线积分与路径无关, 因此该积分的路径可另选为 $\overrightarrow{AB} + \overrightarrow{BM}$, 这里 $M(x + \Delta x, y) \in D$, 如图 10-3-8 所示, 从而

$$\begin{aligned} u(x + \Delta x, y) &= \int_{(x_0, y_0)}^{(x, y)} P\mathrm{d}x + Q\mathrm{d}y \\ &+ \int_{(x, y)}^{(x+\Delta x, y)} P\mathrm{d}x + Q\mathrm{d}y \\ &= u(x, y) + \int_{(x, y)}^{(x+\Delta x, y)} P\mathrm{d}x + Q\mathrm{d}y, \end{aligned}$$

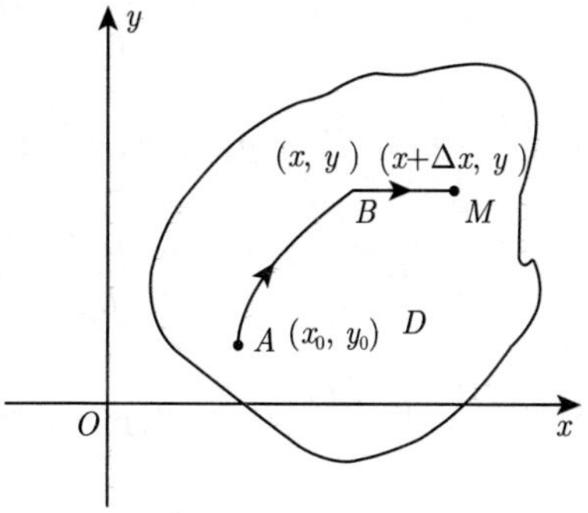

则

图 10-3-8

$$u(x + \Delta x, y) - u(x, y) = \int_{(x, y)}^{(x+\Delta x, y)} P(x, y)\mathrm{d}x + Q(x, y)\mathrm{d}y.$$

右端积分路径为直线段 $\overrightarrow{BM}$: $y = y$, $x : x \to x + \Delta x$, 将此曲线积分化为定积分, 并应用积分中值定理, 得

$$\begin{aligned} u(x + \Delta x, y) - u(x, y) &= \int_x^{x+\Delta x} P(x, y)\mathrm{d}x \\ &= P(x + \theta \Delta x, y)\Delta x \quad (0 < \theta < 1), \end{aligned}$$

由 $P(x, y)$ 的连续性, 得

$$\frac{\partial u}{\partial x} = \lim_{\Delta x \to 0} \frac{u(x + \Delta x, y) - u(x, y)}{\Delta x} = \lim_{\Delta x \to 0} P(x + \theta \Delta x, y) = P(x, y).$$

同理可证

$$\frac{\partial u}{\partial y} = Q(x, y).$$

由条件可知, 函数 $P(x, y), Q(x, y)$ 在 D 上具有一阶连续偏导, 因此函数 $u(x, y)$ 在 D 上具有一阶连续偏导, 故 $u(x, y)$ 在 D 上可微. 因此有

$$\mathrm{d}u = \frac{\partial u}{\partial x}\mathrm{d}x + \frac{\partial u}{\partial y}\mathrm{d}y = P(x, y)\mathrm{d}x + Q(x, y)\mathrm{d}y.$$

即命题 (3) 成立.

(3) $\Rightarrow$ (4)　根据命题 (3), 存在 $u(x, y)$, 使得 $\mathrm{d}u = P(x, y)\mathrm{d}x + Q(x, y)\mathrm{d}y$, 则

$$\frac{\partial u}{\partial x} = P(x, y), \qquad \frac{\partial u}{\partial y} = Q(x, y).$$

由条件, 函数 $P(x, y), Q(x, y)$ 在 D 上具有一阶连续偏导, 对上式求偏导得

$$\frac{\partial P}{\partial y} = \frac{\partial^2 u}{\partial x \partial y}, \qquad \frac{\partial Q}{\partial x} = \frac{\partial^2 u}{\partial y \partial x},$$

由于 $\dfrac{\partial P}{\partial y}$ 与 $\dfrac{\partial Q}{\partial x}$ 在 D 内连续, 故有 $\dfrac{\partial^2 u}{\partial x \partial y}, \dfrac{\partial^2 u}{\partial y \partial x}$ 在 D 内连续, 则

$$\frac{\partial^2 u}{\partial x \partial y} = \frac{\partial^2 u}{\partial y \partial x},$$

即在 D 内恒有

$$\frac{\partial Q}{\partial x} = \frac{\partial P}{\partial y}.$$

即命题 (4) 成立.

(4) $\Rightarrow$ (1)　由命题 (4), 在 D 内每点处 $\dfrac{\partial Q}{\partial x} = \dfrac{\partial P}{\partial y}$, 又 D 是单连通区域, 故对 D 内任一条光滑或分段光滑的有向闭曲线 L, 应用格林公式有

$$\oint_L P(x, y)\mathrm{d}x + Q(x, y)\mathrm{d}y = \pm \iint\limits_{D} \left(\frac{\partial Q}{\partial x} - \frac{\partial P}{\partial y} \right)\mathrm{d}x\mathrm{d}y = \pm \iint\limits_{D} 0\mathrm{d}x\mathrm{d}y = 0.$$

即命题 (1) 成立.

综上, 定理 2 得证.

必须指出: ① 定理中区域 D 为单连通的条件必不可少, 否则定理结论未必成立, 这从 (4) $\Rightarrow$ (1) 的证明过程中可以看出.

② 在定理 2 的四个等价命题中, 命题 (4) 较容易检验是否成立, 因此常通过检验命题 (4) 是否成立来推断其他三个命题是否成立.

特别地, 如果命题 (4) 成立, 则在 D 内开曲线上的曲线积分 $\int_L P(x,y)\mathrm{d}x +Q(x,y)\mathrm{d}y$ 只与曲线 L 的起点和终点有关, 而与其积分的路径 L 无关, 因此可以选取新的路径代替 L 来计算该曲线积分, 为使新路径上的积分更好积出, 常选取 D 内平行于坐标轴的直线段构成的折线段代替 L.

例 6 计算曲线积分 $I=\int_L \cos(x+y^2)\mathrm{d}x + \left[2y\cos(x+y^2)-\dfrac{1}{\sqrt{1+y^4}}\right]\mathrm{d}y$, 其中 L 为摆线 $x=a(t-\sin t), y=a(1-\cos t)$ 上由 $O(0,0)$ 点到 $A(2\pi a,0)$ 点的一拱.

解 令 $P=\cos(x+y^2)$, $Q=2y\cos(x+y^2)-\dfrac{1}{\sqrt{1+y^4}}$, 由于

$$\frac{\partial P}{\partial y}=-\sin(x+y^2)\cdot 2y=\frac{\partial Q}{\partial x},$$

所以, 该曲线积分 I 与路径无关, 故可取新路径为有向线段 $\overrightarrow{OA}: y=0, x:0\to 2\pi a$, 如图 10-3-9, 即

$$I=\int_{\overrightarrow{OA}}\cos(x+y^2)\mathrm{d}x$$
$$+\left[2y\cos(x+y^2)-\frac{1}{\sqrt{1+y^4}}\right]\mathrm{d}y$$
$$=\int_0^{2\pi a}\cos x\mathrm{d}x=\sin 2\pi a.$$

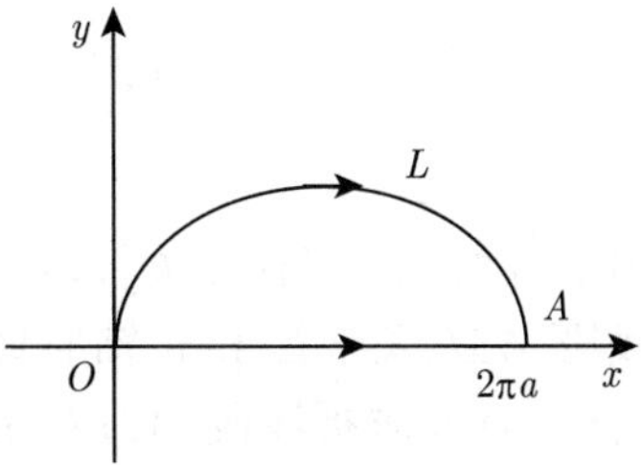

图 10-3-9

例 7 设曲线积分 $\int_L xy^2\mathrm{d}x+y\varphi(x)\mathrm{d}y$ 与路径无关, 其中 φ 具有连续导数, 且 $\varphi(0)=0$, 计算 $\int_{(0,0)}^{(1,1)} xy^2\mathrm{d}x+y\varphi(x)\mathrm{d}y$.

解 令 $P(x,y)=xy^2, Q(x,y)=y\varphi(x)$, 则

$$\frac{\partial P}{\partial y}=2xy, \qquad \frac{\partial Q}{\partial x}=y\varphi'(x),$$

由于积分与路径无关, 故 $\dfrac{\partial P}{\partial y}=\dfrac{\partial Q}{\partial x}$, 所以

$$y\varphi'(x)=2xy,$$

即

$$\varphi'(x) = 2x.$$

上式两边对 x 积分, 得

$$\varphi(x) = x^2 + c,$$

将 $\varphi(0) = 0$ 代入上式, 得 $c = 0$, 因此, $\varphi(x) = x^2$. 故

$$\int_{(0,0)}^{(1,1)} xy^2\mathrm{d}x + y\varphi(x)\mathrm{d}y = \int_0^1 0\mathrm{d}x + \int_0^1 y\varphi(1)\mathrm{d}y = \int_0^1 y\mathrm{d}y = \frac{1}{2}.$$

一般地, 若定理 2 中的命题 (4) 成立, 则在 D 内必存在一个可微的二元函数 $u(x, y)$, 使得

$$\mathrm{d}u(x, y) = P(x, y)\mathrm{d}x + Q(x, y)\mathrm{d}y.$$

故 $u(x, y)$ 是 $P(x, y)\mathrm{d}x + Q(x, y)\mathrm{d}y$ 的一个原函数, 由定理 2 的证明过程可知

$$u(x, y) = \int_{(x_0, y_0)}^{(x, y)} P(x, y)\mathrm{d}x + Q(x, y)\mathrm{d}y,$$

由于该积分与路径无关, 故可取平行于 x 轴的直线段 AM 及平行于 y 轴的直线段 MB 为积分路径, 且要求折线段 AMB 完全位于 D 内 (图 10-3-10), 则

$$u(x, y) = \int_{x_0}^x P(x, y_0)\mathrm{d}x + \int_{y_0}^y Q(x, y)\mathrm{d}y, \tag{10-3-3}$$

或者也可取平行于 y 轴的直线段 AN 及平行于 x 轴的直线段 NB 为积分路径, 同样也要求折线段 ANB 完全位于 D 内 (图 10-3-10), 则函数 $u(x, y)$ 也可表示为

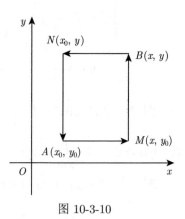

图 10-3-10

$$u(x, y) = \int_{y_0}^y Q(x_0, y)\mathrm{d}y + \int_{x_0}^x P(x, y)\mathrm{d}x, \tag{10-3-4}$$

必须指出, 由 D 内不同的起点求出的二元函数 $u(x,y)$ 之间仅相差一个常数, 且都有

$$\mathrm{d}u(x,y) = P(x,y)\mathrm{d}x + Q(x,y)\mathrm{d}y.$$

例 8 验证 $(3x^2 - 6xy)\mathrm{d}x + (3y^2 - 3x^2)\mathrm{d}y$ 是某个二元函数的全微分, 并求一个这样的函数.

解 令 $P = 3x^2 - 6xy, Q = 3y^2 - 3x^2$, 则

$$\frac{\partial P}{\partial y} = -6x = \frac{\partial Q}{\partial x}.$$

由定理 2, 存在 $u(x,y)$, 使得

$$\mathrm{d}u = (3x^2 - 6xy)\mathrm{d}x + (3y^2 - 3x^2)\mathrm{d}y.$$

取定点 (x_0, y_0) 为 $O(0,0)$, 于是

$$\begin{aligned}
u(x,y) &= \int_{(0,0)}^{(x,y)} (3x^2 - 6xy)\mathrm{d}x + (3y^2 - 3x^2)\mathrm{d}y \\
&= \int_0^x 3x^2\mathrm{d}x + \int_0^y (3y^2 - 3x^2)\mathrm{d}y \\
&= x^3 + y^3 - 3x^2y.
\end{aligned}$$

对于求 $u(x,y)$, 除了上述的曲线积分法外, 也可用下述的初等积分法来求出. 由

$$\mathrm{d}u = (3x^2 - 6xy)\mathrm{d}x + (3y^2 - 3x^2)\mathrm{d}y,$$

则

$$\frac{\partial u}{\partial x} = 3x^2 - 6xy, \quad \frac{\partial u}{\partial y} = 3y^2 - 3x^2,$$

于是, 积分得

$$u(x,y) = \int \frac{\partial u}{\partial x}\mathrm{d}x = \int (3x^2 - 6xy)\mathrm{d}x = x^3 - 3x^2y + \varphi(y),$$

上面积分过程中因将 y 看作为常数, 从而积分常数写为 $\varphi(y)$. 将上式两端对 y 求偏导, 得

$$\frac{\partial u}{\partial y} = -3x^2 + \varphi'(y),$$

又 $\dfrac{\partial u}{\partial y} = 3y^2 - 3x^2$, 故

$$-3x^2 + \varphi'(y) = 3y^2 - 3x^2,$$

即 $\varphi'(y) = 3y^2$, 于是, 积分得

$$\varphi(y) = \int 3y^2 \mathrm{d}y = y^3 + C,$$

从而

$$u(x,y) = x^3 - 3x^2y + y^3 + C.$$

习 题 10-3

课件10-3-3

A 组

1. 利用曲线积分计算由星形线 $x = a\cos^3 t,\ y = a\sin^3 t$ 所围成的图形的面积.

2. 利用格林公式计算下列曲线积分:

(1) $\displaystyle\oint_L y(\mathrm{e}^x - 1)\mathrm{d}x + \mathrm{e}^x \mathrm{d}y$, 其中 L 为曲线 $x + y = 1$ 及坐标轴围成的三角形的正向边界曲线;

(2) $\displaystyle\oint_L \sqrt{x^2 + y^2}\,\mathrm{d}x + y\left[xy + \ln\left(x + \sqrt{x^2 + y^2}\right)\right]\mathrm{d}y$, 其中 L 是以 $A(1,1), B(2,2)$ 和 $C(1,3)$ 为顶点的三角形的正向边界线;

(3) $\displaystyle\oint_L (x\mathrm{e}^{x^2 - y^2} - 2y)\mathrm{d}x - (y\mathrm{e}^{x^2 - y^2} - 3x)\mathrm{d}y.$, 其中 L 为 $y = |x|, y = 2 - |x|$ 围成正方形区域的正向边界线;

(4) $\displaystyle\int_L (y^3\mathrm{e}^x - 2y)\mathrm{d}x + (3y^2\mathrm{e}^x - 2)\mathrm{d}y$, L 是一条有向折线段 $\overrightarrow{OAB}$, 其中 $O(0,0), A(2,2)$, $B(4,0)$ 为该折线段的顶点;

(5) $\displaystyle\int_L [\varphi(y)\mathrm{e}^x - \pi y]\mathrm{d}x + [\varphi'(y)\mathrm{e}^x - \pi]\mathrm{d}y.$ 其中 $\varphi(y)$ 具有二阶连续导数, $\varphi(0) = 0$, 曲线 L 的极坐标方程为 $\rho = a(1 - \cos\theta)(a > 0, 0 \leqslant \theta \leqslant \pi)$, 方向对应于 θ 从 0 到 π;

(6) $\displaystyle\int_{\overparen{AMO}} (\mathrm{e}^x \sin y - my)\mathrm{d}x + (\mathrm{e}^x \cos y - m)\mathrm{d}y$, 其中 AMO 为由点 $A(a,0)$ 至点 $O(0,0)$ 的上半圆周 $x^2 + y^2 = ax$.

3. 设函数 $f(u)$ 具有连续导数, 证明

$$\int_{(0,1)}^{(a,b)} f(x+y)(\mathrm{d}x + \mathrm{d}y) = \int_{1}^{a+b} f(u)\mathrm{d}u.$$

4. 验证下列各式为某一函数 $u(x,y)$ 的全微分, 并求出一个这样的函数 $u(x,y)$.

(1) $(x^2 + 2xy - y^2)\mathrm{d}x + (x^2 - 2xy - y^2)\mathrm{d}y$;

(2) $(3x^2y + x\mathrm{e}^x)\mathrm{d}x + (x^3 - y\sin y)\mathrm{d}y$.

5. 证明下列曲线积分在有定义的单连通域内与路径无关, 并计算积分值.

(1) $\displaystyle\int_{(0,0)}^{(2,3)} (2x\cos y - y^2\sin x)\mathrm{d}x + (2y\cos x - x^2\sin y)\mathrm{d}y$;

(2) $\displaystyle\int_{(0,1)}^{(2,3)} (x+y)\mathrm{d}x + (x-y)\mathrm{d}y$.

6. 计算 $I = \displaystyle\int_{L} \dfrac{y\mathrm{d}x - x\mathrm{d}y}{x^2 + y^2}$, 其中 L 为

(1) 椭圆 $\dfrac{(x-2)^2}{2} + \dfrac{y^2}{3} = 1$ 的正向;

(2) 正方形边界 $|x| + |y| = 1$ 的正向.

7. 计算 $I = \displaystyle\oint_{L} \dfrac{(yx^3 + \mathrm{e}^y)\mathrm{d}x + (xy^3 + x\mathrm{e}^y - 2y)\mathrm{d}y}{9x^2 + 4y^2}$, 其中 L 是椭圆 $\dfrac{x^2}{4} + \dfrac{y^2}{9} = 1$ 沿顺时针一周.

8. 设 L 为沿上半椭圆 $x^2 + xy + y^2 = 1(y \geqslant 0)$ 上由点 $A(-1,0)$ 到点 $B(1,0)$ 的一段弧, 计算

$$\int_{L} \left[1 + (xy + y^2)\sin x\right] \mathrm{d}x + \left[(xy + x^2)\sin y\right] \mathrm{d}y.$$

9. 设平面力场 $\boldsymbol{F} = \left(2xy^3 - y^2\cos x\right)\boldsymbol{i} + \left(1 - 2y\sin x + 3x^2y^2\right)\boldsymbol{j}$, 求质点沿曲线 L: $2x = \pi y^2$ 上从点 $O(0,0)$ 移动到点 $\left(\dfrac{\pi}{2}, 1\right)$ 时, 力 $\boldsymbol{F}$ 所做的功.

B 组

1. 已知平面闭区域 $D = \{(x,y)|0 \leqslant x \leqslant \pi, 0 \leqslant y \leqslant \pi\}$, L 为 D 的正向边界, 证明:

$$\oint_{L} x\mathrm{e}^{\sin y}\mathrm{d}y - y\mathrm{e}^{-\sin x}\mathrm{d}x = \oint_{L} x\mathrm{e}^{-\sin y}\mathrm{d}y - y\mathrm{e}^{\sin x}\mathrm{d}x.$$

2. 计算 $I = \displaystyle\oint_{L} \dfrac{x\mathrm{d}y - y\mathrm{d}x}{4x^2 + y^2}$, 其中 L 是以 $(1,0)$ 为中心, R 为半径的圆周 $(R > 1)$, 并取逆时针方向. (2000 考研真题)

课前测10-4-1

10.4 对面积的曲面积分

一、对面积的曲面积分的概念

引例 1 考察非均匀分布的曲面型构件的质量.

在 10.1 节中我们用积分方法讨论了曲线型构件的质量的求法, 并引出了第一类曲线积分的定义. 利用同样的方法可求解非均匀分布的曲面型构件的质量, 只要将曲线型构件的线密度函数 $\mu(x,y,z)$ 改为定义在曲面 Σ 上的面密度函数 $\mu(x,y,z)$, 因此可得到相类似的结论. 当面密度 $\mu(x,y,z)$ 在曲面 Σ 上连续时, 由积分法的四个步骤即可将非均匀分布的曲面型构件的质量 M 表示为下列和式的极限

$$M = \lim_{\lambda \to 0} \sum_{i=1}^{n} \mu(\xi_i, \eta_i, \zeta_i) \Delta S_i,$$

上述和式的极限在其他许多实际问题中也会遇到, 撇去其具体意义, 便得到对面积的曲面积分的概念.

定义 1 设 Σ 是一片有界的光滑曲面, 函数 $f(x,y,z)$ 在 Σ 上有界, 将 Σ 划分成 n 小块 $\Delta\Sigma_1, \Delta\Sigma_2, \cdots, \Delta\Sigma_n$, 记第 i 小块 $\Delta\Sigma_i$ 的面积为 ΔS_i, 在 $\Delta\Sigma_i$ 上任取一点 (ξ_i, η_i, ζ_i), 作乘积 $f(\xi_i, \eta_i, \zeta_i)\Delta S_i$, 并作和式 $\sum_{i=1}^{n} f(\xi_i, \eta_i, \zeta_i)\Delta S_i$, 令 λ 为各小块曲面的直径的最大值, 若当 $\lambda \to 0$ 时, 该和式的极限总存在, 且与曲面 Σ 的分法及点 (ξ_i, η_i, ζ_i) 的取法无关, 则称此极限为**函数 $f(x,y,z)$ 在曲面 Σ 上的对面积的曲面积分**或**第一类曲面积分**, 记作 $\iint\limits_{\Sigma} f(x,y,z)\mathrm{d}S$, 即

$$\iint\limits_{\Sigma} f(x,y,z)\mathrm{d}S = \lim_{\lambda \to 0} \sum_{i=1}^{n} f(\xi_i, \eta_i, \zeta_i)\Delta S_i, \tag{10-4-1}$$

其中 $f(x,y,z)$ 称为**被积函数**, Σ 称为**积分曲面**, $\mathrm{d}S$ 称为**曲面的面积微元**.

若 Σ 为封闭曲面, 常将对面积的曲面积分记为 $\oiint\limits_{\Sigma} f(x,y,z)\mathrm{d}S$.

可以证明, 函数 $f(x,y,z)$ 在光滑曲面 Σ 上连续时, 曲面积分 $\iint\limits_{\Sigma} f(x,y,z)\mathrm{d}S$

一定存在.

根据定义, 面密度为连续函数 $\mu(x, y, z)$ 的曲面 Σ 的质量可用对面积的曲面积分表示为

$$M = \iint\limits_{\Sigma} \mu(x, y, z)\mathrm{d}S. \tag{10-4-2}$$

二、对面积的曲面积分的性质

设 $\iint\limits_{\Sigma} f(x, y, z)\mathrm{d}S$ 与 $\iint\limits_{\Sigma} g(x, y, z)\mathrm{d}S$ 都存在, 可以证明第一类曲面积分与第一类曲线积分有类似的性质.

性质 1 设 k_1, k_2 为常数, 则

$$\iint\limits_{\Sigma} [k_1 f(x, y, z) \pm k_2 g(x, y, z)]\mathrm{d}S = k_1 \iint\limits_{\Sigma} f(x, y, z)\mathrm{d}S \pm k_2 \iint\limits_{\Sigma} g(x, y, z)\mathrm{d}S. \tag{10-4-3}$$

性质 2 若积分曲面 Σ 可分成两片光滑曲面 Σ_1 和 Σ_2, 记作 $\Sigma = \Sigma_1 + \Sigma_2$, 则

$$\iint\limits_{\Sigma} f(x, y, z)\mathrm{d}S = \iint\limits_{\Sigma_1} f(x, y, z)\mathrm{d}S + \iint\limits_{\Sigma_2} f(x, y, z)\mathrm{d}S. \tag{10-4-4}$$

性质 2 可推广到有限个分片光滑曲面和的情形.

性质 3 $\iint\limits_{\Sigma} \mathrm{d}S = A$, 其中 A 为曲面的面积. $\tag{10-4-5}$

性质 4 设在曲面 Σ 上 $f(x, y, z) \leqslant g(x, y, z)$, 则

$$\iint\limits_{\Sigma} f(x, y, z)\mathrm{d}S \leqslant \iint\limits_{\Sigma} g(x, y, z)\mathrm{d}S. \tag{10-4-6}$$

特别地, 有

$$\left| \iint\limits_{\Sigma} f(x, y, z)\mathrm{d}S \right| \leqslant \iint\limits_{\Sigma} |f(x, y, z)|\mathrm{d}S. \tag{10-4-7}$$

三、对面积的曲面积分的计算

1. 曲面的面积

设光滑曲面 Σ 的方程为 $z = f(x, y)$, D_{xy} 为曲面 Σ 在 xOy 面上的投影区域, 函数 $f(x, y)$ 在 D_{xy} 上具有连续的偏导数. 下面先讨论曲面 Σ 的面积元素.

在闭区域 D_{xy} 上任取一直径充分小的闭区域 $\mathrm{d}\sigma$(也用 $\mathrm{d}\sigma$ 表示该小闭区域的面积), $\forall P(x,y) \in \mathrm{d}\sigma$, 点 P 对应曲面 Σ 上的点为 $M(x,y,f(x,y))$, 因此点 P 是点 M 在 xOy 面上的投影. 设曲面 Σ 在点 M 处的切平面为 T (图 10-4-1), 用以小闭区域 $\mathrm{d}\sigma$ 的边界为准线, 母线平行于 z 轴的柱面去截曲面 Σ, 截得一小片曲面, 同时也在切平面 T 上截得一小片平面. 由于 $\mathrm{d}\sigma$ 的直径充分小, 且 $f(x,y)$ 在 D_{xy} 上连续, 因此可以用切平面 T 上的一小片平面的面积 $\mathrm{d}S$ 近似代替相应的那一小片曲面的面积 ΔS, $\mathrm{d}S$ 就是**曲面 Σ 的面积微元**.

设切平面 T 与 xOy 面所成的二面角为 γ (即曲面 Σ 在 M 点处的切平面 T 的法向量与 z 轴正向的夹角), 由图 10-4-1 可知

$$\mathrm{d}S = \frac{\mathrm{d}\sigma}{|\cos\gamma|},$$

又曲面 Σ 在点 M 处的切平面的单位法向量为

$$\boldsymbol{n} = \frac{1}{\sqrt{1 + \left(\dfrac{\partial z}{\partial x}\right)^2 + \left(\dfrac{\partial z}{\partial y}\right)^2}}\left(-\frac{\partial z}{\partial x}, -\frac{\partial z}{\partial y}, 1\right),$$

因此

$$|\cos\gamma| = \frac{1}{\sqrt{1 + \left(\dfrac{\partial z}{\partial x}\right)^2 + \left(\dfrac{\partial z}{\partial y}\right)^2}},$$

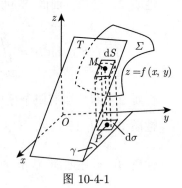

图 10-4-1

所以曲面 Σ 的面积微元

$$\mathrm{d}S = \sqrt{1 + \left(\frac{\partial z}{\partial x}\right)^2 + \left(\frac{\partial z}{\partial y}\right)^2}\,\mathrm{d}x\mathrm{d}y, \tag{10-4-8}$$

以上面的面积微元为被积表达式, 在投影区域 D_{xy} 上积分, 得曲面 Σ 的面积为

$$A = \iint\limits_{D_{xy}} \sqrt{1 + \left(\frac{\partial z}{\partial x}\right)^2 + \left(\frac{\partial z}{\partial y}\right)^2}\,\mathrm{d}x\mathrm{d}y. \tag{10-4-9}$$

类似地, 若曲面方程分别表示为 $x = g(y,z)$ 或 $y = h(z,x)$, 且都具有连续偏导数, 则将曲面 Σ 分别向 yOz 面与 zOx 面投影, 投影区域分别为 D_{yz} 与 D_{zx}.

则曲面 Σ 相应的面积微元也可表示为

$$dS = \sqrt{1 + \left(\frac{\partial x}{\partial y}\right)^2 + \left(\frac{\partial x}{\partial z}\right)^2}\,dydz, \tag{10-4-10}$$

或

$$dS = \sqrt{1 + \left(\frac{\partial y}{\partial x}\right)^2 + \left(\frac{\partial y}{\partial z}\right)^2}\,dzdx. \tag{10-4-11}$$

曲面 Σ 的面积也可表示为

$$A = \iint\limits_{D_{yz}} \sqrt{1 + \left(\frac{\partial x}{\partial y}\right)^2 + \left(\frac{\partial x}{\partial z}\right)^2}\,dydz, \tag{10-4-12}$$

或

$$A = \iint\limits_{D_{zx}} \sqrt{1 + \left(\frac{\partial y}{\partial x}\right)^2 + \left(\frac{\partial y}{\partial z}\right)^2}\,dzdx. \tag{10-4-13}$$

例 1　求上半球面 $z = \sqrt{a^2 - x^2 - y^2}$ 含在柱面 $x^2 + y^2 = ax$ 内部的那部分面积.

解　曲面方程为 $z = \sqrt{a^2 - x^2 - y^2}$, 如图 10-4-2 所示, 它在 xOy 面上的投影区域为

$$D = \{(x,y)|x^2 + y^2 \leqslant ax\},$$
$$\frac{\partial z}{\partial x} = \frac{-x}{\sqrt{a^2 - x^2 - y^2}},$$
$$\frac{\partial z}{\partial y} = \frac{-y}{\sqrt{a^2 - x^2 - y^2}},$$

则

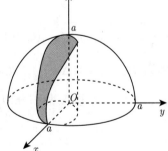

图 10-4-2

$$A = \iint\limits_{D} \sqrt{1 + \left(\frac{\partial z}{\partial x}\right)^2 + \left(\frac{\partial z}{\partial y}\right)^2}\,dxdy$$

$$= \iint\limits_{D} \frac{a}{\sqrt{a^2 - x^2 - y^2}}\,dxdy$$

$$= a \int_{-\frac{\pi}{2}}^{\frac{\pi}{2}} \mathrm{d}\theta \int_0^{a\cos\theta} \frac{1}{\sqrt{a^2 - \rho^2}} \rho \mathrm{d}\rho$$

$$= a^2(\pi - 2).$$

2. 对面积的曲面积分的计算

定理 1 设曲面 Σ 的方程为 $z = z(x, y)$，Σ 在 xOy 面上的投影区域为 D_{xy}，函数 $z = z(x, y)$ 在区域 D_{xy} 上具有连续的偏导数，且函数 $f(x, y, z)$ 在 Σ 上连续，则

$$\iint\limits_{\Sigma} f(x, y, z)\mathrm{d}S = \iint\limits_{D_{xy}} f[x, y, z(x, y)]\sqrt{1 + z_x^2(x, y) + z_y^2(x, y)}\mathrm{d}x\mathrm{d}y. \tag{10-4-14}$$

证 设曲面 Σ 的第 i 块小曲面 ΔS_i(也用 ΔS_i 表示其面积) 在 xOy 面上的投影区域为 $(\Delta\sigma_i)_{xy}$，同时也用 $(\Delta\sigma_i)_{xy}$ 表示其面积，由公式 (10-4-9) 可知，第 i 块小曲面的面积 (图 10-4-3)

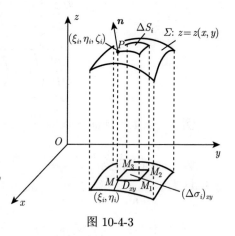

$$\Delta S_i = \iint\limits_{(\Delta\sigma_i)_{xy}} \sqrt{1 + z_x^2(x, y) + z_y^2(x, y)}\mathrm{d}x\mathrm{d}y,$$

由二重积分的中值定理，$\exists(\xi_i, \eta_i) \in (\Delta\sigma_i)_{xy}$，使得

$$\Delta S_i = \sqrt{1 + z_x^2(\xi_i, \eta_i) + z_y^2(\xi_i, \eta_i)}\,(\Delta\sigma_i)_{xy},$$

图 10-4-3

因为 $(\xi_i, \eta_i) \in (\Delta\sigma_i)_{xy}$，故 $(\xi_i, \eta_i, \zeta_i) \in \Sigma$，其中 $\zeta_i = z(\xi_i, \eta_i)$. 由于函数 $f(x, y, z)$ 在 Σ 上连续，故积分 $\iint\limits_{\Sigma} f(x, y, z)\mathrm{d}S$ 存在，则由定义可得

$$\iint\limits_{\Sigma} f(x, y, z)\mathrm{d}S = \lim_{\lambda \to 0} \sum_{i=1}^n f(\xi_i, \eta_i, \zeta_i)\Delta S_i$$

$$= \lim_{\lambda \to 0} \sum_{i=1}^n f(\xi_i, \eta_i, z_i(\xi_i, \eta_i))\sqrt{1 + z_x^2(\xi_i, \eta_i) + z_y^2(\xi_i, \eta_i)}\,(\Delta\sigma_i)_{xy}$$

$$= \iint\limits_{D_{xy}} f[x, y, z(x, y)]\sqrt{1 + z_x^2(x, y) + z_y^2(x, y)}\mathrm{d}x\mathrm{d}y.$$

证毕.

曲面积分中的面积微元 $\mathrm{d}S$ 化为其投影区域上的面积微元

$$\mathrm{d}S = \sqrt{1 + z_x^2(x,y) + z_y^2(x,y)}\mathrm{d}x\mathrm{d}y.$$

公式 (10-4-14) 表明, 可以将对面积的曲面积分化为二重积分来计算.

在计算曲面积分 $\iint\limits_{\Sigma} f(x,y,z)\mathrm{d}S$ 时, 如果曲面 Σ 由方程 $z = z(x,y)$ 给出, 则只要把被积函数 $f(x,y,z)$ 中的变量 z 用曲面方程 $z = z(x,y)$ 代入, 曲面的面积微元 $\mathrm{d}S$ 用 $\sqrt{1 + z_x^2 + z_y^2}\mathrm{d}x\mathrm{d}y$ 替换, 并确定 Σ 在 xOy 面上的投影 D_{xy}, 这样就把对面积的曲面积分化为投影区域 D_{xy} 上的二重积分了.

类似地, 如果积分中曲面 Σ 由方程 $x = x(y,z)$ 或 $y = y(z,x)$ 给出, 则只要将曲面 Σ 分别向坐标面 yOz 面或 zOx 面投影, 即可将对面积的曲面积分化为相应投影区域上的二重积分

$$\iint\limits_{\Sigma} f(x,y,z)\mathrm{d}S = \iint\limits_{D_{yz}} f[x(y,z),y,z]\sqrt{1 + x_y^2(y,z) + x_z^2(y,z)}\mathrm{d}y\mathrm{d}z, \quad \text{(10-4-15)}$$

或

$$\iint\limits_{\Sigma} f(x,y,z)\mathrm{d}S = \iint\limits_{D_{zx}} f[x,y(z,x),z]\sqrt{1 + y_x^2(z,x) + y_z^2(z,x)}\mathrm{d}z\mathrm{d}x. \quad \text{(10-4-16)}$$

例 2 计算 $\iint\limits_{\Sigma} z\sqrt{x^2 + y^2}\mathrm{d}S$, 其中曲面 Σ 是圆锥面 $z = \sqrt{x^2 + y^2}$ 介于平面 $z = 1$ 与 $z = 2$ 间的部分.

解 由于曲面 Σ 的方程表示为 $z = \sqrt{x^2 + y^2}$, 则将曲面 Σ 向 xOy 面投影, 得到其投影区域为

$$D_{xy} = \{(x,y) \mid 1 \leqslant x^2 + y^2 \leqslant 4\},$$

$$\mathrm{d}S = \sqrt{1 + z_x^2 + z_y^2}\mathrm{d}x\mathrm{d}y$$

$$= \sqrt{1 + \frac{x^2}{x^2 + y^2} + \frac{y^2}{x^2 + y^2}}\mathrm{d}x\mathrm{d}y = \sqrt{2}\mathrm{d}x\mathrm{d}y,$$

由公式 (10-4-14),

$$\iint\limits_{\Sigma} z\sqrt{x^2 + y^2}\mathrm{d}S = \iint\limits_{D_{xy}} (x^2 + y^2)\sqrt{2}\mathrm{d}x\mathrm{d}y$$

$$= \sqrt{2} \int_0^{2\pi} d\theta \int_1^2 \rho^3 d\rho = \frac{15}{2}\sqrt{2}\pi.$$

例 3 计算曲面积分 $\displaystyle\iint\limits_{\Sigma} \frac{dS}{x^2+y^2+z^2}$，其中 Σ 是圆柱面 $x^2+y^2=1$ 介于平面 $z=0$ 及 $z=3$ 之间的部分.

解 曲面 Σ 在 xOy 面上的投影区域 (图 10-4-4) 为圆周曲线 $x^2+y^2=1$，面积为零，故不能作为曲面 Σ 的投影区域进行计算，由图 10-4-4 可知，可以将曲面 Σ 向 yOz 面投影，这时其投影区域为矩形区域:

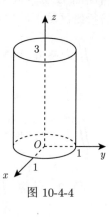

例3讲解10-4-2

$$D_{yz} = \{(y,z)|-1 \leqslant y \leqslant 1, 0 \leqslant z \leqslant 3\},$$

曲面 Σ 被 yOz 面分为前后两块，分别记作 Σ_1, Σ_2，其中

$$\Sigma_1 : x = \sqrt{1-y^2}, \text{ 这时 } x_y = \frac{-y}{\sqrt{1-y^2}}, x_z = 0,$$

$$\Sigma_2 : x = -\sqrt{1-y^2}, \text{ 这时 } x_y = \frac{y}{\sqrt{1-y^2}}, x_z = 0,$$

因此

$$dS_1 = dS_2 = \sqrt{1 + \left(\frac{y}{\sqrt{1-y^2}}\right)^2} dydz$$

$$= \frac{1}{\sqrt{1-y^2}} dydz,$$

图 10-4-4

于是

$$\iint\limits_{\Sigma} \frac{dS}{x^2+y^2+z^2} = \iint\limits_{\Sigma_1} \frac{dS_1}{x^2+y^2+z^2} + \iint\limits_{\Sigma_2} \frac{dS_2}{x^2+y^2+z^2},$$

由公式 (10-4-15) 得

$$\iint\limits_{\Sigma} \frac{dS}{x^2+y^2+z^2} = \iint\limits_{D_{yz}} \frac{1}{1+z^2} \frac{1}{\sqrt{1-y^2}} dydz + \iint\limits_{D_{yz}} \frac{1}{1+z^2} \frac{1}{\sqrt{1-y^2}} dydz$$

$$= 2\iint\limits_{D_{yz}} \frac{1}{1+z^2} \frac{1}{\sqrt{1-y^2}} dydz = 2\int_0^3 \frac{1}{1+z^2} dz \int_{-1}^1 \frac{1}{\sqrt{1-y^2}} dy$$

$$= 4\arctan 3 \cdot \arcsin 1 = 2\pi \arctan 3.$$

由例 3 可以看出, 将对面积的曲面积分化为投影域上的二重积分计算时, 必须选择向投影面积不为零的坐标面投影.

由对面积的曲面积分的定义及性质可知, 对面积的曲面积分有与三重积分及对弧长的空间曲线积分相类似的对称性与轮换对称性, 这里不再一一赘述.

例 4 计算 $\oiint\limits_{\Sigma}(x^2+y^2+z^2)\mathrm{d}S$, 其中 Σ 为内接于球面 $x^2+y^2+z^2=a^2$ 的八面体 $|x|+|y|+|z|=a$ 表面.

解 由于曲面 Σ 具有轮换对称性, 故

$$\oiint\limits_{\Sigma} x^2\mathrm{d}S = \oiint\limits_{\Sigma} y^2\mathrm{d}S = \oiint\limits_{\Sigma} z^2\mathrm{d}S,$$

因此

$$\oiint\limits_{\Sigma} \left(x^2+y^2+z^2\right)\mathrm{d}S = 3\iint\limits_{\Sigma} x^2\mathrm{d}S,$$

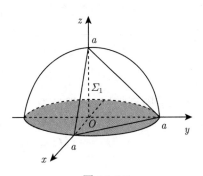

图 10-4-5

又由于曲面 Σ 关于三个坐标面都具有对称性, 且被积函数 x^2 分别关于三个变量 x, y, z 都为偶函数, 用 Σ_1 表示 Σ 在第一卦限的部分, 如图 10-4-5 所示, 因此

$$\oiint\limits_{\Sigma} \left(x^2+y^2+z^2\right)\mathrm{d}S = 24\iint\limits_{\Sigma_1} x^2\mathrm{d}S,$$

由 $\Sigma_1: z = a - x - y$, 则

$$\mathrm{d}S = \sqrt{1+z_x^2+z_y^2}\mathrm{d}x\mathrm{d}y = \sqrt{3}\mathrm{d}x\mathrm{d}y,$$

又 Σ_1 在 xOy 面上的投影区域为

$$D_{xy} = \{(x,y)|0 \leqslant x \leqslant a, 0 \leqslant y \leqslant a-x\},$$

因此

$$\oiint\limits_{\Sigma} \left(x^2+y^2+z^2\right)\mathrm{d}S = 24\iint\limits_{\Sigma_1} x^2\mathrm{d}S$$

$$= 24 \iint\limits_{D_{xy}} x^2 \sqrt{3} \mathrm{d}x\mathrm{d}y$$

$$= 24\sqrt{3} \int_0^a x^2 \mathrm{d}x \int_0^{a-x} \mathrm{d}y = 2\sqrt{3}a^4.$$

四、对面积的曲面积分的物理应用

对面积的曲面积分有与对弧长的曲线积分相类似的物理应用, 设曲面壳的密度函数为 $\mu(x, y, z)$, 则曲面壳的质心坐标为

$$\bar{x} = \frac{\iint\limits_{\Sigma} x\mu(x, y, z)\mathrm{d}S}{\iint\limits_{\Sigma} \mu(x, y, z)\mathrm{d}S}, \quad \bar{y} = \frac{\iint\limits_{\Sigma} y\mu(x, y, z)\mathrm{d}S}{\iint\limits_{\Sigma} \mu(x, y, z)\mathrm{d}S}, \quad \bar{z} = \frac{\iint\limits_{\Sigma} z\mu(x, y, z)\mathrm{d}S}{\iint\limits_{\Sigma} \mu(x, y, z)\mathrm{d}S}.$$

$$(10\text{-}4\text{-}17)$$

曲面壳对坐标轴的转动惯量为

$$I_x = \iint\limits_{\Sigma} (y^2 + z^2)\mu(x, y, z)\mathrm{d}S,$$

$$I_y = \iint\limits_{\Sigma} (x^2 + z^2)\mu(x, y, z)\mathrm{d}S, \qquad (10\text{-}4\text{-}18)$$

$$I_z = \iint\limits_{\Sigma} (x^2 + y^2)\mu(x, y, z)\mathrm{d}S.$$

例 5 设半球壳 Σ 的方程为 $z = \sqrt{a^2 - x^2 - y^2}$, 其面密度函数 $\mu(x, y, z) = z^2$, 求该球壳的质量.

解 曲面 Σ 在 xOy 面上的投影区域为

$$D_{xy} = \{(x, y) \,|\, x^2 + y^2 \leqslant a^2\},$$

利用公式 (10-4-2), 得

$$M = \iint\limits_{\Sigma} z^2 \mathrm{d}S$$

$$= \iint\limits_{D_{xy}} (a^2 - x^2 - y^2) \sqrt{1 + \frac{x^2}{a^2 - x^2 - y^2} + \frac{y^2}{a^2 - x^2 - y^2}} \mathrm{d}x\mathrm{d}y$$

$$= a \iint\limits_{D_{xy}} \sqrt{a^2 - x^2 - y^2} \mathrm{d}x\mathrm{d}y = aV_{\text{半球体}} = \frac{2}{3}\pi a^4.$$

例 6　求质量均匀分布的球面 $\Sigma : x^2 + y^2 + z^2 = a^2$ 关于 z 轴的转动惯量.

解　设球面的面密度为 μ (μ 为常数), 利用公式 (10-4-18), 得

$$I_z = \oiint\limits_{\Sigma} \mu(x^2 + y^2)\mathrm{d}S = \mu \oiint\limits_{\Sigma} (x^2 + y^2)\mathrm{d}S,$$

由于该球面具有轮换对称性, 故有

$$\oiint\limits_{\Sigma} x^2\mathrm{d}S = \oiint\limits_{\Sigma} y^2\mathrm{d}S = \oiint\limits_{\Sigma} z^2\mathrm{d}S,$$

于是

$$I_z = 2\mu \oiint\limits_{\Sigma} x^2\mathrm{d}S = \frac{2}{3}\mu \oiint\limits_{\Sigma} (x^2 + y^2 + z^2)\mathrm{d}S$$

$$= \frac{2\mu a^2}{3} \oiint\limits_{\Sigma} \mathrm{d}S = \frac{2\mu a^2}{3} \cdot 4\pi a^2 = \frac{8\pi\mu a^4}{3}.$$

习　题　10-4

A 组

课件10-4-3

1 计算下列曲面的表面积:

(1) 计算半径为 R 的球面的表面积;

(2) 计算抛物面 $z = 2 - (x^2 + y^2)$ 在 xOy 面上方的部分的面积.

2. 计算下列对面积的曲面积分:

(1) $\iint\limits_{\Sigma} z\mathrm{d}S$, 其中 Σ 为半球面 $x^2 + y^2 + z^2 = R^2 (y \geqslant 0)$;

(2) $\iint\limits_{\Sigma} (x + y + z)\mathrm{d}S$, 其中 Σ 为球面 $x^2 + y^2 + z^2 = a^2$ 上 $z \geqslant h(0 < h < a)$ 的部分;

(3) $\iint\limits_{\Sigma} (x^2 + y^2 + z^2)\mathrm{d}S$, 其中 Σ 是介于平面 $z = 0$ 和 $z = H$ 之间的圆柱面 $x^2 + y^2 = R^2$;

(4) $\iint\limits_{\Sigma} (x + z)\mathrm{d}S$, 其中 Σ 是平面 $x + z = 1$ 位于柱面 $x^2 + y^2 = 1$ 内的那部分;

(5) $\iint\limits_{\Sigma} (x^2 + y^2)\, z\mathrm{d}S$, 其中 Σ 是球面 $z = \sqrt{4 - x^2 - y^2}$;

(6) $\iint\limits_{\Sigma} (xy + yz + zx)\mathrm{d}S$, 其中 Σ 为上半圆锥面 $z = \sqrt{x^2 + y^2}$ 被柱面 $x^2 + y^2 = 2x$ 截得的部分.

3. 求抛物面壳 $z = \dfrac{1}{2}(x^2 + y^2)(0 \leqslant z \leqslant 1)$ 的质量, 此壳的面密度的大小为 $\mu = z$.

4. 求密度为常数 μ 的均匀半球壳 $z = \sqrt{a^2 - x^2 - y^2}$ 的质心坐标及关于 z 轴的转动惯量.

5. 求面密度为常数 μ 的圆锥面 $z^2 = x^2 + y^2 (0 \leqslant z \leqslant a)$ 的质心.

B 组

1. 设曲面 $\Sigma : |x| + |y| + |z| = 1$, 计算 $\oiint\limits_{\Sigma} (x + |y|)\mathrm{d}S$.

2. 计算 $\iint\limits_{\Sigma} (x^2 + 2x + y^2)\mathrm{d}S$, 其中 Σ 是锥面 $x^2 + y^2 = z^2$ 夹在两平面 $z = 0, z = 1$ 之间的部分.

3. 设 P 为椭球面 $S : x^2 + y^2 + z^2 - yz = 1$ 上的动点, 若 S 在动点 P 处的切平面与 xOy 坐标面垂直, 求点 P 的轨迹 C, 并计算曲面积分 $I = \iint\limits_{\Sigma} \dfrac{(x + \sqrt{3})\,|y - 2z|}{\sqrt{4 + y^2 + z^2 - 4yz}}\mathrm{d}S$, 其中 Σ 是椭球面 S 位于曲线 C 上方的部分. (2010 考研真题)

10.5　对坐标的曲面积分

课前测10-5-1

在流体力学中, 常常需要研究流体通过曲面的流量, 在电学中为了研究电磁场, 需要研究电力线通过曲面的电通量. 上述问题中的流场、电场都是某个向量场, 流体或电力线都是按预先指定的方向穿过某曲面, 它们可归结为同一类数学问题, 即流场中流体按指定的方向穿过曲面的流量问题.

一、流体通过曲面指定一侧的流量

下面先给曲面定向, 然后讨论穿过曲面的流量对应的数学问题及计算方法.

1. 曲面的侧

在光滑曲面 Σ 上任取一点 P_0, 过点 P_0 的法线有两个方向, 如果选定法线的某个方向为指定的方向, 若点在曲面上连续移动时, 法线也连续变动, 当动点从 P_0 出发沿着曲面上任意一条不越过曲面边界的封闭曲线又回到原位置 P_0 时, 法线的指向保持不变, 称这种曲面为**双侧曲面**, 否则称为**单侧曲面**. 单侧曲面是存在的, 其较典型的例子有默比乌斯 (Mobius) 带与克莱因瓶, 有兴趣的读者可参阅其他参考书.

数学上, 根据研究问题的需要, 常通过曲面上法向量的指向来区别曲面的两侧, 称这种确定了侧的曲面为**双侧曲面**或**有向曲面**. 即要在双侧曲面上选定法线的某个方向为指定的方向, 将所选定的法线指向称为**曲面的正向**, 另一个方向则称为**曲面的反向** (图 10-5-1).

当用 Σ 表示一张指定了侧的有向曲面时, 则选定了其相反侧的有向曲面称为 Σ 的**反向曲面**, 记作 Σ^-. 注意 Σ 与 Σ^- 作为有向曲面它们是不同的曲面. 具体规定如下.

设有向曲面 Σ 上任一点处的法向量 (指定方向) 的方向角分别为 α, β, γ, 则其单位法向量为 $\boldsymbol{n} = (\cos\alpha, \cos\beta, \cos\gamma)$, 则曲面 Σ 的侧规定如下:

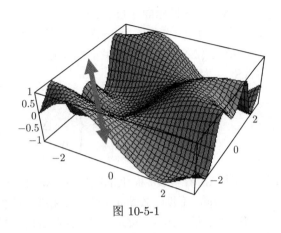

图 10-5-1

(1) 若 $\boldsymbol{n}$ 与 z 轴正向的夹角为锐角, 即 $\cos\gamma > 0$, 则称曲面的侧为**上侧**, 或称**曲面指向上侧**; 其另一侧称为**该曲面的下侧**, 或称**曲面指向下侧** (图 10-5-2);

(2) 若 $\boldsymbol{n}$ 与 x 轴正向的夹角为锐角, 即 $\cos\alpha > 0$, 则称曲面的侧为**前侧**, 或称**曲面指向前侧**; 其另一侧称为**该曲面的后侧**, 或称**曲面指向后侧**;

(3) 若 $\boldsymbol{n}$ 与 y 轴正向的夹角为锐角, 即 $\cos\beta > 0$, 则称曲面的侧为**右侧**, 或称**曲面指向右侧**; 其另一侧称为**该曲面的左侧**, 或称**曲面指向左侧**;

(4) 对于封闭曲面, 若曲面上任一点处的法向量 $\boldsymbol{n}$ 都指向曲面外部, 则称选定的侧为**曲面的外侧**, 或称**曲面指向外侧**; 其另一侧称为**该曲面的内侧,** 或称**曲面指向内侧** (图 10-5-3).

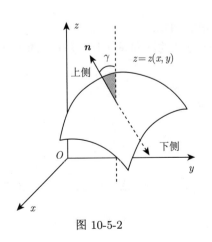

图 10-5-2

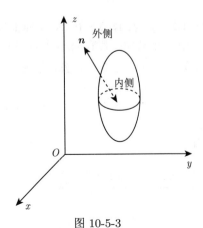

图 10-5-3

2. 有向曲面在坐标面上的投影

设 Σ 为有向曲面, 在 Σ 上取一小块曲面 ΔS (也用 ΔS 表示该小块曲面的面积), 将 ΔS 向各坐标面作投影, 相应的投影区域为 $\Delta\sigma$, 设 ΔS 上各点处的法向量与 z 轴的夹角 γ 的余弦 $\cos\gamma$ 有相同的符号 (同正或同负), 将 ΔS 在 xOy 面上的投影记为 $(\Delta S)_{xy}$, 投影区域的面积记为 $(\Delta\sigma)_{xy}$, 则规定 ΔS 在 xOy 面上的投影 $(\Delta S)_{xy}$ 为

$$
(\Delta S)_{xy} = \begin{cases} (\Delta\sigma)_{xy}, & \cos\gamma > 0, \\ -(\Delta\sigma)_{xy}, & \cos\gamma < 0, \\ 0, & \cos\gamma = 0, \end{cases}
$$

即小曲面 ΔS 在 xOy 面上的投影为 ΔS 在 xOy 面上的投影区域面积赋以了正负号 (Σ 指向上侧时, 投影取正号; Σ 指向下侧时, 投影取负号).

类似地, 设 ΔS 在 yOz 面与 zOx 面上的投影分别记为 $(\Delta S)_{yz}$ 与 $(\Delta S)_{zx}$, 则

$$
(\Delta S)_{yz} = \begin{cases} (\Delta\sigma)_{yz}, & \cos\alpha > 0, \\ -(\Delta\sigma)_{yz}, & \cos\alpha < 0, \\ 0, & \cos\alpha = 0, \end{cases}
$$

其中 $(\Delta\sigma)_{yz}$ 表示 ΔS 在 yOz 面上的投影区域的面积.

$$
(\Delta S)_{zx} = \begin{cases} (\Delta\sigma)_{zx}, & \cos\beta > 0, \\ -(\Delta\sigma)_{zx}, & \cos\beta < 0, \\ 0, & \cos\beta = 0, \end{cases}
$$

其中 $(\Delta\sigma)_{zx}$ 表示 ΔS 在 zOx 面上投影区域的面积.

由上面易知: 若有向小曲面 ΔS 上某一点处的法向量 (指定方向) 的方向角分别为 α,β,γ, 则其单位法向量为

$$
\boldsymbol{n} = (\cos\alpha, \cos\beta, \cos\gamma),
$$

则有

$$
\cos\alpha \cdot \Delta S \approx (\Delta S)_{yz}, \quad \cos\beta \cdot \Delta S \approx (\Delta S)_{zx}, \quad \cos\gamma \cdot \Delta S \approx (\Delta S)_{xy}, \quad (10\text{-}5\text{-}1)
$$

将 ΔS 依次在坐标面 yOz 面, zOx 面, xOy 面上的投影构成的向量记作 $\Delta\boldsymbol{S}$, 则

$$\Delta \boldsymbol{S} = \left((\Delta S)_{yz}, (\Delta S)_{zx}, (\Delta S)_{xy} \right) \approx (\cos \alpha \cos \beta \cos \gamma) \Delta S. \tag{10-5-2}$$

3. 流体流向曲面一侧的流量

设有稳定流动[①]且其密度恒定不变的流体 (设其密度为 1) 的速度场为

$$\boldsymbol{v}(x,y,z) = P(x,y,z)\boldsymbol{i} + Q(x,y,z)\boldsymbol{j} + R(x,y,z)\boldsymbol{k},$$

Σ 是速度场中的一片有向光滑曲面, 函数 $P(x,y,z), Q(x,y,z), R(x,y,z)$ 均在曲面 Σ 上连续, 求流体流向曲面 Σ 指定一侧的流量 Φ (单位时间内流向曲面指定侧的流体的质量).

当曲面 Σ 是面积为 A 的平面, 而流体在 Σ 上各点处的流速为常向量 $\boldsymbol{v}$ 时, 若 Σ 指定侧的单位法向量为 $\boldsymbol{n}$, 那么单位时间内通过曲面 Σ 流向指定一侧的流体就组成一个底面积为 A, 斜高为 $|\boldsymbol{v}|$ 的斜柱体 (图 10-5-4), 这时流体流向曲面 Σ 指定一侧的流量 Φ 就等于该斜柱体的体积, 即

$$\Phi = V = hA = |\boldsymbol{v}| A \cos \theta = (\boldsymbol{v} \cdot \boldsymbol{n})A.$$

但当流速场不是常向量场, Σ 不是平面而是一片有向曲面时, 流量的计算不能直接用上述方法计算. 但由于所求的流量对于曲面 Σ 具有可加性, 故可用积分法来讨论, 具体如下.

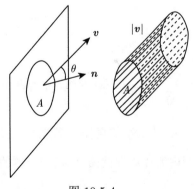

图 10-5-4

先把曲面 Σ 分成 n 块小曲面 $\Delta \Sigma_i$, 每块的面积记为 $\Delta S_i (i = 1, 2, \cdots, n)$, 由于向量值函数 $\boldsymbol{v}(x,y,z)$ 在曲面 Σ 上连续, 因此当面积 ΔS_i 很小时, 就可用 $\Delta \Sigma_i$ 上任一点 (ξ_i, η_i, ζ_i) 处的速度 $\boldsymbol{v}_i = \boldsymbol{v}(\xi_i, \eta_i, \zeta_i)$ 来近似代替 $\Delta \Sigma_i$ 上各点处的流速, 并用有向小曲面 $\Delta \Sigma_i$ 上点 (ξ_i, η_i, ζ_i) 处的单位法向量 $\boldsymbol{n}_i$ (指定的侧)

$$\boldsymbol{n}_i = \cos \alpha_i \boldsymbol{i} + \cos \beta_i \boldsymbol{j} + \cos \gamma_i \boldsymbol{k}$$

近似代替 $\Delta \Sigma_i$ 上各点处的法向量 (图 10-5-5), 其中 $(\alpha_i, \beta_i, \gamma_i)$ 为小曲面 $\Delta \Sigma_i$ 上点 (ξ_i, η_i, ζ_i) 处指定一侧的法向量 $\boldsymbol{n}_i$ 的方向角, 由此, 通过小曲面 $\Delta \Sigma_i$ 指定一侧

[①] 稳定流动是指流速与时间 t 无关.

的流量 $\Delta\Phi_i$, 可近似表示为

$$\Delta\Phi_i \approx (\boldsymbol{v}_i \cdot \boldsymbol{n}_i)\Delta S_i \quad (i = 1, 2, \cdots, n)$$

将通过各小曲面 $\Delta\Sigma_i$ 的流量的
近似值相加, 得到通过曲面 Σ 指
定侧的总流量 Φ 的近似值为

$$\Phi = \sum_{i=1}^{n} \Delta\Phi_i \approx \sum_{i=1}^{n} (\boldsymbol{v}_i \cdot \boldsymbol{n}_i)\Delta S_i,$$

则

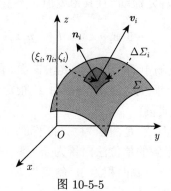

图 10-5-5

$$\Phi \approx \sum_{i=1}^{n} [P(\xi_i, \eta_i, \zeta_i)\cos\alpha_i + Q(\xi_i, \eta_i, \zeta_i)\cos\beta_i + R(\xi_i, \eta_i, \zeta_i)\cos\gamma_i]\Delta S_i,$$

由式 (10-5-1), 则

$$\Phi \approx \sum_{i=1}^{n} [P(\xi_i, \eta_i, \zeta_i)(\Delta S_i)_{yz} + Q(\xi_i, \eta_i, \zeta_i)(\Delta S_i)_{zx} + R(\xi_i, \eta_i, \zeta_i)(\Delta S_i)_{xy}],$$

令 $\lambda = \max\limits_{1\leqslant i\leqslant n} \{\Delta S_i \text{ 的直径}\}$, 若当 $\lambda \to 0$ 时, 上述和式的极限存在, 则该极限就是
单位时间内流体流向曲面 Σ 指定一侧的流量 Φ, 即

$$\Phi = \lim_{\lambda \to 0} \sum_{i=1}^{n} [P(\xi_i, \eta_i, \zeta_i)\cos\alpha_i + Q(\xi_i, \eta_i, \zeta_i)\cos\beta_i + R(\xi_i, \eta_i, \zeta_i)\cos\gamma_i]\Delta S_i,$$

$$(10\text{-}5\text{-}3)$$

或

$$\Phi = \lim_{\lambda \to 0} \sum_{i=1}^{n} [P(\xi_i, \eta_i, \zeta_i)(\Delta S_i)_{yz} + Q(\xi_i, \eta_i, \zeta_i)(\Delta S_i)_{zx} + R(\xi_i, \eta_i, \zeta_i)(\Delta S_i)_{xy}].$$

$$(10\text{-}5\text{-}4)$$

对这类特殊和式的极限, 抽去其物理意义, 即可得出向量值函数 $\boldsymbol{v}(x, y, z)$ 在有向
曲面 Σ 上的第二类曲面积分的定义.

二、对坐标的曲面积分的概念与性质

定义 1 设 Σ 是一片光滑的有向曲面, 函数 $P(x,y,z)$, $Q(x,y,z)$, $R(x,y,z)$ 在有向曲面 Σ 上都有界, 将曲面 Σ 任意分成 n 块小曲面 $\Delta\Sigma_i$, 对应的面积记为 $\Delta S_i(i=1,2,\cdots,n)$, ΔS_i 在 xOy 面上的投影记为 $(\Delta S_i)_{xy}$, 在 $\Delta\Sigma_i$ 上任取一点 $M_i(\xi_i,\eta_i,\zeta_i)$, 作乘积 $R(\xi_i,\eta_i,\zeta_i)(\Delta S_i)_{xy}$, 并作和

$$\sum_{i=1}^{n} R(\xi_i,\eta_i,\zeta_i)(\Delta S_i)_{xy},$$

如果极限 $\displaystyle\lim_{\lambda\to 0}\sum_{i=1}^{n} R(\xi_i,\eta_i,\zeta_i)(\Delta S_i)_{xy}$ 存在, 其中 $\lambda=\max\limits_{1\leqslant i\leqslant n}\{\Delta S_i \text{ 的直径}\}$, 且该极限与曲面 Σ 的分法及点 (ξ_i,η_i,ζ_i) 在 $\Delta\Sigma_i$ 上的取法无关, 则称此极限为**函数 $R(x,y,z)$ 在有向曲面 Σ 上对坐标 x,y 的曲面积分**, 记作 $\displaystyle\iint\limits_{\Sigma} R(x,y,z)\,\mathrm{d}x\mathrm{d}y$, 即

$$\iint\limits_{\Sigma} R(x,y,z)\,\mathrm{d}x\mathrm{d}y = \lim_{\lambda\to 0}\sum_{i=1}^{n} R(\xi_i,\eta_i,\zeta_i)(\Delta S_i)_{xy}, \tag{10-5-5}$$

其中 $R(x,y,z)$ 称为**被积函数**, Σ 称为**积分曲面**.

类似, 可得**函数 $P(x,y,z)$ 在有向曲面 Σ 上对坐标 y,z 的曲面积分**为

$$\iint\limits_{\Sigma} P(x,y,z)\,\mathrm{d}y\mathrm{d}z = \lim_{\lambda\to 0}\sum_{i=1}^{n} P(\xi_i,\eta_i,\zeta_i)(\Delta S_i)_{yz}, \tag{10-5-6}$$

函数 $Q(x,y,z)$ 在有向曲面 Σ 上对坐标 z,x 的曲面积分为

$$\iint\limits_{\Sigma} Q(x,y,z)\,\mathrm{d}z\mathrm{d}x = \lim_{\lambda\to 0}\sum_{i=1}^{n} Q(\xi_i,\eta_i,\zeta_i)(\Delta S_i)_{zx}, \tag{10-5-7}$$

以上三个曲面积分也称为**第二类曲面积分**.

可以证明, 当函数 $P(x,y,z)$, $Q(x,y,z)$, $R(x,y,z)$ 在有向曲面 Σ 上都连续时, 上面三个第二类曲面积分都存在, 因此下面总假定函数 P,Q,R 在有向曲面 Σ 上连续.

将上面三个第二类曲面积分相加, 可写成如下的合并形式

$$\iint\limits_{\Sigma} P(x,y,z)\,\mathrm{d}y\mathrm{d}z + Q(x,y,z)\,\mathrm{d}z\mathrm{d}x + R(x,y,z)\,\mathrm{d}x\mathrm{d}y, \tag{10-5-8}$$

简记为

$$\iint\limits_{\Sigma} P\mathrm{d}y\mathrm{d}z + Q\mathrm{d}z\mathrm{d}x + R\mathrm{d}x\mathrm{d}y.$$

因此在速度场 $\boldsymbol{v}(x,y,z) = P(x,y,z)\boldsymbol{i} + Q(x,y,z)\boldsymbol{j} + R(x,y,z)\boldsymbol{k}$ 中, 单位时间内流体通过曲面 Σ 指定一侧的流量可表示为

$$\Phi = \iint\limits_{\Sigma} P(x,y,z)\,\mathrm{d}y\mathrm{d}z + Q(x,y,z)\,\mathrm{d}z\mathrm{d}x + R(x,y,z)\,\mathrm{d}x\mathrm{d}y.$$

由对坐标的曲面积分的定义, 不难得到该曲面积分有以下性质 (假设性质中涉及的积分均存在).

性质 1 (可加性) 若将光滑或分片光滑的有向曲面 Σ 分成无公共内点的两块 Σ_1 与 Σ_2 (即 $\Sigma = \Sigma_1 + \Sigma_2$), 则

$$\iint\limits_{\Sigma} P\mathrm{d}y\mathrm{d}z + Q\mathrm{d}z\mathrm{d}x + R\mathrm{d}x\mathrm{d}y$$

$$= \iint\limits_{\Sigma_1} P\mathrm{d}y\mathrm{d}z + Q\mathrm{d}z\mathrm{d}x + R\mathrm{d}x\mathrm{d}y + \iint\limits_{\Sigma_2} P\mathrm{d}y\mathrm{d}z + Q\mathrm{d}z\mathrm{d}x + R\mathrm{d}x\mathrm{d}y.$$

性质 2 (方向性) 用 Σ^- 表示与 Σ 取相反侧的光滑或分片光滑的有向曲面, 则

$$\iint\limits_{\Sigma} P(x,y,z)\,\mathrm{d}y\mathrm{d}z = -\iint\limits_{\Sigma^-} P(x,y,z)\,\mathrm{d}y\mathrm{d}z,$$

$$\iint\limits_{\Sigma} Q(x,y,z)\,\mathrm{d}z\mathrm{d}x = -\iint\limits_{\Sigma^-} Q(x,y,z)\,\mathrm{d}z\mathrm{d}x,$$

$$\iint\limits_{\Sigma} R(x,y,z)\,\mathrm{d}x\mathrm{d}y = -\iint\limits_{\Sigma^-} R(x,y,z)\,\mathrm{d}x\mathrm{d}y.$$

三、对坐标的曲面积分的计算

定理 1 设光滑的有向曲面 Σ 的方程为 $z = z(x,y)$, 函数 $R(x,y,z)$ 在 Σ 上连续, 则

$$\iint\limits_{\Sigma} R(x,y,z)\,\mathrm{d}x\mathrm{d}y = \pm \iint\limits_{D_{xy}} R[x,y,z(x,y)]\,\mathrm{d}x\mathrm{d}y, \tag{10-5-9}$$

其中 D_{xy} 是曲面 Σ 在 xOy 面上的投影区域, 积分号前的 "$\pm$" 号当 Σ 为上侧时取 "$+$", 当 Σ 为下侧时取 "$-$".

证 设曲面 Σ 的指定一侧在点 $M(x,y,z)$ 处的单位法向量 n 的三个方向角分别为 α,β,γ (图 10-5-6), 由 Σ 的方程为 $z=z(x,y)$, 则 Σ 在点 M 处与其指定侧同向的单位法向量 n 为

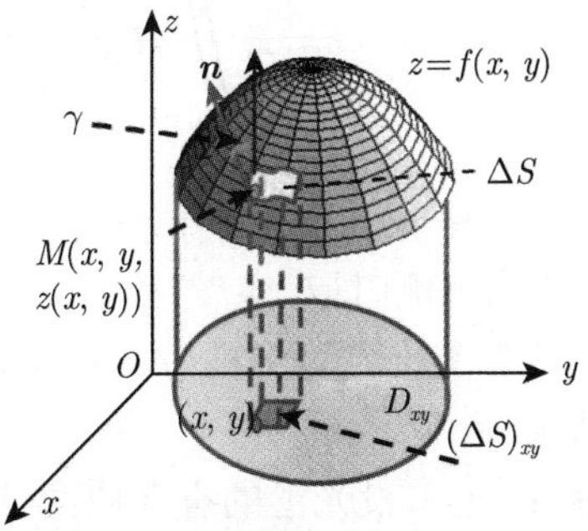

图 10-5-6

$$n = (\cos\alpha, \cos\beta, \cos\gamma)$$

$$= \pm\left(\frac{-z_x}{\sqrt{1+z_x^2+z_y^2}}, \frac{-z_y}{\sqrt{1+z_x^2+z_y^2}}, \frac{1}{\sqrt{1+z_x^2+z_y^2}}\right),$$

上式右端的 "$\pm$" 号, 当 Σ 为上侧时取 "$+$", Σ 为下侧时取 "$-$", 从而

$$\cos\gamma = \pm\frac{1}{\sqrt{1+z_x^2+z_y^2}},$$

由对坐标的曲面积分的定义, 以及式 (10-5-5) 与 (10-5-1), 得

$$\iint\limits_{\Sigma} R(x,y,z)\,\mathrm{d}x\mathrm{d}y = \lim_{\lambda\to 0}\sum_{i=1}^{n} R(\xi_i,\eta_i,\zeta_i)\,(\Delta S_i)_{xy}$$

$$= \lim_{\lambda\to 0}\sum_{i=1}^{n} R(\xi_i,\eta_i,\zeta_i)\cos\gamma_i\,(\Delta S_i),$$

$$= \iint\limits_{\Sigma} R(x,y,z)\cos\gamma\,\mathrm{d}S,$$

因此

$$\iint\limits_{\Sigma} R(x,y,z)\,\mathrm{d}x\mathrm{d}y = \iint\limits_{\Sigma} R(x,y,z)\cos\gamma\,\mathrm{d}S, \tag{10-5-10}$$

又

$$\mathrm{d}S = \sqrt{1+z_x^2+z_y^2}\,\mathrm{d}x\mathrm{d}y,$$

再根据对面积的曲面积分的计算公式, 有

$$\iint\limits_{\Sigma} R(x,y,z)\,\mathrm{d}x\mathrm{d}y = \iint\limits_{D_{xy}} R[x,y,z(x,y)]\left(\frac{\pm 1}{\sqrt{1+z_x^2+z_y^2}}\right)\sqrt{1+z_x^2+z_y^2}\,\mathrm{d}x\mathrm{d}y$$

$$= \pm \iint\limits_{D_{xy}} R\left[x, y, z\left(x, y\right)\right] \mathrm{d}x\mathrm{d}y.$$

显然上式中, 积分号前的符号 "±" 的取法与 $\cos\gamma$ 的符号相同, 即当 Σ 为上侧时取 "+", Σ 为下侧时取 "−".

将该定理类推到对坐标 y, z 的曲面积分和对坐标 z, x 的曲面积分的情形, 有如下的结论.

推论 1 (1) 设光滑的有向曲面 Σ 的方程为 $x = x\left(y, z\right)$, 函数 $P\left(x, y, z\right)$ 在 Σ 上连续, 则

$$\iint\limits_{\Sigma} P\left(x, y, z\right) \mathrm{d}y\mathrm{d}z = \pm \iint\limits_{D_{yz}} P\left[x\left(y, z\right), y, z\right] \mathrm{d}y\mathrm{d}z, \tag{10-5-11}$$

其中 D_{yz} 是曲面 Σ 在 yOz 面上的投影区域, 积分号前的 "±" 号, 当 Σ 为前侧时取 "+", 当 Σ 为后侧时取 "−".

(2) 设光滑的有向曲面 Σ 的方程为 $y = y\left(z, x\right)$, 函数 $Q\left(x, y, z\right)$ 在 Σ 上连续, 则

$$\iint\limits_{\Sigma} Q\left(x, y, z\right) \mathrm{d}z\mathrm{d}x = \pm \iint\limits_{D_{zx}} Q\left[x, y\left(z, x\right), z\right] \mathrm{d}z\mathrm{d}x. \tag{10-5-12}$$

其中 D_{zx} 是曲面 Σ 在 zOx 面上的投影区域, 积分号前的 "±" 号, 当 Σ 为右侧时取 "+", 当 Σ 为左侧时取 "−".

由定理 1 及其推论可见, 对坐标的曲面积分可化成曲面 Σ 在三个相应坐标面上的投影区域的二重积分来计算, 因此必须要将所计算的对坐标的曲面积分中的曲面 Σ 分别向相应的坐标面投影. 例如计算对坐标 y, z 的曲面积分 $\iint\limits_{\Sigma} P\left(x, y, z\right) \mathrm{d}y\mathrm{d}z$ 时, 首先将曲面 Σ 的方程表示为 $x = x\left(y, z\right)$ 的形式, 并将它代入被积函数 $P\left(x, y, z\right)$ 中. 然后求出 Σ 在 yOz 面上的投影区域 D_{yz}, 再根据 Σ 的指向来确定积分号前的符号. 这样就将 $\iint\limits_{\Sigma} P\left(x, y, z\right) \mathrm{d}y\mathrm{d}z$ 化为了二重积分 $\pm \iint\limits_{D_{yz}} P\left[x\left(y, z\right), y, z\right] \mathrm{d}y\mathrm{d}z$.

由此可逐一将对坐标的曲面积分

$$\iint\limits_{\Sigma} P\left(x, y, z\right) \mathrm{d}y\mathrm{d}z + Q\left(x, y, z\right) \mathrm{d}z\mathrm{d}x + R\left(x, y, z\right) \mathrm{d}x\mathrm{d}y$$

化为曲面 Σ 分别在 yOz 面, zOx 面, xOy 面的投影区域上的三个二重积分的和.

计算时须注意以下几点: ① 公式 (10-5-9)、(10-5-11)、(10-5-12) 中右端各项二重积分的符号要根据有向曲面 Σ 的侧来确定, 当法向量 $\boldsymbol{n}$ 分别指向前侧、右侧、上侧时, 等式右端的积分号前均取正号, 否则, 相应的积分号前要取负号.

② 公式 (10-5-9)、(10-5-11)、(10-5-12) 中的 P,Q,R 均为定义在曲面 Σ 上的函数, 因而它们的坐标 (x,y,z) 满足曲面方程. 故在公式 (10-5-9)、(10-5-11)、(10-5-12) 左端各项积分的被积函数中, 需要将曲面 Σ 的方程代入.

例 1 计算曲面积分 $\displaystyle\iint\limits_{\Sigma} xyz\mathrm{d}x\mathrm{d}y$, 其中 Σ 是球面 $x^2 + y^2 + z^2 = 1$ 上 $x \geqslant 0, y \geqslant 0$ 的部分的外侧.

解 先将曲面 Σ 用方程 $z = z(x,y)$ 来表示, 由于平行 z 轴的直线交曲面多于一点, 此时需将 Σ 分成上、下两片, 显然上、下两片在 xOy 面上的投影区域相同, 设为 D_{xy}, 则
$$D_{xy} = \left\{(x,y)\,\middle|\, x^2 + y^2 \leqslant 1, x \geqslant 0, y \geqslant 0\right\},$$
上片 Σ_1 的方程为
$$z = \sqrt{1 - x^2 - y^2}, \quad (x,y) \in D_{xy},$$
下片 Σ_2 的方程为
$$z = -\sqrt{1 - x^2 - y^2}, \quad (x,y) \in D_{xy},$$
根据曲面 Σ 的侧的取法, Σ_1 取上侧, Σ_2 取下侧 (图 10-5-7). 应用曲面积分的性质及其计算公式 (10-5-9), 有

$$\iint\limits_{\Sigma} xyz\mathrm{d}x\mathrm{d}y = \iint\limits_{\Sigma_1} xyz\mathrm{d}x\mathrm{d}y + \iint\limits_{\Sigma_2} xyz\mathrm{d}x\mathrm{d}y$$

$$= \iint\limits_{D_{xy}} xy \cdot \sqrt{1 - x^2 - y^2}\mathrm{d}x\mathrm{d}y$$

$$+ \left[-\iint\limits_{D_{xy}} xy(-\sqrt{1 - x^2 - y^2})\mathrm{d}x\mathrm{d}y\right]$$

$$= 2\iint\limits_{D_{xy}} xy \cdot \sqrt{1 - x^2 - y^2}\mathrm{d}x\mathrm{d}y$$

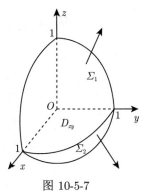

图 10-5-7

$$= 2\int_0^{\frac{\pi}{2}} \mathrm{d}\theta \int_0^1 \rho^2 \sin\theta\cos\theta \sqrt{1 - \rho^2}\rho\mathrm{d}\rho$$

$$= \int_0^{\frac{\pi}{2}} \sin 2\theta\mathrm{d}\theta \int_0^1 \rho^3 \sqrt{1 - \rho^2}\mathrm{d}\rho = \frac{2}{15}.$$

注 在计算对坐标的曲面积分时, 若 Σ 由几片光滑的曲面组成时, 应分片计算, 然后把结果相加.

例 2 计算 $\iint\limits_{\Sigma} x\mathrm{d}y\mathrm{d}z + y\mathrm{d}z\mathrm{d}x + z\mathrm{d}x\mathrm{d}y$, 其中 Σ 是柱面 $x^2 + y^2 = 1$ 介于 $z = -1$ 和 $z = 3$ 之间部分的外侧.

解 如图 10-5-8, 由于 Σ 垂直于 xOy 面, 其在 xOy 面的投影区域的面积为 0, 所以

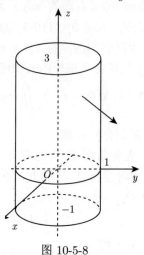

$$\iint\limits_{\Sigma} z\mathrm{d}x\mathrm{d}y = 0.$$

对 $\iint\limits_{\Sigma} x\mathrm{d}y\mathrm{d}z$, 需将 Σ 分成前、后两片,

分别向 yOz 面投影, 由于前、后两片在 yOz 面上的投影区域相同, 都为

图 10-5-8

$$D_{yz} = \{(y, z)\,|{-1} \leqslant y \leqslant 1, -1 \leqslant z \leqslant 3\}.$$

分别将前、后两片记为 Σ_1, Σ_2, 则

$$\Sigma_1 : x = \sqrt{1 - y^2}, \quad (y, z) \in D_{yz}, \quad \Sigma_1 \text{ 取前侧},$$

$$\Sigma_2 : x = -\sqrt{1 - y^2}, \quad (y, z) \in D_{yz}, \quad \Sigma_2 \text{ 取后侧},$$

于是

$$\iint\limits_{\Sigma} x\mathrm{d}y\mathrm{d}z = \iint\limits_{\Sigma_1} x\mathrm{d}y\mathrm{d}z + \iint\limits_{\Sigma_2} x\mathrm{d}y\mathrm{d}z$$

$$= \iint\limits_{D_{yz}} \sqrt{1 - y^2}\mathrm{d}y\mathrm{d}z - \iint\limits_{D_{yz}} (-\sqrt{1 - y^2})\mathrm{d}y\mathrm{d}z$$

$$= 2\iint\limits_{D_{yz}} \sqrt{1 - y^2}\mathrm{d}y\mathrm{d}z$$

$$= 2\int_{-1}^{3} \mathrm{d}z \int_{-1}^{1} \sqrt{1 - y^2}\mathrm{d}y$$

$$= 2 \cdot 4 \cdot \frac{\pi}{2} = 4\pi.$$

类似地, 对于 $\displaystyle\iint\limits_{\Sigma} y\mathrm{d}z\mathrm{d}x$, 需将 Σ 分成左、右两片, 分别向 zOx 面投影, 由于左、右两片在 zOx 面上的投影区域相同, 都为

$$D_{xz} = \{(x,z)\,|-1 \leqslant x \leqslant 1, -1 \leqslant z \leqslant 3\}.$$

将右与左两片分别记为 Σ_3, Σ_4, 则

$$\Sigma_3 : y = \sqrt{1-x^2}, \quad (x,z) \in D_{xz}, \quad \Sigma_3 \text{ 取右侧},$$

$$\Sigma_4 : y = -\sqrt{1-x^2}, \quad (x,z) \in D_{xz}, \quad \Sigma_4 \text{ 取左侧},$$

则

$$\iint\limits_{\Sigma} y\mathrm{d}z\mathrm{d}x = \iint\limits_{\Sigma_3} y\mathrm{d}z\mathrm{d}x + \iint\limits_{\Sigma_4} y\mathrm{d}z\mathrm{d}x$$

$$= \iint\limits_{D_{xz}} \sqrt{1-x^2}\mathrm{d}z\mathrm{d}x - \iint\limits_{D_{xz}} (-\sqrt{1-x^2})\mathrm{d}z\mathrm{d}x$$

$$= 2\iint\limits_{D_{xz}} \sqrt{1-x^2}\mathrm{d}z\mathrm{d}x = 2\int_{-1}^{3} \mathrm{d}z \int_{-1}^{1} \sqrt{1-x^2}\mathrm{d}x = 2 \cdot 4 \cdot \frac{\pi}{2} = 4\pi.$$

因此

$$\iint\limits_{\Sigma} x\mathrm{d}y\mathrm{d}z + y\mathrm{d}z\mathrm{d}x + z\mathrm{d}x\mathrm{d}y = 4\pi + 4\pi + 0 = 8\pi.$$

四、两类曲面积分之间的联系

设 Σ 为一片光滑的有向曲面, 函数 $P(x,y,z), Q(x,y,z), R(x,y,z)$ 在 Σ 上连续, 设在 Σ 上的点 $M(x,y,z)$ 处与 Σ 的侧指向一致的单位法向量 $\boldsymbol{n}$ 的方向角分别为 α, β, γ, 则

$$\boldsymbol{n} = (\cos\alpha, \cos\beta, \cos\gamma),$$

根据式 (10-5-10), 可知

$$\iint\limits_{\Sigma} R(x,y,z)\,\mathrm{d}x\mathrm{d}y = \iint\limits_{\Sigma} R(x,y,z)\cos\gamma\mathrm{d}S,$$

同理有

$$\iint\limits_{\Sigma} P(x,y,z)\,\mathrm{d}y\mathrm{d}z = \iint\limits_{\Sigma} P(x,y,z)\cos\alpha\mathrm{d}S,$$

$$\iint\limits_{\Sigma} Q\left(x,y,z\right)\mathrm{d}z\mathrm{d}x = \iint\limits_{\Sigma} Q\left(x,y,z\right)\cos\beta\mathrm{d}S,$$

将上面三式相加, 得合并形式为

$$\iint\limits_{\Sigma} P\mathrm{d}y\mathrm{d}z + Q\mathrm{d}z\mathrm{d}x + R\mathrm{d}x\mathrm{d}y = \iint\limits_{\Sigma} [P\cos\alpha + Q\cos\beta + R\cos\gamma]\mathrm{d}S. \quad (10\text{-}5\text{-}13)$$

上式左端积分是向量值函数 (P,Q,R) 对相应坐标的曲面积分, 其中 Σ 为有向曲面; 而右端积分是对面积的曲面积分, 其中曲面 Σ 无指向.

从而, 对坐标的曲面积分 $\iint\limits_{\Sigma} P\mathrm{d}y\mathrm{d}z + Q\mathrm{d}z\mathrm{d}x + R\mathrm{d}x\mathrm{d}y$ 可转化为对面积的曲面积分

$$\iint\limits_{\Sigma} \left(P\cos\alpha + Q\cos\beta + R\cos\gamma\right)\mathrm{d}S.$$

因此式 (10-5-13) 给出了这两类曲面积分之间的相互联系.

需要指出: 式 (10-5-13) 左端中 $\mathrm{d}y\mathrm{d}z$, $\mathrm{d}z\mathrm{d}x$, $\mathrm{d}x\mathrm{d}y$ 分别表示有向曲面微元 $\mathrm{d}\boldsymbol{S}$ 在 yOz, zOx, xOy 坐标面上的投影, 有向曲面微元也简称为**有向曲面元**, 则

$$\mathrm{d}\boldsymbol{S} = (\mathrm{d}y\mathrm{d}z, \mathrm{d}z\mathrm{d}x, \mathrm{d}x\mathrm{d}y) = (\cos\alpha, \cos\beta, \cos\gamma)\mathrm{d}S = \boldsymbol{n}\mathrm{d}S,$$

故 $\mathrm{d}\boldsymbol{S} = \boldsymbol{n}\mathrm{d}S$.

设向量值函数为 $\boldsymbol{A}(x,y,z) = P(x,y,z)\boldsymbol{i} + Q(x,y,z)\boldsymbol{j} + R(x,y,z)\boldsymbol{k}$, 则 $\boldsymbol{A}\cdot\boldsymbol{n}$ 为向量 $\boldsymbol{A}$ 在 Σ 的单位法向量 $\boldsymbol{n}$ 上的投影, 记作 A_n, 即 $\boldsymbol{A}\cdot\boldsymbol{n} = A_n$.

因此根据式 (10-5-13), 可得两类曲面积分之间的联系的向量形式

$$\iint\limits_{\Sigma} \boldsymbol{A}\cdot\mathrm{d}\boldsymbol{S} = \iint\limits_{\Sigma} \boldsymbol{A}\cdot\boldsymbol{n}\mathrm{d}S. \quad (10\text{-}5\text{-}14)$$

或

$$\iint\limits_{\Sigma} \boldsymbol{A}\cdot\mathrm{d}\boldsymbol{S} = \iint\limits_{\Sigma} A_n\mathrm{d}S \quad (10\text{-}5\text{-}14')$$

上述关系式不仅是作为理论上的探讨, 在实际计算中也有很多方便之处.

利用两类曲面积分之间的联系式 (10-5-13), 可以将对坐标的曲面积分化为对面积的曲面积分来计算.

例 3 计算 $\iint\limits_{\Sigma} x\mathrm{d}y\mathrm{d}z + y\mathrm{d}z\mathrm{d}x + z\mathrm{d}x\mathrm{d}y$, 其中 Σ 分别为

(1) 平面 $x - y - z + 1 = 0$ 在第二卦限部分的上侧;

(2) 柱面 $x^2 + y^2 = 1$ 介于 $z = 0$ 和 $z = 2$ 之间部分的外侧.

解 (1) 平面 $\Sigma : x - y - z + 1 = 0$, 取上侧, 则单位法向量为 $\boldsymbol{n} = \dfrac{1}{\sqrt{3}}(-1, 1, 1)$,

则

$$\cos\alpha = -\frac{1}{\sqrt{3}}, \quad \cos\beta = \frac{1}{\sqrt{3}}, \quad \cos\gamma = \frac{1}{\sqrt{3}},$$

代入公式 (10-5-13) 得

$$\iint\limits_{\Sigma} x\mathrm{d}y\mathrm{d}z + y\mathrm{d}z\mathrm{d}x + z\mathrm{d}x\mathrm{d}y = \frac{1}{\sqrt{3}} \iint\limits_{\Sigma} (-x + y + z)\mathrm{d}S$$

$$= \frac{1}{\sqrt{3}} \iint\limits_{\Sigma} \mathrm{d}S = \frac{1}{\sqrt{3}} \frac{\sqrt{3}}{2} = \frac{1}{2}.$$

最后的积分结果是利用了 $\iint\limits_{\Sigma} \mathrm{d}S$ 等于 Σ 的面积, 这里 Σ 是边长为 $\sqrt{2}$ 的等边三

角形, 其面积为 $\dfrac{\sqrt{3}}{2}$.

(2) 圆柱面 Σ: $x^2 + y^2 = 1 \, (0 \leqslant z \leqslant 2)$, 取外侧, 则其单位法向量

$$\boldsymbol{n} = \frac{1}{\sqrt{x^2 + y^2}}(x, y, 0) = (x, y, 0),$$

则

$$\cos\alpha = x, \quad \cos\beta = y, \quad \cos\gamma = 0,$$

代入公式 (10-5-13) 得

$$\iint\limits_{\Sigma} x\mathrm{d}y\mathrm{d}z + y\mathrm{d}z\mathrm{d}x + z\mathrm{d}x\mathrm{d}y = \iint\limits_{\Sigma} (x^2 + y^2)\mathrm{d}S$$

$$= \iint\limits_{\Sigma} \mathrm{d}S = 2\pi \cdot 2 = 4\pi.$$

最后的积分结果中利用了 $\iint\limits_{\Sigma} \mathrm{d}S$ 等于圆柱面 Σ 的面积, 其高为 2, 周长为 2π, 故

其面积等于 4π.

例 4 设 Σ 为曲面 $z = \sqrt{x^2 + y^2}\ (1 \leqslant x^2 + y^2 \leqslant 4)$ 的下侧. 其中 $f(x)$ 为连续函数, 计算曲面积分

$$I = \iint\limits_{\Sigma} [xf(xy) + 2x - y]\mathrm{d}y\mathrm{d}z + [yf(xy) + 2y + x]\mathrm{d}z\mathrm{d}x + [zf(xy) + z]\mathrm{d}x\mathrm{d}y.$$

(2020 考研真题)

解法一 由 $\Sigma : z = \sqrt{x^2 + y^2}\ (1 \leqslant x^2 + y^2 \leqslant 4)$, 取下则, 故 Σ 在任一点处的法向量为

$$\boldsymbol{n} = (z_x, z_y, -1) = \left(\frac{x}{\sqrt{x^2 + y^2}}, \frac{y}{\sqrt{x^2 + y^2}}, -1 \right),$$

例4讲解10-5-2

则单位法向量为

$$\boldsymbol{e_n} = \frac{1}{\sqrt{2}} \left(\frac{x}{\sqrt{x^2 + y^2}}, \frac{y}{\sqrt{x^2 + y^2}}, -1 \right) = (\cos\alpha, \cos\beta, \cos\gamma),$$

又 $\mathrm{d}S = \sqrt{2}\mathrm{d}x\mathrm{d}y$, 将原曲面积分化为第一类曲面积分, 得

$$I = \iint\limits_{\Sigma} \{[xf(xy) + 2x - y]\cos\alpha + [yf(xy) + 2y + x]\cos\beta$$

$$+ [zf(xy) + z]\cos\gamma\}\mathrm{d}S$$

$$= \frac{1}{\sqrt{2}} \iint\limits_{\Sigma} \{[xf(xy) + 2x - y]\frac{x}{\sqrt{x^2 + y^2}}$$

$$+ [yf(xy) + 2y + x]\frac{y}{\sqrt{x^2 + y^2}} - \sqrt{x^2 + y^2}[f(xy) + 1]\}\mathrm{d}S$$

$$= \frac{1}{\sqrt{2}} \iint\limits_{\Sigma} \sqrt{x^2 + y^2}\mathrm{d}S = \iint\limits_{D_{xy}:1 \leqslant x^2 + y^2 \leqslant 4} \sqrt{x^2 + y^2}\mathrm{d}x\mathrm{d}y$$

$$= \int_0^{2\pi} \mathrm{d}\theta \int_1^2 \rho^2 \mathrm{d}\rho = \frac{14}{3}\pi.$$

解法二 由 $\Sigma : z = \sqrt{x^2 + y^2}\ (1 \leqslant x^2 + y^2 \leqslant 4)$, 取下则, 故 Σ 在任一点处的法向量为

$$\boldsymbol{n} = (z_x, z_y, -1) = \left(\frac{x}{\sqrt{x^2+y^2}}, \frac{y}{\sqrt{x^2+y^2}}, -1 \right),$$

其单位法向量为

$$\boldsymbol{e_n} = (z_x, z_y, -1) \cdot \frac{1}{\sqrt{z_x^2 + z_y^2 + 1}} = (\cos\alpha, \cos\beta, \cos\gamma),$$

由于

$$(\mathrm{d}y\mathrm{d}z, \mathrm{d}z\mathrm{d}x, \mathrm{d}x\mathrm{d}y) = (\cos\alpha, \cos\beta, \cos\gamma)\mathrm{d}S,$$

故

$$\mathrm{d}y\mathrm{d}z = \frac{\cos\alpha}{\cos\gamma}\mathrm{d}x\mathrm{d}y = -z_x\mathrm{d}x\mathrm{d}y, \quad \mathrm{d}z\mathrm{d}x = \frac{\cos\beta}{\cos\gamma}\mathrm{d}x\mathrm{d}y = -z_y\mathrm{d}x\mathrm{d}y,$$

因此将原曲面积分化为对坐标 x, y 的曲面积分, 得

$$
\begin{aligned}
I &= \iint\limits_{\Sigma} \{[xf(xy) + 2x - y](-z_x) \\
&\quad + [yf(xy) + 2y + x](-z_y) + [zf(xy) + z]\}\mathrm{d}x\mathrm{d}y. \\
&= \iint\limits_{\Sigma} \left\{ [xf(xy) + 2x - y]\frac{-x}{\sqrt{x^2+y^2}} + [yf(xy) + 2y + x]\frac{-y}{\sqrt{x^2+y^2}} \right. \\
&\quad \left. + \sqrt{x^2+y^2}[f(xy) + 1] \right\}\mathrm{d}x\mathrm{d}y. \\
&= -\iint\limits_{\Sigma} \sqrt{x^2+y^2}\,\mathrm{d}x\mathrm{d}y = \iint\limits_{D_{xy}:1\leqslant x^2+y^2\leqslant 4} \sqrt{x^2+y^2}\,\mathrm{d}x\mathrm{d}y \\
&= \int_0^{2\pi} \mathrm{d}\theta \int_1^2 \rho^2\mathrm{d}\rho = \frac{14}{3}\pi.
\end{aligned}
$$

习　题　10-5

A 组

课件10-5-3

1. 计算下列对坐标的曲面积分:

(1) $\iint\limits_{\Sigma} z\mathrm{d}x\mathrm{d}y$, 其中 Σ 是上半球面 $z = \sqrt{4 - x^2 - y^2}$ 的上侧;

(2) $\displaystyle\iint\limits_{\Sigma}(x+z^2)\mathrm{d}y\mathrm{d}z-z\mathrm{d}x\mathrm{d}y$, 其中 Σ 是旋转抛物面 $z=\dfrac{1}{2}(x^2+y^2)\,(0\leqslant z\leqslant 2)$ 的部分

的下侧;

(3) $\displaystyle\iint\limits_{\Sigma}(x^2+y^2)\mathrm{d}z\mathrm{d}x+z\mathrm{d}x\mathrm{d}y$, 其中 Σ 是 $z=\sqrt{x^2+y^2}(z\leqslant 1)$ 部分的下侧;

(4) $\displaystyle\iint\limits_{\Sigma}y^2\mathrm{d}z\mathrm{d}x$, 其中 Σ 为圆柱面 $x^2+y^2=R^2$ 上由 $y\geqslant 0,0\leqslant z\leqslant 3$ 所确定的部分, 取

右侧 $(R>0)$;

(5) $\displaystyle\iint\limits_{\Sigma}2\,(1+x)\mathrm{d}y\mathrm{d}z$, 其中 Σ 为 $x=y^2+z^2(0\leqslant x\leqslant 1)$ 的部分的外侧;

(6) $\displaystyle\oiint\limits_{\Sigma}\dfrac{\mathrm{e}^z}{\sqrt{x^2+y^2}}\mathrm{d}x\mathrm{d}y$, 其中 Σ 为锥面 $z=\sqrt{x^2+y^2}$ 与平面 $z=1,z=2$ 所围成立体表

面, 取外侧.

2. 计算曲面积分 $I=\displaystyle\oiint\limits_{\Sigma}xz\mathrm{d}y\mathrm{d}z+yz\mathrm{d}z\mathrm{d}x+z\mathrm{d}x\mathrm{d}y$, 其中 Σ 为球面 $x^2+y^2+z^2=1$ 的

外侧.

3. 计算 $I=\displaystyle\iint\limits_{\Sigma}[f(x,y,z)+x]\mathrm{d}y\mathrm{d}z+[2f(x,y,z)+y]\mathrm{d}z\mathrm{d}x+[f(x,y,z)+z]\mathrm{d}x\mathrm{d}y$, 其中

$f(x,y,z)$ 为连续函数, Σ 为平面 $x-y+z=1$ 在第四卦限部分的上侧.

4. 求向量 $\boldsymbol{v}=(yz,xz,xy)$ 穿过下列有向曲面 Σ 的流量:

(1) Σ 为圆柱面 $x^2+y^2=3(0\leqslant z\leqslant h)$ 的侧面的外侧;

(2) Σ 抛物面 $z=x^2+y^2(0\leqslant z\leqslant h)$ 的侧面的外侧.

5. 求向径 $\boldsymbol{r}$ 穿过曲面 $z=1-\sqrt{x^2+y^2}(0\leqslant z\leqslant 1)$ 上侧的流量.

6. 把对坐标的曲面积分 $\displaystyle\iint\limits_{\Sigma}P(x,y,z)\mathrm{d}y\mathrm{d}z+Q(x,y,z)\mathrm{d}z\mathrm{d}x+R(x,y,z)\mathrm{d}x\mathrm{d}y$ 化成对面积

的曲面积分:

(1) Σ 为平面 $3x+2y+2\sqrt{3}z=6$ 在第一卦限部分的上侧;

(2) Σ 为抛物面 $z=8-(x^2+y^2)$ 在 xOy 面上方部分的上侧.

B 组

1. 计算曲面积分 $\displaystyle\iint\limits_{\Sigma}(x-1)^3\mathrm{d}y\mathrm{d}z+(y-1)^3\mathrm{d}z\mathrm{d}x+(z-1)\mathrm{d}x\mathrm{d}y$, 其中 Σ 是 $z=x^2+y^2(z\leqslant$

$1)$ 部分的上侧. (2014 考研真题)

2. 计算 $\displaystyle\iint\limits_{\Sigma}xy\mathrm{d}z\mathrm{d}x$, 其中 Σ 是由 xOy 上的曲线 $x=\mathrm{e}^{y^2}(0\leqslant y\leqslant a)$ 绕 x 轴旋转一周所

成的旋转曲面的外侧.

3. 计算 $\displaystyle\oiint\limits_{\Sigma}\dfrac{\mathrm{d}y\mathrm{d}z}{x}+\dfrac{\mathrm{d}z\mathrm{d}x}{y}+\dfrac{\mathrm{d}x\mathrm{d}y}{z}$, 其中 Σ 为椭球面 $\dfrac{x^2}{a^2}+\dfrac{y^2}{b^2}+\dfrac{z^2}{c^2}=1$ 的外侧.

10.6 高斯公式及散度

一、高斯公式

格林公式表达了平面有界闭区域上的二重积分与其边界曲线上的曲线积分之间的联系. 德国数学家高斯 (Gauss) 将格林公式进行推广, 得到了空间区域上的三重积分与该区域有向边界曲面上的曲面积分之间的联系, 即所谓的高斯公式.

定理 1 设空间有界闭区域 Ω 的边界曲面 Σ 是光滑或分片光滑的, 函数 $P(x,y,z)$, $Q(x,y,z)$, $R(x,y,z)$ 在 Ω 上具有连续的一阶偏导数, 则

$$\iiint\limits_{\Omega} \left(\frac{\partial P}{\partial x} + \frac{\partial Q}{\partial y} + \frac{\partial R}{\partial z}\right)\mathrm{d}v = \oiint\limits_{\Sigma} P\mathrm{d}y\mathrm{d}z + Q\mathrm{d}z\mathrm{d}x + R\mathrm{d}x\mathrm{d}y, \qquad (10\text{-}6\text{-}1)$$

或

$$\iiint\limits_{\Omega} \left(\frac{\partial P}{\partial x} + \frac{\partial Q}{\partial y} + \frac{\partial R}{\partial z}\right)\mathrm{d}v = \oiint\limits_{\Sigma} (P\cos\alpha + Q\cos\beta + R\cos\gamma)\mathrm{d}S. \qquad (10\text{-}6\text{-}2)$$

其中积分曲面 Σ 取外侧, $\cos\alpha, \cos\beta, \cos\gamma$ 是曲面 Σ 上点 (x,y,z) 处的外法线方向的方向余弦. 式 (10-6-1) 与 (10-6-2) 均称为**高斯公式**.

* **证** 先设空间区域 Ω 是 xy 型的简单区域, 则其边界曲面 Σ 由上、下两底面 Σ_2, Σ_1 及侧柱面 Σ_3 围成, 其中 Σ_3 为母线平行于 z 轴的柱面 (图 10-6-1), 并设

$\Sigma_1 = \{(x,y,z)\,|\,z = z_1(x,y), (x,y) \in D_{xy}\}$, 取下侧;

$\Sigma_2 = \{(x,y,z)\,|\,z = z_2(x,y), (x,y) \in D_{xy}\}$, 取上侧;

$\Sigma_3 = \{(x,y,z)\,|\,z_1(x,y) \leqslant z \leqslant z_2(x,y), (x,y) \in \partial D_{xy}\}$,

取外侧.

因此, 可将区域 Ω 表示为

$$\Omega = \{(x,y,z)\,|\,z_1(x,y) \leqslant z \leqslant z_2(x,y), (x,y) \in D_{xy}\}.$$

于是, 由三重积分的投影法, 得

$$\iiint\limits_{\Omega} \frac{\partial R}{\partial z}\mathrm{d}v = \iint\limits_{D_{xy}} \mathrm{d}x\mathrm{d}y \int_{z_1(x,y)}^{z_2(x,y)} \frac{\partial R}{\partial z}\mathrm{d}z$$

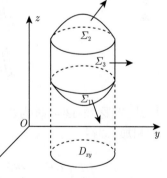

图 10-6-1

$$= \iint\limits_{D_{xy}} \{R[x,y,z_2(x,y)] - R[x,y,z_1(x,y)]\}\,\mathrm{d}x\mathrm{d}y.$$

另一方面, 由对坐标的曲面积分的计算法, 得

$$\oiint\limits_{\Sigma} R(x,y,z)\mathrm{d}x\mathrm{d}y = \iint\limits_{\Sigma_1} R(x,y,z)\mathrm{d}x\mathrm{d}y + \iint\limits_{\Sigma_2} R(x,y,z)\mathrm{d}x\mathrm{d}y + \iint\limits_{\Sigma_3} R(x,y,z)\mathrm{d}x\mathrm{d}y$$

$$= -\iint\limits_{D_{xy}} R[x,y,z_1(x,y)]\mathrm{d}x\mathrm{d}y + \iint\limits_{D_{xy}} R[x,y,z_2(x,y)]\mathrm{d}x\mathrm{d}y + 0$$

$$= \iint\limits_{D_{xy}} \{R[x,y,z_2(x,y)] - R[x,y,z_1(x,y)]\}\,\mathrm{d}x\mathrm{d}y,$$

所以有

$$\iiint\limits_{\Omega} \frac{\partial R}{\partial z}\mathrm{d}v = \oiint\limits_{\Sigma} R(x,y,z)\mathrm{d}x\mathrm{d}y$$

类似地, 当区域 Ω 分别为 yz 型与 zx 型的简单区域时, 只要把区域 Ω 分别向 yOz 面和 zOx 面投影, 容易证得

$$\iiint\limits_{\Omega} \frac{\partial P}{\partial x}\mathrm{d}v = \oiint\limits_{\Sigma} P(x,y,z)\mathrm{d}y\mathrm{d}z,$$

$$\iiint\limits_{\Omega} \frac{\partial Q}{\partial y}\mathrm{d}v = \oiint\limits_{\Sigma} Q(x,y,z)\mathrm{d}z\mathrm{d}x.$$

因此, 当区域 Ω 同时为这三种类型的简单区域时, 上述三式同时成立, 这时将它们相加, 即得

$$\iiint\limits_{\Omega} \left(\frac{\partial P}{\partial x} + \frac{\partial Q}{\partial y} + \frac{\partial R}{\partial z}\right)\mathrm{d}v = \oiint\limits_{\Sigma} P\mathrm{d}y\mathrm{d}z + Q\mathrm{d}z\mathrm{d}x + R\mathrm{d}x\mathrm{d}y.$$

因此这时式 (10-6-1) 成立.

对于其他非简单空间有界闭区域 Ω, 则可仿照格林公式证明中的处理方法, 引进若干张辅助平面, 将 Ω 分成有限个简单空间子区域, 从而在各子区域上高斯公式成立. 再把这些式子相加, 注意到曲面积分在辅助平面的正、反两侧上的值相互抵消, 即可证明式 (10-6-1) 仍成立.

因此, 在有界闭区域上, (10-6-1) 式恒成立. 再由两类曲面积分之间的联系得公式 (10-6-2) 也成立.

证毕.

高斯公式给出了闭曲面上对坐标的曲面积分化为所围成的空间区域上的三重积分的计算方法. 该方法是计算对坐标的曲面积分的重要方法.

必须指出, 使用高斯公式时, 要注意检查它的条件是否满足.

例 1 计算 $\displaystyle\oiint_{\Sigma}(x^3 + az^2)\mathrm{d}y\mathrm{d}z + (y^3+ax^2)\mathrm{d}z\mathrm{d}x + (z^3 + ay^2)\mathrm{d}x\mathrm{d}y$, 其中 Σ 为球面 $x^2 + y^2 + z^2 = a^2$ 的外侧.

解 Σ 所围成的空间区域为 $\Omega : x^2 + y^2 + z^2 \leqslant a^2$, 令

$$P = x^3 + az^2, \quad Q = y^3+ax^2, \quad R = z^3 + ay^2,$$

则

$$\frac{\partial P}{\partial x} = 3x^2, \quad \frac{\partial Q}{\partial y} = 3y^2, \quad \frac{\partial R}{\partial z} = 3z^2,$$

利用高斯公式, 得

$$\oiint_{\Sigma} \left(x^3 + az^2\right)\mathrm{d}y\mathrm{d}z + \left(y^3 + ax^2\right)\mathrm{d}z\mathrm{d}x + \left(z^3 + ay^2\right)\mathrm{d}x\mathrm{d}y$$

$$= \iiint_{\Omega} \left(\frac{\partial P}{\partial x} + \frac{\partial Q}{\partial y} + \frac{\partial R}{\partial z}\right)\mathrm{d}x\mathrm{d}y\mathrm{d}z = 3\iiint_{\Omega}(x^2 + y^2 + z^2)\mathrm{d}x\mathrm{d}y\mathrm{d}z$$

$$= 3\int_0^{2\pi}\mathrm{d}\theta\int_0^{\pi}\sin\varphi\mathrm{d}\varphi\int_0^a r^2 \cdot r^2\mathrm{d}r = \frac{12}{5}\pi a^5.$$

例 2 计算 $I = \displaystyle\iint_{\Sigma}(x-1)^3\mathrm{d}y\mathrm{d}z + (y-1)^3\mathrm{d}z\mathrm{d}x + (z-1)\mathrm{d}x\mathrm{d}y$, 其中曲面 Σ 为 $z = x^2 + y^2(z \leqslant 1)$ 的上侧. (2014 考研真题)

解 由于 Σ 不是封闭曲面, 因此不能直接用高斯公式计算 I.

可先补面 Σ_1, 使 Σ_1 与曲面 Σ 构成封闭曲面, 并取内侧, 则

取 $\Sigma_1 : \begin{cases} z = 1, \\ x^2 + y^2 \leqslant 1, \end{cases}$ 并取下侧, 如

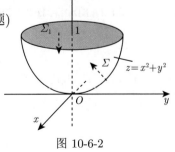

图 10-6-2

linerbeak 图 10-6-2. 记由曲面 Σ, Σ_1 所围立体为 Ω, 则

$$I = \oiint\limits_{\Sigma+\Sigma_1} (x-1)^3\mathrm{d}y\mathrm{d}z + (y-1)^3\mathrm{d}z\mathrm{d}x + (z-1)\mathrm{d}x\mathrm{d}y$$

$$- \iint\limits_{\Sigma_1} (x-1)^3\mathrm{d}y\mathrm{d}z + (y-1)^3\mathrm{d}z\mathrm{d}x + (z-1)\mathrm{d}x\mathrm{d}y,$$

由高斯公式, 上式右端第一项积分为

$$\oiint\limits_{\Sigma+\Sigma_1} (x-1)^3\mathrm{d}y\mathrm{d}z + (y-1)^3\mathrm{d}z\mathrm{d}x + (z-1)\mathrm{d}x\mathrm{d}y$$

$$= -\iiint\limits_{\Omega} [3(x-1)^2 + 3(y-1)^2 + 1]\mathrm{d}v = -\iiint\limits_{\Omega} (3x^2 + 3y^2 - 6x - 6y + 7)\mathrm{d}v$$

由三重积分的对称性, 可得

$$\iiint\limits_{\Omega} x\mathrm{d}v = 0, \quad \iiint\limits_{\Omega} y\mathrm{d}v = 0,$$

则

$$\oiint\limits_{\Sigma+\Sigma_1} (x-1)^3\mathrm{d}y\mathrm{d}z + (y-1)^3\mathrm{d}z\mathrm{d}x + (z-1)\mathrm{d}x\mathrm{d}y$$

$$= -\iiint\limits_{\Omega} [3(x^2 + y^2) + 7]\mathrm{d}v$$

$$= -\int_0^{2\pi} \mathrm{d}\theta \int_0^1 (3r^2 + 7)r\mathrm{d}r \int_{r^2}^1 \mathrm{d}z = 2\pi \int_0^1 (3r^3 + 7r)(r^2 - 1)\mathrm{d}r$$

$$= 2\pi \int_0^1 (3r^5 + 4r^3 - 7r)\mathrm{d}r = -4\pi,$$

又

$$\iint\limits_{\Sigma_1} (x-1)^3\mathrm{d}y\mathrm{d}z + (y-1)^3\mathrm{d}z\mathrm{d}x + (z-1)\mathrm{d}x\mathrm{d}y = \iint\limits_{\Sigma_1} 0\mathrm{d}x\mathrm{d}y = 0,$$

因此

$$I = -4\pi - 0 = -4\pi.$$

例 3 计算 $I = \oiint\limits_{\Sigma} \dfrac{x}{r^3}\mathrm{d}y\mathrm{d}z + \dfrac{y}{r^3}\mathrm{d}z\mathrm{d}x + \dfrac{z}{r^3}\mathrm{d}x\mathrm{d}y$, 其中 $r = \sqrt{x^2+y^2+z^2}$, Σ 为球面 $x^2+y^2+z^2 = 4$ 的外侧.

例3讲解10-6-2

解 由于 Σ 为球面 $x^2+y^2+z^2 = 4$, 即 $r = 2$, 故先将曲面 Σ 的方程 $r = 2$ 代入积分式中, 将积分简化为

$$I = \frac{1}{8}\oiint\limits_{\Sigma} x\mathrm{d}y\mathrm{d}z + y\mathrm{d}z\mathrm{d}x + z\mathrm{d}x\mathrm{d}y,$$

而由球面 Σ 围成的闭区域为 $\Omega: x^2+y^2+z^2 \leqslant 4$, 再利用高斯公式, 得

$$I = \frac{1}{8}\oiint\limits_{\Sigma} x\mathrm{d}y\mathrm{d}z + y\mathrm{d}z\mathrm{d}x + z\mathrm{d}x\mathrm{d}y$$

$$= \frac{1}{8}\iiint\limits_{\Omega}(1+1+1)\mathrm{d}v$$

$$= \frac{3}{8}\iiint\limits_{\Omega}\mathrm{d}v = \frac{3}{8}\cdot\frac{4\pi\cdot2^3}{3} = 4\pi.$$

注 因为原点 $O(0,0,0)\in\Omega$, 而 $P = \dfrac{x}{r^3}, Q = \dfrac{y}{r^3}, R = \dfrac{z}{r^3}$ 在原点处无意义, 所以 P,Q,R 在 Ω 内不满足高斯公式的条件, 因此该题不能直接应用高斯公式计算.

二、通量与散度

下面简单介绍高斯公式的物理意义, 并给出通量与散度的概念.

设在空间区域 Ω 内的不可压缩且稳定流动的某流体, 其流速为

$$\boldsymbol{v}(x,y,z) = P(x,y,z)\boldsymbol{i} + Q(x,y,z)\boldsymbol{j} + R(x,y,z)\boldsymbol{k},$$

又设 Σ 为该空间区域内一有向光滑或分片光滑的曲面, P,Q,R 在 Ω 上具有一阶连续偏导数, Σ 上点 (x,y,z) 处的单位法向量为

$$\boldsymbol{n} = \cos\alpha\boldsymbol{i} + \cos\beta\boldsymbol{j} + \cos\gamma\boldsymbol{k},$$

其指向与 Σ 的侧相同. 则由 10.5 节可知, 单位时间内穿过曲面 Σ 指定侧的流体总质量为

$$\Phi = \iint\limits_{\Sigma} P\mathrm{d}y\mathrm{d}z + Q\mathrm{d}z\mathrm{d}x + R\mathrm{d}x\mathrm{d}y = \iint\limits_{\Sigma}(P\cos\alpha + Q\cos\beta + R\cos\gamma)\mathrm{d}S$$

$$= \iint\limits_{\Sigma} (\boldsymbol{v} \cdot \boldsymbol{n}) \mathrm{d}S = \iint\limits_{\Sigma} v_n \mathrm{d}S. \tag{10-6-3}$$

这里 $v_n = \boldsymbol{v} \cdot \boldsymbol{n}$ 是 $\boldsymbol{v}$ 在有向曲面 Σ 的法向量 $\boldsymbol{n}$ 上的投影.

设 Σ 是区域内包含点 $M(x, y, z)$ 的任一封闭曲面, 并取外侧, 其围成的区域记为 Ω_1, 那么由高斯公式可得

$$\iint\limits_{\Sigma} v_n \mathrm{d}S = \iiint\limits_{\Omega_1} \left(\frac{\partial P}{\partial x} + \frac{\partial Q}{\partial y} + \frac{\partial R}{\partial z} \right) \mathrm{d}v. \tag{10-6-4}$$

上式的左端表示单位时间内流出区域 Ω_1 的流体的总质量 Φ. 由于流体是不可压缩和稳定流动的, 因此在流体流出 Ω_1 的同时, Ω_1 内必定要有流体产生的 "源"(就如同喷泉的泉眼), 产生同样多的流体来补充. 从而上式的右端可理解为分布在 Ω_1 内的源在单位时间内所产生的流体的总质量. 那么该流体在 Ω_1 内某定点 $M(x, y, z)$ 处产生的 "源" 的强度有多大呢?

将式 (10-6-4) 的两边同除以 Ω_1 的体积 V, 则

$$\frac{1}{V} \iiint\limits_{\Omega_1} \left(\frac{\partial P}{\partial x} + \frac{\partial Q}{\partial y} + \frac{\partial R}{\partial z} \right) \mathrm{d}v = \frac{1}{V} \oiint\limits_{\Sigma} v_n \mathrm{d}S, \tag{10-6-5}$$

式 (10-6-5) 左端表示在 Ω_1 内的流场 $\boldsymbol{v}$ 在单位时间单位体积内产生的流体质量的平均值 (源的平均强度). 对上式左端的三重积分应用积分中值定理得

$$\left(\frac{\partial P}{\partial x} + \frac{\partial Q}{\partial y} + \frac{\partial R}{\partial z} \right) \bigg|_{(\xi, \eta, \zeta)} = \frac{1}{V} \oiint\limits_{\Sigma} v_n \mathrm{d}S,$$

其中 (ξ, η, ζ) 是 Ω_1 内的某一点. 令 Ω_1 收缩到点 $M(x, y, z)$, 则点 $(\xi, \eta, \zeta) \to M(x, y, z)$, 由于 P, Q, R 在 Ω_1 上具有一阶连续偏导数, 于是得

$$\frac{\partial P}{\partial x} + \frac{\partial Q}{\partial y} + \frac{\partial R}{\partial z} = \lim_{\Omega_1 \to M} \frac{1}{V} \oiint\limits_{\Sigma} v_n \mathrm{d}S. \tag{10-6-6}$$

由式 (10-6-6) 所确定的值称为向量场 $\boldsymbol{v}(x, y, z)$ 在点 M 处的散度, 记作 $\mathrm{div}\, \boldsymbol{v}$.

$\mathrm{div}\, \boldsymbol{v}$ 代表了流速场 $\boldsymbol{v}$ 在点 M 处的源的强度. 若 $\mathrm{div}\, \boldsymbol{v} > 0$, 则表示流体从点 M 流出 (有 "源"), 若 $\mathrm{div}\, \boldsymbol{v} < 0$, 则表示流体从点 M 处消失 (有 "洞"), 若 $\mathrm{div}\, \boldsymbol{v} = 0$, 则表示流体在该点 M 处无源.

定义 1 设 Σ 为某向量场

$$\boldsymbol{v}(x,y,z) = P(x,y,z)\boldsymbol{i} + Q(x,y,z)\boldsymbol{j} + R(x,y,z)\boldsymbol{k}$$

内一有向曲面, $\boldsymbol{n}$ 是 Σ 上点 $M(x,y,z)$ 处的单位法向量, 函数 P,Q,R 在 Σ 上具有连续的一阶偏导数, 则称

$$\Phi = \iint\limits_{\Sigma} P\mathrm{d}y\mathrm{d}z + Q\mathrm{d}z\mathrm{d}x + R\mathrm{d}x\mathrm{d}y \tag{10-6-7}$$

为向量场 $\boldsymbol{v}$ 通过有向曲面 Σ 的通量 (或流量). 称 $\left(\dfrac{\partial P}{\partial x} + \dfrac{\partial Q}{\partial y} + \dfrac{\partial R}{\partial z}\right)\bigg|_M$ 为向量场 $\boldsymbol{v}$ 在点 $M(x,y,z)$ 处的散度或通量密度, 记作 $\mathrm{div}\,\boldsymbol{v}$, 即

$$\mathrm{div}\,\boldsymbol{v} = \frac{\partial P}{\partial x} + \frac{\partial Q}{\partial y} + \frac{\partial R}{\partial z}. \tag{10-6-8}$$

利用散度的概念, 高斯公式可以写为

$$\oiint\limits_{\Sigma} P\mathrm{d}y\mathrm{d}z + Q\mathrm{d}z\mathrm{d}x + R\mathrm{d}x\mathrm{d}y = \iiint\limits_{\Omega} \mathrm{div}\,\boldsymbol{v}\,\mathrm{d}v.$$

通量与散度的概念在气象、环境、水利等学科中都有很多应用.

例 4 求向量场 $\boldsymbol{A} = xyz\boldsymbol{r}\,(\boldsymbol{r} = x\boldsymbol{i} + y\boldsymbol{j} + z\boldsymbol{k})$ 在点 $M(1,3,2)$ 处的散度.

解 $\boldsymbol{A} = xyz\boldsymbol{r} = x^2yz\boldsymbol{i} + xy^2z\boldsymbol{j} + xyz^2\boldsymbol{k}$, 设 $P = x^2yz$, $Q = xy^2z$, $R = xyz^2$, 则

$$\frac{\partial P}{\partial x} = \frac{\partial Q}{\partial y} = \frac{\partial R}{\partial z} = 2xyz, \quad \mathrm{div}\,\boldsymbol{A}(M) = 6xyz|_M = 36.$$

例 5 设流体的流速为 $\boldsymbol{v} = x\boldsymbol{i} + y\boldsymbol{j} + z\boldsymbol{k}$, 求穿过上半圆锥 $x^2 + y^2 \leqslant z^2 (0 \leqslant z \leqslant h)$ 的侧表面, 法向量向外的流体的通量 Φ.

解 设 $\Sigma : x^2 + y^2 = z^2 (0 \leqslant z \leqslant h)$, 取外侧, 平面 $\Sigma_1 : z = h$, 取上侧, Ω 为 Σ 和 Σ_1 围成的立体, 则穿过上半圆锥面 $x^2 + y^2 = z^2 (0 \leqslant z \leqslant h)$, 法向量向外的流体的流量为

$$\Phi = \iint\limits_{\Sigma} x\mathrm{d}y\mathrm{d}z + y\mathrm{d}z\mathrm{d}x + z\mathrm{d}x\mathrm{d}y,$$

则

$$\Phi = \iint\limits_{\Sigma + \Sigma_1} x\mathrm{d}y\mathrm{d}z + y\mathrm{d}z\mathrm{d}x + z\mathrm{d}x\mathrm{d}y - \iint\limits_{\Sigma_1} x\mathrm{d}y\mathrm{d}z + y\mathrm{d}z\mathrm{d}x + z\mathrm{d}x\mathrm{d}y,$$

利用高斯公式, 上式中

$$\iint\limits_{\Sigma + \Sigma_1} x\mathrm{d}y\mathrm{d}z + y\mathrm{d}z\mathrm{d}x + z\mathrm{d}x\mathrm{d}y = \oiiint\limits_{\Omega} 3\mathrm{d}v = \int_0^{2\pi} \mathrm{d}\theta \int_0^h r\mathrm{d}r \int_r^h 3\mathrm{d}z = \pi h^3,$$

又

$$\iint\limits_{\Sigma_1} x\mathrm{d}y\mathrm{d}z + y\mathrm{d}z\mathrm{d}x + z\mathrm{d}x\mathrm{d}y = \iint\limits_{x^2+y^2 \leqslant h^2} h\mathrm{d}x\mathrm{d}y = \pi h^3,$$

因此所求的通量为

$$\Phi = \pi h^3 - \pi h^3 = 0.$$

例 6　将电量为 q 的点电荷放置在原点处, 在该电场中, 点 M (异于原点 O) 处的电位移为向量场

$$\boldsymbol{D} = \varepsilon\boldsymbol{E} = \frac{q}{4\pi r^2}\boldsymbol{e}_r,$$

其中 $r = |OM|$, $\boldsymbol{e}_r$ 是与 $\overrightarrow{OM}$ 同向的单位向量. $\boldsymbol{E}$ 为电场强度, 求

(1) div $\boldsymbol{D}\,(M)$;

(2) $\boldsymbol{D}$ 穿过不包含原点的任意闭曲面向外侧的通量.

解　(1) 设 $M\,(x, y, z)$, 则 $\overrightarrow{OM} = (x, y, z)$, 由题设可知, $\boldsymbol{e}_r = \dfrac{1}{r}\,(x, y, z)$, 则

$$\boldsymbol{D}\,(M) = \frac{q}{4\pi r^2}\boldsymbol{e}_r = \frac{q}{4\pi r^3}\,(x, y, z),$$

则

$$P = \frac{qx}{4\pi r^3}, \quad \frac{\partial P}{\partial x} = \frac{q}{4\pi}\frac{r^2 - 3x^2}{r^5};$$

同理

$$Q = \frac{qy}{4\pi r^3}, \quad \frac{\partial Q}{\partial y} = \frac{q}{4\pi}\frac{r^2 - 3y^2}{r^5};$$

$$R = \frac{qz}{4\pi r^3}, \quad \frac{\partial R}{\partial z} = \frac{q}{4\pi} \frac{r^2 - 3z^2}{r^5}.$$

则

$$\operatorname{div} \boldsymbol{D}(M) = \left. \left(\frac{\partial P}{\partial x} + \frac{\partial Q}{\partial y} + \frac{\partial R}{\partial z} \right) \right|_M$$

$$= \frac{q}{4\pi} \left(\frac{r^2 - 3x^2}{r^5} + \frac{r^2 - 3y^2}{r^5} + \frac{r^2 - 3z^2}{r^5} \right) = 0.$$

由于在原点处, 向量场 $\boldsymbol{D}$ 无意义, 故 $\operatorname{div} \boldsymbol{D}$ 不存在.

(2) 在不包含原点的任意闭曲面 Σ_1 所围的区域 Ω_1 上, $\operatorname{div} \boldsymbol{D} = 0$, 故所求的电位移通量

$$\Phi_D = \oiint\limits_{\Sigma_1} P \mathrm{d}y\mathrm{d}z + Q\mathrm{d}z\mathrm{d}x + R\mathrm{d}x\mathrm{d}y = \iiint\limits_{\Omega_1} \operatorname{div} \boldsymbol{D}\mathrm{d}v = 0.$$

习　题　10-6

A 组

课件10-6-3

1. 利用高斯公式计算下列对坐标的曲面积分:

(1) $\oiint\limits_{\Sigma} (x+y)\mathrm{d}y\mathrm{d}z + (y+z)\mathrm{d}z\mathrm{d}x + (z+x)\mathrm{d}x\mathrm{d}y$, 其中 Σ 是边长为 a 的正方体表面的外侧;

(2) $\oiint\limits_{\Sigma} (z+xy^2)\mathrm{d}y\mathrm{d}z + (yz^2-xz)\mathrm{d}z\mathrm{d}x + x^2z\mathrm{d}x\mathrm{d}y$, 其中 Σ 为球面 $x^2 + y^2 + z^2 = 2Rz(R > 0)$ 的外侧;

(3) $\oiint\limits_{\Sigma} (x^2\cos\alpha + y^2\cos\beta + z^2\cos\gamma)\mathrm{d}S, \Sigma$ 为锥体 $x^2 + y^2 \leqslant z^2, 0 \leqslant z \leqslant h$ 的全表面, 其中 $\cos\alpha, \cos\beta, \cos\gamma$ 为此曲面外法线的方向余弦;

(4) $\iint\limits_{\Sigma} (x^2+1)\mathrm{d}y\mathrm{d}z - 2y\mathrm{d}z\mathrm{d}x + 3z\mathrm{d}x\mathrm{d}y$, 其中 Σ 是由平面 $2x + y + 2z = 2$ 与三个坐标面围成的整个表面的外侧; (2016 考研真题)

(5) $\iint\limits_{\Sigma} (z^2+x)\mathrm{d}y\mathrm{d}z - z\mathrm{d}x\mathrm{d}y$, 其中 Σ 是曲面 $z = \frac{1}{2}(x^2 + y^2)$ 上介于 $0 \leqslant z \leqslant 2$ 之间部分的下侧;

(6) $\iint\limits_{\Sigma} (\mathrm{e}^z + \cos x)\mathrm{d}y\mathrm{d}z + \frac{1}{y}\mathrm{d}z\mathrm{d}x + (\mathrm{e}^x + \cos z)\mathrm{d}x\mathrm{d}y$, 其中 Σ 是由双曲线 $y^2 - x^2 = 9(3 \leqslant y \leqslant 5)$ 绕 y 轴旋转一周生成的旋转曲面, 其法向量与 y 轴正向夹锐角.

2. 求下列向量场的散度

(1) $\boldsymbol{v} = xy\boldsymbol{i} + \cos(xy)\boldsymbol{j} + \cos(xz)\boldsymbol{k}$;

(2) $\boldsymbol{v} = 4x\boldsymbol{i} - 2xy\boldsymbol{j} + z^2\boldsymbol{k}$ 在点 $M(1,1,3)$ 处.

3. 设流体的速度为 $\boldsymbol{v}(x,y,z) = x(y-z)\boldsymbol{i} + y(z-x)\boldsymbol{j} + z(x-y)\boldsymbol{k}$, Σ 为椭球面 $\dfrac{x^2}{16} + \dfrac{y^2}{9} + \dfrac{z^2}{4} = 1$. 求在单位时间内流体流向 Σ 外侧的通量.

4. 设空间闭区域 Ω 由曲面 $z = a^2 - x^2 - y^2 (a > 0)$ 及平面 $z = 0$ 所围成, Σ 为 Ω 的表面外侧, V 为 Ω 的体积, 试证明:

$$V = \oiint\limits_{\Sigma} x^2 yz^2 \mathrm{d}y\mathrm{d}z - xy^2 z^2 \mathrm{d}z\mathrm{d}x + z(1 + xyz)\mathrm{d}x\mathrm{d}y,$$

并求出 V.

5. 设 Σ 是任一定向光滑闭曲面, 证明:

$$\oiint\limits_{\Sigma} x^2 z(x\mathrm{d}y\mathrm{d}z - y\mathrm{d}z\mathrm{d}x - z\mathrm{d}x\mathrm{d}y) = 0.$$

B 组

1. 求 $\displaystyle\iint\limits_{\Sigma} x\mathrm{d}y\mathrm{d}z + (y^3 + z)\mathrm{d}z\mathrm{d}x + z^3\mathrm{d}x\mathrm{d}y$, 其中曲面 $\Sigma: x = \sqrt{1 - 3y^2 - 3z^2}$, 取前侧. (2018 考研真题)

2. 设 $u(x,y,z), v(x,y,z)$ 是两个定义在闭区域 Ω 上的具有二阶连续偏导数的函数 $\dfrac{\partial u}{\partial n}, \dfrac{\partial v}{\partial n}$ 依次表示 $u(x,y,z), v(x,y,z)$ 沿 Σ 的外法线方向的方向导数 $\Delta = \dfrac{\partial}{\partial x^2} + \dfrac{\partial}{\partial y^2} + \dfrac{\partial}{\partial z^2}$ 称为**拉普拉斯算子**. 证明

$$\iiint\limits_{\Omega} (u\Delta v - v\Delta u)\mathrm{d}x\mathrm{d}y\mathrm{d}z = \oiint\limits_{\Sigma} \left(u\frac{\partial v}{\partial n} - v\frac{\partial u}{\partial n} \right) \mathrm{d}S,$$

其中 Σ 是空间闭区间 Ω 的整个边界曲面, 这个公式称为**格林第二公式**.

10.7　斯托克斯公式与旋度

课前测10-7-1

一、斯托克斯公式

将格林公式作另一推广, 把光滑或分片光滑曲面上的曲面积分, 和其边界上的曲线积分联系起来, 便可得到下面的斯托克斯公式.

设 Σ 是以曲线 Γ 为边界的有向曲面, 曲线 Γ 的正向作如下规定: 当右手除大拇指外的四指依曲线 Γ 的绕行方向时, 竖起的大拇指的指向与曲面 Σ 的法向

量的指向一致, 这时将曲线 Γ 称为**有向曲面** Σ **的正向边界曲线**. 常将这一规定称为**右手规则**.

定理 1 设 Γ 为空间的一条光滑或分段光滑的有向曲线, Σ 是以 Γ 为边界的光滑或分片光滑的有向曲面, Γ 的正向与 Σ 的侧符合右手法则, 函数 $P(x,y,z)$, $Q(x,y,z)$, $R(x,y,z)$ 在曲面 Σ (连同边界 Γ) 上具有连续的一阶偏导数, 则

$$
\iint\limits_{\Sigma} \left(\frac{\partial R}{\partial y} - \frac{\partial Q}{\partial z}\right)\mathrm{d}y\mathrm{d}z + \left(\frac{\partial P}{\partial z} - \frac{\partial R}{\partial x}\right)\mathrm{d}z\mathrm{d}x + \left(\frac{\partial Q}{\partial x} - \frac{\partial P}{\partial y}\right)\mathrm{d}x\mathrm{d}y
$$

$$
= \oint_{\Gamma} P\mathrm{d}x + Q\mathrm{d}y + R\mathrm{d}z. \tag{10-7-1}
$$

式 (10-7-1) 称为**斯托克斯 (Stokes) 公式**.

* **证** 首先证明

$$
\oint_{\Gamma} P\mathrm{d}x = \iint\limits_{\Sigma} \frac{\partial P}{\partial z}\mathrm{d}z\mathrm{d}x - \frac{\partial P}{\partial y}\mathrm{d}x\mathrm{d}y,
$$

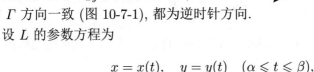

先假定用平行于 z 轴的直线穿过曲面 Σ 时, 只有一个交点, 则 Σ 的方程可写为 $z = z(x,y)$, $(x, y) \in D_{xy}$. Σ 的指向不妨取上侧, 它在 xOy 面上的投影区域为 D_{xy}, 而 Σ 的边界曲线 Γ 在 xOy 面上的投影即为 D_{xy} 的边界曲线 L, 且 L 的方向与 Γ 方向一致 (图 10-7-1), 都为逆时针方向.

设 L 的参数方程为

图 10-7-1

$$
x = x(t), \quad y = y(t) \quad (\alpha \leqslant t \leqslant \beta),
$$

从而 Γ 的参数方程为

$$
x = x(t), \quad y = y(t), \quad z = z[x(t), y(t)] \quad (\alpha \leqslant t \leqslant \beta).
$$

t 的增大方向对应于 Γ 的正向, 则由曲线积分计算法容易验证

$$
\oint_{\Gamma} P(x,y,z)\mathrm{d}x = \oint_{L} P[x,y,z(x,y)]\mathrm{d}x.
$$

再由格林公式

$$
\oint_{L} P[x,y,z(x,y)]\mathrm{d}x = -\iint\limits_{D_{xy}} \frac{\partial}{\partial y}P[x,y,z(x,y)]\mathrm{d}x\mathrm{d}y
$$

$$= -\iint\limits_{D_{xy}} \left(\frac{\partial P}{\partial y} + \frac{\partial P}{\partial z} \cdot \frac{\partial z}{\partial y} \right) \mathrm{d}x\mathrm{d}y.$$

另一方面, Σ 的法向量 $\boldsymbol{n} = (-z_x, -z_y, 1)$, 设其单位法向量 $\boldsymbol{e_n} = (\cos\alpha, \cos\beta, \cos\gamma)$, 于是

$$\frac{-z_x}{\cos\alpha} = \frac{-z_y}{\cos\beta} = \frac{1}{\cos\gamma},$$

从而 $-z_y = \dfrac{\cos\beta}{\cos\gamma}$, 因此

$$\iint\limits_{\Sigma} \frac{\partial P}{\partial z}\mathrm{d}z\mathrm{d}x - \frac{\partial P}{\partial y}\mathrm{d}x\mathrm{d}y = \iint\limits_{\Sigma} \left(\frac{\partial P}{\partial z}\cos\beta - \frac{\partial P}{\partial y}\cos\gamma \right) \mathrm{d}S$$

$$= \iint\limits_{\Sigma} \left(\frac{\partial P}{\partial z}\frac{\cos\beta}{\cos\gamma} - \frac{\partial P}{\partial y} \right) \cos\gamma\mathrm{d}S$$

$$= \iint\limits_{D_{xy}} \left(-\frac{\partial P}{\partial z}z_y - \frac{\partial P}{\partial y} \right) \mathrm{d}x\mathrm{d}y.$$

比较可得

$$\iint\limits_{\Sigma} \frac{\partial P}{\partial z}\mathrm{d}z\mathrm{d}x - \frac{\partial P}{\partial y}\mathrm{d}x\mathrm{d}y = \oint_{\Gamma} P(x,y,z)\mathrm{d}x. \tag{10-7-2}$$

若 Σ 的指向取下侧, Γ 也相应地改取相反的方向, 那么上式两端同时改变符号, 因此上式仍成立.

当曲面 Σ 与平行于 z 轴的直线的交点多于一个时, 可把 Σ 分成几部分, 使每一部分均与平行于 z 轴的直线至多交于一点, 然后分片讨论, 再利用第二类曲线积分的性质, 同样可证 (10-7-2) 式成立.

同理可证

$$\iint\limits_{\Sigma} \frac{\partial Q}{\partial x}\mathrm{d}x\mathrm{d}y - \frac{\partial Q}{\partial z}\mathrm{d}y\mathrm{d}z = \oint_{\Gamma} Q(x,y,z)\mathrm{d}y, \tag{10-7-3}$$

$$\iint\limits_{\Sigma} \frac{\partial R}{\partial y}\mathrm{d}y\mathrm{d}z - \frac{\partial R}{\partial x}\mathrm{d}z\mathrm{d}x = \oint_{\Gamma} R(x,y,z)\mathrm{d}z. \tag{10-7-4}$$

将式 (10-7-2)~(10-7-4) 两端分别相加, 即得式 (10-7-1) 成立.

为便于记忆, 斯托克斯公式也常用如下的行列式来表示:

$$\iint\limits_{\Sigma} \begin{vmatrix} dydz & dzdx & dxdy \\ \dfrac{\partial}{\partial x} & \dfrac{\partial}{\partial y} & \dfrac{\partial}{\partial z} \\ P & Q & R \end{vmatrix} = \oint_{\Gamma} Pdx + Qdy + Rdz. \tag{10-7-5}$$

式 (10-7-5) 左端的行列式按第一行展开, 并把 $\dfrac{\partial}{\partial y}$ 与 R 的乘积理解为 $\dfrac{\partial R}{\partial y}$, $\dfrac{\partial}{\partial x}$ 与 Q 的乘积理解为 $\dfrac{\partial Q}{\partial x}$, 其他类似, 展开后的表达式就是 (10-7-1) 式的左端.

利用两类曲面积分间的联系, 可得斯托克斯公式的另一种形式

$$\iint\limits_{\Sigma} \begin{vmatrix} \cos\alpha & \cos\beta & \cos\gamma \\ \dfrac{\partial}{\partial x} & \dfrac{\partial}{\partial y} & \dfrac{\partial}{\partial z} \\ P & Q & R \end{vmatrix} dS = \oint_{\Gamma} Pdx + Qdy + Rdz, \tag{10-7-6}$$

其中 $\boldsymbol{e}_n = (\cos\alpha, \cos\beta, \cos\gamma)$ 为有向曲面 Σ 的单位法向量.

当曲面 Σ 是 xOy 面上的一块平面闭区域时, 斯托克斯公式就变成格林公式. 因此斯托克斯公式是格林公式从平面形式到空间形式的一个推广.

例 1 计算曲线积分 $I = \oint_{\Gamma} -y^2 dx + x dy + z^2 dz$, 其中 Γ 是 平面 $y + z = 2$ 与柱面 $x^2 + y^2 = 1$ 的交线, 从 z 轴正向看去, Γ 取逆时针方向 (图 10-7-2).

例1讲解10-7-2

解 利用斯托克斯公式, 根据曲线 Γ 的方向, 取 Σ 为平面 $y + z = 2$ 被 Γ 所围的部分, 指向上侧, 它在 xOy 面上的投影为圆域 $D_{xy} : x^2 + y^2 \leqslant 1$, 则由斯托克斯公式

$$I = \begin{vmatrix} dydz & dzdx & dxdy \\ \dfrac{\partial}{\partial x} & \dfrac{\partial}{\partial y} & \dfrac{\partial}{\partial z} \\ -y^2 & x & z^2 \end{vmatrix} = \iint\limits_{\Sigma} (1 + 2y) dxdy$$

$$= \iint\limits_{D_{xy}} (1 + 2y) dxdy$$

$$= \int_0^{2\pi} d\theta \int_0^1 (1 + 2\rho\sin\theta)\rho d\rho$$

$$= \pi.$$

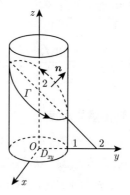

图 10-7-2

例 2 计算曲线积分 $I = \oint_{\Gamma} (y^2 - z^2)\, \mathrm{d}x + (z^2 - x^2)\, \mathrm{d}y + (x^2 - y^2)\, \mathrm{d}z$, 其中 Γ 是平面 $x + y + z = \dfrac{3}{2}$ 与立方体 $\{(x,y,z) | 0 \leqslant x \leqslant 1, \, 0 \leqslant y \leqslant 1, 0 \leqslant z \leqslant 1\}$ 的表面的交线, 且从 x 轴的正向看去取逆时针方向.

解 取 Σ 为平面 $x + y + z = \dfrac{3}{2}$ 的上侧被 Γ 所围成的部分, 如图 10-7-3 所示, Σ 的单位法向量为

$$\boldsymbol{n} = \frac{1}{\sqrt{3}}(1, 1, 1),$$

即

$$\cos \alpha = \cos \beta = \cos \gamma = \frac{1}{\sqrt{3}}.$$

按斯托克斯公式, 有

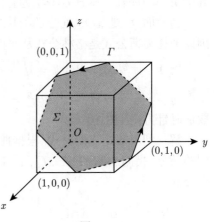

图 10-7-3

$$I = \iint\limits_{\Sigma} \begin{vmatrix} \dfrac{1}{\sqrt{3}} & \dfrac{1}{\sqrt{3}} & \dfrac{1}{\sqrt{3}} \\ \dfrac{\partial}{\partial x} & \dfrac{\partial}{\partial y} & \dfrac{\partial}{\partial z} \\ y^2 - z^2 & z^2 - x^2 & x^2 - y^2 \end{vmatrix} \mathrm{d}S$$

$$= -\frac{4}{\sqrt{3}} \iint\limits_{\Sigma} (x + y + z) \mathrm{d}S$$

$$= -\frac{4}{\sqrt{3}} \cdot \frac{3}{2} \iint\limits_{\Sigma} \mathrm{d}S = -2\sqrt{3}\frac{3\sqrt{3}}{4} = -\frac{9}{2},$$

其中 $\displaystyle\iint\limits_{\Sigma} \mathrm{d}S = \frac{3\sqrt{3}}{4}$ 为正六边形的面积.

二、环流量与旋度

在向量场中, 有时还要考察它有无旋转的情况. 例如, 江河中有没有旋涡, 大气中有没有气旋, 以及它们的强度是多少, 这是向量场中的又一个基本问题, 旋涡或者气旋是由于流体沿闭曲线的环流产生的.

定义 1 设向量场 $\boldsymbol{v}(x,y,z) = P(x,y,z)\boldsymbol{i} + Q(x,y,z)\boldsymbol{j} + R(x,y,z)\boldsymbol{k}$, 其中 P, Q, R 均为连续函数, 在该向量场中沿某光滑或分段光滑的定向闭曲线 Γ 的曲

线积分

$$\oint_\Gamma \boldsymbol{v} \cdot \mathrm{d}\boldsymbol{r} = \oint_\Gamma P\mathrm{d}x + Q\mathrm{d}y + R\mathrm{d}z$$

的值, 称为向量场 $\boldsymbol{v}$ 沿定向闭曲线 Γ 的**环流量**.

环流量 Γ 的大小反映了向量场 $\boldsymbol{v}$ 沿定向闭曲线 Γ 的旋转强度, 但并不能反映在场中的点 M 处旋转速度的快慢. 下面的旋度概念可以揭示向量场内点 M 沿着任一方向是不是有旋转, 旋转的强度是多少.

定义 2 设向量场 $\boldsymbol{v}(x,y,z) = P(x,y,z)\boldsymbol{i} + Q(x,y,z)\boldsymbol{j} + R(x,y,z)\boldsymbol{k}$, 若 P, Q, R 具有一阶连续偏导数, 称下述向量

$$\left(\frac{\partial R}{\partial y} - \frac{\partial Q}{\partial z}\right)\boldsymbol{i} + \left(\frac{\partial P}{\partial z} - \frac{\partial R}{\partial x}\right)\boldsymbol{j} + \left(\frac{\partial Q}{\partial x} - \frac{\partial P}{\partial y}\right)\boldsymbol{k}$$

为向量场 $\boldsymbol{v}$ 的旋度, 记作 $\mathbf{rot}\,\boldsymbol{v}$, 即

$$\mathbf{rot}\,\boldsymbol{v} = \left(\frac{\partial R}{\partial y} - \frac{\partial Q}{\partial z}\right)\boldsymbol{i} + \left(\frac{\partial P}{\partial z} - \frac{\partial R}{\partial x}\right)\boldsymbol{j} + \left(\frac{\partial Q}{\partial x} - \frac{\partial P}{\partial y}\right)\boldsymbol{k}$$

为了便于记忆, 将向量场 $\boldsymbol{v}$ 的旋度简记为

$$\mathbf{rot}\,\boldsymbol{v} = \begin{vmatrix} \boldsymbol{i} & \boldsymbol{j} & \boldsymbol{k} \\ \dfrac{\partial}{\partial x} & \dfrac{\partial}{\partial y} & \dfrac{\partial}{\partial z} \\ P & Q & R \end{vmatrix}. \tag{10-7-7}$$

利用旋度的概念, 斯托克斯公式可以写成

$$\iint\limits_{\Sigma} \mathbf{rot}\,\boldsymbol{v} \cdot \mathrm{d}\boldsymbol{S} = \oint_\Gamma \boldsymbol{v} \cdot \mathrm{d}\boldsymbol{r}. \tag{10-7-8}$$

其中 $\mathrm{d}\boldsymbol{S} = \boldsymbol{e_n}\mathrm{d}S$, $\mathrm{d}\boldsymbol{r} = (\mathrm{d}x, \mathrm{d}y, \mathrm{d}z)$, Γ 的方向与 Σ 的单位法向量 $\boldsymbol{e_n}$ 满足右手规则.

由此, 斯托克斯公式的物理意义是: 向量场 $\boldsymbol{v}$ 沿有向闭曲线 Γ 的环流量等于向量场 $\boldsymbol{v}$ 的旋度场 $\mathbf{rot}\,\boldsymbol{v}$ 通过曲线 Γ 所张曲面 Σ 指定侧的通量.

例 3 求向量场 $\boldsymbol{A} = (x-z)\boldsymbol{i} + (x+yz)\boldsymbol{j} + -3xy\boldsymbol{k}$ 的旋度.

解

$$\text{rot } A = \begin{vmatrix} i & j & k \\ \dfrac{\partial}{\partial x} & \dfrac{\partial}{\partial y} & \dfrac{\partial}{\partial z} \\ x-z & x+yz & -3xy \end{vmatrix}$$

$$= (-3x-y)i - (-3y+1)j + (1-0)k$$

$$= -(3x+y)i + (3y-1)j + k.$$

习 题 10-7

课件10-7-3

A 组

1. 利用斯托克斯公式计算下列曲线积分:

(1) $I = \oint_{\Gamma} y\mathrm{d}x + z\mathrm{d}y + x\mathrm{d}z$, 其中 Γ 是球面 $x^2 + y^2 + z^2 = 1$ 与平面 $x+y+z=0$ 的交线, 从 z 轴正向看去, 取逆时针方向;

(2) $I = \oint_{\Gamma} (z-y)\mathrm{d}x + (x-z)\mathrm{d}y + (y-x)\mathrm{d}z$, 其中 Γ 是从 $(a,0,0)$ 经过 $(0,a,0)$ 和 $(0,0,a)$ 回到 $(a,0,0)$ 的三角形;

(3) $I = \oint_{\Gamma} y^2\mathrm{d}x + z^2\mathrm{d}y + x^2\mathrm{d}z$, 其中 Γ 是球面 $x^2 + y^2 + z^2 = 1$ 外侧位于第一卦限部分的正向边界;

(4) $I = \oint_{\Gamma} z^3\mathrm{d}x + x^3\mathrm{d}y + y^3\mathrm{d}z$, 其中 Γ 为两抛物面 $z = 2(x^2 + y^2)$ 与 $z = 3 - x^2 - y^2$ 的交线, 从 z 轴正向看去 Γ 为逆时针方向一周.

2. 求向量场 $A = -yi + xj + 2k$ 沿闭曲线 C 的环流量:

(1) C 为圆周 $x^2 + y^2 = 1, z = 0$, 从 z 轴正向看 C 为逆时针;

(2) C 为圆周 $(x+2)^2 + y^2 = 1, z = 0$, 从 z 轴正向看 C 为顺时针.

3. 求向量场的旋度:

(1) $v = x^2 i + y^2 j + z^2 k$;

(2) $F = (2z - 3y)i + (3x - z)j + (y - 2x)k$.

4. 设向量场 $A = (x^3 - y^2)i + (y^3 - z^2)j + (z^3 - x^2)k$, 求

(1) 向量场 A 的旋度;

(2) A 沿曲线 Γ 的环流量. 其中 Γ 是圆柱面 $x^2 + y^2 = Rx$ 与半球面 $z = \sqrt{R^2 - x^2 - y^2}$ 的交线, 从 z 轴正向看 Γ 为逆时针方向.

B 组

1. 计算 $\oint_{\Gamma} (z + x + 2y)\mathrm{d}x + (x + 2y + 2z)\mathrm{d}y + (y + z + 2x)\mathrm{d}z$, 其中 Γ 为曲面 $z = \sqrt{x^2 + y^2}$ 与 $z^2 = 2ax(a > 0)$ 的交线, 其方向从 z 轴正向看是逆时针方向.

2. 计算 $\oint_{\Gamma} (y^2 - z^2)\mathrm{d}x + (2z^2 - x^2)\mathrm{d}y + (3x^2 - y^2)\mathrm{d}z$, 其中 Γ 为平面 $x + y + z = 2$ 与柱面 $|x| + |y| = 1$ 的交线, 其方向从 z 轴正向看是逆时针方向. (2001 考研真题)

本 章 小 结

本章主要讨论了两类线面积分的数学模型、概念、性质与计算, 在本章学习中应着重掌握两类线面积分的计算方法, 熟悉这些积分之间的相互联系. 由于两类线面积分之间以及它们与重积分之间在概念、性质与计算上既有相似之处, 又有着许多的区别, 因此学习中还应注意以下几点.

1. 正确区别两类不同的线面积分.

第一类线面积分讨论的都是数量函数 $f(M)$ 与数量元 $\mathrm{d}m$ (如 $\mathrm{d}s$ 或 $\mathrm{d}S$) 的乘积 $f(M)\mathrm{d}m$ 在相应线或面上的积分, 这时的线与面都没有方向性; 而第二类线面积分讨论的是向量值函数 $\boldsymbol{F}(M)$ 与向量元 $\mathrm{d}m$ (如 $\mathrm{d}\boldsymbol{s}$ 或 $\mathrm{d}\boldsymbol{S}$) 的数量积 $\boldsymbol{F} \cdot \mathrm{d}\boldsymbol{m}$ 在相应线或面上的积分, 这时的线与面都有了指定的方向.

2. 曲线积分的定限.

由于对弧长的曲线积分中的弧长微元 $\mathrm{d}s$ 总大于 0, 因此把对弧长的曲线积分化为定积分时, 积分上限必须大于下限.

而对坐标的曲线积分中的 $\mathrm{d}x, \mathrm{d}y, \mathrm{d}z$ 分别是有向曲线微元 $\mathrm{d}\boldsymbol{s}$ 在 x, y, z 轴上的投影, 它们可正可负, 其正负性需根据积分中曲线指定的方向来确定, 因此, 在把对坐标的曲线积分化为定积分时, 积分下限必须对应于积分弧段的起点, 而积分上限必须对应积分弧段的终点, 所以积分下限不一定小于上限.

3. 曲面积分的计算.

对面积的曲面积分可化为曲面在某坐标面上的投影区域的二重积分计算, 原则上可将积分曲面向任何投影面积不为零的坐标面投影, 但为使化成的二重积分计算简便, 因此选择向一个合适的坐标面投影是关键, 另外还须注意的是, 当表示曲面的函数为多值函数时, 应将曲面分块, 以使每块曲面可用单值函数表示. 因此常选投影区域的面积不为零、图形较规则, 并且曲面分块少的坐标面来投影.

而对坐标的曲面积分化为二重积分计算时, 要将该曲面积分看作三个积分, 分别将曲面向相应的坐标面投影, 然后化为该投影区域上的二重积分, 这时也要注意曲面的分块问题, 方法类同与对面积的曲面积分的分块法. 除此之外, 对坐标的曲面积分化为二重积分时, 还要特别注意根据曲面的侧, 正确给出二重积分前的符号, 一般地, 当曲面侧的指向分别为前、右、上侧时, 相应二重积分前的符号确定为正, 相反时就确定为负.

4. 线面积分计算时的共同点.

对曲线或曲面积分, 其被积函数均定义在相应的曲线或曲面上, 故应将曲线或曲面的方程代入被积函数中, 从而起到化简被积函数的作用. 但要指出的是, 重积分计算不具有该特点!

5. 格林公式、高斯公式和斯托克斯公式的应用.

格林公式、高斯公式和斯托克斯公式是间接计算曲线积分与曲面积分的重要方法. 应用时应注意公式成立的条件: ① 积分区域的封闭性; ② 被积函数在相应区域内具有一阶连续偏导数; ③ 积分区域及其边界的方向性.

总复习题 10

1. 填空题:

(1) $\displaystyle\int_L z\mathrm{d}s = $ _____, 其中 L 为曲线 $x = t\cos t, y = t\sin t, z = t(0 \leqslant t \leqslant \sqrt{2})$.

(2) 设 $\Gamma: \begin{cases} x^2 + y^2 + z^2 = 5, \\ z = 1, \end{cases}$ 则 $\displaystyle\oint_\Gamma \frac{1}{x^2 + y^2 + z^2}\mathrm{d}s = $ _____.

(3) 若曲线积分 $\displaystyle\int_L \frac{x\mathrm{d}x - ay\mathrm{d}y}{x^2 + y^2 - 1}$ 在区域 $D = \left\{(x, y)\,\middle|\, x^2 + y^2 < 1\right\}$ 内与路径无关, 则 $a = $ _____.

(4) 设 $\boldsymbol{A} = \sin(xy)\boldsymbol{i} + \ln(x+y)\boldsymbol{j} + (2x + yz^4)\boldsymbol{k}$, 则 $\operatorname{div}\boldsymbol{A} = $ _____. (2017 考研真题)

(5) $\displaystyle\iint_\Sigma x^2\mathrm{d}y\mathrm{d}z + y^2\mathrm{d}z\mathrm{d}x + z\mathrm{d}x\mathrm{d}y = $ _____, 其中 Σ 是空间区域 $\{(x, y, z)\,|\, x^2 + 4y^2 \leqslant 4, 0 \leqslant z \leqslant 2\}$ 的全表面的外侧. (2021 考研真题)

2. 选择题:

(1) 设曲线积分 $\displaystyle\int_L x\varphi(y)\mathrm{d}x + x^2y\mathrm{d}y$ 与路径无关, 其中 $\varphi(0) = 0$, $\varphi(y)$ 有连续的导数, 则 $\displaystyle\int_{(0,1)}^{(1,2)} x\varphi(y)\mathrm{d}x + x^2y\mathrm{d}y = ($ $)$

(A) 2   (B) 1   (C) $\dfrac{1}{2}$ (D) 3.

(2) 设 L 为沿曲线 $y = a\sin x$ 自 $(0, 0)$ 至 $(\pi, 0)$ 的弧段, $a > 0$, 使 $\displaystyle\int_L y^3\mathrm{d}x + (2x + y^2)\mathrm{d}y$ 的值最小, 则 $a = ($ $)$

(A) 2   (B) $\dfrac{1}{2}$ (C) 3   (D) 1.

(3) 设函数 $Q(x, y) = \dfrac{x}{y^2}$, 如果对上半平面 $(y > 0)$ 内的任一有向光滑闭曲线 C 都有 $\displaystyle\oint_\Gamma P(x, y)\mathrm{d}x + Q(x, y)\mathrm{d}y = 0$, 则 $P(x, y)$ 可取为 $($ $)$ (2019 考研真题)

(A) $y - \dfrac{x^2}{y^3}$ (B) $\dfrac{1}{y} - \dfrac{x^2}{y^3}$ (C) $\dfrac{1}{x} - \dfrac{1}{y}$ (D) $x - \dfrac{1}{y}$.

(4) 设曲面 Σ 是上半球面 $x^2 + y^2 + z^2 = R^2 (z \geqslant 0)$, 曲面 Σ_1 是曲面 Σ 在第一卦限中的部分, 则有 ( )

(A) $\iint\limits_{\Sigma} x\mathrm{d}S = 4 \iint\limits_{\Sigma_1} x\mathrm{d}S$ (B) $\iint\limits_{\Sigma} y\mathrm{d}S = 4 \iint\limits_{\Sigma_1} y\mathrm{d}S$

(C) $\iint\limits_{\Sigma} z\mathrm{d}S = 4 \iint\limits_{\Sigma_1} z\mathrm{d}S$ (D) $\iint\limits_{\Sigma} xyz\mathrm{d}S = 4 \iint\limits_{\Sigma_1} xyz\mathrm{d}S$.

(5) 设 $u = x\mathrm{e}^{y^4 + z^8}$, Σ 为上半球面 $z = \sqrt{R^2 - x^2 - y^2}$ 的上侧, Σ_1 为 Σ 上 $x \geqslant 0$ 的部分, Σ_2 为 Σ 上 $y \geqslant 0$ 的部分, Σ_3 为 Σ 上 $x \geqslant 0, y \geqslant 0$ 的部分, 则下列各式中正确的是 ( )

(A) $\iint\limits_{\Sigma} u\mathrm{d}y\mathrm{d}z = 0$ (B) $\iint\limits_{\Sigma} u\mathrm{d}y\mathrm{d}z = 2 \iint\limits_{\Sigma_1} u\mathrm{d}y\mathrm{d}z$

(C) $\iint\limits_{\Sigma} u^2\mathrm{d}z\mathrm{d}x = 2 \iint\limits_{\Sigma_2} u^2\mathrm{d}z\mathrm{d}x$ (D) $\iint\limits_{\Sigma} u\mathrm{d}x\mathrm{d}y = 4 \iint\limits_{\Sigma_3} u\mathrm{d}x\mathrm{d}y$.

3. 计算下列曲线积分:

(1) $I = \displaystyle\int_{\Gamma} (x^2 + 2y^2)\mathrm{d}s$, 其中 Γ 为圆周 $\begin{cases} x^2 + y^2 + z^2 = a^2 (a > 0), \\ x + y + z = 0; \end{cases}$

(2) $\displaystyle\int_{L} (2a - y)\mathrm{d}x + x\mathrm{d}y$, 其中 L 为摆线 $x = a(t - \sin t), y = a(1 - \cos t)$ 上对应 t 从 0 到 2π 的一段弧;

(3) $\displaystyle\int_{L} (\mathrm{e}^x \sin y - 2y)\mathrm{d}x + (\mathrm{e}^x \cos y - 2)\mathrm{d}y$, 其中 L 为上半圆周 $x^2 + y^2 = 2ax(a > 0)$, 沿逆时针方向;

(4) $I = \displaystyle\int_{L} \dfrac{(4x - y)\mathrm{d}x + (x + y)\mathrm{d}y}{4x^2 + y^2}$, 其中 L 为 $x^2 + y^2 = 2$, 沿逆时针方向. (2020 考研真题)

4. 计算下列曲面积分

(1) $\iint\limits_{\Sigma} (x^2 + y^2 + z^2)\mathrm{d}S$, 其中 Σ 为 $z = \sqrt{a^2 - x^2 - y^2}$;

(2) $\oiint\limits_{\Sigma} x^3\mathrm{d}y\mathrm{d}z + y^3\mathrm{d}z\mathrm{d}x + z^3\mathrm{d}x\mathrm{d}y$, 其中 Σ 为球面 $x^2 + y^2 + z^2 = a^2$ 的外侧;

(3) $\iint\limits_{\Sigma} (y^2 - z)\mathrm{d}y\mathrm{d}z + (z^2 - x)\mathrm{d}z\mathrm{d}x + (x^2 - y)\mathrm{d}x\mathrm{d}y$, 其中 Σ 为锥面 $z = \sqrt{x^2 + y^2}(0 \leqslant$

$z < h)$ 的外侧;

(4) $\iint\limits_{\Sigma} \dfrac{x\mathrm{d}y\mathrm{d}z + y\mathrm{d}z\mathrm{d}x + z\mathrm{d}x\mathrm{d}y}{\sqrt{(x^2+y^2+z^2)^3}}$, 其中 Σ 为曲面 $1 - \dfrac{z}{5} = \dfrac{(x-2)^2}{16} + \dfrac{(y-1)^2}{9}$ $(z > 0)$ 的上侧.

5. 设 $D \subset \mathbf{R}^2$ 是有界单连通闭区域, $I(D) = \iint\limits_{D}(4 - x^2 - y^2)\mathrm{d}x\mathrm{d}y$ 取得最大值的积分区域记作 D_1,

(1) 求 $I(D_1)$ 的值;

(2) 计算 $I = \displaystyle\int_{L_1} \dfrac{(x\mathrm{e}^{x^2+4y^2} + y)\mathrm{d}x + (4y\mathrm{e}^{x^2+4y^2} - x)\mathrm{d}y}{x^2 + 4y^2}$, 其中 L_1 为区域 D_1 的正向边界. (2021 考研真题)

6. 设在半平面 $x > 0$ 内有一力 $\boldsymbol{F} = -\dfrac{k}{\rho^3}(x\boldsymbol{i} + y\boldsymbol{j})$ 构成力场, 其中 k 为常数, $\rho = \sqrt{x^2 + y^2}$. 证明在此力场中场力 $\boldsymbol{F}$ 所做的功与所取的路径无关.

7. 求面密度为 1 的均匀锥面 $\dfrac{x^2}{a^2} + \dfrac{y^2}{a^2} - \dfrac{z^2}{b^2} = 0 \, (0 \leqslant z \leqslant b)$ 对直线 $\dfrac{x}{1} = \dfrac{y}{0} = \dfrac{z-b}{0}$ 的转动惯量.

8. 设薄片型物体 S 是圆锥面 $z = \sqrt{x^2 + y^2}$ 被柱面 $z^2 = 2x$ 割下的有限部分, 其上任一点的密度为 $\rho(x, y, z) = 9\sqrt{x^2 + y^2 + z^2}$, 记圆锥面与柱面的交线为 C:

(1) 求 C 在 xOy 面上的投影曲线的方程;

(2) 求 S 的质量 M. (2017 考研真题)

9. 设 Σ 是介于 $z = 0, z = h$ 之间的柱面 $x^2 + y^2 = R^2$ 外侧, 求流场 $\boldsymbol{v} = x^2\boldsymbol{i} + y^3\boldsymbol{j} + z\boldsymbol{k}$ 在单位时间通过 Σ 的通量.

10. 求向量场 $\boldsymbol{A} = (x - z)\boldsymbol{i} + (x^3 + yz)\boldsymbol{j} - 3xy^2\boldsymbol{k}$ 沿封闭曲线 $L: \begin{cases} z = 2 - \sqrt{x^2 + y^2}, \\ z = 0 \end{cases}$ 从 z 轴正向看去依逆时针方向的环流量 Q.

11. 计算 $\displaystyle\oint_{\Gamma} y^2\mathrm{d}x + z^2\mathrm{d}y + x^2\mathrm{d}z$, 其中 Γ 为曲线 $\begin{cases} x^2 + y^2 + z^2 = a^2, \\ x^2 + y^2 = ax \end{cases}$ $(z \geqslant 0, a > 0)$, 从 x 轴正向看去, 曲线 Γ 沿逆时针方向.

12. 设函数 $f(x, y)$ 满足 $\dfrac{\partial f(x, y)}{\partial x} = (2x + 1)\mathrm{e}^{2x-y}$, 且 $f(0, y) = 1 + y, L_t$ 是点 $(0, 0)$ 到 $(1, t)$ 光滑曲线, 计算曲线积分 $I(t) = \displaystyle\int_{L_t} \dfrac{\partial f(x, y)}{\partial x}\mathrm{d}x + \dfrac{\partial f(x, y)}{\partial y}\mathrm{d}y$, 并求 $I(t)$ 的最小值. (2016 考研真题)

C第11章
hapter 11 无穷级数

无穷级数是数与函数的一种重要表示形式, 在研究函数的性态、微分方程的求解以及近似计算中是一个十分重要且有力的工具. 同时在应用科学和工程技术领域中比如光学、电学及振动理论等诸多方面都渗透了级数理论的应用.

本章包括常数项级数和函数项级数两部分. 我们从无穷多个数相加的问题给出常数项级数的概念, 然后从收敛、发散及和的定义入手, 对级数问题进行深入的探讨, 总结归纳了不同类型数项级数的审敛法. 然后在此基础上讨论函数项级数的基本概念, 其中重点讨论两类函数项级数: 幂级数与傅里叶 (Fourier) 级数, 主要研究函数展开成幂级数与傅里叶级数的条件与方法, 了解幂级数和傅里叶级数在函数逼近理论中的作用, 为幂级数与傅里叶级数在工程技术领域中的应用奠定了理论基础.

11.1 常数项级数的概念和性质

课前测11-1-1

一、常数项级数的概念

数列是一列有序的数, 如果数列有无穷项, 我们称其为**无穷数列**, 在前面的研究中主要讨论了当 n 趋于无穷时数列的变化趋势, 对于收敛的数列而言, 当 n 趋于无穷时数列的一般项会越来越接近于某个常数, 这就是数列的极限问题. 如果将无穷数列的每一项相加, 此时会出现怎样的情形? 可以将此类问题描述为 "无穷多个常数相加", 下面具体来看看可能出现的情形及其有关特征.

给出如下的数列:

$$\frac{1}{2}, \frac{1}{2^2}, \cdots, \frac{1}{2^n}, \cdots,$$

$$-1, 1, -1, 1, \cdots,$$

$$2, 4, 6, 8, \cdots, 2n, \cdots.$$

数列 $\left\{\dfrac{1}{2^n}\right\}$ 来自《庄子·天下篇》"一尺之棰, 日取其半, 万世不竭"的例子, 将其所有项相加

$$\frac{1}{2}+\frac{1}{2^2}+\cdots+\frac{1}{2^n}+\cdots.$$

该算式的意义就是每日截下部分的长度之和, 从直观上可以看到, 它的"和"等于 1.

数列 $\{(-1)^n\}$, 也将其所有项相加, 如果写成 $(-1+1)+(-1+1)+\cdots+(-1+1)+\cdots$, 显然它的"和"等于 0. 但是如果写成 $-1+(1-1)+(1-1)+\cdots+(1-1)+\cdots$, 显然此时的"和"等于 -1, 所以该数列的无穷多项求和具有不确定性.

数列 $\{2n\}$, 其所有项相加 $2+4+\cdots+2n+\cdots$, 显然其"和"为无穷大.

由此可以看到, 关于"无穷多项相加问题", 首先需要讨论是否有意义, 即是否存在"和", 然后在存在的前提下如何求"和", 为此需要建立相关的理论, 来进行系统的分析.

早在公元 3 世纪, 我国古代著名的数学家刘徽在对《九章算术》关于圆田术的注中, 提出了有名的"割圆术"来计算圆的面积, "割之弥细, 所失弥少, 割之又割以至于不可割, 则与圆合体, 而无所失矣", 其利用极限思想研究无穷多项求和问题, 体现了中国古代数学思想方法的先进性.

在半径为 R 的圆内作内接正六边形, 其面积记为 u_1, 它是圆面积的一个近似值, 再以该正六边形的每一边为底, 在弓形内作顶点在圆周上的等腰三角形, 得圆内接正十二边形 (图 11-1-1). 设这六个等腰三角形的面积之和为 u_2, 则圆内接正十二边形的面积为 u_1+u_2, 它也是圆面积的一个近似值, 其精确度高于正六边形.

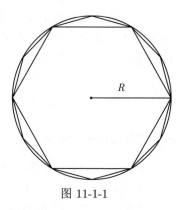

类似地, 作十二个等腰三角形, 得圆内接正二十四边形, 设这十二个等腰三角形的面积和为 u_3, 则圆内接正二十四边形的面积为 $u_1+u_2+u_3$, 它也是圆面积的一个近似值, 其精确度高于前两种.

图 11-1-1

如此继续进行 n 次, 得圆内接正 3×2^n 边形, 其面积为

$$u_1+u_2+\cdots+u_n,$$

它是圆面积的一个近似值. n 越大, 即分割越细, 则精确度越好. 当 $n\to\infty$ 时, 和 $u_1+u_2+\cdots+u_n$ 的极限就是这个圆的面积, 也就是说, 圆面积 A 是无穷多个数累加的和, 即

$$A=u_1+u_2+\cdots+u_n+\cdots.$$

对于此类无穷多项的求和问题, 利用求和符号 Σ, 我们引入如下无穷级数的概念.

定义 1 给定一个数列 $\{u_n\}$

$$u_1, u_2, \cdots, u_n, \cdots,$$

则表达式

$$u_1 + u_2 + \cdots + u_n + \cdots$$

称为**常数项无穷级数**, 简称**常数项级数或级数**, 记作 $\sum\limits_{n=1}^{\infty} u_n$, 即

$$\sum_{n=1}^{\infty} u_n = u_1 + u_2 + \cdots + u_n + \cdots, \tag{11-1-1}$$

其中 $u_i (i = 1, 2, \cdots)$ 称为这个级数的项, u_n 称为级数的**一般项**或**通项**.

例如

$$\sum_{n=1}^{\infty} \frac{1}{2^n} = \frac{1}{2} + \frac{1}{2^2} + \cdots + \frac{1}{2^n} + \cdots,$$

$$\sum_{n=1}^{\infty} (-1)^n = -1 + 1 - 1 + \cdots,$$

$$\sum_{n=1}^{\infty} 2n = 2 + 4 + \cdots + 2n + \cdots.$$

从形式来看级数反映的是无穷多项相加问题, 可以从有限项的和出发, 运用极限思想推广和发展为无穷多项相加.

用 s_n 表示级数 (11-1-1) 的前 n 项的和, 即

$$s_n = u_1 + u_2 + \cdots + u_n = \sum_{k=1}^{n} u_k.$$

称 s_n 为级数 (11-1-1) 的前 n 项部分和, 并称数列 $\{s_n\}$ 为级数 (11-1-1) 的部分和数列. 这样, 就可以把无穷多项求和的问题归结为相应的部分和数列的极限问题.

定义 2 如果级数 $\sum\limits_{n=1}^{\infty} u_n$ 的部分和数列 $\{s_n\}$ 收敛, 即 $\lim\limits_{n\to\infty} s_n = s$, 则称级数 $\sum\limits_{n=1}^{\infty} u_n$ **收敛**, 并称极限 s 为该级数的和, 记为 $\sum\limits_{n=1}^{\infty} u_n = s$. 如果部分和数列 $\{s_n\}$ 发散, 则称级数 $\sum\limits_{n=1}^{\infty} u_n$ **发散**.

由定义 2 可知, 当级数 (11-1-1) 收敛时, 其部分和 s_n 可作为级数和 s 的近似值, 它们之间的差值用 r_n 表示

$$r_n = s - s_n = u_{n+1} + u_{n+2} + \cdots.$$

r_n 称为级数 (11-1-1) 的余项, 如果用 s_n 作为 s 的近似值, 其误差可由 $|r_n|$ 去衡量, 由于 $\lim\limits_{n \to \infty} s_n = s$, 所以 $\lim\limits_{n \to \infty} |r_n| = 0$, 表明 n 越大误差越小.

需要注意的是, 在无穷级数的定义中, 出现了两个数列 $\{u_n\}$ 和 $\{s_n\}$, 可以看到数列 $\{u_n\}$ 的所有项求和构成了无穷级数 $\sum\limits_{n=1}^{\infty} u_n$, 而其部分和数列 $\{s_n\}$ 的敛散性决定了无穷级数 $\sum\limits_{n=1}^{\infty} u_n$ 的敛散性, 由此可知级数敛散性问题和数列的敛散性问题是密切相关的.

例 1 讨论公比为 q 的等比级数 (也称几何级数)

$$\sum_{n=1}^{\infty} aq^{n-1} = a + aq + \cdots + aq^{n-1} + \cdots \tag{11-1-2}$$

的收敛性, 其中 $a \neq 0$, q 为常数.

解 如果 $q \neq 1$, 则级数 (11-1-2) 的前 n 项的部分和

$$s_n = a + aq + \cdots + aq^{n-1} = a\frac{1-q^n}{1-q}.$$

当 $|q| < 1$ 时, 由于 $\lim\limits_{n \to \infty} q^n = 0$, 从而 $\lim\limits_{n \to \infty} s_n = \dfrac{a}{1-q}$, 此时级数 (11-1-2) 收敛于 $\dfrac{a}{1-q}$;

当 $|q| > 1$ 时, 由于 $\lim\limits_{n \to \infty} q^n = \infty$, 从而 $\lim\limits_{n \to \infty} s_n = \infty$, 此时级数 (11-1-2) 发散;

当 $q = -1$ 时, $s_n = \dfrac{1}{2}a\left[1 - (-1)^n\right]$, 从而 $\lim\limits_{n \to \infty} s_n$ 不存在, 此时级数 (11-1-2) 发散;

如果 $q = 1$, $s_n = na \to \infty (n \to \infty)$, 此时级数 (11-1-2) 发散.

综上所述, 等比级数 $\sum\limits_{n=1}^{\infty} aq^{n-1} (a \neq 0)$, 当 $|q| < 1$ 时收敛, 其和为 $\dfrac{a}{1-q}$, 当 $|q| \geqslant 1$ 时发散.

值得注意的是, 几何级数是一个非常重要的无穷级数, 在后面讨论判别无穷级数的敛散性、求无穷级数的和以及函数展开为无穷级数等方面都有着广泛而重要的应用.

例 2 讨论级数 $\displaystyle\sum_{n=1}^{\infty} \frac{1}{(2n-1)(2n+1)}$ 的收敛性, 若收敛, 求该级数的和.

解 该级数的前 n 项部分和

$$s_n = \frac{1}{1 \cdot 3} + \frac{1}{3 \cdot 5} + \cdots + \frac{1}{(2n-1) \cdot (2n+1)}$$

$$= \frac{1}{2}\left(1 - \frac{1}{3}\right) + \frac{1}{2}\left(\frac{1}{3} - \frac{1}{5}\right) + \cdots + \frac{1}{2}\left(\frac{1}{2n-1} - \frac{1}{2n+1}\right)$$

$$= \frac{1}{2}\left(1 - \frac{1}{2n+1}\right),$$

由于

$$\lim_{n\to\infty} s_n = \lim_{n\to\infty} \frac{1}{2}\left(1 - \frac{1}{2n+1}\right) = \frac{1}{2},$$

故此级数收敛, 且和为 $\dfrac{1}{2}$.

例 3 讨论级数 $\displaystyle\sum_{n=1}^{\infty} \ln\frac{n+1}{n}$ 的敛散性.

解 该级数的前 n 项部分和

$$s_n = \ln\frac{2}{1} + \ln\frac{3}{2} + \cdots + \ln\frac{n+1}{n}$$

$$= (\ln 2 - \ln 1) + (\ln 3 - \ln 2) + \cdots + [\ln(n+1) - \ln n]$$

$$= \ln(n+1).$$

由于

$$\lim_{n\to\infty} s_n = \lim_{n\to\infty} \ln(n+1) = \infty,$$

所以级数 $\displaystyle\sum_{n=1}^{\infty} \ln\frac{n+1}{n}$ 发散.

二、收敛级数的基本性质

基于级数 $\displaystyle\sum_{n=1}^{\infty} u_n$ 的收敛性定义, 级数的敛散性归结于其部分和数列 $\{s_n\}$ 的敛散性, 由此根据数列极限的运算性质, 可以推出下列关于收敛级数的一些基本性质.

性质 1 如果级数 $\displaystyle\sum_{n=1}^{\infty} u_n$ 收敛于 s, 则 $\displaystyle\sum_{n=1}^{\infty} ku_n (k$ 为任意实数) 也收敛, 且

$$\sum_{n=1}^{\infty} ku_n = ks.$$

证 设级数 $\sum_{n=1}^{\infty} u_n$ 及 $\sum_{n=1}^{\infty} ku_n$ 的部分和分别为 s_n, σ_n, 则

$$\sigma_n = ku_1 + ku_2 + \cdots + ku_n = k(u_1 + u_2 + \cdots + u_n) = ks_n,$$

由于 $\lim\limits_{n\to\infty} s_n = s$, 所以

$$\lim_{n\to\infty} \sigma_n = \lim_{n\to\infty} ks_n = k \lim_{n\to\infty} s_n = ks.$$

即级数 $\sum_{n=1}^{\infty} ku_n$ 也收敛, 且 $\sum_{n=1}^{\infty} ku_n = ks.$

由极限的性质可知, 当 $k \neq 0$ 时, 极限 $\lim\limits_{n\to\infty} ks_n$ 与 $\lim\limits_{n\to\infty} s_n$ 同时存在或不存在. 而 $\sum_{n=1}^{\infty} u_n$ 发散时, $\lim\limits_{n\to\infty} s_n$ 不存在, 因而 $\lim\limits_{n\to\infty} ks_n (k \neq 0)$ 也不存在. 故此时 $\sum_{n=1}^{\infty} ku_n$ 也发散.

因此可以得到如下结论.

推论 1 当 k 为任意实数, 且 $k \neq 0$ 时, $\sum_{n=1}^{\infty} u_n$ 与 $\sum_{n=1}^{\infty} ku_n$ 有相同的收敛性.

性质 2 若级数 $\sum_{n=1}^{\infty} u_n$ 与 $\sum_{n=1}^{\infty} v_n$ 分别收敛于 s 与 σ, 则 $\sum_{n=1}^{\infty} (u_n \pm v_n)$ 也收敛, 且收敛于 $s \pm \sigma$.

证 设两级数的部分和分别为 s_n, σ_n, 则 $\sum_{n=1}^{\infty} (u_n \pm v_n)$ 的部分和为 $s_n \pm \sigma_n$. 由于两级数收敛, 故

$$\lim_{n\to\infty} s_n = s, \quad \lim_{n\to\infty} \sigma_n = \sigma,$$

从而

$$\lim_{n\to\infty} (s_n \pm \sigma_n) = \lim_{n\to\infty} s_n \pm \lim_{n\to\infty} \sigma_n = s \pm \sigma.$$

即级数 $\sum_{n=1}^{\infty} (u_n \pm v_n)$ 收敛, 且

$$\sum_{n=1}^{\infty} (u_n \pm v_n) = s \pm \sigma.$$

性质 2 也表明, 两个收敛级数可以逐项相加或相减.

推论 2 若级数 $\sum\limits_{n=1}^{\infty} u_n$ 收敛, $\sum\limits_{n=1}^{\infty} v_n$ 发散, 则级数 $\sum\limits_{n=1}^{\infty} (u_n \pm v_n)$ 必发散.

证 利用反证法, 假设级数 $\sum\limits_{n=1}^{\infty} (u_n + v_n)$ 收敛, 由于 $\sum\limits_{n=1}^{\infty} u_n$ 收敛, 且 $\sum\limits_{n=1}^{\infty} v_n = \sum\limits_{n=1}^{\infty} [(u_n + v_n) - u_n]$, 根据性质 2, $\sum\limits_{n=1}^{\infty} v_n$ 也收敛, 与已知矛盾. 故假设不成立, 即级数 $\sum\limits_{n=1}^{\infty} (u_n + v_n)$ 发散. 同理可证 $\sum\limits_{n=1}^{\infty} (u_n - v_n)$ 发散.

例 4 判别级数 $\sum\limits_{n=1}^{\infty} \dfrac{2 + (-1)^{n-1}}{3^n}$ 是否收敛, 如果收敛, 则求其和.

解 $\sum\limits_{n=1}^{\infty} \dfrac{2 + (-1)^{n-1}}{3^n} = 2\sum\limits_{n=1}^{\infty} \dfrac{1}{3^n} - \sum\limits_{n=1}^{\infty} \left(-\dfrac{1}{3}\right)^n$. 由等比级数的敛散性可知

$$\sum_{n=1}^{\infty} \frac{1}{3^n} = \frac{\dfrac{1}{3}}{1 - \dfrac{1}{3}} = \frac{1}{2}, \quad \sum_{n=1}^{\infty} \left(-\frac{1}{3}\right)^n = \frac{-\dfrac{1}{3}}{1 + \dfrac{1}{3}} = -\frac{1}{4},$$

根据级数的性质 1 和性质 2 可知, $\sum\limits_{n=1}^{\infty} \dfrac{2 + (-1)^{n-1}}{3^n}$ 也收敛, 其和为

$$\sum_{n=1}^{\infty} \frac{2 + (-1)^{n-1}}{3^n} = 2\sum_{n=1}^{\infty} \frac{1}{3^n} - \sum_{n=1}^{\infty} \left(-\frac{1}{3}\right)^n$$
$$= 2 \times \frac{1}{2} + \frac{1}{4} = \frac{5}{4}.$$

性质 3 删除、增加或改变级数的有限项后, 级数收敛性不改变.

证 这里仅证明 "在级数的前面部分删除有限项, 级数的收敛性不改变", 因为其他情形 (即在级数中任意删除有限项的情形) 都可以看成在级数的前面部分先去掉有限项, 然后再加上有限项的结果.

设将级数 $u_1 + u_2 + \cdots + u_k + u_{k+1} + \cdots + u_{k+n} + \cdots$ 的前 k 项去掉, 得新的级数

$$u_{k+1} + u_{k+2} + \cdots + u_{k+n} + \cdots,$$

新级数的前 n 项部分和为

$$\sigma_n = u_{k+1} + u_{k+2} + \cdots + u_{k+n} = s_{n+k} - s_k,$$

其中 s_{n+k} 是原来级数的前 $n+k$ 项的和. 又因为 s_k 是常数, 故 σ_n 与 s_{n+k} 或者同时具有极限, 或者同时没有极限, 即数列 $\{\sigma_n\}$ 与 $\{s_{n+k}\}$ 具有相同的敛散性, 从而去掉级数的前有限项, 级数的敛散性不变, 但其和将改变.

类似地可以证明, 级数增加或改变有限项不影响级数的敛散性.

性质 4 设级数 $\sum\limits_{n=1}^{\infty} u_n$ 收敛, 若不改变其各项的次序, 则对该级数的项任意添加括号后所得到的新级数仍收敛且其和不变.

证 设级数 $\sum\limits_{n=1}^{\infty} u_n$ 的部分和数列为 $\{s_n\}$, 其和为 s, 在级数中任意加入括号, 所得新级数为

$$(u_1 + u_2 + \cdots + u_{n_1}) + (u_{n_1+1} + u_{n_1+2} + \cdots + u_{n_2}) + \cdots$$
$$+ (u_{n_{k-1}+1} + u_{n_{k-1}+2} + \cdots + u_{n_k}) + \cdots.$$

记它的部分和数列为 $\{\sigma_k\}$, 则

$$\sigma_1 = s_{n_1}, \quad \sigma_2 = s_{n_2}, \quad \cdots, \quad \sigma_k = s_{n_k}, \quad \cdots,$$

因此 $\{\sigma_k\}$ 为原级数部分和数列 $\{s_n\}$ 的一个子列 $\{s_{n_k}\}$, 从而有

$$\lim_{k \to \infty} \sigma_k = \lim_{n \to \infty} s_n = s,$$

即收敛级数加括号后仍收敛, 且其和不变.

由性质 4 可知, 如果添加括号后的级数发散, 则原级数一定发散. 但是需要注意, 性质 4 的逆命题不成立. 例如级数

$$(1-1) + (1-1) + \cdots + (1-1) + \cdots$$

是收敛的, 但不加括号的级数 $1-1+1-1+\cdots+1-1+\cdots$ 却发散.

性质 5 (级数收敛的必要条件) 若级数 $\sum\limits_{n=1}^{\infty} u_n$ 收敛, 则 $\lim\limits_{n \to \infty} u_n = 0$.

证 设级数 $\sum\limits_{n=1}^{\infty} u_n = s$, 其部分和数列为 $\{s_n\}$, 则

$$\lim_{n \to \infty} s_n = \lim_{n \to \infty} s_{n-1} = s.$$

性质5讲解11-1-2

从而

$$\lim_{n \to \infty} u_n = \lim_{n \to \infty} (s_n - s_{n-1}) = \lim_{n \to \infty} s_n - \lim_{n \to \infty} s_{n-1} = s - s = 0.$$

由性质 5 可知, 若通项不趋于零, 则级数一定发散. 这个结论提供了判别级数发散的一种方法. 例如对于级数 $\sum\limits_{n=1}^{\infty}(-1)^n$, 因为 $\lim\limits_{n\to\infty}(-1)^n \neq 0$, 所以 $\sum\limits_{n=1}^{\infty}(-1)^n$ 发散.

应当注意的是, $\lim\limits_{n\to\infty} u_n = 0$ 仅仅是级数收敛的必要条件, 而不是充分条件, 也就是说, 有些级数虽然通项的极限为零, 但它们是发散的. 如例 3 中的级数 $\sum\limits_{n=1}^{\infty}\ln\dfrac{n+1}{n}$, 其通项的极限为

$$\lim_{n\to\infty} u_n = \lim_{n\to\infty}\ln\frac{n+1}{n} = 0,$$

但该级数是发散的.

例 5　证明下列级数是发散的: (1) $\sum\limits_{n=1}^{\infty}\dfrac{n}{2n+1}$; (2) $\sum\limits_{n=1}^{\infty}\sin\dfrac{n\pi}{2}$.

证　(1) 因为 $\lim\limits_{n\to\infty} u_n = \lim\limits_{n\to\infty}\dfrac{n}{2n+1} = \dfrac{1}{2} \neq 0$, 所以由性质 5, 级数 $\sum\limits_{n=1}^{\infty}\dfrac{n}{2n+1}$ 发散;

(2) 因为 $\lim\limits_{n\to\infty} u_n = \lim\limits_{n\to\infty}\sin\dfrac{n\pi}{2}$ 不存在, 所以由性质 5, 级数 $\sum\limits_{n=1}^{\infty}\sin\dfrac{n\pi}{2}$ 发散.

例 6　讨论调和级数

$$1 + \frac{1}{2} + \frac{1}{3} + \cdots + \frac{1}{n} + \cdots \tag{11-1-3}$$

的敛散性.

证法一　利用反证法, 假设调和级数收敛, 其和为 s, 由于

$$s_{2n} - s_n = \frac{1}{n+1} + \frac{1}{n+2} + \cdots + \frac{1}{2n} > \frac{n}{2n} = \frac{1}{2},$$

由假设可知

$$\lim_{n\to\infty}(s_{2n} - s_n) = s - s = 0,$$

便有 $0 \geqslant \dfrac{1}{2}(n\to\infty)$, 这是不可能的, 故级数发散.

证法二　当 $x > n$ 时, 有 $\dfrac{1}{n} > \dfrac{1}{x}$, 所以有

$$\frac{1}{n} = \int_n^{n+1}\frac{1}{n}\mathrm{d}x > \int_n^{n+1}\frac{1}{x}\mathrm{d}x = \ln(n+1) - \ln n,$$

故级数的部分和

$$s_n = 1 + \frac{1}{2} + \frac{1}{3} + \cdots + \frac{1}{n}$$
$$> (\ln 2 - \ln 1) + (\ln 3 - \ln 2) + \cdots + [\ln(n+1) - \ln n]$$
$$= \ln(n+1).$$

因为 $\lim\limits_{n \to \infty} \ln(n+1) = \infty$, 所以 $\lim\limits_{n \to \infty} s_n = \infty$, 故原级数发散.

例 7 讨论级数 $1 + \frac{1}{2} + \frac{1}{2} + \frac{1}{2^2} + \frac{1}{3} + \frac{1}{2^3} + \cdots + \frac{1}{n} + \frac{1}{2^n} + \cdots$ 的收敛性.

解 将此级数加括号:

$$\left(1 + \frac{1}{2}\right) + \left(\frac{1}{2} + \frac{1}{2^2}\right) + \left(\frac{1}{3} + \frac{1}{2^3}\right) + \cdots + \left(\frac{1}{n} + \frac{1}{2^n}\right) + \cdots$$

它是由调和级数 $\sum\limits_{n=1}^{\infty} \frac{1}{n}$ 与等比级数 $\sum\limits_{n=1}^{\infty} \frac{1}{2^n}$ 逐项相加而成, 而 $\sum\limits_{n=1}^{\infty} \frac{1}{n}$ 发散, $\sum\limits_{n=1}^{\infty} \frac{1}{2^n}$ 收敛, 由性质 2 的推论 1 知, 添加括号后的新级数发散, 再由性质 4 可知, 原级数发散.

*三、柯西审敛原理

类似数列收敛性的柯西收敛准则, 可以得到判断级数收敛性的一个基本定理.

定理 1(柯西审敛原理) 级数 $\sum\limits_{n=1}^{\infty} u_n$ 收敛的充分必要条件是: 对于任意给定的 $\varepsilon > 0$, 存在自然数 N, 使当 $n > N$ 时, 对于任意的自然数 p, 总有

$$\left| \sum_{k=n+1}^{n+p} u_k \right| = |u_{n+1} + u_{n+2} + \cdots + u_{n+p}| < \varepsilon.$$

证 设级数的部分和为 s_n, 由于

$$|u_{n+1} + u_{n+2} + \cdots + u_{n+p}| = |s_{n+p} - s_n|,$$

所以由数列的柯西收敛准则可知定理成立.

例 8 判别级数 $\sum\limits_{n=1}^{\infty} \frac{\cos n}{2^n}$ 的收敛性.

解 因为对任何自然数 p,

$$|u_{n+1} + u_{n+2} + \cdots + u_{n+p}| = \left| \frac{\cos(n+1)}{2^{n+1}} + \frac{\cos(n+2)}{2^{n+2}} + \cdots + \frac{\cos(n+p)}{2^{n+p}} \right|$$

$$\leq \frac{1}{2^{n+1}} + \frac{1}{2^{n+2}} + \cdots + \frac{1}{2^{n+p}}$$

$$= \frac{1}{2^n}\left(1 - \frac{1}{2^p}\right) < \frac{1}{2^n},$$

所以, 对任意给定的 $\varepsilon > 0$, 不妨设 $\varepsilon < 1$, 取自然数 $N = [-\ln\varepsilon/\ln 2]$, 当 $n > N$ 时, 对任何自然数 p, 有

$$|u_{n+1} + u_{n+2} + \cdots + u_{n+p}| < \frac{1}{2^n} < \varepsilon$$

课件11-1-3

成立. 由柯西审敛原理, 级数收敛.

*阅读材料: 芝诺悖论

　　芝诺是公元 5 世纪古希腊埃利亚学派的代表人物, 他提出了一个非常著名的悖论: "阿基里斯追不上乌龟". 在古希腊的传说中阿基里斯武艺高强, 而且奔跑速度极快. 阿基里斯与乌龟赛跑, 如果让乌龟先跑一步, 阿基里斯就永远追不上乌龟. 因为当阿基里斯到达乌龟的出发点的时候, 乌龟已经前进了, 留下一段新的空间, 这又需要阿基里斯花费一定的时间才能走过, 依此类推, 以至无穷. 如图 11-1-2 所示.

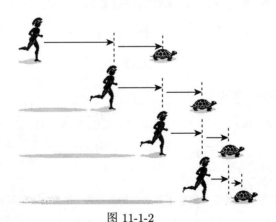

图 11-1-2

　　而这与我们的常识相悖, 因为阿基里斯的速度比乌龟快多了, 在有限的时间内阿基里斯是可以追上乌龟的. 不妨假设阿基里斯的速度为 10 米/秒, 乌龟的速度为 1 米/秒, 乌龟在阿基里斯前方 1000 米处. 匀速运动下两者同向而行, 路程差与速度差之比等于追上的时间, 易知阿基里斯追上乌龟只需要 $T = \dfrac{1000}{10-1} = \dfrac{1000}{9}$ 秒.

　　芝诺认为: 阿基里斯追乌龟跑 1000 米需要 100 秒, 此时乌龟跑了 100 米; 阿基里斯追乌龟跑 100 米需要 10 秒, 此时乌龟又跑了 10 米; 阿基里斯继续追乌龟用了 1 秒, 此时乌龟跑了 1 米; 阿基里斯继续追乌龟 1 米用了 0.1 秒, 乌龟又跑了 0.1 米, 阿基里斯还是没有追上乌龟; 依

此类推下去, 阿基里斯是永远追不上乌龟的. 这是两个完全不同的结论, 芝诺的解释看起来似乎也有道理, 事实果真如此吗?

实际上, 芝诺悖论中阿基里斯追上乌龟所需的时间可以用公式来表示

$$T = 100 + 10 + 1 + 0.1 + \cdots. \tag{11-1-4}$$

该式实质上是一个公比为 $\dfrac{1}{10}$ 的等比级数 $\sum\limits_{n=0}^{\infty} 100 \cdot \left(\dfrac{1}{10}\right)^n$, 从级数的一般项看来, 随着追赶乌龟次数的增多, 每次阿基利斯里斯跑到乌龟上一次的位置所需的时间是越来越小的: 100, 10, 1, 0.1, 0.01, $\cdots$, n 越大, 每次所需的时间越来越接近于 0, 但是不等于 0, 这引出了极限与无穷小的概念. 利用极限这个工具, 芝诺提出的解释实际上所需的时间为

$$T = \lim_{n \to \infty} \frac{100}{1 - \dfrac{1}{10}} \left[1 - \left(\frac{1}{10}\right)^n\right]$$

利用极限 $\lim\limits_{n \to \infty} \dfrac{1}{10^n} = 0$, 可得 $T = \dfrac{1000}{9}$, 这与前面利用物理学上路程与速度差来计算时间得到的结论是一致的.

芝诺悖论告诉我们无限段时间之和也可能是有限的. 芝诺悖论的意义在于把无限和有限的关系、连续和离散的关系集中地反应出来, "有限" 时成立的结论对于 "无限" 不一定成立, 引入了极限这个重要的工具, 将 "有限" 与 "无限" 联系了起来.

习 题 11-1

A 组

1. 写出下列级数的一般项:

(1) $\dfrac{1}{3} + \dfrac{2}{9} + \dfrac{3}{19} + \dfrac{4}{33} + \cdots$;

(2) $\dfrac{1}{2\ln^2 2} - \dfrac{1}{3\ln^2 3} + \dfrac{1}{4\ln^2 4} - \dfrac{1}{5\ln^2 5} + \cdots$;

(3) $\dfrac{1}{1 \cdot 3} + \dfrac{1}{3 \cdot 5} + \dfrac{1}{5 \cdot 7} + \dfrac{1}{7 \cdot 9} + \cdots$;

(4) $1 + \dfrac{2}{2^2} + \dfrac{2 \cdot 3}{3^2} + \dfrac{2 \cdot 3 \cdot 4}{4^2} + \cdots$;

(5) $\dfrac{x^2}{2!} - \dfrac{x^3}{4!} + \dfrac{x^4}{6!} - \dfrac{x^5}{8!} + \cdots$.

2. 根据级数收敛与发散的定义判别下列级数的敛散性, 并求出收敛级数的和:

(1) $\sum\limits_{n=1}^{\infty} \dfrac{1}{(5n-4)(5n+1)}$;

(2) $\sum\limits_{n=1}^{\infty} \dfrac{n}{3^n}$;

(3) $\sum\limits_{n=1}^{\infty} \left(\sqrt{n} - \sqrt{n+1}\right)$;

(4) $\sum\limits_{n=1}^{\infty} \dfrac{1}{n(n+1)(n+2)}$.

3. 判别下列级数的敛散性:

(1) $\sum\limits_{n=1}^{\infty} \left((-1)^n \dfrac{1}{2^n} + \dfrac{4^n}{5^n}\right)$;

(2) $\sum\limits_{n=1}^{\infty} \left(\dfrac{1}{3n} - \dfrac{1}{3^n}\right)$;

(3) $\sum\limits_{n=1}^{\infty} n^2 \left(1 - \cos\dfrac{1}{n}\right)$;

(4) $\sum\limits_{n=1}^{\infty} \left(\dfrac{n}{1+n}\right)^n$.

*4. 利用柯西审敛原理判别下列级数的收敛性:

(1) $\displaystyle\sum_{n=1}^{\infty} \frac{\sin 2^n}{2^n}$;

(2) $\displaystyle\sum_{n=1}^{\infty} \frac{1}{n^2}$.

B 组

1. 判别下列级数的收敛性, 如果收敛求其和:

(1) $\displaystyle\sum_{n=2}^{\infty} \ln\left(1 - \frac{1}{n^2}\right)$;

(2) $\displaystyle\sum_{n=1}^{\infty} \frac{1}{\sqrt{n(n+1)}\left(\sqrt{n+1} + \sqrt{n}\right)}$;

(3) $\displaystyle\sum_{n=1}^{\infty} \arctan \frac{1}{2n^2}$;

(4) $\displaystyle\sum_{n=1}^{\infty} \frac{n^{n+\frac{1}{n}}}{\left(n + \frac{1}{n}\right)^n}$.

2. 若数列 $\{a_n\}$ 收敛于 a, 证明级数 $\displaystyle\sum_{n=1}^{\infty}(a_n - a_{n+1})$ 也收敛, 且收敛于 $a_1 - a$.

3. 设级数 $\displaystyle\sum_{n=1}^{\infty} u_n$ 与 $\displaystyle\sum_{n=1}^{\infty} v_n$ 均发散, 试问级数 $\displaystyle\sum_{n=1}^{\infty}(u_n + v_n)$ 一定发散吗? 又若 $u_n \geqslant 0, v_n \geqslant 0, (n = 1, 2, \cdots)$ 时, 则能得出什么结论?

11.2 常数项级数的审敛法

课前测11-2-1

判别级数的敛散性是级数理论中研究的一个重要问题. 根据定义判别级数的敛散性, 需要计算其部分和的极限, 除了对某些特殊的级数可以算出其部分和的极限, 一般的级数往往都比较困难, 因此需要建立判断级数敛散性的判别法.

本节先考虑两类特殊的级数, 利用其特性给出相应的审敛法, 然后给出一般的常数项级数审敛的方法.

一、正项级数及其审敛法

考察一类特殊的级数, 若级数的每一项均是正数或零, 这类级数称为**正项级数**. 若级数的每一项均为负数或零, 将其每项乘 -1 就可以得到一个正项级数, 由级数的性质可知, 它们具有相同的敛散性. 因此, 只需研究正项级数, 同时需要特别指出的是, 在以后的研究中会看到许多级数的敛散性问题都可以归结为正项级数的敛散性问题.

定理 1 正项级数 $\displaystyle\sum_{n=1}^{\infty} u_n$ 收敛的充要条件是: 其部分和数列 $\{s_n\}$ 有界.

证 由于 $\displaystyle\sum_{n=1}^{\infty} u_n$ 是正项级数, 所以 $u_n \geqslant 0$. 显然其部分和数列 $\{s_n\}$ 是一个单调增加的数列:

$$s_1 \leqslant s_2 \leqslant \cdots \leqslant s_n \leqslant \cdots,$$

由数列的单调有界准则可知, 正项级数的部分和数列 $\{s_n\}$ 有界等价于数列 $\{s_n\}$ 极限存在. 而部分和数列极限存在等价于级数收敛, 从而证得本定理的结论.

由定理 1 可知, 若正项级数 $\sum\limits_{n=1}^{\infty} u_n$ 发散, 则其部分和数列 $s_n \to +\infty(n \to \infty)$,

此时可记为级数 $\sum\limits_{n=1}^{\infty} u_n = +\infty$. 同时需要指出的是定理 1 的重要性还在于利用它

可以得到以下的比较判别法.

定理 2 (比较审敛法) 设 $\sum\limits_{n=1}^{\infty} u_n$ 与 $\sum\limits_{n=1}^{\infty} v_n$ 均为正项级数, 如果存在正整数 N, 对一切自然数 $n > N$, 都有 $u_n \leqslant v_n$, 那么

(1) 若级数 $\sum\limits_{n=1}^{\infty} v_n$ 收敛, 则级数 $\sum\limits_{n=1}^{\infty} u_n$ 也收敛;

(2) 若级数 $\sum\limits_{n=1}^{\infty} u_n$ 发散, 则级数 $\sum\limits_{n=1}^{\infty} v_n$ 也发散.

证 由于改变级数的有限项并不影响级数的敛散性, 所以不妨设对一切自然数 n, 均有 $u_n \leqslant v_n$.

设 $\sum\limits_{n=1}^{\infty} u_n$ 及 $\sum\limits_{n=1}^{\infty} v_n$ 的部分和分别为 $s_n = u_1 + u_2 + \cdots + u_n$, $\sigma_n = v_1 + v_2 + \cdots + v_n$, 由于 $u_n \leqslant v_n$, 故 $s_n \leqslant \sigma_n (n = 1, 2 \cdots)$.

(1) 若级数 $\sum\limits_{n=1}^{\infty} v_n$ 收敛, 则部分和数列 $\{\sigma_n\}$ 有界, 从而部分和数列 $\{s_n\}$ 有

界, 由定理 1 知, 级数 $\sum\limits_{n=1}^{\infty} u_n$ 也收敛.

(2) 用反证法即可证得.

同时, 由级数的性质可知, 级数的每一项同乘非零常数 k 后敛散性不变, 所以定理 2 中的条件 $u_n \leqslant v_n$ 可改为 $u_n \leqslant k v_n$, 此时结论仍然成立.

例 1 证明 p 级数

$$\sum_{n=1}^{\infty} \frac{1}{n^p} = 1 + \frac{1}{2^p} + \frac{1}{3^p} + \frac{1}{4^p} + \cdots + \frac{1}{n^p} + \cdots, \tag{11-2-1}$$

其中常数 $p > 0$, 当 $0 < p \leqslant 1$ 时发散, 当 $p > 1$ 时收敛.

证 当 $0 < p \leqslant 1$ 时,

$$\frac{1}{n^p} \geqslant \frac{1}{n} \quad (n = 1, 2, \cdots).$$

而调和级数 $\sum\limits_{n=1}^{\infty} \frac{1}{n}$ 发散, 由比较审敛法可知, 当 $0 < p \leqslant 1$ 时, 级数 $\sum\limits_{n=1}^{\infty} \frac{1}{n^p}$ 发散.

当 $p > 1$ 时, 对于 $\forall x > 0, \exists k \in \mathbf{N}$, 有 $k - 1 < x \leqslant k$ (k 为大于 1 的自然数), 从而

$$\frac{1}{k^p} = \int_{k-1}^{k} \frac{1}{k^p} \mathrm{d}x \leqslant \int_{k-1}^{k} \frac{1}{x^p} \mathrm{d}x,$$

因此级数的部分和

$$s_n = 1 + \frac{1}{2^p} + \frac{1}{3^p} + \cdots + \frac{1}{k^p} + \cdots + \frac{1}{n^p}$$

$$\leqslant 1 + \int_1^2 \frac{1}{x^p} \mathrm{d}x + \int_2^3 \frac{1}{x^p} \mathrm{d}x + \cdots + \int_{n-1}^{n} \frac{1}{x^p} \mathrm{d}x$$

$$= 1 + \int_1^n \frac{1}{x^p} \mathrm{d}x$$

$$= 1 + \frac{1}{p-1} \left(1 - \frac{1}{n^{p-1}} \right) < 1 + \frac{1}{p-1},$$

即部分和数列 $\{s_n\}$ 有界, 故 $\sum\limits_{n=1}^{\infty} \frac{1}{n^p}$ 收敛.

综上所述, p 级数 $\sum\limits_{n=1}^{\infty} \frac{1}{n^p}$ 在 $p > 1$ 时收敛, 在 $0 < p \leqslant 1$ 时发散.

例 2 用比较审敛法判别下列级数的收敛性:

(1) $\sum\limits_{n=1}^{\infty} \frac{1}{\sqrt{n(n+1)}}$; (2) $\sum\limits_{n=1}^{\infty} \frac{1}{\sqrt{n}} \ln \left(1 + \frac{1}{n} \right)$.

解 (1) 因为

$$\frac{1}{\sqrt{n(n+1)}} > \frac{1}{\sqrt{(n+1)^2}} = \frac{1}{n+1},$$

而级数

$$\sum_{n=1}^{\infty} \frac{1}{n+1} = \frac{1}{2} + \frac{1}{3} + \cdots + \frac{1}{n+1} + \cdots$$

是发散的, 根据比较审敛法可知所给级数也是发散的.

(2) 当 $n \geqslant 1$ 时, 由于

$$0 < \frac{1}{\sqrt{n}} \ln \left(1 + \frac{1}{n}\right) < \frac{1}{\sqrt{n}} \cdot \frac{1}{n} = \frac{1}{n^{\frac{3}{2}}} \quad (n = 1, 2, \cdots),$$

并且级数 $\sum_{n=1}^{\infty} \frac{1}{n^{\frac{3}{2}}}$ 收敛, 从而级数 $\sum_{n=1}^{\infty} \frac{1}{\sqrt{n}} \ln \left(1 + \frac{1}{n}\right)$ 收敛.

在比较审敛法的使用过程中, 寻找比较级数, 同时还要兼顾放缩的方向, 往往比较难处理. 为了使用的方便性, 给出下面的比较审敛法的极限形式.

定理 3 (比较审敛法的极限形式) 设 $\sum_{n=1}^{\infty} u_n$ 和 $\sum_{n=1}^{\infty} v_n$ 均为正项级数, 且 $\lim_{n \to \infty} \frac{u_n}{v_n} = l$, 则

(1) 当 $0 < l < +\infty$ 时, $\sum_{n=1}^{\infty} u_n$ 与 $\sum_{n=1}^{\infty} v_n$ 同时收敛或同时发散;

(2) 当 $l = 0$, 且 $\sum_{n=1}^{\infty} v_n$ 收敛时, $\sum_{n=1}^{\infty} u_n$ 也收敛;

(3) 当 $l = +\infty$, 且 $\sum_{n=1}^{\infty} v_n$ 发散时, $\sum_{n=1}^{\infty} u_n$ 也发散.

证 (1) 由于 $\lim_{n \to \infty} \frac{u_n}{v_n} = l$, 取 $\varepsilon = \frac{l}{2}$, 存在自然数 N, 当 $n > N$ 时, 有不等式

$$\left| \frac{u_n}{v_n} - l \right| < \frac{l}{2},$$

即 $\frac{l}{2} < \frac{u_n}{v_n} < \frac{3}{2} l$, 从而

$$\frac{l}{2} v_n < u_n < \frac{3}{2} l v_n.$$

再根据比较审敛法, 即得所要证的结论.

(2) 当 $l = 0$ 时, 取 $\varepsilon = 1$, 存在自然数 N, 当 $n > N$ 时, 有不等式

$$\left| \frac{u_n}{v_n} - 0 \right| < 1,$$

即

$$0 < u_n < v_n.$$

当 $\sum_{n=1}^{\infty} v_n$ 收敛时, 则 $\sum_{n=1}^{\infty} u_n$ 也收敛;

(3) 当 $l = +\infty$ 时, 则 $\lim_{n \to \infty} \frac{v_n}{u_n} = 0$, 由反证法及 (2) 知结论成立.

需要注意的是, 定理 3 的情形 (2) 中当 $l = 0$ 时, 若级数 $\sum\limits_{n=1}^{\infty} v_n$ 发散, 则无法推出级数 $\sum\limits_{n=1}^{\infty} u_n$ 一定发散. 例如, 设正项级数 $\sum\limits_{n=1}^{\infty} u_n = \sum\limits_{n=1}^{\infty} \dfrac{1}{n^2}$, $\sum\limits_{n=1}^{\infty} v_n = \sum\limits_{n=1}^{\infty} \dfrac{1}{n}$, 其中 $\lim\limits_{n\to\infty} \dfrac{u_n}{v_n} = \lim\limits_{n\to\infty} \dfrac{1}{n} = 0$, 且级数 $\sum\limits_{n=1}^{\infty} \dfrac{1}{n}$ 发散, 但是级数 $\sum\limits_{n=1}^{\infty} \dfrac{1}{n^2}$ 是收敛的.

同样, 定理 3 的情形 (3) 中当 $l = +\infty$ 时, 若 $\sum\limits_{n=1}^{\infty} v_n$ 收敛, 也无法推出 $\sum\limits_{n=1}^{\infty} u_n$ 一定收敛.

例 3 用比较审敛法的极限形式判别下列级数的收敛性:

(1) $\sum\limits_{n=1}^{\infty} \dfrac{n}{n^2 + 5n + 2}$;   (2) $\sum\limits_{n=1}^{\infty} \ln\left(1 + \dfrac{1}{n^2}\right)$;   (3) $\sum\limits_{n=1}^{\infty} \sin\dfrac{\pi}{n^2}$.

解 (1) 因为 $\lim\limits_{n\to\infty} \dfrac{u_n}{v_n} = \lim\limits_{n\to\infty} \dfrac{\dfrac{n}{n^2 + 5n + 2}}{\dfrac{1}{n}} = \lim\limits_{n\to\infty} \dfrac{n^2}{n^2 + 5n + 2} = 1$, 而级数 $\sum\limits_{n=1}^{\infty} \dfrac{1}{n}$ 发散, 由比较审敛法的极限形式知, 级数 $\sum\limits_{n=1}^{\infty} \dfrac{n}{n^2 + 5n + 2}$ 发散;

(2) 因为 $\lim\limits_{n\to\infty} \dfrac{u_n}{v_n} = \lim\limits_{n\to\infty} \dfrac{\ln\left(1 + \dfrac{1}{n^2}\right)}{\dfrac{1}{n^2}} = 1$, 而级数 $\sum\limits_{n=1}^{\infty} \dfrac{1}{n^2}$ 收敛, 由比较审敛法的极限形式可知, 所给级数 $\sum\limits_{n=1}^{\infty} \ln\left(1 + \dfrac{1}{n^2}\right)$ 收敛;

(3) 因为 $\lim\limits_{n\to\infty} \dfrac{u_n}{v_n} = \lim\limits_{n\to\infty} \dfrac{\sin\dfrac{\pi}{n^2}}{\dfrac{1}{n^2}} = \lim\limits_{n\to\infty} \dfrac{\dfrac{\pi}{n^2}}{\dfrac{1}{n^2}} = \pi$, 而级数 $\sum\limits_{n=1}^{\infty} \dfrac{1}{n^2}$ 收敛, 由比较审敛法的极限形式可知, 级数 $\sum\limits_{n=1}^{\infty} \sin\dfrac{\pi}{n^2}$ 收敛.

利用比较审敛法或比较审敛法的极限形式判别正项级数的收敛性, 关键在于参照级数的寻找, 在例 3 的级数敛散性分析中可以看到, p 级数是常用的参考级数之一, 因此在定理 3 比较审敛法极限形式的基础上, 选择 p 级数作为参照级数, 可以得到如下推论.

推论 1 设 $\sum\limits_{n=1}^{\infty} u_n$ 为正项级数, 则

(1) 如果 $\lim\limits_{n\to\infty} nu_n = l > 0$(或 $\lim\limits_{n\to\infty} nu_n = +\infty$), 则级数 $\sum\limits_{n=1}^{\infty} u_n$ 发散;

(2) 如果有 $p > 1$, 使得 $\lim\limits_{n\to\infty} n^p u_n = l\,(0 \leqslant l < +\infty)$, 则级数 $\sum\limits_{n=1}^{\infty} u_n$ 收敛.

证 取参考级数 $\sum\limits_{n=1}^{\infty} \dfrac{1}{n}, \sum\limits_{n=1}^{\infty} \dfrac{1}{n^p}(p>1)$, 利用定理 3 即可得出结论.

例 4 判定下列级数的敛散性:

(1) $\sum\limits_{n=1}^{\infty} \dfrac{1}{3^n - n}$; (2) $\sum\limits_{n=1}^{\infty} \sqrt{n+1}\left(1 - \cos\dfrac{\pi}{n}\right)$.

解 (1) 因为 $\lim\limits_{n\to\infty} \dfrac{\frac{1}{3^n - n}}{\frac{1}{3^n}} = \lim\limits_{n\to\infty} \dfrac{1}{1 - \dfrac{n}{3^n}} = 1$, 且级数 $\sum\limits_{n=1}^{\infty} \dfrac{1}{3^n}$ 收敛, 由比较

审敛法的极限形式可知, 原级数 $\sum\limits_{n=1}^{\infty} \dfrac{1}{3^n - n}$ 收敛;

(2) 因为

$$\lim_{n\to\infty} n^{\frac{3}{2}} u_n = \lim_{n\to\infty} n^{\frac{3}{2}} \sqrt{n+1}\left(1 - \cos\frac{\pi}{n}\right)$$
$$= \lim_{n\to\infty} n^2 \cdot \sqrt{\frac{n+1}{n}} \cdot \frac{1}{2}\left(\frac{\pi}{n}\right)^2 = \frac{1}{2}\pi^2 > 0,$$

由推论 1 可知级数收敛.

若选择等比级数作为参照级数, 可以得到正项级数的比值审敛法和根值审敛法.

定理 4(比值审敛法, 或称达朗贝尔 (D'Alembert) 判别法) 设 $\sum\limits_{n=1}^{\infty} u_n$ 为正项级数, 且 $\lim\limits_{n\to\infty} \dfrac{u_{n+1}}{u_n} = \rho$, 则

(1) 当 $0 \leqslant \rho < 1$ 时, 级数 $\sum\limits_{n=1}^{\infty} u_n$ 收敛;

(2) 当 $\rho > 1$ 或 $\rho = +\infty$ 时, 级数 $\sum\limits_{n=1}^{\infty} u_n$ 发散;

(3) 当 $\rho = 1$ 时, 级数 $\sum\limits_{n=1}^{\infty} u_n$ 可能收敛也可能发散.

证 (1) 当 $0 \leqslant \rho < 1$ 时, 选取适当小的正数 ε, 使 $\rho + \varepsilon = r < 1$, 根据极限定

义, 必存在自然数 N, 当 $n > N$ 时, 有

$$\left| \frac{u_{n+1}}{u_n} - \rho \right| < \varepsilon,$$

从而

$$\frac{u_{n+1}}{u_n} < \rho + \varepsilon = r \quad (n = N+1, N+2, \cdots),$$

即

$$u_{N+k} < r u_{N+k-1} < r^2 u_{N+k-2} < \cdots < r^{k-1} u_{N+1},$$

因为等比级数 $\sum\limits_{k=1}^{\infty} r^{k-1} u_{N+1}$ 的公比 $r < 1$, 所以该级数是收敛的, 故由比较审敛

法及基本性质知, 级数 $\sum\limits_{n=1}^{\infty} u_n$ 收敛.

(2) 当 $\rho > 1$ 时, 选取适当小的正数 ε, 使 $\rho - \varepsilon > 1$, 由极限定义, 必存在自然

数 N, 当 $n > N$ 时, 有

$$\left| \frac{u_{n+1}}{u_n} - \rho \right| < \varepsilon,$$

从而

$$\frac{u_{n+1}}{u_n} > \rho - \varepsilon > 1 \quad (n = N+1, N+2, \cdots),$$

即

$$u_{n+1} > u_n \quad (n = N+1, N+2, \cdots),$$

于是, 当 $n \to \infty$ 时, u_n 不趋于零, 由级数收敛的必要条件可知级数 $\sum\limits_{n=1}^{\infty} u_n$ 发散.

同理可证, 当 $\rho = +\infty$ 时, 级数 $\sum\limits_{n=1}^{\infty} u_n$ 也发散.

(3) 当 $\rho = 1$ 时, 级数可能收敛, 也可能发散. 例如, p 级数 $\sum\limits_{n=1}^{\infty} \dfrac{1}{n^p}$, 有

$$\rho = \lim_{n \to \infty} \frac{u_{n+1}}{u_n} = \lim_{n \to \infty} \left(\frac{n}{n+1} \right)^p = 1,$$

但 p 级数 $\sum\limits_{n=1}^{\infty} \dfrac{1}{n^p}$ 在 $p > 1$ 时收敛, 在 $0 < p \leqslant 1$ 时发散.

例 5 用比值审敛法判别下列级数的收敛性.

(1) $\sum\limits_{n=1}^{\infty} \dfrac{3^{n-1}}{n}$; (2) $\sum\limits_{n=1}^{\infty} \dfrac{n!}{n^n}$.

解 (1) 因为

$$\lim_{n\to\infty}\frac{u_{n+1}}{u_n}=\lim_{n\to\infty}\frac{\dfrac{3^n}{n+1}}{\dfrac{3^{n-1}}{n}}=\lim_{n\to\infty}\frac{3n}{(n+1)}=3>1,$$

由比值审敛法知, 级数 $\displaystyle\sum_{n=1}^{\infty}\frac{3^{n-1}}{n}$ 发散.

(2) 因为

$$\lim_{n\to\infty}\frac{u_{n+1}}{u_n}=\lim_{n\to\infty}\frac{\dfrac{(n+1)!}{(n+1)^{n+1}}}{\dfrac{n!}{n^n}}=\lim_{n\to\infty}\left(\frac{n}{n+1}\right)^n=\frac{1}{\mathrm{e}}<1,$$

由比值审敛法知, 级数 $\displaystyle\sum_{n=1}^{\infty}\frac{n!}{n^n}$ 收敛.

例 6 证明级数

$$1+\frac{1}{1}+\frac{1}{1\cdot2}+\frac{1}{1\cdot2\cdot3}+\cdots+\frac{1}{1\cdot2\cdots(n-1)}+\cdots$$

收敛, 并估计以级数的部分和 s_n 近似代替和 s 所产生的误差.

证 因为

$$\lim_{n\to\infty}\frac{u_{n+1}}{u_n}=\lim_{n\to\infty}\frac{\dfrac{1}{n!}}{\dfrac{1}{(n-1)!}}=\lim_{n\to\infty}\frac{1}{n}=0<1,$$

根据比值审敛法可知所给级数收敛.

用该级数的部分和 s_n 近似代替和 s 时, 所产生的误差为

$$|r_n|=\frac{1}{n!}+\frac{1}{(n+1)!}+\frac{1}{(n+2)!}+\cdots$$

$$=\frac{1}{n!}\left(1+\frac{1}{n+1}+\frac{1}{(n+1)(n+2)}+\cdots\right)$$

$$\leqslant\frac{1}{n!}\left(1+\frac{1}{n}+\frac{1}{n^2}+\cdots\right)=\frac{1}{n!}\cdot\frac{1}{1-\dfrac{1}{n}}=\frac{1}{(n-1)(n-1)!}.$$

定理 5(根值审敛法, 或称柯西判别法) 设 $\displaystyle\sum_{n=1}^{\infty}u_n$ 为正项级数, 且 $\lim_{n\to\infty}\sqrt[n]{u_n}=\rho$,
则

(1) 当 $0 \leqslant \rho < 1$ 时, 级数 $\displaystyle\sum_{n=1}^{\infty} u_n$ 收敛;

(2) 当 $\rho > 1$ 或 $\rho = +\infty$ 时, 级数 $\displaystyle\sum_{n=1}^{\infty} u_n$ 发散;

(3) 当 $\rho = 1$ 时, 级数 $\displaystyle\sum_{n=1}^{\infty} u_n$ 可能收敛也可能发散.

定理 5 的证明与定理 4 的证明类似, 留给读者自己完成.

例 7 用根值审敛法判别下列级数的收敛性.

(1) $\displaystyle\sum_{n=1}^{\infty} \left(\frac{n}{2n+1}\right)^n$; (2) $\displaystyle\sum_{n=1}^{\infty} \frac{2+(-1)^n}{2^n}$.

解 (1) 因为

$$\lim_{n\to\infty} \sqrt[n]{u_n} = \lim_{n\to\infty} \frac{n}{2n+1} = \frac{1}{2} < 1,$$

由根值审敛法知, 所给级数收敛.

(2) 因为

$$\lim_{n\to\infty} \sqrt[n]{u_n} = \lim_{n\to\infty} \frac{1}{2} \sqrt[n]{2+(-1)^n},$$

因 $\sqrt[n]{1} \leqslant \sqrt[n]{2+(-1)^n} \leqslant \sqrt[n]{3}$, 且 $\displaystyle\lim_{n\to\infty} \sqrt[n]{3} = 1$, 由夹逼准则可知 $\displaystyle\lim_{n\to\infty} \sqrt[n]{2+(-1)^n} = 1$, 故 $\displaystyle\lim_{n\to\infty} \sqrt[n]{u_n} = \frac{1}{2} < 1$, 由根值审敛法知, 所给级数收敛.

定理 6 (积分判别法) 设 $f(x)$ 是 $[1, +\infty)$ 上非负递减函数, 则正项级数 $\displaystyle\sum_{n=1}^{\infty} f(n)$ 与反常积分 $\displaystyle\int_1^{+\infty} f(x)\mathrm{d}x$ 同时收敛或同时发散.

证 $\forall x \in [1, +\infty), \exists n \in \mathbf{N}(n \geqslant 2)$, 有 $n-1 \leqslant x < n$, 由于 $f(x)$ 是 $[1, +\infty)$ 上非负递减函数, 故

$$f(n) < \int_{n-1}^{n} f(x)\mathrm{d}x \leqslant f(n-1), \quad n = 2, 3, \cdots.$$

依次相加可得

$$\sum_{k=2}^{n} f(k) < \int_1^n f(x)\mathrm{d}x \leqslant \sum_{k=2}^{n} f(k-1).$$

令级数的部分和 $s_n = \displaystyle\sum_{k=1}^{n} f(k)$, 则

$$s_n = f(1) + \sum_{k=2}^{n} f(k) < f(1) + \int_1^n f(x)\mathrm{d}x < f(1) + \int_1^{+\infty} f(x)\mathrm{d}x.$$

若反常积分 $\int_1^{+\infty} f(x)\mathrm{d}x$ 收敛, 则由正项级数收敛的充要条件可知, $\sum_{n=1}^{\infty} f(n)$ 收敛.

若反常积分 $\int_1^{+\infty} f(x)\mathrm{d}x$ 发散, 同理可证, 请读者完成.

例 8 讨论级数 $\sum_{n=2}^{\infty} \dfrac{1}{n(\ln n)^p}$ 的敛散性.

解 考察反常积分

$$\int_2^{+\infty} \frac{1}{x(\ln x)^p}\mathrm{d}x = \int_2^{+\infty} \frac{1}{(\ln x)^p}\mathrm{d}\ln x,$$

当 $p=1$ 时, $\int_2^{+\infty} \dfrac{1}{x(\ln x)^p}\mathrm{d}x = [\ln|\ln x|]_2^{+\infty} = +\infty$, 故该反常积分发散, 由积分判别法可知, 级数 $\sum_{n=2}^{\infty} \dfrac{1}{n(\ln n)}$ 发散.

当 $p \neq 1$ 时, $\int_2^{+\infty} \dfrac{1}{x(\ln x)^p}\mathrm{d}x = \left[\dfrac{1}{1-p}(\ln x)^{-p+1}\right]_2^{+\infty}$, 当 $p>1$ 时, 该反常积分收敛; $p<1$ 时, 该反常积分发散. 故由积分判别法可知, 级数 $\sum_{n=2}^{\infty} \dfrac{1}{n(\ln n)^p}$ 在 $p>1$ 时收敛; $p<1$ 时发散.

综上, 该级数在 $p>1$ 时收敛; $p \leqslant 1$ 时发散.

例 9 设数列 $\{a_n\}, \{b_n\}$ 满足 $0 < a_n < \dfrac{\pi}{2}, 0 < b_n < \dfrac{\pi}{2}, \cos a_n - a_n = \cos b_n$, 且级数 $\sum_{n=1}^{\infty} b_n$ 收敛.

(1) 证明: $\lim_{n \to \infty} a_n = 0$; (2) 证明: 级数 $\sum_{n=1}^{\infty} \dfrac{a_n}{b_n}$ 收敛. (2014 考研真题)

证 (1) $a_n = \cos a_n - \cos b_n > 0 \Rightarrow 0 < a_n < b_n$. 因为 $\sum_{n=1}^{\infty} b_n$ 收敛, 由比较审敛法可知 $\sum_{n=1}^{\infty} a_n$ 收敛, 从而 $\lim_{n \to \infty} a_n = 0$.

(2) 又

$$\frac{a_n}{b_n} = \frac{\cos a_n - \cos b_n}{b_n} = -\frac{2\sin\left(\dfrac{a_n - b_n}{2}\right)\sin\left(\dfrac{a_n + b_n}{2}\right)}{b_n} \sim \frac{b_n^2 - a_n^2}{2b_n},$$

而 $0 \leqslant \dfrac{b_n^2 - a_n^2}{2b_n} \leqslant \dfrac{b_n}{2}$ 且级数 $\displaystyle\sum_{n=1}^{\infty} b_n$ 收敛, 所以 $\displaystyle\sum_{n=1}^{\infty} \dfrac{b_n^2 - a_n^2}{2b_n}$ 收敛. 从而级数 $\displaystyle\sum_{n=1}^{\infty} \dfrac{a_n}{b_n}$ 收敛.

二、交错级数及其审敛法

如果级数的各项是正负相间的, 即可写成

$$\sum_{n=1}^{\infty} (-1)^{n-1} u_n = u_1 - u_2 + u_3 - u_4 + \cdots + (-1)^{n-1} u_n + \cdots, \qquad (11\text{-}2\text{-}2)$$

或

$$\sum_{n=1}^{\infty} (-1)^{n} u_n = - u_1 + u_2 - u_3 + u_4 - \cdots + (-1)^{n} u_n + \cdots \qquad (11\text{-}2\text{-}3)$$

其中 $u_n > 0(n = 1, 2, \cdots)$, 则称这样的级数为**交错级数**.

由于级数 $\displaystyle\sum_{n=1}^{\infty} (-1)^{n-1} u_n$ 和 $\displaystyle\sum_{n=1}^{\infty} (-1)^{n} u_n$ 的敛散性相同, 下面

仅讨论 $\displaystyle\sum_{n=1}^{\infty} (-1)^{n-1} u_n$ 的情况.

定理莱布尼茨判别法讲解11-2-2

定理 7 (莱布尼茨 (Leibniz) 判别法) 如果交错级数 $\displaystyle\sum_{n=1}^{\infty} (-1)^{n-1} u_n (u_n > 0)$,

满足条件 (1) $u_n \geqslant u_{n+1}$; (2) $\displaystyle\lim_{n \to \infty} u_n = 0$, 则级数 $\displaystyle\sum_{n=1}^{\infty} (-1)^{n-1} u_n$ 收敛, 且其和 $s \leqslant u_1$, 其余项 r_n 的绝对值 $|r_n| \leqslant u_{n+1}$.

证 由于

$$s_{2n} = (u_1 - u_2) + (u_3 - u_4) + \cdots + (u_{2n-1} - u_{2n})$$

$$= u_1 - (u_2 - u_3) - \cdots - (u_{2n-2} - u_{2n-1}) - u_{2n} \leqslant u_1$$

根据定理条件 (1) 可知, 前 $2n$ 项部分和 $\{s_{2n}\}$ 单调递增且有上界, 因而必有极限, 设为 s.

由于

$$s_{2n+1} - s_{2n} + u_{2n+1},$$

再根据条件 (2)$u_{2n+1} \to 0(n \to \infty)$, 故有

$$\lim_{n \to \infty} s_{2n+1} = \lim_{n \to \infty} s_{2n} = s,$$

从而得 $\lim\limits_{n\to\infty} s_n = s$, 且其和 $s \leqslant u_1$.

其余项 r_n 可以写成

$$r_n = (-1)^n u_{n+1} + (-1)^{n+1} u_{n+2} + \cdots = (-1)^n (u_{n+1} - u_{n+2} + \cdots),$$

其中级数 $u_{n+1} - u_{n+2} + \cdots$ 仍是满足定理条件的交错级数, 由上面已证得的结论可知

$$|r_n| = |s - s_n| = u_{n+1} - u_{n+2} + \cdots \leqslant u_{n+1}.$$

例 10 判别下列级数的收敛性:

(1) $\sum\limits_{n=1}^{\infty} (-1)^{n-1} \dfrac{1}{n}$; (2) $\sum\limits_{n=1}^{\infty} (-1)^{n-1} \dfrac{n}{2^n}$; (3) $\sum\limits_{n=1}^{\infty} (-1)^n \dfrac{1}{n - \ln n}$.

解 (1) 所给级数为交错级数, 且满足

$$u_n = \frac{1}{n} > \frac{1}{n+1} = u_{n+1} \quad (n = 1, 2, \cdots),$$

$$\lim_{n\to\infty} u_n = \lim_{n\to\infty} \frac{1}{n} = 0,$$

由莱布尼茨判别法可知, 级数 $\sum\limits_{n=1}^{\infty} (-1)^{n-1} \dfrac{1}{n}$ 收敛, 且其和 $s \leqslant u_1 = 1$, 余项

$|r_n| \leqslant u_{n+1} = \dfrac{1}{n+1}$.

(2) 设 $u_n = \dfrac{n}{2^n}$, 则 $u_n - u_{n+1} = \dfrac{n}{2^n} - \dfrac{n+1}{2^{n+1}} = \dfrac{n-1}{2^{n+1}} \geqslant 0 (n = 1, 2, \cdots)$.

考察 $\lim\limits_{n\to\infty} u_n = \lim\limits_{n\to\infty} \dfrac{n}{2^n}$, 因为 $\lim\limits_{x\to+\infty} \dfrac{x}{2^x} = \lim\limits_{x\to+\infty} \dfrac{1}{2^x \ln 2} = 0$, 所以 $\lim\limits_{n\to\infty} \dfrac{n}{2^n} = \lim\limits_{x\to+\infty} \dfrac{x}{2^x} = 0$. 所以由莱布尼茨判别法可知, 级数 $\sum\limits_{n=1}^{\infty} (-1)^{n-1} \dfrac{n}{2^n}$ 收敛;

(3) 设 $u_n = \dfrac{1}{n - \ln n}$, 记 $f(x) = x - \ln x$, $f'(x) = 1 - \dfrac{1}{x}$, 从而当 $x > 1$ 时, $f'(x) > 0$, 故 $f(x)$ 单调增加. 故数列 $\{u_n\}$ 单调递减. 又

$$\lim_{n\to\infty} u_n = \lim_{n\to\infty} \frac{1}{n - \ln n} = \lim_{n\to\infty} \frac{\dfrac{1}{n}}{1 - \dfrac{\ln n}{n}} = 0.$$

所以由莱布尼茨判别法可知, 级数 $\sum\limits_{n=1}^{\infty} (-1)^n \dfrac{1}{n - \ln n}$ 收敛.

三、任意项级数及其敛散性

若 $u_n(n = 1, 2, \cdots)$ 为任意实数, 则称 $\sum\limits_{n=1}^{\infty} u_n$ 为任意项级数. 对 $u_n(n = 1, 2, \cdots)$ 取绝对值构成一个正项级数 $\sum\limits_{n=1}^{\infty} |u_n|$, 而对于正项级数, 我们已经建立了多种判别法. 下面讨论如何通过正项级数 $\sum\limits_{n=1}^{\infty} |u_n|$ 的收敛性来判别任意项级数 $\sum\limits_{n=1}^{\infty} u_n$ 的收敛问题.

定义 1 如果级数 $\sum\limits_{n=1}^{\infty} |u_n|$ 收敛, 则称级数 $\sum\limits_{n=1}^{\infty} u_n$ **绝对收敛**; 如果级数 $\sum\limits_{n=1}^{\infty} |u_n|$ 发散, 而 $\sum\limits_{n=1}^{\infty} u_n$ 收敛, 则称级数 $\sum\limits_{n=1}^{\infty} u_n$ **条件收敛**.

容易看出, 级数 $\sum\limits_{n=1}^{\infty} (-1)^{n-1} \dfrac{1}{n^2}$ 是绝对收敛的, 而级数 $\sum\limits_{n=1}^{\infty} (-1)^{n-1} \dfrac{1}{n}$ 是条件收敛的.

绝对收敛与条件收敛之间有下列重要关系.

定理 8 如果级数 $\sum\limits_{n=1}^{\infty} |u_n|$ 收敛, 则级数 $\sum\limits_{n=1}^{\infty} u_n$ 一定收敛.

证 因为 $0 \leqslant u_n + |u_n| \leqslant 2|u_n|$, 且题设可知级数 $\sum\limits_{n=1}^{\infty} 2|u_n|$ 收敛, 根据正项级数的比较审敛法可知, 级数 $\sum\limits_{n=1}^{\infty} (u_n + |u_n|)$ 收敛. 又因为

$$u_n = (u_n + |u_n|) - |u_n|,$$

所以级数 $\sum\limits_{n=1}^{\infty} u_n$ 收敛.

值得注意的是, 定理 8 的逆命题不成立, 即当级数 $\sum\limits_{n=1}^{\infty} u_n$ 收敛时, 级数 $\sum\limits_{n=1}^{\infty} |u_n|$ 未必收敛, 例如对级数 $\sum\limits_{n=1}^{\infty} (-1)^{n-1} \dfrac{1}{n}$ 而言, 其自身是收敛的, 但其绝对值级数 $\sum\limits_{n=1}^{\infty} \dfrac{1}{n}$ 是发散的.

由定理 8 可将任意项级数的收敛性问题转化为正项级数的收敛性问题. 一般情况下, 如果级数 $\sum\limits_{n=1}^{\infty}|u_n|$ 发散, 我们不能断定级数 $\sum\limits_{n=1}^{\infty}u_n$ 也发散. 但是, 如果是用比值审敛法或根值审敛法判定级数 $\sum\limits_{n=1}^{\infty}|u_n|$ 发散, 则可以断定级数 $\sum\limits_{n=1}^{\infty}u_n$ 必定发散. 这是因为从这两个审敛法的证明可知, 判别级数 $\sum\limits_{n=1}^{\infty}|u_n|$ 发散的依据是当 n 趋于无穷大时, $|u_n|$ 不趋向于零, 从而 u_n 也不趋向于零, 因此级数 $\sum\limits_{n=1}^{\infty}u_n$ 也是发散的.

推论 2 对于任意项级数 $\sum\limits_{n=1}^{\infty}u_n$, 若 $\lim\limits_{n\to\infty}\left|\dfrac{u_{n+1}}{u_n}\right|=\rho$ 或 $\lim\limits_{n\to\infty}\sqrt[n]{|u_n|}=\rho$, 则

(1) 当 $0\leqslant\rho<1$ 时, 级数 $\sum\limits_{n=1}^{\infty}u_n$ 绝对收敛;

(2) 当 $\rho>1$ 或 $\rho=+\infty$ 时, 级数 $\sum\limits_{n=1}^{\infty}u_n$ 发散.

例 11 判别下列级数的收敛性, 如果收敛, 确定是绝对收敛还是条件收敛?

(1) $\sum\limits_{n=1}^{\infty}(-1)^{n-1}\dfrac{1}{n^p}$; (2) $\sum\limits_{n=1}^{\infty}\dfrac{\sin na}{n^2}$ (a 为常数).

解 (1) $\sum\limits_{n=1}^{\infty}\left|(-1)^{n-1}\dfrac{1}{n^p}\right|=\sum\limits_{n=1}^{\infty}\dfrac{1}{n^p}$, 当 $p>1$ 时级数 $\sum\limits_{n=1}^{\infty}\dfrac{1}{n^p}$ 收敛, 因此当 $p>1$ 时原级数绝对收敛.

当 $0<p\leqslant1$ 时, $\sum\limits_{n=1}^{\infty}\left|(-1)^{n-1}\dfrac{1}{n^p}\right|=\sum\limits_{n=1}^{\infty}\dfrac{1}{n^p}$ 是发散的, 但 $\dfrac{1}{n^p}$ 随 n 增大而单调递减, 且 $\lim\limits_{n\to\infty}\dfrac{1}{n^p}=0$, 由莱布尼茨审敛法可知, 级数 $\sum\limits_{n=1}^{\infty}(-1)^{n-1}\dfrac{1}{n^p}$ 收敛, 因此 $\sum\limits_{n=1}^{\infty}(-1)^{n-1}\dfrac{1}{n^p}$ 条件收敛.

当 $p\leqslant0$ 时, 显然 $\lim\limits_{n\to\infty}(-1)^{n-1}\dfrac{1}{n^p}\neq0$, 故原级数发散.

综上所述, $\sum\limits_{n=1}^{\infty}(-1)^{n-1}\dfrac{1}{n^p}$ 当 $p>1$ 时绝对收敛, 当 $0<p\leqslant1$ 时条件收敛, 当 $p\leqslant0$ 时发散.

(2) 因为 $\left|\dfrac{\sin na}{n^2}\right| \leqslant \dfrac{1}{n^2}$, 而级数 $\displaystyle\sum_{n=1}^{\infty}\dfrac{1}{n^2}$ 是收敛的, 由比较审敛法可知级数

$\displaystyle\sum_{n=1}^{\infty}\left|\dfrac{\sin na}{n^2}\right|$ 也收敛, 从而原级数 $\displaystyle\sum_{n=1}^{\infty}\dfrac{\sin na}{n^2}$ 绝对收敛.

例 12 判别级数 $\displaystyle\sum_{n=1}^{\infty}(-1)^n\dfrac{1}{2^n}\left(1+\dfrac{1}{n}\right)^{n^2}$ 的收敛性.

解 令 $|u_n| = \dfrac{1}{2^n}\left(1+\dfrac{1}{n}\right)^{n^2}$, 则有

$$\lim_{n\to\infty}\sqrt[n]{|u_n|} = \lim_{n\to\infty}\dfrac{1}{2}\left(1+\dfrac{1}{n}\right)^n = \dfrac{1}{2}\mathrm{e} > 1,$$

所以 $\displaystyle\sum_{n=1}^{\infty}|u_n|$ 发散, 且 $\displaystyle\lim_{n\to\infty}|u_n| \neq 0$, 故所给级数 $\displaystyle\sum_{n=1}^{\infty}(-1)^n\dfrac{1}{2^n}\left(1+\dfrac{1}{n}\right)^{n^2}$ 发散.

例 13 判别级数 $\displaystyle\sum_{n=1}^{\infty}(-1)^{n-1}\dfrac{a^n}{n}(a$ 为常数$)$ 的收敛性.

解 由 $|u_n| = \dfrac{|a|^n}{n}$, 有

$$\lim_{n\to\infty}\dfrac{|u_{n+1}|}{|u_n|} = \lim_{n\to\infty}\dfrac{|a|^{n+1}}{n+1}\cdot\dfrac{n}{|a|^n} = \lim_{n\to\infty}\dfrac{n}{n+1}\cdot|a| = |a|,$$

于是, 当 $|a| < 1$ 时, 级数 $\displaystyle\sum_{n=1}^{\infty}|u_n|$ 收敛, 故原级数绝对收敛; 当 $|a| > 1$ 时, 可知

$\displaystyle\lim_{n\to\infty}u_n \neq 0$, 从而原级数发散; 当 $a = 1$ 时, 级数为 $\displaystyle\sum_{n=1}^{\infty}(-1)^{n-1}\dfrac{1}{n}$ 是条件收敛的;

当 $a = -1$ 时, 级数为 $\displaystyle\sum_{n=1}^{\infty}\left(-\dfrac{1}{n}\right)$ 是发散的.

例 14 级数 $\displaystyle\sum_{k=1}^{\infty}\left(\dfrac{1}{\sqrt{n}} - \dfrac{1}{\sqrt{n+1}}\right)\sin(n+k)(k$ 为常数$)$, 则该级数 (　　)

(2016 考研真题)

(A) 绝对收敛　　(B) 条件收敛　　(C) 发散　　(D) 收敛性与 k 有关.

解 由于

$$\left|\left(\dfrac{1}{\sqrt{n}} - \dfrac{1}{\sqrt{n+1}}\right)\sin(n+k)\right| \leqslant \left|\dfrac{1}{\sqrt{n}} - \dfrac{1}{\sqrt{n+1}}\right|.$$

而

$$\frac{1}{\sqrt{n}}-\frac{1}{\sqrt{n+1}}=\frac{\sqrt{n+1}-\sqrt{n}}{\sqrt{n(n+1)}}=\frac{1}{\sqrt{n(n+1)}}\cdot\frac{1}{\sqrt{n+1}+\sqrt{n}}\sim\frac{1}{2n\sqrt{n}}.$$

从而 $\displaystyle\sum_{k=1}^{\infty}\left(\frac{1}{\sqrt{n}}-\frac{1}{\sqrt{n+1}}\right)$ 与 $\displaystyle\sum_{k=1}^{\infty}\frac{1}{2n\sqrt{n}}$ 同收敛.

所以由比较审敛法可知, 原级数绝对收敛. 故选择 A.

习　题　11-2

A 组

1. 用比较审敛法或其极限形式判定下列级数的收敛性:

(1) $\displaystyle\sum_{n=1}^{\infty}\frac{1}{n\sqrt{n+2}}$;

(2) $\dfrac{1}{2\cdot4}+\dfrac{1}{3\cdot5}+\cdots+\dfrac{1}{(n+1)(n+3)}+\cdots$;

(3) $\displaystyle\sum_{n=1}^{\infty}\sin\frac{1}{\sqrt{n}}$;

(4) $\displaystyle\sum_{n=1}^{\infty}\left(1-\cos\frac{\pi}{n}\right)$;

(5) $\displaystyle\sum_{n=1}^{\infty}\frac{[2+(-1)^n]^n}{2^{2n+1}}$;

(6) $\displaystyle\sum_{n=1}^{\infty}\left(\frac{1+n}{1+n^2}\right)^2$.

2. 用比值审敛法判定下列级数的收敛性:

(1) $\displaystyle\sum_{n=1}^{\infty}n\tan\frac{\pi}{3^{n+1}}$;

(2) $\displaystyle\sum_{n=1}^{\infty}\frac{2^n}{n^{100}}$;

(3) $\displaystyle\sum_{n=1}^{\infty}\frac{2^n\cdot n!}{n^n}$;

(4) $\displaystyle\sum_{n=1}^{\infty}\frac{a^n}{n^p}(a>0,p>0)$.

3. 用根值审敛法判定下列级数的收敛性:

(1) $\displaystyle\sum_{n=1}^{\infty}\left(\frac{2n-1}{3n+1}\right)^n$;

(2) $\displaystyle\sum_{n=1}^{\infty}\frac{3+(-1)^n}{3^n}$;

(3) $\displaystyle\sum_{n=1}^{\infty}\frac{3^n}{1+\mathrm{e}^n}$;

(4) $\displaystyle\sum_{n=1}^{\infty}\frac{2^n}{n^{\frac{n}{2}}}$.

4. 用适当的方法判别下列级数的收敛性:

(1) $\displaystyle\sum_{n=1}^{\infty}\left(\sqrt{n^2+1}-\sqrt{n^2-1}\right)$;

(2) $\displaystyle\sum_{n=1}^{\infty}\frac{(2n)!}{2^{n(n+1)}}$;

(3) $\displaystyle\sum_{n=1}^{\infty}\left(\frac{1}{n^3}-\frac{\ln^n3}{3^n}\right)$;

(4) $\displaystyle\sum_{n=3}^{\infty}\frac{\ln n}{n^p}(p\geqslant1)$.

5. 判别下列级数的收敛性, 若收敛, 是绝对收敛还是条件收敛?

(1) $\displaystyle\sum_{n=1}^{\infty}(-1)^{n-1}\frac{1}{\sqrt[3]{n+1}}$;

(2) $\displaystyle\sum_{n=2}^{\infty}(-1)^{n+1}\frac{n-1}{3^{n+1}}$;

(3) $\displaystyle\sum_{n=1}^{\infty}(-1)^{n+1}\ln\frac{n+1}{n}$;

(4) $\displaystyle\sum_{n=1}^{\infty}(-1)^{n+1}\left(\sqrt{n+1}-\sqrt{n}\right)$;

(5) $\displaystyle\sum_{n=2}^{\infty}(-1)^{n+1}\frac{\ln n}{\sqrt{n}}$;   (6) $\displaystyle\sum_{n=1}^{\infty}(-1)^{n+1}\frac{\cos n\alpha}{\sqrt{(n+1)^3}}$.

6. 若 $\displaystyle\sum_{n=1}^{\infty}|a_n|$ 收敛, $\displaystyle\lim_{n\to\infty}b_n=1$, 证明 $\displaystyle\sum_{n=1}^{\infty}a_nb_n$ 收敛.

7. 已知级数 $\displaystyle\sum_{n=1}^{\infty}a_n(a_n\geqslant 0)$ 收敛, 证明级数 $\displaystyle\sum_{n=1}^{\infty}a_n^2$ 也收敛.

8. 利用级数收敛的必要条件证明: $\displaystyle\lim_{n\to\infty}\frac{n^n}{(n!)^2}=0$.

<h3 style="text-align:center">B 组</h3>

1. 判别下列级数的收敛性:

(1) $\displaystyle\sum_{n=1}^{\infty}\frac{q^n n!}{n^n}(q>0)$;   (2) $\displaystyle\sum_{n=1}^{\infty}\frac{a^n}{1+a^{2n}}(a>0)$;

(3) $\displaystyle\sum_{n=1}^{\infty}\tan^n\left(\theta+\frac{1}{n}\right)$, $\theta\in\left(0,\frac{\pi}{2}\right)$;   (4) $\displaystyle\sum_{n=1}^{\infty}\left(\frac{b}{a_n}\right)^n$ $(a_n\to a(n\to\infty),a_n,a,b>0,a\neq b)$.

2. 已知正项级数 $\displaystyle\sum_{n=1}^{\infty}a_n$ 收敛, 证明: $\displaystyle\sum_{n=1}^{\infty}a_n^2,\sum_{n=1}^{\infty}\sqrt{a_n a_{n+1}}$ 及 $\displaystyle\sum_{n=1}^{\infty}\frac{|a_n|}{n}$ 都收敛.

3. 已知级数 $\displaystyle\sum_{n=1}^{\infty}u_n,\sum_{n=1}^{\infty}v_n$ 都收敛, 且对任意的 n 都有 $u_n\leqslant w_n\leqslant v_n$, 证明: 级数 $\displaystyle\sum_{n=1}^{\infty}w_n$ 收敛.

<h2 style="text-align:center">11.3 幂 级 数</h2>

课前测11-3-1

    前面所研究的常数项级数问题实质上是无穷多项数量相加, 如果将其推广为无穷多项函数相加, 这就是本节要讨论的函数项级数, 实际上函数项级数在理论分析和实际应用中有着更为广泛的应用. 本节我们首先给出函数项级数的基本概念和主要性质, 然后重点研究一类特殊的函数项级数——幂级数.

一、函数项级数及其收敛性

    定义 1   设 $u_1(x),u_2(x),\cdots,u_n(x),\cdots$ 是一列定义在 $D\subseteq\mathbf{R}$ 上的函数, 则表达式

$$u_1(x)+u_2(x)+\cdots+u_n(x)+\cdots \tag{11-3-1}$$

称为定义在区间 D 上的**函数项无穷级数**, 简称**函数项级数**. 可记为 $\displaystyle\sum_{n=1}^{\infty}u_n(x)$, D 称为其**定义域**.

    例如

$$\sum_{n=0}^{\infty} x^n = 1 + x + x^2 + \cdots + x^{n-1} + \cdots, \quad x \in (-\infty, +\infty).$$

$$\sum_{n=1}^{\infty} n \sin nx = \sin x + 2\sin 2x + \cdots + n \sin nx + \cdots, \quad x \in (-\infty, +\infty).$$

若取定 $x_0 \in D$, 代入函数项级数 (11-3-1), 则得到一个常数项级数

$$\sum_{n=1}^{\infty} u_n(x_0) = u_1(x_0) + u_2(x_0) + \cdots + u_n(x_0) + \cdots, \tag{11-3-2}$$

若常数项级数 (11-3-2) 收敛, 则称点 x_0 为函数项级数 (11-3-1) 的**收敛点**. 若级数 (11-3-2) 发散, 则称点 x_0 为函数项级数 (11-3-1) 的**发散点**. 若级数 (11-3-1) 在定义域 D 的某个子集 I 上每一点都收敛, 则称级数 (11-3-1) 在 I 上收敛. 若 I 为级数 (11-3-1) 全体收敛点的集合, 此时称 I 为级数 (11-3-1) 的**收敛域**. 将级数 (11-3-1) 全体发散点的集合称为级数 (11-3-1) 的**发散域**.

级数 (11-3-1) 在其收敛域 I 上每一点 x 都对应一个收敛的常数项级数, 从而可以确定其和 s, s 随点 x 的变化而变化, 所以 s 是关于 x 的一个定义在 I 上的函数, 记为 $S(x)$, 称为级数 (11-3-1) 的**和函数**, 即

$$S(x) = u_1(x) + u_2(x) + \cdots + u_n(x) + \cdots, \quad x \in I.$$

若用 $\{S_n(x)\}$ 表示级数 (11-3-1) 的**部分和函数列**, 有

$$S_n(x) = u_1(x) + u_2(x) + \cdots + u_n(x).$$

记 $r_n(x) = S(x) - S_n(x)$ 为级数 (11-3-1) 的**余项**, 有

$$r_n(x) = u_{n+1}(x) + u_{n+2}(x) + \cdots.$$

在函数项级数的收敛域 I 上, 显然有

$$\lim_{n \to \infty} S_n(x) = S(x), \quad \lim_{n \to \infty} r_n(x) = 0, \quad x \in I.$$

所以, 函数项级数的收敛问题就是其部分和函数列的收敛问题.

二、幂级数及其收敛性

定义 2 由幂函数列 $\{a_n(x - x_0)^n\}$ 所产生的函数项级数

$$\sum_{n=0}^{\infty} a_n(x - x_0)^n = a_0 + a_1(x - x_0) + a_2(x - x_0)^2 + \cdots + a_n(x - x_0)^n + \cdots \tag{11-3-3}$$

称为 $(x - x_0)$ 的**幂级数**, 其中常数 $a_n(n = 0, 1, 2, \cdots)$ 称为**幂级数的系数**.

当 $x_0 = 0$ 时, 称

$$\sum_{n=0}^{\infty} a_n x^n = a_0 + a_1 x + a_2 x^2 + \cdots + a_n x^n + \cdots \tag{11-3-4}$$

为 x 的**幂级数**.

事实上, 若作变换 $t = x - x_0$, 则级数 (11-3-3) 转化为级数 (11-3-4) 的形式. 因此主要讨论形式 (11-3-4) 的幂级数的收敛性及其性质.

例 1 求级数 $1 + x + x^2 + \cdots + x^{n-1} + \cdots$ 的收敛域、发散域及和函数.

解 因为此级数可看作公比为 x 的等比级数, 故当 $|x| < 1$ 时, 该级数收敛, 且其和为 $\dfrac{1}{1-x}$; 当 $|x| \geqslant 1$ 时, 该级数发散. 则原级数的收敛域为区间 $(-1, 1)$, 其发散域为 $(-\infty, -1] \cup [1, +\infty)$. 且其和函数为

$$s(x) = \frac{1}{1-x} \quad (-1 < x < 1).$$

从例 1 中看到 $\sum\limits_{n=0}^{\infty} x^n$ 的收敛域为 $(-1, 1)$, 即幂级数 $\sum\limits_{n=0}^{\infty} x^n$ 的收敛域是一个以原点为中心的区间, 注意到, 对任意的幂级数 $\sum\limits_{n=0}^{\infty} a_n x^n$ 在原点处对应的常数项级数显然收敛, 所以原点一定是该幂级数的收敛点. 事实上, 如果该幂级数存在非原点的收敛点, 在不考虑区间端点的情形下, 其收敛域均是以原点为中心的对称区间, 此结论即为幂级数理论中非常重要的阿贝尔 (Abel) 定理, 其为讨论幂级数的收敛域带来很大的方便.

定理 1 (阿贝尔定理) 若级数 $\sum\limits_{n=0}^{\infty} a_n x^n$ 在 $x = x_0 (x_0 \neq 0)$ 处收敛, 则对满足 $|x| < |x_0|$ 的一切 x, 都有 $\sum\limits_{n=0}^{\infty} a_n x^n$ 绝对收敛; 若级数 $\sum\limits_{n=0}^{\infty} a_n x^n$ 在 $x = x_0$ 处发散, 则对满足 $|x| > |x_0|$ 的一切 x, 都有 $\sum\limits_{n=0}^{\infty} a_n x^n$ 发散.

证 (1) 当 $x = x_0$ 时幂级数 $\sum\limits_{n=0}^{\infty} a_n x^n$ 收敛, 即常数项级数 $\sum\limits_{n=0}^{\infty} a_n x_0^n$ 收敛, 根据级数收敛的必要条件, 有 $\lim\limits_{n \to \infty} a_n x_0^n = 0$. 故 $\exists M > 0$, 使得

阿贝尔定理
讲解11-3-2

$|a_n x_0^n| \leqslant M(n = 0, 1, 2, \cdots)$, 则有

$$\left| a_n x^n \right| = \left| a_n x_0^n \cdot \frac{x^n}{x_0^n} \right| \leqslant M \left| \frac{x^n}{x_0^n} \right| = M \left| \frac{x}{x_0} \right|^n,$$

当公比 $\left| \dfrac{x}{x_0} \right| < 1$, 即 $|x| < |x_0|$ 时, 等比级数 $\displaystyle\sum_{n=0}^{\infty} M \left| \frac{x}{x_0} \right|^n$ 收敛, 于是 $\displaystyle\sum_{n=0}^{\infty} |a_n x^n|$ 收敛, 即级数 $\displaystyle\sum_{n=0}^{\infty} a_n x^n$ 绝对收敛.

(2) 用反证法. 若 $x = x_0$ 时幂级数 $\displaystyle\sum_{n=0}^{\infty} a_n x^n$ 发散, 假设存在一点 x_1 满足 $|x_1| > |x_0|$ 且级数 $\displaystyle\sum_{n=0}^{\infty} a_n x_1^n$ 收敛, 则由 (1), 当 $x = x_0$ 时 $\displaystyle\sum_{n=0}^{\infty} a_n x^n$ 应收敛, 这与条件矛盾. 得证.

由此定理可知, 若幂级数 $\displaystyle\sum_{n=0}^{\infty} a_n x^n$ 在 $x = x_0$ 处收敛, 则对开区间 $(-|x_0|, |x_0|)$ 内的任何 x, 幂级数都收敛; 若幂级数 $\displaystyle\sum_{n=0}^{\infty} a_n x^n$ 在 $x = x_0$ 处发散, 则对于闭区间 $[-|x_0|, |x_0|]$ 外的任何 x, 幂级数都发散. 所以, 对幂级数 $\displaystyle\sum_{n=0}^{\infty} a_n x^n$ 而言, 其收敛点和发散点不会在区间 $(0, +\infty)$ 及 $(-\infty, 0)$ 内交替出现, 故其收敛域一定是以原点为中心的对称区间 (端点除外).

设幂级数在数轴上既有收敛点 (不仅是原点) 也有发散点. 现从原点沿数轴向右走, 最初只遇到收敛点, 然后就只遇到发散点, 两部分的界点 P 可能是收敛点也可能是发散点. 从原点沿数轴向左走也是如此. 两界点 P, P' 在原点两侧, 由定理 1 可证明它们到原点的距离相等.

在图 11-3-1 中, 若以正数 R 表示 $|OP|$, 则 R 称为幂级数 $\displaystyle\sum_{n=0}^{\infty} a_n x^n$ 的收敛半径, 若 $R = 0$, 幂级数 $\displaystyle\sum_{n=0}^{\infty} a_n x^n$ 仅在原点收敛; 若 $R = +\infty$, 幂级数 $\displaystyle\sum_{n=0}^{\infty} a_n x^n$ 在 $(-\infty, +\infty)$ 上收敛; 若 $0 < R < +\infty$ 时, 幂级数 $\displaystyle\sum_{n=0}^{\infty} a_n x^n$ 在 $(-R, R)$ 收敛, 对满足不等式 $|x| > R$ 的一切 x, 幂级数 $\displaystyle\sum_{n=0}^{\infty} a_n x^n$ 发散, $x = \pm R$ 时, 幂级数 $\displaystyle\sum_{n=0}^{\infty} a_n x^n$

可能收敛也可能发散.

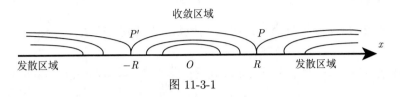

图 11-3-1

开区间 $(-R, R)$ 称为幂级数 $\sum_{n=0}^{\infty} a_n x^n$ 的收敛区间.

如何求幂级数 $\sum_{n=0}^{\infty} a_n x^n$ 的收敛半径, 有如下定理.

定理 2 若 $\lim\limits_{n \to \infty} \left| \dfrac{a_{n+1}}{a_n} \right| = \rho$(或 $\lim\limits_{n \to \infty} \sqrt[n]{|a_n|} = \rho$), 其中 a_n, a_{n+1} 是幂级数 $\sum_{n=0}^{\infty} a_n x^n$ 的相邻两项的系数, 则其收敛半径

(1) $\rho \neq 0$ 时, 幂级数 $\sum_{n=0}^{\infty} a_n x^n$ 的收敛半径 $R = \dfrac{1}{\rho}$;

(2) $\rho = 0$ 时, 幂级数 $\sum_{n=0}^{\infty} a_n x^n$ 的收敛半径 $R = +\infty$;

(3) $\rho = +\infty$ 时, 幂级数 $\sum_{n=0}^{\infty} a_n x^n$ 的收敛半径 $R = 0$.

证 考察幂级数 $\sum_{n=0}^{\infty} a_n x^n$ 的绝对值级数 $\sum_{n=0}^{\infty} |a_n x^n|$, 其相邻两项之比的极限为

$$\lim_{n \to \infty} \frac{|a_{n+1} x^{n+1}|}{|a_n x^n|} = \lim_{n \to \infty} \frac{|a_{n+1}|}{|a_n|} |x|.$$

(1) 若 $\lim\limits_{n \to \infty} \left| \dfrac{a_{n+1}}{a_n} \right| = \rho(\rho \neq 0)$ 存在, 由比值审敛法, 则

当 $|x| < \dfrac{1}{\rho}$ 时, 幂级数 $\sum_{n=0}^{\infty} |a_n x^n|$ 收敛, 从而 $\sum_{n=0}^{\infty} a_n x^n$ 绝对收敛;

当 $|x| > \dfrac{1}{\rho}$ 时, 从某个 n 开始, 有 $|a_{n+1} x^{n+1}| > |a_n x^n|$, 故 $\lim\limits_{n \to \infty} |a_n x^n| \neq 0$,

所以 $\lim\limits_{n \to \infty} a_n x^n \neq 0$, 从而级数 $\sum_{n=0}^{\infty} a_n x^n$ 发散, 故此时收敛半径 $R = \dfrac{1}{\rho}$.

(2) 若 $\rho = 0$, 对 $\forall x \neq 0$, 有 $\dfrac{|a_{n+1}x^{n+1}|}{|a_n x^n|} \to 0 < 1(n \to \infty)$, 所以级数

$\displaystyle\sum_{n=0}^{\infty} |a_n x^n|$ 收敛, 从而级数 $\displaystyle\sum_{n=0}^{\infty} a_n x^n$ 绝对收敛, 故收敛半径 $R = +\infty$;

(3) 若 $\rho = +\infty$ 时, 则对 $\forall x \neq 0$, 有 $\dfrac{|a_{n+1}x^{n+1}|}{|a_n x^n|} \to +\infty(n \to \infty)$, 所以对

$\forall x \neq 0$, 幂级数 $\displaystyle\sum_{n=0}^{\infty} a_n x^n$ 发散, 即此时幂级数仅在点 $x = 0$ 处收敛, 故收敛半径 $R = 0$.

类似地, 当已知条件为 $\lim\limits_{n\to\infty} \sqrt[n]{|a_n|} = \rho$ 时, 读者可以自行完成证明.

例 2 求下列幂级数的收敛域:

(1) $\displaystyle\sum_{n=1}^{\infty} (-1)^{n-1} \dfrac{x^n}{n}$; (2) $\displaystyle\sum_{n=1}^{\infty} (-nx)^n$; (3) $\displaystyle\sum_{n=1}^{\infty} \dfrac{x^n}{n!}$.

解 (1) 由 $\rho = \lim\limits_{n\to\infty} \left|\dfrac{a_{n+1}}{a_n}\right| = \lim\limits_{n\to\infty} \dfrac{n}{n+1} = 1$, 得 $R = \dfrac{1}{\rho} = 1$.

当 $x = 1$ 时, 级数为 $\displaystyle\sum_{n=1}^{\infty} \dfrac{(-1)^{n-1}}{n}$, 由莱布尼茨判别法知, 该交错级数收敛, 当

$x = -1$ 时, 级数为 $\displaystyle\sum_{n=1}^{\infty} \left(-\dfrac{1}{n}\right)$ 发散; 所以收敛域是 $(-1, 1]$.

(2) 由 $\rho = \lim\limits_{n\to\infty} \sqrt[n]{|a_n|} = \lim\limits_{n\to\infty} n = +\infty$, 得 $R = 0$, 即此级数只在 $x = 0$ 处收敛.

(3) 由 $\rho = \lim\limits_{n\to\infty} \left|\dfrac{a_{n+1}}{a_n}\right| = \lim\limits_{n\to\infty} \dfrac{1}{n+1} = 0$, 得 $R = +\infty$, 即此级数的收敛域是 $(-\infty, +\infty)$.

例 3 求幂级数 $\displaystyle\sum_{n=1}^{\infty} \dfrac{x^{2n-1}}{2^n}$ 的收敛域.

解 级数为 $\dfrac{x}{2} + \dfrac{x^3}{2^2} + \dfrac{x^5}{2^3} + \cdots$, 缺少偶次幂的项, 故不能直接用定理 2. 由任意项级数的判别理论, 讨论

$$\lim_{n\to\infty} \left|\dfrac{u_{n+1}(x)}{u_n(x)}\right| = \lim_{n\to\infty} \left|\dfrac{\frac{x^{2n+1}}{2^{n+1}}}{\frac{x^{2n-1}}{2^n}}\right| = \dfrac{|x|^2}{2},$$

当 $\dfrac{|x|^2}{2} < 1$, 即 $|x| < \sqrt{2}$ 时, 原级数收敛, 当 $\dfrac{|x|^2}{2} > 1$, 即 $|x| > \sqrt{2}$ 时, 原级

数发散;

当 $x = \sqrt{2}$ 时, 级数为 $\sum\limits_{n=1}^{\infty} \dfrac{1}{\sqrt{2}}$, 级数发散, 当 $x = -\sqrt{2}$ 时, 级数为 $\sum\limits_{n=1}^{\infty} \dfrac{-1}{\sqrt{2}}$,

级数发散;

故原级数的收敛域为 $(-\sqrt{2}, \sqrt{2})$.

例 4 求幂级数 $\sum\limits_{n=1}^{\infty} (-1)^n \dfrac{2^n}{\sqrt{n}} \left(x - \dfrac{1}{2} \right)^n$ 的收敛域.

解 设 $t = x - \dfrac{1}{2}$, 则原级数变为 $\sum\limits_{n=1}^{\infty} (-1)^n \dfrac{2^n}{\sqrt{n}} t^n$, 有

$$\lim_{n \to \infty} \left| \frac{a_{n+1}}{a_n} \right| = \lim_{n \to \infty} \frac{\dfrac{2^{n+1}}{\sqrt{n+1}}}{\dfrac{2^n}{\sqrt{n}}} = \lim_{n \to \infty} 2\sqrt{\frac{n}{n+1}} = 2,$$

故此级数的收敛半径 $R = \dfrac{1}{2}$, 当 $t = -\dfrac{1}{2}$ 时, 级数为 $\sum\limits_{n=1}^{\infty} \dfrac{1}{\sqrt{n}}$ 发散; 当 $t = \dfrac{1}{2}$ 时,

级数为 $\sum\limits_{n=1}^{\infty} \dfrac{(-1)^n}{\sqrt{n}}$ 收敛, 所以级数 $\sum\limits_{n=1}^{\infty} (-1)^n \dfrac{2^n}{\sqrt{n}} t^n$ 的收敛域为 $\left(-\dfrac{1}{2}, \dfrac{1}{2} \right]$.

当 $t \in \left(-\dfrac{1}{2}, \dfrac{1}{2} \right]$, 即 $x \in (0, 1]$ 时原级数收敛. 故原级数的收敛域为 $(0, 1]$.

例 5 求幂级数 $\sum\limits_{n=1}^{\infty} \dfrac{4^{2n-1}}{n\sqrt{n}} (x-2)^{2n-1}$ 的收敛域.

解 该幂级数为缺项型幂级数, 且是关于 $(x-2)$ 的幂级数, 故不能用定理 2 计算收敛半径, 利用任意项级数的判别方法讨论,

$$\lim_{n \to \infty} \left| \frac{u_{n+1}(x)}{u_n(x)} \right| = \lim_{n \to \infty} \left| \frac{4^{2n+1}}{(n+1)\sqrt{n+1}} (x-2)^{2n+1} \cdot \frac{n\sqrt{n}}{4^{2n-1}(x-2)^{2n-1}} \right| = 16 \left| x-2 \right|^2,$$

当 $|x-2| < \dfrac{1}{4}$ 时, 原级数收敛; 当 $|x-2| > \dfrac{1}{4}$ 时, 原级数发散; 当 $x-2 = \dfrac{1}{4}$,

即 $x = \dfrac{9}{4}$ 时, 级数为 $\sum\limits_{n=1}^{\infty} \dfrac{1}{n\sqrt{n}}$ 收敛; 当 $x-2 = -\dfrac{1}{4}$, 即 $x = \dfrac{7}{4}$ 时, 级数为 $\sum\limits_{n=1}^{\infty} \dfrac{-1}{n\sqrt{n}}$

收敛.

故原级数的收敛域为 $\left[\dfrac{7}{4}, \dfrac{9}{4} \right]$.

根据阿贝尔定理，可作进一步讨论，若已知 $\sum\limits_{n=1}^{\infty} a_n(x-x_0)^n$ 在点 $x_1(x_1 \neq x_0)$ 的敛散性，则幂级数的收敛半径可分为三种情形：

① 若在 x_1 处收敛，则收敛半径 $R \geqslant |x_1 - x_0|$；

② 若在 x_1 处发散，则收敛半径 $R \leqslant |x_1 - x_0|$；

③ 若在 x_1 处条件收敛，则收敛半径 $R = |x_1 - x_0|$.

这里分析情形③，若级数在 x_1 处条件收敛，则 $\sum\limits_{n=1}^{\infty} a_n(x_1 - x_0)^n$ 收敛，而 $\sum\limits_{n=1}^{\infty} |a_n(x_1 - x_0)^n|$ 发散，由收敛半径的定义可知，数项级数 $\sum\limits_{n=1}^{\infty} a_n(x_1 - x_0)^n$ 收敛可以推出该幂级数 $\sum\limits_{n=1}^{\infty} a_n(x-x_0)^n$ 的收敛半径 $R \geqslant |x_1 - x_0|$，而 $\sum\limits_{n=1}^{\infty} |a_n(x_1 - x_0)^n|$ 发散可以推出该幂级数的收敛半径 $R \leqslant |x_1 - x_0|$，从而得到结论收敛半径 $R = |x_1 - x_0|$. 其余情形读者可以自行分析证明.

三、幂级数的运算

由常数项级数的基本性质及绝对收敛级数的性质，可以得到幂级数的代数运算法则.

设幂级数 $\sum\limits_{n=0}^{\infty} a_n x^n$ 和 $\sum\limits_{n=0}^{\infty} b_n x^n$ 的收敛半径分别为 R_1 和 R_2，$R = \min\{R_1, R_2\}$，则有

(1) 加减法 $\sum\limits_{n=0}^{\infty} a_n x^n \pm \sum\limits_{n=0}^{\infty} b_n x^n = \sum\limits_{n=0}^{\infty} c_n x^n$, $x \in (-R, R)$，其中 $c_n = a_n \pm b_n\,(n = 0, 1, 2, \cdots)$;

(2) 乘法 $\left(\sum\limits_{n=0}^{\infty} a_n x^n\right) \cdot \left(\sum\limits_{n=0}^{\infty} b_n x^n\right) = \sum\limits_{n=0}^{\infty} c_n x^n$, $x \in (-R, R)$，其中 $c_n = a_0 \cdot b_n + a_1 \cdot b_{n-1} + \cdots + a_n \cdot b_0\,(n = 0, 1, 2, \cdots)$;

(3) 除法 $\dfrac{\sum\limits_{n=0}^{\infty} a_n x^n}{\sum\limits_{n=0}^{\infty} b_n x^n} = \sum\limits_{n=0}^{\infty} c_n x^n$, 其中 c_n 可由 $a_n = c_0 \cdot b_n + c_1 \cdot b_{n-1} + \cdots + c_n \cdot b_0\,(n = 0, 1, 2, \cdots)$ 求出，且收敛域内 $\sum\limits_{n=0}^{\infty} b_n x^n \neq 0$.

需要注意的是, 相除后所得的幂级数的收敛区间可能比原来两级数的收敛区间小得多.

幂级数的和函数有如下的分析性质.

定理 3 设幂级数 $\sum\limits_{n=0}^{\infty} a_n x^n$ 的收敛半径为 $R(R>0)$, 收敛域为 I, 和函数为 $S(x)$, 则有如下结论成立.

(1) 和函数 $S(x)$ 在其收敛区间 $(-R,R)$ 上连续, 如果幂级数 $\sum\limits_{n=0}^{\infty} a_n x^n$ 在 $x=R$ 处收敛, 则 $S(x)$ 在 $x=R$ 处左连续, 如果幂级数 $\sum\limits_{n=0}^{\infty} a_n x^n$ 在 $x=-R$ 处收敛, 则 $S(x)$ 在 $x=-R$ 处右连续.

(2) 和函数 $S(x)$ 在其收敛域 I 上可积, 且有逐项积分公式

$$\int_0^x S(t)\mathrm{d}t = \int_0^x \left(\sum_{n=0}^{\infty} a_n t^n\right)\mathrm{d}t = \sum_{n=0}^{\infty}\int_0^x a_n t^n \mathrm{d}t = \sum_{n=0}^{\infty}\frac{a_n}{n+1}x^{n+1} \quad (x\in I).$$

(3) 和函数 $S(x)$ 在收敛区间 $(-R,R)$ 内是可导的, 且有逐项求导公式

$$S'(x) = \left(\sum_{n=0}^{\infty} a_n x^n\right)' = \sum_{n=0}^{\infty}(a_n x^n)' = \sum_{n=1}^{\infty} n a_n x^{n-1} \quad (|x|<R).$$

例 6 若级数 $\sum\limits_{n=1}^{\infty} a_n$ 条件收敛, 则 $x=\sqrt{3}$ 与 $x=3$ 依次为幂级数 $\sum\limits_{n=1}^{\infty} n a_n(x-1)^n$ 的 ( ) (2015 考研真题)

(A) 收敛点, 收敛点   (B) 收敛点, 发散点

(C) 发散点, 收敛点   (D) 发散点, 发散点.

解 因为 $\sum\limits_{n=1}^{\infty} a_n$ 条件收敛, 所以 $\sum\limits_{n=1}^{\infty} a_n x^n$ 在 $x=1$ 处条件收敛. 故幂级数 $\sum\limits_{n=1}^{\infty} a_n x^n$ 的收敛半径 $R=1$.

由幂级数的分析性质可知, 求导后收敛半径不变, 所以 $\sum\limits_{n=1}^{\infty} n a_n(x-1)^n$ 收敛半径也为 1, 从而 $x=\sqrt{3}$ 处级数绝对收敛, $x=3$ 处级数发散. 故选择 B.

例 7 求幂级数 $1+2x+3x^2+\cdots+nx^{n-1}+\cdots$ 的和函数.

解 所给级数的收敛半径为 $R = \lim\limits_{n \to \infty} \left| \dfrac{a_n}{a_{n+1}} \right| = \lim\limits_{n \to \infty} \left| \dfrac{n}{n+1} \right| = 1$, 又 $x = \pm 1$ 时级数发散, 则其收敛域为 $(-1, 1)$.

设 $S(x) = \sum\limits_{n=1}^{\infty} n x^{n-1} (|x| < 1)$, 由定理 3 知, 当 $|x| < 1$ 时,

$$\int_0^x S(t)\mathrm{d}t = \int_0^x \left(\sum_{n=1}^{\infty} n t^{n-1} \right) \mathrm{d}t = \sum_{n=1}^{\infty} \int_0^x n t^{n-1}\mathrm{d}t = \sum_{n=1}^{\infty} x^n = \frac{x}{1-x},$$

上式两边对 x 求导, 有

$$\left(\int_0^x S(t)\mathrm{d}t \right)' = \left(\frac{x}{1-x} \right)' = \frac{1}{(1-x)^2},$$

即

$$S(x) = \sum_{n=1}^{\infty} n x^{n-1} = \frac{1}{(1-x)^2} \quad (|x| < 1).$$

例8讲解11-3-3

例 8 求幂级数 $\sum\limits_{n=1}^{\infty} \dfrac{x^n}{n}$ 的和函数, 并求数项级数 $\sum\limits_{n=1}^{\infty} \dfrac{1}{n3^n}$ 的和.

解 所给幂级数的收敛半径为 $R = \lim\limits_{n \to \infty} \left| \dfrac{a_n}{a_{n+1}} \right| = \lim\limits_{n \to \infty} \left| \dfrac{n+1}{n} \right| = 1$, 且当 $x = 1$ 时级数为 $\sum\limits_{n=1}^{\infty} \dfrac{1}{n}$ 发散, 当 $x = -1$ 时级数为 $\sum\limits_{n=1}^{\infty} \dfrac{(-1)^n}{n}$ 条件收敛, 则幂级数的收敛域为 $[-1, 1)$.

设该级数的和函数为 $S(x)$, 即 $S(x) = \sum\limits_{n=1}^{\infty} \dfrac{x^n}{n} (-1 \leqslant x < 1)$, 由定理 3 知,

$$S'(x) = \left(\sum_{n=1}^{\infty} \frac{x^n}{n} \right)' = \sum_{n=1}^{\infty} x^{n-1} = \frac{1}{1-x}, \quad x \in (-1, 1),$$

上式两边同时取 $[0, x]$ 上的积分, 有

$$\int_0^x S'(t)\mathrm{d}t = \int_0^x \frac{1}{1-t}\mathrm{d}t \quad (|x| < 1).$$

所以

$$S(x) - S(0) = -\ln(1-x) \big|_0^x = \ln \frac{1}{1-x}, \quad \text{且} \quad S(0) = 0.$$

因为级数 $\displaystyle\sum_{n=1}^{\infty}\frac{x^n}{n}$ 在 $x=-1$ 处收敛, 且 $S(x)$ 在 $x=-1$ 处连续, 故 $S(x)=\ln\dfrac{1}{1-x}, x\in[-1,1)$. 即

$$\sum_{n=1}^{\infty}\frac{x^n}{n}=\ln\frac{1}{1-x}\quad(-1\leqslant x<1).$$

令 $x=\dfrac{1}{3}$, 有

$$\sum_{n=1}^{\infty}\frac{1}{n3^n}=\ln\frac{1}{1-x}\bigg|_{x=\frac{1}{3}}=\ln\frac{3}{2}.$$

例 9 求幂级数 $\displaystyle\sum_{n=0}^{\infty}(n+1)(n+3)x^n$ 的收敛域及和函数. (2013 考研真题)

解 该幂级数的收敛半径 $R=\displaystyle\lim_{n\to\infty}\frac{(n+1)(n+3)}{(n+2)(n+4)}=1$. 当 $x=\pm1$ 时, $\displaystyle\sum_{n=0}^{\infty}(n+1)(n+3)x^n$ 发散, 故该幂级数收敛域为 $(-1,1)$.

令 $S(x)=\displaystyle\sum_{n=0}^{\infty}(n+1)(n+3)x^n, |x|<1$, 则 $S(x)=\displaystyle\sum_{n=0}^{\infty}(n+1)(n+2)x^n+\sum_{n=0}^{\infty}(n+1)x^n$, 其中

$$\sum_{n=0}^{\infty}(n+1)(n+2)x^n=\sum_{n=0}^{\infty}\left(x^{n+2}\right)''=\left(\sum_{n=0}^{\infty}x^{n+2}\right)''=\left(\frac{x^2}{1-x}\right)''=\frac{2}{(1-x)^3},$$

$$\sum_{n=0}^{\infty}(n+1)x^n=\sum_{n=0}^{\infty}\left(x^{n+1}\right)'=\left(\sum_{n=0}^{\infty}x^{n+1}\right)'=\left(\frac{x}{1-x}\right)'=\frac{1}{(1-x)^2}.$$

所以

$$S(x)=\frac{3-x}{(1-x)^3}\quad(-1<x<1).$$

例 10 设 $u_n(x)=\mathrm{e}^{-nx}+\dfrac{1}{n(n+1)}x^{n+1}(n=1,2,\cdots)$, 求级数 $\displaystyle\sum_{n=1}^{\infty}u_n(x)$ 的收敛域与和函数. (2021 考研真题)

解 先求 $\sum\limits_{n=1}^{\infty} u_n(x) = \sum\limits_{n=1}^{\infty}\left(e^{-nx} + \dfrac{1}{n(n+1)}x^{n+1}\right)$ 的收敛域, 其中等比级数

$\sum\limits_{n=1}^{\infty} e^{-nx}$ 收敛域为 $(0,+\infty)$, 而 $\sum\limits_{n=1}^{\infty} \dfrac{1}{n(n+1)}x^{n+1}$ 收敛域为 $[-1,1]$, 所以 $\sum\limits_{n=1}^{\infty} u_n(x)$ 的收敛域为 $(0,1]$.

等比级数 $\sum\limits_{n=1}^{\infty} e^{-nx} = \dfrac{e^{-x}}{1-e^{-x}}\ (x > 0)$.

令 $\sigma(x) = \sum\limits_{n=1}^{\infty} \dfrac{1}{n(n+1)}x^{n+1}\ (|x| \leqslant 1)$, 则 $\sigma''(x) = \sum\limits_{n=1}^{\infty} x^{n-1} = \dfrac{1}{1-x}\ (|x| < 1)$.

两边积分得 $\sigma(x) = (1-x)\ln(1-x) + x\ (|x| < 1)$. 故

$$S(x) = \dfrac{e^{-x}}{1-e^{-x}} + (1-x)\ln(1-x) + x, \quad x \in (0,1).$$

而 $x = 1$ 时级数收敛, 且 $\lim\limits_{x \to 1^-}\left[\dfrac{e^{-x}}{1-e^{-x}} + (1-x)\ln(1-x) + x\right] = \dfrac{e}{e-1}$.

所以,

$$S(x) = \begin{cases} \dfrac{e^{-x}}{1-e^{-x}} + (1-x)\ln(1-x) + x, & x \in (0,1), \\[3mm] \dfrac{e}{e-1}, & x = 1. \end{cases}$$

例 11 求级数 $\sum\limits_{n=2}^{\infty} \dfrac{1}{(n^2-1)2^n}$ 的和.

分析 求数项级数的和可利用幂级数及其和函数, 因此构造恰当的幂级数是本题的关键. 本题构造 $S(x) = \sum\limits_{n=2}^{\infty}\left(\dfrac{1}{n-1} - \dfrac{1}{n+1}\right)x^{n+1}$, 转化为求两个和函数.

解 $\sum\limits_{n=2}^{\infty} \dfrac{1}{(n^2-1)2^n} = \sum\limits_{n=2}^{\infty} \dfrac{1}{2^{n+1}}\left(\dfrac{1}{n-1} - \dfrac{1}{n+1}\right)$, 构造幂级数

$$\sum\limits_{n=2}^{\infty}\left(\dfrac{1}{n-1} - \dfrac{1}{n+1}\right)x^{n+1},$$

令其函数为 $S(x)$, 则

$$S(x) = \sum\limits_{n=2}^{\infty}\left(\dfrac{1}{n-1} - \dfrac{1}{n+1}\right)x^{n+1}, \quad |x| < 1,$$

令 $S_1(x) = \sum\limits_{n=2}^{\infty} \dfrac{x^{n+1}}{n-1}$, $S_2(x) = \sum\limits_{n=2}^{\infty} \dfrac{x^{n+1}}{n+1}$,

$$S_1(x) = x^2 \sum_{n=2}^{\infty} \frac{x^{n-1}}{n-1} = x^2 \int_0^x \left(\sum_{n=2}^{\infty} x^{n-2} \right) \mathrm{d}x$$

$$= x^2 \int_0^x \frac{1}{1-x} \mathrm{d}x = -x^2 \ln|1-x|, \quad |x| < 1,$$

$$S_2(x) = \int_0^x \left(\sum_{n=2}^{\infty} x^n \right) \mathrm{d}x = \int_0^x \frac{x^2}{1-x} \mathrm{d}x = -\ln|1-x| - x - \frac{x^2}{2}, \quad |x| < 1.$$

所以

$$\sum_{n=2}^{\infty} \frac{1}{(n^2-1)2^n} = S\left(\frac{1}{2}\right) = S_1\left(\frac{1}{2}\right) - S_2\left(\frac{1}{2}\right) = \frac{5}{8} - \frac{3}{4}\ln 2.$$

习　题　11-3

课件11-3-4

A 组

1. 求下列幂级数的收敛半径与收敛域:

(1) $\displaystyle\sum_{n=1}^{\infty} \frac{3^n}{n^2+1} x^n$;

(2) $\displaystyle\sum_{n=1}^{\infty} \frac{2^{n+1}}{\sqrt{n+1}} x^{2n+1}$;

(3) $\displaystyle\sum_{n=0}^{\infty} \frac{(n!)^2}{(2n)!} x^n$;

(4) $\displaystyle\sum_{n=1}^{\infty} \frac{(x-1)^n}{2^n n}$;

(5) $\displaystyle\sum_{n=1}^{\infty} \frac{(-1)^{n-1}}{n(2n-1)} x^{2n}$;

(6) $\displaystyle\sum_{n=1}^{\infty} \frac{3^n+(-2)^n}{n} (2x+1)^n$.

2. 求下列幂级数在收敛域内的和函数:

(1) $\displaystyle\sum_{n=1}^{\infty} \frac{(-1)^{n-1}}{2n-1} x^{2n-1}$;

(2) $\displaystyle\sum_{n=1}^{\infty} n(n+1) x^n$;

(3) $\displaystyle\sum_{n=1}^{\infty} \frac{x^n}{n(n+1)}$;

(4) $\displaystyle\sum_{n=1}^{\infty} 2^n(2n+1) x^{2n}$.

3. 求幂级数 $\displaystyle\sum_{n=0}^{\infty} \frac{(n+1)^2}{n!} x^n$ 的和函数, 并求数项级数 $\displaystyle\sum_{n=0}^{\infty} \frac{(n+1)^2}{n!}$ 的和.

4. 求下列数项级数的和:

(1) $\displaystyle\sum_{n=1}^{\infty} \frac{n}{2^{n-1}}$;

(2) $\displaystyle\sum_{n=0}^{\infty} \frac{(-1)^n}{3n+1}$.

B 组

1. 设幂级数 $\displaystyle\sum_{n=0}^{\infty} a_n x^n$ 在 $x=-1$ 处条件收敛, 求 $\displaystyle\sum_{n=1}^{\infty} na_n(x-1)^{n+1}$ 的收敛区间.

2. 设幂级数 $\sum\limits_{n=0}^{\infty} a_n x^n$ 与 $\sum\limits_{n=0}^{\infty} b_n x^n$ 的收敛半径别为 R_1, R_2, 讨论下列幂级数的收敛半径:

(1) $\sum\limits_{n=0}^{\infty} a_n x^{2n}$;

(2) $\sum\limits_{n=0}^{\infty} (a_n + b_n) x^n$.

3. 求幂级数 $\sum\limits_{n=0}^{\infty} \dfrac{4n^2 + 4n + 3}{2n+1} x^{2n}$ 的收敛域及和函数. (2012 考研真题)

课前测11-4-1

11.4 函数展开成幂级数

在 11.3 节中, 我们讨论了幂级数的收敛域以及其和函数的性质, 从幂级数的代数运算以及其和函数的分析运算可以看到, 幂级数不仅形式简单, 而且在它的收敛区间内还可以像多项式一样地进行运算. 因此, 把一个函数表示为幂级数, 对于研究函数有着特殊重要的意义. 本节我们讨论如何将函数用幂级数来表示.

一、泰勒级数

在 3.3 节中, 我们得到当函数 $f(x)$ 在点 x_0 的某邻域内具有直到 $(n+1)$ 阶的连续导数时, 在该邻域内有 $f(x)$ 在点 x_0 处的泰勒公式

$$f(x) = f(x_0) + f'(x_0)(x - x_0) + \frac{f''(x_0)}{2!}(x - x_0)^2 + \cdots + \frac{f^{(n)}(x_0)}{n!}(x - x_0)^n + R_n(x),$$

(11-4-1)

其中 $R_n(x)$ 为拉格朗日型余项

$$R_n(x) = \frac{f^{(n+1)}(\xi)}{(n+1)!}(x - x_0)^{n+1}, \text{其中 } \xi \text{ 介于 } x \text{ 与 } x_0 \text{ 之间}.$$

由泰勒公式可知当 x 在点 x_0 附近, 函数 $f(x)$ 可用 n 次多项式

$$P_n(x) = f(x_0) + f'(x_0)(x - x_0) + \frac{f''(x_0)}{2!}(x - x_0)^2 + \cdots + \frac{f^{(n)}(x_0)}{n!}(x - x_0)^n \quad (11\text{-}4\text{-}2)$$

来近似表示, 且绝对误差是其余项的绝对值 $|R_n(x)|$. 如果 $|R_n(x)|$ 随着 n 的增大而减小, 则可以用增加多项式 $P_n(x)$ 的项数的方法来提高精确度.

如果 $f(x)$ 在点 x_0 的某邻域内具有任意阶的导数 $f'(x), f''(x), \cdots, f^{(n)}(x), \cdots$, 则让多项式 $p_n(x)$ 中项数趋于无穷而成为幂级数

$$f(x_0) + f'(x_0)(x - x_0) + \frac{f''(x_0)}{2!}(x - x_0)^2 + \frac{f'''(x_0)}{3!}(x - x_0)^3 + \cdots$$

$$+ \frac{f^{(n)}(x_0)}{n!}(x - x_0)^n + \cdots.$$

(11-4-3)

称幂级数 (11-4-3) 为函数 $f(x)$ 在点 x_0 的泰勒级数.

函数 $f(x)$ 在点 x_0 的泰勒级数 (11-4-3) 的收敛域记为 I_0, 显然, 当 $x = x_0$ 时, $f(x)$ 的泰勒级数收敛于 $f(x_0)$, 但是除了 $x = x_0$ 外, 在收敛域 I_0 内 $f(x)$ 的泰勒级数是否一定等于 $f(x)$? 关于这个问题, 我们有如下定理.

定理 1 设函数 $f(x)$ 在点 x_0 的某一邻域 $U(x_0)$ 内具有任意阶导数, 则函数 $f(x)$ 在该邻域内能展开成泰勒级数的充分必要条件是 $f(x)$ 的泰勒公式中的余项 $R_n(x)$ 当 $n \to \infty$ 时的极限为零, 即

$$\lim_{n \to \infty} R_n(x) = 0 \quad (x \in U(x_0)).$$

证 先证必要性. 设 $f(x)$ 在 $U(x_0)$ 内能展开为泰勒级数, 即

$$f(x) = f(x_0) + f'(x_0)(x - x_0) + \frac{f''(x_0)}{2!}(x - x_0)^2 + \cdots + \frac{f^{(n)}(x_0)}{n!}(x - x_0)^n + \cdots,$$

对一切 $x \in U(x_0)$ 成立.

又设 $S_{n+1}(x)$ 是 $f(x)$ 泰勒级数的前 $n+1$ 项的和, 则在 $U(x_0)$ 内

$$\lim_{n \to \infty} S_{n+1}(x) = f(x).$$

而 $f(x)$ 的 n 阶泰勒公式可写成

$$f(x) = S_{n+1}(x) + R_n(x),$$

于是

$$\lim_{n \to \infty} R_n(x) = \lim_{n \to \infty} [f(x) - S_{n+1}(x)] = f(x) - f(x) = 0.$$

所以定理 1 的必要性得证.

再证充分性. 设 $\lim_{n \to \infty} R_n(x) = 0$ 对一切 $x \in U(x_0)$ 成立. 由 $f(x)$ 的 n 阶泰勒公式可得

$$S_{n+1}(x) = f(x) - R_n(x),$$

对上式取极限, 得

$$\lim_{n \to \infty} S_{n+1}(x) = \lim_{n \to \infty} [f(x) - R_n(x)] = f(x),$$

则函数 $f(x)$ 的泰勒级数 (11-4-3) 在 $U(x_0)$ 内收敛, 并且收敛于 $f(x)$.

所以定理 1 的充分性得证.

在实际应用中, 通常考虑的是 $x_0 = 0$ 的特殊情况, 此时的泰勒级数为

$$f(0) + f'(0)x + \frac{f''(0)}{2!}x^2 + \cdots + \frac{f^{(n)}(0)}{n!}x^n + \cdots, \tag{11-4-4}$$

称 (11-4-4) 式为 $f(x)$ 的麦克劳林级数.

由定理 1 可知, 在点 $x_0 = 0$ 的某一邻域内, 若 $\lim_{n \to \infty} R_n(x) = 0$, 则有

$$f(x) = f(0) + f'(0)x + \frac{f''(0)}{2!}x^2 + \cdots + \frac{f^{(n)}(0)}{n!}x^n + \cdots . \qquad (11\text{-}4\text{-}5)$$

即函数 $f(x)$ 可以展开成 x 的幂级数.

函数的麦克劳林级数是 x 的幂级数, 可以证明, 如果 $f(x)$ 能展开成 x 的幂级数, 则这种展开式是唯一的, 它一定等于 $f(x)$ 的麦克劳林级数.

如果函数 $f(x)$ 在点 x_0 的某邻域 $(-R, R)$ 内可以展开成 x 的幂级数, 即在 $(-R, R)$ 内恒有

$$f(x) = a_0 + a_1 x + a_2 x^2 + \cdots + a_n x^n + \cdots ,$$

则根据幂级数在收敛区间内可逐项求导, 得

$$f'(x) = a_1 + 2a_2 x + 3a_3 x^2 + \cdots + na_n x^{n-1} + \cdots ,$$

$$f''(x) = 2!a_2 + 3 \cdot 2a_3 x + \cdots + n(n-1)a_n x^{n-2} + \cdots ,$$

$$f'''(x) = 3!a_3 + \cdots + n(n-1)(n-2)a_n x^{n-3} + \cdots ,$$

$$\cdots\cdots$$

$$f^{(n)}(x) = n!a_n + (n+1)n(n-1)\cdots 2a_{n+1} x + \cdots .$$

于是把 $x = 0$ 代入上各式, 得

$$a_0 = f(0), \quad a_1 = f'(0), \quad a_2 = \frac{f''(0)}{2!}, \quad \cdots , \quad a_n = \frac{f^{(n)}(0)}{n!}, \quad \cdots ,$$

即

$$a_n = \frac{f^{(n)}(0)}{n!} \quad (n = 0, 1, 2, \cdots). \qquad (11\text{-}4\text{-}6)$$

该结论说明, 若 $f(x)$ 在点 $x_0 = 0$ 处能展开成 x 的幂级数, 则此幂级数一定是 $f(x)$ 在 $x_0 = 0$ 处的麦克劳林级数, 即幂级数的展开式是唯一的.

下面具体讨论将函数 $f(x)$ 展开成泰勒级数的问题.

二、函数展开为幂级数

1. 直接展开法

将函数 $f(x)$ 展开成为泰勒级数, 可按下面的步骤进行.

① 求出 $f(x)$ 的各阶导数 $f'(x), f''(x), \cdots, f^{(n)}(x), \cdots$, 并计算函数在 $x = x_0$ 的函数值与各阶导数值: $f(x_0), f'(x_0), f''(x_0), \cdots, f^{(n)}(x_0), \cdots$;

② 写出对应的泰勒级数

$$f(x_0) + f'(x_0)(x - x_0) + \frac{f''(x_0)}{2!}(x - x_0)^2 + \cdots + \frac{f^{(n)}(x_0)}{n!}(x - x_0)^n + \cdots ,$$

并求出其收敛半径 R;

③ 考察当 $|x - x_0| < R$ 时, 极限

$$\lim_{n \to \infty} R_n(x) = \lim_{n \to \infty} \frac{f^{(n+1)}(\xi)}{(n+1)!}(x - x_0)^{n+1} \quad (\xi \text{ 在 } x \text{ 与 } x_0 \text{ 之间})$$

是否等于 0. 如果极限等于 0, 则得到函数 $f(x)$ 的泰勒展开式

$$f(x) = \sum_{n=0}^{\infty} \frac{f^{(n)}(x_0)}{n!}(x - x_0)^n, \quad |x - x_0| < R.$$

接下来首先讨论一些基本初等函数的麦克劳林级数.

例 1　将函数 $f(x) = \mathrm{e}^x$ 展开成 x 的幂级数.

解　由 $f^{(n)}(x) = \mathrm{e}^x (n = 0, 1, 2, \cdots)$, 得 $f^{(n)}(0) = 1 (n = 0, 1, 2, \cdots)$, 于是, 得到函数 $f(x)$ 的麦克劳林级数为

$$1 + x + \frac{1}{2!}x^2 + \cdots + \frac{1}{n!}x^n + \cdots,$$

该级数的收敛半径 $R = +\infty$.

对于任意有限的数 $x, \xi(\xi$ 在 0 与 x 之间$)$, 余项的绝对值为

$$|R_n(x)| = \left| \frac{\mathrm{e}^\xi}{(n+1)!}x^{n+1} \right| < \mathrm{e}^{|x|} \cdot \frac{|x|^{n+1}}{(n+1)!}.$$

因 $\mathrm{e}^{|x|}$ 有限, 而 $\dfrac{|x|^{n+1}}{(n+1)!}$ 是收敛级数 $\displaystyle\sum_{n=1}^{\infty} \frac{|x|^{n+1}}{(n+1)!}$ 的一般项, 故 $\mathrm{e}^{|x|} \cdot \dfrac{|x|^{n+1}}{(n+1)!} \to$

$0 (n \to \infty)$, 即 $\lim\limits_{n \to \infty} R_n(x) = 0$, 从而有 e^x 的麦克劳林展开式

$$\mathrm{e}^x = 1 + x + \frac{1}{2!}x^2 + \cdots \frac{1}{n!}x^n + \cdots \quad (-\infty < x < +\infty). \tag{11-4-7}$$

例 2　将函数 $f(x) = \sin x$ 展开成 x 的幂级数.

解　由于所给函数的 n 阶导数为

$$f^{(n)}(x) = \sin\left(x + n \cdot \frac{\pi}{2}\right) \quad (n = 0, 1, 2, \cdots).$$

例 2 函数 $\sin x$
的幂级数展开
讲解11-4-2

所以

$$f(0) = 0, f'(0) = 1, f''(0) = 0, f'''(0) = -1, f^{(4)}(0) = 0, \cdots,$$
$$f^{(2n-1)}(0) = (-1)^{n-1}, f^{(2n)}(0) = 0, \cdots,$$

于是得到 $f(x)$ 的麦克劳林级数

$$x - \frac{x^3}{3!} + \frac{x^5}{5!} - \cdots + (-1)^n \frac{x^{2n+1}}{(2n+1)!} + \cdots,$$

该级数的收敛半径为 $R = +\infty$.

对于任何有限的数 $x, \xi(\xi$ 在 0 与 x 之间)，

$$|R_n(x)| = \left| \frac{\sin\left[\xi + \frac{(n+1)\pi}{2}\right]}{(n+1)!} x^{n+1} \right| \leqslant \frac{|x|^{n+1}}{(n+1)!} \to 0 \quad (n \to \infty).$$

因此得到函数 $\sin x$ 的麦克劳林展开式

$$\sin x = x - \frac{x^3}{3!} + \frac{x^5}{5!} - \cdots + (-1)^n \frac{x^{2n+1}}{(2n+1)!} + \cdots \quad (-\infty < x < +\infty). \quad (11\text{-}4\text{-}8)$$

类似地，可以得到函数 $\cos x$ 的麦克劳林展开式

$$\cos x = 1 - \frac{x^2}{2!} + \frac{x^4}{4!} - \cdots + (-1)^n \frac{x^{2n}}{(2n)!} + \cdots \quad (-\infty < x < +\infty). \quad (11\text{-}4\text{-}9)$$

例 3 将函数 $f(x) = (1+x)^\alpha$ 展开成 x 的幂级数，其中 α 为任意非零实数.

解 所给函数的 n 阶导数为

$$f'(x) = \alpha(1+x)^{\alpha-1}, \quad f''(x) = \alpha(\alpha-1)(1+x)^{\alpha-2}, \quad \cdots,$$

$$f^{(n)}(x) = \alpha(\alpha-1)\cdots(\alpha-n+1)(1+x)^{\alpha-n}, \quad \cdots,$$

所以

$$f(0) = 1, f'(0) = \alpha, f''(0) = \alpha(\alpha-1), \cdots, f^{(n)}(0) = \alpha(\alpha-1)\cdots(\alpha-n+1), \cdots$$

于是得到 $f(x)$ 的麦克劳林级数

$$1 + \alpha x + \frac{\alpha(\alpha-1)}{2!} x^2 + \cdots + \frac{\alpha(\alpha-1)\cdots(\alpha-n+1)}{n!} x^n + \cdots.$$

该级数的收敛半径 $R = 1$，收敛区间为 $(-1, 1)$，

为避免直接研究余项，假设在 $(-1, 1)$ 内它的和函数为 $S(x)$，即

$$S(x) = 1 + \alpha x + \frac{\alpha(\alpha-1)}{2!} x^2 + \cdots + \frac{\alpha(\alpha-1)\cdots(\alpha-n+1)}{n!} x^n + \cdots, \quad x \in (-1, 1)$$

逐项求导, 得

$$S'(x) = \alpha + \alpha(\alpha - 1)x + \cdots + \frac{\alpha(\alpha - 1)\cdots(\alpha - n + 1)}{(n-1)!}x^{n-1} + \cdots$$

$$xS'(x) = \alpha x + \alpha(\alpha - 1)x^2 + \cdots + \frac{\alpha(\alpha - 1)\cdots(\alpha - n + 1)}{(n-1)!}x^n + \cdots,$$

利用恒等式

$$\frac{(\alpha-1)\cdots(\alpha-n+1)}{(n-1)!} + \frac{(\alpha-1)\cdots(\alpha-n)}{n!} = \frac{\alpha(\alpha-1)\cdots(\alpha-n+1)}{n!}, \quad n = 1, 2, \cdots,$$

故得到

$$(1+x)S'(x) = \alpha\Big\{ 1 + [(\alpha - 1) + 1]x + \cdots$$
$$+ \Big[\frac{(\alpha-1)\cdots(\alpha-n+1)}{(n-1)!} + \frac{(\alpha-1)\cdots(\alpha-n)}{n!} \Big]x^n + \cdots \Big\}$$
$$= \alpha\Big[1 + \alpha x + \cdots \frac{(\alpha-1)\cdots(\alpha-n+1)}{n!}x^n + \cdots \Big]$$
$$= \alpha S(x) \quad (-1 < x < 1),$$

所以 $S(x)$ 满足

$$\frac{S'(x)}{S(x)} = \frac{\alpha}{1+x}.$$

两边取定积分

$$\int_0^x \frac{S'(x)}{S(x)}\mathrm{d}x = \int_0^x \frac{\alpha}{1+x}\mathrm{d}x, \quad x \in (-1, 1),$$

且 $S(0) = 1$, 解得

$$S(x) = (1+x)^\alpha, \quad x \in (-1, 1),$$

所以, 得到函数 $(1+x)^\alpha$ 的麦克劳林展开式

$$(1+x)^\alpha = 1 + \alpha x + \frac{\alpha(\alpha-1)}{2!}x^2 + \cdots + \frac{\alpha(\alpha-1)\cdots(\alpha-n+1)}{n!}x^n + \cdots (-1 < x < 1).$$

$$\text{(11-4-10)}$$

公式 (11-4-10) 称为二项展开式. 特别地, 当 α 是正整数时, 级数就是 x 的 α 次多项式, 此时就是初等代数中的二项式定理. 在区间 $(-1, 1)$ 的端点处, 展开

式 (11-4-10) 是否收敛需要视 α 的值而定, 可以证明: 当 $\alpha \leqslant -1$ 时, 收敛域为 $(-1,1)$; 当 $-1 < \alpha < 0$ 时, 收敛域为 $(-1,1]$; 当 $\alpha > 0$ 时, 收敛域为 $[-1,1]$.

在二项展开式中, 取 α 为不同的实数值, 可得到不同的幂函数展开式, 例如取 $\alpha = \dfrac{1}{2}$, $\alpha = -\dfrac{1}{2}$, 分别得

$$\sqrt{1+x} = 1 + \frac{1}{2}x - \frac{1}{2\cdot4}x^2 + \frac{1\cdot3}{2\cdot4\cdot6}x^3 - \frac{1\cdot3\cdot5}{2\cdot4\cdot6\cdot8}x^4 + \cdots \quad (-1 \leqslant x \leqslant 1),$$

$$\frac{1}{\sqrt{1+x}} = 1 - \frac{1}{2}x + \frac{1\cdot3}{2\cdot4}x^2 - \frac{1\cdot3\cdot5}{2\cdot4\cdot6}x^3 + \frac{1\cdot3\cdot5\cdot7}{2\cdot4\cdot6\cdot8}x^4 + \cdots \quad (-1 < x \leqslant 1),$$

取 $\alpha = -1$ 时, 得

$$\frac{1}{1+x} = 1 - x + x^2 + \cdots + (-1)^n x^n + \cdots, \quad x \in (-1,1). \tag{11-4-11}$$

实际上, (11-4-11) 式的右边是公比为 $-x$ 的几何级数, 利用几何级数的结论, 当 $|x| < 1$ 时, 右式的和函数为 $\dfrac{1}{1+x}$, 由此可以看到, 函数的幂级数展开问题其实是幂级数在收敛域求和函数的反问题.

2. 间接展开法

一般情况下, 幂级数的直接展开只有对比较简单的函数才能做到, 而多数情况会遇到求 n 阶导数, 研究余项的极限等困难. 因此下面我们讨论间接展开. 根据函数展开为幂级数的唯一性, 从某些已知函数的幂级数展开式, 利用幂级数的四则运算、逐项求导、逐项求积分及变量代换、恒等变形等方法间接地求得幂级数的展开式, 这种方法称为间接展开法, 它是求函数的幂级数展开式的常用方法.

例如, 利用 $\sin x$ 的幂级数展开式 (11-4-8),

$$\sin x = x - \frac{x^3}{3!} + \frac{x^5}{5!} - \cdots + (-1)^n \frac{x^{2n+1}}{(2n+1)!} + \cdots \quad (-\infty < x < +\infty).$$

通过逐项求导, 可得 $\cos x$ 的幂级数展开式 (11-4-9),

$$\cos x = 1 - \frac{x^2}{2!} + \frac{x^4}{4!} - \cdots + (-1)^n \frac{x^{2n}}{(2n)!} + \cdots \quad (-\infty < x < +\infty).$$

又如, 利用 $\dfrac{1}{1+x}$ 的幂级数展开式 (11-4-11),

$$\frac{1}{1+x} = 1 - x + x^2 + \cdots + (-1)^n x^n + \cdots, \quad x \in (-1,1).$$

通过变量代换, 可以得到 $\dfrac{1}{1-x}$ 的幂级数展开式

$$\frac{1}{1-x} = 1 + x + x^2 + \cdots + x^n + \cdots, \quad x \in (-1, 1). \tag{11-4-12}$$

例 4 将函数 $f(x) = \ln(1+x)$ 展开成 x 的幂级数.

解 因为 $f'(x) = \dfrac{1}{1+x}$, 利用几何级数的结果得到的展开式 (11-4-11),

$$\frac{1}{1+x} = 1 - x + x^2 - \cdots + (-1)^n x^n + \cdots, \quad -1 < x < 1$$

上式两端积分, 得

$$\int_0^x \frac{1}{1+x}\mathrm{d}x = \int_0^x \left(1 - x + x^2 - \cdots + (-1)^n x^n + \cdots\right)\mathrm{d}x$$

即

$$\ln(1+x) = x - \frac{x^2}{2} + \frac{x^3}{3} - \frac{x^4}{4} + \cdots + (-1)^n \frac{x^{n+1}}{n+1} + \cdots \quad (-1 < x \leqslant 1). \tag{11-4-13}$$

上面的展开式当 $x = 1$ 时也成立, 这是因为上式右端的幂级数当 $x = 1$ 时收敛, 而 $\ln(1+x)$ 在 $x = 1$ 处有定义且连续.

关于函数 $\mathrm{e}^x, \sin x, \cos x, \ln(1+x), (1+x)^\alpha$ 的幂级数展开式, 以后可以直接引用, 读者要熟记.

例 5 将函数 $f(x) = \ln(4 - 3x - x^2)$ 展开成 x 的幂级数.

解 由于

$$\ln(4 - 3x - x^2) = \ln(1-x) + \ln(4+x)$$
$$= \ln[1 + (-x)] + \ln 4 + \ln\left(1 + \frac{x}{4}\right).$$

当 $-1 < x \leqslant 1$ 时, 有

$$\ln[1 + (-x)] = \sum_{n=1}^{\infty} (-1)^{n-1} \frac{(-x)^n}{n} = -\sum_{n=1}^{\infty} \frac{1}{n} x^n,$$

当 $-4 < x \leqslant 4$ 时, 有

$$\ln\left(1 + \frac{x}{4}\right) = \sum_{n=1}^{\infty} \frac{(-1)^{n-1}}{4^n \cdot n} x^n,$$

由幂级数的四则运算, 得到 $f(x)$ 关于 x 的幂级数展开式

$$\ln(4 - 3x - x^2) = \ln 4 + \sum_{n=1}^{\infty} \frac{1}{n} \left[\frac{(-1)^{n-1}}{4^n} - 1 \right] x^n, \quad -1 < x \leqslant 1.$$

例 6 将函数 $f(x) = \dfrac{1}{x^2 + 3x + 2}$ 展开成 x 的幂级数及 $(x+4)$ 的幂级数.

解 由于

$$f(x) = \frac{1}{x^2 + 3x + 2} = \frac{1}{(x+1)(x+2)} = \frac{1}{1+x} - \frac{1}{2+x}$$
$$= \frac{1}{1+x} - \frac{1}{2\left(1 + \dfrac{x}{2}\right)},$$

而

$$\frac{1}{1+x} = \sum_{n=0}^{\infty} (-1)^n x^n \quad (-1 < x < 1),$$

$$\frac{1}{2\left(1 + \dfrac{x}{2}\right)} = \frac{1}{2} \sum_{n=0}^{\infty} (-1)^n \frac{x^n}{2^n} \quad (-2 < x < 2),$$

由幂级数的四则运算, 得到 $f(x)$ 关于 x 的幂级数展开式

$$\frac{1}{x^2 + 3x + 2} = \sum_{n=0}^{\infty} (-1)^n \left(1 - \frac{1}{2^{n+1}}\right) x^n \quad (-1 < x < 1).$$

令 $x + 4 = t$, 则 $x = t - 4$.

$$f(x) = \frac{1}{1+x} - \frac{1}{2+x} = \frac{1}{t-3} - \frac{1}{t-2} = \frac{1}{2} \cdot \frac{1}{1 - \dfrac{t}{2}} - \frac{1}{3} \cdot \frac{1}{1 - \dfrac{t}{3}}.$$

其中

$$\frac{1}{1 - \dfrac{t}{2}} = \sum_{n=0}^{\infty} \frac{t^n}{2^n}, \quad -2 < t < 2,$$

$$\frac{1}{1 - \dfrac{t}{3}} = \sum_{n=0}^{\infty} \frac{t^n}{3^n}, \quad -3 < t < 3,$$

由幂级数的四则运算, 得到 $f(x)$ 关于 $(x+4)$ 的幂级数展开式

$$\frac{1}{x^2 + 3x + 2} = \sum_{n=0}^{\infty} \left(\frac{1}{2^{n+1}} - \frac{1}{3^{n+1}}\right) (x+4)^n \quad (-6 < x < -2).$$

例 7 将函数 $\cos x$ 展开成 $\left(x - \dfrac{\pi}{4}\right)$ 的幂级数.

解 由于

$$\cos x = \cos\left(x - \frac{\pi}{4} + \frac{\pi}{4}\right) = \frac{\sqrt{2}}{2}\left[\cos\left(x - \frac{\pi}{4}\right) - \sin\left(x - \frac{\pi}{4}\right)\right].$$

其中

$$\cos\left(x - \frac{\pi}{4}\right) = \sum_{n=0}^{\infty}(-1)^n \frac{\left(x - \dfrac{\pi}{4}\right)^{2n}}{(2n)!}, \quad -\infty < x < \infty,$$

$$\sin\left(x - \frac{\pi}{4}\right) = \sum_{n=0}^{\infty}(-1)^n \frac{\left(x - \dfrac{\pi}{4}\right)^{2n+1}}{(2n+1)!}, \quad -\infty < x < \infty,$$

由幂级数的四则运算, 得到 $\cos x$ 关于 $\left(x - \dfrac{\pi}{4}\right)$ 的幂级数展开式

$$\cos x = \frac{\sqrt{2}}{2}\left[1 - \left(x - \frac{\pi}{4}\right) - \frac{1}{2!}\left(x - \frac{\pi}{4}\right)^2 + \frac{1}{3!}\left(x - \frac{\pi}{4}\right)^3 + \cdots\right], \quad -\infty < x < \infty.$$

例 8 设函数 $f(x) = \arctan x - \dfrac{x}{1 + ax^2}$, 且 $f'''(0) = 1$, 则 $a = $ _____.
(2016 考研真题)

解 $(\arctan x)' = \dfrac{1}{1 + x^2} = \displaystyle\sum_{n=0}^{\infty}(-1)^n x^{2n}$, $|x| < 1$. 两边同时取 0 到 x 上的
定积分得

$$\arctan x = \sum_{n=0}^{\infty}(-1)^n \frac{x^{2n+1}}{2n+1}, \quad |x| < 1.$$

而

$$\frac{x}{1 + ax^2} = \sum_{n=0}^{\infty}(-1)^n a^n x^{2n+1}, \quad |x| < 1.$$

所以,

$$f(x) = \sum_{n=0}^{\infty}(-1)^n \left(\frac{1}{2n+1} - a^n\right)x^{2n+1}, \quad |x| < 1.$$

由 $f'''(0) = 1$, 可以推出 $-6\left(\dfrac{1}{3} - a\right) = 1$, 解得 $a = \dfrac{1}{2}$.

*三、函数的幂级数展开式的应用

函数的幂级数展开式可用于函数值的近似计算, 下面通过例题的计算来说明.

例 9　计算 $\ln 2$ 的近似值, 使误差不超过 10^{-4}.

解　由于对数函数 $\ln(1+x)$ 的展开式在 $x=1$ 也成立, 所以有

$$\ln 2 = 1 - \frac{1}{2} + \frac{1}{3} - \frac{1}{4} + \cdots + (-1)^{n-1}\frac{1}{n} + \cdots.$$

如果用右端级数的前 n 项之和作 $\ln 2$ 的近似值, 根据交错级数理论, 为使绝对误差小于 10^{-4}, 需要计算一万项, 计算量太大, 这是由于这个级数的收敛速度太慢, 利用 $\ln\dfrac{1+x}{1-x}$ 的展开式计算可以加快收敛速度.

$$\ln\frac{1+x}{1-x} = \ln(1+x) - \ln(1-x) = \sum_{n=1}^{\infty}(-1)^{n-1}\frac{x^n}{n} + \sum_{n=1}^{\infty}\frac{x^n}{n}$$

$$= 2\sum_{n=1}^{\infty}\frac{x^{2n-1}}{2n-1} \quad (-1 < x < 1),$$

令 $\dfrac{1+x}{1-x} = 2$, 则 $x = \dfrac{1}{3}$, 代入上式得

$$\ln 2 = 2\left[\frac{1}{3} + \frac{1}{3}\left(\frac{1}{3}\right)^3 + \frac{1}{5}\left(\frac{1}{3}\right)^5 + \cdots + \frac{1}{2n-1}\left(\frac{1}{3}\right)^{2n-1} + \cdots\right],$$

由于

$$|R_n| = \sum_{k=n+1}^{\infty}\frac{2}{2k-1}\left(\frac{1}{3}\right)^{2k-1}$$

$$= \frac{2}{3}\sum_{k=n+1}^{\infty}\frac{1}{2k-1}\left(\frac{1}{9}\right)^{k-1} < \frac{1}{3n}\sum_{k=n+1}^{\infty}\left(\frac{1}{9}\right)^{k-1} < \frac{1}{n\cdot 9^n},$$

只要取 $n=4$, 就有 $|R_n| < 10^{-4}$, 即达到所要求的精度, 并且由此求得

$$\ln 2 \approx 0.6931.$$

例 10　计算 $\displaystyle\int_0^1 \frac{\sin x}{x}\mathrm{d}x$ 的近似值, 使误差不超过 10^{-4}.

解　利用 $\sin x$ 的麦克劳林展开式 (11-4-8) 得

$$\frac{\sin x}{x} = 1 - \frac{x^2}{3!} + \frac{x^4}{5!} - \cdots + (-1)^n\frac{x^{2n}}{(2n+1)!} + \cdots \quad (-\infty < x < +\infty),$$

所以

$$\int_0^1 \frac{\sin x}{x}\mathrm{d}x = 1 - \frac{1}{3 \cdot 3!} + \frac{1}{5 \cdot 5!} - \frac{1}{7 \cdot 7!} + \cdots.$$

由于 $\dfrac{1}{7 \cdot 7!} < \dfrac{1}{30000} < 10^{-4}$, 故

$$\int_0^1 \frac{\sin x}{x}\mathrm{d}x \approx 1 - \frac{1}{3 \cdot 3!} + \frac{1}{5 \cdot 5!} - \frac{1}{7 \cdot 7!} \approx 0.9461.$$

最后我们利用幂级数导出欧拉 (Euler) 公式.

类似于实数项级数的收敛性, 我们可定义复数项级数

$$\sum_{n=1}^{\infty}(u_n + \mathrm{i}v_n) = (u_1 + \mathrm{i}v_1) + (u_2 + \mathrm{i}v_2) + \cdots + (u_n + \mathrm{i}v_n) + \cdots$$

的收敛性, 其中 $u_n, v_n(n=1,2,\cdots)$ 为实数或实函数. 如果实部所成的级数 $\sum\limits_{n=1}^{\infty} u_n$ 收敛于和 u, 且虚部所成的级数 $\sum\limits_{n=1}^{\infty} v_n$ 收敛于和 v, 则称复数项级数 $\sum\limits_{n=1}^{\infty}(u_n + \mathrm{i}v_n)$ 收敛于和 $u + \mathrm{i}v$.

如果由复数项级数 $\sum\limits_{n=1}^{\infty}(u_n + \mathrm{i}v_n)$ 各项的模所构成的级数 $\sum\limits_{n=1}^{\infty}\sqrt{u_n^2 + v_n^2}$ 收敛, 则称级数 $\sum\limits_{n=1}^{\infty}(u_n + \mathrm{i}v_n)$ 绝对收敛.

考察复数项级数

$$1 + z + \frac{1}{2!}z^2 + \cdots + \frac{1}{n!}z^n + \cdots.$$

可以证明此级数在复平面上是绝对收敛的, 在 x 轴上它表示指数函数 e^x, 在复平面上我们用它来定义复变量指数函数, 记为 e^z. 即

$$\mathrm{e}^z = 1 + z + \frac{1}{2!}z^2 + \cdots + \frac{1}{n!}z^n + \cdots.$$

现利用 $\mathrm{e}^z, \sin x$ 及 $\cos x$ 的幂级数展开式, 可得

$$\mathrm{e}^{\mathrm{i}x} = 1 + \mathrm{i}x + \frac{1}{2!}(\mathrm{i}x)^2 + \cdots + \frac{1}{n!}(\mathrm{i}x)^n + \cdots$$

$$= 1 + \mathrm{i}x - \frac{1}{2!}x^2 - \mathrm{i}\frac{1}{3!}x^3 + \frac{1}{4!}x^4 + \mathrm{i}\frac{1}{5!}x^5 - \cdots$$

$$= \left(1 - \frac{1}{2!}x^2 + \frac{1}{4!}x^4 - \cdots\right) + i\left(x - \frac{1}{3!}x^3 + \frac{1}{5!}x^5 - \cdots\right)$$

$$= \cos x + i\sin x.$$

我们称公式 $e^{ix} = \cos x + i\sin x$ 为欧拉公式.

在欧拉公式中, 以 $-x$ 代 x, 得

$$e^{-ix} = \cos x - i\sin x,$$

由此得

$$\cos x = \frac{1}{2}(e^{ix} + e^{-ix}), \quad \sin x = \frac{1}{2i}(e^{ix} - e^{-ix}).$$

它们也称为欧拉公式, 其揭示了三角函数与复变量指数函数之间的一种联系.

<h2 style="text-align:center">习 题 11-4</h2>

课件11-4-3

<h3 style="text-align:center">A 组</h3>

1. 将下列函数展开成 x 的幂级数, 并指出展开式成立的区间.

(1) $(1+x)e^{-x}$;   (2) $\sin^2 x$;

(3) a^x;   (4) $\dfrac{x}{(1-x)(1-x^2)}$;

(5) $\arctan\dfrac{2x}{1-x^2}$;   (6) $\displaystyle\int_0^x e^{-t^2}\,dt$.

2. 将函数 $f(x) = \ln x$ 展开成 $(x-3)$ 的幂级数.

3. 将函数 $f(x) = \dfrac{1}{x^2 - 3x - 4}$ 展开成 $(x-1)$ 的幂级数.

4. 证明级数 $\displaystyle\sum_{n=0}^{\infty}\frac{x^n}{(n+1)!} = \frac{1}{x}(e^x - 1)(x \neq 0)$, 并证明 $\displaystyle\sum_{n=0}^{\infty}\frac{n}{(n+1)!} = 1$.

*5. 利用函数的幂级数展开式求下列各数的近似值 (误差不超过 10^{-4}):

(1) $\sqrt[5]{240}$;   (2) $\cos 2°$.

<h3 style="text-align:center">B 组</h3>

1. 将下列函数展开成 x 的幂级数, 并求出其收敛域:

(1) $f(x) = \ln(1 + x - 2x^2)$;   (2) $f(x) = \arctan x + \dfrac{1}{2}\ln\dfrac{1+x}{1-x}$.

2. 将 $f(x) = \dfrac{1-x}{x-4}$ 在点 $x_0 = 1$ 处展开成 $(x-1)$ 幂级数, 并求 $f^{(n)}(1)$.

3. 若 $f(x) = \displaystyle\sum_{n=0}^{\infty} a_n x^n, x \in (-R, R)$, 证明:

(1) $f(x)$ 是偶函数时, 必有 $a_{2k-1} = 0(k = 1, 2, 3, \cdots)$;

(2) $f(x)$ 是奇函数时, 必有 $a_{2k} = 0(k = 0, 1, 2, \cdots)$.

4. 设 $f(x) = \begin{cases} \dfrac{1+x^2}{x}\arctan x, & x \neq 0, \\ 1, & x = 0, \end{cases}$　试将 $f(x)$ 展开成 x 的幂级数, 并求级数

$\sum\limits_{n=1}^{\infty} \dfrac{(-1)^n}{1-4n^2}$ 的和.

课前测11-5-1

11.5　傅里叶级数

　　本节讨论在数学与工程技术中都有着广泛应用的另一类函数项级数, 它是由三角函数系所产生的三角级数, 也就是傅里叶级数. 这里先讨论以 2π 为周期的特殊函数展开为傅里叶级数的问题, 并给出傅里叶级数的收敛性.

一、三角级数、三角函数系的正交性

　　在科学实验和工程技术的某些现象中, 经常会发生一些周期性运动, 比如弹簧的振动, 交流电的电流强度变化等. 周期运动在数学上一般可以用周期函数来描述. 在所有周期运动中最简单的是简谐振动, 可用正弦函数

$$y = A\sin(\omega t + \varphi)$$

来描述, 其中 A 称为振幅, ω 称为角频率, φ 称为初相角, 其周期是 $T = \dfrac{2\pi}{\omega}$.

　　而在较为复杂的周期运动中, 可以将其分解为多个, 甚至无限多个不同频率的简谐振动的叠加, 这样可以利用基本简谐振动来研究复杂周期运动. 反映在数学上就是将一个周期函数 $f(t)$ 用一系列正弦函数 $A_n\sin(n\omega t + \varphi_n)(n = 1, 2, \cdots)$ 的和来表示, 即

$$f(t) = A_0 + \sum_{n=1}^{\infty} A_n\sin(n\omega t + \varphi_n), \tag{11-5-1}$$

其中 $A_0, A_n, \varphi_n(n = 1, 2, \cdots)$ 都是常数.

　　从数学结构上来看, (11-5-1) 式是一个函数项级数, 其一般项是三角函数. 为了讨论方便, 将其一般项 $A_n\sin(n\omega t + \varphi_n)(n = 1, 2, \cdots)$ 变形为

$$A_n\cos n\omega t \cdot \sin\varphi_n + A_n\sin n\omega t \cdot \cos\varphi_n,$$

并且令 $A_0 = \dfrac{a_0}{2}, A_n\sin\varphi_n = a_n, A_n\cos\varphi_n = b_n, \omega t = x$, 则表达式 (11-5-1) 右端的级数变为

$$\frac{a_0}{2} + \sum_{n=1}^{\infty}(a_n\cos nx + b_n\sin nx). \tag{11-5-2}$$

一般地, 形如式 (11-5-2) 的级数称为三角级数, 其中 $a_0, a_n, b_n(n = 1, 2, 3, \cdots)$ 都是常数.

与函数展开成幂级数类似, 周期函数能否展开成形如式 (11-5-2) 的三角级数, 需要讨论如下两个问题:

(1) 如果函数 $f(x)$ 能够展开成三角级数 (11-5-2), 如何确定其中的系数 a_0, a_n 及 b_n? 展开式是否唯一?

(2) 函数 $f(x)$ 能够展开成三角级数 (11-5-2) 的条件是什么?

早在 19 世纪初, 法国数学家傅里叶就曾断言: "任意" 函数都可以展开成三角级数. 和他同时期的德国数学家狄利克雷给出了展开的明确条件和严格的证明. 值得提出的是, 傅里叶所开创的 "傅里叶理论" 拓宽了传统的函数概念, 成为重要的数学分支, 在数学史上留下了浓重的一笔. 接下来所介绍的理论主要是傅里叶和狄利克雷等人的研究结果.

注意到, 三角级数 (11-5-2) 中的每一项都是周期为 2π 的函数. 因此如果级数 (11-5-2) 收敛, 则其和函数一定是周期为 2π 的函数, 所以下面讨论的是周期为 2π 的函数如何展开成三角级数, 这里先介绍三角函数系的概念.

显然三角级数 (11-5-2) 是由函数系

$$\{1, \cos x, \sin x, \cos 2x, \sin 2x, \cdots, \cos nx, \sin nx, \cdots\} \tag{11-5-3}$$

构成的, 该函数系通常称为三角函数系. 关于三角函数系有一个重要的性质: 正交性.

所谓三角函数系正交是指: 三角函数系中任何两个不同的函数的乘积在区间 $[-\pi, \pi]$ 上的积分等于零, 即

$$\begin{cases} \displaystyle\int_{-\pi}^{\pi} \cos nx \mathrm{d}x = 0 & (n = 1, 2, \cdots), \\ \displaystyle\int_{-\pi}^{\pi} \sin nx \mathrm{d}x = 0 & (n = 1, 2, \cdots), \\ \displaystyle\int_{-\pi}^{\pi} \sin kx \cos nx \mathrm{d}x = 0 & (n, k = 1, 2, \cdots, k \neq n), \\ \displaystyle\int_{-\pi}^{\pi} \cos kx \cos nx \mathrm{d}x = 0 & (n, k = 1, 2, \cdots, k \neq n), \\ \displaystyle\int_{-\pi}^{\pi} \sin kx \sin nx \mathrm{d}x = 0 & (n, k = 1, 2, \cdots, k \neq n). \end{cases} \tag{11-5-4}$$

对于以上等式, 可以通过计算直接验证. 例如验证其中第 5 个.

由三角函数学中的积化和差公式, 得

$$\sin kx \sin nx = \frac{1}{2} \left[\cos(k - n)x - \cos(k + n)x\right],$$

当 $k \neq n$ 时, 有

$$\int_{-\pi}^{\pi} \sin kx \sin nx \mathrm{d}x = \frac{1}{2} \int_{-\pi}^{\pi} [\cos(k - n)x - \cos(k + n)x] \mathrm{d}x$$

$$= \frac{1}{2}\left[\frac{\sin(k-n)x}{k-n} - \frac{\sin(k+n)}{k+n}\right]_{-\pi}^{\pi}$$

$$= 0 \quad (n, k = 1, 2, \cdots, k \neq n).$$

其余等式证明类似, 请读者自证.

三角函数系 (11-5-3) 中任一个函数的平方在 $[-\pi, \pi]$ 上的积分都不等于零, 有

$$\begin{cases} \displaystyle\int_{-\pi}^{\pi} 1^2 \mathrm{d}x = 2\pi, \\ \displaystyle\int_{-\pi}^{\pi} \cos^2 nx \mathrm{d}x = \int_{-\pi}^{\pi} \sin^2 nx \mathrm{d}x = \pi \quad (n = 1, 2, \cdots). \end{cases} \tag{11-5-5}$$

二、周期为 2π 的函数展开成傅里叶级数

定理 1 设三角级数 (11-5-2) 的和函数是 $f(x)$, 即

$$f(x) = \frac{a_0}{2} + \sum_{n=1}^{\infty}(a_n \cos nx + b_n \sin nx), \tag{11-5-6}$$

且等式右端级数可以逐项积分, 则有

$$\begin{cases} a_n = \dfrac{1}{\pi}\displaystyle\int_{-\pi}^{\pi} f(x)\cos nx \mathrm{d}x \quad (n = 0, 1, 2, \cdots), \\ b_n = \dfrac{1}{\pi}\displaystyle\int_{-\pi}^{\pi} f(x)\sin nx \mathrm{d}x \quad (n = 1, 2, \cdots). \end{cases} \tag{11-5-7}$$

证 由定理条件知, 函数 $f(x)$ 在 $[-\pi, \pi]$ 上连续且可积. 对 (11-5-6) 式逐项积分得

$$\int_{-\pi}^{\pi} f(x)\mathrm{d}x = \frac{a_0}{2}\int_{-\pi}^{\pi}\mathrm{d}x + \sum_{n=1}^{\infty}\left(a_n\int_{-\pi}^{\pi}\cos nx\mathrm{d}x + b_n\int_{-\pi}^{\pi}\cos nx\mathrm{d}x\right).$$

由 (11-5-4) 式可知上式右端括号内积分都等于零, 所以

$$\int_{-\pi}^{\pi} f(x)\mathrm{d}x = \frac{a_0}{2}\cdot 2\pi = a_0\pi,$$

即得

$$a_0 = \frac{1}{\pi}\int_{-\pi}^{\pi} f(x)\mathrm{d}x.$$

又用 $\cos nx(n = 1, 2, \cdots)$ 分别乘 (11-5-6) 式两端, 并在 $[-\pi, \pi]$ 上逐项积分得

$$\int_{-\pi}^{\pi} f(x) \cos nx \mathrm{d}x = \int_{-\pi}^{\pi} \frac{a_0}{2} \cos nx \mathrm{d}x$$
$$+ \sum_{k=1}^{\infty} \left(a_k \int_{-\pi}^{\pi} \cos kx \cos nx \mathrm{d}x + b_k \int_{-\pi}^{\pi} \sin kx \cos nx \mathrm{d}x \right),$$

由 (11-5-4) 式可知,

$$\int_{-\pi}^{\pi} f(x) \cos nx \mathrm{d}x = a_n \int_{-\pi}^{\pi} \cos^2 nx \mathrm{d}x = a_n \pi,$$

所以

$$a_n = \frac{1}{\pi} \int_{-\pi}^{\pi} f(x) \cos nx \mathrm{d}x \quad (n = 1, 2, \cdots).$$

类似地, 用 $\sin nx$ 同乘 (11-5-6) 式两端, 并在 $[-\pi, \pi]$ 上逐项积分得

$$b_n = \frac{1}{\pi} \int_{-\pi}^{\pi} f(x) \sin nx \mathrm{d}x \quad (n = 1, 2, \cdots).$$

上述结果可合并写成

$$\begin{cases} a_n = \dfrac{1}{\pi} \int_{-\pi}^{\pi} f(x) \cos nx \mathrm{d}x & (n = 0, 1, 2, \cdots), \\ b_n = \dfrac{1}{\pi} \int_{-\pi}^{\pi} f(x) \sin nx \mathrm{d}x & (n = 1, 2, \cdots). \end{cases}$$

上述公式 (11-5-7) 称为欧拉–傅里叶 (Euler-Fourier) 公式. 由此公式算出的系数 $a_0, a_1, b_1, \cdots$ 称为函数 $f(x)$ 的傅里叶 (Fourier) 系数, 由傅里叶系数构成的三角级数

$$\frac{a_0}{2} + \sum_{n=1}^{\infty} (a_n \cos nx + b_n \sin nx)$$

称为 $f(x)$ 的傅里叶级数.

从公式 (11-5-7) 可知, 如果周期为 2π 的函数 $f(x)$ 在 $[-\pi, \pi]$ 上可积, 就可以按公式 (11-5-7) 唯一地计算出 $f(x)$ 的傅里叶系数 $a_0, a_1, b_1, \cdots$, 从而可以写出 $f(x)$ 的傅里叶级数. 但是这个级数是否收敛? 若收敛, 它是否收敛于 $f(x)$? 即 $f(x)$ 满足什么条件就可以展开为傅里叶级数. 这个问题需要进一步讨论, 实际上函数的傅里叶级数的收敛性问题是一个相当复杂的理论问题, 至今还没有便于应用的判别收敛性的充要条件. 下面不加证明地给出一个应用比较广泛的充分条件.

定理 2 (狄利克雷 (Dirichlet) 收敛定理) 设 $f(x)$ 是以 2π 为周期的周期函数, 如果它在 $[-\pi, \pi]$ 上满足条件:

(1) 连续或只有有限个第一类间断点;

(2) 至多只有有限个极值点.

则 $f(x)$ 的傅里叶级数在 $(-\infty, +\infty)$ 内收敛, 并且

当 x 是 $f(x)$ 的连续点时, $f(x)$ 的傅里叶级数收敛于 $f(x)$;

当 x 是 $f(x)$ 的 (第一类) 间断点时, $f(x)$ 的傅里叶级数收敛于

$$\frac{1}{2}[f(x^-) + f(x^+)].$$

定理 2 中的条件 (1) 和 (2) 称为狄利克雷条件, 它是判别 $f(x)$ 的傅里叶级数收敛性的一个充分条件, 在实际应用中, 很多函数都能满足这个条件, 显然该条件比函数展开成幂级数的条件要弱得多.

例 1 设 $f(x)$ 是周期为 2π 的周期函数, 它在 $[-\pi, \pi)$ 上的表达式为

$$f(x) = \begin{cases} -\dfrac{\pi}{2}, & -\pi \leqslant x < 0, \\ \dfrac{\pi}{2}, & 0 \leqslant x < \pi. \end{cases}$$

例1函数展开成傅里叶级数11-5-2

将 $f(x)$ 展开成傅里叶级数.

解 由傅里叶系数公式 (11-5-7) 得

$$a_n = \frac{1}{\pi} \int_{-\pi}^{\pi} f(x) \cos nx \mathrm{d}x$$

$$= \frac{1}{\pi} \int_{-\pi}^{0} \left(-\frac{\pi}{2}\right) \cos nx \mathrm{d}x + \frac{1}{\pi} \int_{0}^{\pi} \frac{\pi}{2} \cdot \cos nx \mathrm{d}x = 0 \quad (n = 1, 2, \cdots),$$

$$b_n = \frac{1}{\pi} \int_{-\pi}^{\pi} f(x) \sin nx \mathrm{d}x = \frac{1}{\pi} \int_{-\pi}^{0} \left(-\frac{\pi}{2}\right) \sin nx \mathrm{d}x + \frac{1}{\pi} \int_{0}^{\pi} \frac{\pi}{2} \cdot \sin nx \mathrm{d}x$$

$$= \frac{1}{2} \left[\frac{\cos nx}{n}\right]_{-\pi}^{0} + \frac{1}{2} \left[-\frac{\cos nx}{n}\right]_{0}^{\pi} = \frac{1}{2n}[1 - \cos n\pi - \cos n\pi + 1]$$

$$= \frac{1}{n}[1 - (-1)^n] = \begin{cases} \dfrac{2}{n}, & n = 1, 3, 5, \cdots, \\ 0, & n = 2, 4, 6, \cdots. \end{cases}$$

于是得函数 $f(x)$ 的傅里叶级数为

$$2\sin x + \frac{2}{3} \sin 3x + \cdots + \frac{2}{2n-1} \sin(2n-1)x + \cdots.$$

由于函数 $f(x)$ 满足收敛定理的条件, 它在点 $x = k\pi \ (k = 0, \pm1, \pm2, \cdots)$ 处不连续, 在其他点处连续, 从而由狄利克雷收敛定理知道 $f(x)$ 的傅里叶级数收敛, 并且当 $x = k\pi$ 时收敛于

$$\frac{1}{2}[f(x^-) + f(x^+)] = \frac{1}{2}\left(-\frac{\pi}{2} + \frac{\pi}{2}\right) = 0,$$

当 $x \ne k\pi$ 时级数收敛于 $f(x)$.

于是 $f(x)$ 的傅里叶级数展开式为

$$f(x) = 2\sin x + \frac{2}{3}\sin 3x + \cdots + \frac{2}{2n-1}\sin(2n-1)x + \cdots$$

$$(-\infty < x < +\infty, x \ne 0, \pm\pi, \pm 2\pi, \cdots).$$

其和函数的图形如图 11-5-1 所示.

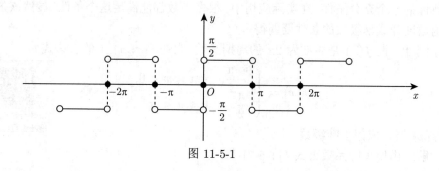

图 11-5-1

如果函数 $f(x)$ 只在 $(-\pi, \pi]$ 或 $[-\pi, \pi)$ 上有定义, 且满足狄利克雷条件, 则可以在 $(-\pi, \pi]$ 或 $[-\pi, \pi)$ 外补充函数 $f(x)$ 的定义, 使它拓广成周期为 2π 的周期函数 $F(x)$, 在 $x \in (-\pi, \pi)$ 时, 有 $F(x) = f(x)$. 通常把以这种方式拓广函数的定义域的过程称为周期延拓. 由于在 $(-\pi, \pi)$ 内 $f(x) \equiv F(x)$, 因此将 $F(x)$ 展为傅里叶级数后, 其傅里叶系数为

$$a_n = \frac{1}{\pi}\int_{-\pi}^{\pi} F(x)\cos nx\,dx = \frac{1}{\pi}\int_{-\pi}^{\pi} f(x)\cos nx\,dx \quad (n = 0, 1, 2, \cdots),$$

$$b_n = \frac{1}{\pi}\int_{-\pi}^{\pi} F(x)\sin nx\,dx = \frac{1}{\pi}\int_{-\pi}^{\pi} f(x)\sin nx\,dx \quad (n = 1, 2, \cdots),$$

当 $F(x)$ 展为傅里叶级数后, 再将 x 限制在 $(-\pi, \pi)$ 内, 即得函数 $f(x)$ 的傅里叶级数展开式. 由收敛定理 2, 该级数在区间端点 $x = \pm\pi$ 处的收敛情况取决于 $F(x)$ 在该点的连续性.

例 2 将函数 $f(x) = \begin{cases} -x, & -\pi \leqslant x < 0, \\ x, & 0 \leqslant x \leqslant \pi \end{cases}$ 展开成傅里叶级数.

解 将 $f(x)$ 在 $(-\infty, +\infty)$ 内以 2π 为周期作周期延拓, 延拓后的函数图形为图 11-5-2.

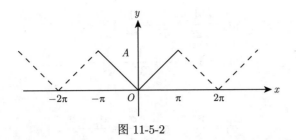

图 11-5-2

因此拓广后的周期函数 $F(x)$ 在 $(-\infty, +\infty)$ 内连续, 故其傅里叶级数在 $[-\pi, \pi]$ 上收敛于 $f(x)$, 计算傅里叶系数如下:

$$a_0 = \frac{1}{\pi} \int_{-\pi}^{\pi} f(x) \mathrm{d}x = \frac{1}{\pi} \int_{-\pi}^{0} (-x) \mathrm{d}x + \frac{1}{\pi} \int_{0}^{\pi} x \mathrm{d}x = \pi,$$

$$a_n = \frac{1}{\pi} \int_{-\pi}^{\pi} f(x) \cos nx \mathrm{d}x = \frac{1}{\pi} \int_{-\pi}^{0} (-x) \cos nx \mathrm{d}x + \frac{1}{\pi} \int_{0}^{\pi} x \cos nx \mathrm{d}x$$

$$= \frac{2}{n^2 \pi} (\cos n\pi - 1) = \frac{2}{n^2 \pi} [(-1)^n - 1]$$

$$= \begin{cases} -\dfrac{4}{n^2 \pi}, & n = 1, 3, 5, \cdots, \\ 0, & n = 2, 4, 6, \cdots, \end{cases}$$

$$b_n = \frac{1}{\pi} \int_{-\pi}^{\pi} f(x) \sin nx \mathrm{d}x$$

$$= \frac{1}{\pi} \int_{-\pi}^{0} (-x) \sin nx \mathrm{d}x + \frac{1}{\pi} \int_{0}^{\pi} x \sin nx \mathrm{d}x = 0 \quad (n = 1, 2, 3, \cdots),$$

故 $f(x)$ 的傅里叶级数展开式为

$$f(x) = \frac{\pi}{2} - \frac{4}{\pi} \left(\cos x + \frac{1}{3^2} \cos 3x + \frac{1}{5^2} \cos 5x + \cdots \right) \quad (-\pi \leqslant x \leqslant \pi).$$

利用函数的傅里叶级数展开式, 我们可以求出一些特殊的常数项级数的和. 如在例 2 的展开式中, 令 $x = 0$, 则 $f(0) = 0$, 即有

$$\frac{\pi^2}{8} = 1 + \frac{1}{3^2} + \frac{1}{5^2} + \cdots.$$

若记

$$\sigma = 1 + \frac{1}{2^2} + \frac{1}{3^2} + \frac{1}{4^2} + \cdots,$$

$$\sigma_1 = 1 + \frac{1}{3^2} + \frac{1}{5^2} + \cdots,$$

$$\sigma_2 = \frac{1}{2^2} + \frac{1}{4^2} + \frac{1}{6^2} + \cdots,$$

$$\sigma_3 = 1 - \frac{1}{2^2} + \frac{1}{3^2} - \frac{1}{4^2} + \cdots,$$

其中

$$\sigma_1 = \frac{\pi^2}{8}, \quad \sigma_2 = \frac{\sigma}{4} = \frac{\sigma_1 + \sigma_2}{4},$$

所以

$$\sigma_2 = \frac{\sigma_1}{3} = \frac{\pi^2}{24}, \quad \sigma = \sigma_1 + \sigma_2 = \frac{\pi^2}{6}, \quad \sigma_3 = \sigma_1 - \sigma_2 = \frac{\pi^2}{12}.$$

三、正弦级数和余弦级数

1. 奇函数和偶函数的傅里叶级数

设 $f(x)$ 为奇函数, 则 $f(x)\cos nx$ 是奇函数, $f(x)\sin nx$ 是偶函数, 根据奇、偶函数在关于原点对称的区间上的积分性质, 它的傅里叶系数为

$$a_n = 0 \quad (n = 0, 1, 2, \cdots),$$
$$b_n = \frac{2}{\pi} \int_0^\pi f(x) \sin nx \mathrm{d}x \quad (n = 1, 2, \cdots),$$

所以, 奇函数的傅里叶级数是只含有正弦项的正弦级数

$$\sum_{n=1}^\infty b_n \sin nx.$$

设 $f(x)$ 为偶函数, 则 $f(x)\cos nx$ 是偶函数, $f(x)\sin nx$ 是奇函数, 故它的傅里叶系数:

$$a_n = \frac{2}{\pi} \int_0^\pi f(x) \cos nx \mathrm{d}x \quad (n = 0, 1, 2, \cdots),$$
$$b_n = 0 \quad (n = 1, 2, \cdots),$$

所以, 偶函数的傅里叶级数是只含有常数项和余弦项的余弦级数

$$\frac{a_0}{2} + \sum_{n=1}^\infty a_n \cos nx.$$

例 3　设 $f(x)$ 是周期为 2π 的周期函数, 它在 $[-\pi, \pi)$ 上的表达式为 $f(x) = x$, 将 $f(x)$ 展开成傅里叶级数.

解　若不考虑点 $x = (2k+1)\pi(k = 0, \pm 1, \pm 2, \cdots)$, 则 $f(x)$ 是周期为 2π 的奇函数. 故

$$a_n = 0, \quad (n = 0, 1, 2, \cdots),$$

$$b_n = \frac{2}{\pi} \int_0^\pi f(x) \sin nx \mathrm{d}x$$

$$= \frac{2}{\pi} \int_0^\pi x \sin nx \mathrm{d}x$$

$$= \frac{2}{\pi} \left[-\frac{x \cos nx}{n} + \frac{\sin nx}{n^2} \right]_0^\pi$$

$$= -\frac{2}{n} \cos n\pi = \frac{2}{n} (-1)^{n+1} \quad (n = 1, 2, \cdots),$$

于是得函数 $f(x)$ 的傅里叶级数

$$2 \left(\sin x - \frac{1}{2} \sin 2x + \frac{1}{3} \sin 3x - \cdots + (-1)^{n+1} \frac{1}{n} \sin nx + \cdots \right).$$

显然, $f(x)$ 满足狄利克雷条件, 因此, 根据收敛定理, 在间断点 $x = (2k+1)\pi$ $(k = 0, \pm 1, \pm 2, \cdots)$ 处, 级数收敛于

$$\frac{1}{2}[f(x^-) + f(x^+)] = \frac{\pi + (-\pi)}{2} = 0,$$

而在连续点 $x \neq (2k+1)\pi$ $(k = 0, \pm 1, \pm 2, \cdots)$ 处, 级数收敛于 $f(x)$. 即有 $f(x)$ 的傅里叶级数展开式

$$f(x) = 2 \left(\sin x - \frac{1}{2} \sin 2x + \frac{1}{3} \sin 3x - \cdots + (-1)^{n+1} \frac{1}{n} \sin nx + \cdots \right)$$

$$(-\infty < x < +\infty, x \neq \pm \pi, \pm 3\pi, \cdots).$$

2. 函数展开成正弦级数或余弦级数

在实际应用中, 有时也需要把定义在区间 $[0, \pi]$ 上的函数 $f(x)$ 展开成正弦级数或余弦级数. 此时可对函数进行奇延拓或偶延拓, 具体方法如下.

设函数 $f(x)$ 在区间 $[0, \pi]$ 上满足狄利克雷收敛定理. 首先要在区间 $(-\pi, 0]$ 上补充定义, 得到一个定义在 $(-\pi, \pi]$ 上的函数 $F(x)$, 使得 $F(x)$ 在 $(-\pi, \pi]$ 上是奇函数或偶函数, 且在 $(0, \pi]$ 上等于 $f(x)$. 采用这种方式拓广函数定义域的过程称为奇延拓或偶延拓.

(1) 奇延拓定义

$$F(x) = \begin{cases} f(x), & 0 < x \leqslant \pi, \\ 0, & x = 0, \\ -f(-x), & -\pi < x < 0, \end{cases}$$

使得 $F(x)$ 为定义在 $(-\pi, \pi)$ 内的奇函数.

(2) 偶延拓定义

$$F(x) = \begin{cases} f(x), & 0 \leqslant x \leqslant \pi, \\ f(-x), & -\pi < x < 0, \end{cases}$$

使得 $F(x)$ 为定义在 $(-\pi, \pi)$ 内的偶函数.

对奇延拓或偶延拓后的函数 $F(x)$ 进行周期延拓, 得到定义在 $(-\infty, +\infty)$ 且周期为 2π 的周期函数 $G(x)$, 对函数 $G(x)$ 进行傅里叶级数展开, 此时所得傅里叶级数一定是正弦级数或余弦级数, 再将 x 限制在 $[0, \pi]$ 上, 则得到函数 $f(x)$ 在 $[0, \pi]$ 上的正弦级数或余弦级数.

值得注意的是此时的傅里叶系数只需在 $[0, \pi]$ 上求积分便得, 无需在 $[-\pi, \pi]$ 上进行积分. 因此, 在计算展开式的系数时, 只要用到 $f(x)$ 在 $[0, \pi]$ 上的值, 并不需要具体作出辅助函数 $F(x)$ 及 $G(x)$, 只要指明采用哪一种延拓方式即可.

例 4 设 $x^2 = \sum\limits_{n=0}^{\infty} a_n \cos nx (-\pi \leqslant x \leqslant \pi)$, 则 $a_2 = $ _____. (2003 考研真题)

解 此题已知函数 $f(x) = x^2 (-\pi \leqslant x \leqslant \pi)$ 的傅里叶级数展开式, 该函数是偶函数, 从而其傅里叶级数是余弦级数, 则利用偶函数的傅里叶系数公式计算,

$$a_2 = \frac{2}{\pi} \int_0^{\pi} x^2 \cos 2x \mathrm{d}x = 1.$$

例 5 将函数 $f(x) = \dfrac{\pi - x}{2}(0 \leqslant x \leqslant \pi)$ 分别展开成正弦级数和余弦级数.

解 先展开成正弦级数. 为此对 $f(x)$ 进行奇延拓及周期延拓, 其傅里叶系数为

$$a_n = 0 \quad (n = 0, 1, 2, \cdots);$$

$$\begin{aligned} b_n &= \frac{2}{\pi} \int_0^{\pi} f(x) \sin nx \mathrm{d}x \\ &= \frac{2}{\pi} \int_0^{\pi} \frac{\pi - x}{2} \sin nx \mathrm{d}x \\ &= \int_0^{\pi} \sin nx \mathrm{d}x + \frac{1}{n\pi} \int_0^{\pi} x \mathrm{d}\cos nx \\ &= -\frac{1}{n}[(-1)^n - 1] + \frac{1}{n\pi}\left[\pi(-1)^n - \frac{1}{n}\sin nx\Big|_0^{\pi}\right] = \frac{1}{n} \quad (n = 1, 2, \cdots), \end{aligned}$$

代入正弦级数, 得

$$f(x) = \sum_{n=1}^{\infty} \frac{1}{n} \sin nx \quad (0 < x \leqslant \pi).$$

在端点 $x = 0$ 及 $x = \pi$ 处, 级数都收敛于零, 但在 $x = 0$ 处不代表原函数 $f(x)$ 的值.

再求余弦级数. 为此对 $f(x)$ 进行偶延拓及周期延拓, 其傅里叶系数为

$$b_n = 0 \quad (n = 1, 2, \cdots);$$

$$a_0 = \frac{2}{\pi} \int_0^{\pi} f(x)\mathrm{d}x = \frac{2}{\pi} \int_0^{\pi} \frac{\pi - x}{2} \mathrm{d}x = \frac{\pi}{2};$$

$$\begin{aligned}
a_n &= \frac{2}{\pi} \int_0^{\pi} f(x) \cos nx \mathrm{d}x \\
&= \frac{2}{\pi} \int_0^{\pi} \frac{\pi - x}{2} \cos nx \mathrm{d}x \\
&= \frac{1}{n\pi} \int_0^{\pi} (\pi - x) \mathrm{d} \sin nx \\
&= \frac{1}{n\pi} \left[(\pi - x) \sin nx \big|_0^{\pi} + \int_0^{\pi} \sin nx \mathrm{d}x \right] \\
&= \frac{1}{n^2 \pi} [1 - (-1)^n] = \begin{cases} 0, & n = 2, 4, 6, \cdots, \\ \dfrac{2}{n^2 \pi}, & n = 1, 3, 5, \cdots, \end{cases}
\end{aligned}$$

代入余弦级数, 得

$$f(x) = \frac{\pi}{4} + \frac{2}{\pi} \left(\cos x + \frac{1}{3^2} \cos 3x + \frac{1}{5^2} \cos 5x + \cdots \right) \quad (0 \leqslant x \leqslant \pi).$$

从例 5 可以知道, 延拓后以 2π 为周期的函数和定义在 $[-\pi, \pi]$ 上的函数, 它们的傅里叶级数展开式是唯一的, 但对定义在 $[0, \pi]$ 上的函数 $f(x)$ 可以用不同方式进行延拓, 从而得到不同的傅里叶级数展开式, 故它的展开式不唯一, 但在连续点处级数都收敛于 $f(x)$.

例 6　将函数 $u(t) = \sin t, t \in [0, \pi]$ 展开成余弦级数.

解　对 $u(t)$ 进行偶延拓及周期延拓, 延拓后的函数图像为图 11-5-3, 其傅里叶系数为

$$b_n = 0 \quad (n = 1, 2, \cdots),$$

$$a_0 = \frac{2}{\pi} \int_0^{\pi} u(t)\mathrm{d}t = \frac{2}{\pi} \int_0^{\pi} \sin t \mathrm{d}t = \frac{4}{\pi},$$

$$a_n = \frac{2}{\pi} \int_0^{\pi} u(t) \cos nt \mathrm{d}t = \frac{2}{\pi} \int_0^{\pi} \sin t \cos nt \mathrm{d}t$$

$$= \frac{1}{\pi} \int_0^\pi [\sin(n+1)t - \sin(n-1)t] \mathrm{d}t$$

$$= \frac{1}{\pi} \left[-\frac{\cos(n+1)t}{n+1} + \frac{\cos(n-1)t}{n-1} \right]_0^\pi \quad (n \neq 1)$$

$$= \begin{cases} -\dfrac{4}{[(2k)^2 - 1]\pi}, & \text{当 } n = 2k, \\ 0, & \text{当 } n = 2k + 1 \end{cases} \quad (k = 1, 2, \cdots),$$

再计算 a_1,

$$a_1 = \frac{2}{\pi} \int_0^\pi u(t) \cos t \mathrm{d}t = \frac{2}{\pi} \int_0^\pi \sin t \cos t \mathrm{d}t = 0.$$

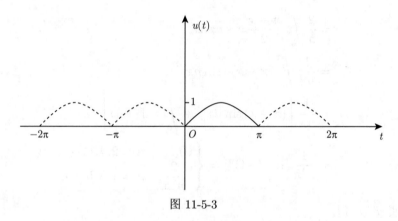

图 11-5-3

由于周期延拓后函数在整个数轴上连续, 故根据收敛定理得

$$u(t) = \frac{4}{\pi} \left(\frac{1}{2} - \frac{1}{3} \cos 2t - \frac{1}{15} \cos 4t - \frac{1}{35} \cos 6t - \cdots - \frac{1}{4k^2 - 1} \cos 2kt - \cdots \right)$$

$$(0 \leqslant t \leqslant \pi).$$

例 7 将函数 $f(x) = 1 - x^2 (0 \leqslant x \leqslant \pi)$ 展开成余弦级数, 并利用展开式求级数 $\displaystyle\sum_{n=1}^\infty \frac{(-1)^{n-1}}{n^2}$ 的和. (2008 考研真题)

解 对 $f(x)$ 进行偶延拓及周期延拓, 则

$$a_0 = \frac{2}{\pi} \int_0^\pi f(x) \mathrm{d}x = 2 \left(1 - \frac{\pi^2}{3} \right),$$

$$a_n = \frac{2}{\pi} \int_0^\pi f(x) \cos nx \mathrm{d}x = \frac{4(-1)^{n+1}}{n^2} \quad (n = 1, 2, \cdots),$$

由于延拓后函数连续, 根据收敛定理得

$$1 - x^2 = 1 - \frac{\pi^2}{3} + \sum_{n=1}^{\infty} \frac{4(-1)^{n+1}}{n^2} \cos nx \quad (0 \leqslant x \leqslant \pi).$$

取 $x = 0$, 计算得

$$\sum_{n=1}^{\infty} \frac{(-1)^{n-1}}{n^2} = \frac{\pi^2}{12}.$$

课件11-5-3

习　题　11-5

A 组

1. 下列周期函数 $f(x)$ 的周期为 2π, 试将 $f(x)$ 展开成傅里叶级数., 如果 $f(x)$ 在 $[-\pi, \pi)$ 上的表达式为

(1) $f(x) = \begin{cases} -\dfrac{\pi}{4}, & -\pi \leqslant x < 0, \\ \dfrac{\pi}{4}, & 0 \leqslant x < \pi; \end{cases}$

(2) $f(x) = \begin{cases} 0, & -\pi \leqslant x < 0, \\ 1, & 0 \leqslant x < \pi; \end{cases}$

(3) $f(x) = 3x^2 + 1 (-\pi \leqslant x < \pi);$

(4) $f(x) = \begin{cases} x, & -\pi \leqslant x < 0, \\ 1, & x = 0, \\ 2x, & 0 < x < \pi. \end{cases}$

2. 设周期函数 $f(x)$ 的周期为 2π, 且 $f(x)$ 可积. 证明 $f(x)$ 的傅里叶系数为

$$a_n = \frac{1}{\pi} \int_c^{c+2\pi} f(x) \cos nx \mathrm{d}x \quad (n = 0, 1, 2, \cdots),$$

$$b_n = \frac{1}{\pi} \int_c^{c+2\pi} f(x) \sin nx \mathrm{d}x \quad (n = 1, 2, \cdots),$$

其中 c 为任意实数.

3. 设函数 $f(x) = x^2$, $x \in [0, \pi]$, 将其展开为正弦级数.

4. 将函数 $f(x) = \mathrm{sgn} x (-\pi < x < \pi)$ 展开成傅里叶级数, 并利用展开式求 $\sum_{n=0}^{\infty} \dfrac{(-1)^n}{1+2n}$ 的和.

5. 将函数 $f(x) = x^3 (0 \leqslant x \leqslant \pi)$ 展开成余弦级数.

6. 已知 $f(x) = \mathrm{e}^x$ 在 $(-\pi, \pi)$ 上以 2π 为周期的傅里叶级数的和函数为 $S(x)$, 则 $S(-2) = \underline{\qquad}$, $S(0) = \underline{\qquad}$, $S(\pi) = \underline{\qquad}$.

B 组

1. 设函数为 $f(x) = \dfrac{\pi}{2} \dfrac{\mathrm{e}^x + \mathrm{e}^{-x}}{\mathrm{e}^\pi - \mathrm{e}^{-\pi}}$, (1) 在 $[-\pi, \pi]$ 上将 $f(x)$ 展开成傅里叶级数; (2) 求级数 $\sum_{n=1}^{\infty} \dfrac{(-1)^n}{1+(2n)^2}$ 的和.

2. 设 $f(x)$ 是周期为 2π 的函数, 它在一个周期上的表达式为 $f(x)=\begin{cases} x, & 0\leqslant x<\pi, \\ x+2\pi, & -\pi\leqslant x<0, \end{cases}$

展开成傅里叶级数为 $\dfrac{a_0}{2}+\sum\limits_{n=1}^{\infty}(a_n\cos nx+b_n\sin nx)$,

(1) 求系数 a_0, 并证明 $a_n=0$.
(2) 求傅里叶级数的和函数 $S(x)$ 及 $S(2\pi)$ 的值.

11.6 一般周期函数的傅里叶级数

在 11.5 节中, 所讨论的周期函数都是以 2π 为周期的. 但在实际应用中, 还经常会遇到周期不是 2π 的周期函数要展开成傅里叶级数的问题. 实际上, 只要经过适当的变量代换, 就可以将这一类问题转换为前面的问题.

一、周期为 $2l$ 的函数展开为傅里叶级数

设周期为 $2l$ 的周期函数 $f(x)$ 满足狄利克雷条件. 为了求得它的傅里叶展开式, 作变量代换 $x=\dfrac{l}{\pi}t$, 则 $f(x)=f\left(\dfrac{l}{\pi}t\right)$, 若记 $F(t)=f\left(\dfrac{l}{\pi}t\right)$, 则 $F(t)$ 是一个周期为 2π 的函数, 且在 $[-\pi,\pi]$ 上满足狄利克雷条件. 从而得到 $F(t)$ 的傅里叶级数为

$$\frac{a_0}{2}+\sum_{n=1}^{\infty}(a_n\cos nt+b_n\sin nt),$$

其中

$$a_n=\frac{1}{\pi}\int_{-\pi}^{\pi}F(t)\cos nt\mathrm{d}t \quad (n=0,1,2,\cdots),$$

$$b_n=\frac{1}{\pi}\int_{-\pi}^{\pi}F(t)\sin nt\mathrm{d}t \quad (n=1,2,\cdots).$$

在上面三式中, 令 $t=\dfrac{\pi x}{l}$, 得 $f(x)$ 的傅里叶级数

$$\frac{a_0}{2}+\sum_{n=1}^{\infty}\left(a_n\cos\frac{n\pi}{l}x+b_n\sin\frac{n\pi}{l}x\right),$$

其中

$$a_n=\frac{1}{\pi}\int_{-\pi}^{\pi}F(t)\cos nt\mathrm{d}t=\frac{1}{l}\int_{-l}^{l}f(x)\cos\frac{n\pi}{l}x\mathrm{d}x \quad (n=0,1,2,\cdots),$$

$$b_n=\frac{1}{\pi}\int_{-\pi}^{\pi}F(t)\sin nt\mathrm{d}t=\frac{1}{l}\int_{-l}^{l}f(x)\sin\frac{n\pi}{l}x\mathrm{d}x \quad (n=1,2,\cdots).$$

从而得到如下定理.

定理 1 设周期为 $2l$ 的周期函数 $f(x)$ 满足收敛定理的条件, 则它的傅里叶级数为

$$\frac{a_0}{2} + \sum_{n=1}^{\infty} \left(a_n \cos \frac{n\pi x}{l} + b_n \sin \frac{n\pi x}{l} \right), \tag{11-6-1}$$

其中

$$\begin{cases} a_n = \dfrac{1}{l} \displaystyle\int_{-l}^{l} f(x) \cos \dfrac{n\pi x}{l} \mathrm{d}x & (n = 0, 1, 2, 3, \cdots), \\[2mm] b_n = \dfrac{1}{l} \displaystyle\int_{-l}^{l} f(x) \sin \dfrac{n\pi x}{l} \mathrm{d}x & (n = 1, 2, 3, \cdots). \end{cases}$$

在 $f(x)$ 的连续点处, 级数 (11-6-1) 收敛于 $f(x)$; 在 $f(x)$ 的间断点处, 级数 (11-6-1) 收敛于 $f(x)$ 在该点的左极限与右极限的算术平均值 $\dfrac{1}{2}[f(x^-) + f(x^+)]$.

如果 $f(x)$ 为奇函数, 则它的傅里叶级数是正弦级数, 因此, 若 x 为函数 $f(x)$ 的连续点, 有

$$f(x) = \sum_{n=1}^{\infty} b_n \sin \frac{n\pi x}{l},$$

其中

$$b_n = \frac{2}{l} \int_0^l f(x) \sin \frac{n\pi x}{l} \mathrm{d}x \quad (n = 1, 2, 3, \cdots).$$

如果 $f(x)$ 为偶函数, 则它的傅里叶级数是余弦级数, 因此, 若 x 为函数 $f(x)$ 的连续点, 有

$$f(x) = \frac{a_0}{2} + \sum_{n=1}^{\infty} a_n \cos \frac{n\pi x}{l},$$

其中

$$a_n = \frac{2}{l} \int_0^l f(x) \cos \frac{n\pi x}{l} \mathrm{d}x \quad (n = 0, 1, 2, \cdots).$$

如果 $f(x)$ 是定义在 $[-l, l]$ 上的函数, 只需对其进行相应的周期延拓, 可以得到其傅里叶级数; 如果 $f(x)$ 是定义在 $[0, l]$ 上的函数, 则可以先对其进行奇偶延拓, 然后再进行相应的周期延拓, 可以得到其正弦级数或余弦级数.

例 1 设 $f(x)$ 是周期为 4 的周期函数., 它在 $[-2, 2)$ 上的表达式为

$$f(x) = \begin{cases} 0, & -2 \leqslant x < 0, \\ 3, & 0 \leqslant x < 2. \end{cases}$$

例1讲解11-6-2

将 $f(x)$ 展开成傅里叶级数.

解 这里 $l = 2$.

$$a_0 = \frac{1}{2}\int_{-2}^{2} f(x)\mathrm{d}x = \frac{1}{2}\int_0^2 3\mathrm{d}x = 3,$$

$$a_n = \frac{1}{2}\int_{-2}^{2} f(x)\cos\frac{n\pi x}{2}\mathrm{d}x = \frac{1}{2}\int_0^2 3\cos\frac{n\pi x}{2}\mathrm{d}x = 0 \quad (n = 1, 2, \cdots),$$

$$b_n = \frac{1}{2}\int_{-2}^{2} f(x)\sin\frac{n\pi x}{2}\mathrm{d}x = \frac{1}{2}\int_0^2 3\sin\frac{n\pi x}{2}\mathrm{d}x = \frac{3}{n\pi}(1 - \cos n\pi)$$

$$= \begin{cases} \dfrac{6}{n\pi}, & n = 1, 3, 5, \cdots, \\ 0, & n = 2, 4, 6, \cdots \end{cases} \quad (n = 1, 2, \cdots).$$

于是, $f(x)$ 的傅里叶级数为

$$\frac{3}{2} + \frac{6}{\pi}\left(\sin\frac{\pi x}{2} + \frac{1}{3}\sin\frac{3\pi x}{2} + \frac{1}{5}\sin\frac{5\pi x}{2} + \cdots\right).$$

函数 $f(x)$ 满足收敛定理的条件., 它在点 $x = 2k$ $(k = 0, \pm 1, \pm 2, \cdots)$ 处不连续., 在其他点处连续., 从而由定理 1 知道 $f(x)$ 的傅里叶级数当 $x = 2k$ $(k = 0, \pm 1, \pm 2, \cdots)$ 时收敛于

$$\frac{1}{2}[f(x^-) + f(x^+)] = \frac{1}{2}(3 + 0) = \frac{3}{2},$$

当 $x \neq 2k$ $(k = 0, \pm 1, \pm 2, \cdots)$ 时, 级数收敛于 $f(x)$. 于是 $f(x)$ 的傅里叶级数展开式为

$$f(x) = \frac{3}{2} + \frac{6}{\pi}\left(\sin\frac{\pi x}{2} + \frac{1}{3}\sin\frac{3\pi x}{2} + \frac{1}{5}\sin\frac{5\pi x}{2} + \cdots\right)$$

$$(-\infty < x < +\infty, x \neq 0, \pm 2, \pm 4, \cdots).$$

例 2 将函数 $f(x) = 2 - x$ 在 $[0, 2]$ 上展开成正弦级数和余弦级数.

解 对函数 $f(x)$ 进行奇延拓及周期延拓. 因此有

$$a_n = 0 \quad (n = 0, 1, 2, \cdots),$$

$$b_n = \frac{2}{2}\int_0^2 (2 - x)\sin\frac{n\pi x}{2}\mathrm{d}x = \frac{4}{n\pi} \quad (n = 1, 2, \cdots),$$

得到 $f(x)$ 的正弦级数

$$f(x) = \frac{4}{\pi}\sum_{n=1}^{\infty} \frac{1}{n}\sin\frac{n\pi x}{2} \quad (0 < x \leqslant 2),$$

当 $x = 0$ 时, $f(x)$ 的傅里叶级数收敛于 0.

对函数 $f(x)$ 进行偶延拓及周期延拓. 因此有

$$b_n = 0 \quad (n = 1, 2, \cdots),$$

$$a_0 = \frac{2}{2} \int_0^2 (2 - x) \mathrm{d}x = 2,$$

$$a_n = \frac{2}{2} \int_0^2 (2 - x) \cos \frac{n\pi x}{2} \mathrm{d}x$$

$$= \frac{4}{n^2 \pi^2} \left[1 - (-1)^n \right] = \begin{cases} 0, & n = 2, 4, 6, \cdots, \\ \dfrac{8}{n^2 \pi^2}, & n = 1, 3, 5, \cdots, \end{cases}$$

得到 $f(x)$ 的余弦级数

$$f(x) = 2 - x = 1 + \frac{8}{\pi^2} \left(\cos \frac{\pi x}{2} + \frac{1}{3^2} \cos \frac{3\pi x}{2} + \frac{1}{5^2} \cos \frac{5\pi x}{2} + \cdots \right) \quad (0 \leqslant x \leqslant 2).$$

*二、傅里叶级数的复数形式

在讨论交流电和频谱分析等问题时, 为了方便分析、计算, 经常采用复数形式的傅里叶级数.

设 $f(x)$ 是周期为 $2l$ 的周期函数, 它的傅里叶级数为

$$\frac{a_0}{2} + \sum_{n=1}^{\infty} \left(a_n \cos \frac{n\pi x}{l} + b_n \sin \frac{n\pi x}{l} \right), \tag{11-6-2}$$

其中 a_n, b_n 如式

$$\begin{cases} a_n = \dfrac{1}{l} \int_{-l}^l f(x) \cos \dfrac{n\pi x}{l} \mathrm{d}x & (n = 0, 1, 2, 3, \cdots), \\ b_n = \dfrac{1}{l} \int_{-l}^l f(x) \sin \dfrac{n\pi x}{l} \mathrm{d}x & (n = 1, 2, 3, \cdots). \end{cases} \tag{11-6-2'}$$

将欧拉公式

$$\cos x = \frac{1}{2} \left(\mathrm{e}^{\mathrm{i}x} + \mathrm{e}^{-\mathrm{i}x} \right), \quad \sin x = \frac{1}{2\mathrm{i}} \left(\mathrm{e}^{\mathrm{i}x} - \mathrm{e}^{-\mathrm{i}x} \right)$$

代入 (11-6-2) 式, 得

$$\frac{a_0}{2} + \sum_{n=1}^{\infty} \left[\frac{a_n}{2} \left(\mathrm{e}^{\mathrm{i}\frac{n\pi x}{l}} + \mathrm{e}^{-\mathrm{i}\frac{n\pi x}{l}} \right) + \frac{b_n}{2\mathrm{i}} \left(\mathrm{e}^{\mathrm{i}\frac{n\pi x}{l}} - \mathrm{e}^{-\mathrm{i}\frac{n\pi x}{l}} \right) \right]$$

$$= \frac{a_0}{2} + \sum_{n=1}^{\infty} \left(\frac{a_n - \mathrm{i}b_n}{2} \mathrm{e}^{\mathrm{i}\frac{n\pi x}{l}} + \frac{a_n + \mathrm{i}b_n}{2} \mathrm{e}^{-\mathrm{i}\frac{n\pi x}{l}} \right), \tag{11-6-3}$$

若设

$$\frac{a_0}{2} = c_0, \quad \frac{a_n - \mathrm{i}b_n}{2} = c_n, \quad \frac{a_n + \mathrm{i}b_n}{2} = c_{-n} \quad (n = 1, 2, \cdots), \tag{11-6-4}$$

则 (11-6-3) 式可表示为

$$c_0 + \sum_{n=1}^{\infty} \left(c_n \mathrm{e}^{\mathrm{i}\frac{n\pi x}{l}} + c_{-n} \mathrm{e}^{-\mathrm{i}\frac{n\pi x}{l}} \right) = \sum_{n=-\infty}^{\infty} c_n \mathrm{e}^{\mathrm{i}\frac{n\pi x}{l}}, \tag{11-6-5}$$

称 (11-6-5) 式为 $f(x)$ 的傅里叶级数的复数形式.

为求出系数 c_n 的表达式, 把 (11-6-2′) 式代入 (11-6-4) 式, 得

$$c_0 = \frac{a_0}{2} = \frac{1}{2l} \int_{-l}^{l} f(x)\mathrm{d}x,$$

$$c_n = \frac{a_n - \mathrm{i}b_n}{2} = \frac{1}{2} \left[\frac{1}{l} \int_{-l}^{l} f(x)\cos\frac{n\pi x}{l}\mathrm{d}x - \frac{\mathrm{i}}{l} \int_{-l}^{l} f(x)\sin\frac{n\pi x}{l}\mathrm{d}x \right]$$

$$= \frac{1}{2l} \int_{-l}^{l} f(x)\left[\cos\frac{n\pi x}{l} - \mathrm{i}\sin\frac{n\pi x}{l}\right]\mathrm{d}x$$

$$= \frac{1}{2l} \int_{-l}^{l} f(x)\mathrm{e}^{-\mathrm{i}\frac{n\pi x}{l}}\mathrm{d}x \quad (n = 1, 2, \cdots),$$

同理可得

$$c_{-n} = \frac{a_n + \mathrm{i}b_n}{2} = \frac{1}{2l} \int_{-l}^{l} f(x)\mathrm{e}^{\mathrm{i}\frac{n\pi x}{l}}\mathrm{d}x \quad (n = 1, 2, \cdots),$$

将上面的结果合并为

$$c_n = \frac{1}{2l} \int_{-l}^{l} f(x)\mathrm{e}^{-\mathrm{i}\frac{n\pi x}{l}}\mathrm{d}x \quad (n = 0, \pm 1, \pm 2, \cdots), \tag{11-6-6}$$

式 (11-6-6) 为 $f(x)$ 的傅里叶系数的复数形式.

傅里叶级数的两种形式, 没有本质上的差异, 但由于复数形式比较简洁, 且只用一个公式计算系数, 在应用上更为方便.

例 3 设 $f(x)$ 是周期为 $2l$ 的周期函数., 它在 $[-l, l)$ 上的表达式为

$$f(x) = \begin{cases} 0, & -l \leqslant x < \frac{\tau}{2}, \\ h, & -\frac{\tau}{2} \leqslant x < \frac{\tau}{2}, \\ 0, & \frac{\tau}{2} \leqslant x < l. \end{cases}$$

将 $f(x)$ 展开成复数形式的傅里叶级数.

解　先计算系数如下:

$$c_n = \frac{1}{2l} \int_{-l}^{l} f(x) \mathrm{e}^{-\mathrm{i}\frac{n\pi x}{l}} \mathrm{d}x = \frac{1}{2l} \int_{-\frac{\tau}{2}}^{\frac{\tau}{2}} h \mathrm{e}^{-\mathrm{i}\frac{n\pi x}{l}} \mathrm{d}x$$

$$= -\frac{h}{2l} \left[\frac{l}{\mathrm{i}n\pi} \mathrm{e}^{-\mathrm{i}\frac{n\pi x}{l}} \right]_{-\frac{\tau}{2}}^{\frac{\tau}{2}} = \frac{h}{n\pi} \sin \frac{n\tau\pi}{2l} \quad (n = \pm 1, \pm 2, \cdots),$$

$$c_0 = \frac{1}{2l} \int_{-l}^{l} f(x) \mathrm{d}x = \frac{1}{2l} \int_{-\frac{\tau}{2}}^{\frac{\tau}{2}} h \mathrm{d}x = \frac{h\tau}{2l},$$

因此, 有

$$f(x) = \frac{h\tau}{2l} + \frac{h}{\pi} \sum_{n=-\infty}^{\infty} \frac{1}{n} \sin \frac{n\tau\pi}{2l} \mathrm{e}^{\mathrm{i}\frac{n\pi x}{l}} \quad \left(-\infty < x < +\infty, x \neq 2kl \pm \frac{\tau}{2}, k \text{ 为整数} \right).$$

习　题　11-6

课件11-6-3

A 组

1. 设 $f(x)$ 是周期为 6 的周期函数, 它在 $[-3, 3)$ 上的表达式为 $f(x) = \begin{cases} 2x+1, & -3 \leqslant x < 0, \\ 1, & 0 \leqslant x < 3. \end{cases}$
将 $f(x)$ 展开成傅里叶级数.

2. 将函数 $f(x) = 10 - x (5 < x < 15)$ 展开成傅里叶级数.

3. 将函数 $f(x) = x - 1 (0 \leqslant x \leqslant 2)$ 展开成周期为 4 的余弦级数.

4. 将函数 $f(x) = x^2 (0 \leqslant x \leqslant 2)$ 展开成周期为 4 的正弦级数.

5. 设 $f(x) = \begin{cases} 1 - \dfrac{x}{2}, & 0 \leqslant x \leqslant 2, \\ 0, & 2 < x < 4 \end{cases}$ 的傅里叶级数为 $S(x) = \dfrac{a_0}{2} + \sum\limits_{n=1}^{\infty} a_n \cos \dfrac{n\pi x}{4}$, 其

中 $a_0 = \dfrac{1}{2} \int_0^4 f(x) \mathrm{d}x, a_n = \dfrac{1}{2} \int_0^4 f(x) \cos \dfrac{n\pi x}{4} \mathrm{d}x (n = 1, 2, \cdots)$, 则 $S(-5) = $ _____,
$S(-9) = $ _____.

*6. 设 $f(x)$ 是周期为 2 的周期函数, 它在 $[-1, 1)$ 上的表达式为 $f(x) = \mathrm{e}^{-x}$, 将其展成复数形式的傅里叶级数.

B 组

1. 设函数 $f(x)$ 是周期为 2 的周期函数, 且一个周期内的表达式为

$$f(x) = \begin{cases} x + x^2, & -1 < x \leqslant 0, \\ x - x^2, & 0 < x \leqslant 1, \end{cases}$$

将 $f(x)$ 展开成傅里叶级数, 并求级数 $\sum_{n=1}^{\infty} \dfrac{(-1)^{n-1}}{(2n-1)^3}$ 的和.

2. 设函数 $f(x)$ 是周期为 2 的周期函数, 且 $f(x) = \begin{cases} 2, & -1 < x \leqslant 0, \\ x^2, & 0 < x \leqslant 1, \end{cases}$ 设其傅里叶级数的和函数为 $s(x)$, 求 $s(1), s\left(\dfrac{3}{2}\right), s\left(\dfrac{5}{2}\right)$.

本 章 小 结

"正如有限中包含着无穷级数, 而无限中呈现极限." 无穷级数研究的是无限项求和问题, 其数学思想方法是利用极限思想从有限发展到无限. 级数的研究对象和研究方法与微积分学存在密切的联系. 本章主要研究了常数项级数和函数项级数的概念及相关理论, 并讨论了级数理论在函数研究中的部分应用.

数项级数部分我们首先介绍了级数的相关概念及性质, 读者需要正确理解. 级数的敛散性判别是我们研究的重点, 尤其是正项级数的敛散性判别给出了比较多的判别定理和方法, 对于一般的常数项级数敛散性判别的方法归纳如下:

1. 对于正项级数, 常用的判别法有: 比较审敛法、比值审敛法、根值审敛法及积分判别法, 一般可以根据级数一般项的特点选择合适的判别法.

2. 对于交错级数, 可以利用莱布尼茨判别法判别交错级数的收敛性, 但是莱布尼茨判别法仅仅是交错级数收敛的一个充分非必要条件.

3. 对于任意项级数, 可以先考察其绝对值级数的敛散性, 若绝对值级数收敛, 则原级数绝对收敛; 若绝对值级数发散, 则再考虑原级数的敛散性, 如果自身收敛, 则原级数条件收敛, 如果自身发散, 则原级数发散.

4. 同时对于所有的常数项级数除了以上针对于其类型选择合适的判别法之外, 均可以利用级数收敛与发散定义及收敛级数的性质进行判别.

函数项级数部分相关的问题主要有: 级数的收敛域和发散域的计算、收敛域内级数和函数的计算、将某一初等函数展开成函数项级数. 幂级数作为一个最简单的函数项级数, 具有一般形式和标准结构, 它的收敛域具有特殊的结构, 利用阿贝尔定理, 我们推出了幂级数收敛半径的存在性, 并结合比值审敛法推导出计算收敛半径的方法, 在使用过程中需注意缺项型幂级数收敛半径不同的计算方法. 而幂级数在收敛域内求和函数以及初等函数展开成幂级数是幂级数理论中比较重要的两类问题, 值得注意的是, 函数展开成幂级数正是级数理论的重要应用, 利用函数的幂级数展开进行近似计算在工程数学中有着广泛的应用.

傅里叶级数理论中需要重点理解狄利克雷收敛定理, 定理给出了周期函数展开成傅里叶级数的条件. 根据周期函数的傅里叶系数的计算公式, 结合收敛定理, 不难给出周期函数的傅里叶级数展开式, 同时需要指出的是在有些情况下可以对函数进行周期延拓、奇延拓或偶延拓, 延拓后的函数可以进行傅里叶级数展开, 从而可以得到非周期函数的傅里叶级数, 此时级数在区间端点处的收敛性应根据延拓之后函数的性质判断.

总复习题 11

1. 填空题:

(1) $\lim\limits_{n\to\infty} u_n = 0$ 是级数 $\sum\limits_{n=1}^{\infty} u_n$ 收敛的_____ 条件.

(2) 若级数 $\sum\limits_{n=1}^{\infty} \dfrac{(x-a)^n}{\sqrt{n}}$ 的收敛域为 $[4,6)$, 则常数 $a=$_____.

(3) 若 $\sum\limits_{n=0}^{\infty} a_n(x+1)^n$ 在 $x=-3$ 处条件收敛, 则该幂级数的收敛半径 $R=$_____.

(4) 数项级数 $\sum\limits_{n=0}^{\infty} \dfrac{2n+1}{2^n}$ 的和为_____.

(5) 函数 $f(x)=x^2\mathrm{e}^{x^2}$ 在 $(-\infty,+\infty)$ 内展成 x 的幂级数是_____.

2. 选择题:

(1) 设 $\{u_n\}$ 是数列, 则下列命题正确的是 (   )(2011 考研真题)

(A) 若 $\sum\limits_{n=1}^{\infty} u_n$ 收敛, 则 $\sum\limits_{n=1}^{\infty} (u_{2n-1}+u_{2n})$ 收敛

(B) 若 $\sum\limits_{n=1}^{\infty} (u_{2n-1}+u_{2n})$ 收敛, 则 $\sum\limits_{n=1}^{\infty} u_n$ 收敛

(C) 若 $\sum\limits_{n=1}^{\infty} u_n$ 收敛, 则 $\sum\limits_{n=1}^{\infty} (u_{2n-1}-u_{2n})$ 收敛

(D) 若 $\sum\limits_{n=1}^{\infty} (u_{2n-1}-u_{2n})$ 收敛, 则 $\sum\limits_{n=1}^{\infty} u_n$ 收敛.

(2) 下列命题

① 若 $\sum\limits_{n=1}^{\infty} u_n$ 发散, 则必有 $\lim\limits_{n\to\infty} u_n \neq 0$.

② 若 $\sum\limits_{n=1}^{\infty} (u_{2n-1}+u_{2n})$ 收敛, 则 $\sum\limits_{n=1}^{\infty} u_n$ 必收敛.

③ 若 $\sum\limits_{n=1}^{\infty} u_n$ 收敛, $\sum\limits_{n=1}^{\infty} v_n$ 发散, 则 $\sum\limits_{n=1}^{\infty} (u_n+v_n)$ 必发散.

④ 若 $\sum\limits_{n=1}^{\infty} u_n$ 发散, 则 $\sum\limits_{n=1}^{\infty} (u_n+1000)$ 发散.

其中正确的命题个数是 (   )

(A) 1 个   (B) 2 个   (C) 3 个   (D) 4 个

(3) 设数项级数 $\sum\limits_{n=1}^{\infty} a_n$ 及 $\sum\limits_{n=1}^{\infty} b_n$, 则 (　　)

(A) 若 $\lim\limits_{n\to\infty} a_n b_n = 0$, 则 $\sum\limits_{n=1}^{\infty} a_n$ 与 $\sum\limits_{n=1}^{\infty} b_n$ 至少有一个收敛

(B) 若 $\lim\limits_{n\to\infty} a_n b_n = 1$, 则 $\sum\limits_{n=1}^{\infty} a_n$ 与 $\sum\limits_{n=1}^{\infty} b_n$ 至少有一个发散

(C) 若 $\lim\limits_{n\to\infty} \dfrac{a_n}{b_n} = 0$, 则 $\sum\limits_{n=1}^{\infty} b_n$ 收敛 $\Rightarrow \sum\limits_{n=1}^{\infty} a_n$ 收敛

(D) 若 $\lim\limits_{n\to\infty} \dfrac{a_n}{b_n} = \infty$, 则 $\sum\limits_{n=1}^{\infty} b_n$ 发散 $\Rightarrow \sum\limits_{n=1}^{\infty} a_n$ 发散.

(4) 设常数 $\lambda > 0$, 且级数 $\sum\limits_{n=1}^{+\infty} a_n^2$ 收敛, 则级数 $\sum\limits_{n=1}^{+\infty} (-1)^n \dfrac{|a_n|}{\sqrt{n^2 + \lambda}}$ (　　)

(A) 发散   (B) 条件收敛   (C) 绝对收敛   (D) 收敛性与 λ 有关.

(5) 设函数 $f(x)$ 以 2π 为周期, 且在一个周期上的表达式为 $f(x) = \begin{cases} -1, & -\pi \leqslant x \leqslant 0, \\ x^3 + 1, & 0 < x < \pi, \end{cases}$

$s(x)$ 为 $f(x)$ 的傅里叶级数的和函数, 则 (　　)

(A) $s(-4) = -1$ (B) $s(-\pi) = -1$ (C) $s(0) = 0$ (D) $s(\pi) = 1 + \pi^3$.

3. 判断下列正项级数的收敛性:

(1) $\sum\limits_{n=2}^{\infty} \dfrac{\ln n}{n^2}$;

(2) $\sum\limits_{n=1}^{\infty} \dfrac{(n+1)!}{n^{n+1}}$;

(3) $\sum\limits_{n=1}^{\infty} \dfrac{1}{\sqrt{n}} \sin \dfrac{2}{\sqrt{n}}$;

(4) $\sum\limits_{n=1}^{\infty} \left(a + \dfrac{1}{n}\right)^n \ (a \geqslant 0)$.

4. 设 $\lim\limits_{n\to\infty} n u_n = 0$, 且级数 $\sum\limits_{n=2}^{\infty} n(u_n - u_{n-1})$ 收敛, 证明级数 $\sum\limits_{n=1}^{\infty} u_n$ 也收敛.

5. 讨论下列级数的绝对收敛性与条件收敛性:

(1) $\sum\limits_{n=1}^{\infty} (-1)^n \dfrac{\ln n}{\sqrt{n}}$;

(2) $\sum\limits_{n=1}^{\infty} \dfrac{1}{n^2} \sin \dfrac{n\pi}{4}$;

(3) $\sum\limits_{n=1}^{\infty} (-1)^{n-1} \dfrac{(n)!}{(2n)!}$;

(4) $\sum\limits_{n=1}^{\infty} (-1)^{n-1} \dfrac{1}{n^{p+\frac{1}{n}}} \ (p > 1)$.

6. 求下列幂级数的收敛域:

(1) $\sum\limits_{n=1}^{\infty} n! \left(\dfrac{x}{n}\right)^n$;

(2) $\sum\limits_{n=1}^{\infty} \left(1 + \dfrac{1}{n}\right)^{n^2} x^{2n}$;

(3) $\sum\limits_{n=1}^{\infty} (\sqrt{n+1} - \sqrt{n}) 2^n x^n$;

(4) $\sum\limits_{n=1}^{\infty} \dfrac{(x+2)^n}{n \cdot 3^n}$.

7. 试讨论级数 $\displaystyle\sum_{n=1}^{\infty}\left(\int_0^{\frac{1}{n}}\frac{\sqrt{x}}{1+x^2}\mathrm{d}x\right)$ 敛散性.

8. 求幂级数 $\displaystyle\sum_{n=1}^{\infty}(n+1)^2x^n$ 的和函数 $S(x)$, 并求数项级数 $\displaystyle\sum_{n=1}^{\infty}\frac{(n+1)^2}{2^n}$ 的和.

9. 将函数 $f(x)=\arctan\dfrac{1+x}{1-x}$ 展开成 x 的幂级数, 并求级数 $\displaystyle\sum_{n=1}^{\infty}\frac{(-1)^n}{2n+1}$ 的和.

10. 设有两条抛物线 $y_1=nx^2+\dfrac{1}{n},\ y_2=(n+1)x^2+\dfrac{1}{n+1}$. 记它们交点的横坐标的绝对值为 a_n.

(1) 求这两条抛物线所围图形的面积 S_n;

(2) 求级数 $\displaystyle\sum_{n=1}^{\infty}\frac{S_n}{a_n}$ 的和.

11. 设数列 $\{a_n\}$ 满足 $a_1>2,\ a_{n+1}=\dfrac{a_n^2}{2(a_n-1)},\ n=1,2,\cdots,$

(1) 求证 $\displaystyle\lim_{n\to\infty}a_n$ 存在, 并求之;

(2) 求幂级数 $\displaystyle\sum_{n=1}^{\infty}\frac{a_n}{n}x^n$ 的收敛半径及收敛域.

12. 将函数 $f(x)=2+|x|\ (-1\leqslant x\leqslant 1)$ 展开成以 2 为周期的傅里叶级数, 并求级数 $\displaystyle\sum_{n=1}^{\infty}\frac{1}{n^2}$ 的和.

第 *12* 章

Chapter 12　微分方程

　　微积分研究的对象是函数关系, 但在实际问题中, 常常很难直接建立变量之间的函数关系, 却比较容易建立这些变量与它们的导数或微分之间的关系式, 从而得到一个关于未知函数的导数或微分的方程, 这样的方程即为微分方程.

　　如果说"数学是一门理性思维的科学, 是研究、了解和知晓现实世界的工具", 那么微分方程就是数学的这种威力和价值的一种体现. 运用微分方程理论可以对很多客观现象进行数学抽象, 建立数学模型. 现在它已成为研究科学技术、解决实际问题不可缺少的有力工具, 在自动控制、弹道设计、飞机和导弹飞行的稳定性等许多领域都有着极其广泛的应用.

　　微分方程本身是一门独立的、内容丰富的数学分支, 有着完整的理论体系. 本章只对常微分方程做初步的介绍, 主要包括微分方程的一些基本概念、几种常见微分方程的解法等.

12.1　微分方程的基本概念

课前测12-1-1

一、引例

　　下面通过两个例子来说明微分方程的基本概念.

　　例 1　一曲线通过点 $(1,2)$, 且在该曲线上任一点 $P(x,y)$ 处的切线的斜率等于其横坐标的立方, 求这曲线的方程.

　　解　设所求曲线的方程为 $y = y(x)$, 根据导数的几何意义, 依题意可建立 $y = y(x)$ 满足的关系式

$$\frac{\mathrm{d}y}{\mathrm{d}x} = x^3, \tag{12-1-1}$$

从而 $y = \displaystyle\int x^3 \mathrm{d}x$, 即

$$y = \frac{1}{4}x^4 + C, \text{ 其中} C \text{为任意常数}. \qquad (12\text{-}1\text{-}2)$$

根据题意, $y = y(x)$ 还需满足条件

$$y|_{x=1} = 2. \qquad (12\text{-}1\text{-}3)$$

代入式 (12-1-2) 可得 $C = \frac{7}{4}$, 则该曲线的方程为

$$y = \frac{1}{4}x^4 + \frac{7}{4}. \qquad (12\text{-}1\text{-}4)$$

例 2 设一物体的温度为 100°C, 将其放置在空气温度为 20°C 的环境中冷却. 根据冷却定律: 物体温度的变化率与物体温度和当时空气温度之差成正比, 比例系数为 $k\,(k > 0)$, 设物体的温度 T 与时间 t 的函数关系为 $T = T(t)$, 求函数 $T(t)$ 满足的关系式.

解 依题意可建立起函数 $T(t)$ 满足的关系式

$$\frac{\mathrm{d}T}{\mathrm{d}t} = -k\,(T - 20), \qquad (12\text{-}1\text{-}5)$$

根据题意, $T = T(t)$ 还需满足条件

$$T|_{t=0} = 100. \qquad (12\text{-}1\text{-}6)$$

上述两个例子中的 (12-1-1) 和 (12-1-5) 都是含有未知函数导数的方程.

二、微分方程的定义

定义 1 一般地, 凡含有未知函数的导数或微分的方程, 称为**微分方程**; 未知函数是一元函数的方程称为**常微分方程**, 未知函数是多元函数的方程称为**偏微分方程**. 本章只讨论常微分方程.

微分方程中所出现的未知函数的最高阶导数的阶数, 称为**该微分方程的阶**. 例如, 方程 (12-1-1), (12-1-5) 是一阶常微分方程; 方程 $y'' = \frac{1}{a}\sqrt{1 + (y')^2}$ 是二阶常微分方程; $(y')^8 - y\sin x + 1 = y^{(4)}$ 是四阶常微分方程.

一阶微分方程的一般形式是

$$F(x, y, y') = 0, \qquad (12\text{-}1\text{-}7)$$

其中 F 是 x, y 和 y' 的已知函数, 且式 (12-1-7) 中一定含有 y', 其中 x 是自变量, y 是未知函数.

一般地, n 阶常微分方程的形式是

$$F(x, y, y', \cdots, y^{(n)}) = 0, \tag{12-1-8}$$

其中 x 为自变量, $y = y(x)$ 为未知函数. 在 (12-1-8) 式中 $y^{(n)}$ 必须出现, 而其余的 $x, y, y', \cdots, y^{(n-1)}$ 等变量可以不出现. 例如 n 阶常微分方程 $y^{(n)} + 1 = 0$ 中, 其余变量均未出现.

三、微分方程的分类

定义 2(线性与非线性微分方程)   将自变量视为常数, 若 n 阶微分方程关于未知函数 y 以及它的各阶导数 $y, y', \cdots, y^{(n)}$ 这 $(n+1)$ 个变量是一次方程, 则称此微分方程为**关于 y 的 n 阶线性微分方程**, 否则称为 n **阶非线性微分方程**.

如果方程 (12-1-8) 可以表示为

$$y^{(n)} + a_1(x)y^{(n-1)} + \cdots + a_{n-1}(x)y' + a_n(x)y = f(x) \tag{12-1-9}$$

的形式, 则称式 (12-1-9) 为 n 阶线性微分方程的一般形式, 否则, 称为非线性微分方程. 其中 $a_1(x), a_2(x), \cdots, a_n(x)$ 和 $f(x)$ 均为自变量 x 的已知函数.

线性与非线性微分方程是微分方程的重要分类. 对于线性微分方程, 人们研究得较多, 很多理论问题都得到了解决, 这也是本书讨论的主要内容. 对于非线性微分方程, 特别是二阶以上的情况, 研究的难度较大, 在微分方程专业课程 "微分方程定性与稳定性理论" 中有专门研究, 本书只介绍其中的一些特殊情况.

例 3   试指出下列微分方程的阶数, 并指出是否为线性微分方程:

(1) $\dfrac{\mathrm{d}y}{\mathrm{d}x} = x^2 + y$;

(2) $x\left(\dfrac{\mathrm{d}y}{\mathrm{d}x}\right)^5 - 2\left(\dfrac{\mathrm{d}y}{\mathrm{d}x}\right) + 4x = 0$;

(3) $x\dfrac{\mathrm{d}^2 y}{\mathrm{d}x^2} - 2\dfrac{\mathrm{d}y}{\mathrm{d}x} + x\ln y = 0$;

(4) $y''' + 2y' = \mathrm{e}^{x^2}\cos x$.

解   方程 (1) 中含有的 $\dfrac{\mathrm{d}y}{\mathrm{d}x}$ 和 y 最高次都是一次的, 所以该方程是一阶线性微分方程.

方程 (2) 中含有的 $\dfrac{\mathrm{d}y}{\mathrm{d}x}$ 的最高次幂是五次, 所以该方程是一阶非线性微分方程.

方程 (3) 中含有非线性函数 $\ln y$, 所以该方程是二阶非线性微分方程.

方程 (4) 中含有的 y''' 和 y' 最高次都是一次的, 所以该方程是三阶线性微分方程.

四、微分方程的通解与特解

下面引入微分方程的解的概念.

一般地, 代入微分方程能使之成为恒等式的函数称为**微分方程的解**, 即设函数 $y = y(x)$ 在区间 I 上具有 n 阶连续导数, 且在区间 I 上恒满足方程

$$F[x, y(x), y'(x), \cdots, y^{(n)}(x)] \equiv 0,$$

则称函数 $y = y(x)$ 为微分方程 (12-1-8) 在区间 I 上的解.

可以验证函数

$$y = \frac{1}{4}x^4 + C \quad \text{和} \quad y = \frac{1}{4}x^4 + \frac{7}{4}$$

都是微分方程 (12-1-1) 的解, 其中 C 为任意常数; 而函数

$$y = (C_1 + C_2 x)\,\mathrm{e}^{2x} \tag{12-1-10}$$

是微分方程

$$y'' - 4y' + y = 0 \tag{12-1-11}$$

的解, 其中 C_1, C_2 均为任意常数.

由此可见, 微分方程的解有的含有任意常数, 有的不含任意常数.

定义 3(微分方程的通解) 一般地, 含有相互独立的任意常数且任意常数的个数与微分方程的阶数相等的解称为**微分方程的通解**. 例如函数 (12-1-2) 和 (12-1-10) 分别为微分方程 (12-1-1) 和 (12-1-11) 的通解. 所谓通解就是当其中的任意常数取遍所用实数时, 就可以得到微分方程的所有解 (至多有个别例外).

在实际问题中, 未知函数除了满足微分方程外, 还会要求满足一些特定的条件, 像例 1 中的条件 (12-1-3)、例 2 中的条件 (12-1-6), 而函数 (12-1-4) 则是微分方程 (12-1-1) 满足条件 (12-1-3) 的一个解.

定义 4(初值问题) 对于 n 阶常微分方程

$$F(x, y, y', \cdots, y^{(n)}) = 0, \tag{12-1-12}$$

给出条件:

$$\text{当 } x = x_0 \text{ 时}, y = y_0, y' = y_1, y'' = y_2, \cdots, y^{(n-1)} = y_{n-1}, \tag{12-1-13}$$

其中 $y_0, y_1, y_2, \cdots, y_{n-1}$ 是给定的 n 个任意常数. 我们称式 (12-1-13) 为 n 阶微分方程 (12-1-12) 的初始条件, 确定了通解中的任意常数后得到的解称为**特解**.

一阶微分方程的通解含有一个任意常数, 因而求特解需要一个初值条件; 二阶微分方程的通解含有两个任意常数, 因而求特解需要两个初值条件; 而求 n 阶微分方程的特解需要 n 个初值条件.

一般地, 一阶微分方程的初始条件为当 $x = x_0$ 时, $y = y_0$, 常记作

$$y|_{x=x_0} = y_0 \quad \text{或} \quad y(x_0) = y_0;$$

二阶微分方程的初始条件为当 $x = x_0$ 时, $y = y_0$, $y' = y_1$, 常记作

$$y|_{x=x_0} = y_0, \quad y'|_{x=x_0} = y_1 \quad \text{或} \quad y(x_0) = y_0, \quad y'(x_0) = y_1.$$

在初始条件下求微分方程的解的问题称为**微分方程的初值问题**.

求一阶微分方程 $y' = f(x, y)$ 满足初始条件 $y|_{x=x_0} = y_0$ 的特解的问题, 称为**一阶微分方程的初值问题**, 记作

$$\begin{cases} y' = f(x, y), \\ y|_{x=x_0} = y_0. \end{cases}$$

微分方程特解的图形是一条曲线, 称为**微分方程的积分曲线**, 微分方程的通解的图形是曲线族, 称为**微分方程的积分曲线族**. 初值问题的几何意义是求微分方程的通过点 (x_0, y_0) 的那条积分曲线. 二阶微分方程 $y'' = f(x, y, y')$ 的初值问题

$$\begin{cases} y'' = f(x, y, y'), \\ y|_{x=x_0} = y_0, y'|_{x=x_0} = y_1, \end{cases}$$

的几何意义是求微分方程的通过点 (x_0, y_0) 且在该点处的切线斜率为 y_1 的那条积分曲线.

求微分方程的解的过程称为**解微分方程**.

例 4 验证函数 $y = C_1 \cos x + C_2 \sin x + x (C_1, C_2$ 为任意常数) 是微分方程

$$y'' + y = x$$

的通解, 并求满足初始条件 $y|_{x=0} = 1$, $y'|_{x=0} = 3$ 的特解.

解 函数 $y = C_1 \cos x + C_2 \sin x + x$ 含有两个独立的任意常数, 其个数与方程的阶数相等. 对函数求导, 得

$$y' = -C_1 \sin x + C_2 \cos x + 1, \quad y'' = -C_1 \cos x - C_2 \sin x$$

把 y 及 y'' 代入方程左端, 得 $y'' + y = -C_1 \cos x - C_2 \sin x + C_1 \cos x + C_2 \sin x + x = x$. 所以, 函数 $y = C_1 \cos x + C_2 \sin x + x$ 是该微分方程的通解.

将初始条件 $y|_{x=0} = 1$, $y'|_{x=0} = 3$ 代入通解 y, y' 的表达式得

$$\begin{cases} -C_1 \sin 0 + C_2 \cos 0 + 1 = 3, \\ C_1 \cos 0 + C_2 \sin 0 + 0 = 1, \end{cases}$$

解得

$$\begin{cases} C_1 = 1, \\ C_2 = 2, \end{cases}$$

从而所求特解为

$$y = \cos x + 2\sin x + x.$$

从例 4 中可知, 要验证一个函数是否为微分方程的通解, 首先要看函数所含的相互独立的任意常数个数是否和微分方程的阶数相等, 其次将函数代入方程看是否使之成为恒等式.

例 5 设二阶微分方程以 $y = C_1 x + C_2 \mathrm{e}^{-x}$ 为通解 (C_1, C_2 为任意常数), 试写出这个方程.

例5讲解12-1-2

解 在方程两端同时对 x 求一阶、二阶导数, 得

$$\begin{cases} y = C_1 x + C_2 \mathrm{e}^{-x}, \\ y' = C_1 - C_2 \mathrm{e}^{-x}, \\ y'' = C_2 \mathrm{e}^{-x}. \end{cases}$$

方程组中消去 C_1, C_2, 得到所求微分方程为

$$(1 + x)\, y'' + xy' - y = 0.$$

习 题 12-1

课件12-1-3

A 组

1. 指出下列微分方程的阶数, 并判断是否为线性微分方程:

(1) $y' + y\sin x = \cos^2 x$;

(2) $xy' - x^2 \ln y = 3x^2$;

(3) $xy'' + x^2 y' + x^3 y = x^4$;

(4) $xy'' - 2yy' = x^2$;

(5) $xy''' + 2y = x^2 y^2$;

(6) $y''' + x^2 y' + xy = \sin x$.

2. 指出下列各题中各函数是不是已知微分方程的解, 如果是解, 请指出是通解还是特解?

(1) $xy' = 2y$, $y = 5x^2$;

(2) $(x + y)\mathrm{d}x + x\mathrm{d}y = 0$, $y = \dfrac{C - x^2}{2x}$;

(3) $y'' = x^2 + y^2$, $y = \dfrac{1}{x}$;

(4) $y'' - 2y' + y = 0$, $y = x\mathrm{e}^x$;

(5) $y'' - 4y' + 3y = 0$, $y = C_1 \mathrm{e}^x + C_2 \mathrm{e}^{3x}$.

3. 设函数 $y = (1 + x)^2 u(x)$ 是方程 $y' - \dfrac{2}{x+1} y = (x+1)^3$ 的通解, 求 $u(x)$.

4. 设曲线上点 $P(x, y)$ 处的法线与 x 轴的交点为 Q, 且线段 PQ 被 y 轴平分, 试写出该曲线所满足的微分方程.

5. 用微分方程表示一物理命题: 某种气体的气压 P 对于温度 T 的变化率与气压成正比, 气温的平方成反比.

6. 已知曲线 $y = f(x)$ 过点 $\left(0, -\dfrac{1}{2}\right)$, 且其上任一点 (x, y) 处的斜率为 $x\ln(1 + x^2)$, 求 $f(x)$.

B 组

1. 验证函数 $y = x\left(\displaystyle\int \dfrac{e^x}{x}dx + C\right)$ 是微分方程 $xy' - y = xe^x$ 的通解.

2. 设物体 A 从点 $(0,1)$ 出发, 以速度大小为常数 v 沿 y 轴正向运动, 物体 B 从点 $(-1,0)$ 与 A 同时出发, 其速度大小为 $2v$, 方向始终指向 A. 试建立物体 B 的运动轨迹所满足的微分方程, 并写出初始条件. (1993 考研真题)

12.2 变量可分离的微分方程

微分方程的种类繁多, 解法也各不相同, 自本节开始讨论几种常见的微分方程的解法. 我们首先研究一阶微分方程的初等解法, 即把微分方程的求解问题化为积分问题, 因此也称**初等积分法**.

一、变量可分离的微分方程

虽然能用初等积分法求解的方程属特殊类型, 但它们却经常出现在实际应用中, 掌握这些方法与技巧, 会为今后研究新问题时提供参考和借鉴, 皮卡定理从理论上解决了一阶微分方程初值问题解的存在性与唯一性. 下面先介绍变量可分离的微分方程及其解法.

课前测12-2-1

设有一阶微分方程

$$\frac{dy}{dx} = F(x, y),$$

如果其右端函数 $F(x, y)$ 为变量可分离, 即 $F(x, y)$ 能分解成 $f(x)g(y)$, 则原方程就可化为形如

$$\frac{dy}{dx} = f(x)g(y) \tag{12-2-1}$$

的方程, 这种方程称为**变量可分离的微分方程**, 其中 $f(x)$ 和 $g(y)$ 都是连续函数.

当 $g(y) \neq 0$ 时, 把方程 (12-2-1) 改写为

$$\frac{dy}{g(y)} = f(x)dx \quad \text{(这个过程称为分离变量),}$$

两边积分

$$\int \frac{\mathrm{d}y}{g(y)} = \int f(x)\mathrm{d}x, \qquad (12\text{-}2\text{-}2)$$

设 $\dfrac{1}{g(y)}$ 和 $f(x)$ 的原函数分别为 $G(y)$ 和 $F(x)$, 则

$$G(y) = F(x) + C. \qquad (12\text{-}2\text{-}3)$$

方程 (12-2-3) 所确定的隐函数就是方程 (12-2-1) 的通解, 故称方程 (12-2-3) 为方程 (12-2-1) 的隐式通解. 上述求变量可分离方程通解的方法称为**分离变量法**.

例 1 求微分方程 $\dfrac{\mathrm{d}y}{\mathrm{d}x} = \dfrac{y(1-x)}{x}$ 的通解.

解 将方程分离变量, 得

$$\frac{\mathrm{d}y}{y} = \frac{1-x}{x}\mathrm{d}x,$$

两边积分, 得

$$\int \frac{\mathrm{d}y}{y} = \int \frac{1-x}{x}\mathrm{d}x,$$

$$\ln|y| = \ln|x| - x + C_1,$$

去掉对数符号, 得

$$|y| = |x|\,\mathrm{e}^{-x+C_1},$$

即

$$y = \pm\mathrm{e}^{C_1} x \mathrm{e}^{-x}.$$

令 $C = \pm\mathrm{e}^{C_1}$, 则所给方程的通解为

$$y = Cx\mathrm{e}^{-x} \quad (C \text{ 为任意常数}).$$

例 2 求方程 $\dfrac{\mathrm{d}y}{\mathrm{d}x} = 1 + x + y^2 + xy^2$ 满足 $y|_{x=-1} = 1$ 的特解.

解 将所给方程右边因子分解, 得

$$\frac{\mathrm{d}y}{\mathrm{d}x} = \left(1 + y^2\right)\left(1 + x\right),$$

分离变量, 得

$$\frac{\mathrm{d}y}{1 + y^2} = (1 + x)\,\mathrm{d}x,$$

两边积分, 得

$$\arctan y = \frac{1}{2}\left(1+x\right)^2 + C,$$

将 $y|_{x=-1} = 1$ 代入得 $C = \frac{\pi}{4}$, 从而符合初始条件的的特解为

$$\arctan y = \frac{1}{2}\left(1+x\right)^2 + \frac{\pi}{4},$$

即

$$y = \tan\left[\frac{1}{2}\left(1+x\right)^2 + \frac{\pi}{4}\right].$$

例 3　下面在介绍一种在许多领域有着广泛应用的数学模型——逻辑斯谛方程.

为方便理解, 这里, 我们借助一棵小树的生长过程来说明该模型的建立过程.

一棵小树刚栽下去的时候长得比较慢, 渐渐地, 小树长高了而且长得越来越快, 几年不见, 绿荫底下已经可以乘凉了. 但长到某一高度后, 它的生长速度趋于稳定, 然后再慢慢降下来. 这一现象具有普遍性, 现在我们来建立这种现象的数学模型.

如果假设树的生长速度与它目前的高度成正比, 则显然不符合前后两端尤其是后期的生长情形, 因为树不可能越长越快; 但如果假设树的生长速度正比于最大高度与目前高度的差, 则又明显不符合中间一段的生长过程. 折中一下, 我们假定它的生长速度既与目前的高度成正比, 又与最大高度和目前高度之差成正比.

设树生长的最大高度为 $H(m)$ 在 $t(年)$ 时的高度为 $h(t)$, 则有

$$\frac{\mathrm{d}h(t)}{\mathrm{d}t} = kh(t)[H - h(t)], \tag{12-2-4}$$

其中 $k > 0$ 是比例常数. 这个方程称为**逻辑斯谛方程.** 它是可分离变量的一阶常微分方程.

下面来求解方程 (12-2-4). 分离变量得

$$\frac{\mathrm{d}h}{h\left(H - h\right)} = k\mathrm{d}t,$$

两边积分 $\int \dfrac{\mathrm{d}h}{h\left(H-h\right)} = \int k\mathrm{d}t$, 得

$$\frac{1}{H}\left[\ln h - \ln\left(H-h\right)\right] = kt + C_1, \qquad \frac{h}{\left(H-h\right)} = \mathrm{e}^{kHt + C_1 H} = C_2\mathrm{e}^{kHt},$$

故所求通解为

$$h(t) = \frac{C_2 H e^{kHt}}{1 + C_2 e^{kHt}} = \frac{H}{1 + C e^{-kHt}},$$

其中的 $C(C = \dfrac{1}{C_2} = e^{-C_1 H} > 0)$ 是正数.

函数 $h(t)$ 的图形称为**逻辑斯谛曲线**.
图 12-2-1 所示的是一条典型的**逻辑斯谛曲线**, 由于它的形状, 该曲线一般也称为
S 曲线. 可以看到, 它基本符合我们描述的树的生长情形. 另外还可以计算得到

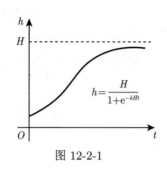

图 12-2-1

$$\lim_{t \to +\infty} h(t) = H.$$

这说明树的生长有一个限制, 因此也称为**限制性增长模式**.

例 4 设杯内热水温度 90 度, 室温恒为 25 度, 1 分钟后杯内水温为 80 度, 求再过 1 分钟后杯内温度为多少? 需要多长时间杯内水温变为 50 度?

解 设物体温度 T 为时间 t 的可导函数, 初始时刻记为 $t = 0$, 时间单位为分钟. 为讨论方便, 不妨设热水的热量对周围介质温度的影响忽略不计, 热传递系数为常数 $c > 0$.

由牛顿冷却定律, 可以建立常微分方程:

$$\frac{\mathrm{d}T}{\mathrm{d}t} = -c(T - 25),$$

解得上述方程的通解为

$$T(t) = 25 + k e^{-ct}.$$

将初始温度 $T(0) = 90$, 代入上式, 解得 $k = 65$. 再由 $T(1) = 25 + 65 e^{-c} = 80$, 解得

$$c = \ln \frac{65}{55} \approx 0.167.$$

则再过 1 分钟, 杯内水温为

$$T(2) = 25 + 65 e^{-0.167 \times 2} \approx 71.54 \text{ (度)}.$$

由 $T(t) = 25 + 65 e^{-0.167t} = 50$, 解得 $t \approx 5.72$ 分钟, 故需要 5.72 分钟左右杯内水温将为 50 度.

有些方程本身虽然不是变量可分离方程, 但通过适当变换, 可以化为变量可分离方程.

例 5　设函数 $f(x)$ 在定义域 I 上的导数大于零, 若对任意的 $x_0 \in I$, 曲线 $y = f(x)$ 在点 $(x_0, f(x_0))$ 处的切线与直线 $x = x_0$ 及 x 轴所围成区域的面积恒为 4, 且 $f(0) = 2$, 求 $f(x)$ 的表达式.

解　设 $y = f(x)$ 在 $(x_0, f(x_0))$ 处的切线方程为 $y - f(x_0) = f'(x_0)(x - x_0)$. 令 $y = 0$ 解得 $x = x_0 - \dfrac{f(x_0)}{f'(x_0)}$, 则

$$S = \frac{1}{2} f(x_0) \left[x_0 - \left(x_0 - \frac{f(x_0)}{f'(x_0)} \right) \right] = 4,$$

整理可得

$$\frac{1}{2} y^2 = 4y',$$

解上述可分离变量的微分方程 $\dfrac{8 \mathrm{d}y}{y^2} = \mathrm{d}x$, 两边积分得 $-\dfrac{8}{y} = x + C$, 又 $f(0) = 2$ 代入可得 $C = -4$, 所以 $f(x)$ 的表达式为

$$f(x) = \frac{8}{4 - x}.$$

例 6　求微分方程 $x \dfrac{\mathrm{d}y}{\mathrm{d}x} + x + \sin(x + y) = 0$ 的通解.

解　令 $u = x + y$, 则 $\dfrac{\mathrm{d}u}{\mathrm{d}x} = 1 + \dfrac{\mathrm{d}y}{\mathrm{d}x}$, 代入原方程, 得

$$x \frac{\mathrm{d}u}{\mathrm{d}x} + \sin u = 0.$$

例6讲解12-2-2

分离变量, 得

$$-\frac{\mathrm{d}u}{\sin u} = \frac{\mathrm{d}x}{x},$$

两边积分, 得

$$\ln \left| \cot \frac{u}{2} \right| = \ln |x| + \ln |C|,$$

即 $\cot \dfrac{u}{2} = Cx$, 代入 $u = x + y$, 得原方程通解为

$$\cot \frac{x + y}{2} = Cx \quad (C \text{为任意常数}).$$

*二、解的存在性与唯一性

定理 1(皮卡定理) 考虑初值问题

$$y' = f(x,y), \quad f(x_0) = y_0, \tag{12-2-5}$$

假设

(1) 函数 $f(x,y)$ 在平面区域 $D = \{(x,y)\,|\,|x-x_0| < a, |y-y_0| < b\}$ 上连续;

(2) $\exists L > 0$, 使得 $\forall (x,y_1), (x,y_2) \in D$, 有 $|f(x,y_1) - f(x,y_2)| < L|y_1 - y_2|$,

则初值问题 (12-2-5) 的特解 $y = \tilde{y}(x)$ 存在并且唯一, 满足

$$\tilde{y}(x_0) = y_0, \quad |x - x_0| \leqslant h, \quad h = \min\left\{a, \frac{b}{M}\right\}, \quad M = \max_{(x,y)\in D} |f(x,y)|.$$

此定理证明从略.

课件12-2-3

习 题 12-2

A 组

1. 求下列微分方程的特解:

(1) $yy' = x^2$, $y(2) = 1$;

(2) $y' = x^2(1+y^2)$, $y(0) = 0$;

(3) $\mathrm{d}x + \mathrm{e}^x y \mathrm{d}y = 0$, $y(0) = 1$;

(4) $\cos u \mathrm{d}u - \sin v \mathrm{d}v = 0$, $(u,v) = \left(\dfrac{\pi}{2}, \dfrac{\pi}{2}\right)$;

(5) $y\sqrt{1-x^2}\mathrm{d}y = \mathrm{d}x$, $(x,y) = (0,\pi)$;

(6) $\sqrt{1-y^2}\mathrm{d}x + y\sqrt{1-x^2}\mathrm{d}y = 0$, $y(0) = 0$;

(7) $y' = 2\sqrt{y}\ln x$, $y(\mathrm{e}) = 1$;

(8) $y' = (1-y^2)\tan x$, $y(0) = 2$.

2. 求下列微分方程的通解:

(1) $y' = 3x^2 y$;

(2) $3x^2 + 5x - 5y' = 0$;

(3) $\sec^2 x \tan y \mathrm{d}x + \sec^2 y \tan x \mathrm{d}y = 0$;

(4) $\dfrac{\mathrm{d}y}{\mathrm{d}x} = 10^{x+y}$;

(5) $(y+1)^2 \dfrac{\mathrm{d}y}{\mathrm{d}x} + x^3 = 0$;

(6) $y\mathrm{d}x + (x^2 - 4x)\mathrm{d}y = 0$.

3. 设质量为 m 的物体在某种介质内受重力 G 的作用自由下坠, 其间还受到介质的浮力 B 与阻力 R 的作用, 已知阻力 R 与下坠的速度 v 成正比, 比例系数为 λ, 即 $R = \lambda v$, 试求该落体的速度与位移的函数关系.

4. 若连续函数 $f(x)$ 满足关系式 $f(x) = \displaystyle\int_0^{2x} f\left(\frac{t}{2}\right)\mathrm{d}t + \ln 2$, 求 $f(x)$.

5. 某养殖场可以最多容纳 500 头奶牛, 2021 年养殖奶牛 50 头, 假设奶牛数量的增长率满足

$$\frac{\mathrm{d}N}{\mathrm{d}t} = 0.001(K - N)N,$$

求 2 年后养殖场奶牛的数量, 若农场奶牛数量达到 450 头, 需要多久?

*6. 选择适当变量变换求解下列方程:

(1) $y' = 2x + y + 3$;　　　　　　　　　(2) $y' = (x - y)^2$.

B 组

1. 设 $y = y(x)$ 可导, $y(0) = 2$, 令 $\Delta y = y(x + \Delta x) - y(x)$, 且 $\Delta y = \dfrac{xy}{1 + x^2} \Delta x + o(\Delta x)$, 求 $y(x)$.

2. 设微分方程为 $x^2 y' \cos y + 1 = 0$, 且满足条件求 $x \to \infty$ 时 $y \to \dfrac{1}{3}\pi$, 求方程的特解.

3. 设 n 为正整数, $y = y_n(x)$ 是微分方程 $xy' - (n+1)y = 0$ 满足条件 $y_n(1) = \dfrac{1}{n(n+1)}$ 的解.

(1) 求 $y_n(x)$;　(2) 求级数 $\displaystyle\sum_{n=1}^{\infty} y_n(x)$ 的收敛域及和函数.(2021 考研真题)

12.3　齐 次 方 程

课前测12-3-1

一、齐次方程

形如

$$\frac{\mathrm{d}y}{\mathrm{d}x} = f\left(\frac{y}{x}\right) \tag{12-3-1}$$

的一阶微分方程, 称为**齐次方程**, 其中 f 为连续函数.

在齐次方程 (12-3-1) 中, 作变量代换, 引入新的未知函数 u, 令 $u = \dfrac{y}{x}$, 则

$$y = ux, \qquad \frac{\mathrm{d}y}{\mathrm{d}x} = x\frac{\mathrm{d}u}{\mathrm{d}x} + u,$$

代入方程 (12-3-1), 得

$$x\frac{\mathrm{d}u}{\mathrm{d}x} + u = f(u), \tag{12-3-2}$$

方程 (12-3-2) 为变量可分离方程, 分离变量得

$$\frac{\mathrm{d}u}{f(u) - u} = \frac{\mathrm{d}x}{x},$$

两端积分, 得

$$\int \frac{\mathrm{d}u}{f(u) - u} = \int \frac{\mathrm{d}x}{x}.$$

求出积分后, 再用 $\dfrac{y}{x}$ 代替 u, 便得方程 (12-3-1) 的通解.

例 1 求方程 $y' = 2\sqrt{\dfrac{y}{x}} + \dfrac{y}{x}$ 的通解.

解 这是一个齐次方程. 令 $u = \dfrac{y}{x}$, 则原方程化为

$$x\frac{\mathrm{d}u}{\mathrm{d}x} + u = 2\sqrt{u} + u,$$

即 $x\dfrac{\mathrm{d}u}{\mathrm{d}x} = 2\sqrt{u}$ 分离变量, 得 $\dfrac{\mathrm{d}u}{2\sqrt{u}} = \dfrac{\mathrm{d}x}{x}$, 两边积分, 得

$$\int \frac{\mathrm{d}u}{2\sqrt{u}} = \int \frac{\mathrm{d}x}{x}, \quad \sqrt{u} = \ln|x| + C,$$

将 $u = \dfrac{y}{x}$ 代入上式, 整理得原方程的通解为

$$y = x\left(\ln|x| + C\right)^2 \quad (C\text{为任意常数}).$$

例 2 求方程 $y' = \dfrac{xy}{x^2 - y^2}$ 满足初始条件 $y|_{x=0} = 1$ 的特解.

解 原方程可化为齐次方程

$$\frac{\mathrm{d}y}{\mathrm{d}x} = \frac{\dfrac{y}{x}}{1 - \left(\dfrac{y}{x}\right)^2},$$

令 $u = \dfrac{y}{x}$, 则原方程化为

$$x\frac{\mathrm{d}u}{\mathrm{d}x} + u = \frac{u}{1 - u^2},$$

分离变量, 得 $\dfrac{1 - u^2}{u^3}\mathrm{d}u = \dfrac{\mathrm{d}x}{x}$, 两端积分, 得

$$\int \frac{1 - u^2}{u^3}\mathrm{d}u = \int \frac{\mathrm{d}x}{x},$$

即

$$-\frac{1}{2u^2} - \ln|u| = \ln|x| - \ln C_1,$$

整理后得 $ux = Ce^{-\frac{1}{2u^2}}$, 将 $u = \dfrac{y}{x}$ 代入上式, 得原方程通解为 $y = Ce^{-\frac{x^2}{2y^2}}$. 将初始条件 $y|_{x=0} = 1$ 代入通解中, 得 $C = 1$, 则所求特解为 $y = e^{-\frac{x^2}{2y^2}}$.

例 3(抛物线的光学性质问题) 汽车前灯和探照灯的反射镜面都是旋转抛物面, 就是将抛物线绕对称轴旋转一周所形成的曲面. 将光源安放在抛物线的焦点处, 光线经镜面反射成为平行光线. 试说明具有这样性质的曲线只有抛物线.

解 如图 12-3-1, 取旋转轴为 x 轴, 光源所在之处取作原点 O, 取通过旋转轴的任一平面为 xOy 坐标面, 这平面截此旋转面得曲线 L. 设曲线 L 的方程为 $y = y(x)$, 由于曲线 L 的对称性, 只在 $y > 0$ 的范围内求 L 的方程. 设点 $M(x, y)$ 为 L 上的任一点, 点 O 发出的某条光线经点 M 反射后是一条与 x 轴平行的直线 MS. 又设过点 M 曲线 L 的切线 AT 与

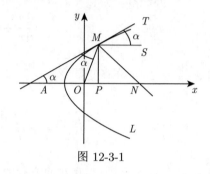

图 12-3-1

x 轴的夹角为 α, 过点 M 曲线 L 的法线为 MN. 依题意, $\angle SMT = \alpha$. 另一方面, $\angle OMA$ 是入射角的余角, $\angle SMT$ 是反射角的余角, 于是由光学中的反射定律有

$$\angle OMA = \angle SMT = \alpha,$$

从而 $AO = OM$. 但

$$AO = AP - OP = PM \cot \alpha - OP = PM \frac{1}{\tan \alpha} - OP = \frac{y}{y'} - x,$$

而 $OM = \sqrt{x^2 + y^2}$. 于是得微分方程

$$\frac{y}{y'} - x = \sqrt{x^2 + y^2}.$$

把 y 看作自变量, 把 x 看作未知函数, 当 $y > 0$, 上式即为

$$\frac{\mathrm{d}x}{\mathrm{d}y} = \frac{x}{y} + \sqrt{\left(\frac{x}{y}\right)^2 + 1}. \tag{12-3-3}$$

这是齐次方程. 令 $\dfrac{x}{y} = v$, 则

$$x = yv, \qquad \frac{\mathrm{d}x}{\mathrm{d}y} = v + y\frac{\mathrm{d}v}{\mathrm{d}y},$$

代入方程 (12-3-3), 得

$$v + y\frac{\mathrm{d}v}{\mathrm{d}y} = v + \sqrt{v^2 + 1},$$

即 $y\dfrac{\mathrm{d}v}{\mathrm{d}y} = \sqrt{v^2 + 1}$. 分离变量, 得

$$\frac{\mathrm{d}v}{\sqrt{v^2 + 1}} = \frac{\mathrm{d}y}{y},$$

两边积分, 得

$$\ln\left(v + \sqrt{v^2 + 1}\right) = \ln y - \ln C,$$

即 $\dfrac{y^2}{C^2} - \dfrac{2yv}{C} = 1$, 以 $yv = x$ 代入上式, 得

$$y^2 = 2C\left(x + \frac{C}{2}\right).$$

这是一族以 x 轴为轴, 焦点在原点的抛物线, 这说明具有这样性质的曲线只有抛物线.

*二、可化为齐次方程的方程

方程

$$\frac{\mathrm{d}y}{\mathrm{d}x} = f\left(\frac{a_1 x + b_1 y + c_1}{a_2 x + b_2 y + c_2}\right), \tag{12-3-4}$$

将微分方程化
为齐次方程讲
解12-3-2

当 c_1, c_2 同时为零时是齐次的, 当 c_1, c_2 不同时为零时, 则方程 (12-3-4) 不是齐次的. 现在我们讨论 c_1, c_2 不同时为零的情形.

我们对非齐次方程 (12-3-4) 作下列变量代换

$$x = X + h, \quad y = Y + k,$$

其中 h, k 为待定常数. 于是

$$\mathrm{d}x = \mathrm{d}X, \quad \mathrm{d}y = \mathrm{d}Y,$$

从而方程 (12-3-4) 化为

$$\frac{\mathrm{d}Y}{\mathrm{d}X} = f\left(\frac{a_1 X + b_1 Y + a_1 h + b_1 k + c_1}{a_2 X + b_2 Y + a_2 h + b_2 k + c_2}\right). \tag{12-3-5}$$

选取适当的 h, k, 使得

$$\begin{cases} a_1h + b_1k + c_1 = 0, \\ a_2h + b_2k + c_2 = 0, \end{cases} \tag{12-3-6}$$

这样方程 (12-3-5) 就化为齐次方程了. 下面分两种情形来讨论.

(1) 如果方程组 (12-3-6) 的系数行列式 $\begin{vmatrix} a_1 & b_1 \\ a_2 & b_2 \end{vmatrix} \neq 0$, 即 $\dfrac{a_1}{a_2} \neq \dfrac{b_1}{b_2}$, 则方程组 (12-3-6) 有唯一解. 若把 h, k 取为这组解, 方程 (12-3-4) 便化为齐次方程

$$\frac{\mathrm{d}Y}{\mathrm{d}X} = f\left(\frac{a_1X + b_1Y}{a_2X + b_2Y} \right). \tag{12-3-7}$$

求出方程 (12-3-7) 的通解后, 在通解中以 $x - h$ 代 X, 以 $y - k$ 代 Y, 便得到方程 (12-3-4) 的通解.

(2) 如果 $\begin{vmatrix} a_1 & b_1 \\ a_2 & b_2 \end{vmatrix} = 0$, 则方程组 (12-3-6) 无解, h, k 无法求得, 因此上述方法不能应用. 但这时可讨论如下.

① 当 $b_2 = 0$ 时, a_2 与 b_1 中至少有一个为零. 假设 $b_1 = 0$, 则原方程为变量可分离方程; 假设 $b_1 \neq 0$, 则 $a_2 = 0$, 这时, 可令 $z = a_1x + b_1y$, 则

$$\frac{\mathrm{d}y}{\mathrm{d}x} = \frac{1}{b_1}\left(\frac{\mathrm{d}z}{\mathrm{d}x} - a_1 \right),$$

于是方程 (12-3-4) 可化为变量可分离方程.

当 $a_1 = 0$ 时可类似讨论.

② 当 $b_2 \neq 0$ 且 $a_1 \neq 0$ 时, 有关系 $\dfrac{a_1}{a_2} = \dfrac{b_1}{b_2} = \lambda$, 从而方程 (12-3-4) 可化为

$$\frac{\mathrm{d}y}{\mathrm{d}x} = f\left(\frac{\lambda(a_2x + b_2y) + c_1}{a_2x + b_2y + c_2} \right), \tag{12-3-8}$$

令 $z = a_2x + b_2y$, 则

$$\frac{\mathrm{d}y}{\mathrm{d}x} = \frac{1}{b_2}\left(\frac{\mathrm{d}z}{\mathrm{d}x} - a_2 \right),$$

代入方程 (12-3-8), 即得关于 z 的微分方程

$$\frac{1}{b_2}\left(\frac{\mathrm{d}z}{\mathrm{d}x} - a_2 \right) = f\left(\frac{\lambda z + c_1}{z + c_2} \right).$$

这也是一个变量可分离方程, 从而可以求解.

例 4 求微分方程 $(x - y + 2)\mathrm{d}x + (x + y + 4)\mathrm{d}y = 0$ 的通解.

解 原方程化为

$$\frac{\mathrm{d}y}{\mathrm{d}x} = \frac{-x + y - 2}{x + y + 4},$$

令 $\begin{cases} -h + k - 2 = 0, \\ h + k + 4 = 0, \end{cases}$ 解得 $\begin{cases} h = -3, \\ k = -1, \end{cases}$ 作代换 $x = X - 3, y = Y - 1$, 则原方程化为齐次方程

$$\frac{\mathrm{d}Y}{\mathrm{d}X} = \frac{-X + Y}{X + Y}, \quad 即 \quad \frac{\mathrm{d}Y}{\mathrm{d}X} = \frac{-1 + \dfrac{Y}{X}}{1 + \dfrac{Y}{X}}.$$

作代换 $\dfrac{Y}{X} = u$, 则

$$u + X\frac{\mathrm{d}u}{\mathrm{d}X} = \frac{u - 1}{u + 1}, \quad 即 \quad X\frac{\mathrm{d}u}{\mathrm{d}X} = \frac{-u^2 - 1}{u + 1},$$

这是一个变量可分离方程, 分离变量得

$$\frac{1 + u}{1 + u^2}\mathrm{d}u = -\frac{1}{X}\mathrm{d}X,$$

两边积分, 得

$$\arctan u + \frac{1}{2}\ln(1 + u^2) = -\ln|X| + \ln C,$$

将 $\dfrac{Y}{X} = u$ 代入上式, 得

$$\sqrt{X^2 + Y^2} = C\mathrm{e}^{-\arctan\frac{Y}{X}},$$

将 $X = x + 3, Y = y + 1$ 代入上式, 得原方程的通解

$$\sqrt{(x + 3)^2 + (y + 1)^2} = C\mathrm{e}^{-\arctan\frac{y+1}{x+3}}.$$

习 题 12-3

A 组

课件12-3-3

1. 求下列齐次方程的通解:

(1) $x\dfrac{\mathrm{d}y}{\mathrm{d}x} = y + \sqrt{x^2 - y^2}(x > 0)$;

(2) $\left(x\dfrac{\mathrm{d}y}{\mathrm{d}x} - y\right)\arctan\dfrac{y}{x} = x$;

(3) $\dfrac{\mathrm{d}y}{\mathrm{d}x} = \dfrac{y}{x}(1 + \ln y - \ln x);$ (4) $(y + x)\mathrm{d}y = (y - x)\mathrm{d}x;$

(5) $\left(x + y\cos\dfrac{y}{x}\right)\mathrm{d}x - x\cos\dfrac{y}{x}\mathrm{d}y = 0;$ (6) $y' = \mathrm{e}^{\frac{y}{x}} + \dfrac{y}{x}.$

2. 求下列微分方程的特解:

(1) $\dfrac{x}{1+y}\mathrm{d}x - \dfrac{y}{1+x}\mathrm{d}y = 0,\ y|_{x=0} = 0;$ (2) $y' = \dfrac{x}{y} + \dfrac{y}{x},\ y|_{x=-1} = 2;$

(3) $\dfrac{\mathrm{d}y}{\mathrm{d}x} = 2\sqrt{\dfrac{y}{x}} + \dfrac{y}{x},\ y(1) = 4;$ (4) $xy' + y(\ln x - \ln y) = 0,\ y(1) = \mathrm{e}^3.$

(2015 考研真题)

3. 已知 $y = \dfrac{x}{\ln x}$ 是微分方程 $y' = \dfrac{y}{x} + \varphi\left(\dfrac{y}{x}\right)$ 的解, 则 $\varphi\left(\dfrac{y}{x}\right)$ 的表达式为 (　　)(2003 考研真题)

(A) $-\dfrac{y^2}{x^2}$ (B) $\dfrac{y^2}{x^2}$ (C) $-\dfrac{x^2}{y^2}$ (D) $\dfrac{x^2}{y^2}.$

4. 在 xOy 平面上有一曲线 L, 曲线 L 绕 x 轴旋转一周形成一旋转曲面, 假设由 O 点出发的光线经此旋转曲面形状的凹镜反射后都与 x 轴平行 (图 12-3-2), 求曲线 L 的方程.

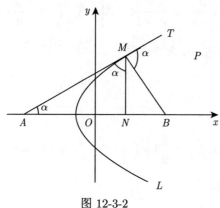

图 12-3-2

*5. 用适当的变量代换, 求下列方程的通解:

(1) $\dfrac{\mathrm{d}y}{\mathrm{d}x} = \dfrac{x - y - 1}{x + y + 1};$ (2) $(x + y)\mathrm{d}x + (3x + 3y - 4)\mathrm{d}y = 0.$

B 组

1. 设函数 $f(x)$ 在 $[1, +\infty)$ 上连续. 若由曲线 $y = f(x)$ 与直线 $x = 1$, $x = t(t > 1)$ 及 x 轴所围成的平面图形绕 x 轴旋转一周所成的旋转体积为

$$V(t) = \dfrac{\pi}{3}[t^2 f(t) - f(1)],$$

求 $y = f(x)$ 所满足的微分方程, 并求该方程满足条件 $y\Big|_{x=2} = \dfrac{2}{9}$ 的解.

2. 设 $y(x)$ 是区间 $\left(0, \dfrac{3}{2}\right)$ 内的可导函数, 且 $y(1) = 0$, 点 P 是曲线 $L : y = y(x)$ 上任意一点, L 在点 P 处的切线与 y 轴相交于点 $(0, Y_P)$, 法线与 x 轴相交于点 $(X_P, 0)$, 若 $X_P = Y_P$, 求 L 上点的坐标 (x, y) 满足的方程.

12.4　一阶线性微分方程

课前测12-4-1

一、一阶线性微分方程

形如

$$\frac{\mathrm{d}y}{\mathrm{d}x} + P(x)y = Q(x) \tag{12-4-1}$$

的方程 (其中 $P(x), Q(x)$ 为已知函数) 称为**一阶线性微分方程**.

若 $Q(x) \equiv 0$, 则方程 (12-4-1) 化为

$$\frac{\mathrm{d}y}{\mathrm{d}x} + P(x)y = 0, \tag{12-4-2}$$

方程 (12-4-2) 称为**一阶线性齐次微分方程**;

若 $Q(x) \neq 0$, 则方程 (12-4-1) 称为**一阶线性非齐次微分方程**.

设方程 (12-4-1) 为线性非齐次方程, 则称方程 (12-4-2) 为**对应于线性非齐次方程 (12-4-1) 的线性齐次方程**. 方程 (12-4-2) 为可分离变量的微分方程, 由 12.2 节可知, 线性齐次方程 (12-4-2) 的通解为

$$y = C\mathrm{e}^{-\int P(x)\mathrm{d}x}. \tag{12-4-3}$$

下面讨论一阶线性非齐次方程 (12-4-1) 的通解.

将 (12-4-3) 式中的常数 C 变为函数 $C(x)$, 由此引入求解一阶线性非齐次方程的**常数变易法**: 即在求出对应线性齐次方程的通解 (12-4-3) 式后, 将该通解中的常数 C 变易为待定函数 $C(x)$, 将 $y = C(x)\mathrm{e}^{-\int P(x)\mathrm{d}x}$ 代入方程 (12-4-1) 求出待定函数 $C(x)$, 进而就求出该方程的通解, 具体如下.

对 $y = C(x)\mathrm{e}^{-\int P(x)\mathrm{d}x}$ 两边求导, 得

$$\frac{\mathrm{d}y}{\mathrm{d}x} = C'(x)\,\mathrm{e}^{-\int P(x)\mathrm{d}x} + C(x)\mathrm{e}^{-\int P(x)\mathrm{d}x}[-P(x)],$$

将 $y, \dfrac{\mathrm{d}y}{\mathrm{d}x}$ 代入方程 (12-4-1), 得

$$C'(x)\,\mathrm{e}^{-\int P(x)\mathrm{d}x} = Q(x),$$

即

$$C'(x) = Q(x)e^{\int P(x)dx},$$

两边积分, 得

$$C(x) = \int Q(x)e^{\int P(x)dx}dx + C,$$

从而一阶线性非齐次方程的通解为

$$y = e^{-\int P(x)dx}\left(\int Q(x)e^{\int P(x)dx}dx + C\right), \qquad (12\text{-}4\text{-}4)$$

或

$$y = Ce^{-\int P(x)dx} + e^{-\int P(x)dx}\int Q(x)e^{\int P(x)dx}dx. \qquad (12\text{-}4\text{-}5)$$

上式中含有两项, 第一项 $Y(x) = Ce^{-\int P(x)dx}$ 是对应的齐次方程 (12-4-2) 的通解; 第二项 $\tilde{y}(x) = e^{-\int P(x)dx}\int Q(x)e^{\int P(x)dx}dx$, 容易验证它是方程 (12-4-1) 本身的一个特解. 于是方程 (12-4-1) 的通解为

$$y = Y(x) + \tilde{y}(x),$$

即一阶线性非齐次方程的通解等于对应的一阶线性齐次方程的通解与非齐次方程的一个特解之和.

另外由于连续函数的原函数可用变上限的积分函数表示, 所以公式 (12-4-4) 也可表示为

$$y = e^{-\int_{x_0}^x P(x)dx}\left(\int_{x_0}^x Q(x)e^{\int_{x_0}^x P(x)dx}dx + C\right), \qquad (12\text{-}4\text{-}6)$$

因而方程 (12-4-1) 的满足初始条件 $y(x_0) = y_0$ 的特解可表示为

$$y = e^{-\int_{x_0}^x P(x)dx}\left(\int_{x_0}^x Q(x)e^{\int_{x_0}^x P(x)dx}dx + y_0\right). \qquad (12\text{-}4\text{-}7)$$

上面讨论的是关于未知函数 y 的一阶微分方程. 有时候, 我们也可以将 x 视为未知函数, 将 y 视为自变量得到关于 x 的一阶线性方程

$$\frac{dx}{dy} + P(y)x = Q(y). \qquad (12\text{-}4\text{-}8)$$

则与通解公式 (12-4-4) 相对应, 我们有微分方程 (12-4-8) 的通解公式为

$$x = e^{-\int P(y)dy}\left(\int Q(y)e^{\int P(y)dy}dy + C\right). \qquad (12\text{-}4\text{-}9)$$

例 1 求微分方程 $xy' + y = \sin x$ 的通解.

解 将所给方程改写成下列形式:

$$y' + \frac{y}{x} = \frac{\sin x}{x},$$

则 $P(x) = \dfrac{1}{x}, Q(x) = \dfrac{\sin x}{x}$ 代入通解公式 (12-4-4), 得方程的通解

$$y = \mathrm{e}^{-\int P(x)\mathrm{d}x} \left(\int Q(x)\mathrm{e}^{\int P(x)\mathrm{d}x}\mathrm{d}x + C \right)$$

$$= \mathrm{e}^{-\int \frac{1}{x}\mathrm{d}x} \left(\int \frac{\sin x}{x}\mathrm{e}^{\int \frac{1}{x}\mathrm{d}x}\mathrm{d}x + C \right)$$

$$= \mathrm{e}^{-\ln x} \left(\int \sin x\mathrm{d}x + C \right) = \frac{C - \cos x}{x}.$$

例 2 求微分方程

$$\frac{\mathrm{d}y}{\mathrm{d}x} - \frac{2y}{x+1} = (x+1)^{\frac{5}{2}}$$

满足初始条件 $y|_{x=0} = 2$ 的特解.

解 这是一个一阶非齐次线性微分方程. 先求对应的齐次线性微分方程的通解. 将 $\dfrac{\mathrm{d}y}{\mathrm{d}x} - \dfrac{2y}{x+1} = 0$ 分离变量, 可得 $\dfrac{\mathrm{d}y}{y} = \dfrac{2\mathrm{d}x}{x+1}$, 两边积分, 得

$$\ln|y| = 2\ln|x+1| + \ln|C|,$$

整理可得通解为 $y = C(x+1)^2$.

下面用常数变易法, 设原方程的通解为

$$y = C(x)(x+1)^2. \tag{12-4-10}$$

那么

$$\frac{\mathrm{d}y}{\mathrm{d}x} = C'(x)(x+1)^2 + 2C(x)(x+1),$$

将 y, y' 代入所给的非齐次线性微分方程得

$$C'(x) = \sqrt{x+1},$$

两端积分, 得

$$C(x) = \frac{2}{3}(x+1)^{\frac{3}{2}} + C,$$

把上式代入 (12-4-10), 即可得所求方程的通解

$$y = (x+1)^2 \left[\frac{2}{3}(x+1)^{\frac{3}{2}} + C \right].$$

将所给初始条件 $y|_{x=0} = 2$ 代入通解中, 得 $C = \dfrac{4}{3}$, 从而所求特解为

$$y = \frac{2}{3}(x+1)^2 \left[(x+1)^{\frac{3}{2}} + 2 \right].$$

在一阶微分方程中, x 和 y 的地位是对等的, 通常视 y 为未知函数, x 为自变量. 求解某些微分方程时, 为求解方便, 也可视 x 为未知函数, 而 y 为自变量.

例 3 求微分方程 $y' = \dfrac{y}{x+y^3}$ 的通解.

解 显然此方程关于 y 不是线性的, 若将方程改写为

$$\frac{\mathrm{d}x}{\mathrm{d}y} - \frac{1}{y}x = y^2,$$

则它是关于未知函数 $x(y)$ 的一阶线性方程, $P(y) = -\dfrac{1}{y}$, $Q(y) = y^2$, 代入通解公式 (12-4-9), 得微分方程的通解

$$\begin{aligned}
x &= \mathrm{e}^{-\int P(y)\mathrm{d}y} \left(\int Q(y)\mathrm{e}^{\int P(y)\mathrm{d}y}\mathrm{d}y + C \right) \\
&= \mathrm{e}^{\int \frac{1}{y}\mathrm{d}y} \left(\int y^2 \mathrm{e}^{-\int \frac{1}{y}\mathrm{d}y}\mathrm{d}y + C \right) \\
&= y \left(C + \int y^2 \cdot \frac{1}{y}\mathrm{d}y \right) = Cy + \frac{1}{2}y^3.
\end{aligned}$$

例 4 设 $f(x)$ 为连续函数且满足 $\displaystyle\int_0^x f(x-t)\,\mathrm{d}t = \int_0^x (x-t)f(t)\,\mathrm{d}t + \mathrm{e}^{-x} - 1$, 求 $f(x)$.

解 令 $x-t=u$ 则 $\displaystyle\int_0^x f(x-t)\,\mathrm{d}t = \int_0^x f(u)\,\mathrm{d}u$, 从而原积分方程整理化简为

$$\int_0^x f(u)\,\mathrm{d}u = x\int_0^x f(t)\mathrm{d}t - \int_0^x tf(t)\,\mathrm{d}t + \mathrm{e}^{-x} - 1,$$

积分方程两边对 x 求导, 得

例4讲解12-4-2

$$f(x) = \int_0^x f(t)\mathrm{d}t - \mathrm{e}^{-x}.$$

两边再求导, 得

$$f'(x) = f(x) + \mathrm{e}^{-x},$$

又由积分方程可知

$$f(0) = -\mathrm{e}^0 = -1,$$

从而, 问题转化为求下列微分方程的初值问题 $\begin{cases} y' - y = \mathrm{e}^{-x}, \\ y(0) = -1, \end{cases}$ 由初值问题的求

解公式 (12-4-7), 得

$$f(x) = \mathrm{e}^{\int_0^x 1\mathrm{d}x}\left(\int_0^x \mathrm{e}^{-x}\mathrm{e}^{\int_0^x -1\mathrm{d}x}\mathrm{d}x - 1\right) = -\frac{1}{2}\mathrm{e}^x - \frac{\mathrm{e}^{-x}}{2}.$$

二、伯努利方程

形如

$$\frac{\mathrm{d}y}{\mathrm{d}x} + P(x)y = Q(x)y^\alpha \quad (\alpha \neq 0, 1) \tag{12-4-11}$$

的方程称为**伯努利 (Bernoulli) 方程**.

方程 (12-4-11) 两边同乘 $y^{-\alpha}$, 得

$$y^{-\alpha}\frac{\mathrm{d}y}{\mathrm{d}x} + P(x)y^{1-\alpha} = Q(x), \tag{12-4-12}$$

令 $z = y^{1-\alpha}$, 则有

$$\frac{\mathrm{d}z}{\mathrm{d}x} = (1-\alpha)y^{-\alpha}\frac{\mathrm{d}y}{\mathrm{d}x},$$

将上式代入 (12-4-12) 中, 得

$$\frac{1}{1-\alpha}\frac{\mathrm{d}z}{\mathrm{d}x} + P(x)z = Q(x),$$

即

$$\frac{\mathrm{d}z}{\mathrm{d}x} + (1-\alpha)P(x)z = (1-\alpha)Q(x), \tag{12-4-13}$$

方程 (12-4-13) 是一个关于未知函数 z 的一阶线性微分方程, 故

$$z = \mathrm{e}^{-\int (1-\alpha)P(x)\mathrm{d}x}\left(\int (1-\alpha)Q(x)\mathrm{e}^{\int (1-\alpha)P(x)\mathrm{d}x}\mathrm{d}x + C\right).$$

再用 $z = y^{1-\alpha}$ 回代即可求得伯努利方程的通解.

例 5　求微分方程 $\dfrac{\mathrm{d}y}{\mathrm{d}x} - \dfrac{4}{x}y = x^2\sqrt{y}\,(y > 0, x \neq 0)$ 的通解.

解　这是一个伯努利方程 $\alpha = \dfrac{1}{2}$, 方程两端同时除以 $\sqrt{y}$, 得

$$\frac{1}{\sqrt{y}}\frac{\mathrm{d}y}{\mathrm{d}x} - \frac{4}{x}\sqrt{y} = x^2,$$

即

$$2\frac{\mathrm{d}\sqrt{y}}{\mathrm{d}x} - \frac{4}{x}\sqrt{y} = x^2,$$

作变量代换 $z = \sqrt{y}$, 则上式变为

$$\frac{\mathrm{d}z}{\mathrm{d}x} - \frac{2}{x}z = \frac{x^2}{2},$$

解得

$$z = \mathrm{e}^{\int \frac{2}{x}\mathrm{d}x}\left(\int \frac{x^2}{2}\mathrm{e}^{\int\left(-\frac{2}{x}\right)\mathrm{d}x}\mathrm{d}x + C\right) = x^2\left(\frac{x}{2} + C\right),$$

将 $z = \sqrt{y}$ 回代, 得原方程的通解

$$y = x^4\left(\frac{x}{2} + C\right)^2.$$

例 6　求微分方程 $\dfrac{\mathrm{d}y}{\mathrm{d}x} = \dfrac{1}{x + yx^3}$ 的通解.

解　将方程变形为 $\dfrac{\mathrm{d}x}{\mathrm{d}y} = x + yx^3$, 即

$$\frac{\mathrm{d}x}{\mathrm{d}y} - x = yx^3,$$

这是以 x 为未知函数, y 为自变量, $\alpha = 3$ 的伯努利方程. 令 $z = x^{1-\alpha} = x^{-2}$, 则有

$$-\frac{1}{2}\frac{\mathrm{d}z}{\mathrm{d}y} - z = y, \quad \text{即} \quad \frac{\mathrm{d}z}{\mathrm{d}y} + 2z = -2y.$$

解这个一阶线性非齐次方程, 得

$$z = \mathrm{e}^{-\int 2\mathrm{d}y}\left(\int -2y\mathrm{e}^{\int 2\mathrm{d}y}\mathrm{d}y + C\right) = C\mathrm{e}^{-2y} - y + \frac{1}{2},$$

将 $z = x^{-2}$ 回代, 得原方程的通解

$$x^{-2} = C\mathrm{e}^{-2y} - y + \frac{1}{2}.$$

习 题 **12-4**

课件12-4-3

A 组

1. 求下列微分方程的通解:

(1) $\dfrac{\mathrm{d}y}{\mathrm{d}x} = x^2 - \dfrac{y}{x}$;

(2) $\dfrac{\mathrm{d}y}{\mathrm{d}x} + y = \mathrm{e}^{-x}$;

(3) $y' + y\cos x = \mathrm{e}^{-\sin x}$;

(4) $(x^2 - 1)y' + 2xy - \cos x = 0$;

(5) $\dfrac{\mathrm{d}y}{\mathrm{d}x} + 2xy = 4x$;

(6) $\dfrac{\mathrm{d}y}{\mathrm{d}x} = \dfrac{y^3}{1 - 2xy^2}$.

2. 求下列微分方程的特解:

(1) $\dfrac{\mathrm{d}y}{\mathrm{d}x} + 2xy + x = \mathrm{e}^{-x^2}$, $y(0) = 2$;

(2) $xy' = x\cos x - 2\sin x - 2y$, $y(\pi) = 0$;

(3) $\mathrm{d}y = 2x(x^2 + y)\mathrm{d}x$, $y(1) = -1$;

(4) $y\mathrm{d}x + (x - 3y^2)\mathrm{d}y = 0$, $y(1) = 1$.

3. 求下列伯努利方程的特解:

(1) $y' = y - y^4$, $y(0) = \dfrac{1}{2}$;

(2) $x^2 y' - xy = y^2$, $y(1) = 1$;

(3) $xy' + 4y = x^4 y^2$, $y(1) = 1$;

(4) $y' + \dfrac{1}{3}y = \dfrac{1}{3}(1 - 2x)y^4$, $y(0) = -1$.

4. 设 $f(x)$ 有一阶连续的导数, 并且满足 $2\displaystyle\int_0^x (x + 1 - t)f'(t)\mathrm{d}t = x^2 - 1 + f(x)$, 求 $f(x)$.

5. 设 $y = \mathrm{e}^x$ 是微分方程 $xy' + p(x)y = x$ 的一个解, 求此微分方程满足初始条件 $y(\ln 2) = 0$ 的特解.

B 组

1. 设 y_1, y_2 是一阶线性微分方程 $y' + p(x)y = q(x)$ 的两个特解, 若存在常数 λ, μ 使得 $\lambda y_1 + \mu y_2$ 是该方程的解, $\lambda y_1 - \mu y_2$ 是对应的齐次方程的解, 则 (　　)(2010 考研真题)

(A) $\lambda = \dfrac{1}{2}, \mu = \dfrac{1}{2}$

(B) $\lambda = -\dfrac{1}{2}, \mu = -\dfrac{1}{2}$

(C) $\lambda = \dfrac{2}{3}, \mu = \dfrac{1}{3}$

(D) $\lambda = \dfrac{2}{3}, \mu = \dfrac{2}{3}$.

2. 设函数 $f(x)$ 在 $(0, +\infty)$ 内连续, $f(1) = \dfrac{5}{2}$, 且对所有 $x, t \in (0, +\infty)$, 满足条件 $\displaystyle\int_1^{xt} f(u)\mathrm{d}u = t\int_1^x f(u)\mathrm{d}u + x\int_1^t f(u)\mathrm{d}u$, 求 $f(x)$.

3. 设函数 $f(u)$ 具有连续导数且 $z = f(\mathrm{e}^x \cos y)$ 满足 $\cos y\dfrac{\partial z}{\partial x} - \sin y\dfrac{\partial z}{\partial y} = (4z + \mathrm{e}^x \cos y)\mathrm{e}^x$. 若 $f(0) = 0$, 求 $f(u)$ 的表达式.

12.5 全微分方程

若一阶微分方程可整理成对称式 $P(x,y)\,\mathrm{d}x + Q(x,y)\,\mathrm{d}y = 0$, 且方程左边为某二元函数的全微分形式 $P(x,y)\,\mathrm{d}x + Q(x,y)\,\mathrm{d}y$, 那么可以借助二元函数的全微分来解决此类微分方程求解问题.

课前测12-5-1

一、全微分方程

定义 1(全微分方程) 设 $P(x,y)$, $Q(x,y)$ 在单连通区域 G 内具有一阶连续偏导数, 如果在 G 内 $\dfrac{\partial P}{\partial y} = \dfrac{\partial Q}{\partial x}$ 恒成立, 就称

$$P(x,y)\mathrm{d}x + Q(x,y)\mathrm{d}y = 0 \tag{12-5-1}$$

为**全微分方程**.

由定义可知全微分方程的左端

$$P(x,y)\mathrm{d}x + Q(x,y)\mathrm{d}y$$

为某一个函数 $u(x,y)$ 的全微分, 即

$$\mathrm{d}u(x,y) = P(x,y)\mathrm{d}x + Q(x,y)\mathrm{d}y,$$

则全微分方程 (12-5-1) 可转化为 $\mathrm{d}u(x,y) = 0$, 方程的通解为

$$u(x,y) = C.$$

我们自然要问, 当方程 (12-5-1) 为全微分方程时, 如何去求原函数 $u(x,y)$?

二、全微分方程的通解

下面介绍求原函数 $u(x,y)$ 的方法.

全微分方程通解
求法讲解12-5-2

方法一 当满足充要条件 $\dfrac{\partial P}{\partial y} = \dfrac{\partial Q}{\partial x}$ 时, 可以由 "线积分与路径无关" 求得一个原函数:

$$u(x,y) = \int_{(x_0,y_0)}^{(x,y)} P(x,y)\mathrm{d}x + Q(x,y)\mathrm{d}y, \tag{12-5-2}$$

其中点 (x_0, y_0) 可以取 G 内任意一个定点.

一般来说, 积分路径往往取平行于坐标轴的折线 (图 12-5-1)ADB 或 ACB.

若取积分曲线为 ADB, 则

$$u(x,y) = \int_{x_0}^{x} P(x,y_0)\mathrm{d}x + \int_{y_0}^{y} Q(x,y)\mathrm{d}y,$$

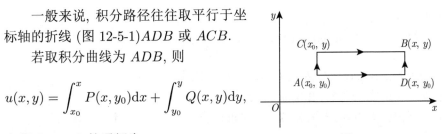

图 12-5-1

方程 (12-5-1) 的通解为

$$\int_{x_0}^{x} P(x,y_0)\mathrm{d}x + \int_{y_0}^{y} Q(x,y)\mathrm{d}y = C \quad ((x_0,y_0) \in G); \tag{12-5-3}$$

若取积分曲线为 ACB, 则

$$u(x,y) = \int_{y_0}^{y} Q(x_0,y)\mathrm{d}y + \int_{x_0}^{x} P(x,y)\mathrm{d}x,$$

方程 (12-5-1) 的通解为

$$\int_{y_0}^{y} Q(x_0,y)\mathrm{d}y + \int_{x_0}^{x} P(x,y)\mathrm{d}x = C \quad ((x_0,y_0) \in G). \tag{12-5-4}$$

一般来说, 如果 $(0,0) \in G$, 为方便计算, (x_0,y_0) 通常取 $(0,0)$ 点.

方法二 当满足充要条件 $\dfrac{\partial P}{\partial y} = \dfrac{\partial Q}{\partial x}$ 时, "直接积分法" 求原函数 $u(x,y)$. 因为

$$\mathrm{d}u(x,y) = P(x,y)\mathrm{d}x + Q(x,y)\mathrm{d}y,$$

所以

$$\frac{\partial u}{\partial x} = P(x,y), \tag{12-5-5}$$

$$\frac{\partial u}{\partial y} = Q(x,y), \tag{12-5-6}$$

由 (12-5-5), 得

$$u(x,y) = \int P(x,y)\mathrm{d}x + \varphi(y), \tag{12-5-7}$$

(12-5-7) 式的积分过程中, y 为常数, $\varphi(y)$ 是关于 y 的任意可微函数. 又由式 (12-5-6), 有

$$\frac{\partial u}{\partial y} = \frac{\partial}{\partial y} \int P(x,y)\mathrm{d}x + \varphi'(y) = Q(x,y),$$

由此求得

$$\varphi'(y) = Q(x, y) - \frac{\partial}{\partial y} \int P(x, y) \mathrm{d}x,$$

通过不定积分求出 $\varphi(y)$, 代入式 (12-5-7) 即可求出 $u(x, y)$ 式.

例 1 验证微分方程 $2(3xy^2 + 2x^3)\mathrm{d}x + 3(2x^2y + y^2)\mathrm{d}y = 0$ 是全微分方程, 并求该方程的通解.

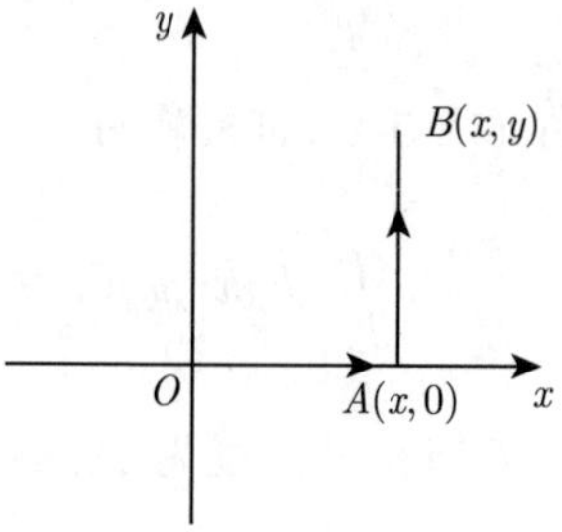

解 设 $P(x, y) = 2(3xy^2 + 2x^3), Q(x, y) = 3(2x^2y + y^2)$, 则

$$\frac{\partial Q}{\partial x} = \frac{\partial P}{\partial y} = 12xy,$$

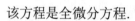

图 12-5-2

该方程是全微分方程.

由于积分与路径无关, 由图 12-5-2 所以有

$$
\begin{aligned}
u(x, y) &= \int_{(0,0)}^{(x,y)} P(x, y)\mathrm{d}x + Q(x, y)\mathrm{d}y \\
&= \int_{OA+AB} P(x, y)\mathrm{d}x + Q(x, y)\mathrm{d}y \\
&= \int_0^x 4x^3\mathrm{d}x + \int_0^y 3(2x^2y + y^2)\mathrm{d}y \\
&= x^4 + 3x^2y^2 + y^3,
\end{aligned}
$$

故该方程通解为 $x^4 + 3x^2y^2 + y^3 = C$.

例 2 求 $\left(5x^4 + 3xy^2 - y^3\right)\mathrm{d}x + \left(3x^2y - 3xy^2 + y^2\right)\mathrm{d}y = 0$ 的通解.

解法一 设 $P(x, y) = 5x^4 + 3xy^2 - y^3, Q(x, y) = 3x^2y - 3xy^2 + y^2$, 则

$$\frac{\partial P}{\partial y} = 6xy - 3y^2 = \frac{\partial Q}{\partial x},$$

该方程是全微分方程, 下求 $u(x, y)$.

由于积分与路径无关, 所以由图 12-5-2 有

$$
\begin{aligned}
u(x, y) &= \int_{(0,0)}^{(x,y)} P(x, y)\mathrm{d}x + Q(x, y)\mathrm{d}y \\
&= \int_{OA+AB} P(x, y)\mathrm{d}x + Q(x, y)\mathrm{d}y
\end{aligned}
$$

$$= \int_0^x 5x^4 \mathrm{d}x + \int_0^y (3x^2y - 3xy^2 + y^2)\mathrm{d}y$$

$$= x^5 + \frac{3}{2}x^2y^2 - xy^3 + \frac{y^3}{3},$$

故该方程通解为

$$x^5 + \frac{3}{2}x^2y^2 - xy^3 + \frac{y^3}{3} = C.$$

解法二 等式 $\dfrac{\partial u}{\partial x} = P(x,y) = 5x^4 + 3xy^2 - y^3$ 两边同时对 x 积分得

$$u(x,y) = \int \left(5x^4 + 3xy^2 - y^3\right)\mathrm{d}x = x^5 + \frac{3}{2}x^2y^2 - xy^3 + \varphi(y),$$

所以

$$\frac{\partial u}{\partial y} = 3x^2y - 3xy^2 + \varphi'(y).$$

又

$$\frac{\partial u}{\partial y} = Q(x,y) = 3x^2y - 3xy^2 + y^2,$$

故

$$\varphi'(y) = y^2, \ \text{从而} \ \varphi(y) = \frac{1}{3}y^3 + C_1,$$

因此

$$u(x,y) = x^5 + \frac{3}{2}x^2y^2 - xy^3 + \frac{1}{3}y^3 + C_1,$$

于是该方程的通解为

$$x^5 + \frac{3}{2}x^2y^2 - xy^3 + \frac{1}{3}y^3 + C_1 = C_2,$$

即

$$x^5 + \frac{3}{2}x^2y^2 - xy^3 + \frac{1}{3}y^3 = C, \ \text{其中} \ C = C_2 - C_1.$$

解法三 此方法不必验证是否满足充要条件 $\dfrac{\partial P}{\partial y} = \dfrac{\partial Q}{\partial x}$, "凑微分法" 直接 "凑" 出原函数 $u(x,y)$. 整理原方程为

$$5x^4\mathrm{d}x + y^2\mathrm{d}y + (3xy^2\mathrm{d}x + 3x^2y\mathrm{d}y) - (y^3\mathrm{d}x + 3xy^2\mathrm{d}y) = 0,$$

即为

$$dx^5 + d\left(\frac{y^3}{3}\right) + d\left(\frac{3}{2}x^2y^2\right) - d(xy^3) = 0,$$

因此

$$d\left(x^5 + \frac{y^3}{3} + \frac{3}{2}x^2y^2 - xy^3\right) = 0,$$

故该方程通解为

$$x^5 + \frac{3}{2}x^2y^2 - xy^3 + \frac{y^3}{3} = C.$$

常见全微分表达式

$$x dx + y dy = d\left(\frac{x^2 + y^2}{2}\right), \quad \frac{x dx + y dy}{x^2 + y^2} = d\left[\frac{1}{2}\ln(x^2 + y^2)\right],$$

$$\frac{y dx - x dy}{y^2} = d\left(\frac{x}{y}\right), \qquad \frac{y dx - x dy}{x^2} = d\left(-\frac{y}{x}\right),$$

$$y dx + x dy = d(xy), \qquad \frac{y dx - x dy}{x^2 + y^2} = d\left(-\arctan\frac{y}{x}\right).$$

*三、积分因子

定义 2(积分因子) 若方程 (12-5-1) 不是全微分方程, 但存在函数 $\mu(x, y)$ $(\mu(x, y) \neq 0)$, 使得

$$\mu(x, y)P(x, y)dx + \mu(x, y)Q(x, y)dy = 0$$

为全微分方程, 则称 $\mu(x, y)$ 为方程 $P(x, y)dx + Q(x, y)dy = 0$ 的一个**积分因子**.

若求出二元函数 $u(x, y)$ 满足

$$du(x, y) = \mu(x, y)P(x, y)dx + \mu(x, y)Q(x, y)dy,$$

则原方程的通解为 $u(x, y) = C$.

需要指出的是, 积分因子也并不能解决所有一阶方程的求解问题, 其次用积分因子法有相当的技巧. 本书中也只是举例说明, 并未作深入研究和讨论, 了解即可.

例 3 通过观察求方程的积分因子, 并求其通解:

(1) $y dx - x dy = 0$;   (2) $(1 + xy)y dx + (1 - xy)x dy = 0.$

解 (1) 因为 $\dfrac{\partial P}{\partial y} \neq \dfrac{\partial Q}{\partial x}$, 所以方程 $y\mathrm{d}x - x\mathrm{d}y = 0$ 不是全微分方程. 又因为

$$\mathrm{d}\left(\frac{x}{y}\right) = \frac{y\mathrm{d}x - x\mathrm{d}y}{y^2},$$

所以 $\dfrac{1}{y^2}$ 是方程 $y\mathrm{d}x - x\mathrm{d}y = 0$ 的积分因子, 于是 $\dfrac{y\mathrm{d}x - x\mathrm{d}y}{y^2} = 0$ 是全微分方程, 所给方程的通解为

$$\frac{x}{y} = C.$$

(2) 因为 $\dfrac{\partial P}{\partial y} \neq \dfrac{\partial Q}{\partial x}$, 所以方程 $(1 + xy)y\mathrm{d}x + (1 - xy)x\mathrm{d}y = 0$ 不是全微分方程, 将方程的各项重新合并, 得

$$(y\mathrm{d}x + x\mathrm{d}y) + xy(y\mathrm{d}x - x\mathrm{d}y) = 0,$$

又改写成

$$\mathrm{d}(xy) + x^2y^2\left(\frac{\mathrm{d}x}{x} - \frac{\mathrm{d}y}{y}\right) = 0,$$

这时容易看出 $\dfrac{1}{(xy)^2}$ 为积分因子, 乘以该积分因子后, 方程就变为

$$\frac{\mathrm{d}(xy)}{(xy)^2} + \frac{\mathrm{d}x}{x} - \frac{\mathrm{d}y}{y} = 0,$$

积分得通解

$$-\frac{1}{xy} + \ln\left|\frac{x}{y}\right| = \ln C, \quad \text{即} \frac{x}{y} = Ce^{\frac{1}{xy}}.$$

以上我们介绍了几种可用初等积分法求解的一阶微分方程. 正确而又敏捷地判断给定方程属于何种类型, 从而按照所知的方法求解非常重要. 但有时候我们遇到的方程往往并不恰好是某种标准的类型, 灵活地进行合适的变量代换将所给方程化成已知类型也是必须的.

课件12-5-3

习 题 12-5

A 组

1. 求下列全微分方程的通解:

(1) $(5x^4 + 3xy^2 - y^3)\mathrm{d}x + (3x^2y - 3xy^2 + y^2)\mathrm{d}y = 0$;

(2) $\left(x + \dfrac{y}{x^2}\right)\mathrm{d}x - \dfrac{1}{x}\mathrm{d}y = 0$;

(3) $(y + \mathrm{e}^y)\mathrm{d}x + x(1 + \mathrm{e}^y)\mathrm{d}y = 0$;

(4) $\left(3x^2 \tan y - \dfrac{2y^3}{x^3}\right)\mathrm{d}x + \left(x^3 \sec^2 y + 4y^3 + \dfrac{3y^2}{x^2}\right)\mathrm{d}y = 0$;

(5) $\left(\dfrac{x}{\sqrt{x^2 + y^2}} + \dfrac{1}{x} + \dfrac{1}{y}\right)\mathrm{d}x + \left(\dfrac{y}{\sqrt{x^2 + y^2}} + \dfrac{1}{y} - \dfrac{x}{y^2}\right)\mathrm{d}y = 0$.

2. 求下列微分方程的特解：

(1) $(y + 2xy^2)\mathrm{d}x + (x + 2x^2 y)\mathrm{d}y = 0$, $y(1) = 1$;

(2) $4x^3 y^3 \mathrm{d}x + 3x^4 y^2 \mathrm{d}y = 0$, $y(1) = 1$;

(3) $2x\left(1 + \sqrt{x^2 - y}\right)\mathrm{d}x - \sqrt{x^2 - y}\,\mathrm{d}y = 0$, $y(0) = -1$;

(4) $(1 + y^2 \sin 2x)\mathrm{d}x - y \cos 2x \mathrm{d}y = 0$, $y(0) = 3$;

(5) $\left(1 + \mathrm{e}^{\frac{x}{y}}\right)\mathrm{d}x + \mathrm{e}^{\frac{x}{y}}\left(1 - \dfrac{x}{y}\right)\mathrm{d}y = 0$, $y(0) = 1$.

*3. 利用积分因子法求下列微分方程的通解：

(1) $(x^4 + y^4)\mathrm{d}x - xy^3 \mathrm{d}y = 0$;   (2) $\mathrm{e}^y \mathrm{d}x - x(2xy + \mathrm{e}^y)\mathrm{d}y = 0$;

(3) $(y - 1 - xy)\mathrm{d}x + x\mathrm{d}y = 0$;   (4) $(2xy^2 - y)\mathrm{d}x + (y^3 + y + x)\mathrm{d}y = 0$;

(5) $(y \cos x - x \sin x)\mathrm{d}x + (y \sin x + x \cos x)\mathrm{d}y = 0$.

B 组

已知方程 $(6y + x^2 y^2)\mathrm{d}x + (8x + x^3 y)\mathrm{d}y = 0$ 的两边乘以 $y^3 f(x)$ 后便成为全微分方程, 试求出可导函数 $f(x)$, 并解此微分方程.

12.6 可降阶的高阶微分方程

  前 5 节, 我们讨论了几类一阶微分方程的解法. 在实际问题中, 还常常遇到高阶微分方程 (二阶及二阶以上微分方程). 一般的高阶微分方程没有较为普遍的求解方法, 一个简单的思想就是通过变量替换把高阶方程转化为低阶方程来求解. 这种降低微分方程阶的方法, 称为**降阶法**. 本节将介绍三种可用降阶法求解的高阶微分方程.

课前测12-6-1

一、$y^{(n)} = f(x)$ 型的微分方程

  微分方程

$$y^{(n)} = f(x) \tag{12-6-1}$$

的右端仅含变量 x, 只要通过连续 n 次积分就可以得到通解.

例 1 求方程 $y''' = \ln x$ 的通解.

解 逐次积分, 得

$$y'' = \int \ln x \mathrm{d}x = x \ln x - x + C_1,$$

$$y' = \int (x \ln x - x + C_1)\,\mathrm{d}x = \frac{x^2}{2} \ln x - \frac{3}{4}x^2 + C_1 x + C_2,$$

所以

$$y = \int \left(\frac{x^2}{2} \ln x - \frac{3}{4}x^2 + C_1 x + C_2 \right) \mathrm{d}x$$

$$= \frac{x^3}{6} \ln x - \frac{11}{36}x^3 + \frac{C_1}{2}x^2 + C_2 x + C_3.$$

这就是所求的通解.

例 2 求解初值问题 $\begin{cases} y'' = \dfrac{1}{\cos^2 x}, \\ y\Big|_{x=\frac{\pi}{4}} = \dfrac{1}{2}\ln 2, \quad y'\Big|_{x=\frac{\pi}{4}} = 1. \end{cases}$

解 逐次积分, 得

$$y' = \tan x + C_1,$$

因为 $y'|_{x=\frac{\pi}{4}} = 1$, 故得 $C_1 = 0$, 即 $y' = \tan x$, 再积分得

$$y = -\ln|\cos x| + C_2,$$

将 $y\Big|_{x=\frac{\pi}{4}} = \dfrac{1}{2}\ln 2$ 代入上式, 得 $C_2 = 0$, 故所求特解为

$$y = -\ln|\cos x|.$$

特解计算过程中, 需要说明的是: 当采用逐次积分法求解高阶微分方程的初值问题时, 每积分一次就将相应的初始条件代入确定出此时的任意常数, 以便简化计算.

二、$y'' = f(x, y')$ 型的微分方程

微分方程

$$y'' = f(x, y') \tag{12-6-2}$$

不显含未知函数 y. 针对这一特点, 将 y' 作为新的未知函数来处理. 令 $y' = p(x)$, 则 $y'' = p'$, 于是可将其化成一阶微分方程

$$p' = f(x, p), \tag{12-6-3}$$

解出一阶微分方程 (12-6-3) 的通解, 并设它为

$$p = \varphi(x, C_1), \quad 即\ y' = \varphi(x, C_1),$$

积分, 得

$$y = \int \varphi(x, C_1)\mathrm{d}x + C_2$$

即为方程 (12-6-2) 的通解.

例 3　求方程 $xy'' + y' = 0$ 的通解.

解　令 $y' = p(x)$, 则 $y'' = p'(x)$, 代入原方程得 $xp' + p = 0$, 分离变量得

$$\frac{\mathrm{d}p}{p} = -\frac{\mathrm{d}x}{x},$$

两边继续积分得

$$\ln|p| = -\ln|x| + \ln C_1', \quad 即\ p = \frac{C_1}{x} \quad (C_1 = \pm C_1'),$$

即 $y' = \dfrac{C_1}{x}$, 两边再积分得通解为

$$y = C_1 \ln|x| + C_2 \quad (C_1, C_2\ 为任意常数).$$

例 4　求 $x(y')^2 y'' - (y')^3 = \dfrac{x^4}{3}$ 的通解.

解　令 $y' = p(x)$, 则 $y'' = p'(x)$, 代入原方程得

$$p' - \frac{1}{x}p = \frac{x^3}{3}p^{-2},$$

这是一个伯努利方程, 作变量代换 $z = p^3$, 方程化为

$$\frac{\mathrm{d}z}{\mathrm{d}x} - \frac{3}{x}z = x^3,$$

解此一阶线性微分方程, 得

$$z = \mathrm{e}^{\int \frac{3}{x}\mathrm{d}x} \cdot \left(\int x^3 \mathrm{e}^{\int -\frac{3}{x}\mathrm{d}x}\mathrm{d}x + C_1 \right),$$

整理得

$$p^3 = x^3(x + C_1), \quad 即 \quad \frac{\mathrm{d}y}{\mathrm{d}x} = x \cdot \sqrt[3]{x + C_1},$$

积分得

$$y = \int x \cdot \sqrt[3]{x + C_1}\mathrm{d}x + C_2 = \int (x + C_1 - C_1) \cdot \sqrt[3]{x + C_1}\mathrm{d}x + C_2$$

$$= \frac{3}{7}(x + C_1)^{\frac{7}{3}} - \frac{3}{4}C_1(x + C_1)^{\frac{4}{3}} + C_2.$$

故原方程的通解为

$$y = \frac{3}{7}(x + C_1)^{\frac{7}{3}} - \frac{3}{4}C_1(x + C_1)^{\frac{4}{3}} + C_2.$$

例 5 位于坐标原点的我舰向位于 Ox 轴上距原点 1 个单位的 A 点处的敌舰发射制导鱼雷, 且鱼雷永远对准敌舰. 设敌舰以最大速度 v_0 沿平行于 Oy 轴的直线行驶, 又设鱼雷的速度是敌舰的 5 倍. 求鱼雷的行进轨迹的曲线方程及敌舰行驶多远时将被鱼雷击中?

解 设轨迹上任意一点 $P(x,y)$, 敌舰在 t 时刻的坐标位置 $Q(1, v_0 t)$(图 12-6-1). 由于导弹头始终对准乙舰, 故此时 PQ 就是导弹的轨迹曲线弧 OP 在点 P 处的切线, 即有 $y' = \dfrac{v_0 t - y}{1 - x}$, 即

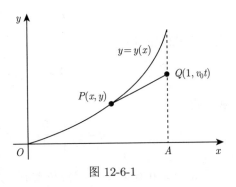

图 12-6-1

$$v_0 t = (1 - x)\, y' + y, \qquad (12\text{-}6\text{-}4)$$

又由已知条件可知, 曲线 OP 弧长为 $5|AQ|$, 即

$$\int_0^x \sqrt{1 + y'^2}\mathrm{d}x = 5v_0 t, \qquad (12\text{-}6\text{-}5)$$

由 (12-6-4) 和 (12-6-5) 两式消去 $v_0 t$, 得

$$\frac{1}{5}\int_0^x \sqrt{1 + y'^2}\mathrm{d}x = (1 - x)\, y' + y,$$

两边对 x 求导, 并整理得

$$\frac{1}{5}\sqrt{1 + y'^2} = (1 - x)y'', \qquad (12\text{-}6\text{-}6)$$

这是一个不显含 y 的二阶微分方程, 并有初始条件为

$$y(0) = 0, \quad y'(0) = 0,$$

令 $y' = p$, 则 $y'' = \dfrac{\mathrm{d}p}{\mathrm{d}x}$ 方程 (12-6-6) 即为

$$\sqrt{1 + p^2} = 5(1 - x)\frac{\mathrm{d}p}{\mathrm{d}x},$$

这是一个可分离变量的微分方程, 解得

$$p + \sqrt{1 + p^2} = \frac{C_1}{\sqrt[5]{1 - x}},$$

由 $y(0) = 0, y'(0) = 0$, 求得 $C_1 = 1$, 故

$$y' + \sqrt{1 + y'^2} = \frac{1}{\sqrt[5]{1 - x}}, \tag{12-6-7}$$

将 (12-6-7) 两边取倒数, 可得

$$y' - \sqrt{1 + y'^2} = -\sqrt[5]{1 - x}, \tag{12-6-8}$$

上面两式相加, 得

$$2y' = \frac{1}{\sqrt[5]{1 - x}} - \sqrt[5]{1 - x},$$

积分得

$$y = \frac{1}{2}\left[-\frac{5}{4}(1 - x)^{\frac{4}{5}} + \frac{5}{6}(1 - x)^{\frac{6}{5}}\right] + C,$$

又由 $y(0) = 0$ 得 $C = \dfrac{5}{24}$, 故鱼雷的行进轨迹的曲线方程为

$$y = \frac{1}{2}\left[-\frac{5}{4}(1 - x)^{\frac{4}{5}} + \frac{5}{6}(1 - x)^{\frac{6}{5}}\right] + \frac{5}{24}.$$

又 $x = 1$ 时, $y = \dfrac{5}{24}$, 故敌舰行驶到 $\left(1, \dfrac{5}{24}\right)$ 时将被鱼雷击中.

三、$y'' = f(y, y')$ 型的微分方程

微分方程

$$y'' = f(y, y') \tag{12-6-9}$$

不显含自变量 x. 针对这一特点, 将 y 作为新的自变量、y' 作为新的因变量来处理. 令 $y' = p(y)$, 并将 y 看作自变量, 则

第三型微分方程
讲解12-6-2

$$y'' = \frac{\mathrm{d}y'}{\mathrm{d}x} = \frac{\mathrm{d}p}{\mathrm{d}x} = \frac{\mathrm{d}p}{\mathrm{d}y}\frac{\mathrm{d}y}{\mathrm{d}x} = p\frac{\mathrm{d}p}{\mathrm{d}y},$$

代入原方程后, 得到 p 关于 y 的一阶微分方程

$$p\frac{\mathrm{d}p}{\mathrm{d}y} = f(y, p), \tag{12-6-10}$$

用一阶微分方程的解法便可以求得 (12-6-10) 的通解, 并设它为

$$p = \varphi(y, C_1), \quad 即 \frac{\mathrm{d}y}{\mathrm{d}x} = \varphi(y, C_1),$$

分离变量, 得

$$\frac{\mathrm{d}y}{\varphi(y, C_1)} = \mathrm{d}x,$$

两边积分, 得方程 (12-6-9) 的通解为

$$\int \frac{\mathrm{d}y}{\varphi(y, C_1)} = x + C_2.$$

例 6　求方程 $yy'' - y'^2 = 0$ 的通解.

解　设 $y' = p(y)$, 则 $y'' = p\dfrac{\mathrm{d}p}{\mathrm{d}y}$, 代入原方程得

$$y \cdot p\frac{\mathrm{d}p}{\mathrm{d}y} - p^2 = 0,$$

故

$$p = 0 \quad 或 \quad y \cdot \frac{\mathrm{d}p}{\mathrm{d}y} - p = 0,$$

解得

$$p = C_1 y, \quad 即为 \frac{\mathrm{d}y}{\mathrm{d}x} = C_1 y,$$

解上述可分离变量的微分方程, 得原方程通解为

$$y = C_2 \mathrm{e}^{C_1 x}.$$

例 7　求解初值问题 $\begin{cases} y'' - \mathrm{e}^{2y}y' = 0, \\ y\,|_{x=0} = 0, \quad y'\,|_{x=0} = \dfrac{1}{2}. \end{cases}$

解　令 $p(y) = y'$，则 $y'' = p\dfrac{\mathrm{d}p}{\mathrm{d}y}$，代入方程得

$$p\frac{\mathrm{d}p}{\mathrm{d}y} = \mathrm{e}^{2y}p,$$

因为 $y'|_{x=0} = \dfrac{1}{2}$ 所以 $p \neq 0$，故上述方程即为 $\dfrac{\mathrm{d}p}{\mathrm{d}y} = \mathrm{e}^{2y}$．积分，得 $p = \dfrac{1}{2}\mathrm{e}^{2y} + C_1$，

由 $y|_{x=0} = 0$，$y'|_{x=0} = \dfrac{1}{2}$ 得 $C_1 = 0$，于是 $\dfrac{\mathrm{d}y}{\mathrm{d}x} = \dfrac{1}{2}\mathrm{e}^{2y}$，即

$$2\mathrm{e}^{-2y}\mathrm{d}y = \mathrm{d}x,$$

这是一个变量可分离方程，解得

$$-\mathrm{e}^{-2y} = x + C_2.$$

由 $y|_{x=0} = 0$，得 $C_2 = -1$，从而所求特解为 $\mathrm{e}^{-2y} = 1 - x$．

课件12-6-3

习　题　12-6

A 组

1. 求下列微分方程的通解：

(1) $y'' = \mathrm{e}^{3x} + \sin x$;

(2) $y'' = 1 + y'^2$;

(3) $y'' = 2yy'$;

(4) $x^2 y'' = (y')^2$;

(5) $(1 + \mathrm{e}^x)y'' + y' = 0$.

2. 求下列微分方程的特解：

(1) $y'' + y'^2 = 2\mathrm{e}^{-y}$ 且 $y(0) = 0, y'(0) = 2$;

(2) $y'' = \dfrac{3}{2}y^2$ 且 $y|_{x=0} = 1$, $y'|_{x=0} = 1$;

(3) $y'' + \dfrac{y'^2}{1-y} = 0$ 且 $y|_{x=0} = 2$, $y'|_{x=0} = 1$;

(4) $xy'' + 3y' = 0$ 且 $y|_{x=1} = 1$, $y'|_{x=1} = -2$;

(5) $y'' = y' + x$ 且 $y|_{x=0} = 2$, $y'|_{x=0} = 0$.

B 组

1. 求 $xyy'' + x(y')^2 - yy' = 0$ 的通解.

2. 已知 $y_1 = \mathrm{e}^x$，$y_2 = u(x)\mathrm{e}^x$ 是二阶微分方程 $(2x - 1)y'' - (2x + 1)y' + 2y = 0$ 的两个解，若 $u(-1) = \mathrm{e}$, $u(0) = -1$，求 $u(x)$，并写出该微分方程的通解. (2016 考研真题)

12.7 高阶线性微分方程

所谓线性微分方程就是对于未知函数及其各阶导数均为一次的微分方程. n 阶线性微分方程的一般形式为

$$y^{(n)} + a_1(x)y^{(n-1)} + \cdots + a_{n-1}(x)y' + a_n(x)y = f(x). \tag{12-7-1}$$

等号右边的项 $f(x)$ 称为方程的自由项, 如果 $f(x) \equiv 0$, 则方程变为

$$y^{(n)} + a_1(x)y^{(n-1)} + \cdots + a_{n-1}(x)y' + a_n(x)y = 0 \tag{12-7-2}$$

(12-7-2) 称为**齐次线性微分方程**, (12-7-1) 称为**非齐次线性微分方程**.

本节主要讨论二阶线性微分方程.

一、二阶齐次线性微分方程的解的结构

二阶齐次线性微分方程的一般形式为

$$y'' + P(x)y' + Q(x)y = 0. \tag{12-7-3}$$

定理 1 若 $y_1(x), y_2(x)$ 是二阶齐次线性微分方程 (12-7-3) 的两个解, 则

$$y = C_1 y_1(x) + C_2 y_2(x) \quad (C_1, C_2 是任意常数) \tag{12-7-4}$$

也是方程 (12-7-3) 的解.

证 因为

$$[C_1 y_1 + C_2 y_2]' = C_1 y_1' + C_2 y_2', \quad [C_1 y_1 + C_2 y_2]'' = C_1 y_1'' + C_2 y_2'',$$

又因为 y_1 与 y_2 是方程 $y'' + P(x)y' + Q(x)y = 0$ 的解, 所以有

$$y_1'' + P(x)y_1' + Q(x)y_1 = 0 \quad 及 \quad y_2'' + P(x)y_2' + Q(x)y_2 = 0,$$

从而

$$
\begin{aligned}
&y'' + P(x)y' + Q(x)y \\
&= [C_1 y_1 + C_2 y_2]'' + P(x)[C_1 y_1 + C_2 y_2]' + Q(x)[C_1 y_1 + C_2 y_2] \\
&= C_1 [y_1'' + P(x)y_1' + Q(x)y_1] + C_2 [y_2'' + P(x)y_2' + Q(x)y_2] \\
&= 0,
\end{aligned}
$$

这就证明了 $y = C_1 y_1(x) + C_2 y_2(x)$ 也是方程 $y'' + P(x)y' + Q(x)y = 0$ 的解.

定理 1 称为齐次线性方程的解的叠加原理.

定理 1 表明二阶齐次线性微分方程的解的线性组合也是该方程的解. 但 (12-7-4) 是不是 (12-7-3) 的通解呢? 设 $y_1(x)$ 是 (12-7-3) 的一个解, 则 $y_2(x) = 2y_1(x)$ 也是 (12-7-3) 的解, 这时它们的线性组合为

$$y = C_1 y_1(x) + 2C_2 y_1(x),$$

即

$$y = Cy_1(x) \quad (C = C_1 + 2C_2),$$

显然, 这不是 (12-7-3) 的通解. 那么在什么情形下, (12-7-4) 才是微分方程 (12-7-3) 的通解呢? 为此, 引进函数的线性相关与线性无关的概念.

定义 1 设 $y_1(x), y_2(x), \cdots, y_n(x)$ 为定义在区间 I 上的 n 个函数, 如果存在不全为零的常数 $k_1, k_2, \cdots, k_n$, 使得

$$k_1 y_1(x) + k_2 y_2(x) + \cdots + k_n y_n(x) \equiv 0 \quad (x \in I)$$

成立, 则称 $y_1(x), y_2(x), \cdots, y_n(x)$ 在该区间 I 上**线性相关**, 否则称**线性无关**.

例如, 当 $x \in (-\infty, +\infty)$ 时, e^x, e^{-x}, e^{2x} 线性无关; 而 $1, \cos^2 x, \sin^2 x$ 线性相关.

特殊地, 两个函数 $y_1(x), y_2(x)$ 线性无关的充要条件是在 I 上有

$$\frac{y_1(x)}{y_2(x)} \neq 常数.$$

例 1 讨论下列函数是线性相关还是线性无关?

(1) $1, \tan^2 x, \sec^2 x$;   (2) $\sin x, 3\sin \dfrac{x}{2} \cos \dfrac{x}{2}$;   (3) e^{-x}, xe^{-x}.

解 (1) 因为取 $k_1 = k_2 = 1$, $k_3 = -1$ 时, 即有 $1 + \tan^2 x - \sec^2 x = 0$, 因此 $1, \tan^2 x, \sec^2 x$ 线性相关.

(2) $3\sin \dfrac{x}{2} \cos \dfrac{x}{2} = \dfrac{3}{2} \sin x$, 故取 $k_1 = \dfrac{3}{2}, k_2 = -1$ 时, 有 $\dfrac{3}{2} \sin x - 3\sin \dfrac{x}{2} \cos \dfrac{x}{2} = 0$, 因此 $\sin x, 3\sin \dfrac{x}{2} \cos \dfrac{x}{2}$ 线性相关.

(3) 因为 $\dfrac{xe^{-x}}{e^{-x}} = x \neq C$, 因此 e^{-x}, xe^{-x} 线性无关.

有了函数线性无关的概念, 就可以给出下面的定理.

定理 2 如果 $y_1(x)$ 与 $y_2(x)$ 是齐次线性方程 (12-7-3) 的两个线性无关的特解, 那么

$$y = C_1 y_1(x) + C_2 y_2(x) \quad (C_1, C_2 是任意常数)$$

就是它的通解.

例 2 验证 $y_1 = xe^{2x}, y_2 = e^{2x}$ 是方程 $y'' - 4y' + 4y = 0$ 的线性无关解，并写出方程的通解.

解 因为 $\dfrac{y_1}{y_2} = x \neq$ 常数，所以 $y_1 = xe^{2x}, y_2 = e^{2x}$ 在 $(-\infty, +\infty)$ 内是线性无关的. 又

$$y_1'' - 4y_1' + 4y_1 = 4\left(1 + x\right)e^{2x} - 4\left(1 + 2x\right)e^{2x} + 4xe^{2x} = 0,$$

$$y_2'' - 4y_2' + 4y_2 = 4e^{2x} - 4 \cdot 2e^{2x} + 4e^{2x} = 0,$$

因此 $y_1 = xe^{2x}, y_2 = e^{2x}$ 是方程的两个线性无关的特解. 由定理 2 知，方程的通解为

$$y = C_1 xe^{2x} + C_2 e^{2x}.$$

关于二阶齐次线性微分方程的通解结构的结论都可推广到 n 阶齐次线性方程的情形.

二、二阶非齐次线性微分方程的解的结构

在 12.3 节解一阶线性方程时，我们已经知道一阶齐次线性方程的通解由两部分之和组成. 一部分是对应的齐次线性方程的通解，另一部分是非齐次线性方程本身的一个特解. 这个结论不仅对一阶非齐次线性方程适用，对于二阶以及二阶以上的非齐次线性方程也适用. 其根本原因在于方程是线性的，即未知函数及其各阶导数仅以一次幂的形式出现. 这一性质是所有线性微分方程所共有. 历史上，首先在研究线性代数方程中发现了这一规律，而后推广到线性微分方程的求解中.

定义 2 二阶非齐次线性微分方程的一般形式为

$$y'' + P(x)y' + Q(x)y = f(x), \tag{12-7-5}$$

其中 $f(x)$ 不恒等于 0 且称为**自由项**或**非齐次项**，并称方程 (12-7-3) 为**对应于非齐次方程 (12-7-5) 的齐次方程**.

定理 3 设 y^* 是二阶非齐次线性方程 (12-7-5) 的一个特解，$\bar{y}$ 是它对应的齐次方程 (12-7-3) 的通解，那么 $y = \bar{y} + y^*$ 是二阶非齐次线性微分方程 (12-7-5) 的通解.

证 因为 y^* 与 $\bar{y}$ 分别是方程 (12-7-5) 和 (12-7-3) 的解，所以有

$$\left(y^*\right)'' + P(x)\left(y^*\right)' + Q(x)y^* = f(x),$$

$$\bar{y}'' + P(x)\bar{y}' + Q(x)\bar{y} = 0,$$

又因为 $y' = \bar{y}' + (y^*)'$, $y'' = \bar{y}'' + (y^*)''$, 所以有

$$y'' + P(x)y' + Q(x)y$$

$$= (\bar{y}'' + (y^*)'') + P(x)(\bar{y}' + (y^*)') + Q(x)(\bar{y} + y^*)$$

$$= [\bar{y}'' + P(x)\bar{y}' + Q(x)\bar{y}] + [(y^*)'' + P(x)(y^*)' + Q(x)y^*]$$

$$= f(x),$$

这说明 $y = \bar{y} + y^*$ 是方程 (12-7-5) 的解, 又因为 $\bar{y}$ 是 (12-7-3) 的通解, $\bar{y}$ 中含有两个独立的任意常数, 所以 $y = \bar{y} + y^*$ 中也含有两个独立的任意常数, 从而它是方程 (12-7-5) 的通解.

定理 3 也可描述为: 设 y^* 是二阶线性非齐次方程 (12-7-5) 的一个特解, $y_1(x), y_2(x)$ 是它对应的齐次方程 (12-7-3) 的两个线性无关的特解, 那么

$$y = C_1 y_1(x) + C_2 y_2(x) + y^* \qquad (12\text{-}7\text{-}6)$$

是二阶非齐次线性微分方程 (12-7-5) 的通解, 其中 C_1, C_2 是两个任意常数.

证 由定理 2 知, $C_1 y_1(x) + C_2 y_2(x)$ 为齐次方程 (12-7-3) 的通解, 又 y^* 是二阶非齐次线性方程 (12-7-5) 的一个特解, 故由定理 3 知 (12-7-6) 是非齐次方程 (12-7-5) 的通解.

上面定理 2、定理 3 这两个通解结构定理很重要, 它是求解线性微分方程的理论基础. 根据定理 2, 要求方程 (12-7-3) 的通解, 只需求出对应齐次方程 (12-7-3) 的两个线性无关的特解; 若求方程 (12-7-5) 的通解, 则需求出对应齐次方程 (12-7-3) 的两个线性无关的特解, 并求原方程 (12-7-5) 本身的一个特解, 由定理 3 即可写出通解.

定理 3 给出了二阶非齐次线性方程的通解结构, 因此, 找二阶非齐次线性方程的一个特解成了求它通解的关键之一.

例 3 验证 $\bar{y} = \dfrac{1}{4}x + \dfrac{1}{2}$ 是非齐次线性微分方程 $y'' - 4y' + 4y = x + 1$ 的特解, 并结合例 2 求非齐次线性微分方程 $y'' - 4y' + 4y = x + 1$ 的通解.

解 由 $y^* = \dfrac{1}{4}x + \dfrac{1}{2}$ 得, $(y^*)' = \dfrac{1}{4}$, $(y^*)'' = 0$ 代入方程 $y'' - 4y' + 4y = x + 1$ 恒成立, 所以 $y^* = \dfrac{1}{4}x + \dfrac{1}{2}$ 是方程 $y'' - 4y' + 4y = x + 1$ 的特解.

由例 2 可知 $\bar{y} = C_1 x e^{2x} + C_2 e^{2x}$ 是 $y'' - 4y' + 4y = 0$ 的通解, 由定理 3 可知方程 $y'' - 4y' + 4y = x + 1$ 的通解为

$$y = C_1 x e^{2x} + C_2 e^{2x} + \frac{1}{4}x + \frac{1}{2}.$$

定理 4 设非齐次方程 (12-7-5) 的自由项 $f(x)$ 是几个函数之和, 如

$$y'' + P(x)y' + Q(x)y = f_1(x) + f_2(x). \tag{12-7-7}$$

而 y_1^* 与 y_2^* 分别是方程

$$y'' + P(x)y' + Q(x)y = f_1(x) \quad 与 \quad y'' + P(x)y' + Q(x)y = f_2(x)$$

的特解, 那么 $y_1^* + y_2^*$ 就是方程 (12-7-7) 的特解.

证 将 $y_1^* + y_2^*$ 代入方程 (12-7-7) 的左端, 得

$$(y_1^* + y_2^*)'' + P(x)(y_1^* + y_2^*)' + Q(x)(y_1^* + y_2^*)$$

$$=[(y_1^*)'' + P(x)(y_1^*)' + Q(x)(y_1^*)] + [(y_2^*)'' + P(x)(y_2^*)' + Q(x)(y_2^*)]$$

$$=f_1(x) + f_2(x),$$

所以 $y_1^* + y_2^*$ 是方程 (12-7-7) 的一个特解.

定理 4 称为**非齐次线性方程特解的叠加原理**.

同线性代数方程一样, 线性非齐次微分方程的解与相对应的线性齐次微分方程的解有着密切联系.

定理 5 设 $y_1(x), y_2(x)$ 均为非齐次线性方程 (12-7-5) 的解, 则 $y = y_1(x) - y_2(x)$ 是与之相对应的齐次方程 (12-7-3) 的解, $\dfrac{1}{2}[y_1(x) + y_2(x)]$ 仍是方程 (式 12-7-5) 的解.

定理5讲解12-7-2

证 因为 $y_1(x), y_2(x)$ 均为非齐次线性方程 (12-7-5) 的解, 所以有

$$y_1'' + P(x)y_1' + Q(x)y_1 = f(x),$$

$$y_2'' + P(x)y_2' + Q(x)y_2 = f(x),$$

于是

$$(y_1 - y_2)'' + P(x)(y_1 - y_2)' + Q(x)(y_1 - y_2)$$

$$=[y_1'' + P(x)y_1' + Q(x)y_1] - [y_2'' + P(x)y_2' + Q(x)y_2]$$

$$=f(x) - f(x) = 0,$$

从而 $y = y_1(x) - y_2(x)$ 是方程 (12-7-3) 的解. 又

$$\frac{1}{2}[y_1(x) + y_2(x)]'' + \frac{1}{2}P(x)[y_1(x) + y_2(x)]' + \frac{1}{2}Q(x)[y_1(x) + y_2(x)]$$

$$=\frac{1}{2}\left[y_1''(x)+P(x)y_1'(x)+Q(x)y_1(x)\right]+\frac{1}{2}\left[y_2''(x)+P(x)y_2'(x)+Q(x)y_2(x)\right]$$

$$=\frac{1}{2}f(x)+\frac{1}{2}f(x)=f(x),$$

从而 $\frac{1}{2}\left[y_1(x)+y_2(x)\right]$ 仍是方程 (12-7-5) 的解.

例 4 已知 $y_1=x+2\mathrm{e}^x$, $y_2=\mathrm{e}^x+x$, $y_3=1+x$ 是某二阶非齐次线性微分方程的三个解, 求该方程的通解.

解 由于 y_1,y_2,y_3 均为某二阶非齐次线性方程的解, 由定理 5 知,

$$y_1-y_2=\mathrm{e}^x, \quad y_1-y_3=2\mathrm{e}^x-1,$$

都是与该方程相对应的齐次方程的解, 且这两个解线性无关, 从而

$$\bar{y}=C_1\mathrm{e}^x+C_2(2\mathrm{e}^x-1),$$

是对应的齐次方程的通解, 故原方程的通解为

$$y=C_1\mathrm{e}^x+C_2(2\mathrm{e}^x-1)+x+1.$$

二阶非齐次线性微分方程的解的上述结论均可推广到 n 阶非齐次线性方程的情形.

习 题 12-7

A 组

1. 判断下列函数在其定义区间内是线性相关还是线性无关:

(1) x, x^2;

(2) $\mathrm{e}^x\cos 2x$, $\sin 2x$;

(3) $\sin^2 x$, $\cos^2 x$;

(4) $\sin 2x$, $\cos x\sin x$;

(5) e^{x^2}, $x\mathrm{e}^{x^2}$;

(6) $\ln\dfrac{1}{x^2}$, $\ln x^3$.

2. 验证 $y_1=\cos\omega x$ 及 $y_2=\sin\omega x$ 都是方程 $y''+\omega^2 y=0$ 的解, 并写出该方程的通解.

3. 验证 $y_1=\mathrm{e}^{x^2}$ 及 $y_2=x\mathrm{e}^{x^2}$ 都是方程 $y''-4xy'+(4x^2-2)y=0$ 的解, 并写出该方程的通解.

4. 已知 $y_1=3$, $y_2=3+x^2$, $y_3=3+x^2+\mathrm{e}^x$ 都是微分方程

$$\left(x^2-2x\right)y''-\left(x^2-2\right)y'+(2x-2)y=6x-6$$

的解, 求此方程的通解.

5. 验证 $y=C_1\mathrm{e}^{C_2-3x}-1$ 是 $y''-9y=9$ 的解. 说明它不是通解. 其中 C_1, C_2 是两个任意常数.

6. 验证 $y=\dfrac{1}{x}\left(C_1\mathrm{e}^x+C_2\mathrm{e}^{-x}\right)+\dfrac{1}{2}\mathrm{e}^x$ (C_1, C_2 是两个任意常数) 是方程 $xy''+2y'-xy=\mathrm{e}^x$ 的通解.

B 组

1. 设 $y_1 = xe^x + e^{2x}, y_2 = xe^x + e^{-x}, y_3 = xe^x + e^{2x} - e^{-x}$ 是某二阶线性非齐次方程的解, 求该方程的通解.

2. 已知线性非齐次方程 $y'' + p(x)y' + q(x)y = f(x)$ 的三个解为 y_1, y_2, y_3, 且 $y_2 - y_1$ 与 $y_3 - y_1$ 线性无关, 证明 $(1 - C_1 - C_2)y_1 + C_1y_2 + C_2y_3$ 是方程的通解.

12.8 二阶常系数齐次线性微分方程

课前测12-8-1

在前面我们已经介绍了二阶线性微分方程通解的结构, 本节重点讨论二阶常系数齐次线性微分方程的解法.

定义 1 形如

$$y'' + py' + qy = f(x) \tag{12-8-1}$$

(其中 p, q 均为常数) 的方程称为**二阶常系数非齐次线性微分方程**, $f(x)$ 是不恒为零的自由项.

方程

$$y'' + py' + qy = 0 \tag{12-8-2}$$

称为与方程 (12-8-1) 对应的二阶常系数齐次线性微分方程.

根据齐次线性方程解的结构定理知道, 只要找出方程 (12-8-2) 的两个线性无关的特解 y_1 与 y_2, 即可得 (12-8-2) 的通解 $y = C_1y_1 + C_2y_2$. 如何去寻找它的两个线性无关的特解呢? 下面给出求方程 (12-8-2) 的两个线性无关特解的方法.

从方程 (12-8-2) 的形式来看, 它的特点是 y'', y', y 各乘以常数因子后相加等于零, 因此如果能找到一个函数, 使得它与自身的一阶导数 y'、二阶导数 y'' 之间只相差常数因子, 这样的函数就有可能是方程 (12-8-2) 的解.

在基本初等函数里, 指数函数 $y = e^{rx}$ 就具有这种特性, 因 $y' = re^{rx}$, $y'' = r^2e^{rx}$ 与 $y = e^{rx}$ 之间只相差 r 和 r^2, 因此适当选取 r 就有可能使 $y = e^{rx}$ 满足方程 (12-8-2).

设方程 (12-8-2) 的解为 $y = e^{rx}(r$ 是待定常数), 将 $y = e^{rx}$, $y' = re^{rx}$, $y'' = r^2e^{rx}$ 代入该方程, 得

$$e^{rx}(r^2 + pr + q) = 0,$$

于是有

$$r^2 + pr + q = 0, \tag{12-8-3}$$

也就是说, 只要 r 是代数方程 (12-8-3) 的根, 那么 $y = e^{rx}$ 就是微分方程 (12-8-2) 的解. 于是微分方程 (12-8-2) 的求解问题, 就转化为代数方程 (10-7-3) 的求根问题了. 代数方程 (12-8-3) 称为微分方程 (12-8-2) 的特征方程.

由于特征方程 (12-8-3) 是一元二次方程, 所以用求根公式求出它的两个根 r_1, r_2,

$$r_{1,2} = \frac{-p \pm \sqrt{p^2 - 4q}}{2},$$

根据 p, q 的不同取值, 我们得到下列三种可能的情形:

(1) 若 $p^2 - 4q > 0$, 特征方程有两个不相等的实根 r_1 及 r_2,

$$r_1 = \frac{-p + \sqrt{p^2 - 4q}}{2}, \quad r_2 = \frac{-p - \sqrt{p^2 - 4q}}{2}.$$

(2) 若 $p^2 - 4q = 0$, 特征方程有两个相等的实根, $r_1 = r_2 = -\frac{p}{2} = r$.

(3) 若 $p^2 - 4q < 0$, 特征方程有一对共轭复根 $r_1 = \alpha + \mathrm{i}\beta$, $r_2 = \alpha - \mathrm{i}\beta$, 其中 $\alpha = -\frac{p}{2}$, $\beta = \frac{\sqrt{4q - p^2}}{2}$.

下面根据特征方程 (12-8-3) 根的三种情形, 来讨论微分方程 (12-8-2) 的通解.

(1) 当 $r_1 \neq r_2$ 时, 方程 (12-8-2) 对应有两个特解: $y_1 = \mathrm{e}^{r_1 x}$ 与 $y_2 = \mathrm{e}^{r_2 x}$, 又因为

$$\frac{y_1}{y_2} = \frac{\mathrm{e}^{r_1 x}}{\mathrm{e}^{r_2 x}} = \mathrm{e}^{(r_1 - r_2)x} \neq \text{ 常数},$$

所以 y_1, y_2 线性无关, 根据解的结构定理, 方程 (12-8-2) 的通解为

$$y = C_1 \mathrm{e}^{r_1 x} + C_2 \mathrm{e}^{r_2 x} \quad (C_1, C_2 \text{ 为任意的常数}).$$

(2) 当 $p^2 - 4q = 0$ 时, 特征方程 (12-8-3) 有两个相等的实根 $r_1 = r_2 = -\frac{p}{2} = r$, 这时只得到该方程的一个特解 $y_1 = \mathrm{e}^{rx}$, 还需要找一个与 y_1 线性无关的另一个解 y_2. 由线性无关的定义, 应有 $\frac{y_2}{y_1} = \frac{y_2}{\mathrm{e}^{rx}} = u(x) \neq$ 常数, 故设 $y_2 = u(x)y_1$, 其中 $u(x)$ 为待定函数, 假设 y_2 是方程 (12-8-2) 的解, 则

$$y_2 = u(x)y_1 = u(x)\mathrm{e}^{rx},$$

$$y_2' = \mathrm{e}^{rx}(u' + ru),$$

$$y_2'' = \mathrm{e}^{rx}(u'' + 2ru' + r^2 u),$$

将 y_2, y_2', y_2'' 代入方程 (12-8-2) 得

$$\mathrm{e}^{rx}[(u'' + 2ru' + r^2 u) + p(u' + ru) + qu] = 0,$$

由于对任意的 r, $\mathrm{e}^{rx} \neq 0$, 因此

$$[u'' + (2r + p)u' + (r^2 + pr + q)u] = 0,$$

因为 r 是特征方程的二重根, 故

$$r^2 + pr + q = 0, \quad 2r + p = 0,$$

于是, 得

$$u'' = 0,$$

取满足该方程的简单函数 $u(x) = x$. 从而 $y_2 = x\mathrm{e}^{rx}$ 是方程的一个与 $y_1 = \mathrm{e}^{rx}$ 线性无关的解. 所以方程 (12-8-2) 的通解为

$$y = (C_1 + C_2 x)\mathrm{e}^{rx} \quad (C_1, C_2 \text{ 为任意的常数}).$$

(3) 当 $p^2 - 4q < 0$ 时, 方程 (12-8-2) 有两个复数形式的解

$$y_1 = \mathrm{e}^{(\alpha + \mathrm{i}\beta)x}, \quad y_2 = \mathrm{e}^{(\alpha - \mathrm{i}\beta)x},$$

根据欧拉公式

$$\mathrm{e}^{\mathrm{i}x} = \cos x + \mathrm{i}\sin x,$$

可得

$$y_1 = \mathrm{e}^{\alpha x}(\cos \beta x + \mathrm{i}\sin \beta x), \quad y_2 = \mathrm{e}^{\alpha x}(\cos \beta x - \mathrm{i}\sin \beta x),$$

于是, 有

$$\frac{1}{2}(y_1 + y_2) = \mathrm{e}^{\alpha x}\cos \beta x, \quad \frac{1}{2\mathrm{i}}(y_1 - y_2) = \mathrm{e}^{\alpha x}\sin \beta x,$$

而函数 $\mathrm{e}^{\alpha x}\cos \beta x$ 与 $\mathrm{e}^{\alpha x}\sin \beta x$ 均为方程 (12-8-2) 的解, 且它们线性无关, 因此方程 (12-8-2) 的通解为

$$y = \mathrm{e}^{\alpha x}(C_1 \cos \beta x + C_2 \sin \beta x) \quad (C_1, C_2 \text{ 为任意的常数}).$$

综上所述, 求二阶常系数齐次线性微分方程

$$y'' + py' + qy = 0$$

的通解的步骤如下:

① 写出微分方程的特征方程 $r^2 + pr + q = 0$;

② 求出特征方程的根 r_1, r_2;

③ 根据 r_1, r_2 两个根的不同情况, 分别写出微分方程 (12-8-2) 的通解, 参见表 12-8-1.

表 12-8-1

特征方程 $r^2 + pr + q = 0$ 的两个根 r_1, r_2	微分方程 $y'' + py' + qy = 0$ 的通解
两个不相等的实根 $r_1 \neq r_2$	$y = C_1 e^{r_1 x} + C_2 e^{r_2 x}$
两个相等的实根 $r = r_1 = r_2$	$y = (C_1 + C_2 x)e^{rx}$
一对共轭复根 $r_{1,2} = \alpha \pm i\beta$	$y = e^{\alpha x}(C_1 \cos \beta x + C_2 \sin \beta x)$

例 1　求微分方程 $y'' - 3y' - 4y = 0$ 的通解.

解　所给方程的特征方程为 $r^2 - 3r - 4 = 0$, 解得

$$r_1 = 4, \quad r_2 = -1,$$

故所给方程的通解为

$$y = C_1 e^{4x} + C_2 e^{-x} \quad (C_1, C_2 \text{ 为任意的常数}).$$

例 2　求微分方程 $\dfrac{d^2 s}{dt^2} - 4\dfrac{ds}{dt} + 4s = 0$ 满足初始条件 $s|_{t=0} = 0$, $s'|_{t=0} = 2$ 的特解.

解　所给方程的特征方程为 $r^2 - 4r + 4 = 0$, 解得

$$r_1 = r_2 = 2,$$

于是方程的通解为 $s = (C_1 + C_2 t)e^{2t}$, 代入初始条件, $s|_{t=0} = 0$, $s'|_{t=0} = 2$, 得

$$C_1 = 0, \quad C_2 = 2,$$

所以原方程满足初始条件的特解为 $s = 2te^{2t}$.

例 3　求微分方程 $y'' + 2y' + 5y = 0$ 的通解.

解　所给方程的特征方程为 $r^2 + 2r + 5 = 0$, 解得 $r_{1,2} = -1 \pm 2i$, 这是一对共轭复根, 因此所求方程的通解为

$$y = e^{-x}(C_1 \cos 2x + C_2 \sin 2x).$$

例 4　设 $y = e^x(C_1 \cos x + C_2 \sin x)(C_1, C_2$ 为任意的常数) 是首项系数为 1 的某二阶常系数齐次线性微分方程的通解, 求该微分方程.

解　这是二阶常系数齐次线性微分方程求通解的逆问题, 借助于特征方程这一中间桥梁, 不难解决. 由通解为 $y = e^x(C_1 \cos x + C_2 \sin x)$ 知, 特征方程的特征根为

$$r_{1,2} = 1 \pm i,$$

因此特征方程为

$$[r - (1 + \mathrm{i})]\,[r - (1 - \mathrm{i})] = 0$$

整理化简, 得

$$r^2 - 2r + 2 = 0,$$

所以首项系数为 1 的二阶常系数齐次线性微分方程为 $y'' - 2y' + 2y = 0$.

　　上面讨论的二阶常系数齐次线性微分方程的通解形式, 可以推广到 n 阶常系数齐次线性微分方程

$$y^{(n)} + p_1 y^{(n-1)} + \cdots + p_{n-1} y' + p_n y = 0$$

的情形上. 具体如下.

　　n 阶常系数齐次线性微分方程的特征方程为

$$r^n + p_1 r^{n-1} + \cdots + p_{n-1} r + p_n = 0,$$

特征方程的根的各种不同情形所对应的微分方程的通解情况如表 12-8-2 所示.

表 **12-8-2**

特征方程的根	微分方程通解中的对应项
单实根 r	给出一项: $C\mathrm{e}^{rx}$
k 重实根 r	给出 k 项: $(C_1 + C_2 x + \cdots + C_k x^{k-1})\mathrm{e}^{rx}$
一对单复根 $r_{1,2} = \alpha \pm \beta\mathrm{i}$	给出两项: $y = \mathrm{e}^{\alpha x}(C_1 \cos \beta x + C_2 \sin \beta x)$
一对 k 重共轭复根 $r_{1,2} = \alpha \pm \beta\mathrm{i}$	给出 $2k$ 项: $[(C_1 + C_2 x + \cdots + C_k x^{k-1})\cos \beta x + (D_1 + D_2 x + \cdots + D_k x^{k-1})\sin \beta x]\mathrm{e}^{\alpha x}$

　　例 5　求方程 $y^{(4)} - 2y''' + 5y'' = 0$ 的通解.

　　解　其对应的特征方程为 $r^4 - 2r^3 + 5r^2 = 0$, 即 $r^2(r^2 - 2r + 5) = 0$, 解得特征根为

$$r_1 = r_2 = 0, \quad r_3 = 1 + 2\mathrm{i}, \quad r_4 = 1 - 2\mathrm{i},$$

故所求通解为

$$y = C_1 + C_2 x + \mathrm{e}^x(C_3 \cos 2x + C_4 \sin 2x).$$

　　例 6　考虑电容为 C 的电容器的放电现象, 图 12-8-1 中 R 为电阻, L 为线圈的自感系数, K 为开关. 设 Q 为电容器的储存电荷, I 为线路中的电流. 求电流的变化规律.

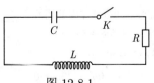

图 12-8-1

解 根据基尔霍夫回路第二定律, 有

$$L\frac{\mathrm{d}I}{\mathrm{d}t} + RI + \frac{Q}{C} = 0. \tag{12-8-4}$$

(12-8-4) 两边求导, 又 $I = \dfrac{\mathrm{d}Q}{\mathrm{d}t}$ 得

$$L\frac{\mathrm{d}^2 I}{\mathrm{d}t^2} + R\frac{\mathrm{d}I}{\mathrm{d}t} + \frac{I}{C} = 0,$$

记 $\dfrac{R}{L} = 2h, \dfrac{1}{LC} = k^2$, 则上式化为

$$\frac{\mathrm{d}^2 I}{\mathrm{d}t^2} + 2h\frac{\mathrm{d}I}{\mathrm{d}t} + k^2 I = 0, \tag{12-8-5}$$

解上述二阶常系数线性齐次方程, 其特征方程为

$$\lambda^2 + 2h\lambda + k^2 = 0.$$

考虑电阻较小, 当 $R^2 < \dfrac{4L}{C}$ 时, 方程 (式 12-8-5) 的两个特征根为共轭复根 $\lambda_{1,2} = -h \pm \sqrt{k^2 - h^2}\,\mathrm{i}$, 故该方程的通解为

$$I(t) = \mathrm{e}^{-ht}\left(C_1 \cos\sqrt{k^2 - h^2}\,t + C_2 \sin\sqrt{k^2 - h^2}\,t\right),$$

此即为电路中电流的变化规律.

习 题 12-8

A 组

课件12-8-3

1. 求下列微分方程的通解:

(1) $y'' + 5y' + 6y = 0$;

(2) $16y'' - 24y' + 9y = 0$;

(3) $y'' + y = 0$;

(4) $y'' + 8y' + 25y = 0$;

(5) $4y'' - 20y' + 25y = 0$;

(6) $y'' - 4y' + 5y = 0$;

(7) $y^{(4)} + 5y'' - 36y = 0$;

(8) $y''' - 4y'' + y' + 6y = 0$;

(9) $y^{(5)} + 2y''' + y' = 0$.

2. 求下列微分方程满足初始条件的特解:

(1) $4y'' + 4y' + y = 0$ 且满足 $y|_{x=0} = 2, y'|_{x=0} = 0$;

(2) $y'' + 4y' + 29y = 0$ 且满足 $y|_{x=0} = 0, y'|_{x=0} = 15$.

3. 已知一个四阶常系数齐次线性微分方程的四个线性无关的特解为 $y_1 = e^x$, $y_2 = xe^x$, $y_3 = \cos 2x$, $y_4 = 3\sin 2x$, 求这个四阶微分方程及其通解.

4. 求三阶常系数齐次线性微分方程 $y''' - 2y'' + y' - 2y = 0$ 的通解. (2010 考研真题)

5. 求微分方程 $y''' - y = 0$ 的通解. (2021 考研真题)

B 组

1. 设数列 $\{a_n\}$ 满足条件: $a_0 = 3, a_1 = 1, a_{n-2} - n(n-1)a_n = 0 (n \geqslant 2)$. $S(x)$ 是幂级数 $\sum\limits_{n=0}^{\infty} a_n x^n$ 的和函数.

(1) 证明: $S''(x) - S(x) = 0$;

(2) 求 $S(x)$ 的表达式. (2013 考研真题)

2. 设函数 $y = f(x)$ 满足 $y'' + 2y' + ky = 0$, 其中 $0 < k < 1$.

(1) 证明: 反常积分 $\displaystyle\int_0^{+\infty} y(x)\mathrm{d}x$ 收敛;

(2) 若 $y|_{x=0} = 1$, $y'|_{x=0} = 1$, 求 $\displaystyle\int_0^{+\infty} y(x)\mathrm{d}x$ 的值. (2016 考研真题)

12.9 二阶常系数非齐次线性微分方程

课前测12-9-1

二阶常系数非齐次线性微分方程的一般形式为

$$y'' + py' + qy = f(x), \tag{12-9-1}$$

其中 p, q 为常数.

根据二阶非齐次线性方程解的结构定理可知, 只要求出它对应的齐次方程的通解 $\bar{y}$ 和非齐次方程 (12-9-1) 的一个特解 y^* 就可以了. 由于二阶常系数齐次线性方程的通解问题在 12.8 节已经解决, 所以这里只需讨论求二阶常系数非齐次线性方程 (12-9-1) 的特解 y^* 的方法.

微分方程的特解显然与方程 (12-9-1) 右端的自由项 $f(x)$ 有关, 下面只介绍当方程 (12-9-1) 中的 $f(x)$ 取两种常见形式时求特解 y^* 的方法. 这种方法的特点是不用积分就可求出 y^*, 我们称此方法为 "待定系数法".

$f(x)$ 的两种形式为

① $f(x) = P_m(x)e^{\lambda x}$, 其中 λ 为常数, $P_m(x)$ 是 x 的一个 m 次多项式:

$$P_m(x) = a_0 x^m + a_1 x^{m-1} + \cdots + a_{m-1}x + a_m.$$

② $f(x) = \mathrm{e}^{\alpha x}(P_l(x)\cos\beta x + P_n(x)\sin\beta x)$, 其中 α, β 是常数, $\beta \neq 0$, $P_l(x)$, $P_n(x)$ 分别是 x 的 l, n 次多项式, 且仅有一个可为零的情形.

下面分别介绍 $f(x)$ 为上述两种形式时 y^* 的求法.

一、$f(x) = P_m(x)\mathrm{e}^{\lambda x}$ 型

设二阶常系数非齐次线性微分方程为

$$y'' + py' + qy = P_m(x)\mathrm{e}^{\lambda x}, \tag{12-9-2}$$

其中 $P_m(x)$ 是 x 的 m 次多项式, λ 为常数.

考虑到 $f(x)$ 的形式, 再联系到非齐次方程 (12-9-2) 左端的系数均为常数的特点, 可以设想该方程应该有形如 $y^* = Q(x)\mathrm{e}^{\lambda x}$ 的解, 其中 $Q(x)$ 是待定的多项式. 这种假定是否合适, 要看能否定出 $Q(x)$ 的次数及其系数, 为此, 把 y^* 代入上述方程.

对 y^* 求导, 有

$$(y^*)' = \mathrm{e}^{\lambda x}[Q'(x) + \lambda Q(x)],$$

$$(y^*)'' = \mathrm{e}^{\lambda x}[Q''(x) + 2\lambda Q'(x) + \lambda^2 Q(x)],$$

把 $y^*, (y^*)', (y^*)''$ 代入方程 (12-9-2), 约去 $\mathrm{e}^{\lambda x}$ (因 $\mathrm{e}^{\lambda x} \neq 0$), 得

$$Q''(x) + (2\lambda + p)Q'(x) + (\lambda^2 + p\lambda + q)Q(x) = P_m(x). \tag{12-9-3}$$

为了使 (12-9-3) 成立, 必须使该式两端的多项式有相同的次数与相同的系数, 故用待定系数法来确定 $Q(x)$ 的系数. 以下我们分三种情况加以讨论.

① 若 λ 不是特征方程 $r^2 + pr + q = 0$ 的根, 即 $\lambda^2 + p\lambda + q \neq 0$.

这时 (12-9-3) 左端 x 的最高次数由 $Q(x)$ 的次数确定, 由于一个 n 次多项式的导数是一个 $n-1$ 次多项式, 该式的右端是 m 次多项式, 因此 $Q(x)$ 也应该是 m 次多项式, 记为 $Q_m(x)$, 所以设特解为

$$y^* = Q_m(x)\mathrm{e}^{\lambda x} = (b_0 x^m + b_1 x^{m-1} + \cdots + b_{m-1}x + b_m)\mathrm{e}^{\lambda x},$$

其中 $b_i(i = 0, 1, 2, \cdots, m)$ 是 $m+1$ 个待定系数. 然后将该特解 y^* 代入方程 (12-9-2), 通过比较两端 x 的同次幂系数来确定 $b_i(i = 0, 1, 2, \cdots, m)$.

② 若 λ 是特征方程 $r^2 + pr + q = 0$ 的单根, 即 $\lambda^2 + p\lambda + q = 0$, 而 $2\lambda + p \neq 0$.

这时 (12-9-3) 左端 x 的最高次数由 $Q'(x)$ 确定, 因此, $Q'(x)$ 必须是 m 次多项式, 从而 $Q(x)$ 是 $m+1$ 次多项式, 且可取常数项为零, 所以可设特解为 $y^* = xQ_m(x)\mathrm{e}^{\lambda x}$, 再用① 的方法确定 $Q_m(x)$ 的系数 $b_i(i = 0, 1, 2, \cdots, m)$.

③ 若 λ 是特征方程 $r^2 + pr + q = 0$ 的二重根, 即 $\lambda^2 + p\lambda + q = 0$ 且 $2\lambda + p = 0$.

由式 (12-9-3) 可知, $Q''(x)$ 必须是 m 次多项式, 从而 $Q(x)$ 是 $m + 2$ 次多项式, 且可取 $Q(x)$ 的一次项系数和常数都为零. 所以可设特解为: $y^* = x^2 Q_m(x)\mathrm{e}^{\lambda x}$, 并用与 ① 同样的方法确定 $Q_m(x)$ 的系数 $b_i (i = 0, 1, 2, \cdots, m)$.

综上所述, 如果 $f(x) = P_m(x)\mathrm{e}^{\lambda x}$, 则可假设方程 (12-9-2) 有如下形式的特解

$$y = x^k Q_m(x)\mathrm{e}^{\lambda x},$$

其中 $Q_m(x)$ 是与 $P_m(x)$ 同次 (即都是 m 次) 的待定多项式, 依据 λ 不是特征方程的根、是特征方程的单根、是特征方程的二重根, k 分别取 $0, 1, 2$.

不难看出, 上述待定系数法求非齐次线性方程特解的过程主要利用了下列简单的导数法则:

① 一个 n 次多项式的导数是一个 $n - 1$ 次多项式;

② 指数函数的导数仍为指数函数.

例 1　求微分方程 $y'' - 2y' + y = x^2$ 的一个特解.

解　因为方程右端为 $P_m(x)\mathrm{e}^{\lambda x}$, 其中 $P_m(x) = x^2$, $m = 2$, $\lambda = 0$. 其对应的特征方程: $r^2 - 2r + 1 = 0$, 特征根 $r_1 = r_2 = 1$, $\lambda = 0$ 不是特征根, 故设方程的特解为

$$y^* = Ax^2 + Bx + C,$$

则

$$(y^*)' = 2Ax + B, \quad (y^*)'' = 2A,$$

将 $y^*, (y^*)', (y^*)''$ 代入原方程并整理, 得

$$2A - 2(2Ax + B) + Ax^2 + Bx + C = x^2,$$

即

$$Ax^2 + (B - 4A)x + 2A - 2B + C = x^2,$$

比较同幂次项的系数, 得 $A = 1, B = 4, C = 6$, 原方程特解为

$$y^* = x^2 + 4x + 6.$$

例 2　求方程 $y'' - 3y' + 2y = x\mathrm{e}^{2x}$ 的通解.

解　方程右端为 $P_m(x)\mathrm{e}^{\lambda x}$, 其中 $P_m(x) = x$, $m = 1$, $\lambda = 2$. 其对应的特征方程为

$$r^2 - 3r + 2 = 0,$$

特征根 $r_1 = 1, r_2 = 2$, 从而对应齐次方程的通解为

$$Y = c_1 \mathrm{e}^x + c_2 \mathrm{e}^{2x}.$$

由于 $\lambda = 2$ 是单根, 故设方程的特解 $y^* = x(Ax + B)\mathrm{e}^{2x}$, 则

$$(y^*)' = \left(2Ax^2 + 2Ax + 2Bx + B\right)\mathrm{e}^{2x},$$

$$(y^*)'' = (4Ax + 2A + 2B)\,\mathrm{e}^{2x} + 2\left(2Ax^2 + 2Ax + 2Bx + B\right)\mathrm{e}^{2x},$$

将 $y^*, (y^*)', (y^*)''$ 代入原方程, 得 $2Ax + B + 2A = x$, 即 $\begin{cases} A = \dfrac{1}{2}, \\ B = -1, \end{cases}$ 于是

$$y^* = x\left(\frac{x}{2} - 1\right)\mathrm{e}^{2x}.$$

故原方程通解为 $y = C_1 \mathrm{e}^x + C_2 \mathrm{e}^{2x} + \left(\dfrac{x^2}{2} - x\right)\mathrm{e}^{2x}$.

例 3　求方程 $y'' - 2y' + y = \mathrm{e}^x$ 的通解.

解　方程右端为 $P_m(x)\mathrm{e}^{\lambda x}$, 其中 $P_m(x) = 1$, $m = 0$, $\lambda = 1$. 其对应的特征方程 $r^2 - 2r + 1 = 0$, 特征根 $r_1 = r_2 = 1$, 从而对应齐次方程的通解为

$$Y = (c_1 + c_2 x)\mathrm{e}^x.$$

由于 $\lambda = 1$ 是特征方程的二重根, 设 $y^* = Ax^2 \mathrm{e}^x$, 则

$$(y^*)' = \left(2Ax + Ax^2\right)\mathrm{e}^x, \quad (y^*)'' = \left(2A + 4Ax + Ax^2\right)\mathrm{e}^x,$$

将 $y^*, (y^*)', (y^*)''$ 代入原方程, 得

$$2A + 4Ax + Ax^2 - 2\left(2Ax + Ax^2\right) + Ax^2 = 1,$$

则 $A = \dfrac{1}{2}$, 故原方程的一个特解为 $y^* = \dfrac{1}{2}x^2 \mathrm{e}^x$. 因此原方程的通解为 $y = (C_1 + C_2 x)\mathrm{e}^x + \dfrac{1}{2}x^2 \mathrm{e}^x$.

二、$f(x) = \mathrm{e}^{\alpha x}(P_l(x)\cos\beta x + P_n(x)\sin\beta x)$ 型

$$y'' + py' + qy = \mathrm{e}^{\alpha x}(P_l(x)\cos\beta x + P_n(x)\sin\beta x). \tag{12-9-4}$$

下面我们不加证明地给出方程 (12-9-4) 的特解形式.

令

$$y^* = x^k \mathrm{e}^{\alpha x} \left[A_m(x) \cos \beta x + B_m(x) \sin \beta x \right], \tag{12-9-5}$$

其中当 $\alpha + \mathrm{i}\beta$ 不是特征方程的根时, $k = 0$, 当 $\alpha + \mathrm{i}\beta$ 是特征方程的根时, $k = 1$, 其中 $A_m(x)$, $B_m(x)$ 为 m 次多项式, $m = \max(l, n)$.

综上所述, 二阶常系数线性非齐次方程的特解的形式如表 12-9-1.

表 **12-9-1**

自由项 $f(x)$	特解的形式	k 的取值
$P_m(x)\mathrm{e}^{\lambda x}$	$y^* = x^k Q_m(x)\mathrm{e}^{\lambda x}$	λ 不是特征方程的根时, $k = 0$
		λ 是特征方程的单根时, $k = 1$
		λ 是特征方程的二重根时, $k = 2$
$\mathrm{e}^{\alpha x}[P_l(x) \cos \beta x$ $+ P_n(x) \sin \beta x]$	$y^* = x^k \mathrm{e}^{\alpha x}[A_m(x) \cos \beta x$ $+ B_m(x) \sin \beta x]$ 其中 $m = \max(l, n)$	$\alpha + \mathrm{i}\beta$ 不是特征方程的根时, $k = 0$ $\alpha + \mathrm{i}\beta$ 是特征方程的根时, $k = 1$

例 4 求微分方程 $y'' + y = x \cos 2x$ 的一个特解.

解 $f(x)$ 属于 $\mathrm{e}^{\lambda x}[P_l(x) \cos \omega x + P_n(x) \sin \omega x]$ 型, 其中 $\lambda = 0, \omega = 2, P_l(x) = x, P_n(x) = 0, \max\{l, n\} = 1$. 对应的齐次方程为 $y'' + y = 0$, 特征方程为 $r^2 + 1 = 0$. 由于 $\lambda + \mathrm{i}\omega = 2\mathrm{i}$ 不是特征方程的根, 所以设原方程特解为

$$y^* = (ax + b) \cos 2x + (cx + d) \sin 2x,$$

计算 $(y^*)'$, $(y^*)''$ 并将其代入原方程得

$$(-3ax - 3b + 4c) \cos 2x - (3cx + 3d + 4a) \sin 2x = x \cos 2x,$$

比较两端同类项的系数得 $\begin{cases} -3a = 1, \\ -3b + 4c = 0, \\ -3c = 0, \\ -(3d + 4a) = 0, \end{cases}$ 解得

$$a = -\frac{1}{3}, \quad b = 0, \quad c = 0, \quad d = \frac{4}{9},$$

故方程的一个特解为

$$y^* = -\frac{1}{3} x \cos 2x + \frac{4}{9} \sin 2x.$$

例 5 求方程 $y'' + y = 4 \sin x$ 的通解.

解 $f(x)$ 属于 $\mathrm{e}^{\lambda x}[P_l(x)\cos\omega x + P_n(x)\sin\omega x]$ 型, 其中 $\lambda = 0, \omega = 1, P_l(x) = 0, P_n(x) = 4, \max\{l,n\} = 0$. 对应齐次方程 $y'' + y = 0$ 的特征方程为 $r^2 + 1 = 0$, 对应齐次方程 $y'' + y = 0$ 的特征根为 $r_1 = \mathrm{i}, r_2 = -\mathrm{i}$, 从而对应齐次方程的通解

$$Y = C_1\cos x + C_2\sin x.$$

又因为 $\lambda + \omega\mathrm{i} = \mathrm{i}$ 是特征方程单根, 故设 $y^* = x(a\cos x + b\sin x)$, 计算 $(y^*)'$, $(y^*)''$ 并将其代入原方程得

$$-2a\sin x + 2b\cos x + x(-a\cos x - b\sin x) + x(a\cos x + b\sin x) = 4\sin x,$$

比较两端同类项系数, 得 $\begin{cases} -2a = 4, \\ 2b = 0, \end{cases}$ 得

$$a = -2, \quad b = 0,$$

所求非齐次方程的一个特解为

$$y^* = -2x\cos x,$$

因此原方程通解为

$$y = C_1\cos x + C_2\sin x - 2x\cos x.$$

例 6 求方程 $y'' - 3y' + 2y = \mathrm{e}^{-x} + 2\sin^2 x$ 的通解.

解 对应齐次方程 $y'' - 3y' + 2y = 0$ 的特征方程为 $r^2 - 3r + 2 = 0$, 解得特征根为

$$r_1 = 1, \quad r_2 = 2,$$

从而对应齐次方程的通解

$$Y = C_1\mathrm{e}^x + C_2\mathrm{e}^{2x}.$$

例6讲解12-9-2

又因为 $f(x) = \mathrm{e}^{-x} + 2\sin^2 x = \mathrm{e}^{-x} + 1 - \cos 2x$, 记 $f_1(x) = \mathrm{e}^{-x}$, $f_2(x) = 1$, $f_3(x) = -\cos 2x$, 则与之对应的有

$$y_1^*(x) = A\mathrm{e}^{-x}, \quad y_2^*(x) = B, \quad y_3^*(x) = C\cos 2x + D\sin 2x,$$

于是原方程的特解形式为

$$y^*(x) = y_1^*(x) + y_2^*(x) + y_3^*(x) = A\mathrm{e}^{-x} + B + C\cos 2x + D\sin 2x,$$

计算 $(y^*)'$, $(y^*)''$ 并将其代入原方程得

$$6A\mathrm{e}^{-x} + 2B - 2(C + 3D)\cos 2x + 2(3C - D)\sin 2x = \mathrm{e}^{-x} + 1 - \cos 2x,$$

比较两端同类项系数, 得

$$\begin{cases} 6A = 1, \\ 2B = 1, \\ -2C - 6D = -1, \\ 6C - 2D = 0. \end{cases}$$

解得

$$A = \frac{1}{6}, \quad B = \frac{1}{2}, \quad C = \frac{1}{20}, \quad D = \frac{3}{20}.$$

所求非齐次方程的一个特解为

$$y^* = \frac{1}{6}\mathrm{e}^{-x} + \frac{1}{2} + \frac{1}{20}\cos 2x + \frac{3}{20}\sin 2x,$$

因此原方程通解为

$$y = C_1\mathrm{e}^x + C_2\mathrm{e}^{2x} + \frac{1}{6}\mathrm{e}^{-x} + \frac{1}{2} + \frac{1}{20}\cos 2x + \frac{3}{20}\sin 2x.$$

习 题 12-9

课件12-9-3

A 组

1. 下列微分方程具有何种形式的特解:

(1) $y'' + 4y' - 5y = x$;

(2) $y'' + 4y' = x$;

(3) $y'' + y = 2\mathrm{e}^x$;

(4) $y'' + y = x^2\mathrm{e}^x$;

(5) $y'' + y = \sin 2x$;

(6) $y'' + y = 3\sin x$.

2. 求下列微分方程的通解:

(1) $y'' + y' + 2y = x^2 - 3$;

(2) $y'' + a^2 y = \mathrm{e}^x$;

(3) $y'' + y = (x - 2)\mathrm{e}^{3x}$;

(4) $y'' - 6y' + 9y = \mathrm{e}^x\cos x$.

3. 求下列微分方程的特解:

(1) $y'' - 3y' + 2y = 5$, $y|_{x=0} = 1$, $y'|_{x=0} = 2$;

(2) $y'' - y = 4x\mathrm{e}^x$, $y|_{x=0} = 0$, $y'|_{x=0} = 1$.

4. 设二阶常系数线性微分方程 $y'' + \alpha y' + \beta y = \gamma\mathrm{e}^x$ 的一个特解为 $y = \mathrm{e}^{2x} + (1+x)\mathrm{e}^x$, 试确定常数 α, β, γ, 并求该方程的通解.

5. 设 $f(x) = \sin x - \displaystyle\int_0^x (x - t)f(t)\mathrm{d}t$, 其中 $f(x)$ 为连续函数, 求 $f(x)$.

B 组

1. 求方程 $y'' + a^2 y = \sin x$ 的通解, 其中常数 $a > 0$.

2. 设 $y = y(x)$ 是二阶常系数微分方程 $y'' + py' + qy = \mathrm{e}^{3x}$ 满足初始条件 $y(0) = y'(0) = 0$ 的特解, 求极限 $\displaystyle\lim_{x \to 0} \frac{\ln(1 + x^2)}{y(x)}$. (2002 考研真题)

*12.10　几类变系数线性微分方程的解法

前面我们学习了常系数线性微分方程的解法, 但对于一般的线性微分方程, 即变系数的线性微分方程还未涉及, 一般来说这类微分方程是不容易求解的. 本节将介绍处理这类问题的几种常见方法.

课前测12-10-1

一、变量代换法

1. 欧拉方程

前面已采用变量代换法求解某些一阶微分方程, 这里我们将用变量代换法解决高阶微分方程. ① 将某些特殊类型的变系数线性方程化成常系数线性方程; ② 将微分方程降阶.

形如

$$x^n y^{(n)} + p_1 x^{n-1} y^{(n-1)} + \cdots + p_{n-1} x y' + p_n y = f(x) \tag{12-10-1}$$

的方程称为**欧拉方程**, 其中 $p_1, p_2, \cdots, p_n$ 为常数.

欧拉方程的特点是: 方程中各项未知函数导数的阶数与其乘积因子自变量的幂次相等.

当 $x > 0$ 时, 令 $x = \mathrm{e}^t$ 或 $t = \ln x$, 则

欧拉方程的解法
讲解12-10-2

$$\frac{\mathrm{d}y}{\mathrm{d}x} = \frac{\mathrm{d}y}{\mathrm{d}t} \cdot \frac{\mathrm{d}t}{\mathrm{d}x} = \frac{1}{x}\frac{\mathrm{d}y}{\mathrm{d}t},$$

$$\frac{\mathrm{d}^2 y}{\mathrm{d}x^2} = \frac{\mathrm{d}}{\mathrm{d}x}\left(\frac{1}{x}\frac{\mathrm{d}y}{\mathrm{d}t}\right) = \frac{1}{x}\frac{\mathrm{d}}{\mathrm{d}x}\left(\frac{\mathrm{d}y}{\mathrm{d}t}\right) + \frac{\mathrm{d}y}{\mathrm{d}t}\frac{\mathrm{d}}{\mathrm{d}x}\left(\frac{1}{x}\right)$$

$$= \frac{1}{x}\frac{\mathrm{d}^2 y}{\mathrm{d}t^2}\frac{\mathrm{d}t}{\mathrm{d}x} - \frac{1}{x^2}\frac{\mathrm{d}y}{\mathrm{d}t} = \frac{1}{x^2}\left(\frac{\mathrm{d}^2 y}{\mathrm{d}t^2} - \frac{\mathrm{d}y}{\mathrm{d}t}\right),$$

进而, 有

$$\frac{\mathrm{d}^3 y}{\mathrm{d}x^3} = \frac{1}{x^3}\left(\frac{\mathrm{d}^3 y}{\mathrm{d}t^3} - 3\frac{\mathrm{d}^2 y}{\mathrm{d}t^2} + 2\frac{\mathrm{d}y}{\mathrm{d}t}\right), \cdots,$$

将 $\dfrac{\mathrm{d}y}{\mathrm{d}x}, \dfrac{\mathrm{d}^2y}{\mathrm{d}x^2}, \dfrac{\mathrm{d}^3y}{\mathrm{d}x^3}, \cdots$ 代入欧拉方程作变量代换, 则将方程式 (12-10-1) 化为以 t 为自变量的常系数线性微分方程, 从而可以得到原方程的解. 但这样直接代入比较麻烦, 用下面的算子解法则较简便.

采用记号 D 表示对自变量 t 的求导运算 $\dfrac{\mathrm{d}}{\mathrm{d}t}$, 记号 D^k 表示对自变量 t 的 k 阶求导运算 $\dfrac{\mathrm{d}^k}{\mathrm{d}t^k}$, 则上述结果可以写为

$$xy' = \mathrm{D}y,$$

$$x^2y'' = \mathrm{D}(\mathrm{D}-1)y,$$

$$x^3y''' = (\mathrm{D}^3 - 3\mathrm{D}^2 + 2\mathrm{D})y = \mathrm{D}(\mathrm{D}-1)(\mathrm{D}-2)y,$$

一般地, 有

$$x^ky^{(k)} = \mathrm{D}(\mathrm{D}-1)\cdots(\mathrm{D}-k+1)y. \tag{12-10-2}$$

将上述变换代入欧拉方程, 就可将方程 (12-10-1) 化为以 t 为自变量的常系数线性微分方程, 求出该方程的解后, 把 t 换为 $\ln x$, 即得到原方程的解. 这种解法称为**欧拉方程的算子解法**.

当 $x < 0$ 时, 可作变换 $x = -\mathrm{e}^t$, 利用上面同样的讨论方法, 可得到一样的结果.

例 1 求欧拉方程 $x^3y''' - x^2y'' + xy' = 0$ 的通解.

解 令 $x = \mathrm{e}^t$, 则

$$x\frac{\mathrm{d}y}{\mathrm{d}x} = \mathrm{D}y = \frac{\mathrm{d}y}{\mathrm{d}t},$$

$$x^2\frac{\mathrm{d}^2y}{\mathrm{d}x^2} = \mathrm{D}(\mathrm{D}-1)y = \mathrm{D}^2y - \mathrm{D}y = \frac{\mathrm{d}^2y}{\mathrm{d}t^2} - \frac{\mathrm{d}y}{\mathrm{d}t},$$

$$x^3\frac{\mathrm{d}^3y}{\mathrm{d}x^3} = \mathrm{D}(\mathrm{D}-1)(\mathrm{D}-2)y = \frac{\mathrm{d}^3y}{\mathrm{d}t^3} - 3\frac{\mathrm{d}^2y}{\mathrm{d}t^2} + 2\frac{\mathrm{d}y}{\mathrm{d}t},$$

代入原方程, 得

$$\frac{\mathrm{d}^3y}{\mathrm{d}t^3} - 3\frac{\mathrm{d}^2y}{\mathrm{d}t^2} + 2\frac{\mathrm{d}y}{\mathrm{d}t} - \left(\frac{\mathrm{d}^2y}{\mathrm{d}t^2} - \frac{\mathrm{d}y}{\mathrm{d}l}\right) + \frac{\mathrm{d}y}{\mathrm{d}t} = 0,$$

整理, 得

$$\frac{\mathrm{d}^3y}{\mathrm{d}t^3} - 4\frac{\mathrm{d}^2y}{\mathrm{d}t^2} + 4\frac{\mathrm{d}y}{\mathrm{d}t} = 0,$$

这是一个常系数线性齐次方程, 其特征方程为

$$r^3 - 4r^2 + 4r = 0,$$

解得

$$r_1 = 0, \quad r_2 = r_3 = 2,$$

于是其通解为

$$y = C_1 + (C_2 t + C_3)\mathrm{e}^{2t},$$

将 $t = \ln|x|$ 代回, 得原方程的通解为

$$y = C_1 + (C_2 \ln|x| + C_3)x^2.$$

应该指出, 对于一般的变系数线性方程, 不一定都能找到适当的变量代换将它化为常系数线性方程.

2. 已知一个特解的二阶线性齐次方程

设 $y_1(x)$ 是二阶线性齐次方程

$$y'' + P(x)y' + Q(x)y = 0 \tag{12-10-3}$$

的一个不恒为零的解, 引进新的未知函数 $u(x)$.

令函数

$$y = u(x)y_1(x), \tag{12-10-4}$$

设其为齐次方程的解, 其中 $u(x)$ 为待定函数, 则

$$y' = u'(x)y_1(x) + u(x)y_1'(x),$$

$$y'' = u''(x)y_1(x) + 2u'(x)y_1'(x) + u(x)y_1''(x),$$

将 y, y', y'' 代入齐次方程 (12-10-3) 中, 得

$$[u''(x)y_1(x) + 2u'(x)y_1'(x) + u(x)y_1''(x)]$$

$$+ P(x)[u'(x)y_1(x) + u(x)y_1'(x)] + Q(x)u(x)y_1(x) = 0,$$

即

$$y_1(x)u''(x) + [2y_1'(x) + P(x)y_1(x)]u'(x)$$

$$+ [y_1''(x) + P(x)y_1'(x) + Q(x)y_1(x)]u(x) = 0, \tag{12-10-5}$$

而 $y_1''(x) + P(x)y_1'(x) + Q(x)y_1(x) = 0$, 故方程 (12-10-5) 化为

$$y_1(x)u''(x) + [2y_1'(x) + P(x)y_1(x)]u'(x) = 0,$$

上式不显含 $u(x)$, 令

$$u'(x) = z(x), \tag{12-10-6}$$

则上式化为一阶线性方程

$$y_1(x)z'(x) + [2y_1'(x) + P(x)y_1(x)]z(x) = 0, \tag{12-10-7}$$

也为可分离变量的微分方程, 可求得方程 (12-10-7) 的通解, 设此通解为

$$z(x) = \frac{C_2}{y_1^2} e^{-\int P(x)\mathrm{d}x}.$$

再带回原变量, 由 (12-10-4) 和 (12-10-6), 即得方程 (12-10-3) 的通解

$$y(x) = y_1 \left[C_1 + C_2 \int \frac{1}{y_1^2} e^{-\int P(x)\mathrm{d}x} \mathrm{d}x \right]. \tag{12-10-8}$$

此式称为二阶齐次线性方程 (12-10-3) 的解的**刘维尔公式**.

综上所述, 对于二阶齐次线性方程, 如果已知它的一个解 $y_1(x)$, 那么连续作两次变换, 就可将方程 (12-10-3) 变为一阶齐次线性微分方程, 从而求出该方程的通解 (12-10-8). 此外要指出的是, 同样的变换, 也可以使非齐次线性方程降低一阶, 其中 $y_1(x)$ 是对应的齐次方程的一个非零解. 这是因为所采用的变换对微分方程右端没有任何影响.

例 2　已知齐次方程 $y'' + \dfrac{2}{x}y' + y = 0$ 的一个特解为 $y_1 = \dfrac{\sin x}{x}$, 求其通解.

解　代入公式 (12-10-8), 可得

$$\begin{aligned}
y(x) &= y_1 \left[C_1 + C_2 \int \frac{1}{y_1^2} e^{-\int P(x)\mathrm{d}x} \mathrm{d}x \right] \\
&= \frac{\sin x}{x} \left[C_1 + C_2 \int \left(\frac{x}{\sin x} \right)^2 e^{-\int \frac{2}{x}\mathrm{d}x} \mathrm{d}x \right] \\
&= \frac{\sin x}{x} \left[C_1 + C_2 \int \csc^2 x \mathrm{d}x \right] \\
&= \frac{1}{x} (C_1 \sin x - C_2 \cos x),
\end{aligned}$$

从而原方程的通解为

$$y(x) = \frac{1}{x} \left(C_1 \sin x - C_2 \cos x \right).$$

以上讲的降阶法, 可推广至高阶线性微分方程. 关键是需要已知齐次方程足够数量的解, 而这一点比较困难. 另外, 在使用这个方法时, 只能逐次降阶, 运算量较大.

二、常数变易法

在求一阶线性非齐次微分方程的通解时我们学习了**常数变易法**, 这个方法适用于一般的变系数非齐次线性方程, 只要方程中出现的系数和右端函数连续. 需要指出的是, 使用这个方法的关键是先求出对应的齐次线性方程的通解. 下面以二阶方程为例进行讨论, n 阶的情况类似.

考虑方程

$$y'' + P(x)y' + Q(x)y = f(x). \tag{12-10-9}$$

设其对应的齐次方程的通解为

$$y = C_1 y_1(x) + C_2 y_2(x),$$

其中 C_1, C_2 是任意常数. 再设想非齐次方程 (12-10-9) 具有形式为

$$y = C_1(x) y_1(x) + C_2(x) y_2(x) \tag{12-10-10}$$

的解, 其中 $C_1(x), C_2(x)$ 是两个待定的函数, (12-10-10) 的实质是作变量变换. 将 (12-10-10) 式及其一阶、二阶导数代入 (12-10-9) 式, 得到一个含有两个未知函数的方程.

由于

$$y' = C_1'(x) y_1(x) + C_1(x) y_1'(x) + C_2'(x) y_2(x) + C_2(x) y_2'(x), \tag{12-10-11}$$

这里右端已含有四项相加, 若再求二阶导数将含有八项相加, 求解就很麻烦了. 考虑到确定两个函数 $C_1(x)$ 和 $C_2(x)$, 必须有两个条件, 将式 (12-10-10) 代入方程 (12-10-9) 只能得到一个条件, 因此我们补充一个条件, 为方便计算, 我们在 y' 的表达式 (12-10-11) 中令

$$C_1'(x) y_1(x) + C_2'(x) y_2(x) = 0, \tag{12-10-12}$$

则

$$y' = C_1(x) y_1'(x) + C_2(x) y_2'(x), \tag{12-10-13}$$

上式两边再对 x 求导数, 有

$$y'' = [C_1(x) y_1''(x) + C_2(x) y_2''(x)] + [C_1'(x) y_1'(x) + C_2'(x) y_2'(x)]. \quad (12\text{-}10\text{-}14)$$

由于 $y_1(x), y_2(x)$ 是 (12-10-9) 对应的齐次方程的解, 所以将 (12-10-13) 和 (12-10-14) 代入原方程 (12-10-9) 后, 便得

$$C_1'(x) y_1'(x) + C_2'(x) y_2'(x) = f(x), \quad (12\text{-}10\text{-}15)$$

将 (12-10-12) 和 (12-10-15) 联立, 即可得到关于 $C_1'(x)$ 和 $C_2'(x)$ 的线性代数方程组

$$\begin{cases} C_1'(x) y_1(x) + C_2'(x) y_2(x) = 0, \\ C_1'(x) y_1'(x) + C_2'(x) y_2'(x) = f(x), \end{cases} \quad (12\text{-}10\text{-}16)$$

解出方程组 (12-10-16) 即得 $C_1'(x)$ 和 $C_2'(x)$, 对 $C_1'(x)$ 和 $C_2'(x)$ 分别积分得到待定的两个函数 $C_1(x)$ 和 $C_2(x)$, 从而得到方程 (12-10-9) 的通解.

例 3 求非齐次方程 $y'' + y = \tan x$ 的通解.

解 对应的特征方程为 $\lambda^2 + 1 = 0$, 解出特征根为 $\lambda_{1,2} = \pm i$. 故齐次方程的通解为

$$Y(x) = C_1 \cos x + C_2 \sin x.$$

设原方程的通解为

$$y(x) = C_1(x) \cos x + C_2(x) \sin x,$$

代入方程组 (12-10-16), 可得

$$\begin{cases} C_1'(x) \cos x + C_2'(x) \sin x = 0, \\ -C_1'(x) \sin x + C_2'(x) \cos x = \tan x, \end{cases}$$

解得

$$C_1'(x) = -\sin x \tan x, \quad C_2'(x) = \sin x,$$

积分得

$$C_1(x) = \sin x - \ln|\sec x + \tan x| + D_1, \quad C_2(x) = -\cos x + D_2,$$

代入并整理, 得原方程的通解为

$$y(x) = D_1 \cos x + D_2 \sin x - \cos x \ln|\sec x + \tan x|.$$

三、幂级数解法

前面我们所遇到的方程其解都可以用初等函数表示, 但在实际应用中, 很多微分方程的解不能用初等函数或其积分来表示, 对于这类问题通常用幂级数解法和数值解法来解决.

下面讨论二阶线性齐次方程的幂级数解法.

定理 1 若方程 $y'' + P(x)y' + Q(x)y = 0$ 的系数 $P(x)$ 与 $Q(x)$ 在 $-R < x < R$ 内能展成 x 的幂级数, 则该方程在 $-R < x < R$ 内必有幂级数解 $y = \sum\limits_{n=0}^{\infty} a_n x^n$.

证明从略.

设其幂级数解为 $y = \sum\limits_{n=0}^{\infty} a_n x^n$, 将 $P(x), Q(x)$ 展开为 $x - x_0$ 的幂级数, 代入方程两端, 即可得一恒等式, 比较两端 x 的同次幂的系数, 便可确定常数 $a_0, a_1, a_2, \cdots, a_n, \cdots$, 即求得幂级数解.

例 4 试用幂级数法求微分方程 $y'' - 2xy' - 4y = 0$ 满足初值条件 $y(0) = 0, y'(0) = 1$ 的解.

解 这里 $P(x) = -2x, Q(x) = -4$ 在整个数轴上满足定理的条件, 因此可设

$$y = a_0 + a_1 x + a_2 x^2 + a_3 x^3 + a_4 x^4 + \cdots + a_n x^n + \cdots = \sum_{n=0}^{\infty} a_n x^n,$$

由初值条件得 $a_0 = 0, a_1 = 1$, 则

$$y' = \sum_{n=1}^{\infty} n a_n x^{n-1} = 1 + 2a_2 x + 3a_3 x^2 + 4a_4 x^3 + \cdots + n a_n x^{n-1} + \cdots,$$

$$y'' = \sum_{n=2}^{\infty} n(n-1) a_n x^{n-2} = 2a_2 + 3 \cdot 2a_3 x + \cdots + n \cdot (n-1) a_n x^{n-2} + \cdots,$$

代入方程, 合并同类项, 并令各项系数等于零, 有

$$2a_2 = 0,$$

$$3 \cdot 2a_3 - 2 - 4 = 0,$$

$$4 \cdot 3a_4 - 4a_2 - 4a_2 = 0,$$

$$\cdots\cdots$$

$$n(n-1)a_n - 2(n-2)a_{n-2} - 4a_{n-2} = 0,$$

$$\cdots\cdots$$

即

$$a_2 = 0, a_3 = 1, a_4 = 0, \cdots, a_n = \frac{2}{n-1}a_{n-2}, \cdots,$$

$$a_5 = \frac{1}{2!}, a_6 = 0, a_7 = \frac{1}{3!}, a_8 = 0, a_9 = \frac{1}{4!}, \cdots,$$

即

$$a_{2k+1} = \frac{1}{k!}, \quad a_{2k} = 0, \quad k \in \mathbf{Z}^+.$$

故方程解为

$$\begin{aligned}
y(x) &= x + x^3 + \frac{x^5}{2!} + \cdots + \frac{x^{2k+1}}{k!} + \cdots \\
&= x\left(1 + x^2 + \frac{x^4}{2!} + \cdots + \frac{x^{2k}}{k!} + \cdots\right) \\
&= x\mathrm{e}^{x^2}.
\end{aligned}$$

上面例 4 中幂级数系数的求法称为**待定系数法**. 有时用待定系数法求解比较麻烦, 我们可以通过对所给方程本身求导, 来确定展开式中每项的系数. 幂级数解法也可用于一阶微分方程或一般的高阶非线性微分方程.

习　题　12-10

A 组

1. 求下列欧拉方程的通解:

(1) $x^2 y'' + y = 3x^2$;

(2) $x^2 y'' - xy' + 2y = x\ln x$;

(3) $y'' + \frac{1}{x}y' - \frac{1}{x^2}y = \mathrm{e}^x$;

(4) $x^2 y'' + xy' - y = \ln^2 x$.

2. 用常数变易法求下列微分方程的通解:

(1) $y'' - 3y' + 2y = \sin \mathrm{e}^x$;

(2) $y'' - 2y' + y = \dfrac{\mathrm{e}^x}{x}$;

(3) $y'' + y = 2\sec^3 x$;

(4) $y'' + y = \csc x$.

3. 求二阶变系数线性齐次方程 $y'' - 2xy' - 4y = 0$ 满足初始条件 $y|_{x=0} = 0, y'|_{x=0} = 1$ 的特解.

4. 试用幂级数解法求下列微分方程的通解:

(1) $(x+1)y' - y = x^2 - 2x$;

(2) $(1-x)y' + y = x^2$.

5. 用幂级数解法求 $y' = y^2 + x^3$ 满足初始条件 $y|_{x=0} = \dfrac{1}{2}$ 的特解.

B 组

1. 适当选取函数 $v(x)$, 作变量代换 $y = v(x)u$, 将 y 关于 x 的微分方程 $y'' + \sqrt{x}y' + \frac{1}{4}\left(\frac{1}{\sqrt{x}} + x - 36\right)y = xe^{-\frac{1}{3}x^{\frac{3}{2}}}$ 化成 u 关于 x 的形如 $u'' + \lambda u = f(x)$ 的微分方程, 求出常数 λ, 函数 $f(x)$ 及原方程的通解.

2. 设 $f(x)$ 在 $[1, +\infty)$ 上二阶连续可导, $f(1) = 0$, $f'(1) = 1$, 函数 $z = (x^2+y^2)f(x^2+y^2)$ 满足 $\frac{\partial^2 z}{\partial x^2} + \frac{\partial^2 z}{\partial y^2} = 0$, 求 $f(x)$.

*12.11　常系数线性微分方程组解法举例

前面讨论的微分方程所含的未知函数及方程的个数都只有一个, 但在实际问题中, 常常会遇到由几个微分方程联合起来共同确定几个具有同一自变量的函数的情形. 这些联立的微分方程称为**微分方程组**.

课前测12-11-1

如果微分方程组中的每个方程都是常系数线性微分方程, 则此微分方程组称为**常系数线性微分方程组**, 本节我们主要讨论常系数线性微分方程组的解法问题.

一、消元法

具体做法为:

① 消去一些未知函数及其各阶导数, 得到只含有一个未知函数的高阶微分方程;

② 解此方程, 得到满足该方程的未知函数;

③ 将求得的函数代入原方程组, 求得其余的未知函数.

下面我们通过实例来说明利用消元法来求解常系数线性微分方程组的过程.

例 1　设 $y = y(x), z = z(x)$ 是两个未知函数, 满足方程组

$$\begin{cases} \dfrac{dy}{dx} = 3y - 2z, & (12\text{-}11\text{-}1) \\[2mm] \dfrac{dz}{dx} = 2y - z. & (12\text{-}11\text{-}2) \end{cases}$$

和初值条件 $y(0) = 1, z(0) = 0$, 求函数 $y(x), z(x)$.

解　为了消去 y 及 $\dfrac{dy}{dx}$, 由式 (12-11-2) 解出

$$y = \frac{1}{2}\left(\frac{dz}{dx} + z\right), \qquad (12\text{-}11\text{-}3)$$

在上式两边求导, 得

$$\frac{\mathrm{d}y}{\mathrm{d}x} = \frac{1}{2}\left(\frac{\mathrm{d}^2 z}{\mathrm{d}x^2} + \frac{\mathrm{d}z}{\mathrm{d}x}\right), \tag{12-11-4}$$

将式 (12-11-3)、(12-11-4) 代入 (12-11-1) 并化简, 得

$$\frac{\mathrm{d}^2 z}{\mathrm{d}x^2} - 2\frac{\mathrm{d}z}{\mathrm{d}x} + z = 0,$$

这是一个二阶常系数线性微分方程, 求得通解为

$$z(x) = (C_1 + C_2 x)\,\mathrm{e}^x, \tag{12-11-5}$$

将式 (12-11-5) 代入 (12-11-2), 得

$$y(x) = \frac{1}{2}\left(2C_1 + C_2 + 2C_2 x\right)\mathrm{e}^x, \tag{12-11-6}$$

将初始条件代入式 (12-11-5)、(12-11-6), 得到 $C_1 = 0$, $C_2 = 2$. 故所求函数为

$$y(x) = (1 + 2x)\,\mathrm{e}^x, \quad z(x) = 2x\mathrm{e}^x.$$

注 求出其中一个未知函数, 再求其他未知函数时, 宜用代入法, 而不用积分法, 避免处理两次积分后出现的任意常数间的关系.

二、算子法

采用解欧拉方程时的算子记号, 令 D 表示对自变量 t 的求导运算 $\dfrac{\mathrm{d}}{\mathrm{d}t}$, 记号 D^k 表示对自变量 t 的 k 阶求导运算 $\dfrac{\mathrm{d}^k}{\mathrm{d}t^k}$, 那么

$$\frac{\mathrm{d}x}{\mathrm{d}t} = f(t) \text{ 可写成 } \mathrm{D}x = f(t),$$

则 n 阶常系数线性微分方程 $y^{(n)} + p_1 y^{(n-1)} + \cdots + p_{n-1} y' + p_n y = f(x)$, 用算子可表示为

$$\mathrm{D}^n y + p_1 \mathrm{D}^{n-1} y + \cdots + p_{n-1}\mathrm{D}y + p_n y = f(x),$$

即

$$\left(\mathrm{D}^n + p_1 \mathrm{D}^{n-1} + \cdots + p_{n-1}\mathrm{D} + p_n\right) y = f(x),$$

其中式子 $\mathrm{D}^n + p_1 \mathrm{D}^{n-1} + \cdots + p_{n-1}\mathrm{D} + p_n$ 作为 D 的 "多项式", 可进行相加及相乘的运算.

例 2　求微分方程组

例2讲解12-11-2

$$\begin{cases} \dfrac{\mathrm{d}x}{\mathrm{d}t} - \dfrac{\mathrm{d}y}{\mathrm{d}t} + x = -t, \\[3mm] \dfrac{\mathrm{d}^2 x}{\mathrm{d}t^2} - \dfrac{\mathrm{d}y}{\mathrm{d}t} + 3x - y = \mathrm{e}^{2t} \end{cases}$$

的通解.

解　引入记号 $\mathrm{D}^k = \dfrac{\mathrm{d}^k}{\mathrm{d}t^k}$, 则方程组可记作

$$\begin{cases} (D+1)x - Dy = -t, & (12\text{-}11\text{-}7) \\ \left(D^2 + 3\right)x - (D+1)y = \mathrm{e}^{2t}. & (12\text{-}11\text{-}8) \end{cases}$$

我们可类似于解代数方程组那样消去未知函数 y, 即作如下运算:

$(12\text{-}11\text{-}7) \times (D+1) - (12\text{-}11\text{-}8) \times D$ 得,

$$\left(D^3 - D^2 + D - 1\right)x = 1 + t + 2\mathrm{e}^{2t},$$

即

$$\frac{\mathrm{d}^3 x}{\mathrm{d}t^3} - \frac{\mathrm{d}^2 x}{\mathrm{d}t^2} + \frac{\mathrm{d}x}{\mathrm{d}t} - x = 1 + t + 2\mathrm{e}^{2t}. \qquad (12\text{-}11\text{-}9)$$

上式为三阶常系数非齐次线性方程, 其特征方程为

$$r^3 - r^2 + r - 1 = 0,$$

解得

$$r_1 = 1, \quad r_{1,2} = \pm\mathrm{i}.$$

于是式 (12-11-9) 所对应的齐次方程的通解为

$$x = C_1 \mathrm{e}^t + C_2 \cos t + C_3 \sin t.$$

利用待定系数法可求得 (12-11-9) 的一个特解 $x^* = \dfrac{2}{5}\mathrm{e}^{2t} - 2 - t$, 于是方程 (12-11-9) 的通解为

$$x = C_1 \mathrm{e}^t + C_2 \cos t + C_3 \sin t + \frac{2}{5}\mathrm{e}^{2t} - 2 - t. \qquad (12\text{-}11\text{-}10)$$

下面求 y. 由 (12-11-7) 减去 (12-11-8) 可得

$$\left(-D^2 + D - 2\right)x + y = -t - \mathrm{e}^{2t},$$

即

$$y = \left(D^2 - D + 2\right)x - t - \mathrm{e}^{2t},$$

将 (12-11-10) 代入上式得

$$y = 2C_1\mathrm{e}^t + (C_2 - C_3)\cos t + (C_3 + C_2)\sin t + \frac{3}{5}\mathrm{e}^{2t} - 3 - 3t,$$

故原方程组的通解为

$$\begin{cases} x = C_1\mathrm{e}^t + C_2\cos t + C_3\sin t + \dfrac{2}{5}\mathrm{e}^{2t} - 2 - t, \\ y = 2C_1\mathrm{e}^t + (C_2 - C_3)\cos t + (C_3 + C_2)\sin t + \dfrac{3}{5}\mathrm{e}^{2t} - 3 - 3t. \end{cases}$$

课件12-11-3

习 题 12-11

1. 求下列方程组的通解:

(1) $\begin{cases} \dfrac{\mathrm{d}x}{\mathrm{d}t} = x + 2y + \mathrm{e}^t, \\ \dfrac{\mathrm{d}y}{\mathrm{d}t} = 4x + 3y; \end{cases}$

(2) $\begin{cases} 2\dfrac{\mathrm{d}x}{\mathrm{d}t} + \dfrac{\mathrm{d}y}{\mathrm{d}t} + y - t = 0, \\ \dfrac{\mathrm{d}x}{\mathrm{d}t} + \dfrac{\mathrm{d}y}{\mathrm{d}t} - x - y - 2t = 0; \end{cases}$

(3) $\begin{cases} \dfrac{\mathrm{d}x}{\mathrm{d}t} + \dfrac{\mathrm{d}y}{\mathrm{d}t} = -x + y + 3, \\ \dfrac{\mathrm{d}x}{\mathrm{d}t} - \dfrac{\mathrm{d}y}{\mathrm{d}t} = x + y - 3; \end{cases}$

(4) $\begin{cases} \dfrac{\mathrm{d}x}{\mathrm{d}t} = 2x + 4y - \mathrm{e}^{-t}, \\ \dfrac{\mathrm{d}y}{\mathrm{d}t} = -x + 2y - 4\mathrm{e}^{-t}. \end{cases}$

2. 求下列微分方程组满足初始条件的特解:

(1) $\begin{cases} \dfrac{\mathrm{d}^2 x}{\mathrm{d}t^2} + 2\dfrac{\mathrm{d}y}{\mathrm{d}t} - x = 0 , \quad x|_{t=0} = 1, \\ \dfrac{\mathrm{d}x}{\mathrm{d}t} + y = 0, \qquad\qquad y|_{t=0} = 0; \end{cases}$

(2) $\begin{cases} 2\dfrac{\mathrm{d}x}{\mathrm{d}t} - 4x + \dfrac{\mathrm{d}y}{\mathrm{d}t} - y = \mathrm{e}^t , \quad x\Big|_{t=0} = \dfrac{3}{2}, \\ \dfrac{\mathrm{d}x}{\mathrm{d}t} + 3x + y = 0, \qquad\qquad y|_{t=0} = 0. \end{cases}$

B 组

飞机在空中沿水平方向等速飞行, 速度大小为 v_0, 一重为 mg 的炸弹从飞机上下落, 设空气的阻力为 R(常数), 试求炸弹运动规律.

本 章 小 结

微分方程理论始于 17 世纪末, 是数学学科联系实际的主要途径之一. 微分方程理论发展经历了三个过程: 求微分方程的解, 定性理论与稳定性理论, 微分方程的线代分支理论. 微分方程分为常微分方程和偏微分方程 (数学物理方程), 本章仅讨论常微分方程的相关问题.

本章介绍了微分方程的基本概念, 主要包括微分方程的形式、微分方程的通解、初始条件和微分方程的特解、微分方程的阶数等. 求解微分方程是这一章的主要内容, 下面分别将本章常微分方程的求通解方法归纳如下.

一、常微分方程的求解问题

如表 1 和表 2 所示.

表 1 一阶微分方程解法

方程类别	方程形式	解法
可分离变量	$y' = f(x)g(y)$	分离变量, 两边积分
齐次	$y' = f\left(\dfrac{y}{x}\right)$	换元, 令 $u = \dfrac{y}{x}$ 化为可分离变量
一阶线性非齐次	$y' + P(x)y = Q(x)$	常数变易法或公式法
伯努利	$y' + P(x)y = Q(x)y^{\alpha}$	换元化为一阶线性
全微分	$P(x,y)\mathrm{d}x + Q(x,y)\mathrm{d}y = 0$	积分求出全微分所对应的二元函数

表 2 高阶微分方程解法

方程类别	方程形式	解法
可降阶方程	$y^{(n)} = f(x)$	连续 n 次积分
	$y'' = f(x, y')$	换元, 令 $y' = z(x)$, 降阶
	$y'' = f(y, y')$	换元, 令 $y' = p(y)$, 降阶
二阶常系数齐次线性方程	$y'' + py' + qy = 0$	解特征方程写出对应的通解
二阶常系数非齐次线性方程	$y'' + py' + qy = f(x)$	待定系数法, 求出自身特解 y^* 及对应齐次方程的通解 $\bar{y}$, 得通解 $y = y^* + \bar{y}$
欧拉方程	$x^n y^{(n)} + p_1 x^{n-1} y^{(n-1)} + \cdots + p_{n-1}xy' + p_n y = f(x)$	换元, 令 $x = \mathrm{e}^t$, 化为一阶线性方程
其他二阶变系数线性方程	$y'' + P(x)y' + Q(x)y = 0$	常数变易法或解的结构

依赖于形式, 本章中一阶、二阶微分方程的求解方法和步骤大多数情况下比较固定, 易于掌握, 正确的归类至关重要. 这就要求大家对这些基本类型方程的求解方法和过程非常熟悉. 如果某一微分方程同属几类典型的微分方程类型, 那么选最简单的方法处理求解问题. 对于不属于典型类型的微分方程, 做变量代换是一种行之有效的方法. 做什么样的变量代换要具体情况具体分析, 根据所给微分方程的特点来考虑, 一般是以克服求解方程的困难为目标.

二、线性微分方程的解的结构

作为线性微分方程, 除了求解以外, 解的结构也是也是其重要的问题之一. 齐次、非齐次线性微分方程的解的结构和关系基本类同于线性代数中齐次、非齐次线性方程组解的结构和关系. 这一点充分体现了不同数学学科之间的内部联系, 是数学进一步抽象的重要基础.

三、微分方程的实际应用

一些物理问题, 如运动规律问题等经常用到微分方程. 此类问题的解决关键在于正确建立数学模型. 建立数学模型的过程中需确定模型类型, 转换描述并确定自变量与因变量, 建立微分方程, 确定初值条件. 这样微分方程初值问题的解即为问题的答案.

总复习题 12

1. 填空题:

(1) 微分方程 $y^4 + 5y'' - 36y = 0$ 的阶数为_____.

(2) 微分方程 $\dfrac{\mathrm{d}y}{\mathrm{d}x} = y^2$ 的通解为_____.

(3) 微分方程 $y' + y = \mathrm{e}^{-x}\cos x$ 满足条件 $y(0) = 0$ 的特解为_____.

(4) 微分方程 $y'' + 2y' + 3y = 0$ 的通解为_____.

(5) 以 $y = 3x\mathrm{e}^{2x}$ 为一个特解的二阶常系数齐次线性微分方程是_____.

2. 选择题:

(1) 函数 $y = C_1\mathrm{e}^{C_2-x}(C_1, C_2$ 是任意常数$)$ 是微分方程 $y'' - 2y' - 3y = 0$ 的 ( )

(A) 通解　　　(B) 特解　　　(C) 不是解　　　(D) 是解, 但既不是通解, 也不是特解.

(2) 已知函数 $y(x)$ 满足微分方程 $xy' = y\ln\dfrac{y}{x}$, 且当 $x = 1$ 时, $y = \mathrm{e}^2$, 则当 $x = -1$ 时, $y = ($ $)$

(A)-1　　　(B)0　　　(C)1　　　(D)e^{-1}.

(3) 微分方程 $y'' - 5y' + 6y = \mathrm{e}^x\sin x + 6$ 的特解形式可设为 ( )

(A) $x\mathrm{e}^x(a\cos x + b\sin x) + c$ 　　　　　(B) $a\mathrm{e}^x\sin x + b$

(C)$\mathrm{e}^x(a\cos x + b\sin x) + c$ 　　　　　(D) $a\mathrm{e}^x\cos x + b$.

(4) 设 $y = \dfrac{1}{2}\mathrm{e}^{2x} + \left(x - \dfrac{1}{3}\right)\mathrm{e}^x$ 是二阶常系数非齐次线性微分方程 $y'' + ay' + by = c\mathrm{e}^x$ 的一个特解, 则 ( )(2015 考研真题)

(A) $a = -3, b = 2, c = -1$ 　　　　　(B) $a = 3, b = 2, c = -1$

(C)$a = -3, b = 2, c = 1$ 　　　　　(D) $a = 3, b = 2, c = 1$.

(5) 若 $y_1 = (1+x^2)^2 - \sqrt{1+x^2}$, $y_2 = (1+x^2)^2 + \sqrt{1+x^2}$ 是微分方程 $y' + p(x)y = q(x)$ 的两个解, 则 $q(x) = ($ $)$(2016 考研真题)

(A)$3x(1+x^2)$ 　　　　　(B) $-3x(1+x^2)$

(C) $\dfrac{x}{1+x^2}$ 　　　　　(D) $-\dfrac{x}{1+x^2}$.

3. 求下列方程的通解:

(1) $\left(2x\sin\dfrac{y}{x} + 3y\cos\dfrac{y}{x}\right)\mathrm{d}x - 3x\cos\dfrac{y}{x}\mathrm{d}y = 0$;(2) $\dfrac{\mathrm{d}y}{\mathrm{d}x} + \dfrac{1}{x}y = x^2y^6$;

(3) $(1+x^2)y'' = 2xy'$.

4. 求下列微分方程的通解或特解:

(1) $y' + \dfrac{y}{x} = e^x$; (2) $(x^2 - y)dx - (x - y)dy = 0$;

(3) $y'' - 3y' + 2y = 2xe^x$; (2010 考研真题)

(4) $yy'' + y'^2 = 0$, $y\Big|_{x=0} = 1, y'\Big|_{x=0} = \dfrac{1}{2}$; (2002 考研真题)

(5) $xy' + 2y = x\ln x$, $y(1) = -\dfrac{1}{9}$ (2005 考研真题).

5. 求符合要求的微分方程:

(1) 以 $y^2 = 2Cx$ 为通解的微分方程;

(2) 以 $y = C_1e^x + C_2e^{2x}$ 为通解的微分方程;

(3) 以 $y = C_1e^x + C_2\cos 2x + C_3\sin 2x (C_1, C_2, C_3$ 为任意常数) 为通解的四阶常系数齐次线性微分方程. (2008 考研真题)

6. 列车在平直钢轨上以 50km/h 的速度行驶, 遇到紧急情况刹车, 制动时获得加速度为 -0.4m/s^2, 求制动后列车的运动规律.

7. 已知方程 $(6y + x^2y^2)dx + (8x + x^3y)dy = 0$ 的两边乘以 $y^3f(x)$ 后便成为全微分方程, 试求出可导函数 $f(x)$, 并解此微分方程.

8. 设函数 $y = f(x)$ 由参数方程 $\begin{cases} x = 2t + t^2 \\ y = \varphi(t) \end{cases}$ $(t > -1)$ 所确定. 且 $\dfrac{d^2y}{dx^2} = \dfrac{3}{4(1+t)}$,

其中 $\varphi(t)$ 具有二阶导数, 曲线 $y = \varphi(t)$ 与 $y = \displaystyle\int_1^{t^2} e^{-u^2}du + \dfrac{3}{2e}$ 在 $t = 1$ 处相切. 求函数 $y = \varphi(t)$. (2011 考研真题)

9. 函数 $f(u)$ 二阶连续可导, $z = f(e^x\cos y)$ 满足 $\dfrac{\partial^2 z}{\partial x^2} + \dfrac{\partial^2 z}{\partial y^2} = (4z + e^x\cos y)e^{2x}$, 若 $f(0) = 0, f'(0) = 0$, 求 $f(u)$ 的表达式. (2014 考研真题)

10. 已知微分方程 $y' + y = f(x)$, 其中 $f(x)$ 是 **R** 上的连续函数.

(1) 当 $f(x) = x$ 时求微分方程的通解;

(2) 当 $f(x)$ 是为周期为 T 的函数时, 证明: 方程存在唯一的以 T 为周期的解. (2018 考研真题)

11. 若函数 $f(x)$ 满足方程 $f''(x) + f'(x) - 2f(x) = 0$ 及 $f''(x) + f(x) = 2e^x$, 求 $f(x)$. (2012 考研真题)

12. 设函数 $f(x)$, $g(x)$ 满足 $f'(x) = g(x)$, $g'(x) = 2e^x - f(x)$ 且 $f(0) = 0$, $g(0) = 2$, 求 $\displaystyle\int_0^\pi \left[\dfrac{g(x)}{1+x} - \dfrac{f(x)}{(1+x)^2}\right]dx$. (2001 考研真题)

Reference 参考文献

陈仲, 粟熙. 1998. 大学数学. 南京: 南京大学出版社.

龚冬保, 武忠祥, 毛怀遂, 等. 2000. 高等数学典型题. 2 版. 西安: 西安交通大学出版社.

华东师范大学数学系. 2001. 数学分析. 2 版. 北京: 高等教育出版社.

马知恩, 王绵森. 2006. 工科数学分析基础: 上、下. 2 版. 北京: 高等教育出版社.

同济大学数学系. 2014. 高等数学: 上、下. 7 版. 北京: 高等教育出版社.

王顺凤, 潘闻天, 杨兴东. 2003. 高等数学: 上、下. 南京: 东南大学出版社.

王顺凤, 吴亚娟, 孙艾明, 等. 2014. 高等数学: 上、下. 南京: 东南大学出版社.

王顺凤, 夏大峰, 朱凤琴, 等. 2009. 高等数学: 上、下. 北京: 清华大学出版社.

薛巧玲, 王顺凤, 夏大峰, 等. 2008. 高等数学习题课教程. 南京: 南京大学出版社.

周民强. 2002. 数学分析: 一、二. 上海: 上海科学技术出版社.

朱士信, 唐烁, 宁荣健, 等. 2014. 高等数学: 上、下. 北京: 高等教育出版社.

BANNER A. 2016. 普林斯顿微积分读本. 2 版. 修订版. 杨爽, 赵晓婷, 高璞, 译. 北京: 人民邮电出版社.

DUNHAM W. 2010. 微积分的历程. 李伯民, 等译. 北京: 人民邮电出版社.

KLEIN M. 1979. 古今数学思想. 张理京, 张锦炎, 译. 上海: 上海科学技术出版社.

高等数学的知识与语言已经渗透到现代社会和生活的多个角落，是理工类各专业学生进行后继课程学习必须奠定的基础，也是专业研究必不可少的数学工具.高等数学如此重要，为了读者充分学习掌握高等数学知识，作者制作了丰富的多媒体内容资源，对教材起到归纳、拓展和延伸的作用. 这些资源除了教学经验丰富的教师设计的课前测、重难点讲解视频、电子课件外，还包括习题参考答案、常见曲面及 MATLAB 软件相关知识，以便读者课前温故知新、课中反复揣摩、课后复习拓展，助力读者学好高等数学.

　　如果做课后作业想要核对参考答案，请扫如下二维码：

如果要查看常用曲面，请扫如下二维码：

如果想了解 MATLAB 软件相关知识，请扫如下二维码：